U0260972

浆果栽培学

JIANGGUO ZAIPEIXUE

李亚东　郭修武　张冰冰　主编

中国农业出版社

《浆果栽培学》编委会

主　编　李亚东　郭修武　张冰冰

副主编　高庆玉　雷家军　吴　林　傅俊范
王彦辉　张清华　艾　军　霍俊伟
代汉萍

编　委　（以姓名笔画为序）
王　颖　王亚宾　王连君　代汉萍
刘庆忠　刘洪章　刘海广　安　伟
孙海悦　严雪瑞　沈玉杰　宋宏伟
张志东　於　虹　郭印山　唐雪东
温景辉　睢　薇　戴志国　魏海荣

审　稿　焦培娟　郭太君

序

在果树分类学中，浆果类果树是指由子房或联合其他花器发育而成柔软多汁肉质果的一类果树。浆果类果树种类很多，如葡萄、猕猴桃、草莓、树莓、蓝莓、醋栗、果桑、无花果、石榴等，分布极广，多生长于我国北方地区，为落叶果树。浆果作为公认的高档果品和加工食品与饮料的原材料，在世界果树生产和国际农产品贸易中占有重要地位。浆果富含维生素C、花青素、黄酮类化合物，具有抗氧化的特性，合理食用能够起到增强人体免疫力、延缓衰老、增强心脏功能等诸多特殊功效。

近年来，随着人们对浆果营养成分及其食用价值认识程度的不断深入，浆果种植业日益受到广泛关注，种植面积不断扩大，在现代农业、生态重建和出口创汇中发挥着巨大作用。浆果产业，特别是小浆果产业（树莓、蓝莓等）已成为我国最具有发展潜力的新型果树产业之一。然而迄今为止，我国尚无一部系统反映浆果科学研究的专著。由于缺乏权威性著作，生产者对浆果类果树的生产现状、品种、栽培技术、病虫害防治以及采收、贮运、加工等问题认识缺乏系统理论依据。《浆果栽培学》一书，由中国园艺学会小浆果分会和吉林农业大学组织，由参加公益性行业（农业）科研专项“小浆果产业技术研究与试验示范”项目的沈阳农业大学、吉林农业大学小浆果研究所、中国林业科学院、中国科学院南京植物研究所、山东省果树研究所、东北农业大学等多年活跃在浆果科研、生产第一线的20多位知名专家学者编著而成，是近20年来第一部全面反映我国北方浆果生产和科研成果的专著。

该书分章节系统介绍了葡萄、草莓、越橘、树莓与黑莓、穗醋栗与醋栗、沙棘、猕猴桃、蓝果忍冬、五味子的经济价值、栽培历史及现状，又分别从自然地理分布和适生区域、主要品种及优良类型、植物学特性及生物学特性、农业技术特点、采收及商品化处理等进行了全面介绍。该书集近年北方浆果研究之大成，为我国浆果产业的开发提供了系统、全面的实用技术和基础知识，先进性和权威性特点突出，学术性和应用性兼备。该书的出版对推动我国浆果生产、教学和科研的发展必将产生深远的影响。

中国工程院院士 束怀瑞
山东农业大学教授

2012年3月20日

前　言

自21世纪初以来，由于国外劳动力成本和生产成本的增加，以及农业产品的国际化生产，浆果产业特别是新兴的小浆果产业（越橘、树莓等）已成为我国最具发展潜力的新兴果树产业之一。20世纪80年代以前，我国只有黑龙江省尚志市单一种植树莓不足33hm²，2010年发展到纵横10多个省（直辖市），以树莓、越橘和黑加仑三大主栽树种为主的1.3万余hm²。尤其是越橘，自1999年商业化栽培以来，栽培面积由最初的10hm²发展到2009年的3 330余hm²，栽培区域北起我国最北端的漠河，南至广东和福建沿海地区。预计未来5～10年，我国越橘栽培面积将达到6.7万hm²，届时，必将在世界产业格局中起到举足轻重的作用。除此之外，沙棘、五味子、蓝果忍冬、猕猴桃中的软枣猕猴桃和狗枣猕猴桃等小树种也正在成为各地区的新型经济树种而得到长足发展。自20世纪80年代初期，我国小浆果研究的创始人郝瑞、周恩、贺善安、张清华和黄庆文先生率先开展小浆果研究以来，历经近30年，小浆果以其丰富的营养价值、较高的经济效益、强大的国际市场竞争力和巨大的国内市场潜力，正在成为我国各地发展的一个主导产业。但是，由于缺少权威性的著作，生产者和农户对小浆果的生产现状、品种、栽培技术以及采收加工、病虫害防治等问题认识不足。在大中专院校教学中，也由于缺少教材导致授课困难。20世纪80年代，我国著名果树专家祖容先生编写了一部《浆果栽培学》，20年过去，书中的内容已远远不能满足现代农业的需求。基于此，根据2008年8月在山东乳山召开的“948”项目和行业科技工作会议的精神，我们组织全国浆果行业的权威专家重新编写《浆果栽培学》，以满足教学、科研和生产的需求。

本书的编者来自于全国各地本领域的权威专家。葡萄一章由郭修武、郭印山、王亚宾、沈玉杰和温景辉执笔，草莓由代汉萍和雷家军执笔，越橘由李亚东、於虹和刘庆忠执笔，树莓和黑莓由张清华、王彦辉、於虹执笔，穗醋栗和醋栗由高庆玉、戴志国和睢薇执笔，沙棘由吴林与刘洪章执笔，猕猴桃由张冰冰和宋宏伟执笔，五味子由艾军执笔，蓝果忍冬由霍俊伟和张志东执笔，各章节病虫害防治由傅俊范和严雪瑞执笔，全书由李亚东统稿。

本书的出版得到了公益性行业（农业）科研专项（nyhyzx07－028，201103037）和“948”项目（2006－G25）的支持，书中的内容也汇聚了项目执行过程中的最新科研成果。在编写过程中，贺善安、张清华和顾姻先生提供部分资料并提出修改意见，各章节主编和编委为本书的编写做出了巨大努力，焦培娟和郭太君为全书审稿、校稿，在此一并致谢。由于时间仓促，书中难免有不足之处，敬请读者批评指正。

李亚东

2011年5月于长春

目　　录

葡　萄

概　述

一、葡萄与葡萄生产的特点

（一）结果早，产量高，结果年限长

在果树当中，葡萄是进入结果期最早的树种之一，一般栽后第二年就可开花结果，第三年每667m^{2}产量可达1 000kg，第四年以后进入盛果期，每667m^{2}产量可稳定在2 000kg。葡萄树寿命较长，一般可正常结果20～30年。山西省清徐县仁义村曾有一株黑鸡心葡萄，树龄高达180余年，占地约667m^2，年产葡萄2 000kg。因此，葡萄可称得上是世界上高寿、高产的果树。

（二）适应性广

我国从南到北、从东到西，只要选择适当的品种及相应的管理措施，葡萄都能生长结果。葡萄对土壤的适应性很强，既可种植在肥沃的平地，又可种植在沙地、河滩地、缓坡地，对土壤pH要求也不是很严格。条件差的土壤如盐碱土、黏土经过改良后栽植葡萄也能正常生长结果。因此，葡萄是适应性较强的树种之一。

（三）苗木容易繁殖

葡萄既可扦插繁殖、压条繁殖，又可嫁接繁殖和播种繁殖，并且繁殖材料丰富，方法简单，成活率高，便于大量育苗。

（四）建园一次性投资较大

葡萄是藤本植物，建园后需立架，否则达不到早结果、早丰产的目的及获得良好的经济效益。一般每667m^{2}葡萄需要架材投资2 000～3 000元。

（五）经济效益高

葡萄不但结果早、产量高，经济效益也高。露地栽培纯收入约为每667m^2 0.2万～0.5万元，保护地栽培纯收入每667m^2 1.5万～2.0万元。因此发展葡萄生产是贫困地区农民脱贫致富、增加收入的好途径。近年来，许多农民靠发展葡萄生产走上了致富的道路。

二、国内外葡萄栽培历史及概况

（一）世界葡萄栽培历史和概况

人类利用和栽培葡萄的历史非常悠久。考古研究表明，早在5 000～7 000年前，在埃及、底格里斯河和幼发拉底河流域、外高加索、中亚细亚等地即有葡萄栽培。里海、黑海和地中海沿岸国家是世界葡萄栽培和酿酒历史最悠久的中心地区。根据联合国FAO统计资料（2006），全世界葡萄栽培面积739.95万hm^2，产量6 895万t，居世界水果产量第二位，其中欧洲的葡萄产量占世界的42.2%，亚洲占30.1%，美洲占19.1%，非洲占5.5%，大洋洲占3.1%。世界上葡萄产量最高的10个国家是：意大利（832万t）、法国（669万t）、西班牙（640万t）、中国（627万t）、美国（609万t）、土耳其（400万t）、伊朗（296万t）、阿根廷（288万t）、智利（225万t）、澳大利亚（198万t）。世界上的葡萄85%用于加工（酿酒、制汁、制罐等），5%用于制干，只有10%用于鲜食。根据联合国FAO统计资料（2006），全世界葡萄酒产量为277.7亿升，其中欧洲占71%，美洲占16%，亚洲、非洲和大洋洲合计占13%。法国为世界葡萄酒生产大国（534.5万t），其他葡萄酒主要生产国依次为意大利、西班牙、美国、阿根廷、澳大利亚、中国、南非、智利和德国。多年来，世界葡萄生产的发展趋势是稳定栽培面积，着重提高产量和品质。

（二）中国葡萄栽培简史和现状

据古代文献记载，我国在汉武帝时（前140—前88）从中亚细亚（西域）引入葡萄，至今已有2 000多年的栽培历史。古代劳动人民在长期的栽培实践中积累了丰富的经验，这在多部古农书中都有记载。著名的《齐民要术》中记述了葡萄的来源、特性、覆土防寒方法以及果实的采摘、加工和贮藏方法，《本草纲目》中也记载了葡萄的不同品种。但直到新中国成立前我国的葡萄栽培业发展非常缓慢，处于落后状态。

新中国成立后，我国葡萄生产开始迅速发展，在20世纪的50年代后期、70年代、80年代末至90年代初及21世纪初出现了几次发展高潮。如1980年底我国葡萄种植面积为3.16万hm^2，产量为11万t，到1990年底面积达12.26万hm^2，产量达85.8万t；2002年全国葡萄种植面积33.44万hm^2，产量367.97万t，到2008年面积达到42万hm^2，产量达到627万t。中国葡萄产量升至世界第四位，鲜食葡萄产量已连续多年高居世界首位。

目前全国31个省（自治区、直辖市）均有葡萄栽培，新疆、山东、辽宁、河北、河南、陕西等省为我国葡萄主要产区。近年来我国葡萄栽培区域不断扩大，已从传统栽培区向一些过去认为不适宜栽培葡萄的地区发展（如广西、广东、福建等）。我国葡萄的栽培形式有北方的露地防寒栽培、普通露地栽培、设施促成栽培、设施延迟栽培、设施避雨栽培、一年两熟栽培等。特别是近年各种设施栽培发展较快，生产效益显著提高。葡萄已经成为我国位列苹果、梨、桃之后栽培最为广泛的第四大落叶果树。

（三）中国葡萄产品进出口贸易情况

中国葡萄产品进出口量较少，占世界葡萄产品贸易量的比重较小（表1-1）。

表1-1　2005年世界与中国葡萄产品的贸易量（FAO）

地区	类别	葡萄	葡萄干	葡萄汁	葡萄酒
世界	出口量（万t）	350.59	71.44	72.33	792.99
中国	所占比例（%）	8.23 2.3%	1.58 2.2%	0.15 0.2%	0.49 0.06%

（续）

地区	类别	葡萄	葡萄干	葡萄汁	葡萄酒
世界	进口量（万 t）	323.57	74.99	79.94	771.78
中国	所占比例（%）	18.08 5.6%	2.07 2.8%	0.83 0.1%	8.72 1.1%

注：表内数据引自罗国光 2008 年《第十四届全国葡萄学术研讨会论文集》。

三、我国葡萄生产存在的问题及发展趋势

（一）我国葡萄生产存在的问题

1. 品种结构不够合理，发展有一定盲目性 一方面，我国葡萄栽培以中晚熟品种为主（如巨峰和红地球），约占 90%，早熟和晚熟品种只占 10%左右，导致上市集中，售价不高，有些地区、有的年份还出现滞销。另一方面，我国葡萄引种和栽培存在很大的盲目性，如红地球虽然是一个综合性状优良的品种，但有它的适宜栽培区域，一些地区不顾当地气候特点盲目引种、大量栽培，一段时间全国出现了“一片红（地球）”，但由于抗性和适应性等方面的原因，栽培后并没有取得预期的效益，有些地区损失很大，挫伤了果农的积极性。对其他品种也有不顾地区特点盲目引种的现象。

2. 苗木繁育体系及苗木市场不规范 我国还没有建立起完善的苗木繁育体系，存在着盲目引种、多头育苗、苗木市场混乱现象。葡萄种苗的生产缺乏有力的管理和监督，苗木质量良莠不齐，品种纯正的脱毒良种苗木生产远不能满足生产发展需求。

3. 栽培新技术推广力度不够，果实品质有待提高 一些葡萄栽培新技术在我国推广缓慢，果农栽培技术水平不高，质量意识不强，造成我国生产的葡萄质量较差。主要表现在：含糖量低、外观缺陷多以及滥用植物生长调节剂和农药造成质量安全隐患等。我国生产的葡萄与国际上优质鲜食葡萄和酿酒葡萄的质量标准存在明显的差距，影响了在国际上的竞争力。

4. 产前、产后脱节，产业化程度不高 在我国，葡萄的生产、销售流通、产后加工分属不同部门管理，甚至出现管理脱节和不协调现象，给统一调控和管理带来诸多不便。另外我国葡萄生产产业化程度不高，产业链不完善，缺乏专业性产业协会和产业经纪人队伍，没有形成良好的葡萄产品销售网络。

5. 产后处理及流通环节薄弱 根据有关部门统计，作为世界上鲜食葡萄生产第一大国，2006 年我国鲜食葡萄进行产后保鲜处理的仅占总产量的 10%左右，进行包装销售的仅占总流通量的 8%左右，由于采收后保鲜处理不当，每年约有 15%～20%的果实腐烂变质，损失巨大。另外我国缺乏组织良好的销售网络，小生产与大市场矛盾突出，鲜食葡萄和葡萄酒出口贸易量小，在国际市场所占份额低。

6. 重大病虫害的发生和蔓延成为制约葡萄生产健康发展的隐患 近年来我国葡萄病毒病普遍发生，一些病虫害发生加重，给生产造成的损失巨大。特别是曾在我国绝迹的葡萄根瘤蚜开始发生且有蔓延之势，应引起有关部门和科技工作者、葡萄生产者的高度重视，不能掉以轻心。

7. 缺乏适应我国气候特点、有自主知识产权的品种 我国虽然是葡萄生产大国，但目前生产上栽培的葡萄品种几乎全部为国外引进品种，如巨峰、藤稔等是日本品种，红地球、无核白鸡心等是美国品种。这些品种在抗逆性、品质、适应性等方面都还存在这样或那样的缺陷，限制了我国葡萄产品走向国际市场。我国葡萄育种水平远远落后于美国、日本等国家。因此，开展葡萄育种、培育适应我国气候条件并有自主知识产权的新品种已迫在眉睫，这对保证我国葡萄产业的健康发展和经济效益的进一步提高具有重要的现实意义。

（二）葡萄生产发展趋势

1. 市场对有核品种的需求趋势为大粒、优质、色美 如红地球等大粒、优质、色美的品种在一定时期内会有大发展，同时一些品质差的中、小粒品种和大粒品种将逐步缩小栽培面积，甚至被淘汰。

2. 优质无核品种将有大发展 从国际水果市场来看对无核葡萄的需求越来越多，价格也高。目前国内市场上基本看不到优质无核葡萄，更谈不上出口。随着生活水平的提高，人们的消费要求及口味必将提高，近年来我国从国外引入的优质无核品种如无核白鸡心等在市场上深受欢迎就是例证。可以预见，无核葡萄品种将在我国各地得到大的发展，以适应世界潮流。

3. 葡萄品种结构将有重大变化 过去我国葡萄栽培以中晚熟品种为主，约占90%，上市集中，售价较低，有些地区、有的年份还出现过剩，并且主栽品种巨峰、龙眼等由于品质差些，受欢迎程度逐渐降低。近年来不断有新品种的引入，我国教学、科研单位也不断培育出新的优良品种，为品种结构调整及品种更新换代创造了良好的契机。我国栽培葡萄将出现早、中、晚熟品种合理搭配的局面。其中早熟品种将占10%～15%，中熟品种将下降到60%～70%，晚熟品种将达15%～30%。总之，葡萄品种结构调整势在必行，并将对葡萄鲜果的周年供应及经济效益的提高起到重大推动作用。

4. 酿造加工品种将有一个大发展 世界上的葡萄85%用于加工，5%用于制干，只有10%用于鲜食。而我国生产的葡萄绝大多数用于鲜食，约占85%以上，加工和制干用葡萄约占15%，与国际市场相差甚远。随着人民生活水平及健康意识的提高及科学技术的发展，我国葡萄酿造加工业将上一个新台阶，人们也将逐步习惯喝酒度低、营养价值高的葡萄酒，酿造加工品种的发展势在必行。这个趋势目前已显现出来。

5. 栽培新技术将逐步得到普及 随着市场经济的发展及人们对葡萄质量要求的提高，葡萄栽培新技术如密植丰产新技术、有核品种无核化技术、提早着色和提高品质技术、果穗整形技术、设施促成栽培和延迟采收栽培、避雨栽培技术等将逐步在生产上得到普及应用，并将带来巨大的经济效益。

6. 葡萄设施（保护地）栽培将迅速发展 葡萄在设施内生长不受自然气候限制，可人为创造小气候，提早或延迟果实采收，解决淡季鲜果供应，并可进行多层次立体栽培，因此经济效益极高，一般每年每667m^2可创造2万元以上的产值，深受生长季短的北方地区栽培者的欢迎。在现有基础上，设施栽培将来还会有大的发展。

第一节 主要种类和品种

一、葡萄属及其主要种

葡萄在分类上属于葡萄科（Vitaceae）葡萄属（*Vitis*）。葡萄属包括 70 多个种，分布在我国的约有 35 种。其中仅有 20 多个种用来生产果实或作为砧木，其他均处于野生状态，无栽培及食用价值。按照地理分布和生态特点，一般将葡萄属划分为三大种群：欧亚种群、北美种群和东亚种群。另外还有一个杂交种群。

（一）欧亚种群

该种群目前仅存 1 个种，即欧洲种或称欧亚种（*V. vinifera* L.），起源于欧洲及亚洲。该种栽培价值最高，世界上著名的鲜食、加工、制干品种大多属于本种。属于该种的品种极多（约 5 000 多个），其产量占世界葡萄产量的 90%以上。我国栽培的龙眼、牛奶、玫瑰香、无核白等品种都属于该种。

欧洲种葡萄的特点是果实品质好，风味纯正；抗寒性较差，成熟的枝条和芽眼能抗－16～－18℃的低温，根系能抗－3～－5℃的低温；对真菌性病害抵抗能力弱，不抗黑痘病、白腐病等，不抗根瘤蚜，抗石灰质土壤能力强。该种适于在气候比较温暖、阳光充足和较干燥的地区栽培。

（二）北美种群

包括 28 个种，大多分布在北美洲的东部。在栽培和育种上有利用价值的主要有以下几种。

1. 美洲种（*V. labrusca* L.） 又称美洲葡萄，原产北美东部。该种果实具有浓厚的麝香味（狐香味、草莓香味），叶背密生灰白或褐色毡状茸毛，抗病性强，耐潮湿；抗寒性较强，成熟的枝条和芽眼可抗－20～－22℃低温，根系能抗－7～－8℃的低温；对石灰质土壤敏感，易患失绿病。著名的制汁品种康可（Concord）为该种的代表性品种。

2. 河岸葡萄（*V. riparia* Michaux） 原产北美东部。叶三裂或全缘，叶片光滑无毛，生长势强。抗旱、耐热、耐湿，抗病性强，对扇叶病毒有较强的抗性，高抗根瘤蚜。抗寒性较强，成熟的枝条和芽眼可抗－30℃以下的低温，根系可抗－11～－13℃的低温。果实小、味难闻、品质差，无食用价值。该种主要用作抗寒、抗旱及抗根瘤蚜砧木。目前生产上广泛应用的抗寒砧木贝达（Beta）即是河岸葡萄和美洲种的杂交后代，其根系可抗－12℃左右的低温。沈阳农业大学引进和筛选的河岸 2 号、河岸 3 号等既抗寒、抗旱，又较抗根癌病，扦插生根容易，成活率高，是极有希望的抗性砧木。

3. 沙地葡萄（*V. rupestris* Scheele） 原产美国中部和南部。叶片光滑无毛，全缘。果实小、品质差，无食用价值。抗寒性较强，根系可抗－8～－10℃的低温，枝芽可抗－30℃的低温。该种抗旱性强，抗根瘤蚜、白粉病、霜霉病。该种及其杂种主要用作抗旱、抗根瘤蚜砧木，具有代表性的品种为圣乔治（St. George）。

（三）东亚种群

包括 39 个种，生长在亚洲东部，原产于我国的有 10 余种。其中重要的种有山葡萄和蘡薁葡萄。

1. 山葡萄（*V. amurensis* Rupr.） 分布于我国的东北、华北及韩国、朝鲜、俄罗斯的远东地区。我国以长白山区最多，主要生长在林缘与河谷旁。

本种是葡萄属中抗寒性最强的一个种，成熟的枝条和芽眼能抗－40～－50℃的低温，根系可抗－14～－16℃低温。对白粉病和霜霉病的抗性较差。多属雌雄异株，但已发现了两性花类型双庆，并选育出了两性花品种双优等。山葡萄种内类型颇多，类型间性状变异较大。果粒重 0.57～1.25g，果穗重 22.0～72.9g，含糖量 8.8%～16.7%，含酸量 1.66%～3.64%。果粒圆形，直径 6～11mm，呈紫黑色。扦插发根能力较弱，多采用实生播种繁殖，但种内也发现一些扦插发根能力较强、成活率较高的株系和类型。

山葡萄的应用主要包括以下 3 个方面：①作寒冷地区的抗寒砧木，以扩大品种的栽培范围。沈阳农业大学 1983 年从美国引入山葡萄×河岸葡萄杂交品系山河 1～4 号，经测定其根系能抗－13.5～－15℃的低温，超过贝达，与山葡萄相近，并且扦插生根容易，树势强健、抗病性强，是极有希望的抗寒砧木。②作酿酒原料。由于山葡萄果实风味独特，果汁色艳，是酿酒的好原料。如吉林、黑龙江等地酿制的山葡萄酒，浓郁醇香，极富特色，畅销国内外，很受欢迎。③作抗寒育种的原始材料。利用山葡萄的抗寒性与栽培品种杂交，可培育出抗寒品种。如用玫瑰香与山葡萄杂交，北京植物园培育出了北醇，吉林省果树研究所育出了公酿 1 号、公酿 2 号。这些品种均具有较好的酿造品质，还可兼作抗寒砧木。

2. 蘡薁（*V. thunbergii* Sieb. et Zucc） 又名董氏葡萄，产于华北、华中及华南各地，日本、朝鲜也有分布。浆果圆形，黑紫色。果汁深红紫色，含糖量 14.6%，含酸量 1.35%。本种扦插不易发根，抗寒性较强，在华北一带可露地安全越冬。可作抗寒、抗病育种的原始材料。

东亚种群中可供酿造和利用的种还有刺葡萄（*V. davidii* Foex）、葛藟葡萄（*V. flexuosa* Thunb）、秋葡萄（*V. romanetii* Romen）和毛葡萄（*V. quinquangularis* Rehd.）等。

（四）杂交种群

杂交种群是指葡萄种间进行杂交培育而成的杂交后代。如欧洲种和美洲种的杂交后代称欧美杂种，欧洲种和山葡萄的杂交后代称欧山杂种。其中欧美杂种在葡萄品种中占有相当的数量，这些品种显著的特点是浆果具有美洲种的草莓香味，植株有良好的抗病、抗寒、抗潮湿性和丰产性，这些特性使得欧美杂种能在较大的区域范围内种植。目前在中国、日本和东南亚地区欧美杂种已成为主栽品种，其果实主要用作鲜食和制汁，但品质普遍赶不上欧洲种葡萄。我国和日本目前栽培较多的欧美杂种品种有巨峰、京亚、藤稔、康拜尔早生、玫瑰露等。

二、主要优良品种

（一）葡萄品种的分类

据 1988 年在德国召开的第五届国际葡萄育种学术讨论会报道，在全世界 100 多个品种资源圃中保存的葡萄种、品种有4.5万个，属1.2万～1.5万个基因型。还有的学者认为全世界栽培葡萄约有1.4万个，其中在资源圃中保存或在栽培上应用的有7 000～8 000个，这些品种主要来源于欧洲种、美洲种及欧美杂种。

1. 按有效积温和生长日数分类　一个地区一年内≥10℃的天数的温度总和即为该地区的年有效积温，生长日数是指葡萄从萌芽至果实成熟所需的天数。按有效积温和生长日数常把葡萄品种分为5类，见表1-2。

表1-2　不同葡萄品种对有效积温和生长日数的要求

品种类型	有效积温（℃）	生长日数（d）	代表品种
极早熟品种	2 100～2 500	＜110	87-1系、莎巴珍珠、早红
早熟品种	2 500～2 900	110～125	京亚、京秀、无核白鸡心、金星无核
中熟品种	2 900～3 300	125～145	紫玉、巨峰、藤稔、红脸无核、牛奶
晚熟品种	3 300～3 700	145～160	晚红、意大利、夕阳红、木纳格
极晚熟品种	＞3 700	＞160	秋红、秋黑、龙眼、红鸡心

2. 按用途分类　可分为鲜食品种、酿酒品种、制干品种、制汁品种、制罐品种、砧木品种等。实际上类与类之间很难截然分开，往往可以兼用，有的鲜食品种也可酿酒（如龙眼）或制汁（巨峰），有的酿酒品种还可兼作砧木（如北醇），无核白品种除制干外，还可用于鲜食和酿酒。

（二）原产中国的古老葡萄品种

1. 龙眼　别名秋紫、狮子眼。欧亚种，原产中国。在河北东北部的涿鹿、怀来、昌黎，辽宁南部和西部，山西清徐，山东大泽山栽培较为集中，已有近500年的栽培历史。

果穗大，宽圆锥形，平均穗重650g，最大果穗重4 000g以上，中等紧密。平均粒重5～6g。果粒近圆形，淡紫红色至深紫红色。果皮薄，果粉厚，果肉软，多汁，味酸甜、清香。出汁率71%，含糖15%～17%，含酸0.6%。树势旺，丰产，耐贮运。极晚熟品种，9月底至10月初成熟。抗旱、耐瘠薄，易感病害，适宜在干旱少雨、气候温凉的地区栽培。龙眼不但是我国的优良鲜食品种，而且已成为我国著名的酿酒品种。河北长城葡萄酿酒公司以龙眼葡萄酿制的“长城干白葡萄酒”驰名国内外，曾获伦敦国际名酒评酒会的金奖。

2. 牛奶　别名马奶子、宣化牛奶。欧亚种。在河北宣化、华北和西北地区都有栽培，是我国古老、质优的鲜食葡萄品种。

果穗中等大，重300～500g，最大穗重1 400g，长圆锥形，穗松散、整齐。果粒大，平均粒重5.5g。果皮黄绿色，皮薄肉脆，清香味甜，品质佳。含糖量13%～20%，含酸0.4%～0.5%。晚熟品种，在河北宣化9月底成熟，较耐贮藏。该品种鲜食味美，但抗病力弱，多雨天气有裂果现象，树势强旺宜采用棚架栽培。适宜在西北、华北干旱少雨地区栽培，喜排水良好的肥沃沙壤或丘陵山区。

3. 红鸡心　别名紫牛奶。欧亚种。在山东青岛、河北省有少量栽培。

果穗中等大，穗重350～450g，圆锥形，紧密。果粒中等大，平均粒重4.9～5.2g，鸡心形，紫红色，果皮、果粉均厚，果肉脆，多汁、清香，果粒着生牢固，耐运输。生长势强，结实力中等，产量中低。为极晚熟品种，一般9月底至10月初成熟。该品种为优良的鲜食品种，品质佳，外形美观，抗病力中等，对肥水要求较高，喜温暖气候，适宜在丘陵山地和肥沃的沙壤栽培。

（三）我国栽培的无核鲜食葡萄品种

1. 金星无核（Venus Seedless） 欧美杂种，美国阿肯色州农业试验站培育，1977年发表。沈阳农业大学1983年从美国引进，1994年通过品种审（认）定。

果穗圆锥形，紧密，平均穗重350g。果粒近圆形，平均粒重4.4g，经葡萄膨大剂处理后果粒重可达7～8g，果皮蓝黑色。肉软，汁多，味香甜，可溶性固形物含量15%，品质中上，有的浆果内残存有退化的软种子。较耐运输。该品种树势强，结果枝率90%，枝条成熟度极好，抗病力强，丰产性好，能适应高温多湿的气候。在沈阳地区8月中下旬成熟。是一个适应性强的优良早熟无核品种。

2. 无核白鸡心（Centenial Seedless） 欧亚种，美国加州大学欧姆（H. P. Olmo）教授培育，1981年发表。沈阳农业大学1983年从美国引进，1994年通过品种审（认）定。

果穗大，圆锥形，平均穗重620g，最大穗重1 700g，中等紧密。果粒长卵形、略呈鸡心形，黄绿色，平均粒重6g左右，在无核品种中属罕见的大粒品种。经赤霉素或膨大剂处理后，果粒可长达5cm，粒重可达10g以上。果皮薄，不裂果，果肉硬脆，微具玫瑰香味，甜酸适口，品质极佳。可溶性固形物含量16%。果刷长，耐运输。该品种树势强旺，枝条粗壮，较丰产。沈阳地区8月20日左右成熟。该品种由于外观美、品质好、商品价值高，很受栽培者和消费者欢迎，是一个极有发展前途的早熟、大粒、优质、丰产的无核品种。目前已成为东北、京津、华北等地理想的早熟无核葡萄更新换代的品种之一。

3. 京早晶 欧亚种。1960年由中国科学院北京植物园以葡萄园皇后与无核白杂交培育而成。现在新疆吐鲁番、甘肃酒泉、北京、河北、辽宁等地均有栽培。

果穗长圆锥形，中等紧密，平均穗重420g，最大穗重625g。果粒中等大，平均重2.9～3.3g，卵圆或椭圆形，绿黄色，透明美观。果皮薄，果肉脆甜，可溶性固形物含量20%左右，品质上等。生长势强，产量中等，在北京7月底成熟，属极早熟品种，适宜在我国气候炎热和干旱的西北地区栽培。也适宜在东北、华北地区的城郊发展。

4. 无核紫（Monukka） 欧亚种。原产中亚，1937年引入我国。果穗大，平均重655g，最大穗重可达2 000g以上，圆锥形，中等紧密。果粒椭圆形，黑紫色，平均粒重2.8g。皮薄肉脆，味甜，汁少，可溶性固形物含量20%～22%。树势强，品质上，耐运输，抗黑痘病及白腐病能力较差，产量中等。新疆吐鲁番地区7月下旬至8月上旬成熟，属早熟品种。

5. 无核白（Thompsons Seedless） 别名无籽露。欧亚种，原产中亚细亚，是世界上栽培历史相当悠久的葡萄品种。美国是世界上栽培无核白最多的国家（约占50%）。无核白是我国新疆地区的主栽品种，其他地区有少量栽培。

果穗圆锥形，疏松，平均穗重337g，最大穗重1 000g。果粒小，椭圆形，平均粒重1.64g，果实黄白色，果皮薄，果肉甜脆，无香味。可溶性固形物含量22.4%，含酸量0.4%，出汁率67.6%，出干率20%～30%。属晚熟品种，在辽宁兴城9月下旬成熟。生长势强，结实力强，丰产。抗病性弱，适宜在高温、干旱少雨、生长季节较长的西北地区栽培，是一个优良的制干与生食兼用品种。

6. 红脸无核（Blush Seedless）　欧亚种，美国加州大学欧姆教授培育，1982 年发表。沈阳农业大学 1983 年从美国引进，1995 年通过品种审（认）定。

果穗大，长圆锥形，平均穗重 650g，最大穗重 2 150g。果粒椭圆形，平均粒重 3.8g。果皮鲜红色，果粉薄，外观鲜艳，果肉硬脆，味甜，品质上，可溶性固形物含量 15%～16%。果刷长，果粒着生牢固，较耐贮运。树势强，产量高，抗病力中等。沈阳地区 9 月中下旬成熟，属中晚熟品种。是西北、华北、东北地区有发展前途的无核葡萄品种之一。

7. 希姆劳特（Himlod Seedless）　欧美杂种，美国纽约州农业试验站育成。1973 年我国首次从国外引进，现在上海、浙江地区栽培较多。

果穗小，圆锥形，松散，平均穗重 79～126g。果粒小，平均粒重 1.5～1.8g，短椭圆形，黄绿色，果皮薄，肉软多汁，有草莓香味。经赤霉素（九二〇）处理果粒能增大 1～2 倍。可溶性固形物含量 20%。生长势强，较丰产，属极早熟优质无核品种。抗病性较强，适宜在肥沃土壤上栽培，宜采用棚架栽培和长梢修剪，我国南方可作为早熟葡萄品种推广。

（四）我国栽培的有核鲜食葡萄品种

1. 京亚　欧美杂种，四倍体。中国科学院北京植物园从黑奥林实生苗中选育的新品种，1992 年通过品种审定。果穗圆锥形，平均穗重 400g，最大穗重可达 1 000g。果粒短椭圆形，平均粒重 11.5g。果皮紫黑色，果肉较软，汁多，味浓，稍具草莓香味，可溶性固形物含量 15%～17%。较抗病，丰产。早熟品种，浙江 7 月初、北京 7 月下旬、沈阳 8 月中旬果实成熟。不掉粒、耐运输。在辽宁、浙江、北京、吉林等地表现良好，较适宜保护地栽培。

2. 京秀　欧亚种，中国科学院北京植物园杂交育成，1994 年通过品种审定。果穗圆锥形，平均穗重 513.6g，最大穗重 1 000g。果粒椭圆形，平均粒重 6.3g，最大粒重 9g。果皮玫瑰红或紫红色，果肉脆，味甜，酸度低，可溶性固形物含量 14%～17.5%，含酸 0.39%～0.47%，品质上等。较丰产，抗病力中等，易染炭疽病。早熟品种，北京地区 8 月初、沈阳地区 8 月中旬果实成熟。果实可在树上挂 1 个月亦不裂果、不掉粒，果肉仍很脆，品质更佳，较适宜保护地栽培。

3. 里查马特　又名玫瑰牛奶、红马奶。欧亚种，原产格鲁吉亚，是世界上著名的二倍体大粒葡萄种之一。1961 年引入我国。在辽宁、河北、新疆、山东等地栽培较多。

果穗特大，圆锥形，平均穗重 800g，最大穗重可达 3 000g 以上。果粒长椭圆形或长圆柱形，平均粒重 10.2～12.0g，最大粒重可达 19～20g。果皮鲜红色至紫红色，外观艳丽。皮薄肉脆，味甜，可溶性固形物含量 14%～15%，清香，口感优雅。生长势强，丰产。抗病性较弱，极易感染黑痘病、霜霉病、白腐病。成熟期间雨水过多易裂果，多施磷、钾肥有利抗病和防止裂果。早熟品种，沈阳地区 8 月下旬成熟，山东济南 8 月初成熟。最适宜在干旱、半干旱地区栽培，要求排水良好的肥沃沙壤。

4. 87-1 系　近年从鞍山郊区发现的早熟、优质、丰产新品种。欧亚种，品种来源不祥。果穗圆锥形，平均穗重 600g，果粒着生紧凑，穗形整齐。果粒短椭圆形，平均粒重 5～6g。果皮深紫色，果肉硬脆，酸度低，可溶性固形物含量 14%～15%，有玫瑰香味，味道纯正，是早熟品种中品质最优的品种之一。早熟品种，沈阳地区8月初果实成熟。抗病性中等，适合保护地栽培。

5. 紫珍香 欧美杂种，四倍体。辽宁省农业科学院园艺研究所杂交育成，1991年通过品种审定。幼叶紫红色，并密生白色茸毛。成叶3～5裂。果穗圆锥形，平均穗重318g。果粒长圆形，平均粒重9g。果皮紫黑色，肉软多汁，具有玫瑰香味，甜，品质上等。树势强，较抗病，产量中等。早熟品种，沈阳地区8月下旬果实成熟。是较有希望的早熟品种。

6. 蜜汁 欧美杂种，四倍体，从日本引入。

幼叶、成叶背面均密生黄白色茸毛，一年生枝条红褐色。果穗圆柱形或圆锥形，平均穗重320g，紧密。果粒圆形，平均粒重8g。果皮粉红色至紫红色，果粉厚，肉软多汁，稍有肉囊，极甜，可溶性固形物含量17%～18%。生长势强，丰产，抗病性极强。果刷短，不耐运输。早熟品种，沈阳地区8月下旬成熟。

7. 藤稔（Fujiminori） 欧美杂交种，四倍体。日本神奈川县青木一直以井川682与先锋杂交育成，1985年注册登记，1986年由辽宁省首次引入我国，并迅速扩散到浙江、江苏、安徽、河北等省。

果穗圆锥形，平均穗重400～500g。果粒特大，平均粒重15～18g，经严格疏粒、疏穗后，最大果粒可达39g，俗称乒乓葡萄。果皮紫红至紫黑色，皮薄肉厚，不易脱粒，味甜，可溶性固形物含量15%～16%，品质中上。树势强旺，极丰产，抗病力强。中熟品种，沈阳地区9月上旬果实成熟。

8. 红地球（Red Globe） 又名晚红。美国红提。欧亚种，美国加州大学欧姆教授培育，1982年发表。沈阳农业大学1987年从美国引进，1994年通过品种审（认）定。

果穗长圆锥形，穗重800g，大的可达2 500g。果粒圆形或卵圆形，平均粒重12～14g，大的可达22g，每穗果粒着生松紧适度。果皮中厚，暗紫红色；果肉硬脆，能削成薄片，味甜，可溶性固形物含量17%，品质极佳。果刷粗而长，着生极牢固，耐拉力强，不脱粒，特耐贮藏运输。树势强壮，极丰产。不抗黑痘病，要提早预防。果实易着色，成熟期遇大雨也不易裂果。在沈阳地区5月上旬萌芽，6月上旬开花，9月底至10月初果实成熟。从萌芽到果实完熟生长期155～160d。是当今世界的名牌晚熟品种。

9. 圣诞玫瑰（Christmas Rose） 又名秋红。欧亚种，美国加州大学欧姆教授杂交育成，1981年在美国发表。沈阳农业大学1987年从美国引入，1995年通过品种审定。

果穗长圆锥形，穗重880g，最大穗重3 200g。果粒长椭圆形，平均粒重7.5g，着生较紧密。果皮中等厚，深紫红色，不裂果。果肉硬脆，能削成薄片，肉质细腻，味甜，可溶性固形物含量17%，品质佳。果刷大而长，果粒附着极牢固，特耐贮运，长途运输也不脱粒。树势强，枝条粗壮，极丰产。抗霜霉病、白腐病能力较龙眼葡萄强，抗黑痘病能力较差。果实易着色，成熟一致，在辽宁省锦州地区10月上中旬果实成熟，从萌芽到果实完全成熟生长期160d左右。

10. 秋黑（Autumn Black） 欧亚种，美国加州大学欧姆教授杂交育成，1984年发表。沈阳农业大学1987年从美国引入，1995年通过品种审（认）定。

果穗长圆锥形，穗重270g，最大穗重1 500g以上。果粒阔卵形，平均粒重9～10g，着生紧密。果皮厚，蓝黑色，外观极美，果粉厚；果肉硬脆，能削成薄片，味酸甜，可溶性固形物含量17%，品质佳。果刷长，果粒着生极牢固，极耐贮运。生长势强，极丰产，抗病性强于晚红和秋红。在锦州地区10月中旬果实成熟，从萌芽到果实完熟生长期160～170d，是有前途的优良晚熟品种。

11. 夕阳红 欧美杂种，四倍体。辽宁省农业科学院园艺研究所采用沈阳玫瑰与巨峰杂交育成，1993年通过品种审定。果穗圆锥形，平均穗重600g左右，最大可达1 500g以上。果粒长圆形，平均粒重12g左右。果皮较厚，暗红至紫红色，果肉软硬适度，汁多，具有浓玫瑰香味，味甜，可溶性固形物含量16%，品质上。晚熟，沈阳地区果实成熟期9月下旬。树势强壮，抗病性强，丰产。果实成熟后不裂果、不脱粒，耐运输，较耐贮藏。

12. 红木纳格 欧亚种。来源不详，是白木纳格的芽变。目前在新疆和田地区栽培较多。果穗圆锥形，平均穗重1 500g，最大穗重达5 000g，果粒着生中密。果粒长椭圆形，平均粒重7～8g，最大粒重达10g以上。果皮浅紫红色，皮薄肉脆，风味甜酸爽口。在鄯善县果实于9月底10月初成熟，属晚熟品种。植株长势强，较丰产，果实不落粒，不裂果，较耐贮运。

（五）我国栽培的优良酿酒葡萄品种

1. 霞多丽（Chardannay） 别名莎当妮、查当尼等。欧亚种，原产法国勃艮第。现主要在法国、美国、澳大利亚等国栽培。山东平度是中国霞多丽主要生产基地，河北、陕西、北京等地也有小面积栽培。

果穗圆柱形，平均穗重142.1g，带副穗，有歧肩，极紧密。果粒近圆形，平均粒重1.38g。果皮黄绿色，果皮薄，粗糙，果肉多汁，味清香，含糖量20.1%，含酸量0.75%，出汁率72.5%。生长势强，结实力强，极易早期丰产。在青岛9月上旬成熟，属中熟品种。适应性强，抗病性中等。主要用于酿造高档干白葡萄酒，酒色呈淡金黄色，澄清，幽雅。还可酿制高档香槟酒，其价格昂贵。

2. 白玉霓（Ugni Blanc） 欧亚种。原产法国，是世界最著名的酿酒葡萄品种之一。目前是烟台张裕公司酿制白兰地葡萄酒的主要原料，河北、上海等地也有少量栽培，有望成为我国南方最有前途的优良酿酒葡萄品种。

果穗大，圆锥形，有歧肩，平均穗重367.7g。果粒近圆形，平均粒重1.46g。果皮薄，淡黄色，果肉多汁，无香味，含糖量19%，含酸量0.66%～1.22%，出汁率73%。生长势强，丰产、稳产，适应性强，喜肥水，较抗病。白玉霓是酿造葡萄蒸馏酒——白兰地的专用品种，如法国最著名的科涅克白兰地酒就是以用白玉霓酿造而成。白玉霓还可酿制佐餐葡萄酒，其酒质优良。该品种在山东10月上旬果实成熟，属晚熟品种。

3. 白诗南（Chenin Blanc） 欧亚种。原产法国，栽培历史悠久。我国20世纪80年代由长城葡萄酒公司、华东葡萄酿酒公司从国外大量引进，现栽培面积不断扩大。

果穗长圆锥形至圆柱形，带歧肩、副穗，果粒着生紧密。平均穗重315g，最大穗重600g。果粒小，圆形或卵圆形，平均粒重1.26g。果皮黄绿色，果肉多汁，有香味，含糖17.3%，含酸0.99%，出汁率72%。生长势强，结实力中等，适应性强，适宜在肥沃的沙壤土栽培，抗病性中等，易感白腐病。山东半岛地区9月中旬果实成熟，属中熟品种。

白诗南是具有多种酿酒用途的葡萄品种，可以生产干白葡萄酒、甜白葡萄酒、起泡酒和香槟酒。其单品种葡萄酒酒质优良，属世界名酒。

4. 意斯林（Italian Riesling） 又名贵人香。欧亚种，原产意大利和法国南部，是古老的欧洲种葡萄。我国1892年首次从欧洲引入，现已作为优良酿酒葡萄品种在北方沿海地区推广。

果穗圆柱形，多具副穗，平均穗重134g，果粒着生中等紧密。果粒圆形，平均粒重1.5g，黄绿色，果皮薄，果面上有褐色斑点。果肉多汁、清香，含糖18.5%，含酸0.8%，出汁率68%～76%。树势中等偏弱，结实力强，产量中等。适应性较强，喜肥水，不耐旱，抗病性较强。在山东半岛地区9月上旬果实成熟，属中熟品种。意斯林属世界优良酿酒葡萄品种，酒质极优。青岛华东薏丝琳干白葡萄酒是以优质意斯林葡萄酿制而成，曾多次获国际金奖。

5. 白羽（Rkatsiteli） 别名白翼等。欧亚种，原产格鲁吉亚，居世界酿酒白葡萄品种的第二位。我国20世纪60年代从保加利亚引进，目前已成为栽培面积最大、分布最广的酿酒白葡萄品种。

果穗圆锥形至圆柱形，带歧肩和副穗，果粒着生紧密。平均穗重226g，最大穗重800g。果粒卵圆形，平均粒重3.1g。果皮黄绿色，果粉薄，果肉多汁，香气纯正，味酸甜。含糖量18.3%，含酸量0.88%，出汁率73%～78%。生长势中等，副梢生长弱，夏季修剪简便。结实力强，较丰产。抗病性较强，耐旱。可酿造普通佐餐葡萄酒和优质干白葡萄酒，酒质优良。

6. 赤霞珠（Cabernet Sauvignon） 欧亚种，原产法国波尔多，是栽培历史最悠久的欧洲种葡萄，是世界上最著名的酿酒红葡萄品种。我国1892年首次从西欧引入，现在河北、山东等地栽培较多。果穗圆锥形，平均穗重175g，较紧密。果粒圆形，紫黑色，平均粒重1.85g，果皮厚，果肉多汁，淡青草味，含糖量19.3%，含酸量0.56%～0.71%，出汁率62%。晚熟品种，在烟台10月上旬充分成熟。树势较强，风土适应性强，抗病性较强，适宜在肥沃的壤土和沙壤土栽培，喜肥水。用赤霞珠酿制的干红葡萄酒以其高质量在世界上最负盛名。

7. 梅鹿辄（Merlot） 别名梅露汁、红赛美蓉。欧亚种，原产法国波尔多，是近代很时髦的酿酒红葡萄品种。我国1892年从西欧引入，在河北、山东、新疆等地有少量栽培。

果穗圆锥形，带歧肩和副穗，平均穗重238g，中等紧密。果粒近圆形或短卵圆形，平均粒重1.84g。果皮紫黑色，较厚，果肉多汁，含糖18%～20%，含酸0.71%～0.89%，出汁率70%～74%。中熟品种，在青岛9月中旬浆果充分成熟。树势较强，结果能力强，极易早期丰产，产量较高。适应性和抗病性较强，适宜在肥沃的沙质土壤上栽培。适合酿制干红葡萄酒和佐餐葡萄酒。常与赤霞珠酒勾兑，以改善成品酒的酸度和风格。

8. 佳利酿（Carignon） 欧亚种，原产西班牙。其栽培面积居世界红葡萄品种的第二位，我国1892年首次从国外引进，现在我国北方葡萄酒产区栽培较多。

果穗圆锥形，平均穗重340g，果粒着生紧密。果粒近圆形，紫黑色，平均粒重2.7g，果皮厚，多汁，味甜，含糖18%～20%，含酸1.0%～1.4%，出汁率85%。山东烟台10月初成熟，属晚熟品种。树势较强，产量高。适应性和抗病性较强。在国外，佳利酿常与其他品种调配生产清新爽口的佐餐酒，在我国常与其他品种原酒调配成中档葡萄酒或者蒸馏生产白兰地。

9. 北醇 欧山杂种，是中国科学院北京植物园1954年以玫瑰香与山葡萄杂交育成。北京、河北、山东、吉林、辽宁等地都有栽培。

果穗圆锥形带副穗，平均穗重259g，果粒着生较紧密。果粒近圆形，平均粒重2.56g。果皮紫黑色，果汁淡紫红色，果肉多汁，甜酸味浓。含糖量19.1%～20.4%，含酸量0.75%～0.97%，出汁率77.4%。树势强，丰产性好，抗寒性及适应性较强。北京地区9月中旬果实成熟，属晚熟品种。北醇为酿制红葡萄酒品种，其酒质优良，澄清透明，柔和爽口，风味醇厚。

10. 公酿2号 欧山杂种。吉林省农业科学院果树研究所于1960年用山葡萄与玫瑰香杂交育成。两性花。果穗圆锥形，有歧肩或副穗，果粒着生紧密，平均穗重153g。果粒圆形，蓝黑色，平均粒重1.16g。果汁淡红色，味酸甜，含糖量17.6%，含酸量1.98%，出汁率73.64%。在吉林省公主岭9月上旬果实成熟。树势中等，副梢少，易于管理。结果早，产量较高，枝蔓成熟良好，抗寒力强，适于在寒地发展。为酿制红葡萄酒品种，酒为淡宝石红色，澄清，有类似法国蓝酒的香味，较爽口，回味良好。

11. 双优 吉林农业大学等单位育成。两性花，植株生长势中等，早期丰产性好，且连年丰产。可露地越冬。果穗长圆锥形，平均穗重132g，最大穗重500g，果穗紧密，无青粒。浆果圆形，平均粒重1.19g，果皮蓝黑色，较薄。果汁紫红色，出汁率为64.7%，可溶性固形物含量15.67%，总酸2.23%。浆果9月上中旬成熟。酒质：酒色浓艳、果香浓郁、醇厚纯正、典型性强。植株从萌芽至浆果充分成熟130～135d。

12. 双红 中国农业科学院特产研究所育成。亲本为通化3号×双庆。

两性花，植株生长势较强，较丰产，抗霜霉病能力强。果穗双歧肩圆锥形，平均穗重127g，平均粒重0.83g，青粒少。果汁可溶性固形物含量15.58%，总酸1.96%，出汁率55.7%。浆果9月上旬成熟。酒质：宝石红、清亮、果香明显、协调、口味舒顺、浓郁爽口、余香长、典型性好。丰产、稳产。从萌芽到浆果充分成熟127～135d。抗霜霉病能力高于左山二、双庆、双丰和双优，是我国培育的第一个抗霜霉病山葡萄新品种。

13. 左优红 中国农业科学院特产研究所用79-26-18×74-1-326杂交选育而成，为山欧杂种，是我国选育的第一个抗寒、酿造全汁葡萄酒品种。植株生长势强，抗霜霉病能力强，丰产。果穗为长圆锥形，部分有歧肩，果穗长。果穗紧密度中等。略有小青粒，平均穗重144.8g，最大穗重892.2g。果粒圆形，蓝黑色，果粉厚。果粒平均重1.36g，果肉绿色，无肉囊，果皮与果肉易分离。每果粒含种子2～4粒，在吉林市左家地区果实可溶性固形物平均为18.5%，出汁率66.4%，出汁率最高可达70.2%，酒质好。从萌芽到果实充分成熟的生长日数124d，在沈阳以南和吉林省集安岭南地区可以自然越冬，在其他寒冷地区需要下架简易防寒。

14. 北冰红 中国农业科学院特产研究所用左优红×84-26-53杂交选育而成，为山欧杂种，是我国选育的第一个抗寒、酿造冰红葡萄酒品种。果穗为长圆锥形，大部分有副穗，果穗紧密度中等，略有小青粒。平均穗重159.5g，最大穗重1 328.2g，果粒圆形，蓝黑色，果粉厚。果粒平均重1.30g。果肉绿色，无肉囊，果皮较厚、韧性强，果刷附着果肉牢固，每果粒含种子2～4粒。可溶性固形物含量18.9%～25.8%，含总酸1.32%～1.48%，单宁0.034 6%，出汁率67.1%。采收时果实含糖37.0%～47.0%，滴定糖43.0%，含总酸1.431%～1.592%，单宁0.061%，出汁率22.0%。可酿制单品种高档冰红葡萄酒。从萌芽到果实充分成熟的生长日数为138～140d。丰产，抗寒力近似贝达葡萄，抗病性较强。适宜在年无霜期125d以上、≥10℃活动积温2 700℃以上、冬季极端最低气温不低于－37℃的山区或半山区栽培。

（六）葡萄砧木品种

我国葡萄栽培应用砧木的历史较短。在寒冷地区由于存在根系冻害问题，自20世纪60年代以来开始普遍使用山葡萄和贝达作抗寒砧木，这对促进寒冷地区葡萄生产发展起到了巨大的推动作用。改革开放以来，随着引进大量的优良酿造、鲜食品种，国外的某些葡萄病毒病、线虫、根瘤蚜也随之带入我国。为了避免给葡萄生产带来灾难性损失，在寒冷地区以外的广大葡萄种植区大力推广使用具有良好抗性和适应性的砧木具有重要的战略意义，势在必行。

我国应用的传统抗寒葡萄砧木主要有两种。

1. 山葡萄　由于其根系抗寒性极强，在黑龙江省及吉林北部应用最广。但山葡萄扦插生根困难，故多采用实生繁殖。然而实生苗发育缓慢，根系不发达，须根少，移栽成活率较低。另外，山葡萄与大部分葡萄主栽品种嫁接亲和力有一定问题，“小脚”现象明显，因此并不是十分理想的抗寒砧木。

2. 贝达（Beta）　在东北各地有广泛的分布，为河岸葡萄与美洲葡萄的杂交种，目前为吉林南部、辽宁等较寒冷地区广泛使用的抗寒砧木。贝达抗寒性较强，扦插生根容易，但根系抗寒力还不够理想，并且耐盐碱能力差。近年来发现很多贝达母树已感染严重的病毒病，对接穗品种的树势、产量、品质、成熟期都带来不良的影响。

除山葡萄和贝达之外，用山葡萄作亲本选育出的一些抗寒酿造品种可兼作抗寒砧木，如北醇、公酿1号、公酿2号等。这些品种扦插生根容易，嫁接亲和力好。根系可抗－9～－11℃的低温，但不如贝达，只适于气候不太寒冷地区作砧木。

近年来，南方葡萄产区开始应用SO4、5A等常规砧木，效果良好。

另外，沈阳农业大学引进并筛选出的河岸2号、河岸3号、山河1号等抗寒抗病砧木综合性能优良，有替代贝达和山葡萄的可能，可以作为新的抗寒砧木在生产上试用。

第二节　生物学特性

一、根系及其生长特性

（一）根系的组成和功能

葡萄植株的地下部分统称为根系，由骨干根和幼根组成。骨干根由主根和各级侧根组成，是多年生的根，呈黑褐色，它的主要作用是输送水分、养分和贮藏营养物质，并将植株固定在土壤中。幼根是指着生在骨干根上的当年生小细根，是水分和养分的主要吸收器官。

葡萄的根富于肉质，髓射线发达，能贮藏大量的有机营养物质，还能合成多种氨基酸和激素类物质，对地上部新梢和果实的生长及花芽分化、开花坐果等起重要的调节作用。

（二）根系的分布

葡萄是深根性果树，其根系在土壤中分布情况与土壤类型、地下水位、气候、栽培管理方法有很大关系。一般情况下，根系垂直分布最集中的范围是在20～100cm的土层内，水平分布受土壤和栽培条件的影响，如果土壤条件差，根系主要分布在定植沟内。

棚架栽培的葡萄其根系分布有不对称性，即架下根系分布较架外多而远。造成这种现象的可能原因是：架下有棚面枝叶遮阴，土壤水分状况较稳定；地面践踏较少，土壤通气好。另外还与地上部、地下部的相关性有关。

（三）根系的生长特性

葡萄根系开始活动和生长的温度随种类而异。一般山葡萄根系在4.5～5.2℃、美洲种在5～5.5℃、欧亚种在6～6.5℃时开始活动，吸收水分和养分，在12℃以上时开始生长及发生新根，在20～25℃时根系生长最旺盛。北方种植的葡萄一年中根系有2次生长高峰；第一次从5月下旬开始，6月下旬至7月间达到一年中的生长高峰，这是一年中生长最旺盛、发生新根最多的时候；9月中下旬（果实采收后）出现第二次弱的生长高峰。

葡萄在春季萌芽期根压大，可达2个大气压，加上葡萄根和茎组织中导管大，故地上部新剪口容易出现大量伤流。据测定，一个剪口一天之内伤流液可达1 000ml左右。伤流液中90%以上是水分，还含有少量有机营养、维生素、赤霉素、激动素等。伤流一般对树体的营养损失不大，但剪口下部的芽眼经伤流液浸泡后萌芽延迟并引起发霉及病害。因此，应避免在伤流期进行修剪或造成伤口。

二、芽和茎及其生长

（一）茎的形态特征

葡萄地上部的茎（枝蔓）包括以下几部分：主干、主蔓、侧蔓、结果枝组、结果母枝、新梢和副梢（图1-1）。

从地面发出的单一的树干称为主干，主干上的分枝称为主蔓。如植株从地面发出的枝蔓多于一个，在习惯上均称之为主蔓，在整形上称为无主干类型的树形。主蔓上的多年生分枝称为侧蔓。带有叶片的当年生枝称为新梢。着生果穗的新梢称为结果枝，不具果穗的新梢称为生长枝。新梢叶腋中由夏芽发出的二次梢称为夏芽副梢，由冬芽发出的称为冬芽二次梢。

新梢秋季落叶后到翌年萌芽之前称为一年生枝，如其节上着生花芽，则翌年春可抽生结果枝，故又可称为结果母枝。由结果枝和生长枝组成的一组枝条称为结果枝组。

目前北方葡萄树由于需下架埋土防寒，多属于无主干、多主蔓、无侧蔓的树形，在主蔓上直接着生结果枝组。主蔓（一般1～3个）通常又称为龙干。

葡萄的茎细而长，髓部大，组织较疏松。新梢上着生叶片的部位为节，节部稍膨大，节上着生芽和叶片，节内有横隔膜。葡萄的节有贮藏养分和加强枝条牢固性的作用。2个节之间为节间，节间长短与品种和树势有关。节上叶片对面着生卷须或花序（图1-2）。

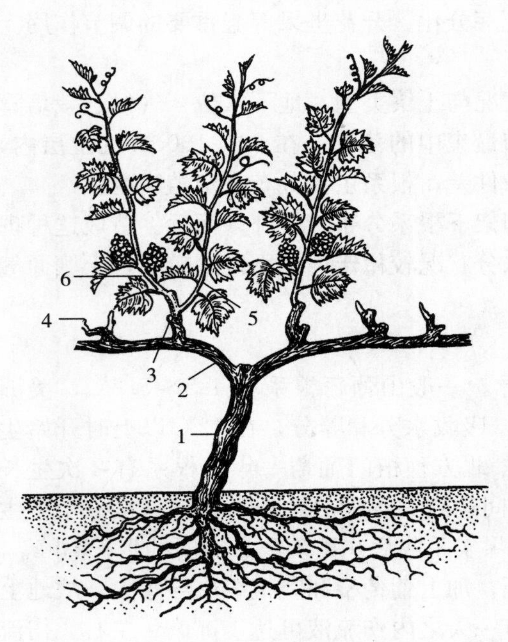

图 1-1 葡萄植株各部分名称

1. 主干 2. 主蔓 3. 结果枝组 4. 结果母枝
5. 新梢（营养枝） 6. 新梢（结果枝）

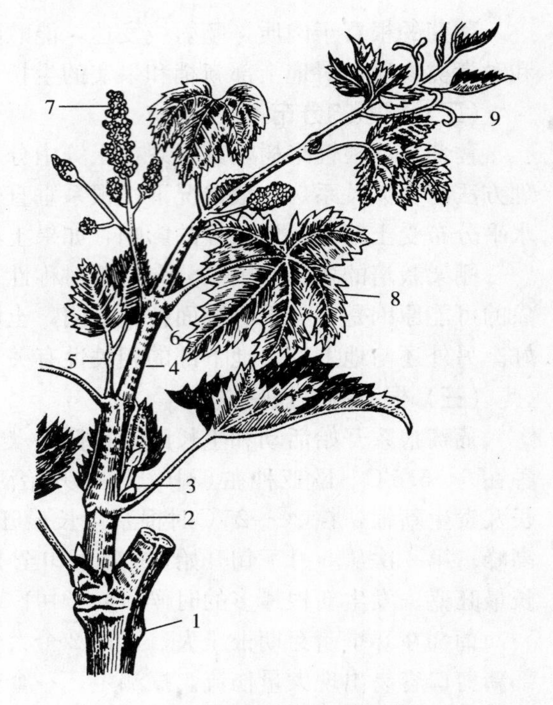

图 1-2 葡萄的新梢（结果枝）

1. 结果母枝 2. 结果枝 3. 冬芽 4. 节间
5. 副梢 6. 节 7. 花序 8. 叶片 9. 卷须

（二）新梢（茎）的年生长周期

葡萄的茎每年随着气候的变化其生长也表现出周期性变化，称为茎的年生长周期。当昼夜平均气温稳定在10℃以上时，葡萄茎上的冬芽开始萌发，长出新梢。开始时新梢生长缓慢，主要是因为地下还没有发出新根，叶片小不能进行光合作用制造营养或制造得很少，仅靠树体贮藏的养分供给新梢生长。以后随着气温的升高，新根不断发生，叶片逐渐长大其光合作用加强，新梢加长生长逐渐加快，到萌芽后3～4周时生长最快，此时一昼夜可加长5cm以上，最多可加长10cm。到开花前后，由于各器官之间互相争夺养分，使新梢的生长速度逐渐放慢。但是葡萄的新梢不形成顶芽，只要气温适宜，可一直生长到晚秋。一般需通过摘心、肥水控制新梢生长。

（三）芽的类型和生长发育特性

1. 芽的种类及发育特性 葡萄的芽有2种：冬芽和夏芽，都位于新梢的同一叶腋内。

冬芽外包鳞片，当年一般不萌发，到第二年春天才萌发。冬芽是几个芽的复合体，又称芽眼。冬芽内位于中央最大的一个芽为主芽，在主芽周围有3～8个大小不等的副芽，但其中只有2～3个副芽发育较大、较好（图1-3）。一般冬芽中主芽萌发后长出的新梢较旺盛，当主芽是花芽时，花序较大。副芽一般不萌发，但当主芽受损伤或萌发后损坏时，副芽也可萌发。但副芽发出的新梢生长势及长出的花序都不如主芽。有些品种主芽和副芽可同时萌发，这样会在同一个节上长出2～3个新梢，这种情况下在管理上就要采取抹芽和定枝的方法保留一个长势好的枝条，以节省营养提高坐果率。同时防止枝条过密，保证通风透光。

冬芽在春天如不萌发称为“瞎眼”。引起“瞎眼”的主要原因：一是从头一年的秋季到早春这段时间受低温冻害，二是由于结果过多或蔓留得过长，芽眼中贮藏营养不足。“瞎眼”对葡萄生产造成架面不整齐，产量降低。

潜伏芽也是冬芽的一种，是指冬芽当年发育不完全，第二年春天不萌发而潜伏在皮层内的芽。潜伏芽多在新梢（枝条）的基部。潜伏芽一般情况下不萌发，只有在受到刺激时才能萌发，如枝蔓受损、上部枯死、重修剪、回缩等。在生产上可利用潜伏芽来填补枝蔓光秃部位，增加结果面积。也可利用潜伏芽更新老蔓。

夏芽也位于新梢叶腋内。夏芽是裸芽，无鳞片，当年均萌发成夏芽副梢。夏芽也可形成花芽，因此可利用夏芽副梢二次结果。

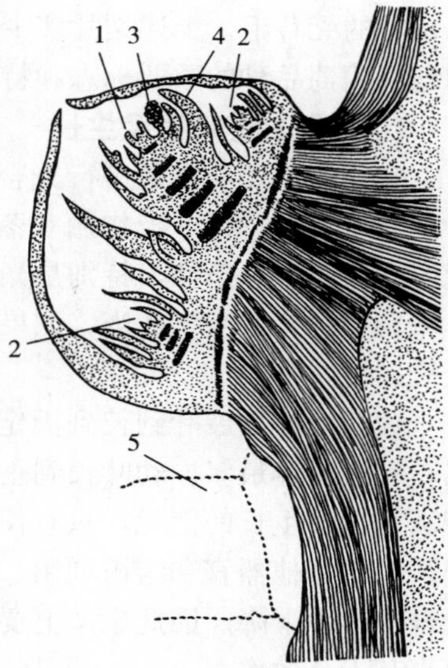

图 1-3 葡萄的冬芽
1. 主芽 2. 副芽 3. 花序原基 4. 叶原基 5. 已脱落的叶柄

2. 花芽及花芽的分化 葡萄的花芽有 2 种：带有花原基的冬芽为冬花芽，带有花原基的夏芽为夏花芽。

葡萄的花芽属于混合芽。葡萄的冬花芽一般在花期前后开始分化。从新梢下部第3～4 节的芽开始。随着新梢的延长，新梢上各节的冬芽从下而上逐渐开始分化。但基部 1～3 节冬芽开始分化稍迟一些，因此这几个节位的花芽质量较差。一般到秋季冬芽开始休眠时（通常在 10 月份）在 3～8 节冬芽上可分化出 1～4 个花序原基，但只分化出花托原基。冬芽进入休眠后整个花序原基在形态上无明显变化，分化暂时停止。到第二年春季萌发展叶以后，再次开始芽外分化和发育，每个花蕾依次分化出花萼、花冠、雄蕊、雌蕊。一般是在萌芽后 1 周形成萼片，2 周出现花冠，2.5～3 周雄蕊出现，再过 1 周形成雌蕊。可以看出，葡萄花芽分化持续时间很长（历时 1 年），并且花的各器官主要是在春天萌芽以后分化形成的，依靠的是上年树体内贮藏的营养物质。因此，如果树体贮藏营养不足或春季气候条件不适宜（持续低温阴雨或持续高温），有可能使上年已分化现出原基的芽不再继续分化而变成卷须。因此，为了促进花芽分化，应加强田间管理（如秋施肥、适时摘心、除副梢、控制结果等），以增加树体营养，保证花芽分化对养分的需求。

三、叶及其生长

（一）叶的着生方式及形态

葡萄的叶为单叶互生、掌状，由叶柄和叶片组成。叶片的形状变化较大，可归纳为肾形、心脏形、近圆形 3 类。一般有 5 个裂片，也有 3 裂和 7 裂的，还有全缘无裂片的。裂片之间的缺口为裂刻，裂刻有深有浅，根据裂刻的位置可分为上裂刻、下裂刻。根据裂片的位置不同可分为上、中、下裂片。着生叶柄处的裂刻为叶柄洼。叶柄洼的形状变化很大，有闭合形、拱形、开张形等。葡萄叶片边缘一般有锯齿，叶片正、反面有的生有茸毛，有的无茸毛。上述裂片多少、裂刻深浅、叶柄洼的形状、锯齿大小、茸毛多少是识别和记载葡萄品种的重要标志和特征。

(二) 叶片的作用及生长

叶片的主要功能是进行光合作用，制造碳水化合物，满足自身和整个植株的生长需要。叶片也是进行呼吸作用和蒸腾作用的器官。葡萄叶片进行光合作用必须有适宜的温度、光照和肥水条件，特别是光照条件更重要。因此葡萄生产上要求枝条和叶片在架面上分布要合理，密度要适当，如果枝叶过密，就会影响光合作用，影响生长、果实品质及降低抗逆性。

葡萄叶片从展叶到长到固定大小一般需 1 个月左右。当叶片长到最大时光合作用最强，制造营养最多。幼叶长到正常叶大小的 1/3 以前，其光合作用制造的碳水化合物尚不能满足自身生长的消耗，只有长到正常叶片大小的 1/3 以上时才能自给自足，并能输送光合产物供其他器官和组织利用。老叶在生长后期光合效率显著降低，叶片受到病虫为害时光合能力也下降。因此生产上要针对不同叶片在不同时期的特性，采取相应的技术措施来提高其光合效率。

秋季随着气温的下降，葡萄叶片逐渐变色，经历霜冻后脱落。

四、花与开花结果

(一) 花和花序

葡萄的单花由花萼、花托、雌蕊、雄蕊、花冠（花帽）、花梗组成。花冠为绿色，呈冠状，包着整个花器。雌蕊由子房、花柱、柱头组成。子房有 2 室，每室 2 个胚珠，受精后形成 1～4 粒种子。雄蕊 5～8 个，由花丝、花药（内有花粉）组成。

葡萄的花序和卷须是同一起源的器官。在新梢上可以看到从典型花序到典型卷须的各种中间过渡类型。卷须在新梢上的着生方式随种而异，欧亚种为间歇式着生，即每着生 2 节卷须后空 1 节；美洲种卷须为连续式着生，每节叶的对面都有卷须或花序。卷须一般有 2～3 个分叉，卷须开始比较嫩，当缠到其他物体后就会迅速生长并木质化。在栽培状态下，卷须的互相缠绕会给架面管理、果实采收等作业造成不便，同时缠坏叶片和果穗。另外卷须的存在又会白白消耗养分，因此要及时除掉卷须。葡萄为复穗状圆锥形花序。整个花序由花序梗、花序轴、花梗、花蕾组成。花序的中轴叫花序轴，花序轴又有 2～4 级分轴。从花序基部到第一个花序分枝处叫总花序梗，有的花序还有明显的副穗。

葡萄的花序一般分布在果枝的第 3～8 节上，欧亚种品种每个果枝上有花序 1～2 个，美洲种品种每个果枝上往往有 3～4 个或更多，但花序较小，欧美杂种品种一般每个果枝上有 2～3 个花序。花序上的花蕾数因品种和树势而异。发育好的花序一般有花蕾 200～1 500个，多的可达 2 500 个以上。在一个花序上，一般以花序中部的花蕾发育好、成熟早，基部花蕾次之，尖端的花蕾发育差、成熟最晚。所以，一个花序的开花顺序一般是中部→基部→顶部，这也是生产上需要掐穗尖的原因所在。

(二)开花结果习性

葡萄大多数栽培品种是完全花(又叫两性花),自花授粉可以正常结果,但在异花授粉的情况下坐果率提高。少数品种如罗也尔玫瑰等雌蕊发育正常,但雄蕊发育不好,花丝短,花粉没有生活力,这类品种称为雌能花品种(图1-4)。对雌能花品种必须配置授粉品种进行异花授粉才能获得产量。而山葡萄绝大多数为雌雄异株,即有的是雄株(只有正常花粉,没有正常的雌蕊),有的是雌株(只有雌蕊,雄蕊不正常)。因此选择雌能花品种建园时应配置两性花类型的品种如双庆、双优等作授粉树。

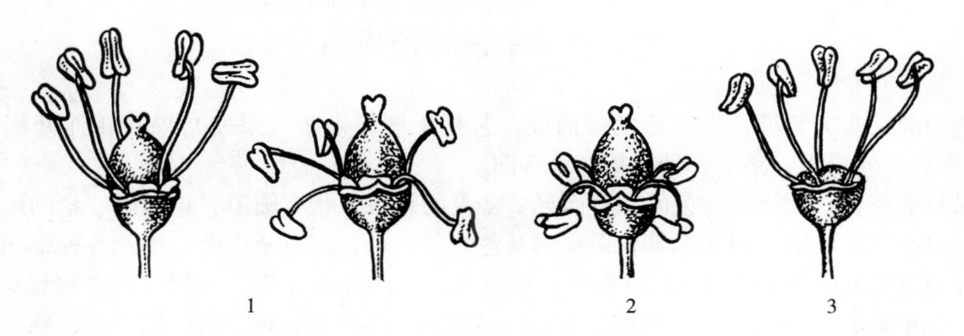

图1-4 葡萄花的类型

1. 两性花 2. 雌能花 3. 雄花

葡萄开花时,花蕾上花冠呈片状裂开,由下向上卷起而脱落(图1-5)。有的品种在花冠脱落前就已完成授粉、受精过程,这种现象叫闭花授粉,是一种最严格的自花授粉形式。大多数品种仍是在花冠脱落后才进行授粉受精过程的。

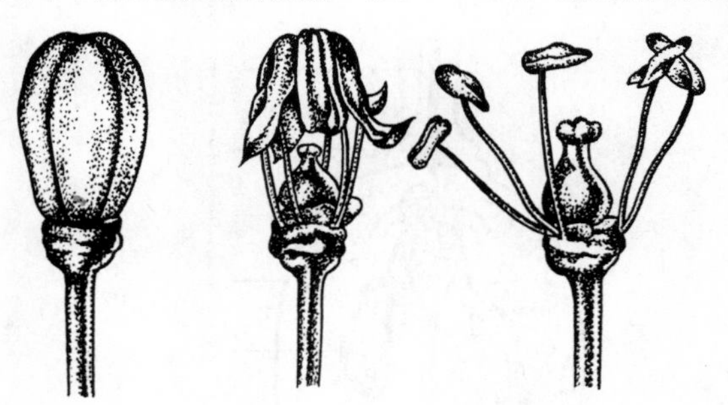

图1-5 葡萄开花时花冠呈帽状脱落

葡萄从萌芽到开花一般需要6～9周,开花的速度、早晚主要受温度的影响。一般在昼夜平均气温达到20℃时开始开花,在15℃以下时开花很少,气温过高、过低,都不利于开花。一天中以上午8:00～10:00开花最集中。开花期长短与品种及天气有关,一般为6～10d。盛花后2～3d未受精的子房在开花后1周左右就会脱落,不能形成果实。花后1～2周,如果受精后种子发育不好,幼果也会自行脱落,这种现象称为生理落果,即不是所有的花都能坐果。从葡萄本身来看,生理落果是一种自我调节,可以使其保持适宜的坐果率。比如巨峰葡萄1个花序上大约有200～1 000个花蕾,如果全部坐果,单果重10g,那么果穗重将达2 000～10 000g,在短小的果穗上如此多的果粒显然会挤扁压破,形成不了商品。如果生理落果过少,坐果过多,还需进行人工疏果。

一般欧亚种品种自然坐果率较高,能满足产量要求,而巨峰、京亚等一些四倍体欧美杂种经常表现为自然坐果率较低,果穗小而散,落花落果严重。造成这种现象的原因,一是树体贮藏营养不足,根据葡萄花芽分化的特点,花蕾中各个花器官的分化是在萌芽展叶后逐渐完成的,主要是靠头一年树体中贮藏的营养,如果树体内贮存营养不足,会使花器发育不良，导致大量落花落果；二是树势过旺，巨峰群一些品种容易出现树体营养生长过旺现象，新梢生长消耗大量营养，并与开花坐果争夺营养，加剧落花落果；三是不良气候条件的影响，这是造成落花落果的重要原因，如开花期前后出现低温、骤雨、高温、干旱等不良气候条件，往往影响花器的正常发育和授粉受精过程的正常进行。针对上述造成落花落果的原因，生产上应采取相应的对策，如加强头一年的综合管理增加树体贮藏营养、控制超量结果、喷布生长调节剂和微量元素、结果枝花前摘心、严格控制副梢生长、花前疏花序和花序整形等。

五、浆果的发育与成熟

葡萄的果实为浆果，由子房发育而成，包括果梗、果蒂（果梗与果粒相连处膨大部分）、果刷、外果皮、果肉和种子等部分（图1-6）。

果粒的形状、大小、颜色因品种而异。常见的果粒形状有圆形、长圆形、扁圆形、椭圆形、鸡心形、卵形、倒卵形等。果皮的颜色有黄、绿、红、紫、蓝、黑及各种中间色。

葡萄浆果不但美味可口，而且营养价值较高。一般含水分70%～85%，含糖量13%～25%，含酸量0.5%～1.5%，矿物质0.3%～0.6%（其中钙、钾、磷、铁、锌、硒、镁等微量元素可直接被人体吸收和利用）。此外，葡萄还富含维生素和氨基酸，据测定葡萄汁中含有8种维生素及19种氨基酸。浆果的品质主要与糖酸含量、香味、果肉质地等有关。

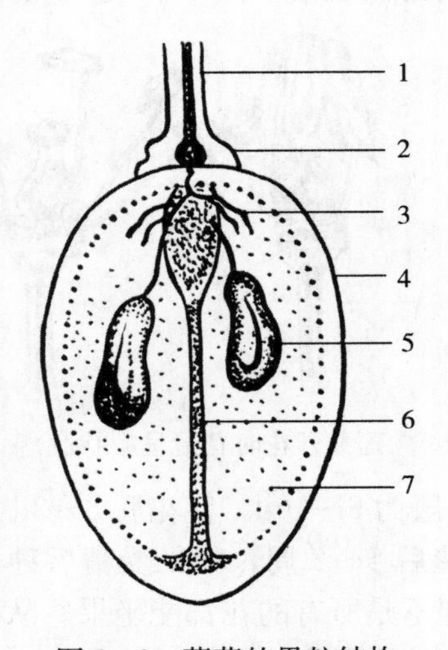

图1-6　葡萄的果粒结构

1. 果柄　2. 果蒂　3. 果刷　4. 外果皮　5. 种子　6. 维管束　7. 果肉

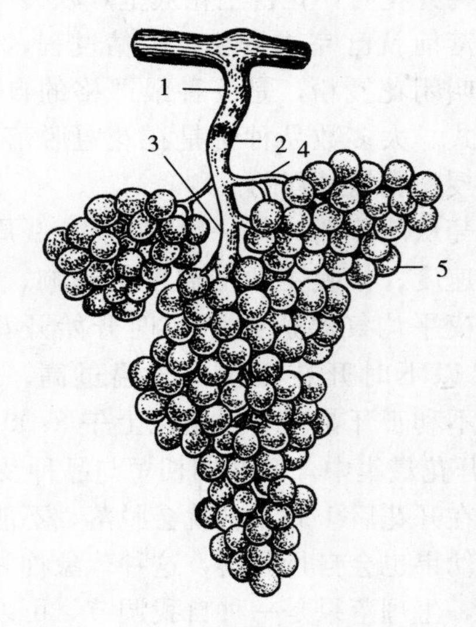

图1-7　葡萄的果穗

1. 穗梗　2. 穗梗节　3. 穗轴　4. 穗轴的一级分枝　5. 果粒

葡萄的果穗（图1-7）由穗梗、穗轴、分穗轴和浆果组成，有的品种还带有副穗。果穗的形状因品种而异，有圆锥形、圆柱形、分枝形等。果穗大小因品种而异，也与栽培管理水平有关。

由于浆果中的糖主要由叶片所制造，故叶面积对浆果的含糖量与品质有密切关系。在葡萄的摘叶试验中（Kliewer 等，1970，1971）发现叶面积减少到临界值（即每克浆果需叶面积 10cm^2）以下，将降低浆果成熟度、质量、色泽、总氮量以及浆果的其他成分含量。粉红葡萄要达到着色良好，每克浆果需要 11～14cm^2 的叶面积，相当于每个果穗（重 0.636kg）需 22～26 片叶。

在 6 月份前后，葡萄体内大部分糖分均消耗于新梢、叶、根和浆果的旺盛生长，浆果内不能积累糖分。当浆果达到全大的 1/2～3/4 时，植株的旺盛生长趋于缓和，浆果中才开始有糖分的积累。这些积累不单是来自叶片，在某种情况下，有 40%来自植株的其他部分（如枝、干等）。故在开始进入成熟之后，浆果中的含糖量能得到迅速的增加（Kliewer 等，1970）。

光照、温度、肥水等环境因子和叶面积、产量等生理因素均对葡萄浆果的着色有明显影响。浆果着色对光照的要求不同品种之间有很大差异。红马拉加、黑比诺等品种的果穗用黑纸袋进行套袋处理与不套袋的对照处理在着色上无差异。而皇帝和粉红葡萄不见光的果穗则不能着色（Weaver 等，1960）。葡萄浆果需要光线直接照射才能充分着色的称为直光着色品种，如甲州三尺、粉红葡萄、黑汉、玫瑰香、皇帝、巨峰等；不需要直射光也能正常着色的称为散光着色品种，如玫瑰露、罗也尔玫瑰、卡托巴、康可、康拜尔早生等。因此，依据浆果着色需光特性，不同品种架面枝叶的疏密度可以有所差别，即散光着色品种可以稍密，直光着色品种宜稍稀。

温度对浆果着色有显著影响。在酷热地区很多红色及黑色品种其色素的形成受到抑制，在较冷凉地区有些红色鲜食品种往往变成深色品种，在寒冷地区着色不良往往是由于浆果不能正常成熟。黑彼诺和赤霞珠葡萄在成熟期夜间温度控制在 15℃不变，白天温度为 20℃的处理比 30℃的处理果皮内色素含量大大增加（Bubtrose，1971）。夜间温度对葡萄着色也有很大的影响，粉红葡萄在成熟期间，当白天温度控制在 25℃不变的情况下，夜间（19:00 至第二天 7:00）温度为 30℃时浆果完全不能形成色素，夜间温度为 15℃或 20℃时浆果着色良好（Kliewer，1972）。

葡萄坐果后浆果迅速膨大，其生长发育呈双 S 曲线型。一般需经历下述 3 个时期：①浆果快速生长期，是果实的纵径、横径、质量和体积增长的最快时期。这一时期浆果为绿色，肉硬，含酸量达最高峰，含糖量最低。此期大部分葡萄品种需持续 5～7 周，巨峰品种持续 35～40d。②浆果缓慢生长期（硬核期）。在快速生长期之后，浆果发育进入缓慢期，果实增大不明显，但果实内的种胚在迅速发育和硬化。此阶段早熟品种的时间较短，而晚熟品种时间较长。在此期间浆果开始失绿变软，酸度下降，糖分开始增加。此期一般持续 2～4 周，巨峰品种约需 15～20d。③浆果最后膨大期，是浆果生长发育的第二个高峰期，但生长速度次于第一期。这期间浆果慢慢变软，酸度迅速下降，可溶性固形物迅速增加，浆果开始着色，此期大约持续 5～8 周。

六、枝蔓的成熟与休眠

（一）枝蔓成熟

葡萄新梢在浆果成熟期已开始木质化和成熟。浆果采收后，叶片的同化作用仍继续进行，合成的营养物质大量积累于根部、多年生蔓和新梢内。新梢在成熟过程中下部最先变成褐色，然后逐步向上移。天气晴朗、光照充足、气温稳定均有利于成熟过程的加快进行。

新梢成熟的好，则能更好地在秋季的低温条件下通过抗寒锻炼。新梢上的芽眼在未接受低温锻炼以前，在－6～－8℃时就可能被冻死，但经过锻炼之后抗寒力显著提高，能忍受－16～－18℃的低温。一般认为抗寒锻炼过程可分为 2 个阶段：在第一阶段中淀粉转化为糖，积累在细胞内成为御寒的保护物质，此阶段最适宜的锻炼温度为－3℃；第二阶段为细胞的脱水阶段，细胞脱水后原生质才具有更高的抗寒力。此阶段最适宜的温度为－5℃，如温度突然降至－8℃或－10℃则不利于锻炼的进行，可能引起枝条和芽眼的严重冻害。

为了保证新梢的成熟和顺利通过抗寒锻炼，在生产上需要采取一些措施：一是确定合理的负载量，保证新梢有适当的生长量，维持健壮的树势；二是在生长季保持有足量健康的叶片，使之不受病虫为害并获得足够的光照，保证浆果和枝蔓及时成熟；三是在生长后期要控制氮肥的用量和水分的供应，使新梢及时停止生长，以利于在晚秋良好成熟和更好地接受抗寒锻炼。

（二）休眠

葡萄植株的休眠一般是指从秋季落叶开始到翌年树液开始流动时为止，一般可划分为自然休眠期和被迫休眠期 2 个阶段。虽然习惯上将落叶作为自然休眠期开始的标志，但实际上葡萄新梢上的冬芽进入休眠状态要早得多，大约在 8 月间新梢中、下部充实饱满的冬芽即已进入休眠始期。9 月下旬至 10 月下旬处于休眠中期，至翌年 1～2 月即可结束自然休眠。如此时温度适宜，植株即可萌芽生长，否则就处于被迫休眠状态。

打破自然休眠要求一定时间的低温。自然休眠不完全时，植株表现出萌芽期延迟且萌芽不整齐。葡萄从自然休眠转入开始生长所要求的低温（7.2℃以下）时间最低量为200～300h（美洲种葡萄），一般完全打破自然休眠则要求 1 000～1 200h。如蓓蕾玫瑰经 200～300h 的低温处理后，在适于生长的条件下需经 100d 芽眼才能萌发，而经过 500h 低温处理后，50d 即可萌芽。利用保护地栽培葡萄时，如打算在 12 月或翌年 1 月间加温，可提前用 10%～20%的石灰氮浸出液涂抹或喷布芽眼，从而打破自然休眠，这样才能使芽眼迅速和整齐萌发。

第三节　对环境条件的要求

葡萄生长发育与外界环境条件有密切的关系。在环境条件中气候因素对葡萄生长发育起着重要的作用，其次是土壤条件等。这些既决定着葡萄能否在一个地区栽培，还决定着葡萄的产量、质量。

（一）光照

葡萄是喜光树种，对光照要求较敏感。光照充足时，葡萄生长发育正常，树体健壮，可获得高产、优质；光照不足时，植株生长势差，新梢细、节间长、叶片薄，严重时落花落果严重、枝条不能充分成熟，降低越冬性及抗寒能力。光照不良还会严重影响品质，会使浆果生长不良，含糖量降低，含酸量增加。因此，建园时应选择光照充足的地块，并确定合理的栽植形式，以保证最大限度地合理利用光能。

（二）温度

温度是影响葡萄生长发育的重要气候因素。葡萄一般在春季昼夜平均气温达10℃左右时即开始萌发，而秋季气温降到10℃左右时营养生长即停止。因此，葡萄栽培上称10℃为生物学零度，将一个地区一年内≥10℃的温度总和称为该地区的年有效积温。不同品种生长发育要求的有效积温不同（表1-2）。葡萄不同物候期对温度要求不同：20～30℃最适于新梢生长、开花和花芽分化，低于15℃则不利，40℃以上时叶片变黄而脱落，果实受日灼；果实成熟期最适温度为20～32℃，温度低则着色不良，成熟延迟，浆果糖度低酸度高。葡萄不同器官忍耐低温能力不同：萌动芽－3℃开始受冻，－1℃时嫩梢和幼叶开始受冻，开花期0～3℃花器受冻，幼果脱落。果实成熟期－3℃以下浆果受冻或脱落。

（三）水分

水分是葡萄植株中重要的组成部分，它直接参与营养物质的合成、分解、运输及各种生理活动。充足的土壤水分可以使植株萌芽整齐、新梢生长迅速、浆果粒大，是保证葡萄丰产的条件之一，因此葡萄园必须有灌水条件。土壤干旱缺水使枝叶生长量减少，引起落花落果，影响浆果膨大，品质下降。长期干旱后突然降雨或灌水容易造成大量裂果。水分过多对葡萄也不利，会造成植株徒长，影响枝芽的正常成熟。汛期园地淹水超过1周，会使根系窒息、叶片黄化脱落，甚至造成植株死亡。因此低洼地区和地块雨季要注意排水。

（四）土壤

葡萄对土壤的适应性很强，除黏重土、重盐碱土、沼泽地不宜栽葡萄外，其他各类土壤均可栽培葡萄。不同土壤对葡萄的生长发育、产量、品质有不同的影响。葡萄最适宜在疏松肥沃的壤土或沙壤土上栽培，这类土壤通透性和保水保肥性能良好，肥力较高，葡萄根系发达，丰产、稳产，着色好，品质优。不适宜栽培葡萄的土壤经过人工改良后方能栽培葡萄。

葡萄对土壤的酸碱度适应范围较大（pH 5～8），但在pH 6.0～7.5时生长发育最好。土壤pH＞8.5时，葡萄生长就会受到抑制，甚至死亡；土壤pH＜4的酸性土上葡萄也不能正常生长。

栽培葡萄的土壤一般要求地下水位在1.0m以下。

第四节　育苗与建园

一、育苗特点

苗木是葡萄生产发展的基础，苗木质量对栽植成活率、结果早晚、产量高低及抗性、寿命都有很大影响。因此，掌握育苗技术、培育优质苗木是葡萄栽培成功的基础和关键。

由于大多数葡萄种和品种的枝蔓上都容易产生不定根，故在栽培上苗木的繁殖以扦插法为主。也可采用压条法，这是一种传统的育苗方法，现在生产上大量育苗很少应用，主要用于缺株的补空和珍稀品种的繁殖。

葡萄生产上另一种常用的育苗方法为嫁接繁殖，主要在以下几种情况下应用：①需要利用某种抗逆性的砧木（如抗寒、抗石灰、抗根瘤蚜等）。②果园中的植株需要更换品种。③需要加速繁殖某一稀有品种，可将该品种低接或高接在多年生的植株上促使产生大量枝条，作为扦插或嫁接繁殖材料。能否全面应用砧木及嫁接栽培将是制约未来葡萄生产发展的重要因素。

葡萄嫁接繁殖可采用硬枝嫁接和绿枝嫁接两种方法。但由于硬枝嫁接苗定植后成活率低、生长慢，接口离地面近，接穗易生根变成自根苗，防寒不注意常遭冻害，失去嫁接意义，并且枝蔓上下架时易从接口折断，因此应大力推广绿枝嫁接技术。所谓绿枝嫁接是指在生长季利用半木质化的一段绿枝作接穗进行嫁接的方法（图 1-8）。这种方法接穗来源多，便于大量繁殖，且方法简单、易掌握，成活率高，接口高不易变自根苗。

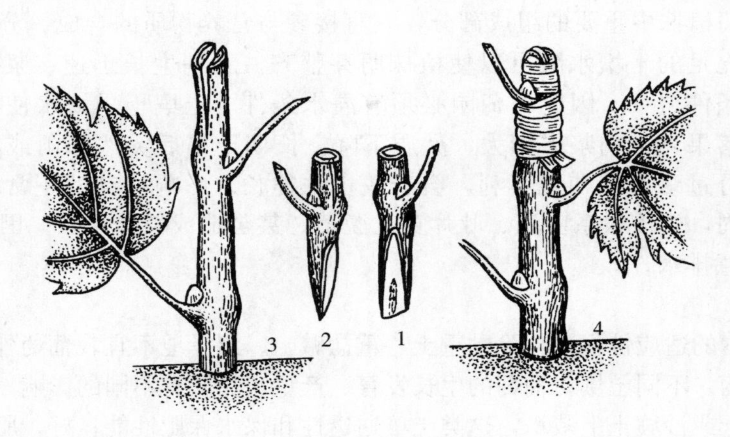

图 1-8 绿枝嫁接方法

1. 接穗正削面 2. 接穗侧削面 3. 砧木处理 4. 嫁接与绑缚

在我国葡萄栽培中，目前已发现存在多种病毒病（扇叶病、卷叶病、栓皮病、茎痘病、斑点病等），今后应大力开展无病毒苗木的生产，建立无病毒苗木繁殖体系和制度，以保证葡萄产业的健康发展。

二、葡萄园的建立

（一）园地选择

葡萄既适合于大面积栽培，也适合于路旁、林旁、庭院和水旁（水库、河流）栽植。除平地外，山地、河滩地、坡地都可建葡萄园。园地选择时主要考虑以下几个问题：①葡萄是喜光植物，要求园地有良好的光照、通风条件，降水量不能过大，最好是昼夜温差大的地方。②葡萄对土壤的适应性较强。但是最适栽植在有机质丰富、疏松肥沃的沙壤土和壤土上。过于黏重、板结及通气不良、排水不好的土壤不适于栽植葡萄，要建园必须先改良，过酸过碱的土壤也不适于栽葡萄。庭院一般土质好、肥水充足、便于管理、栽培葡萄比较适宜。③由于葡萄产量高、生长迅速、生长期需大量水分供应，葡萄园地必须有灌水和排水条件。④风沙大的地方建葡萄园要建防风林。防风林离葡萄行不小于 10～15m，以免遮阴影响葡萄生长。

（二）园地规划

园地选好后，要进行细致规划。

1. 选择适当的品种，搞好早、中、晚熟品种搭配 要选择适应当地条件、结果早、产量高、品质好、抗病易管理的优良品种。园子较大时，要注意早、中、晚熟品种搭配，以便合理安排劳力，避免忙闲不均。并且要选择耐贮藏、运输的品种。一个葡萄园品种不能单一，最好有几个主栽品种，以利于异花授粉、提高坐果率。

2. 搞好道路及附属设施规划 建园前要规划好防护林、道路、灌水、排水设施、作业室、仓库、育苗地等的布局，最好事先画出葡萄园整体规划图。

3. 栽植行向和株行距 ①行向因架式而异。棚架以东西行向为好，枝蔓由南向北爬能更好地接受光照，也可使架的倾斜面与生长季主导风（北方多为西南风）的方向基本垂直，可以减轻风害。篱架以南北行向为好，这样可使植株两侧均匀地接受光照。②株行距主要与气候、架式和品种有关。冬季寒冷的北方地区葡萄需下架防寒、一般多采用棚架，行距不能小于 4～5m。生长势特强的品种如龙眼行距可稍大些（8～10m），生长势中庸的品种行距以 4～6m 为宜。棚架蔓距一般为 0.5～0.6m，因此株距可 0.5～1.8m。采用抗寒砧木时，行距可适当缩小。

气候较暖和地区或采用抗寒砧木的情况下宜采用篱架，行距 2～3.5m，株距 1～2.5m。

（三）栽植时期和方法

1. 栽苗时期 北方各省一般以春季栽植为主。当 20cm 深土层温度稳定在 10℃左右时即可栽植。

2. 栽前苗木处理 首先要对苗木进行适当修剪，剪去枯桩，过长的根系剪留 20～25cm，其余根系也要剪出新茬，地上部剪留 2～4 个芽。然后将苗木在清水中浸泡 24h 左右，让苗木充分吸水，以提高成活率。

3. 栽植 应在上一年秋季挖好栽植沟，一般沟宽 1m，深 0.7～1.0m，回填时施足有机肥，并灌透水使土沉实。栽植深度：自根苗以原根颈与土面平齐、嫁接苗接口离地面 15～20cm 为宜。栽后要灌一次透水，待水沉下后将苗木培一土堆保湿，防止苗木芽眼抽干。自根苗培土时土堆超过顶芽 2cm 左右。嫁接苗由于苗木较高，要先将苗木压倒固定，然后培一土堆。待芽眼开始萌动时（栽后约 7～10d），将土堆扒开。

（四）葡萄的架式及设立方法

葡萄是一种多年生蔓性植物，枝蔓细长而柔软，因而在经济栽培时必须设立支架。设立支架可使植株保持一定的树形，枝叶能够在空间合理地分布，以获得充足的光照和良好的通风条件，并便于在园内进行一系列的管理工作。

葡萄的架式虽然很多，但可归纳为柱式架、篱架和棚架三大类（图 1-9）。

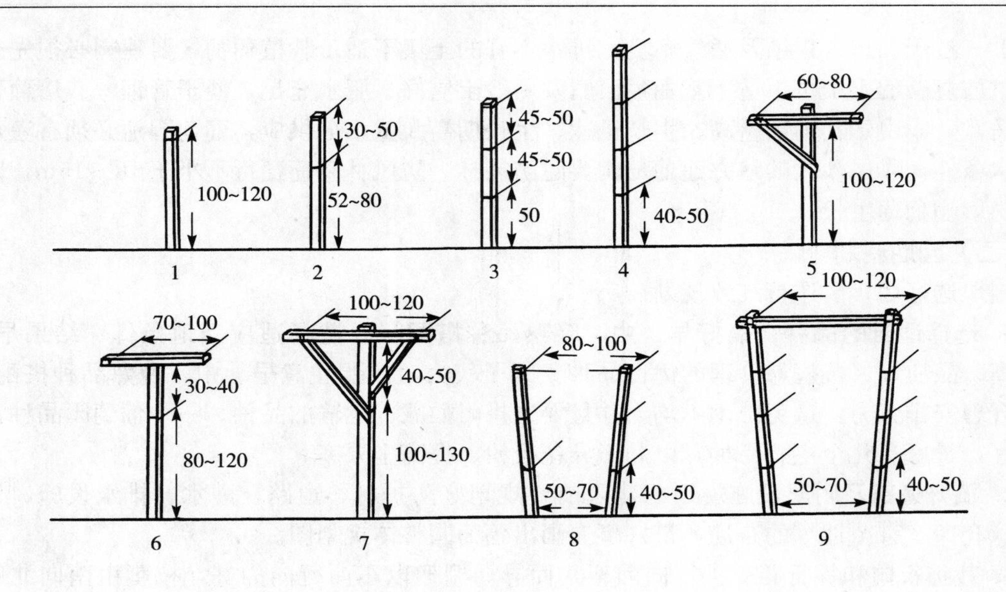

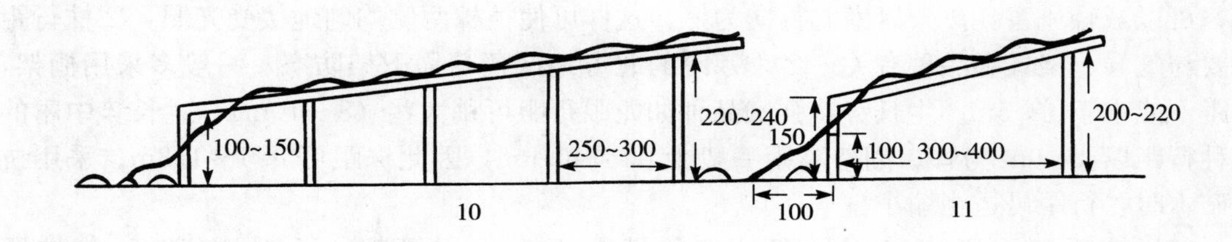

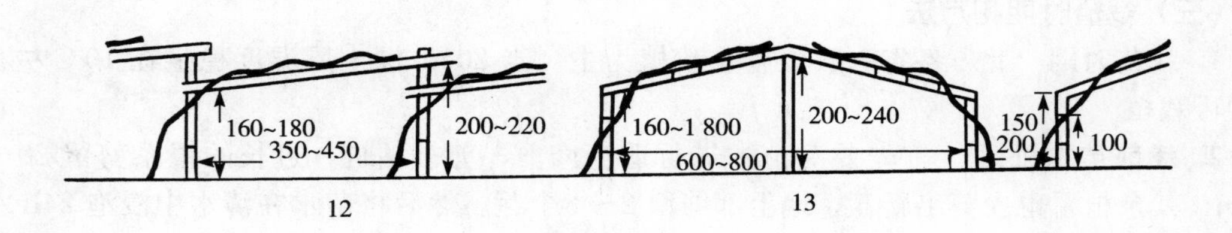

图 1-9　葡萄架式的主要类型（单位：cm）

1～4. 单壁篱架　5～7. 宽顶篱架　8～9. 双壁篱架

10. 大棚架　11. 小棚架　12～13. 棚篱架

1. 柱式架　这是一种最简单的架式，即在每株葡萄旁边树立一根木柱或竹竿作支架，支架与树形的高度相近。植株采用头状整枝、短梢修剪（图 1-10）。一般干高为 0.6～1.2m，主干顶端着生枝组和结果母枝，新梢不加引缚，任其自然向四周下垂，当主干粗大到足以支撑其本身全部重量时（干径达 7～10cm），即可撤除临时性支架，进行无架栽培。柱式架在一些古老的欧洲葡萄产区曾经广泛应用，至今仍然保留，但该种架式由于存在产量低、成熟晚等缺点，目前已逐渐被淘汰。这种架式成本较低，方法简单，适于不需下架防寒地区，国内很少应用。

2. 篱架　架面与地面垂直，沿着行向每隔一定距离设立支柱，支柱上拉铁线，形状类似篱笆，故称为篱架，又称立架。这是目前国内外应用最广的一类架式，可分为以下 3 种类型：

（1）单壁篱架　即每行设一个架面且与地面垂直。架高依行距而定（图 1－9，1～4）：行距 1.5m 时，架高 1.2～1.5m；行距 2m 时，架高 1.5～1.8m；行距 3m 以上时，架高 2～2.2m。

设立方法是顺行向每隔 4～6m 设一立柱，边柱用坠石固定。立柱埋入地下 50～60cm，然后在立柱上横拉铁线，第一道铁线离地面 60cm，往上每隔 50cm 拉一道铁线。将枝蔓固定在铁线上。

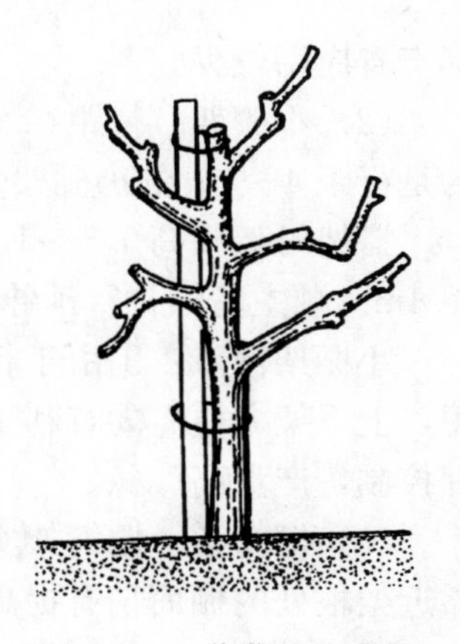

图 1－10　葡萄的柱式架

这种架式优点是：①光照与通风条件较好，葡萄上色及品质较好，能提高浆果品质。②适于密植，利于早期丰产。③田间操作管理比较方便。④有利于机械化作业。

（2）双壁篱架　特点是同一行内设立两排单篱架，葡萄栽在中间，枝蔓分别引缚在两边篱架的铁线上（图 1－9，8～9）。架高 1.5m 左右。设立方法：顺行向每隔 4m 左右，在植株两侧 40cm 处立水泥柱，架柱向外倾斜与地面呈 75°角，上宽下窄。铁线拉法同单壁篱架。

双壁篱架的优点是可有效地利用空间，比单壁篱架增加了 1 倍架面，增加了结果面积，产量较高。缺点是通风透光条件不如单篱架，如控制不好会引起浆果品质下降；田间操作管理不如单篱架方便，尤其不便于机械作业；架材用量增加，成本加大。

（3）宽顶篱架　在单篱架支柱的顶部加横梁，呈 T 形（图 1－9，5～7）。在直立的支柱上拉 1～2 道铁线，在横梁上两端各拉一道铁线。横梁宽 60～100cm。这种架式适合生长势较强的品种。双臂水平龙干形适合该架式，龙干的双臂分布在离地面约 1.3m 的篱架铁线上，其上短结果母枝长出的新梢可引缚在横梁上平行的 2 道铁线上或塞于其间，然后再自然下垂生长。

宽顶篱架的高矮和宽窄因品种和生长势而变化，是一种丰产、优质的架式，在美国成为一种流行的架式。

3. 棚架　在立柱上设横梁或拉铁线，架面与地面平行或稍倾斜。整个架像一个荫棚，故称棚架。这种架式在我国应用最多，历史最久。辽宁省多数葡萄园基本都是这种架式。棚架根据构造可分为 3 种。

（1）大棚架　行距在 6m 以上的棚架称为大棚架（图 1－9，10），一般行距 8～12m。特点：架根高 1.5m，架梢高 2～2.4m。如行距超过 8m，架中间要加一排立柱。在水泥柱上架设横梁，在横梁上每隔 50cm 拉一道铁线，架面呈倾斜状。

大棚架优点：①可充分利用空间，适合于庭院及路旁。②由于行距大，同样的面积可少挖定植沟。③行距大，有利于防寒取土。缺点：①由于行距大，枝蔓爬满架所需时间长，因此前期产量低、浪费土地，但可间作。②单株负载量大，对肥水要求高。③枝蔓更新困难，时间长。④架面过大，易造成水分、养分供应不足，引起瞎眼。目前除龙眼外，辽宁省应用较少。

（2）小棚架　行距在6m以下的棚架为小棚架（图1-9，11）。目前生产上应用最广的是行距4～5m的小棚架。

搭架时架根高1.5～1.8m，架梢高2～2.2m。第一排柱离植株0.7m左右。水泥柱间距4m。顺主蔓伸长（延伸）方向架设横梁，在横梁上每隔50cm拉一道铁线。

小棚架优点：①由于行距缩小，架较短，植株成形较快，有利于早期丰产。②枝蔓短，上下架方便。③有利于枝蔓更新，2～3年更新枝就可补充空位。④树势均衡，架面好控制，产量高、稳。

（3）棚篱架　棚篱架实质上是小棚架的一种变型（图1-9，12～13），不同之处在于靠近架根处的棚面稍有提高，从而相应地增加了篱架架面，故称为棚篱架。棚篱架能更充分地利用空间，达到立体结果。此外，棚架面加高后，在架下进行各项操作较方便。棚篱架的缺点是由于棚架造成的遮阴，往往使篱架部分不易获得足够的光照，致使植株下部难以保持稳定的产量与质量。

（4）水平连棚架　在较大面积内（3 300m² 以上）将棚架连成一片，架面水平，称为水平连棚架（图1-11）。

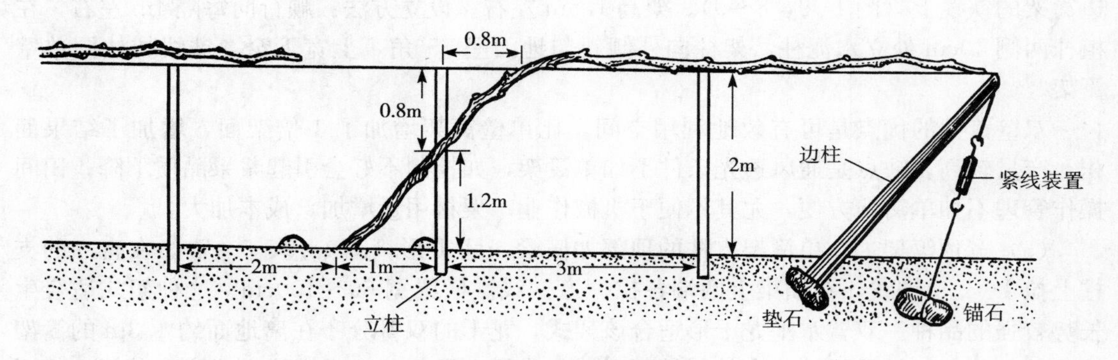

图1-11　水平连棚架的设立方法

特点：架高2～2.2m，每架设2排柱，每排柱间距3m。顺行向柱间距4m。四周用双股8号线，中间用单股（间加些双股）。架面上每50cm拉一道铁线。

水平连棚架优点：①架面高2m，有利于机械及人工操作。②寿命长，不易损坏。③通风透光良好，可减少病虫害发生，浆果质量好。④寒冷地区有利于防寒取土。⑤立面倾斜、棚架水平，使树势缓和，能丰产、稳产。

第五节　栽培管理技术

一、葡萄整形

葡萄的架式、整形和修剪三者之间是密切相关的。一定的架式要求一定的树形，而一定的树形又要求一定的修剪方式，三者必须相互协调，才能取得良好的效果。葡萄整形的目的在于培育出健壮而长寿的植株，使之具有与当地气候条件和品种特性相适应的树形，便于耕作、病虫防治、修剪和采收等操作，并能充分而有效地利用光能，从而达到高产、稳产和优质。

葡萄的整枝形式极为丰富，不下数十种之多，分类方法也不完全统一。现根据其树体形状分成三大类，即头状、扇形及龙干形整枝。

（一）头状整枝

植株具有一个直立的主干，干高0.6～1.2m，在主干的顶端着生枝组和结果母枝。由于枝组着生部位比较集中而呈头状，故称为头状整枝。这种树形可用短梢修剪，也可用长梢修剪。

1. 头状整枝短梢修剪 是柱式架、头状整枝和短梢修剪三者结合而形成的树形。由于枝组基轴逐年分枝与延长，最后将形成一个结构紧凑的小杯状形。

头状整枝短梢修剪的优点是：①这种树形结构最简单，整形修剪技术容易。②直立主干粗大硬化后可无架栽培。③新梢向四周下垂，不需引缚，管理省工。④株行间均可进行耕作，便于防除杂草。⑤植株体积及负载量小，对土肥水条件要求不太严格，大部分酿造品种能适应这种树形。其缺点是：修剪量大，对植株的抑制作用也大。不易充分利用空间，单位面积产量较低；生长初期结果部位过于集中，通风透光不良，对果实品质有不同程度的影响；主干直立，不适于在防寒地区采用。结果母枝基部芽眼结实力低的品种不宜采用。

2. 头状整枝长梢修剪 植株主干头部着生1～4个长梢枝组（通常为2个）。如着生2个枝组，其上发出的结果新梢自然下垂不加引缚，则可采用拉一道铁线的篱架。铁线距地面1.5～1.8m，2个长梢结果枝分别向两侧引缚在铁线上（图1-12）。由于风害或其他原因新梢必须向上垂直引缚时，则可用拉两道铁线（图1-9，2），结果母枝引缚在第一道铁线上，新梢向上垂直引缚在第二道铁线上。如主干头部着生4个长梢枝组则可采用图1-9，5的宽顶单篱架，4根长结果母枝分别向两侧引缚在横梁上的2道铁线上。为了使结果母枝更牢固地固定在铁线上，可将长梢顺着铁线牵引的方向绕一周，然后将其先端绑紧。

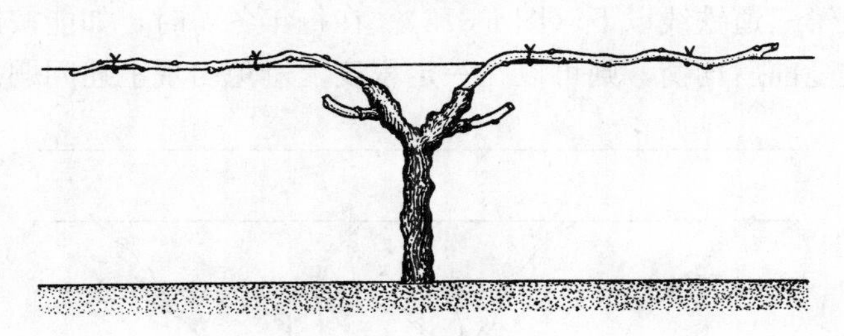

图1-12 头状整枝长梢修剪

头状整枝长梢修剪具有以下优点：①结果母枝基部芽眼结实力低的品种（如无核白）或基部芽眼抽生的结果枝果穗过小的品种（如赤霞珠、黑彼诺、大部分美洲品种）采用长梢修剪后，产量和果穗质量将有显著的提高。②长梢修剪可使果穗较整齐而均匀地分布在架面上，有利于进行机械化采收。③长梢修剪对留芽量和留梢量有较大的伸缩性，可根据树势和母枝粗度来加以增减。其缺点是：①在整形修剪技术上较难掌握，若一条母枝选择不当，意味着植株将损失1/2～1/4的产量。②容易造成结果过多、结果部位外移。

头状整枝长梢修剪的整枝过程如下：第一年如苗木当年形成一根强壮的新梢，冬剪时，在规定的干高以上再多留 4～5 芽进行短截。第二年，主干上发出的新梢保留顶部的 5～8 条，其余的进行抹芽。冬剪时在稍靠下方的新梢中选留 2 条最健壮的作为预备技，再根据树势强弱在上方选留 1～2 根新梢作为结果母枝，各剪留 8～12 芽。第三年，下方的 2 根预备枝上各形成两根健壮的新梢，冬剪时即按长梢枝组进行修剪，上位新梢作为长梢结果母校，下位的仍留 2～3 芽短截作为预备枝。形成 2 个固定的枝组后，整形即告完成。上部已结过果的母枝，可齐枝组的上方剪除。

本树形的植株负载量小，不利于充分利用空间结果，单位面积产量较低。

（二）扇形整枝

扇形整枝的类型很多，一般植株具有较长的主蔓，主蔓上着生枝组和结果母枝，大型扇形的主蔓上还可以分生侧蔓，主蔓的数量一般为 3～6 个或更多，在架面上呈扇形分布，故称为扇形整枝。植株具有主干或没有主干，没有主干的称为无干扇形整枝，从地面直接培养主蔓，主要是为了便于下架防寒。

扇形整枝既可用于篱架，也可用于棚架。当前在篱架上广泛采用无干多主蔓自然扇形，结果母枝采用长、中、短梢混合修剪。

多主蔓自然扇形在整形上比较容易，如主蔓和枝组在架面上安排合理，还能充分发挥植株的结果潜力，并能得到较高的产量和质量。但这种树形容易产生下述缺点：①由于树形灵活性过大，架面枝蔓比较零乱，如果缺乏修剪经验，对留芽量、留枝密度、枝组安排以及修剪的轻重程度较难掌握。②由于主蔓较长，再加上垂直引缚，往往容易出现植株上强下弱现象，结果部位迅速上移，使下部衰弱或光秃，不易维持稳定的树形。

因此在采用多主蔓扇形整枝时，必须根据株行距大小、架面高度规定出明确的树形（包括主蔓数、主蔓距离、枝组数和结果母枝剪留长度），称之为多主蔓规则扇形。例如在株距为 2m，架高 1.8m，拉 4 道铁线的情况下，采用无干多主蔓规则扇形较为可取。植株具有 4 个主蔓，平均蔓距 50cm 左右，每根主蔓上留 3～4 个枝组，以中梢修剪为主，主蔓高度严格控制在第三道铁线以下（图 1-13）。在每年冬剪时，如能按照规定树形进行修剪，并注意保持主蔓前后均衡，则可以在一定程度上避免出现上述问题。

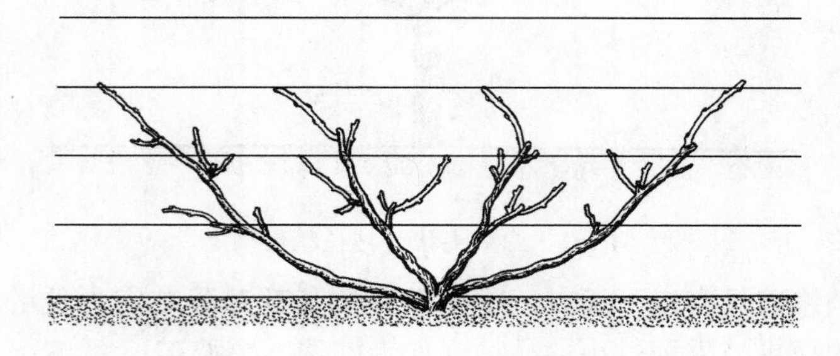

图 1-13　无干多主蔓规则扇形

无主干多主蔓扇形的整枝过程：定植当年最好从地面附近培养出 3～4 条新梢作为主蔓。秋季落叶后，1～2 条粗壮新梢可留 50～80cm 短截，较细的 1～2 条则可留 2～3 个芽进行短截。第二年，上年长留的 1～2 条主蔓当年可抽出几根新梢，秋季选留顶端粗壮的作为主蔓延长蔓，其余的留 2～3 芽短截，以培养枝组。上年短留的主蔓当年可发出 1～2 根新梢，秋季选留 1 根粗壮的作为主蔓，根据其粗度进行不同程度的短截。第三年，按上述原则继续培养主蔓与枝组。主蔓高度达到第三道铁线并具备 3～4 个枝组时，树形基本完成。

（三）龙干形整枝

一般较常见的有 3 种类型。第一种称为独龙干整枝，植株只具有一条龙干，长度约 3～5m，多采用极短梢修剪和单独的小型棚架，在我国河北、山西的旱地栽培中较为常见。第二种是在小棚或大棚架上采用的两条龙整枝，植株从地面或主干上分生出 2 条主蔓（龙干），主蔓上着生短梢枝组，主蔓长度 5～15m，这种形式在我国北方各地应用甚广。第三种是篱架上所采用的单臂水平整枝（图 1-14）和双臂水平整枝（图 1-15），在不防寒地区可以具有较高而直立的主干。

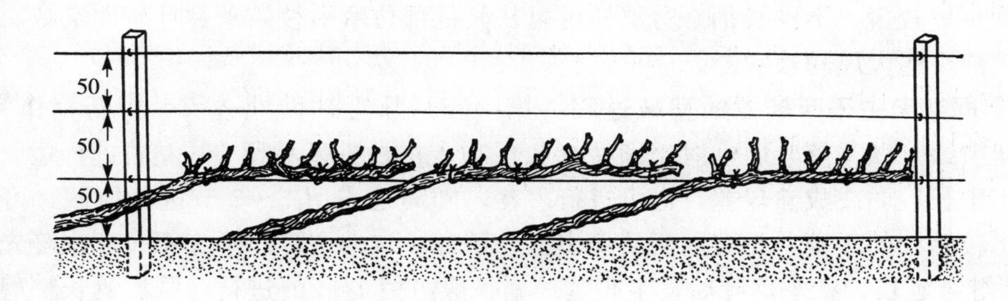

图 1-14 单臂水平整枝短梢修剪、单壁篱架

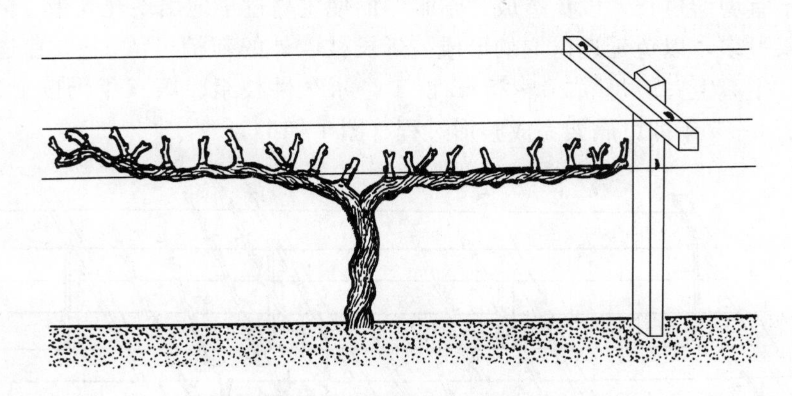

图 1-15 双臂水平整枝短梢修剪、T 形架

龙干式整枝结合短梢修剪时，在龙干上每隔 20～25cm 着生 1 个枝组（俗称龙爪）。每个枝组上以着生 1～2 个短梢结果母枝为好（有的地方习惯于多留梢）。龙干式整枝结合中梢修剪，但必须采用双枝更新法，枝组之间的距离可增加到 30～40cm。

在冬季需防寒地区采用龙干形整枝必须注意以下几点：①主干的基部必须有一定的倾斜度，尤其在靠近地面 30cm 的一段，倾斜度要更大一些，以利于卧倒防寒。棚架的龙干形整枝，主蔓宜向同一侧偏斜，使主蔓具有向前及向旁侧两个倾斜度，不但便于上下架和埋土，而且对缓和架根处新梢的生长也能起到一定的作用。②龙干数量必须与树势相适应。

1. 篱架龙干式整枝 在防寒地区可采用具有倾斜主干的单臂水平整枝（图 1-14），龙干引缚在距地表 0.5m 左右的第一道铁线上，新梢则向上引缚在第 2～3 道铁线上。如采用双壁篱架，则可在地面附近再培养 1 个主蔓，两条“臂”（即主蔓）向同一方向延伸。在不防寒地区，可采用双臂水平整枝、T 形架，植株具有一个垂直生长的主干，高 1～1.2m，两臂分别向左右延伸（图 1-15）。新梢先向上生长，跨过上方横梁上的第二道铁线后，再任其自然下垂。新梢向两侧散开下垂后，大大改善了树冠的通风透光条件，既有利于新梢基部形成花芽，又有利于浆果品质的提高。

龙干形整枝短梢修剪的优点是：龙干均匀地分布在架面上，短梢修剪可使结果部位紧凑，易于保持稳定的树形，植株芽眼负载量的控制较严格，树势、产量与浆果质量较易保持稳定；新梢之间、果穗之间互不干扰，故果穗大小、着色和成熟较一致。

龙干形整枝短梢修剪的缺点是：树形固定，枝、芽留量伸缩性小，主蔓或枝组损坏后，回旋余地较少，不像长梢修剪那样可以从其他部位牵引枝条来弥补架面空缺。在新梢未木质化前，遇大风易被吹断。

2. 小棚架无主干两条龙的整枝过程 第一年从靠近地面处选留 2 个新梢作为主蔓，并设支架引缚。秋季落叶后，对粗度在 0.8cm 以上的成熟新梢留 1m 左右进行短截。如果当年新梢生长较弱或成熟较差，也可进行平茬，即离地表留 2～3 节进行短截，可促使下一年发出较健壮的新梢，更有利于培养出生长整齐一致的主蔓。第二年每一主蔓先端选留 1 个新梢继续延长，秋季落叶后，主蔓延长梢一般可留 1～2m 进行剪截。延长梢剪留长度可根据树势及其健壮充实的程度而定，树势强旺、新梢充实粗壮的可以适当长留，反之宜适当短留。不宜剪留过长，以免造成“瞎眼”而使主蔓过早地出现光秃带。同时要注意第二年不要留果过多，以免延迟树形的形成。延长枝以外的新梢可留 2～3 芽进行短截，培养成为枝组。主蔓上一般每隔 20～25cm 留 1 个永久性枝组。第三年仍按上述原则培养。一般在定植后 3～5 年即可满架完成整形过程（图 1-16）。

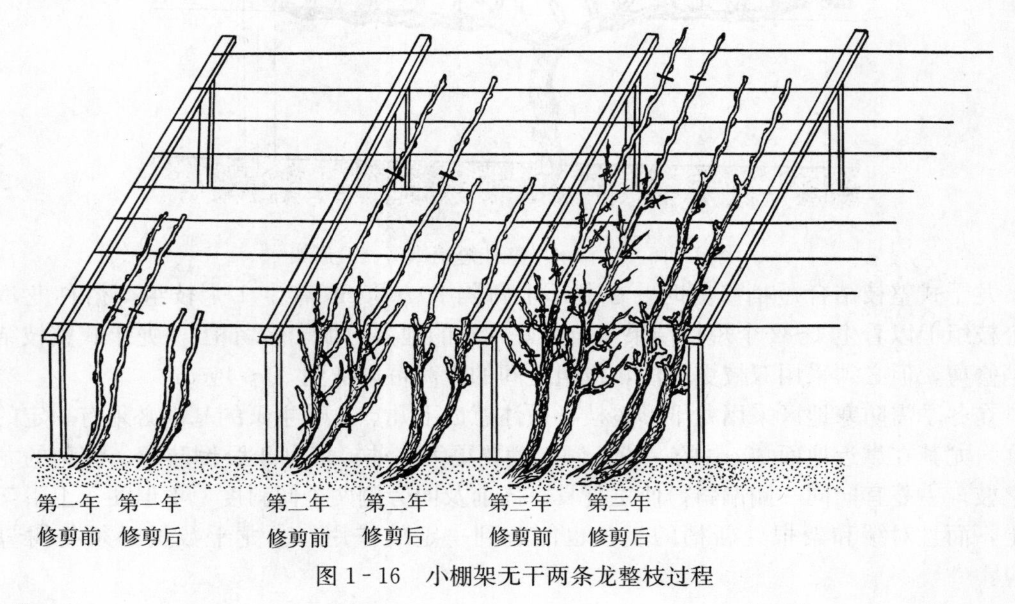

图 1-16 小棚架无干两条龙整枝过程

二、葡萄冬季修剪

（一）冬季修剪的时期

北方葡萄需埋土防寒，因此冬剪应在落叶后、土壤结冻（防寒）前进行。在南方，虽然自然落叶后至第二年萌芽前有较长的时间，但也应在萌芽前2个月进行修剪。如赶在春季伤流期修剪，会造成养分的流失，而且伤流液顺枝蔓往下流易遭受病虫害。

（二）结果母枝的修剪方法

结果母枝有3种修剪方法：①短梢修剪。结果母枝剪留1～4个芽，其中只留1芽或只保留母枝基芽的称为超短梢修剪。②中梢修剪，结果母枝剪留5～7个芽。③长梢修剪，结果母枝剪留8个芽以上。

采用棚架栽培时，对大多数基芽结实力较高的品种的结果母枝一般采用短梢修剪。篱架栽培多采用短梢修剪和中梢修剪相结合。但是对基芽结实力低的品种，如欧亚种的部分品种，其花芽形成的部位稍高，一般采取中、短梢混合修剪。长梢修剪多用在主蔓局部光秃和延长枝修剪上。

棚架栽培采用短梢修剪时，结果母枝宜采用单枝更新修剪法（图1-17）。即每个短梢结果母枝上发出的2～3个新梢在冬剪时回缩到最下位的一个枝，并剪留2～3芽作为下一年的结果母枝。这个短梢结果母枝既是第二年的结果单位，又是更新枝，结果与更新在同一个短梢母枝上进行。冬剪时将上位母枝剪掉，下位母枝剪留2～3个芽，以后每年都如此进行，使结果母枝始终靠近主蔓。单枝更新修剪具有以下优点：①结果部位不易外移，利于高产稳产；②留芽、留枝数合适，节省水分、养分和抹芽定枝的工作量；③架面枝蔓分布均匀，修剪方法简单易掌握。

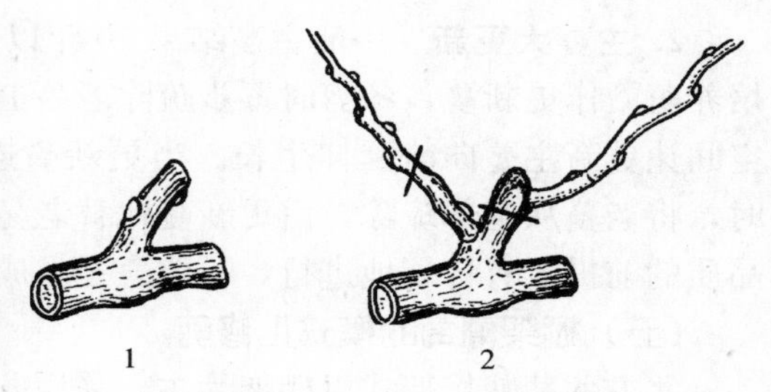

图1-17 单枝更新修剪
1. 第一年修剪状 2. 第二年修剪状

在中、长梢修剪时结果母枝一般都采用双枝更新修剪法（图1-18）。修剪时，将结果枝组上的2个母枝中下位的枝留2～3个芽短剪，作预备枝；处于上位的枝可根据品种的特性和需要，进行中、长梢修剪。第二年冬剪时，上位结完果的中、长梢可连同母枝从基部疏剪；下位预备枝上发出的2个新梢再按上年的修剪方法，上位枝长留（中长梢修剪），下位枝短留，留2～3个芽。以后每年如此进行修剪。采用双枝更新修剪法结果

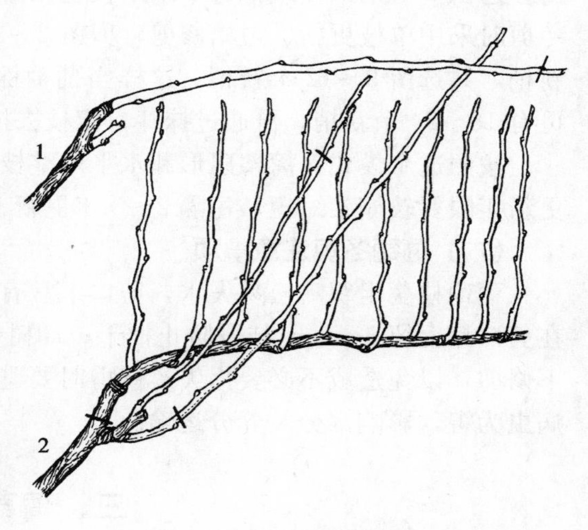

图1-18 双枝更新修剪
1. 第一年修剪状 2. 第二年修剪状

部位外移相对快些，枝组大，枝条密，通风透光差些。

（三）枝组的更新修剪

枝组经几年连续生长结果后，基部逐渐加粗、剪口数不断增加，呈弯曲生长、老化，结果能力下降，水分、养分运输能力减弱。因此必须有计划地进行更新。枝组一般每隔4～6年更新一次。从主蔓潜伏芽（或枝组基部潜伏芽）发出的新梢中选择部位适当、生长健壮的培养成新枝组来代替老枝组。培养更新枝组时要在冬剪时分批分期轮流地将老化枝组疏除，使新枝组有生长空间。

（四）主蔓的更新修剪

主蔓多年结果后会过于粗大，防寒不便，容易劈裂，并且伤口较多，生长势衰弱，运输水分、养分能力下降，芽眼不能正常萌发，瞎眼很多，结果能力下降，产量下降。因此对主蔓要逐步更新。主蔓更新方法有2种。

1. 局部更新 当主蔓中下部生长结果正常而前部生长衰弱、瞎眼光秃较多、结果能力下降时可进行局部更新，从哪里开始衰弱就从哪里进行更新。冬剪时在衰弱处的下方选留生长势强壮的枝条培养成新的主蔓，将衰弱部分剪去。这种更新方法树体恢复快，对产量影响较小。

2. 主蔓大更新 一般主蔓结果10年以后就会衰老，要进行更新。方法是从老蔓基部培养萌蘖作更新蔓，冬剪时逐步疏除老蔓上的枝组和母枝，减少老蔓上的枝量，腾出一些空间让更新主蔓向前延伸生长。当更新蔓连续培养2年左右，其结果量接近或超过老蔓时，将老蔓从基部疏除，由更新蔓代替老蔓的位置。大更新必须在有利于保证产量和果实品质的前提下有计划地进行，不能急于求成。

（五）棚架葡萄的模式化修剪

北方葡萄栽培架式以棚架为主，采用龙干整形，主蔓上有规则地分布着结果枝组、母枝和新梢，因此可按1—3—6—9～12修剪法进行模式化修剪。即在每1m长的主蔓范围内，选留3个结果枝组；每个结果枝组保留2个结果母枝共6个结果母枝；每个结果母枝冬剪时采用单枝更新、短梢修剪，剪留2～3个芽。春天萌发后，每个母枝上选留1～2个新梢，共选留9～12个新梢。这样当葡萄株距为1m、蔓距为0.5m时，每平方米架面上可有18～24个新梢，再通过抹芽、定枝去掉一部分新梢，达到合理的留枝量。

按照这个模式，篱架扇形和水平形整枝时，1m主蔓内可留4个结果枝组。并且主蔓更新年限要较棚架缩短，每隔2～3年更新1次。

（六）葡萄冬剪注意事项

葡萄枝蔓组织疏松易失水，剪口下常有一小段干枯，为了保护剪口下芽，修剪时必须在剪口芽上留3～5cm枝段防止抽干；幼树整形和主蔓更新期间，应从主蔓延长枝开始往下修剪，以免造成不必要损失；修剪时要避免伤口过多、过密，否则树体恢复慢，易遭受病虫为害，影响水分及养分运输。

三、葡萄夏季修剪

葡萄的冬芽是复芽，有时一个芽眼能萌发出2～3个新梢，并且葡萄新梢生长迅速，一年内可发出2～4次副梢。如生长季不进行修剪控制，就会造成枝条过密，影响通风透光，分散和浪费营养，从而降低坐果率及浆果的产量和品质，造成果粒变小、果穗松散、糖度降低、着色不良、成熟延迟等。因此，葡萄每年必须进行多次细致的夏季修剪。

（一）抹芽

春季芽眼萌发后在新梢长到5～10cm之前进行，抹去多余无用的芽。①近地面30～50cm内枝蔓上的芽要及早抹去，否则结果后果穗着地，易感染和传播病害，基部过密的枝条也影响通风透光。②架面上1个芽眼发出2个以上新梢的，要选1个长势较好、有花序的留下，其余抹去。③主蔓及枝组上过密的芽也要及早抹去。

（二）定枝（疏枝）

在新枝长到15～20cm时进行，因此时已能看出花序的有无及大小。定枝是在抹芽基础上最后调整留枝密度的一项重要工作。棚架每平方米架面依品种生长势留枝15～20个，单篱架新梢垂直引缚时每隔10cm左右留1个新梢，双篱架时每隔15cm左右留1个新梢。定枝时要留有10%～15%的余地，以防止后期新梢被风刮折和人为损失。

（三）疏花序、掐穗尖、疏副穗

生产上为了集中营养提高坐果率和果实品质，保证合理的产量负担需要进行疏花序，特别是对花序较多、较大及落花落果严重的品种更要进行此项工作。疏花序一般在开花前10～15d进行。留花序标准：鲜食品种一般每一结果枝留1个花序，小穗品种和少数壮枝可留2个花序，细弱枝不留花序。

掐穗尖和疏副穗可与疏花序同时进行。对花序较大和较长的品种，要掐去花序全长的1/4～1/5，过长的分枝也要将尖端掐去一部分。对果穗较大、副穗明显的品种，应将过大的副穗剪去，并将穗轴基部的1～2个分枝剪去。通过掐穗尖和疏副穗可将分化不良的穗尖和副穗去掉，营养集中，提高坐果率，使果穗紧凑、果粒大小整齐，穗形较整齐一致。

（四）除卷须

卷须不仅浪费营养和水分，而且还能卷坏叶片和果穗，使新梢缠在一起，给以后绑梢、采果、冬剪和下架等作业带来麻烦。因此夏剪时要及时将卷须剪除。

（五）新梢摘心

新梢摘心的目的是控制新梢旺长，使养分集中在留下的花序和枝条上，提高坐果率，减少落花落果，促进花芽分化和新梢成熟。新梢摘心的方法如下。

1. 结果枝摘心　在开花前3～5d至初花期进行，一般在花序以上留4～6片叶摘心较为合适。

2. 营养枝摘心　与结果枝摘心同时进行或较结果枝摘心稍迟，一般留8～12片叶。强枝长留，弱枝短留；空处长留，密处短留。

3. 主蔓延长梢摘心　可根据当年预计的冬剪剪留长度和生长期长短确定摘心时间。北方地区生长期较短，应在8月中旬以前摘心；南方生长期较长，可在9月上中旬摘心。延长梢一般不留果穗，以保证其健壮生长和充分成熟。

（六）副梢处理

随着新梢的延长生长及摘心刺激后，新梢叶腋内夏芽会萌发出副梢。为了减少无效营养消耗，防止架面枝叶过密，保证通风透光良好及浆果品质，在生长季要对副梢及时地进行适当处理。副梢处理方法有 3 种。①结果枝顶端 1 个副梢留 3～4 片叶反复摘心，其余副梢留 1 片叶反复摘心。这种方法适于幼树和生长强旺树，因为幼树这样处理后，副梢叶片多，能促进根系生长及主蔓加粗；强旺树处理后通过多留副梢可分散营养，均衡树势，防止徒长。②果穗以下副梢从基部抹除，果穗以上副梢留 1 片叶反复摘心，最顶端 1 个副梢留 2～4 片叶反复摘心。这种方法适用于初结果树。多留副梢叶片能保证早期丰产，促进树冠扩大和结果枝加粗，有利于培养枝组。③结果枝只保留最顶端 1 个副梢，每次留 2～3 片叶反复摘心，其余副梢从基部抹除。这种方法适于篱架和棚架栽培的成龄（盛果期）葡萄树。因少留叶可减少叶幕层厚度，让架面能透进微光，使架下叶片和果穗都能见光，可减少黄叶出现，促进果实着色和成熟。在整形期间，主蔓延长梢一般也采用这种方法。

（七）剪除枯枝、坏枝

一般在葡萄伤流期过后进行。北方多在 6 月上旬，可与新梢摘心一起进行。枯枝、坏枝形成的原因：①枝条本身不充实，成熟不好，芽眼不萌发；②葡萄上下架时受机械损伤；③越冬期间芽眼受冻，不萌发。剪去枯枝、坏枝后可减少养分、水分消耗，改善通风透光条件，并可减轻病虫害。

（八）新梢引缚

在夏剪的同时要将一些下垂枝、过密枝疏散开，绑到铁线上，以改善通风透光条件，提高品质，保证各项作业（打药、夏剪、除草等）的顺利进行。

（九）剪梢、摘叶

在 7 月中下旬至 9 月份（特别是在果实着色前）进行。将过长的新梢和副梢剪去一部分，将密的叶片（特别是老叶和黄叶）摘掉，以改善通风透光条件，减少养分消耗，促进果实着色。剪梢、摘叶以架下有筛眼状光影为标准，不能过重。

（十）夏季修剪中应注意的问题

修剪下来的枝叶等要集中起来深埋或沤肥，不能乱扔，以减少病虫害。夏剪时发现病叶、病梢、病果要及时剪下深埋，防止病害扩散。各项作业一定要严格按时、按要求进行。

四、葡萄园的土、肥、水管理

（一）土壤管理

1. 池面深翻　葡萄根系早春生命活动旺盛，需要充足的养分和良好的通气条件。因此，北方埋土防寒地区在出土上架后要结合清理池面进行一次池面深翻。葡萄园池面深翻是在定植沟内翻 20～25cm。翻后将土块打碎，整平池面，最后修好池梗。深翻要尽量少损伤大根系，一般植株根干周围留 20cm 浅翻或不翻。近地面小根可断，因其恢复快，断后有利于根系深扎，提高抗寒力。如果秋天没有施基肥，也可结合池面深翻施足基肥，也可同时追施化肥。

2. 中耕除草 为了防除杂草、疏松土壤，葡萄园每年至少要在行间、株间进行 2～3 次中耕，深度 10cm 左右。另外每个生长季要在行、株间锄草 3～4 次，保持葡萄园土壤疏松无杂草状态。也可用除草剂除草，成龄葡萄园可用农达、西马津、茅草枯等，但葡萄园决不允许用 2,4-D 类除草剂，在葡萄园周围也不能使用 2,4-D 类除草剂，因其具有飘移性。除草剂不能打到叶片上，新除草剂必须试验后才能大面积应用，以防止药害。

（二）葡萄施肥

葡萄是多年生作物，每年从土壤中吸收大量的营养元素。这就需要通过及时施肥来恢复和提高地力，保证植株能及时、充分地获得所需营养，生长健壮，提高产量和品质。

1. 肥料种类及其作用 葡萄对营养要求是多种多样的，其中最主要的是氮（N）、磷（P）、钾（K）、铁（Fe）、硼（B）等元素。

（1）氮 葡萄生长和结果对氮肥反应最敏感，当氮肥不足时：叶片色浅、薄而小，新梢生长势弱且纤细、节间短，落花落果严重，花芽、花序分化不良，产量下降。氮肥过多则会引起枝条和叶片徒长、坐果率降低、成熟期延迟、着色不良、花芽分化不良，而且易受病虫为害，枝条芽眼成熟不充实，过冬易受冻害。葡萄一年中从萌芽就开始吸收氮肥，展叶到开花期前后对氮肥的需要量最大。因此氮肥应着重在生长前期施用，为植株生长奠定基础，后期不施或少施，以免引起徒长等。

（2）磷 葡萄一年中都吸收磷，但在新梢旺盛生长期和浆果成熟期吸收最多，并有促进浆果成熟和花芽分化的作用。

（3）钾 在生长初期对钾肥需要量少，在生长后期（果实和新梢成熟前）吸收和需要量最大。可促进果实成熟，提高含糖量、促进花芽分化及枝条成熟，提高树体抗性。

（4）硼 硼能提高坐果率、提高果实品质。缺硼能引起落花落果、降低坐果率，叶边缘黄化、节间变短。在土壤贫瘠地区（沙土地等）易出现缺硼症状，应注意补充。

（5）铁 缺铁易出现黄化症，叶片黄化，叶脉绿色，严重时整个新梢都变成黄色或黄绿色。一般的葡萄园不缺铁，但过酸、过碱的土壤上易出现缺铁症状。

（6）锌 葡萄缺锌时，新梢节间短，叶片小，叶脉间叶肉黄化，严重时干枯脱落，果穗上形成大量无核小果，产量显著降低。缺锌在嫩梢顶端的组织内反应最敏感，梢尖锌含量为 3～11mg/L 时即严重缺锌，含量为 16～20mg/L 时为轻度缺锌，含量在 20mg/L 以上则植株生育正常。

治疗缺锌可用 10%的硫酸锌溶液，在冬剪后随即涂抹短梢修剪枝条的剪口可收到良好效果，但对长梢修剪的枝条则效果不良。在生长期喷 1～2 次 0.2%的硫酸锌溶液也能起到一定作用，第一次在开花前 2～3 周，第二次在开花后数周。

（7）镁 葡萄缺镁时，新梢顶端呈水渍状，叶脉间出现黄化但叶脉仍保持绿色，叶片皱缩，严重时新梢中、下部叶片早期脱落。治疗缺镁可从 6 月开始，每隔 10～15d 喷 1 次 2%的硫酸镁。根据发病程度连续喷布 3～4 次即可治愈。

2. 施肥时期及方法

（1）基肥 以秋施为主，最好在秋季葡萄采收后施入，也可在春季出土上架后进行。

基肥以有机肥为主。基肥作用时间长，肥效发挥缓慢而稳定。施用方法：①沟施。每年在栽植沟两侧轮流开沟施肥，并且施肥沟要逐年外扩。施肥沟一般离植株基部50～100cm，宽、深各40cm左右，按每株50kg（每667m^2 5 000kg以上）的施肥量将肥料均匀施入沟内并用土拌好，然后回填余土。施肥后灌水。②池面撒施。可先将池面表土挖出10～15cm，然后将肥料均匀撒入池面，再深翻20～25cm，将肥料翻入土中，最后回填表土。也可将腐熟的优质有机肥均匀撒入池面，深翻20～25cm。

总之基肥应施在葡萄根系主要分布范围内，并以不损伤大根为原则。

（2）追肥　葡萄园光靠基肥有时不能满足树体生长和结果对营养的需要，因此还应及时追肥。追肥一般用速效性肥料（尿素、硫酸铵、碳酸铵、磷酸氢二铵、人粪尿等）。前期以追氮肥为主（宜浅些），中、后期以磷、钾肥为主（磷肥移动性差，宜深些）。

追肥方法：氮肥（尿素等）可在池内两株葡萄间开浅沟施入，覆土后立即灌水，或在下雨前均匀撒在池面上，肥料遇雨水溶解进入土壤中。磷、钾肥由于在土壤中不易移动，应尽量多开沟深施。另外，葡萄园还可追施人粪尿或鸡粪，随灌水流入池面内，既省工又施肥均匀，利用率高，并有改良土壤的作用。

除土壤追肥外，也可进行叶面追肥。尿素、磷酸二氢钾等常用浓度为3～5g/kg。

（三）葡萄园的灌水与排水

葡萄是需水量较多的果树，叶面积大，蒸发水量多。而北方葡萄生产区一般春季、初夏土壤往往较干旱，并且全年降水量分布不均匀，2/3降水量集中在7～8月份，其他月份经常出现缺水现象。因此为了使葡萄丰产、优质，必须保证水分供应。雨季还要注意排水。

1. 灌水　一个丰产的葡萄园在灌溉上应遵循以下原则。

（1）春季出土上架后至萌芽前灌水　此次灌水能促进芽眼萌发整齐、萌发后新梢生长较快，为当年生长结果打下基础。通常把此次灌水称为催芽水。此次灌水要求一次灌透。如果在此期灌水次数过多会降低地温，不利萌芽及新梢生长。

（2）开花前灌水　一般在开花前5～7d进行，称为花前水或催花水，可为葡萄开花坐果创造一个良好的水分条件，并能促进新梢的生长。

（3）开花期控水　从初花期至末花期的10～15d内，葡萄园应停止供水，否则会因灌水引起大量落花落果（降地温，影响开花与授粉），出现大小粒及严重减产。

（4）浆果膨大期灌水　从开花后10d到果实着色前，果实迅速膨大，枝叶旺长，外界气温高，叶片蒸腾失水量大，植株需要消耗大量水分，一般应隔10～15d灌水1次。只要地表下10cm处土壤干燥就应考虑灌水。以促进幼果生长及膨大。

（5）浆果着色期控水　从果实着色后至采收前应控制灌水。此期如果灌水过多或下雨过多，将影响果实的糖分积累，着色延迟或着色不良，降低品质和风味，也会降低果实的贮藏性，某些品种还可能出现大量裂果或落果。此期如土壤特别干旱可适当灌小水，忌灌大水。

（6）采收后灌水　由于采收前较长时间的控水，采收后葡萄植株已缺水，应立即灌一次水。此次灌水可与秋施基肥结合，因此又叫采后水或秋肥水。此次灌水可延迟叶片衰老、促进树体养分积累和新梢及芽眼的充分成熟。

(7) 秋冬期灌水　葡萄在冬剪后埋土防寒前应灌一次透水，叫防寒水，可使土壤和植株充分吸水，保证植株安全越冬。对于沙性大的土壤，严寒地区在埋土防寒以后当土壤已结冻时最好在防寒取土沟内再灌一次水，叫封冻水，以防止根系侧面受冻，保证植株安全越冬。

目前生产上灌水主要采取漫灌法，即在葡萄池面灌水，每次灌水量以浸湿 40cm 土层为宜。因此灌水前要整理池面，修好池梗，防止跑水。

现代化的滴灌、渗灌、微喷技术已开始在葡萄园应用，对提高产量和品质、节约用水起到了良好作用，应大力推广应用。

2. 排水　葡萄园缺水不行，灌水很重要，但园地水分过多会出现涝害。防止葡萄园涝害的措施主要是：低洼地不宜建园，已建的葡萄园要通过挖排水沟降低地下水位，抬高葡萄定植行地面；平地葡萄园必须修建排水系统，使园地的积水能在 2d 内排完；一旦雨量过大，自然排水无效，引起地表大量积水，要立即用抽水机械将园内积水人工排出。

五、葡萄越冬与防寒

我国幅员辽阔，气候复杂，从南到北气候变化很大。在我国北方由于气候比较寒冷，对葡萄的种类、品种及栽培方式方法都具有抗寒与防寒的要求。

由于葡萄休眠期的抗寒能力有一定的限性，超过抗寒力极限的低温环境可使植株特别是根系发生冻害。为了防止冬季植株发生冻害，一般认为在冬季绝对最低气温平均值－15℃线以北地区都要采取越冬防寒措施。根据气象资料，安徽萧县和山东烟台为葡萄露地越冬的临界地区，有的年份也会出现冻害。南方各地葡萄均可露地安全越冬，但海拔高、气候寒冷处也需覆盖越冬。北方各地除抗寒的山葡萄外，都需进行防寒覆盖，以保证植株安全越冬。

（一）越冬防寒的时期

各地气候不同，埋土防寒时期有一定差异，但总的原则是在冬剪后园地土壤结冻前 1 周左右进行。埋土防寒过早或过晚都会对植株产生不良影响。

（二）防寒土堆的规格

多年的生产实践经验表明，凡是越冬期间能保持葡萄根桩周围 1m 以上和地表下 60cm 土层内的根系不受冻害，第二年植株就能正常生长和结果。根据沈阳农业大学在辽宁省各地的调查，发现自根葡萄根系受冻深度与冬季地温－5℃所达到的深度大致相符。这样，可根据当地历年地温稳定在－5℃的土层深度作为防寒土堆的厚度，而防寒土堆的宽度为 1m 加上 2 倍的厚度。例如沈阳历年－5℃地温在 50cm 深度，鞍山为 40cm，熊岳为 30cm，则防寒土堆的厚度和宽度分别为沈阳 50cm、200cm，鞍山 40cm、180cm，熊岳 30cm、160cm。此外，沙地葡萄园由于沙土导热性强而且易透风，防寒土堆的厚度和宽度需适当增加。

（三）越冬防寒的方法

1. 地面实埋防寒法　这是目前生产上广泛采用的一种方法，操作要求如下：①将修剪后的枝蔓顺一个方向依次下架、理直、捆好，平放在池面中央。为防止埋土时压断枝蔓，最好在每株的基部垫土或草把（俗称垫枕），鼠害严重地区还要在枝蔓基部投放杀鼠药以防咬坏枝蔓。②有些地区习惯在枝蔓的上部和两侧堆放秸秆、稻草，不太寒冷地区可以省去覆盖物。③埋土时先将枝蔓两侧用土挤紧，然后覆土至所需要的宽度和厚度。④取土沟靠近植株一侧距防寒土堆外沿不少于50cm（离植株基部1.5m左右），以防根系侧面受冻（图1-19）。埋土时要边培土边拍实，防止土堆内透风。当土壤开始结冻后，取土沟内最好灌1～2次封冻水，以提高防寒土堆内的温度。

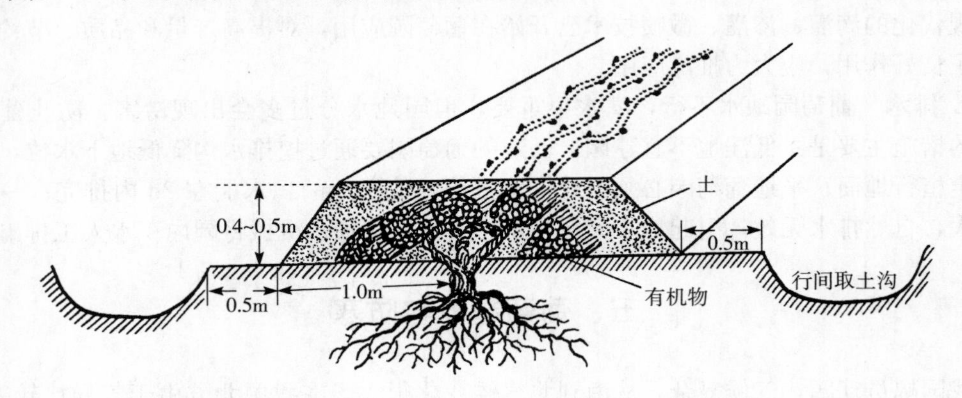

图1-19　地上实埋防寒法断面

2. 地下开沟实埋法　在行边距根桩30～50cm处顺行向开一条宽和深各40～50cm的防寒沟，将捆好的枝蔓放入沟中，可先覆盖有机物，也可直接埋土。这种方法多年挖沟对根系有损伤和破坏，而且费工，目前仅在个别地区应用。

3. 深沟栽植防寒法　此种方法适于气候寒冷干燥的地区和排水良好的地块，内蒙古应用较多。栽植前先挖掘30～40cm深的沟，将葡萄栽植在沟中，可实埋防寒，也可空心防寒，越冬安全系数大。

4. 塑料薄膜防寒法　近年黑龙江及辽宁省有的葡萄园试用塑料薄膜防寒，效果良好。做法是：先在枝蔓上盖麦秆或稻草40cm厚，上覆塑料薄膜，周围用土培严。要特别注意不能碰破薄膜，以免因冷空气透入而造成冻害。

5. 简化防寒法　采用抗寒砧木嫁接的葡萄，由于根系抗寒力强于自根苗的2～4倍，故可大大简化防寒措施，节省防寒用土的1/2～1/3。如沈阳地区可取消有机覆盖物，直接埋土，宽度1.2m左右，在枝蔓上覆土20～25cm，这样即可保证枝蔓和根系的安全越冬。采用抗寒砧木、实行简化防寒是冬季严寒地区葡萄生产的方向。

（四）出土上架

葡萄在树液开始流动至芽眼膨大以前必须撤除防寒土并及时上架。

由于每年的气候有变化，准确掌握适时的出土日期十分必要，可用某些果树的物候期作为“指示植物”。据各地的多年经验，一般在当地山桃初花期或杏栽培品种的花蕾显著膨大期开始撤去防寒物较为适宜。美洲种及欧美杂种的芽眼萌发较欧洲种要早，出土日期应相应提早4～6d。

撤除防寒物后要修整好栽植畦面，并扒除枝蔓老皮，这是葡萄生产上防治病虫害不可缺少的一个环节。为了防止芽眼干，使芽眼萌发整齐，出土后可将枝蔓在地上先放几天，等芽眼开始萌动时再将枝蔓上架并均匀绑在架面上，进入正常的夏季管理。

第六节　果实的采收与采后处理

一、采前准备

采收前要先进行估产，应分品种进行。然后制定采收计划，准备采收工具，如采果剪、筐、箱等。

二、采收时期

果实采收是葡萄年周期管理中最后一个环节，也是最重要的环节，它关系到葡萄的产量、质量及贮运效果。一般鲜食葡萄在果实达到生理成熟时采收最适宜，即浆果表现出该品种固有的色泽、果肉由硬变软而有弹性、果梗基部木质化由绿色变黄褐色、达到该品种固有的含糖量和风味。需长途运输的果实可在八分熟采收，就地销售和贮藏的可在九、十分熟时采收。加工用的品种其果实采收期与用途有关：制汁品种需在充分成熟时采收，酿造品种应在含糖量达17%～22%以上时采收。

采收应选择阴凉天气进行。雨天与雾天不宜采收，否则会降低浆果贮运性及品质。一天中以上午10:00前和傍晚采收为宜，因此时的果实温度和气温低，果实中田间热存量少，有利于贮藏和运输。

三、采收方法和要求

用采果剪剪下果穗。为了便于提取和包装一般果穗梗要剪留3～4cm。剪下的果穗剔除病伤粒、小青粒后，集中轻放在地面上的塑料布或牛皮纸上，等待分级和包装。由于葡萄果皮薄易碎，采收时要小心细致，轻拿轻放，以免弄破果粒，造成不应有的损失。鲜食品种还要尽量保持果粉完整，以减少浆果腐烂，保持美丽的外观。

四、分级和包装

（一）分级

采收后要立即对果穗进行分级，按中华人民共和国农业行业标准（NY/T470—2001 鲜食葡萄）进行。

（二）包装和运输

为了避免运输中损失，提高收益，分级后要进行妥善包装。选用承压力较强和耐湿的木箱、硬纸箱或塑料箱作容器，容重一般在5～10kg。先在箱内衬上PVC气调膜或一般塑料膜，然后将果穗轻放在果箱内，穗梗倾斜向上，摆放紧凑，每箱内摆2～3层，果穗不能超出箱口，封箱后放在阴凉处。包装要紧实，以免运输中果穗窜动引起脱粒。

近年来，国内外葡萄的包装趋向小型化。如日本的包装箱有容量1kg、2kg和4kg三类。

运输前，装车要摆严、绑紧，层间加上隔板，防止颠簸摇晃使果实受损伤。最好采用冷藏车运输。

第七节　日光温室葡萄栽培管理技术

葡萄设施栽培是葡萄栽培的特殊形式，是指在不适宜葡萄生长发育的季节或地区，在充分利用自然环境条件的基础上，利用温室、塑料大棚和避雨棚等保护设施，改善或调控设施内的环境因子，为葡萄的生长发育提供适宜的环境条件，进而达到葡萄生产目标的人工调节的栽培模式，是一种高度集约化，资金、劳力和技术高度密集化的产业，是葡萄由传统栽培向现代化栽培发展的重要转折，是实现高产、优质、安全、高效的有效栽培措施。根据栽培目的的不同，葡萄设施栽培可分为促成栽培、延迟栽培和避雨栽培3种栽培类型。

近年来，我国设施葡萄栽培发展迅速，生产面积和产量居世界第一位。据初步统计，至2008年我国设施葡萄生产面积约2.67万hm^2。此外，我国设施葡萄栽培区域逐渐扩大，设施葡萄生产由最初的辽宁和北京等北方地区为主，逐渐扩大到全国各地。目前东起台湾、浙江和上海，西至新疆和西藏，北起黑龙江、辽宁和内蒙古，南至海南、广东和广西等省（自治区、直辖市）均有设施葡萄栽培，已经形成环渤海湾（辽宁、山东、河北、北京和天津等）、西北地区（山西、陕西、甘肃、宁夏、新疆等）、长江三角洲（浙江、上海和江苏等）和西南地区（广西、四川和重庆等）四大集中产区。

一、日光温室葡萄促成栽培技术

（一）促成栽培品种的选择

多年的试验和生产实践证明，适于日光温室葡萄促成栽培的品种主要有京亚、87-1、京秀、86-11、86-12、奥古斯特、无核白鸡心等早、中熟品种。

（二）日光温室葡萄栽植

1. 栽植时期　新建温室一般在4月上中旬定植。对已经生产的温室，先将苗木装在编织袋或塑料袋内，在露地培养，待5～6月份葡萄采收后，立即清园带土坨移植。

2. 栽植方式和栽植密度　一种是采取南北行向双行带状栽植，带内小行距50～60cm，大行距2.5m，株距40～50cm。

另一种是东西行向小棚架栽植，株距50～60cm，行距5～6m。

（三）日光温室葡萄的整形修剪

1. 定植到扣棚膜期的修剪　苗木定植萌发后，每株只留1条生长健壮的新梢向前延伸生长，当新梢长到30～40cm时开始搭架引绑新梢。进入8月份，当新梢长到2～2.5m时进行摘心，并保留顶端2～3个副梢，每次留2～3片叶反复摘心，其余副梢每次留1片叶反复摘心。

2. 萌芽至果实采收期的修剪

(1) 抹芽 当芽萌发到花生粒大小时，可将芽眼上瘦弱的副芽抹除，保留肥大的中央主芽。

(2) 疏梢定枝 当新梢长至3～5片叶时，保留生长健壮有花序的枝，对生长瘦弱、无花序或花序极小的枝要及时抹除。一般二年生葡萄每条主蔓上保留5～7个结果新梢即可，并随时抹除多余的新梢。多年一栽制的葡萄，以每平方米架面保留10～15个结果新梢为宜。

(3) 引缚 当结果枝长到30cm左右时，将生长势强的枝拉平引到枝叶较少的地方，弱枝一般不引缚，使结果枝均匀地摆布在架面上。

(4) 疏花序、掐穗尖 在开花前10d左右应根据当年花序的多少和大小决定疏除的多少。一般弱枝不留花序，中庸枝留1个花序，花序少的年份可采用强壮枝留2个花序来保证产量。掐穗尖可根据花序的大小酌情掌握，花序上的副穗一律掐去。

(5) 摘心 当日光温室葡萄有少量开花时，结果枝在花序以上留5～6片叶摘心，营养枝留4～5片叶摘心。新梢摘心后发出的副梢只保留最顶端的1～2个每次留2～3片叶反复摘心，其余一律抹除。

(6) 冬剪 篱架栽培的秋季落叶后每条主蔓剪留1.5～2m，小棚架葡萄以龙干形整形为主，注意葡萄架面与棚膜间距保持50cm左右。主蔓上结果枝组距离不小于30cm，每平方米架面留12个结果母枝。冬剪时结果母枝以短梢修剪为主，剪留2～3个芽。

(四) 日光温室葡萄的环境调控与管理

1. 温度的调控

(1) 休眠期的温度调控 葡萄植株的休眠期是从落叶后开始到次年萌芽结束。一般于11月上中旬在温室的屋面覆盖塑料薄膜后再盖草苫使室内不见光，温室内温度保持在7.2℃以下、－5℃～－10℃以上，这样既能满足植株休眠期的低温需求量，又不致遭受冻害。

为使葡萄提早萌芽，可在12月中下旬用10%～20%的石灰氮液涂抹结果母枝上的冬芽，迫使植株解除休眠，加温后即可提前萌芽。

(2) 升温后至果实采收期的温度调控 日光温室葡萄一般于1月上中旬开始揭帘升温，30～40d即可萌芽。萌芽前最低温度控制在5～6℃，最高温度控制在30～32℃；萌芽至开花期最低温度控制在10℃以上，白天温度达28℃时开始放风；开花期温度应控制在15℃以上，最适温度为18～28℃；果实着色期一般夜间温度应在15℃左右，不能超过20℃，白天温度控制在25～32℃，这样有利于果实着色和提高含糖量。

2. 湿度的调控 萌芽至花序伸出期，温室内相对湿度应控制80%左右，花序伸出后控制在70%左右，开花至坐果期控制在65%～70%。坐果以后室内空气湿度应控制在75%～80%。

3. 光照的调控 为了增加温室内的光照，扣棚时应选用无滴膜。如膜上灰尘太多，应及时擦掉，以保证膜的透光量。连续阴雨（雪）天，应在温室内铺设农用反光膜及吊灯补光。

4. 气体的调控 日光温室葡萄容易出现CO_2不足，应采取如下措施：

（1）通风换气　在2月份前每天在10：00～14：00通风换气1～2次，每次30min。以后随着温度的升高换气的时间逐渐加长，每天在温度达28℃时开始通风换气，降至23℃时关闭通风换气孔。

（2）补充CO_2　一是多施有机肥，二是施固体CO_2，三是使用CO_2发生器。

（五）日光温室葡萄的花果管理

1. 提高坐果率　对生长势强的结果枝，可在开花前在花序上部进行扭梢，可使坐果率明显提高。也可在开花前用2g/L的硼砂溶液喷布叶片和花序，或在花后5～7d喷布葡萄膨大剂，均能提高坐果率。

2. 疏穗、疏粒、定产量　落花后10～15d根据坐果情况进行疏穗，生长势强壮的结果枝一般留1～2个果穗，生长中庸的结果枝保留1个穗果，生长势弱的结果枝一般不留果穗。经过疏穗使每株二年生树每条主蔓保留4～5穗果较适宜，多年生葡萄每平方米架面上保留5～8穗果即可。

落花后15～20d，根据坐果情况及早疏粒，疏去部分过密果和小果，使大粒品种每个果穗保留50个果粒左右，果穗重量在500～600g。

3. 促进果实着色和成熟　在控制产量和良好管理的前提下，在果实着色前可以采取环割、摘叶、喷着色增糖剂等措施促进果实着色和成熟。

4. 适时采收　在葡萄果实达到该品种固有的风味品质时即可采收。日光温室葡萄果实成熟期较长，应分期采收，不能采收过早。

二、日光温室葡萄延迟采收栽培技术要点

延迟采收栽培是指在保护地内（日光温室等）采用晚熟耐贮品种，采取早春推迟萌芽、夏季避雨栽培、秋季防霜害、初冬防冻害等技术使其果实挂在树体上贮藏，使果实在元旦和春节时上市。该技术已在沈阳市郊区、黑龙江省大庆市、河北省怀来等地区开始应用，取得明显的效果和效益，每667m^2可产果1 200～2 000kg，根据采收期不同，每667m^2产值可达到2.5万～4.9万元，667m^2纯效益可达到1.8万～4.0万元。

延迟采收栽培的技术要点主要包括以下几项。

（一）延迟栽培品种的选择

保护地葡萄延迟采收栽培一般要求选择容易形成花芽、连续丰产、果实性状优良、适应性强的品种。推荐采用晚红（红地球）、秋红（圣诞玫瑰）、秋黑、美人指、意大利、红脸无核等晚熟耐贮品种。

（二）早春推迟萌芽　早春控制温室的温度进入4月份后平均温度升至7℃以上时，将温室前底角的草帘和棚膜揭开进行通风，晚上卷起草帘，白天放下草帘，这样通过降低温室内温度尽量延迟萌芽。直至4月下旬棚内树体树液开始流动后再撤掉草帘，使萌芽期控制在4月底至5月初。

（三）秋季防霜冻

到了秋季，当天气预报最低气温达到3℃时，应做好温室的防霜等准备工作。一是旧的棚膜要修补好，破损严重的棚膜要更换新膜；二是整理好通风口，当最低气温达到3℃

时，晚上要关闭通风口。

(四) 秋冬防冻害

进入10月中旬后，温室要加盖草帘，如要延迟至翌年1月底采收还须加盖纸被或双层草帘，而且最好使用新棚膜提高增温和保温效果。当天气预报的最低气温达到－3℃时，白天要揭帘，晚上盖帘，使棚内夜间温度保持在5℃以上（不低于0℃），果实成熟前白天温度控制在20～25℃。

(五) 树上活体贮藏

进入11月中旬以后果实已完全成熟，达到品种固有的品质，可以不采收挂在树上进入树上活体贮藏阶段。此期棚内最高温度可适当降低，应控制在15～20℃，最低温度需保持在0℃以上。此期地面必须覆盖地膜，严格控制湿度，严禁灌水，如土壤特别干旱可膜下滴灌或浇小水。对于新梢基部枯黄的老叶可随时摘除，保持梢尖绿叶自然生长。最迟可延至元旦到春节时上市。

(六) 冬剪防寒

葡萄果实采收后要立即进行冬剪，清理果园，喷1次石硫合剂，葡萄枝蔓可不下架。然后将草帘盖严，使葡萄在棚内自然越冬，到翌年4月下旬开始揭帘升温继续进行延迟采收生产。

(七) 延迟采收栽培注意事项

①该项技术适宜区域为东北及华北地区；②该项技术的关键是春季延迟萌芽和冬季防寒保温；③必须选用晚熟耐贮品种；④延迟采收栽培生长期按温室葡萄常规管理，提倡果穗套袋，套袋时间在果穗上色之前，不宜太早。套袋时要细致喷1次杀菌剂。

第八节 山葡萄及其栽培特点

一、山葡萄的经济价值

山葡萄（*Vitis amurensis* Rupr.）也称东北山葡萄，原产中国、俄罗斯远东地区和朝鲜，是葡萄属中最抗寒的一个种，枝蔓能耐－50～－40℃的低温，根系可耐－16～－14℃的低温。我国山葡萄的天然分布主要在吉林省长白山，黑龙江省完达山、小兴安岭，辽宁省北部的山区和半山区，内蒙古乌兰察布盟以东的大青山、蛮汉山亦有分布。山葡萄抗白腐病、白粉病、炭疽病和黑痘病，易感染霜霉病。用山葡萄浆果酿制的甜红酒品质优良，所以山葡萄是我国寒带地区葡萄酒工业的主要原料。

山葡萄是一种经济价值较高的经济果树，其浆果平均含糖11.01%、有机酸2.46%、单宁0.055%，含有18种氨基酸，总含量变化幅度为769～6 819mg/L；浆果果皮红色素色价为20～134，其平均含量是高粱红色素的10余倍；种子含油率为10%左右，出油率4.66%。此外，浆果还含有蛋白质、矿物质等营养元素。另据美国有关报道，在葡萄属植物的果实中含有具抗衰老、防癌治癌双重医疗保健作用物质——白黎芦醇，其含量表现为随着果皮颜色加深而上升的趋势。山葡萄是葡萄属植物中果皮颜色最深的种，白黎芦醇含量是其他酿造葡萄品种的2～4倍。同时，山葡萄浆果中还含有丰富的具有软化心血管作用的前花色素苷物质。

二、山葡萄的研究及栽培现状

山葡萄的直接利用在野生果树利用史上堪称典范。山葡萄酒色泽鲜艳、芳香爽口、浓郁醇厚、酒体饱满，与欧洲葡萄酒比较有不同特点，因而在国内外享有较高的声誉。自然野生的山葡萄资源由于长期遭受掠夺式的采摘，使得浆果蕴藏量下降，遗传多样性日趋狭窄，生态环境也遭到破坏。吉林省通化葡萄酒公司和吉林市长白山葡萄酒厂在1963—1972年的10年间平均年收购山葡萄639t，较历史最高水平1954年的5 038t下降了87%，其中1969年收购量最少，仅收购161t。为了解决生产计划与原料无保障的矛盾，吉林省通化葡萄酒公司和吉林市长白山葡萄酒厂于1957年便开始进行山葡萄家植驯化栽培的尝试。在家植栽培过程中选出了一些优良雌能花类型，如长白9号、通化3号等。吉林省特产研究所于1973年开始建立了山葡萄家植试验基地，并从野生资源中选出雌能花品种左山一、左山二以及一些优良的雌能花类型。经过几个单位的共同努力，终于达到了预期目的，使山葡萄每667m^2产量达800kg。20世纪70年代中期，中国农业科学院特产研究所以双庆为父本、以优良的雌能花为母本进行杂交，自1988年以来先后培育出双优、双丰、双红等两性花品种及一些优良两性花品系。

以山葡萄为抗寒亲本与欧亚种葡萄杂交育种工作始于20世纪50年代。中国农业科学院特产研究所等单位于70年代针对山葡萄与欧亚种葡萄杂交F_1代的缺点，通过单交、重复杂交等方式，选育出左红一、左优红、北冰红等优良品种。

1980年，由中国农业科学院特产研究所研究的“野生山葡萄家植丰产栽培技术”，使家植山葡萄平均产量提高到12 000kg/hm^2，标志着我国山葡萄大面积栽培的开始。

三、山葡萄苗木繁殖

山葡萄苗木繁殖一般采用扦插、嫁接、组织培养等方法，实生繁殖主要用于砧木苗的繁殖。

1. 扦插繁殖 以硬枝扦插为主。山葡萄枝蔓不经处理露地直接扦插发根率较低，必须通过植物生长调节剂处理，加温催根，然后才能移栽到露地。

（1）插条的采集与贮藏 山葡萄插条必须采自优良品种母树。要求品种纯正，芽眼饱满，充分成熟，无病虫害。可以结合冬季修剪采集，具体时间为落叶后至翌年3月上旬。将采集好的插条，剪成5～10节为一段，每50～100根为一捆，拴好标签后贮藏，贮藏方法与其他葡萄相同。

（2）药剂处理 3月中下旬，将贮藏好的插条取出，剪截为18cm左右，顶部必须有1个饱满芽，上端在芽节上1cm左右平剪，下端在芽节下或节间斜剪。具有2个芽以上的插条，除保留最上部1个外，其余全部削掉。剪好的插条50支一捆。捆的下部要平齐，系好标记，放在阴凉潮湿处。扦插前进行清水浸泡和药剂处理。常用药剂有萘乙酸、吲哚丁酸、ABT生根粉等。萘乙酸和吲哚丁酸的适宜浓度为150mg/L，ABT生根粉的适宜浓度为500倍液。配制好的药液要加入5%的蔗糖，促根效果更佳。浸泡深度为插条基部5cm，在室温（15～20℃）下浸泡24h。取出后要用清水冲洗干净，注意不要使药液沾到插条的上部。

(3) 催根 为促使山葡萄发根，还要在适宜温度的苗床上催根。常用苗床有电热温床和回龙火炕两种。苗床常用的基质为河沙，河沙直径在0.05cm左右，含土量不能超过5%。苗床基质厚度为20～22cm。为保证苗床温度稳定，扦插前3～4d应进行加温，15cm深基质温度稳定在26～28℃时方可扦插。株行距为3cm×4cm，插入深度为15cm，芽眼露出沙面。扦插深度必须一致，使插条基部处在同一温、湿度条件下。扦插后20d内，应保证基质内发根部位的温度稳定在26～28℃。床面气温不要超过10℃，防止芽眼过早萌发。基质湿度（绝对含水量）应控制在50%～60%。20d后，插条开始生根、萌芽展叶。此时除要保持基质温度与前期相同外，不必控制床面的气温，以利新梢生长。还要注意抹除多余的芽，摘除花序，及时松土，防治病虫害等。45d后到幼苗移栽前，应进行炼苗，停止加温，只要叶片不萎蔫，不必浇水。除雨天外，应除去覆盖物。

(4) 移栽及苗期管理 进入5月下旬，扦插苗就可以移栽到苗圃地，苗圃地的选择同其他果树（从略）。移栽前应做好整地、施足底肥等项准备工作。移栽的适宜时期是20cm深处土温稳定在15℃以上时。适宜株行距为10～12cm×60cm。移栽时要将苗木分级，分别栽植。对发根较少的苗木应继续催根15d再移栽。移栽时根系要舒展，先覆盖至沟深的一半，灌水，水渗下后，再覆另一半土。覆土深度以叶芽露出地面为宜。移栽成活后要及时松土。山葡萄易感染霜霉病，应适时喷甲霜灵、克霜氰、波尔多液等药剂防治。新梢长出后，应及时立枝柱、绑蔓。

2. 嫁接繁殖 山葡萄嫁接主要是利用砧木贝达易生根的优点，解决山葡萄不易生根的问题，提高成苗率和繁殖系数。为了使接穗早生根，发挥山葡萄抗寒力较强的优点，应采取“长穗短砧，深栽浅埋，不解绑扎物，逐渐培土，促穗生根”的办法。贝达砧木的长度为8cm左右，基部带节剪成斜面。接穗长12cm，下端剪成两面等长的斜面，嫁接通常采用劈接法。愈合、催根处理以及苗期管理同其他品种，但接口的绑缚物不要解除，要利用其形成缢痕，限制砧木根系的发育。苗木移栽或定植时一定要深栽，通过逐步地培土使原山葡萄接穗和新梢逐渐生根，取代原有由贝达发出的根系，达到由嫁接苗转化成自根苗的目的。

3. 实生繁殖 主要用于砧木苗的繁殖。主要步骤有：①种子的采集。山葡萄浆果充分成熟时采下果穗，洗净果肉后放在通风阴凉处晾干。②种子的层积。山葡萄的种皮坚硬，不加处理基本不出苗。于11月中下旬，按1∶5的比例将种子与湿沙充分混拌后放置于温度为1～5℃的窖中贮藏。③播种与移栽。为达到播种实生苗的当年生长量，一般于4月上旬在塑料大棚或温室中播种。采用营养土纸杯播种效果较好。纸杯长、宽、高为6cm、6cm、10cm，营养土为体积比1∶3的沙与腐殖土混合后加入质量分数为5%的农家肥和0.1%的硝酸铵。每个纸杯播种2粒，覆土3～4cm。6月上旬移入苗圃地，移植后进行幼苗田间管理。

4. 组织培养育苗

(1) 接种材料的采集和接种 当芽梢生长至5～6cm时切取茎尖，剥去外层幼叶，用清水冲洗3～4次，用0.1%氯化汞消毒3min，再用无菌水冲洗4～5次。剥取2mm长的茎尖，接种在分生培养基中。培养基为MS＋6-BA 2mg/L＋NAA 0.01mg/L＋琼脂0.5%＋蔗糖3%。每瓶接种4个茎尖，调整培养基pH为5.8～6.0，并进行20min 0.9～1kg/cm^{2}的高压灭菌处理。

（2）茎尖培养与分生　培养室的温度为17～25℃，每天光照8～12h。当试管苗生长至1.5cm以上并具有3片幼叶时，切取后转入生根培养基中。培养基为1/2MS（维生素不减半）＋IBA 0.4mg/L＋蔗糖1.5g/L。转入10d左右开始生根。

（3）试管苗移栽　生根试管苗生长达5cm左右时，可移栽至带有营养土的纸杯中（腐殖土、河沙、农家肥的体积比为2∶1∶0.5），在塑料大棚或温室中生长50～55d，于6月上旬定植到苗圃。10月中旬起苗，其根系比硬枝扦插苗发达，枝蔓（新梢）成熟（10节以上），达到生产用苗标准。

四、建园特点

（一）品种和苗木选择

发展山葡萄生产同样要注意品种的选择，这是山葡萄生产良性发展的关键，只有选择适合本地区的品种，才能获得理想的产量和品质优良的浆果。在我国东北的广大山区和半山区虽然分布着丰富的山葡萄资源，但不同单株间结实力的差别悬殊，浆果酿酒品质也不尽相同，如果不加选择地采条育苗栽植，必然会出现单产不高、浆果质量差、经营亏损的不良后果。我国山葡萄人工栽培已有50多年的历史，通过野生选种和杂交育种两种途径，已选育出6个山葡萄品种及一些优良品系。应用山葡萄为抗寒亲本进行种间杂交，选育出一些抗寒的酿酒优良品种。这些品种的选育对我国寒带地区葡萄酒产业的发展起到了积极的促进作用。选择品种首先选择适合本地气候条件的品种，其次要选择当地加工企业收购的好品种。

（二）园地选择

山葡萄建园地址的选择非常重要。如果园地选择不当，将会造成不可挽回的损失。在山葡萄栽培短暂的发展过程中，就有过因为园地选择不当而造成严重损失的教训：在大量投资建园以后，幼龄山葡萄园连年遭受晚霜和冰雹危害，园内山葡萄苗木残缺不全，植株长势参差不齐，致使该园无法继续经营。因此，建立高标准的山葡萄园，首先要选择好园址。

一般无霜期在120d以上，从萌芽到浆果、枝条充分成熟期的有效积温全值达到2 400℃以上，生长期没有严重晚霜和冰雹危害的小区环境才适于选作山葡萄园地。

山葡萄对土壤条件的要求不很严格，在多种土壤上都能生长良好。但是以排水良好、土层深厚、具备灌溉条件的土壤为最佳，土壤pH微酸性到微碱性。

不同地势对栽培山葡萄的影响很大。东北地区气候严寒、生长期短、热量不足，为了增加热量，应该选用南向、东南向或西南向的坡地，坡度应为5°～15°。

栽培山葡萄的目的是为酿制山葡萄酒提供原料。为了节省原料的运输费用，降低成本，同时减少因运输过程中原料破损变质而产生的损耗，山葡萄园应建在有公路直通葡萄酒厂、距离不超过50km的地方。

（三）授粉品种配置

野生山葡萄为雌雄异株，两性花品种极为罕见。自从发现野生两性花品种双庆后，通过与优良的山葡萄雌能花品系进行种内杂交，先后选育出双丰、双优和双红等两性花新品种，大幅度提高了人工栽培山葡萄的产量。两性花品种的雌、雄蕊均发育正常，花前套袋自交和自然授粉坐果良好，可单品种建园。目前生产上主栽品种左山一和左山二为雌能花，雄蕊发育不健全，花丝短而弯曲，向下反卷，自花授粉不能结实，须授以两性花或雄能花的花粉才能结实。根据中国农业科学院特产研究所花粉电镜扫描观察的结果，山葡萄雌能花的花粉粒空瘪，无萌发孔沟，不能发芽和受精。因此，山葡萄雌能花品种可选用双丰、双优和双红等品种作授粉树，才能达到丰产、稳产。配置方法：一是成行配置，即先栽 1 行两性花品种，再栽植 2 行雌能花品种，依此类推；二是“插株”配置，这是在缺少授粉品种时采取的方法：栽植 35～40 株雌能花品种，再栽植 3～4 株两性花品种。这种方法不便于剪条育苗和采果（单品种酿酒）。

在配置授粉品种时，不能用山葡萄雄株作授粉树，因为雄株只开花不结实，既浪费土地面积，又增加经营成本。此外，不应选择鲜食葡萄巨峰或贝达作授粉树，主要是因为这 2 个品种与主栽山葡萄品种的开花期不遇，不能起授粉作用。

五、架式及整形修剪特点

（一）架式与整形特点

山葡萄耐寒力特别强，在东北地区栽培枝蔓都可以在架上安全越冬，可采用篱架或小棚架，可以采用固定主蔓、有干或无干的龙干形整形等各种形式的整形修剪方法。

（二）修剪特点

山葡萄不用下架防寒，可供修剪的时期较长，从植株进入休眠后 2～3 周至第二年伤流开始之前均可进行修剪。修剪的结束时期不能迟于 3 月中旬。对于欧山杂交品种或山欧杂交品种，一般在埋土防寒之前（10～11 月）完成修剪。

山葡萄适于短梢修剪，并可适当地配合结果枝组的修剪方法。山欧杂交品种或欧山杂交品种适合中、短梢混合修剪或长、中、短梢混合修剪。

山葡萄与栽培葡萄品种的夏季修剪内容是相同的，但是由于山葡萄生长结果特性与栽培葡萄品种不同，因此在某种具体修剪方法上有其特点。一是山葡萄结果枝率高，一般在 90%以上，几乎每个新梢都能开花结果，发育枝极少，因此抹芽和定梢的时间可以适当提早。抹芽可在萌芽后新梢尚未抽出时进行，定梢也不必等到能区别结果枝和发育枝时进行，以减少养分的损失；二是山葡萄结果枝开花前摘心留的叶片数比栽培葡萄品种少些，采用重摘心的方法效果良好。对于副梢的处理也与栽培葡萄品种略有不同，只留最先端一个副梢，有利于架面通风透光；三是山葡萄基芽和隐芽萌发力强，可以适当利用。在夏季修剪过程中，根据植株生长状况，可以选留由基芽或隐芽萌发出来的健壮枝条弥补空缺和增加留芽量；四是山葡萄果穗、果粒小，结果枝百分率高，为了得到较高的产量，必须增加新梢留量，每平方米保留 28～30 个新梢，比栽培葡萄品种增加 1/3～1/2。

六、提高坐果率

（一）人工授粉

除了两性花山葡萄能自花授粉以外，雌能花品种接受雄株或两性花植株花粉受精后才能结实。开花期气象条件对山葡萄开花结实影响很大，若开花期遇阴雨天，坐果率会明显降低。为了使授粉良好，提高坐果率，除加强山葡萄园土壤管理外，对雌能花品种进行人工辅助授粉可以提高坐果率，增加山葡萄产量。山葡萄自然授粉坐果率最高为27.9%，经过2次人工辅助授粉的坐果率可达到40.1%，最高达到50%以上。

在山葡萄进行人工授粉期间，掌握好时期非常重要，因为山葡萄开花期受气象因素影响很大。若天气高温、干燥，开花期提前而且集中，有的年份开花期仅有3～4d的时间。如果是低温、多雨天气，则开花期延迟，开花期可达8～9d，开花不集中，盛花期不明显。所以，要在开花前（5月中旬）提早做好授粉的准备工作，包括人力和物力的安排，以便及时进行人工辅助授粉。一般在5月下旬当发现少量花开放时，即可开始采集两性花品种或雄株的花粉，放入干燥器中备用。在盛花初期进行第一次授粉，盛花期进行第二次，两次间隔1～2d。授粉应在晴天朝露干后至上午11:00前进行，上午9:00～10:00时授粉最适宜。授粉方法可采用软毛刷法或小喷雾器法。

（二）合理配置授粉品种

栽植雌能花山葡萄品种，以两性花山葡萄品种作授粉树，以1∶2或1∶3的比例栽植，可不必进行人工辅助授粉。

（三）开花期喷硼

缺硼会抑制花粉的发育与萌发。开花期在人工辅助授粉的基础上进行喷硼，对提高山葡萄坐果率有明显效果，是提高产量的技术措施之一。

在开花前喷1次0.3%的硼酸水溶液，盛花期再喷1次。喷布时间最好在上午9:00～11:00或下午14:00以后晴天无风时。

（四）结果枝花前摘心

提高成龄山葡萄坐果率的另一项措施是结果枝开花前摘心。在山葡萄开花前5～7d，当花序伸长、花蕾开始分离呈黄白色时进行，使营养集中供应于开花和坐果，有利于提高坐果率。

此外，还应加强山葡萄园第一年夏季、秋季的管理，提高树体营养水平。注意做好补施肥水、病虫害的防治以及防风、防霜等管理工作，这些措施都能够提高山葡萄的坐果率。

七、防晚霜

在早春山葡萄芽萌发后，当气温降至0℃以下时，常常会使已萌发的幼嫩枝、叶、花序冻伤、冻死。晚霜对山葡萄生产的危害极大，严重年份可造成全园绝产。在吉林省晚霜危害时期一般在5月上中旬。防晚霜可采用以下方法。

(一) 熏烟法

注意当地天气预报，山葡萄萌芽后，在晴朗、无风的天气当夜晚温度下降到 2～3℃时就应该做好防霜的准备，继续降到 1℃时，就开始点燃放烟堆。放烟堆应分布在园的四周及园中作业道上，根据风向，上风头的放烟堆应设置得密些，使烟能迅速布满全园。

(二) 灌水喷雾防霜

在霜冻来临之前进行灌溉，或不断用喷雾机向植株喷水，也可以减轻霜冻危害。

八、其他管理

山葡萄的土、肥、水及其他管理与栽培葡萄基本相似，不再详述，但应注意霜霉病、白腐病的防治。

第九节 病虫害防治

一、病害及其防治

(一) 葡萄真菌性病害

1. 葡萄霜霉病

(1) 症状 叶片发病初期为半透明状，边缘有清晰的水渍状斑，逐渐扩展为黄色至褐色的多角形病斑，数斑相连，变成不规则形大斑。病斑的大小、色泽因品种而异。潮湿时，病斑背面产生白色霉层，为病菌的孢囊梗和孢子囊。发病严重时，病叶干枯早落，对树势和产量产生不利影响，嫩梢、花梗、叶柄发病后，油渍状病斑很快变成黄褐色凹陷状，潮湿时病斑也产生白色霜霉。幼果受害后，果皮由绿色变成淡褐色，湿度大时病果上产生白色霉层，后期病果呈褐色并干枯脱落。果实着色后不再受侵染。

(2) 病原 *Plasmopara viticola*，属于鞭毛菌亚门、卵菌纲霜霉目、单轴霉属，是一种专性寄生菌。病斑上的白色霉状物为孢囊梗与孢子囊。无性阶段产生孢子囊，孢子囊无色、卵形或椭圆形，顶端有乳头状突起。孢子囊萌发产生 6～8 个侧生双鞭毛的游动孢子，肾脏形。秋季发生有性繁殖，在病组织中产生卵孢子。

(3) 发病规律 病菌主要以卵孢子在病组织中或随病叶残留在土壤中越冬。翌年，在适宜的环境条件下卵孢子萌发产生孢子囊，孢子囊萌发产生 6～8 个游动孢子，借雨水飞溅由气孔、水孔侵入寄主组织，经过 7～12d 的潜育期，在病部产生孢囊梗和孢子囊。孢子囊萌发产生游动孢子，进行再次侵染。重复侵染使病情不断加重。葡萄霜霉病多于 7 月开始发生，7 月中下旬发病渐多，8～9 月为发病盛期。但在 5～6 月份低温、多雨的气候条件下，于 6 月中旬就可开始发病，7 月中下旬果实即已大量被害，病重的果园几乎毁产。

(4) 防治方法

①加强果园管理 及时摘心、绑蔓和中耕除草，秋季修剪后彻底清除病残体。

②药剂防治 自发病前开始每 10d 喷 1 次 1∶1∶200 倍的波尔多液，连喷 4～5 次。

或用可杀得600倍液、必备500倍液液加瑞农600倍液、80%喷克600倍液、78%科博600倍液、80%大生600倍液，每周喷1次即可达到预防目的。在田间有病斑发生时，必须改用治疗性杀菌剂进行喷雾。主要品种有25%瑞毒霉可湿性粉剂600倍液、58%瑞毒锰锌可湿性粉剂500倍液或40%乙膦铝700倍液、64%杀毒矾600倍液、72%克露600倍液、85%疫霜灵600倍液、70%百德富可湿性粉剂（100～150ml加水40～50L喷雾）、69%安克锰锌（每667m^{2}用133～167g）、58%雷多米尔·锰锌（每667m^{2}用量80～120g）。每种药剂连续使用不能超过4次，不同作用机制的杀菌剂应交替使用。

2. 葡萄黑痘病

（1）症状　此病可为害叶片、枝蔓、果穗等。叶片发病多在幼嫩部位，初呈针头大小的圆形褐色斑点，后扩大为圆形或不规则形，直径为1～4mm，中央灰白色、凹陷，边缘紫褐色，干燥时中央穿孔，叶脉严重受害时常使叶扭曲皱缩。果粒如黄豆粒大小时最易感病，受害果粒初为圆形褐色小斑点，逐渐扩大，直径为2～5mm，边缘紫褐色或褐色，中部灰白色凹陷，形似鸟眼状，后期病斑硬化、龟裂，果小而味酸不能食用。新梢、叶柄、穗梗、卷须等被害时产生椭圆形病斑，初呈褐色、暗褐色，以后病斑凹陷，中间变为灰褐色，边缘紫黑色或深褐色，病斑有时龟裂，呈疮痂状，发病严重时，常数斑相连成片，环绕一周后造成上部枯死。

（2）病原　*Sphaceloma ampelinum*，为半知菌亚门、黑盘孢目、黑盘孢科、痂圆孢属。分生孢子盘埋生于寄主组织表皮下，突破表皮长出分生孢子梗及分生孢子。孢子梗短小，无色单胞。分生孢子无色，单胞，椭圆形，略弯曲。有性世代很少见。

（3）发病条件　①管理粗放，园中残留的病叶、病果等未清理干净，造成病菌积累。②多雨高湿是病害发生的重要条件，植株组织处于幼嫩阶段是病害侵染的主要时期。③葡萄品种间抗病性差异显著。

（4）防治方法　加强田间管理，消灭越冬菌源。秋季剪除病枯梢和病僵果，将病叶、病果深埋。生长季节及时剪除病叶、病果、病梢。

春天萌发前刮除枝蔓老皮，再喷布3～5波美度石硫合剂。展叶后每隔10d喷波尔多液（1∶0.5∶200）或用53.8%可杀得2 000干悬浮剂900倍液于落花后进行第一次喷雾，或用80%必备400～500倍液。

新梢、叶柄、果实上发病后，可用50%代森锰锌500～600倍液、50%退菌特800倍＋福美双600倍液、50%代森锰锌600倍＋75%百菌清500倍液、80%喷克500倍液、75%科博600液、50%霉能灵800倍液、10%世高水分散颗粒剂1 500～2 000倍液喷雾、62.25%仙生1 200倍液喷雾防治。

3. 葡萄白腐病

（1）症状　主要为害果实和穗轴，也能为害枝蔓和叶片。

果实上发病，病菌主要从果梗和穗轴上侵入，病斑初呈淡褐色水渍状边缘不明显的斑点，病斑扩展并通过果刷蔓延到整个果粒，受害果粒腐烂，上面着生初为灰白色后为灰黑色小点，为病原菌的分生孢子器，最后病果皱缩，干枯成为有明显棱角深褐色的僵果。

枝蔓发病多发生在损伤部位。病斑初呈水渍状淡红褐色、边缘深褐色、逐渐扩展为长菱形暗褐色的病斑，稍凹陷，表面密生黑色小粒点，后期病部皮层纵裂，或与木质部分离，严重时呈乱麻丝状。当病斑环绕枝蔓后，其上部枝蔓枯死。

叶片发病多以叶缘起始，产生近圆形淡褐色至红褐色病斑，向叶片中部扩展后形成具有环纹的不规则形大斑，其上散生不太明显的灰白色小粒点。后期病斑干枯易破裂。

（2）病原 *Coniolhyrim diplodiella*，为半知菌亚门、球壳孢目、球壳孢科、盾壳霉属，分生孢子器球形、褐色，壁较厚，具孔口。分生孢子单胞，卵圆形至梨形，初无色，后为褐色，内含1～2个油球。

（3）发病规律 病菌主要以菌丝体、分生孢子器随病残组织在土中越冬，也能在枝蔓组织中越冬。翌年春季环境适宜时产生分生孢子。分生孢子靠雨水飞溅传播，经伤口侵入，进行初次侵染。病菌的潜育期为3～5d，在葡萄生长季节可多次侵染，易造成病害流行，8月为发病盛期，直至采收结束。

果园土壤黏重、排水不良、肥料不足、杂草丛生、通风透光不好都有利于病害发生。果穗离地面越近发病越重，距地面60cm以上发病较轻。

（4）防治方法

①清除菌源 生长季节随时剪除病蔓、病果和病叶，集中深埋或烧毁。秋末至翌年早春，彻底刮除病皮、摘净僵果、清除病残体，将病残体带出果园集中烧毁。

②加强栽培管理 及时摘心绑蔓，中耕除草，果园排水，降低田间湿度，合理修剪，防止结果过量。提高结果部位，避免造成伤口，减少菌源侵染。

③药剂防治 发病严重的果园在发病前进行地面施药。方法之一：福美双1份，硫黄粉1份，碳酸钙2份，三者混匀在地面上撒药，每667m^{2}用量1～2kg。方法之二：春季萌芽前用80%五氯酚钠原粉稀释200～300倍喷布于地面，可有效杀死大部分病原菌、虫卵和杂草。方法之三：用0.5%五氯酚钠加5波美度石硫合剂喷于地面和架面，生长期喷药保护。药剂可选用下列任意一种或交替使用：78%科博400倍液、10%世高1500倍液、80%喷克600倍液、50%福美双600倍液、50%退菌特600倍液、50%速克灵800倍液、40%百菌清1 000倍液、80%大生M-45用800倍液。

4. 葡萄炭疽病

（1）症状 葡萄炭疽病只发生在着色或近成熟的果实上，有时也为害叶片、新梢、花序和卷须。果实初发病时果面上发生水渍状淡褐色圆形小斑点，以后逐渐扩大呈圆形、褐色，稍凹陷。病斑上的小黑点排列成同心轮纹状，即病菌的分生孢子盘。在潮湿的条件下，病部出现粉红色稠状物，即为病原菌的分生孢子团。病果容易脱落。叶片发病时出现环状病斑，褐色至黑色。果梗和穗轴发病时常产生圆形凹陷的暗褐色斑点。新梢上病斑较小，圆形，紫褐色。

（2）病原 常见的无性世代属于半知菌亚门、腔孢纲、黑盘孢目炭疽菌属（*Colletotrichum gloeosporioides*）。分生孢子盘在表皮下形成。分子孢子盘聚生分生孢子梗。分生孢子梗无色，单胞，筒形或棍棒形。分生孢子无色、单胞，圆筒形或椭圆形。病菌发育最适温度为20～30℃。有性阶段在我国尚未发现。

（3）发病规律 病菌主要以菌丝体在病果和一年生枝蔓上越冬，也可在叶痕、穗梗处越冬。翌年的6～7月份病菌产生大量分生孢子，借雨水和昆虫传播到果穗上引起初次侵染。炭疽病一般从7～10月均可发病，8月下旬至9月上中旬为发病盛期，高温多雨是病害的流行条件，葡萄园地势低洼、排水不良，或架面太矮、通风不良时有利于发病。品种间的抗病性有所不同，果皮薄的和晚熟品种发病较重。

(4) 防治方法

①清除菌源　发病期间及时清除树上及地面的果穗、枯枝、落叶，集中烧毁或深埋。秋后剪除树上病梢、穗梗、僵果，清除落地的果穗、枯枝、落叶等。

②加强田间管理　葡萄生长期应及时摘心、绑蔓，摘除副梢和卷须，使架面通风透光，形成良好的生长环境。适当增施磷、钾肥，以提高植株的抗病力。

③药剂防治　在葡萄上架后萌芽前用40%福美胂可湿性粉剂100倍液喷雾，以杀死越冬菌源。在发病前喷洒75%百菌清可湿性粉600～800倍液、50%退菌特可湿性粉800倍液、50%多菌灵可湿性粉1 000倍液+福美双可湿性粉800倍液、80%炭疽福美800倍液、50%施保功可湿性粉剂1 000倍液、80%喷克可湿性粉剂600倍液、80%奥泰可湿性粉剂1 000倍液、80%大生M-45可湿性粉剂600倍液。

5. 葡萄灰霉病

(1) 症状　葡萄灰霉病主要为害葡萄的花穗和果实，有时也为害叶片和新梢。花穗发病多在开花前，穗轴和果梗上的病斑最初为淡褐色水渍状，病部软化、腐烂。病害蔓延到花冠和雄蕊等各个部位，表面产生灰色霉层，稍加振动病菌的孢子便呈烟雾状飞散。熟果发病时，最初呈褐色软腐，病害蔓延迅速，很快波及全穗果粒。病粒在干旱时干枯，在潮湿时开裂，果粒表面密生灰色霉层，果穗易脱落。叶片发病时，产生大的规则褐色病斑，并有不规则轮纹。叶部病斑后期产生灰色霉层，有时形成菌核，但极少见。此病也常引起贮藏期浆果腐烂。

(2) 病原　*Botrygis cinereapers*，病菌的无性阶段为半知菌亚门的灰葡萄孢，有性阶段为子囊菌亚门的富氏葡萄孢盘菌（*Botryolinia fuckeliana*），但极少见。病斑上的灰色霉层为病原菌的分生孢子梗和分生孢子。分生孢子梗灰褐色，有隔膜，树枝状分枝，分枝末端集生圆形、无色、单胞的分生孢子。分生孢子为椭圆形和卵圆形。菌核扁平，黑色，较硬。

(3) 发生规律　葡萄灰霉病以菌丝和菌核及分生孢子在病部越冬。春季，菌丝和菌核产生分子孢子。分生孢子借风雨传播，经伤口侵入葡萄花穗、果梗和叶片，引起初次侵染。以后在病斑上又形成大量的分生孢子，引起重复侵染。低温、高湿有利于发病，一般在15～20℃条件下相对湿度在90%以上时易造成病害流行。园内葡萄植株过密，内部湿度过大，通风不良时易发病。由于品种特性以及突然大量降雨时引起裂果易发病，偏施氮肥和偏碱性土壤条件下易发病。保护地葡萄由于通风不良、湿度过大易发病。

(4) 防治方法

①清除菌源　葡萄生长季如发现病叶、病果等应及时摘除并深埋。秋后将病果、病叶及其他病残体集中烧毁或深埋。

②加强栽培管理　及时摘除副梢、卷须以及不必要的花穗和叶片，以降低园内湿度。对于易裂果的品种应进行必要的疏果或套袋。避免偏施氮肥，适当多施磷钾肥。

③药剂防治　发病前喷洒1：0.5：200的波尔多液预防，或用47%加瑞农可湿性粉(每667m²用100～130g)、53.8%可杀得2 000干悬浮剂900倍液。开花后用50%甲基托

布津可湿性粉剂 500 倍液、50％农利灵水分散粒剂（每 667m^2 用 75～100g 对水喷雾)。70％代森锰锌 1 000～1 500 倍喷液、50％扑海因可湿性粉剂 1 000～1 500 倍液、40％百可得可湿性粉剂 1 500～2 500 倍液、50％速克灵可湿性粉剂 1 500～2 000 倍液喷雾。

6. 葡萄白粉病

(1) 症状　葡萄白粉病可以侵染葡萄叶片、果实及新梢等幼嫩组织。叶片发病时，最初在叶片表面形成白色粉质斑块，以后病斑变成灰白色。病斑轮廓不整齐，大小不等，整个叶片布满白粉，病叶卷缩枯萎、脱落。果实发病时，首先褪绿斑上出现黑色星芒状花纹，上覆盖一层白粉，即病菌的菌丝体、分生孢子梗和分生孢子。后期病果表面细胞坏死，呈现网状线纹，病果不易增大，易开裂，着色不正常。幼果发病时易枯萎脱落。

(2) 病原　*Uncinula necator*，属子囊菌亚门、核菌纲、白粉菌目的葡萄钩丝壳菌。发病部位的白粉层为病菌的菌丝体、分生孢子梗和分生孢子。分生孢子串生于孢子梗顶端，无色单胞，椭圆形或卵圆形，内含颗粒体。大小为 16.3～20.9μm×30.3～34.9μm。有性阶段很少发现。

(3) 发生规律　病菌以菌丝体在被害组织内或芽鳞间越冬，第二年条件适宜时产生分生孢子。分生孢子借气流传播，侵入寄主组织后，菌丝蔓延于表皮外，以吸器吸入寄主表皮细胞内吸取营养。分生孢子萌发的最适温度为 25～28℃，空气相对湿度较低时也能萌发。葡萄白粉病一般在 6 月中下旬开始发病，7 月中旬渐入发病盛期。夏季干旱或闷热多云的天气有利于病害发生。葡萄栽植过密、枝叶过多、通风不良时有利于发病，葡萄品种间感病程度差异较大。

(4) 防治方法

①清除菌源　秋后剪掉病梢，清扫病叶、病果及其他病残体集中烧毁。

②加强栽培管理　及时绑蔓摘心，剪除副梢及卷须，保持通风透光良好。

③选用抗病品种　每年白粉病发病严重的地区应选择较抗病的品种，以减轻为害。

④药剂防治　芽鳞松散时喷布 40％福美胂可湿性粉剂 300 倍液或 3 波美度石硫合剂加五氯酚钠 300 倍液。在重病园或易感病的品种上，于开花前或幼果期各喷 1 次 25％粉锈宁可湿性粉剂 1 000～1 500 倍液或 75％达科宁可湿性粉剂 800～1 200 倍液，发病初期用 25％敌力脱乳油 10ml 加 100L 水喷雾。

（二）细菌性病害

葡萄根癌病

(1) 症状　此病主要为害葡萄的根系和二年生以上的枝蔓。发病初期产生乳白色或乳黄色瘿瘤，表面光滑质软，随着瘤的增大，表面变粗糙龟裂，内部组织木质化，后期遇雨腐烂发臭，最后解体。癌瘤多为球形、扁球形或不规则形，单生或聚生，大小不一，直径 0.5～10cm。受害植株生长衰弱，叶片变黄，节间缩短，严重时引起全株死亡。

(2) 病原　*Agrobacterium tumefaciens*，属厚壁菌亚门的根癌土壤杆菌。菌体杆状，具 1～4 根周生鞭毛。在营养琼脂培养基上的菌落白色、光滑、黏质状，不产生色素。好气，氧化酶阴性，过氧化氢酶阳性。最适宜生长温度为 22～30℃，最适 pH 6.0～9.0。

葡萄根癌土壤杆菌主要是生化型Ⅲ，寄主范围较窄，仅能侵染葡萄或少数其他植物。

(3) 发生规律　病菌在土壤中或瘿瘤组织越冬，在土壤里未分解的病残体中可存活

2～3年。在园内主要借助雨水、灌溉水传播，地下害虫、修剪工具、病残组织以及被细菌污染的肥料都可传病。远距离传播主要依靠带病苗木、接穗和砧木。温、湿度对发病影响较大，冷害与发病关系更为密切，当田间旬平均气温达20～23.5℃、降雨较多、土壤排水不良时，病害大量发生，瘤体生长迅速。葡萄植株受冻造成伤口时，增加了细菌的侵染点，发病尤重。土壤偏碱性有利于发病。品种间发病程度差异较大，巨峰、玫瑰香、龙眼、无核白鸡心最为感病，红玫瑰、康拜尔和贝达等品种抗病性较强。

（4）防治方法

①加强田间管理　加强树上、树下管理，避免过量施用氮肥，适当增施磷、钾肥。对碱性土壤进行酸化处理，合理施用酸性肥料，使土壤呈微酸性，减轻病害发生。田间操作时，防止造成伤口及扭伤；及时埋土防寒，防止冻害发生。采用芽接法嫁接，并适当提高嫁接部位，避免机械伤和虫咬伤，减少病菌侵染。

②药剂防治　及时切除病瘤，并用3～5波美度石硫合剂或80％ 402乳油200倍液涂抹伤口，或40％福美胂40倍液加0.3％中性皂粉涂抹伤口，控制病害发生。

③控制病原　选用无病砧木和无病接穗繁育苗木，杜绝从病区调运苗木，定植前用50％多菌灵液浸泡根部。

④选育抗病的栽培品种和砧木　现已知河岸品系的葡萄砧木抗病性强于贝达砧木。

（三）葡萄病毒病

1. 葡萄卷叶病　葡萄卷叶病在全世界栽培葡萄的地区均有分布，有些地区发病率极高。在我国葡萄卷叶病感病率高达90％，此病对葡萄产生慢性为害，一般减产20％左右。

（1）症状　葡萄卷叶病的症状主要表现在叶片上，由于品种的差异表现的症状有所不同。红色品种在发病初期首先从结果枝条基部起，叶片开始出现很小的红色斑点，以后逐渐扩大而连成一片，表现出红叶症状，叶片向叶背卷曲，叶脉间变红。白色品种主脉间变黄，显示出绿色脉带，但不变红，其主要症状是叶片反卷。由于品种间的耐病性差异和气象条件不同，其反卷程度有所不同，轻者叶片稍微卷曲，重者叶片边缘全部卷向背面。该病能延迟果实成熟1～2周，病树上的果粒变白、糖度下降、着色不良、品质恶劣。病株树势衰弱，严重时全株萎缩。幼苗嫁接成活率低。卷叶病症状一般出现较晚，常在6月下旬以后，秋天落叶前最为明显。

（2）病原　葡萄卷叶病毒（Grapevine leafroll virus，CLRV）属于黄化病毒组（Closterovirus）的成员，病毒为弯曲的丝状粒体，大小为12nm×2 000nm。

（3）发生规律　葡萄卷叶病一般通过嫁接传播，在葡萄园内自然扩展很慢，有时病树、健树在同一园内共同生长多年互不侵染。近年来，此病在我国发生比较普遍。

（4）防治方法

①繁育无毒母树，栽培无病毒苗木　卷叶病毒用热处理脱毒较困难，一般采取分生组织进行培养，或者利用热处理和茎尖培养相结合的方法也可以脱除卷叶病毒而获得无毒母株。

②防止病毒传播蔓延　由于卷叶病毒可以通过带毒苗木、插条和接穗等繁殖材料传播，因此在育苗时切勿在带毒植株上剪取接穗进行嫁接，同时也要保证砧木是无毒的。

③清除发病株，减少菌源　在栽培区选择比较耐病的品种和砧木。对已经轻微发病的

植株采取勤灌水、掐副梢等栽培措施，使植株生长旺盛，增加抗病能力。

2. 葡萄扇叶病

(1) 症状 由于病原物的不同反应，可引起3种不同的症状。

①扇叶形 典型的症状是叶片严重变形，平展呈扇状，叶缘锯齿增多，尖锐、长短不齐，随着叶片的变形有时会出现失绿斑驳。新梢也畸形，出现不正常分枝、双节、节间短、扁化簇生。果穗变小，数量少于正常，坐果差，成熟不整齐。

②黄化叶斑型 受害植株在早春即表现变色，叶片上分布许多边缘不清楚、形状不规则的斑块或网纹，黄绿相间呈花叶状，透过阳光更显而易见。叶片和新梢很少，表现畸形，果穗变小仅有一些散粒浆果。

③脉带型 在成熟的叶片上首先沿着主脉出现黄色斑点，然后稍向脉间扩散，透过阳光可见半透明状。这种褪绿现象在仲夏至晚夏出现，通常只在有限的叶片上发生，褪色叶片稍表现畸形，坐果差，果穗散，果粒小。

(2) 病原 此病由葡萄扇叶病毒（Crapevine fanleaf virus，GFLV）引起，属于线虫传病毒组（Nepovirues）成员。病毒粒子等轴，直径约为30nm，外表有棱角。表面结构难以分解。病毒致死温度60～65℃，体外存活期在20℃时为15～30d。

(3) 发生规律 葡萄扇叶病毒可以由病毒汁液传播，也可以经过嫁接传播，但不能由种子传播。寄主范围较大，包括7个科30多个种，其中苋色藜、昆诺藜、千日红和黄瓜可作为该病毒的指示植物。用圣乔治（St. George）和密旬（Mission）等葡萄品种通过嫁接可以检测此病毒。葡萄扇叶病毒在植株间的传播除嫁接外，还可以通过线虫传播。由于介体昆虫的移动范围有限，扇叶病毒不能通过自然途经长距离传播，长距离传播主要依靠带病毒的繁殖材料，如苗木、接穗和插条等。

(4) 防治方法

①繁育无病毒母树，栽培无病毒苗木 在繁育无病毒母株时，可以通过热处理方法脱除病毒。将需要繁育的材料置于35℃恒温热处理箱内处理21d，然后截取植株的3～5cm长的顶梢嫁接在无毒砧木上培养成苗，经鉴定确认为无毒后即可作为无毒母株。另一种方法是切取0.3mm左右的葡萄茎尖，在35℃条件下进行组织培养，也可达到100%的脱毒效果。

②清除发病株，减少毒源 在一些葡萄园尤其在老园内，如发现有明显病毒病症状植株，应及时拔除烧毁，补栽健康苗木。

③土壤消毒 用溴甲烷和二硫化碳等消毒剂处理土壤，可减少媒介线虫的虫口量，降低发病率。

④加强栽培管理 在栽培上应尽量选用比较抗病的品种和砧木。对于发病较轻的植株，可施行多施肥、勤灌水、掐穗尖、短枝修剪等方法，使植株生长旺盛，能缓和病毒病的危害。

3. 葡萄茎痘病

(1) 症状 葡萄受害后，在沙地葡萄及其杂交种的砧木上或其他美洲种砧木上的嫁接愈合部位常出现肿大，当将树皮从蔓上剥下后，木质部表面呈现木质痘坑或纵向沟纹，表面不平，如果接穗品种耐病力强，这种症状只局限于砧木上发生。葡萄茎痘病能引起植株生长衰弱、矮化，春季萌芽延迟，植株提前衰老，产量降低。

（2）病原　由葡萄茎痘病毒（Crapevine stem pitting virus ，GSPV）引起。据报道，当剑线虫存在时，茎痘病就像扇叶病一样在田间蔓延，但目前还没有研究证明茎痘病株中存在扇叶病毒。

（3）发生规律　葡萄茎痘病主要通过嫁接传染，也有通过土壤传染的现象。该病可由苗木、插条和接穗远距离传播。葡萄品种间存在着耐病力的差异。病毒检测植物有圣乔治、LN－33和意大利。用热处理方法脱除茎痘病毒最为困难，有时热处理4个月仍然无效。

（4）防治方法　参照卷叶病的防治。

4. 葡萄栓皮病

（1）症状　栓皮病叶片上的症状类似卷叶病，但为害比卷叶病要重。春末、夏初之际，病株叶片开始变黄，逐渐反卷由黄色变红色，叶片小。它与卷叶病的不同之处是卷叶病株叶片虽变红色，但叶脉却始终保持绿色。栓皮病株落叶不正常，叶片不易脱落，发生霜冻后仍与蔓相连几天。一些品种树皮脱离树干，木质部出现深沟槽。在枝蔓上的症状以沙地葡萄为砧木的病株表现最为明显，一般接口上部增生呈小脚状，老蔓表皮粗糙，剥掉树皮后可见接口上、下木质部有沟槽或痘坑，深浅依发病程度不同而异。许多杂交种发病后，木质部形成层和树皮逐渐脱离，LN－33杂交种对该病尤为敏感。解剖学研究表明，栓皮病原侵染和为害葡萄的输导组织。葡萄植株得病后，树势衰弱，早春萌芽延迟或枯死，植株逐年衰老的速度加快，枝条变脆，品质下降，严重时地上部枝蔓枯死。

（2）病原　根据其为害特点和传播方式认为是一种病毒，暂定为葡萄栓皮病毒（Grapevine corky bark virus，GCBV）。

（3）发生规律　目前还未发现栓皮病的传播介体，仅通过带毒的苗木、插条、接穗以及砧木等繁殖材料传播。

（4）防治方法　参照卷叶病的防治，只是在繁育无毒母株时可以通过38℃恒温热处理14周获得无病毒植株，但极其困难，有时持续1年以上仍不能脱除病毒。较好的途径还是采取茎尖培养或采用热处理加茎尖培养相结合的办法。

（四）葡萄生理性病害

1. 葡萄落花落果病

（1）症状　开花前1周的花蕾和开花后子房的脱落为落花落果，其落花落果率在80%以上者，称为落花落果病。

（2）病因　生理病害，由于受外界环境的影响花不能受精或因缺乏养分而造成花蕾或幼果的大量脱落。

（3）发病规律　主要因外界环境条件的变化影响授粉受精而造成，如花期干旱或阴雨连绵、刮大风或遇低温而造成受精不良，花期施氮肥过多新梢徒长造成营养生长与生殖生长争夺养分使花穗发育营养不足等。留枝过密通风透光条件差，植株生长缺硼限制花粉的萌发和花粉管正常生长等也严重影响坐果率。

（4）防治方法

①控制营养生长　对落花落果严重的品种如玫瑰香、巨峰等可在花前3～5d摘心，以

控制营养生长，促进生殖生长。摘心后除顶端留 1 个副梢外，其余副梢全部抹掉。

②控制氮肥　巨峰葡萄花前追施氮肥易造成枝叶徒长，影响花芽分化，导致落花落果严重，因此，在发芽期和开花前应控制氮肥施用。

③花期施硼　初花期喷 0.05%～0.1%硼砂可提高坐果率。也可在离树干 30～50cm 处撒施硼砂，施后灌水，均可收到良好的效果。

④药剂处理　于盛花后 5～8d 用膨大剂浸花序，能有效提高坐果率。

2. 葡萄裂果病　葡萄裂果是果实的重要病害，果粒产生裂口易感染霉菌腐烂，常给生产带来重大损失。一般裂果常发生在浆果着色期和成熟期。

（1）裂果原因　葡萄裂果的原因一是与品种特性有关，二是栽培技术不当，三是环境条件的变化。

①品种特性差异　不同品种间裂果轻重有差异。常见易裂果的品种有乍娜、里扎马特、莎巴珍珠、玫瑰露等，原因主要是果皮薄、果粒之间挤得太紧、糖度大、果皮和果肉贴在一起不易剥离等。

②栽培技术不当　由栽培技术不当引起的结果量过大、果皮遭受病害、着色期果实上色缓慢、成熟期果粒增长速度太快、早期落叶等，都易引起裂果。

③环境条件的剧变　如在干旱时突降大雨或灌水使土壤含水量发生突然变化，常引起裂果。降雨不仅能使土壤含水量升高，而且使果面直接吸收水分，也会引起裂果。阴雨放晴后，大气急剧高温干燥，空气湿度发生剧烈变化，也易引起裂果。

④施用氮肥过多、过晚　氮肥施用过多，引起果皮薄嫩，强度降低；施氮肥过晚，使果粒近熟期再度膨大，导致裂果。

⑤药剂处理不当　喷催熟剂如乙烯利、脱落酸过早或浓度过高，常导致裂果。

（2）葡萄裂果的预防措施

①选择抗裂果品种　目前生产中认为裂果较轻的品种有巨峰、京优、无核白鸡心、蜜汁、金星无核、夕阳红等。

②调节土壤水分　在浆果膨大期以前保证水分的充分供应，到浆果着色期要控制土壤水分，可采用覆盖地膜、覆草等防止水分剧烈变化。土壤干旱时及时灌水，雨后及时排水，以减少土壤干湿差。果实后期遇干旱需灌水时，宜采取少量、多次灌水或隔行灌水的方法。

③果实套袋　套袋可防止果面直接吸水，从而有效地减少裂果。同时套袋还可防日灼、鸟害、病虫害。

④加强栽培管理　对果粒紧密的品种，要注意疏花疏果，以求穗形松散适度。留枝要适量，使枝距保持在 10cm 左右，叶果比达 15～20∶1，做到壮枝留 2 穗果，中庸枝留 1 穗果，弱枝不留果，使结果枝与营养枝比例合理，形成通风透光的良好条件。控制氮、磷、钾的施肥比例，尤其氮肥不要过多，否则易引起裂果。以巨峰为例，每收获 100kg 果实需氮 1kg、磷 0.8kg、钾 1.5kg，氮、磷、钾三要素的比例为 1∶0.8∶1.5。黏重的土壤上种植的葡萄更易裂果，因而黏性土壤要进行改良，如增施有机农家肥等。

⑤应用生长调节剂　尽量不使用催熟剂，而用以下的药物可有效地预防裂果：在果实

膨大期每隔7～10d喷1次500mg/L的稀土元素，连续喷2次；在果实始色期用40%多丰农500倍液于大雨前喷果穗；浆果成熟前1～3周，用0.2%氯化钙或0.2%的氨基酸钙喷布果穗。

3. 葡萄缺钾症

（1）症状　葡萄叶片生长发育的不同阶段其缺硼症状有一定差异。在新梢生长初期表现纤细、节间长、叶片薄、叶色浅。后叶脉间叶肉变黄，叶缘出现黄褐色坏死斑，并逐渐向叶缘中间蔓延，叶缘卷曲下垂，叶片畸形或皱缩，严重时叶缘组织坏死焦枯，甚至整叶枯死。夏末，枝梢基部的老叶表面直接受阳光照射而呈现紫褐色或暗褐色，即所谓"黑叶"。黑叶症状先在叶脉间开始，若继续发展可扩大到整个叶片的表面。严重缺钾的植株，果穗少而小，果粒小而不整齐，含糖量降低，色泽不均匀，整个植株易发生冻害及病害。

（2）发病规律　在黏质土、酸质土及缺乏有机质的瘠薄土壤上植株易表现缺钾症。缺钾症多在葡萄旺盛生长期出现，正常园内土壤速效钾含量约为150mg/L，若显著低于正常值，植株便可出现不同程度的缺钾。

（3）防治方法

①增施有机肥　增施草木灰、腐熟的秸秆肥及其他农家肥。施肥量为每株20kg，沟施后灌水。

②根外追肥　发现病害后，可在叶片上喷洒50倍草木灰水溶液、500倍的硫酸钾或300倍的磷酸二氢钾溶液。

③根部施肥　病害初发时，可每株施0.5～1.0kg草木灰或氯化钾100～150g，5～7d即可见效，但不宜过多施用钾肥以免造成缺镁症。

4. 葡萄缺铁症

（1）症状　葡萄缺铁症也叫缺铁性褪绿，在土壤石灰含量高的地区发生尤为普遍。首先是从新梢开始，小叶脉间先发生叶绿素破坏。褪色从叶缘开始向脉间逐渐扩展，最后整叶黄化。缺铁还可以引起叶片干燥和脱落乃至坐果减少。

（2）发生规律　在碱性或盐碱重的土壤中，可溶性的二价铁被转化为不溶性的三价铁盐，不能被植物吸收，因此在盐碱地和钙质较多的土壤上，葡萄易表现黄叶病。干旱时，由于地下水蒸发，表土含盐量增加，此时恰逢葡萄生长旺季、黄叶病发生严重。在冷凉潮湿的土壤上，葡萄在春季易发生暂时性缺铁症。

（3）防治方法

①加强土壤管理　在土壤盐碱重的园内应增施有机肥。在干旱时，应及时灌水压盐，以减少表土含盐量。

②补充铁素　在发病园内及时进行叶面喷洒500倍的硫酸亚铁溶液或将其浇灌在根部土壤中。

5. 葡萄缺镁症

（1）症状　葡萄缺镁时，最明显的症状表现在叶片上。最初从基部叶片开始，叶脉间组织发亮，并随黄化程度加重，从叶边缘向叶柄延伸，呈叶脉与黄色条带相间，故一般称之为"虎叶"。缺镁的葡萄易发生叶皱缩，枝条中部叶片脱落，枝条呈光秃状。葡萄缺镁与缺少其他营养（如锰、钾、锌和硼）成分不同，一般在基部叶片先出现淡黄色褪绿型症状，顶部叶片无症状。

（2）发生规律 缺镁现象经常在酸性土壤或含钾量高的沙性土壤及石灰性土壤（高碳酸钙）上发生。过量施用钾肥或磷肥时易引起缺镁症。一般葡萄根系浅时病重，根系深时则较轻。葡萄缺镁时常会引起缺锌和缺锰症。

（3）防治方法

①加强土壤管理 应适当增施有机肥，注意不要大量偏施速效钾肥。

②根部施肥 在酸性土壤中适当施用碳酸镁，在中性土壤中可施用硫酸镁。在严重缺镁时以根施效果为好。

③叶面喷肥 在轻度缺镁时，可采用叶片喷施，一般在6～7月份喷50倍的硫酸镁溶液3～4次即可。

6. 葡萄缺硼症

（1）症状 葡萄生长早期缺硼，幼叶上出现水渍状淡黄色斑点，随着叶片生长而逐渐明显，叶缘及叶脉间缺绿，新叶皱缩呈畸形。新梢发病其生长缓慢或停滞，梢端卷须变褐，有时梢尖枯死，这种新梢往往不能挂果或果穗很小。在枝梢快速生长期间，缺硼会使新节间一处或几处膨大，髓部坏死。花期受害时一般花冠常不脱落，呈茶褐色筒状，造成子房脱落、果实变小、顶芽和花蕾死亡，形成缩果病和芽枯病。

（2）发生规律 葡萄缺硼症一般在开花前7～15d发生，严重时在7月中下旬即行落叶。缺硼多发生在缺乏有机质的瘠薄土壤中和酸性（pH 3.5～4.5）土壤中，较少在中性或碱性土壤发生。土壤干旱时明显影响植株对硼的吸收。降雨多的地区，尤其是河滩沙地或沙砾地葡萄园，由于土壤中的硼素易被淋溶流失而常引起缺硼。石灰质较多时，土壤中硼易被钙固定。土壤中钾、氮过多时也能造成缺硼症。

（3）防治方法

①加强栽培管理 合理施肥，增施有机肥，干旱年份应适时灌水，避免葡萄根区干旱。

②叶面喷肥 在开花前2～3周用0.2%～0.3%的硼砂或硼酸液喷布叶面，或于开花后10～15d叶面喷300倍的硼酸液1～2次，可减少落花落果，提高坐果率。

（3）根部施肥 结合施基肥，每株成龄树施10～20g硼砂，施后立即灌水。

7. 葡萄缺锌症

（1）症状 葡萄缺锌时常表现出2种症状：一种症状是新梢叶片变小，常称“小叶病”，叶片基部开张角度大，叶片变绿、锯齿变尖，叶片不对称。另一种症状为花叶，叶脉间失绿变黄，叶脉清晰，具绿色窄边，褪色较重的病斑最后坏死，有些葡萄品种缺锌时种子形成少、果粒变小，果实呈现大小粒不整齐，产量下降。

（2）发生规律 在自然界中，土壤的含锌量以表土最多，主要是因植物落叶腐烂分解后，释放出的锌存在于土表中，所以去掉表土的土壤常出现缺锌现象。葡萄缺锌症常在初夏开始发生，以主、副梢前端首先受害。在碱性土壤中，锌盐常易转化为难溶解状态，不易被葡萄吸收，常造成缺锌症。

（3）防治方法

①加强田间管理　在沙地和盐碱地应增施有机肥。

②叶面喷肥　花前2～3周喷碱式硫酸锌。配制方法：在100kg水中加入480g硫酸锌和360g生石灰，调制均匀后喷雾。

③涂枝法　冬、春季修剪后，用硫酸锌涂抹结果母枝。配制方法：每千克水中加入117g硫酸锌，随加随搅拌，使其完全溶解。

8. 葡萄缺锰症

（1）症状　缺锰症主要在碱性、富含腐殖质的沙土或缺锰的石灰性土壤内发生。初夏，葡萄缺锰时枝梢基部叶片开始发白，很快脉间组织出现黑色小斑点。后期许许多多的小斑点相互连接，使叶片主脉与侧脉之间呈现淡绿至黄色，黄色面积扩大时，大部分叶片在主脉间失绿。朝阳的叶片比遮阴的叶片症状严重。缺锰的叶片不像缺锌的那样发生畸形。过度缺锰会抑制枝梢、叶片和果粒生长，果穗成熟延迟。

（2）发生规律　土壤中的锰在腐殖质和水中呈还原型，为可给态，而当土壤为碱性时，锰成为不溶解状态。所以在碱性土壤中葡萄易出现缺锰症。葡萄对锰素有较强的耐性，即使锰含量很高时也不至于受害。

（3）防治方法　葡萄缺锰时，可在生长期喷洒500～1 000倍的硫酸锰水溶液2～3次。增施优质有机肥可预防和减轻缺锰症。

二、虫害及其防治

1. 葡萄根瘤蚜

（1）分类　葡萄根瘤蚜属同翅目、瘤蚜科。此虫只为害葡萄，被列为国际和国内重要检疫对象之一。

（2）为害状　成、若虫均以刺吸式口针吸取寄主汁液。主要为害根部，须根被害后，形成菱角形根瘤；侧根、粗根被害后，形成肿瘤突起。经过雨季，根瘤常发生溃烂，致使皮层开裂、剥落，维管束遭到破坏，从而影响根部水分和养分的吸收和输送。同时受害部分易受其他病菌的侵染，造成根部腐烂。叶部受害后，在叶背形成许多粒状虫瘿，使叶萎缩，影响植株发育。

（3）形态特征　根据其生活习性主要分为2种类型：根瘤型和叶瘿型。

①根瘤型　主要为害根部形成根瘤。成虫体长1.2～1.5mm，长卵形，鲜黄色或黄褐色，有时稍带绿色。触角和足黑褐色，体背有许多瘤状突起，各突起有1～2根刚毛。

②叶瘿型　为害叶部并形成小瘿瘤。成虫体长约1mm，黄色，背部无瘤，有微细的凹凸纹，腹部末端有数根长毛。

（4）发生特点　该虫在美洲种葡萄上具有完整的生活周期，既有叶瘿型又有根瘤型。在欧洲种葡萄上其生活周期不完全，只有根瘤型，很少发生叶瘿型。葡萄根瘤蚜的卵及若虫有很强的耐寒能力，在－13～－14℃时才死亡。雨水多、土壤湿度过大不利其繁殖，蚜量下降。不同的土壤对葡萄根瘤蚜有很大的影响。在沙质土壤上栽培葡萄往往不发生或很少发生根瘤蚜的为害。

（5）防治方法 严格遵守检疫制度，开展疫情调查，划定疫区和保护区，严禁从疫区调运苗木、插条和砧木等。

采用抗根瘤蚜砧木。在葡萄园内若发现葡萄根瘤蚜为害的植株，应刨除更新，刨后用50%抗蚜威2 000倍液于5月上中旬灌根，每株10～15kg药液。

2. 葡萄透翅蛾

（1）分类 葡萄透翅蛾（*Paranthrnee regalis*）属于鳞翅目、透翅蛾科。该虫在我国的南方、北方均有分布。

（2）为害状 幼虫蛀食葡萄嫩梢和多年生枝蔓，被害部膨大呈瘤状，上部叶片变黄，果穗脱落，严重时造成枝蔓枯死。

（3）形态特征 成虫体长20mm左右，翅展30～36mm，体蓝黑色。老熟幼虫体长25～38mm，圆筒形，头部红褐色，口器黑色，胴部淡黄色，老熟时变紫红色，前胸前板有倒“八”形纹，全体疏生细毛。蛹长约18mm，褐色，纺锤形。

（4）生活习性 每年发生1代，以老熟幼虫在葡萄蔓内越冬。翌年5月上旬化蛹，6月上旬至7月上旬羽化为成虫，羽化后1～2d即交尾产卵。卵产于新梢的芽腋、嫩梢及叶柄处。孵化后的幼虫多从叶柄基部蛀入嫩茎内，为害髓部，形成蛀食孔道。在蛀孔附近常堆有褐色虫粪。当嫩枝被食空后，则转食于粗蔓，被害处膨大呈瘤状，上部叶片枯黄，果穗易脱落。9～10月幼虫老熟在被害处越冬。

（5）防治方法 入冬前剪除被害枯死枝蔓，集中烧毁，消灭越冬虫源。6～7月间经常检查嫩枝，发现被害枝及时剪掉烧毁。被害老蔓可用小刀削开蛀孔，用棉花醮敌敌畏5倍液塞入虫孔内，而后用黄泥封堵，毒杀幼虫。在成虫羽化产卵期每隔10d左右喷药1次，防治孵化的幼虫。喷布药剂有20%速灭杀丁乳油3 000倍液等。

3. 葡萄虎天牛

（1）分类 葡萄虎天牛属鞘翅目、天牛科，又称葡萄枝天牛、葡萄天牛等。

（2）为害状 主要以幼虫为害枝蔓，被害部表皮稍隆起变黑，虫粪排于隧道内，表皮外无虫粪，故不易被发现。幼虫蛀入木质部后被害处极易被折断。成虫亦能咬食葡萄细枝蔓、幼芽及叶片。

（3）形态特征 成虫体长9～15mm，雌虫略大于雄虫，头部黑色；老熟幼虫体长13～17mm，淡黄白色。头甚小，黄褐色。卵长约1mm，宽约0.5mm，椭圆形，一端梢尖，乳白色。蛹长约15mm，黄白色，复眼赤褐色。

（4）生活习性 一年发生1代，以低龄幼虫在枝蔓内越冬。5月后蔓内越冬幼虫开始活动，继续蛀食为害。7月化蛹，8月羽化为成虫，将卵产于新梢基部芽腋间或新梢附近。幼虫孵化后先在皮下为害，然后蛀入木质部内纵向为害直至越冬状态。虫粪充满蛀道，不排出枝外，故从外表看不到虫粪情况，这是与葡萄透翅蛾的主要区别。虎天牛以为害一年生果枝为主，有时也为害多年生枝蔓。

（5）防治方法 秋季修剪时将病枝枯蔓剪掉彻底烧毁，必须保留的大枝蔓可在蛀孔口塞入敌敌畏棉药球毒杀越冬幼虫。掌握成虫产卵与幼虫孵化期，于卵孵化期连续喷80%敌敌畏1 000倍液或40%乐果800倍液2次，间隔期为7～10d。

4. 葡萄虎蛾

(1) 分类　葡萄虎蛾（*Seudyra subflava* Moore）属鳞翅目、虎蛾科，主要分布在东北、华北和华中等地区。除为害栽培葡萄外，还为害野生葡萄。

(2) 为害状　幼虫咬食嫩芽和叶片，常有群集暴食现象，严重时叶片被吃光，也能咬断幼穗的小穗轴和果梗，影响葡萄的生长发育，导致产量降低。

(3) 形态特征　成虫体长18～20mm，翅展44～47mm，头、胸及前翅均为紫褐色。老熟幼虫体长约为40mm，头部黄色，上面有明显的黑色斑点。蛹长约20mm，暗褐色，尾部有臀棘突起。

(4) 生活习性　此虫每年发生2代，以蛹在葡萄根部附近或葡萄架下的土内越冬。翌年5月下旬开始羽化出越冬代成虫，6月中下旬为羽化盛期。第一代幼虫在6月下旬至7月上旬发生为害，取食幼芽和嫩叶，7月上中旬化蛹，7月下旬出现第一代成虫，8月上中旬为盛期；8～9月间为第二代幼虫为害期，9月下旬幼虫陆续老熟入土做一土窝化蛹越冬。

(5) 防治方法　消灭越冬蛹，在秋末和早春结合防寒和出土上架，拣拾越冬蛹集中销毁。结合葡萄整枝打杈，利用其幼虫白天静伏在叶背面的习性进行人工捕杀。幼虫发生量较大的园内，可用药剂防治，于幼虫初发期用50%敌敌畏或50%敌百虫800～1 000倍液防治。

5. 葡萄天蛾

(1) 分类　葡萄天蛾属鳞翅目、天蛾科。又称轮纹天蛾、豆虫。辽宁、吉林、黑龙江、河北、河南、山东、山西等葡萄产区均有发生。

(2) 为害状　主要以幼虫为害叶片，将叶片吃成缺刻或孔洞，为害严重时将整个叶片吃光，仅剩叶脉和叶柄。

(3) 形态特征　成虫体长36mm左右，翅展85～100mm，身体灰黄褐色。虫卵长圆形，高1.2～1.4mm，最宽处1.3～1.5mm，初产时绿色，有光泽，孵化前褐绿色。老熟幼虫体长69～73mm，全体青绿色（夏季）或灰褐色（秋季）。蛹长55～57mm，腹部第四节宽14.5～14.8mm，棕色至棕黑色。

(4) 生活习性　每年发生2代，以蛹在葡萄植株附近的土层内越冬，翌年5月底至6月上旬开始羽化。成虫昼伏夜出。每头雌成虫产卵400～500粒。6月下旬可见到幼虫，幼虫多是白天静伏，夜间取食，行动迟缓。

(5) 防治方法　根据幼虫食量大、排粪多的特点，发现叶片残缺或有虫粪时，可进行人工捕捉。幼虫易得病毒病，可从田间取回自然死亡的虫体，制成200倍喷布树体，效果很好。幼虫发生期可喷洒胃毒剂或触杀剂进行防治。

6. 白星花金龟

(1) 分类　白星花金龟［*Potosia*（*Liocola*）*brevitarsia*（Lewis）］属鞘翅目、金龟子科。该虫在我国主要分布于东北、华北、江苏、江西、安徽、河南、山东、湖南、湖北、陕西。朝鲜、前苏联、日本都有分布。

(2) 为害状　成虫喜食成熟的果实。先将果实咬成洞，然后取食其浆汁，同时也取食多种其他果树、林木的花及玉米苞穗等。

（3）形态特征　成虫体长18～24mm，体宽13～15mm，全体古铜色带有紫色金属光泽，体表散布众多不规则的白绒斑。幼虫体长30～40mm，短肥稍弯曲，头小，臂节腹面密布短锥刺和长锥刺。

（4）生活习性　一年发生1代，以2、3龄幼虫或成虫在土内及杂草中越冬。成虫于6月初出现，以7月至8月中旬发生数量最多。9月逐渐绝迹。成虫7月上旬开始产卵，卵产于腐殖质多的土壤中或鸡粪里，平均产卵20～30粒，成虫昼夜出现，日夜飞翔，活动力极强，常几个聚集在成熟的果穗上取食，受精后飞散，具有较强的趋光性和趋化性。幼虫以腐殖质为原料，一般不为害活植物根部。

（5）防治方法

①施用腐熟的农家肥　千万注意不能将带幼虫的粪肥施入地里。

②用果醋、烂果诱杀　取小口瓶，内装烂果和果醋，并加入0.2%～0.3%敌百虫，悬挂于葡萄架上，可诱杀成虫。

③药剂防治　防治成虫用40%乐果乳油1 000倍液、90%敌百虫1 000倍液及其他菊酯类药剂均可。

④诱杀成虫　果园内每隔20～30m架设黑光灯或荧光灯一盏，下置糖醋液，可以诱杀有趋光性的成虫。

⑤果实套袋　果实套袋可避免夏、秋季成虫为害果实。

7. 葡萄毛毡病　葡萄毛毡病又称葡萄锈壁虱、葡萄缺节瘿螨。

（1）症状　此病主要为害叶片，有时也为害葡萄嫩梢、卷须、幼果和花穗等。叶片受害后，叶背出现圆形或不规则形病斑，叶正面受害部位隆起呈鼓泡状，叶背面病部密生一层很厚的毛毡状绒毛，发病后期白色绒毛变成暗褐色。发病严重时，许多病斑连成一片，叶片皱缩，畸形，叶正面有时也出现绒毛，叶片凸凹不平，更严重时病斑干枯破裂，叶片早落。

（2）病原　此病由节肢动物门、蛛形纲的葡萄缺节瘿螨引起，人们习惯称病害，实际是一种螨害。成螨体长0.1～0.3mm，宽约0.05mm，圆锥形，身体白色或灰白色。卵椭圆形，长约30μm，淡黄色，近透明。

（3）发生规律　葡萄毛毡病主要以成虫在葡萄的芽鳞片内潜伏越冬，有时也可在枝蔓的老皮下和受害的叶片上越冬。第二年春天葡萄萌芽时越冬成螨从芽鳞、枝蔓老皮下和病叶上爬出，潜伏在新生叶的茸毛间，刺吸叶细胞内汁液。此病从5月份开始发生，6月为盛发期。成螨在被害部的毛毡层内产卵，繁殖后代。一般新梢先端被害较重，老叶则轻。进入7～8月份高温多雨季节，对瘿螨发育不利，虫口密度下降。10月中旬进入越冬。此病在干旱年份发生较重。成螨可随苗木和插条进行远距离传播。

（4）防治方法

①消灭越冬病原　尤其在常发病的园内，应注意在防寒前刮除枝蔓上的老皮，连同枯枝落叶一起集中烧毁或深埋。

②药剂防治　冬季防寒前和春季萌发前各喷洒1次5波美度石硫合剂。葡萄展叶后如发现病害，用20%灭扫利2 000倍液、73%克螨特乳油2 500倍液、5%尼索朗1 500倍液喷雾、80%喷克600倍液在防治霜霉病、黑痘病的同时兼防毛毡病。

参 考 文 献

傅望衡．1990. 葡萄栽培［M］．北京：农业出版社．

郭修武，郭印山．2008. 葡萄丰产优质栽培奥秘［M］．沈阳：沈阳出版社．

郭修武，李轶晖，李成祥，等．2002. 国内外葡萄砧木研究利用现状及我国新引进的葡萄砧木简介［J］．中外葡萄与葡萄酒（1）：28－32.

郭修武，李轶晖，李成祥，等．1997. 提高葡萄浆果品质的几项技术措施［J］．葡萄栽培与酿酒（3）：35－38.

郭修武．1999. 葡萄栽培新技术大全［M］．沈阳：辽宁科学技术出版社．

高秀萍，郭修武，傅望衡，等．1993. 葡萄砧木抗寒与抗根癌病的研究［J］．园艺学报，20（4）：313－318.

贺普超．1999. 葡萄学［M］．北京：中国农业出版社．

孔庆山．2004. 中国葡萄志［M］．北京：中国农业出版社．

李成祥，郭修武，李轶晖，等．2002. 日光温室葡萄连续丰产性研究［J］．宁夏科技（1）：65.

刘学文，聂思政，丁梦然．2003. 葡萄无公害生产技术［J］．北京：中国农业出版社．

严大义，才淑英，郭修武．1995. 葡萄丰产新技术［M］．沈阳：辽宁科学技术出版社．

张玉星．2003. 果树栽培学各论：北方本［M］3 版．北京：中国农业出版社．

赵奎华．2006. 葡萄病虫害原色图谱［M］．北京：中国农业出版社．

赵文东．1998. 葡萄保护地栽培技术［M］．北京：中国农业出版社．

Winkler A J. 1974. General Viticulture［M］. University of California Press.

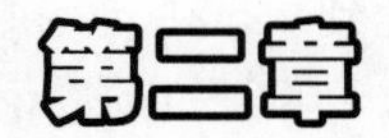

第二章 草莓

概述

一、草莓的经济价值与营养价值

（一）经济价值

草莓在世界各种浆果果树中栽培面积和产量仅次于葡萄，居第二位。草莓是一年中鲜果上市最早的水果，素有“早春第一果”的美称。露地栽培时，我国从南到北的果实成熟期一般在1月下旬至6月上旬。草莓鲜果上市之时，正值各种水果淡季，鲜果奇缺。草莓也是果树中栽植后结果最早、周期最短、见效最快的树种，应用设施生产则周期更为缩短。露地、地膜、小拱棚、中拱棚、塑料大棚、日光温室、玻璃温室等多种栽培形式的搭配，可拉开鲜果上市时期，使草莓鲜果供应期延长至半年以上，北方为11月至翌年6月，南方为10月下旬至翌年5月，经济效益显著，满足市场供应，同时利用成熟时期及价格上的差异远运外销，增加收益。

草莓植株矮小，适合保护地栽培，这一特殊优势使草莓成为近20年来我国果树业中发展最快的一项新兴产业，是我国许多地区农村经济中典型的致富项目。草莓栽培现已遍及全国各地，北自黑龙江、南至海南、东自江浙、西至新疆均有栽培，在一些地区，草莓已成为当地农村经济的支柱产业。河北保定和辽宁丹东是全国最早发展起来的两大草莓基地。目前全国有名的县、市级集中产区主要有河北的满城、辽宁的东港、山东的烟台、江苏的句容和连云港、上海的青浦和奉贤、浙江的建德和诸暨、四川的双流等，它们已成为北京、天津、沈阳、大连、南京、上海、杭州、成都等大城市的草莓鲜果供应主产区。

我国各地因地制宜，将草莓与其他作物间、套、轮作，如实行草莓与果树间作、与水稻轮作、与棉花套作等，均取得了较好的经济效益，开辟出一条符合我国国情的发展草莓生产的路子。草莓与幼龄果树如苹果、梨、桃、李、枇杷、葡萄间作，一方面可以增加前期收入，如草莓与葡萄间作一般比单作葡萄每667m^{2}年增收1 000～2 000元，另一方面草莓根系浅，与果树争夺肥水不明显，还可起到覆盖地面保持水土的作用。草莓可与水稻、蔬菜及其他农作物轮作，且已在生产上广泛应用，南方多与水稻轮作，北方多与小麦、蔬菜轮作，如草莓与豆角、甘蓝、瓜类等蔬菜轮作，不但能充分利用土地面积和保护地栽培设施，而且大幅度增加单位面积收益。草莓株矮且较耐阴，可与玉米、棉花等高秆作物套作。草莓果实成熟采收时高秆作物尚处于幼苗期，对草莓生长发育影响不大。

目前露地栽培每 667m² 产量一般为 500～1 500kg，高者可以达到 2 500kg，拱棚栽培产量为 750～2 000kg。南方塑料大棚栽培丰香品种每 667m² 产量为 1 000～1 500kg，北方日光温室栽培全明星品种的产量为 1 500～2 000kg，栽培红颊品种的产量为 1 500～2 500kg。单位面积产量与品种、栽培形式、栽培技术、气候条件等因素有关，总体来看我国北方地区高于南方，如栽培相同的品种丰香，北方的日光温室中产量也普遍高于南方的塑料大棚。就产值而言，与市场供求、成熟期、果品质量、投入成本等因素关系很大，各种形式的保护地栽培明显高于纯露地栽培。以 2009 年春季收入为例，南方塑料大棚每 667m² 产值约为 1.0 万～2.0 万元，北方日光温室每 667m² 产值约 1.5 万～2.5 万元。近 20 年来草莓栽培效益一直较好，而且较平稳。

（二）营养价值

草莓浆果芳香多汁，酸甜适口，营养丰富，素有“浆果皇后”的美称。草莓浆果水分多，约占鲜果重的 90%。在各种常见果树中，草莓的维生素 C 和磷、钙、铁的含量很高，其他营养物质如维生素 B_1、蛋白质、脂肪等含量也较丰富。据中国医学科学院卫生研究所《食物成分表》的数据，100g 草莓鲜果中含水分 90.7g、碳水化合物 5.7g、蛋白质 1.0g、脂肪 0.6g、粗纤维 1.4g、磷 41.0mg、铁 1.1mg、钙 32.0mg、维生素 C（抗坏血酸）50～120mg、维生素 B_1（硫胺素）0.02mg、维生素 B_2（核黄素）0.02mg、维生素 A（胡萝卜素）0.01mg、尼克酸 0.3mg、无机盐 0.6g。草莓中的糖分主要是葡萄糖、果糖，两者约占 80%，而蔗糖较少，约占 20%。有机酸在鲜果中一般含 0.6%～1.6%，其中大部分为柠檬酸，少量为苹果酸，两者约占 90%和 10%。果汁中氨基酸种类丰富，主要是天门冬酰胺（占 70%以上）、丙氨酸（约占 9%）、谷氨酸（约占 5%）和天门冬氨酸（约占 5%），还有少量的丝氨酸、苏氨酸、谷氨酰胺、苯丙氨酸、缬氨酸、组氨酸、亮氨酸、异亮氨酸、赖氨酸、甘氨酸。草莓果实果胶含量占 0.3%～0.5%，可溶性果胶和不溶性果胶各占一半，全果胶含量在果实成熟时呈下降趋势。果胶含量与加工品质有较大关系。草莓的香味由一些挥发性物质组成，主要有丁酸甲酯、丁酸乙酯、己酸甲酯、己醛、反-2-己烯醛、莱呋喃、呋喃烯醇以及一些酮类、萜类、硫化物。果实成熟时，这些挥发性物质形成量增加，使草莓果实香气浓郁。草莓芳香物质含量甚微，只占鲜重的0.001%～0.01%。草莓还含有一种特殊的芳香物质，即 1-乙基-2-甲基-苯甘油酯（ethyl-1-methyl-2-phenylglycidate），称草莓醛，这种物质在自然界其他果品或蔬菜中尚未见报道。草莓的特殊香型深受人们喜爱。在包括野生草莓在内的众多草莓种质资源中，有一些种、品种、类型、人工杂交后代单株的果实风味极似一些其他水果，有的如哈密瓜、香瓜，有的如凤梨，有的如杏，有的如桃，有的如桑椹，有的具特殊的麝香味等。

草莓不仅可鲜食，而且还可加工成各种产品，如制成草莓酱、草莓酒、草莓汁、草莓蜜饯、草莓罐头、速冻草莓、草莓冻干以及作为雪糕、糖果、饼干等的添加剂、糕点的点缀物等。草莓酱色、香、味俱佳，是国际市场上最畅销的高档果酱之一。草莓汁、草莓汽水等各种草莓饮品都具有芳香浓郁、味道醇美的特点，是深受人们喜爱的生津解渴和防暑降温的佳品。速冻草莓既可化冻后鲜食，又利于加工前的长途运输。

草莓还有较高的医疗和保健价值。现代医学证明，草莓对白血病、贫血症等具有较好的功效，具有抗衰老作用，还对肠胃不适、营养不良、体弱消瘦等病症大有裨益。草莓中含有鞣花酸（ellagic acid），它是一种抗致癌物质，能保护人体组织不受致癌物质的伤害。研究表明，在各种果树中，草莓中的鞣花酸含量很高，因此近些年国际上正在加紧对其开发利用。除药用价值外，草莓还是一种天然的美容健身、延年益寿的保健佳品，在国外被誉为“廉价的保健品”。草莓汁可滋润肌肤，减少皮肤皱纹，延缓衰老。在日本，草莓被称为是“活的维生素”，认为吃草莓可以延年益寿、美容健身。

二、世界与中国草莓生产现状

（一）世界草莓生产现状

现代大果栽培草莓为八倍体的凤梨草莓（*Fragaria*×*ananassa*，8x），起源于2个美洲种弗州草莓（*F. virginiana* Duch.）和智利草莓（*F. chiloensis* Duch.）的偶然杂交，大约于1750年发源于法国，距今只有250多年的历史。此前在欧洲、亚洲及美洲栽培的都是小果野生种，如森林草莓（*F. vesca*，2x）、绿色莓（*F. viridis*，2x）、弗州草莓（*F. virginiana*，8x）、智利草莓（*F. chiloensis*，8x）等。自从大果凤梨草莓品种诞生之后，草莓栽培就在欧洲和美洲逐渐推广开来。

2007年世界草莓年生产量已超过380万t，栽培面积超过25万hm^2（表2-1）。美国一直是草莓产量最多的国家，2007年产量约为111.5万t，占世界总产量的29.2%，其次是俄罗斯（32.4万t）、西班牙（26.4万t）、土耳其（23.9万t）、韩国（20.0万t）、日本（19.3万t）、波兰（16.8万t）、墨西哥（16.0万t）、德国（15.3万t）、埃及（10.4万t）。2007年世界上草莓栽培面积最大的国家是波兰（5.25万hm^2），其次是俄罗斯（3.80万hm^2）、美国（2.20万hm^2）、德国（1.30万hm^2）、乌克兰（1.12万hm^2）、土耳其（1.00万hm^2）、塞尔维亚（0.78万hm^2）、韩国（0.70万hm^2）、日本（0.68万hm^2）、西班牙（0.67万hm^2）、墨西哥（0.50万hm^2）等。2007年草莓单位面积产量最高的国家是美国（50.7t/hm^2），其次是摩洛哥（40.0t/hm^2），居第三、第四、第五位的分别是西班牙（39.4t/hm^2）、墨西哥（32.0t/hm^2）、以色列（31.2t/hm^2）。

表2-1 世界主要生产国2005—2007年草莓的面积和产量

地区及国家	面积（hm^2）			产量（t）		
	2005年	2006年	2007年	2005年	2006年	2007年
世界	260 830	262 665	256 108	3 789 701	3 908 978	3 822 989
欧洲	179 861	182 033	177 378	1 486 841	1 563 971	1 449 385
波兰	55 139	55 600	52 500	184 627	193 666	168 200
俄罗斯	35 200	37 000	38 000	221 000	235 000	324 000
德国	13 435	14 214	13 000	146 500	173 230	153 000
土耳其	10 000	10 000	10 000	200 000	211 127	239 076
西班牙	87 48	7 400	6 700	320 853	333 500	263 900
塞尔维亚	8 354	8 173	7 829	32 299	35 457	33 129
乌克兰	8 100	8 200	11 200	46 200	47 800	63 000

（续）

地区及国家	面积（hm²）			产量（t）		
	2005 年	2006 年	2007 年	2005 年	2006 年	2007 年
意大利	5 826	5 225	2 971	146 769	131 305	57 670
英国	3 800	3 900	4 000	68 600	65 900	66 000
法国	3 843	3 782	3 800	57 637	57 221	57 500
芬兰	3 526	3 451	3 300	10 050	10 377	10 000
瑞典	2 401	2 203	2 200	12 137	10 932	11 800
荷兰	2 301	2 959	2 500	39 000	39 200	39 000
罗马尼亚	2 167	2 397	3 001	18 158	21 612	15 537
捷克	1 862	2 526	2 300	7 375	18 205	16 000
葡萄牙	1 500	1 600	1 700	2 500	2 650	2 800
挪威	1 629	1 626	1 600	9 535	10 899	10 000
奥地利	1 348	1 073	1 398	16 291	14 488	14 413
比利时	1 139	1 200	1 250	42 000	44 000	45 000
保加利亚	1 146	1 396	1 240	6 563	8 761	5 964
北美洲	25 148	25 661	25 895	1 075 543	1 115 421	1 138 903
美国	21 125	21 562	22 000	1 053 242	1 090 436	1 115 000
墨西哥	5657	4 743	5 000	162 627	154 893	160 000
加拿大	4 023	4 099	3 895	22 299	24 982	23 902
亚洲	34 074	34 128	33 612	698 197	709 717	732 476
日本	6 880	6 790	6 800	196 200	190 600	193 000
韩国	6 969	6 813	7 000	201 995	205 307	200 000
伊朗	3 829	3 800	3 800	38 494	38 500	38 500
哈萨克斯坦	2 500	2 600	2 500	13 000	14 000	13 100
中国	950	1 000	1 000	11 900	12 300	13 000
非洲	7 907	7 618	7 268	233 788	230 303	218 425
摩洛哥	3 140	2 800	2 500	118 600	112 000	100 000
埃及	3 800	3 900	3 800	100 000	105 000	104 000
南美洲	6 733	6 972	5 320	95 468	95 873	84 050
智利	1 020	1 050	1 100	25 600	25 700	26 000
大洋洲	1 040	1 080	1 190	28 637	29 900	30 500
澳大利亚	865	900	1 000	23 737	25 000	25 500

注：根据联合国粮农组织（FAO）统计数据。

需要指出的是，由于我国统计及相关工作的落后，上报联合国粮农组织（FAO）的草莓产量和面积数远远小于我国的实际数，甚至不足一个省的栽培面积和产量。据中国园艺学会草莓分会估计，2007 年我国的草莓面积已达到 8 万 hm²，超过波兰，居世界第一位；年产量150万t，超过美国，居世界第一位。本文统计表中数据仍以联合国粮农组织（FAO）统计为准。

世界各大洲中，欧洲草莓产量最多，占全世界的43.4%，其次是北美洲，占30.4%。亚洲产量也较高，占17.4%。非洲（5.8%）、南美洲（2.3%）、大洋洲（0.7%）3个洲总量所占比例不到10%。欧洲的栽培面积占全世界的68.8%，北美洲占13.0%，亚洲占12.3%，非洲占3.2%，南美洲占2.2%，大洋洲占0.4%。因此，从单位面积的产量来看，北美洲最高，远远高于欧洲及其他各洲。

欧洲草莓产量总体上稳中有增。波兰草莓栽培面积居世界首位，但产量居世界第六位。波兰主栽品种为Senga Sengana，种植较粗放，栽培周期一般为3～5年，单产低。法国和英国的产量近几年有所下降，现在俄罗斯和西班牙是欧洲草莓产量最大的国家，俄罗斯主要以大型集体农庄为单位，采取露地栽培方式，生产的草莓主要用于冷冻、加工或制果酱，品种老化，单产较低。西班牙西南部的韦尔瓦省草莓产量占全国的90%，主要利用小拱棚和塑料大棚生产栽培，以鲜食生产为主，大量出口到法国、德国、英国等国家。栽培面积较大的欧洲国家有波兰、俄罗斯、德国、西班牙、南斯拉夫、土耳其、意大利、乌克兰、法国。波兰和俄罗斯及乌克兰生产的草莓主要用于冷冻加工或制果酱，波兰是全世界出口冷冻草莓最多的国家。近些年，土耳其草莓生产发展很快，以传统的地毯式栽培方式为主，果实主要用于加工，2007年栽培面积增至10 000hm^2、产量增加到24万t。意大利、西班牙草莓生产面积则下降很快。

北美洲草莓产量也呈上升趋势。北美洲的产量主要来自美国，其次是墨西哥和加拿大，生产的草莓主要用于鲜食。美国草莓多为露地栽培，只有很少部分是保护地栽培。全国有23个州生产草莓，南部各州生产的草莓主要供鲜食，北部各州生产的草莓主要供加工用。加利福尼亚州是美国最大的草莓产区，占美国总产量的80%，其次佛罗里达州（10%）、俄勒冈州（5%）和华盛顿州（2%）。墨西哥的草莓产量在北美洲居第二位，产品主要出口美国。加拿大的草莓生产呈下降趋势，魁北克省和安大略省是加拿大草莓的主产地。

亚洲草莓主产国是中国，其次是日本和韩国，主要采用设施生产，以鲜食为主。日本草莓主产区是关东、关西、四国、九州和东海，这些地区多集中在气候较温暖的地方。日本枥木县的栽培面积和产量居第一位。但最近几年，九州地区已成为全日本最大的草莓生产基地，占全国总产量的1/3。日本以塑料大棚保护地栽培形式为主，约占90%，露地栽培面积很少。日本和韩国两国用于加工的冷冻草莓主要靠进口。从20世纪90年代中期以来，随着中国草莓生产的迅速崛起，面积迅猛扩大，亚洲已成为世界草莓的主产地，占据重要地位。

在埃及和摩洛哥等国的带动下，非洲的草莓生产发展很快。埃及是非洲草莓栽培面积最大的国家，最近几年从美国引进了优质高产新品种，提高了效益，栽培面积逐年增加，生产的草莓主要向欧洲和海湾国家出口。摩洛哥利用其温暖湿润的地中海气候条件，大力发展草莓产业，面积在1992—2001年10年间增加了近5倍，一跃成为非洲草莓产量最大的国家，但最近几年面积逐渐减少，次于埃及。

世界各国的草莓生产在发展趋势、栽培面积、栽培形式、栽培品种、销售和加工等方面都有各自的特点。在过去的20年中，西班牙、韩国和美国的草莓产业稳步发展，西班牙在20世纪80年代发展最快，而韩国发展最快的时期是90年代，日本、意大利和波兰在70、80年代迅速增加后逐渐下降。

（二）中国草莓生产现状

大果凤梨草莓在20世纪初传入我国，距今约100年的历史。据《北满果树园艺及果实的加工》（哈尔滨铁道局，日文，1938年）记载，1915年一个俄罗斯侨民从莫斯科引入5 000株维多利亚（Victoria）草莓到黑龙江省亮子坡栽培，1918年又有一铁路司机从高加索引种到一面坡栽培。据调查，同期在上海也有一些传教士引种到现今的宝山区张建浜一带栽培，主要是在幼龄果园行间间作。在河北，由法国神父从法国引入草莓品种到正定天主教堂栽培，后由天主教徒传到定县王会同及献县一带。到20世纪30年代，由高丽（今朝鲜）华侨带回草莓（高丽果）到山东黄县一带栽培，后传到烟台、福山、莱阳等地。新疆从前苏联引进了红草莓，中国台湾从日本引进了福羽等品种。后来，全国各地通过教堂、教会学校、大使馆等渠道也少量引入。20世纪40年代前，原南京中央大学和金陵大学农学院试验场均曾从国外引进草莓品种，进行筛选和栽培，但一直未形成商品生产，主要作为一种奢侈品在一些大城市零星栽培。50年代中后期，我国草莓生产在大城市附近已作为经济栽培，主要在上海、南京、杭州、青岛、保定、沈阳等城市近郊成片发展，尤以南京、上海、杭州一带较盛，东北地区也多栽培，有的地方已形成较集中的产区。主栽品种鸡冠、鸡心、鸭嘴、圆球、紫晶香等。栽培技术落后，栽培形式单一，经济效益低。60年代我国的草莓生产曾一度初具规模，当时仅上海的栽培面积一度超过50hm^2，年产量约250t。但随后的“文化大革命”使全国的草莓栽培面积迅速减少，到70年代后期，我国草莓生产降到了最低谷。如当时上海栽培面积仅2hm^2，年总产量仅12.5t。1978年，全国栽培面积也不过300hm^2，总产量不足2 000t。

我国草莓生产真正迅速发展始于20世纪80年代。随着改革开放和农村经济体制的改革，草莓生产发展非常迅速，并通过各种渠道从欧美和日本引进一大批优良品种，从中筛选出的全明星（Allstar）、戈雷拉（Gerolla）、宝交早生、丰香等迅速成为主栽品种，栽培面积逐年扩大甚至成倍增加，栽培形式也由原来的单一露地栽培转变为露地与多种保护地形式并存，使经济效益大大提高。80年代中后期，在华北、西北，全明星成为生产中主栽品种，其特点是果大、耐贮运、抗性强、产量高，但品质较酸。后来丰香、静宝等品质优良的日本品种的栽培面积开始扩大。东北地区以戈雷拉、全明星、宝交早生为主，中南部地区以宝交早生、春香、丽红、硕露为主。进入90年代以来，随着保护地栽培的兴起，东北地区由于西班牙品种弗吉利亚在日光温室中的大力推广，使戈雷拉的面积迅速减少。弗吉利亚的主要特点是在日光温室中连续结果能力强、极丰产、果大，但该品种在冬季低温期的果实品质较差、味淡，因此随后被吐德拉和鬼怒甘所取代。华北、华东及西北产区90年代以来，露地及半促成栽培仍以全明星、宝交早生为主，而促成栽培则以丰香为主；华东、华中地区在90年代以来特别是1995年以后，丰香则是主栽品种，可占生产栽培面积的70％～90％。2000年以后，由于丰香易感白粉病，所以在全国各地的栽培面积开始减少，而达赛莱克特、卡麦若莎、枥乙女、甜查理、章姬、幸香、红颊（日本99号）的生产面积正在不断扩大。而加工品种则多以哈尼、森加森加拉、达赛莱克特为主栽品种。

我国地域辽阔，气候条件差异较大，加之生产力水平参差不齐，因此栽培形式多种多样。既不像日本以塑料大棚为绝对主体，也不像美国以露地栽培为绝对主体。20 世纪 80 年代以前，我国的基本栽培形式为露地栽培。最近 20 多年来，全国各地各种保护地栽培形式迅速兴起，在 20 世纪 80 年代初期，生产上开始推广地膜覆盖栽培，80 年代中期开始推广小拱棚栽培，80 年代末期至 90 年代前期南方推广塑料大棚、北方推广塑料日光温室，使我国露地栽培的主体地位发生了巨大变化。从简单的地膜覆盖、小拱棚、中拱棚、大拱棚，到金属材料组装的塑料大棚、竹木或钢筋骨架的日光温室，应有尽有。各种形式并存，代表了我国不同地域气候特点和生产发展水平。在我国保护地栽培形式中，南方地区以塑料大棚及小、中拱棚为主，北方地区以日光温室及中、大拱棚为主。目前，我国已经形成了保护地草莓栽培面积在 1 000hm^2 以上的生产基地。四川省以塑料薄膜小拱棚栽培为主要设施，成为薄膜小拱棚冬草莓生产基地；浙江、上海、江苏以塑料薄膜中、大棚栽培为主要设施，成为塑料薄膜中大棚草莓生产基地；山东、安徽、河南以塑料薄膜大棚为主要设施，成为塑料薄膜大棚草莓生产基地；北京、河北、辽宁等北方地区以塑料薄膜日光温室为主要设施，成为塑料薄膜日光温室草莓生产基地。另外在北京、山东、辽宁等地还进行了抑制栽培。但草莓的无土栽培和立体栽培及抑制栽培在我国仍处于试验阶段，在生产上应用面积很少。利用我国南北的区位优势和多种栽培形式的搭配，拉开了鲜果上市时期，取得了显著的价格优势，并且使草莓鲜果供应期延长到 6～8 个月，北方为 12 月至翌年 6 月，南方为 11 月至翌年 5 月，而且利用成熟时期及价格上的差异加强远运外销，如四川成都的草莓通过空运销往全国各地。

我国许多地方因地制宜，将草莓与其他作物间、轮、套作，走出了一条增加收入的好途径。幼龄桃园、梨园、葡萄园间作草莓，可提高土地利用率，每公顷增加收益 1.2 万元以上。实行草莓与水稻轮作，可有效减轻病虫害滋生，获得草莓、水稻双丰收。草莓还可与小麦、蔬菜轮作，与玉米间作，与棉花、蔬菜套种，都取得了较好的效果。如山东省五莲县采用草莓与生姜套种技术，获得了草莓和生姜双丰收，草莓每 667m^2 产值 5 000 余元，生姜 667m^2 产值 1 000 余元；草莓与玉米间作套种，比传统的玉米、小麦轮作每 667m^2 增收 1 500～3 000 元。

20 世纪 80 年代中期以前，我国多采用多年一栽的耕作制度以减轻劳动量，但由于这种栽培制度易造成植株衰弱、根系老化、果实变小、产量变低，因此，现在生产上大部分省份已基本上摒弃了多年一栽制，普遍采用管理更为精细的一年一栽制。但是在内蒙古、黑龙江、吉林等地仍多采用多年一栽制。随着出口量的增加，多年一栽制在一些省份的加工草莓原料基地又开始采用，产量第一年较低，第二、三年高，第四年低，需更新重栽。

据统计，1980 年全国草莓面积约 666hm^2，总产 3 000t 左右。1985 年，我国草莓栽培面积大约为 0.33 万 hm^2，总产量约 2.5 万 t，分布地点主要集中在少数几个地区。1995 年我国草莓栽培面积约为 3.67 万 hm^2，是 1985 年的 11.1 倍，总产量约 37.5 万 t，是 1985 年的 15 倍。2007 年全国草莓总面积约 8.0 万 hm^2，是 1985 年的 24 倍，总产量约 150 万 t，是 1985 年的 60 倍，总面积和总产量均居世界第一位。其中河北、辽宁、山东、江苏、安徽、四川、甘肃、浙江、上海、陕西、湖北等栽培面积较大（表2-2）。

表2-2 我国草莓面积和产量（2007年）

产区	主产省、自治区、直辖市	面积（hm^2）	总产（万t）	单产（t/hm^2）
东北产区	辽宁	10 000	23.80	23.80
	吉林	1 667	1.00	6.00
	黑龙江	1 333	10	7.50
	内蒙古	200	0.15	7.50
华北产区	河北	12 000	27.00	22.50
	山东	11 000	25.00	22.70
	河南	5 000	7.000	14.00
	山西	300	0.30	10.00
	北京	200	0.40	20.00
西北产区	甘肃	5 500	8.00	14.50
	陕西	3 000	4.00	13.30
	新疆	1 000	1.00	10.00
华东华中产区	安徽	5 600	10.00	17.90
	江苏	5 200	10.00	19.20
	四川	5 300	8.90	16.80
	上海	4 000	8.00	20.00
	浙江	3 300	6.00	18.10
	湖北	3 000	5.70	19.00
	江西	1 000	1.00	10.00
华南产区	台湾	500	0.75	15.00
	广东	200	0.30	15.00
	海南	20	0.02	10.00
其他		680	0.80	11.70
合计		80 000	150.00	18.75

虽然我国较多农户创造了每667m^2达到或超过5 000kg的惊人纪录，但与世界草莓生产先进国家如美国、日本、意大利相比，平均单产仍较低。露地栽培每667m^2产量为500～1 500kg，最高者也可以达到2 500kg；拱棚产量高于露地，一般为667m^2产量750～2 000kg；南方塑料大棚栽培每667m^2产量为1 500～2 000kg；北方日光温室栽培全明星的产量一般为1 500～2 000kg。单位面积产量与品种、栽培形式、栽培技术、气候条件等因素有关，总体来看，我国北方地区高于南方，同样的品种丰香在北方的日光温室中产量也普遍高于南方的塑料大棚。

三、世界草莓销售与流通现状

（一）世界草莓进口情况

世界前30位国家2005—2007年草莓进、出口量见表2-3。可以看出，全世界进口总量由2000年的48.2万t增加到2007年的66.6万t。欧洲的法国、德国、英国、意大利、比利时、荷兰、奥地利和美洲的加拿大、美国和墨西哥是最大的进口国。世界上草莓进口最多的国家是法国，2000年为8.9万t，2007年为10.9万t。日本不是主要进口国家，本国生产草莓主要是自用，少量用于出口。日本的草莓加工原材料主要依赖于从美国、新西兰、韩国等国的进口，近些年也从中国大量进口速冻草莓，加工产品主要是草莓酱及用作添加剂。到目前为止，中国极少从国外进口草莓。

（二）世界草莓出口情况

全世界草莓出口总量从2000年的46.9万t上升到2007年的60.5万t，趋势稳定（表2-3）。年产量居世界第三的西班牙，其出口总量居世界第一位，最近5年年出口量平均约20万t，远远超过其他各国。居第二位的是美国，出口总量从2000年的6.3万t上升到2007年的11.7万t。墨西哥、比利时、法国出口量也较大。目前中国草莓年产量和面积均居世界第一位，最近开始大量出口日本、欧洲和美国。据外贸部门统计，2000—2008年我国草莓出口量分别为2.047万t、2.1万t、3.4万t、7.77万t、7.58万t、9.848万t、7.021万t、10.3万t、9.73万t，主要出口省份包括山东、辽宁、河北、江苏等。主要出口品种为哈尼、森加森加拉、达塞莱克特、全明星、宝交早生、马歇尔、丰香等。出口产品除速冻外，还包括单冻、加糖、巧克力冷冻及脱水草莓，不同制品间价格差别较大，单冻草莓出口800～1 000美元/t，加糖冷冻草莓、有机栽培草莓则出口价格更高。2002年山东、辽宁出口草莓的田间收购价很高，达3.0～5.0元/kg，大大刺激翌年的出口，导致2004年、2005年的收购价格的大幅度下跌。但从栽培面积、形式、成本、价格、劳动力资源等方面看，我国具有较大优势，因此今后我国草莓出口将逐年增加，潜力较大。

表2-3　世界主要国家草莓进、出口量

国家及地区	进口量（t）			出口量（t）		
	2005	2006	2007	2005	2006	2007
世界	625 616	655 340	665 772	603 638	620 291	604 857
欧洲	429 620	422 339	456 078	403 761	388 541	347 956
波兰	3 939	4 935	3 254	22 691	24 329	17 315
俄罗斯	13 458	18 766	22 630	0	0	0
德国	93 591	90 835	81 102	11 943	15 968	12 216
土耳其	0	0	50	6 260	9 928	17 354
西班牙	6 136	4 735	3 990	216 641	207 974	186 377
意大利	34 692	38 396	32 008	22 887	22 917	17 746

（续）

国家及地区	进口量（t）			出口量（t）		
	2005	2006	2007	2005	2006	2007
英国	46 794	47 823	66 589	320	292	270
法国	12 1360	117 219	109 328	40 906	34 220	23 228
爱尔兰	2 639	3 406	3 171	163	935	1 301
瑞士	12 404	11 299	10 377	74	68	44
瑞典	6 536	5 726	4 466	746	187	1 065
荷兰	19 559	20 646	25 352	39 564	29 525	35 068
捷克	6 634	7 195	7 261	222	403	388
丹麦	8 039	7 856	7 298	278	163	144
匈牙利	3 367	3 308	1 824	82	135	0
葡萄牙	6 461	7 082	9 018	1 182	2 874	2 731
挪威	4 110	4 445	4 598	3	1	22
奥地利	21 689	20 355	17 425	1 879	1 590	1 320
比利时	38 894	28 770	28 887	42 289	39 089	39 004
拉脱维亚	1 095	1 061	984	71	371	200
卢森堡	1 049	1 201	1 048	25	109	299
北美洲	130 469	154 340	158 838	97 789	104 468	116 948
美国	55 685	69 592	71 518	97 383	103 953	116 744
墨西哥	1 3430	18 992	20 572	52 357	70 970	66 914
加拿大	74 767	84 731	87 317	186	164	204
亚洲	17 374	19 272	24 324	14 102	17 206	27 833
日本	3 947	4 038	3 842	35	66	74
沙特阿拉伯	4 504	5 495	5 806	1	17	15
新加坡	1 586	1 657	1 905	19	15	61
中国	382	562	722	2 423	2 279	970
中国香港	2 763	2 510	3 519	5	7	11
以色列	0	0	0	3 483	3 037	2 897
非洲	491	790	924	30 167	32 412	40 098
摩洛哥	0	0	0	27 045	19 494	18 066
埃及	2	67	0	3 054	12 676	21 613
南美洲	65	0	28	1 050	761	715
智利	15	0	0	484	197	130
大洋洲	635	574	715	3 202	4 635	2 264
澳大利亚	320	204	416	2 571	4 113	1 700

注：根据联合国粮农组织（FAO）统计数据。

四、草莓生产存在的问题及发展方向

20世纪后期是世界草莓生产发展最快的时期，其主要特点为栽培面积迅速扩大和产量迅速提高。近些年来草莓生产已进入了稳定发展的阶段，除少数国家外，产量和面积没有大的波动，而行业水平稳步提高，总体上呈现出以下趋势。

1. 稳定面积，提高产量　近10年来，全世界草莓栽培面积基本上保持在20万～25万 hm^2，年生产量约300万～400万t。在稳定面积的同时注重提高质量，提高单产，进而提高优质果的产量。由于草莓栽培管理及采收等环节上的机械化程度较低，绝大部分田间作业靠人工操作，劳动强度大，劳动力成本高，零售价偏低，影响了少数国家和地区草莓生产的发展。如日本近些年来虽然草莓年产量较稳定，但栽培面积却呈下降趋势，主要是因为草莓生产劳动强度高、老龄化严重。南半球许多地区劳力不足以及水资源缺乏已经限制了草莓的发展。法国、意大利、西班牙和摩洛哥等地中海沿岸各国由于草莓果实采摘期太集中，在3～5月份上市，导致产品积压，价格降低。这些国家草莓主要向德国出口，而德国近几年由于大力发展草莓，进口量减少，使上述国家的草莓生产因而受到影响。法国、英国和意大利的草莓面积减少与劳力成本高也有关系。因此，近年来，欧洲、美国等进口加工原材料纷纷转向中国、埃及、摩洛哥等生产成本低、土地资源丰富的亚洲和非洲国家。在我国，由于近10年露地加工草莓栽培出口效益较好，因此导致有些地方盲目扩大面积，致使有些年份产品大量积压，销售困难，损失较大。因此，在一些已发展较大规模的地区今后应将重点放在提高产量和质量上，并逐步减少露地栽培面积，向各种形式的保护地发展。这样既可拉开鲜果上市时期，又能提高经济效益。

2. 病害发生严重　近年来，随着草莓栽培的连作时间加长，草莓病害已经成为生产栽培中的一个主要问题。在草莓温室栽培中，白粉病、灰霉病、红中柱根腐病、炭疽病、黄萎病、线虫病、病毒病均十分严重，防治困难，是我国各地生产中反映最普遍的问题。必须贯彻“预防为主，综合防治”的方针，才能达到较好效果。现在倡导无污染食品，重视食品安全，各国在激烈的国际竞争中对所进口的食品实施严格的标准。由于草莓不耐贮运、不耐清洗，因此无论直接食用鲜果还是用作加工的原材料，都必须安全无污染。

3. 品种更新和选育步伐加快　在许多国家，草莓已成为一种重要的经济作物，因此选育出适合各国气候条件的草莓新品种非常重要。目前生产上急需优质鲜食品种、优良加工品种、抗病品种、适于不同形式栽培的品种完成更新换代。鲜食品种要求早熟、优质、大果，如日本新培育的优良品种枥乙女、章姬、幸香、佐贺清香、甘王正在生产上大力推广；加工品种要求果硬、成熟期集中、丰产易于除萼，如美国加州的适于加工的新品种Camarosa已占60%以上；抗性育种要培育出抗果实和叶片病害的品种，力争少施农药或不施农药，甚至进行有机栽培；溴化甲烷作为熏蒸剂已经被禁止使用，也迫使人们寻找抗土传病害的草莓新品种；选择适于不同栽培形式的品种进行栽培，可拉开上市时间，实现周年供应。

选育早熟、优质、抗病的保护地品种是我国当前的主要育种目标，因为生产上品质较差的中、晚熟品种急需更换。在一些地区，丰香品种的日光温室和塑料大棚栽培中白粉病十分严重，已造成很大损失，因此抗病育种也是当前的一个重要研究课题。培育优良的四季品种也是一个重要目标，它在满足周年供应上起着重要作用。此外，利用我国丰富而特有的野生草莓资源进行远缘杂交育种也有望取得较大进展。

4. 开发省力低耗栽培措施 种植草莓较为费时费力，在日本正是由于其劳动强度大，造成后继乏人，全国种植面积逐年递减。目前日本已开发的省力措施有棚式育苗、空中采苗、高设栽培（含营养液栽培）等。我国北方日光温室栽培需卷帘盖帘、除雪、加温等，劳动强度比南方塑料大棚更大，因此减轻劳动强度也将是我国研究的一项课题。安装卷帘机、滴灌设备等大大减轻了劳动强度。同时，由于采收任务繁重、人工费也越来越高，因此，像欧美、日本、中国台湾等地出现的自采草莓园（pick your own）也将在我国尤其沿海地区更多出现。

第一节 主要种类和品种

一、主要种类

草莓属于蔷薇科（Rosaceae）草莓属（*Fragaria*）多年生草本植物，在园艺上属于浆果类果树。现在认为草莓属植物约有20个种（表2-4）。草莓属植物分布广泛，绝大多数分布在欧洲、亚洲和美洲。在欧洲，几乎到处都有分布。在亚洲，主要分布在中国、日本、前苏联的西伯利亚、伊朗、阿富汗以及黑海沿岸各国。在美洲，北美几乎到处都有分布，而南美则主要分布在太平洋沿岸。

表2-4 草莓属植物的种类与分布

倍性	种	世界分布	中国分布
二倍体	森林草莓（*F. vesca* L.）	欧洲、亚洲北部、北美	四川、新疆、青海、甘肃、山西、陕西、云南、贵州、河南、山东、吉林、黑龙江
	黄毛草莓（*F. nilgerrensis* Schlect.）	亚洲南部	云南、四川、陕西、贵州、湖南、湖北、台湾
	绿色草莓（*F. viridis* Duch.）	欧洲、东亚	新疆
	裂萼草莓（*F. daltoniana* Lindl.）	喜马拉雅山	西藏
	西藏草莓（*F. nubicola* Lindl.）	喜马拉雅山	西藏
	五叶草莓（*F. pentaphylla* Lozinsk.）	中国西北部	四川、青海、甘肃、陕西、河南
	东北草莓（*F. mandschurica* Staudt）	中国东北部	吉林、黑龙江、内蒙古
	纤细草莓（*F. gracilis* Lozinsk.）	中国西北部	西藏、青海、甘肃、陕西、四川、湖北、河南
	日本草莓（*F. nipponica* Lindl.）	日本中北部	
	虾夷草莓（*F. yezoensis* Hara.）	日本北海道	
	饭沼草莓（*F. iinumae* Makino.）	日本西北部	

（续）

倍性	种	世界分布	中国分布
四倍体	东方草莓（*F. orientalis* Lozinsk.）	中国、蒙古、朝鲜	吉林、黑龙江、辽宁、内蒙古、青海、甘肃、山西、陕西、湖北、河北、山东
	西南草莓［*F. moupinensis*（Franch）Card.］	中国西南部	四川、云南、西藏、青海、甘肃、陕西
	伞房草莓（*F. corymbosa* Lozinsk.）	中国西北部	甘肃、山西、陕西、河南、河北
六倍体	麝香草莓（*F. moschata* Duch.）	欧洲中、北部	
八倍体	智利草莓［*F. chiloensis*（L.）Duch.］	北美、南美、太平洋沿岸	
	弗州草莓（*F. virginiana* Duch.）	北美中、东部	
	卵形草莓［*F. ovalis*（Lehm.）Rydb.］	北美	
	凤梨草莓（*F.* ×*ananassa* Duch.）	世界各国均引种栽培	全国各地均有栽植
	择捉草莓（*F. iturupensis* Staudt）	日本东北部的千岛群岛	

我国从南到北蕴藏着种类和数量丰富的野生草莓。雷家军等（2007）研究认为，我国自然分布有11个种，约占世界草莓属植物20个种的一半。这11个种包括8个二倍体种：森林草莓（*F. vesca* L.）、黄毛草莓（*F. nilgrrensis* Schlecht.）、五叶草莓（*F. pentaphylla* Lozinsk.）、纤细草莓（*F. gracilis* Lozinsk.）、西藏草莓（*F. nubicola* Lindl.）、绿色草莓（*F. viridis* Duch.）、裂萼草莓（*F. daltoniana* Gay）、东北草莓（*F. mandschurica* Staudt）；3个四倍体种：东方草莓（*F. orientalis* Lozinsk.）、西南草莓［*F. moupinensis*（Franch.）Card.］、伞房草莓（*F. corymbosa* Lozinsk.）（表2-5）。

表2-5 中国原产草莓属植物分种检索表

1. 匍匐茎和叶柄被直立茸毛
  2. 花序梗被直立茸毛，小花梗被紧贴茸毛；小叶3
    3. 雄蕊花丝短，低或平于雌蕊；果红色或白色；宿存萼片水平伸展或微反折 …… 1 森林草莓（2x）*F. vesca* L.
    3. 雄蕊花丝长，高于雌蕊；果绿色，阳面略红；宿存萼片紧贴于果实 …… 2 绿色草莓（2x）*F. viridis* Duch.
  2. 花序梗和小花梗均密被直立茸毛
    4. 小叶3
      5. 叶片质地较薄；果实成熟时朝下；宿存萼片水平伸展或微反折
        6. 匍匐茎偶数节位形成幼苗
          7. 花较小，叶较小，花两性 ………………………………… 3 东北草莓（2x）*F. mandschurica* Staudt
          7. 花较大，叶较大，花单性，稀两性 ……………………………… 4 东方草莓（4x）*F. orientalis* Lozinsk.
        6. 匍匐茎除第一节外每节位均形成幼苗 ……………………… 5 伞房草莓（4x）*F. corymbosa* Lozinsk.
      5. 叶片质地较厚；果实成熟时朝上；宿存萼片紧贴于果实；植株被棕黄色茸毛 ……………………………………………………………………………… 6 黄毛草莓（2x）*F. nilgrrensis* Schlecht.
    4. 小叶5，极稀3

（续）

8. 叶片质地较薄，全株被银白色茸毛；宿存萼片紧贴于果实 ……………………………………………………………………………………………… 7 西南草莓（4x）*F. moupinensis*（Franch）Card.

8. 叶片质地较厚，正面无毛，背面被疏茸毛；宿存萼片反折 ………… 8 五叶草莓（2x）*F. pentaphylla* Lozinsk.

1. 匍匐茎和叶柄被紧贴茸毛；花梗被紧贴茸毛

9. 宿存萼片反折或水平伸展；小叶 3 或 5

10. 副萼片顶端 2～3 裂，果实长卵圆形或纺锤形；小叶 3 ………………… 9 裂萼草莓（2x）*F. daltoniana* Gay

10. 副萼片全缘，果实球形或椭圆形；小叶 3 或 5 ……………………… 10 纤细草莓（2x）*F. gracilis* Lozinsk.

9. 宿存萼片紧贴果实；小叶 3 ……………………………………………… 11 西藏草莓（2x）*F. nubicola* Lindl.

本属的模式种：森林草莓（*Fragaria vesca* L.）。

全世界草莓属植物约有 20 个种，其性状描述如下。

（一）森林草莓（*F. vesca* L.）

植株直立，高 10～30cm。常羽状三小叶，稀羽状五小叶。叶薄，正面浅绿色，无毛或疏被短茸毛，背面颜色更淡，被短茸毛，或有时脱落几乎无毛，但叶脉上较密。小叶近无柄或中心小叶具短柄，叶较小，相对较窄，呈楔状卵圆形、菱状卵圆形，边缘锯齿大而尖。叶柄和花序梗上茸毛少，但叶柄上茸毛通常直立，花序梗上茸毛直立，小花梗上茸毛紧贴。花序上有花 1～6 朵。花直径约 1～1.5cm。花瓣白色，基部具柄。雄蕊近等长，低或平于雌蕊。萼片卵状披针形，副萼片线状披针形或窄披针形。果实（聚合果）卵球形，红色或白色，肉软，香味浓。种子（瘦果）小，凸出。宿萼开展或微反折。花期 4～6 月，果期 6～9 月。$2n=2x=14$。

该种在草莓属中分布最广，广泛分布于欧洲、亚洲北部、北美洲及非洲北部。生于林下、山坡、草地。我国黑龙江、吉林、陕西、甘肃、新疆、山西、四川、云南、贵州有分布。

该种性状变异大，各地的亚种、变种、类型很多。Staudt（1962）将其分为 4 个亚种。其中最突出的变种是四季结果型森林草莓（*F. vesca* var. *semperflorens* Duch.），一年可多次开花结果，可分为抽生匍匐茎和不抽生匍匐茎 2 种类型，不抽生匍匐茎的类型又称为高山草莓（Alpine Strawberry）。我国黑龙江分布有抽生匍匐茎的四季结果型森林草莓。

该种茎、叶柄及小叶背面的被毛疏密不一，有时脱落近乎无毛，茎和叶柄被直立茸毛、叶正面茸毛少、雄蕊近等长且低于或平于雌蕊、萼片在果期开展或微反折，可与其他种区别。

（二）黄毛草莓（*F. nilgerrensis* Schlecht.）

植株健壮。株高 10～25cm。匍匐茎、叶柄和花序梗上均被长而直立的棕黄色茸毛，因此称为“黄毛草莓”。叶片深绿色，羽状三小叶，小叶近无柄或仅中心小叶具短柄，叶厚，脉间隆起。小叶倒卵圆形至圆形，前端平楔形，小至中等大小，锯齿小。叶正面被短茸毛，背面淡绿色，被棕黄色绢状茸毛，沿叶脉茸毛长而密。花序小，常 3～4 朵花，花瓣离生。雄蕊花丝较短，雌蕊很多，花托大而平。果半球形或扁平形，较小，着生于直立的花梗上，白色略黄或略带浅粉红色，无味或味淡。种子很小而数量多，着生密集，凹于果面。萼片卵状披针形，比副萼片宽或近相等，副萼片披针形，全缘或2裂。萼片大，宿萼紧贴于果实。花期5～7月，果期6～8月。黄毛草莓在野生草莓中花期最晚。2n=2x=14。

分布于东南亚，从菲律宾的山区和中国中南部到尼泊尔及印度南部高山地带。生长于山坡、草地或沟边、林下，海拔700～3 000m。我国云南、四川、贵州、陕西、湖北、湖南、台湾有分布。

该种叶厚，近圆形，叶柄、匍匐茎、花序梗均密被直立的棕黄色茸毛。花瓣明显离生，宿萼紧贴于果实。种子小而多，特征明显，易与其他种区别。黄毛草莓开花后花朵仍直立朝天，果实成熟时也朝天而不下弯朝下，这一特征与其他野生种不同。

产云南、四川、贵州、陕西、湖北、湖南。生长于山坡、草地或沟谷、林缘、灌丛，海拔800～2 700m。

《中国植物志》(第37卷）记载了该种的1个变种粉叶黄毛草莓［*F. nilgerrensis* Schlecht. ex Gay var. *mairei*（Levl.)］。该种与原种的区别在于它的叶下面具苍白色蜡质乳头。Staudt（1989）认为该种有1个亚种 *F. nilgerrensis* spp. *hayatai*，原产台湾，特征是植株的所有部分（甚至果实）都含有花色苷。

(三）绿色草莓（*F. viridis* Duch.）

植株较纤细，匍匐茎上除第一节外以后每节均形成匍匐茎苗。羽状三小叶，叶深绿色，薄，呈卵圆形至椭圆形，叶锯齿比 *F. vesca* 小。花序直立，常高于叶面。花两性，比 *F. vesca* 的花明显大。花瓣重叠，花瓣在开花初期有时呈淡黄绿色，后期变为白色。与 *F. vesca* 相比，其花丝更长、花药更大。花丝细长，高于雌蕊。通常在秋季能再次开花。果实成熟时呈淡绿色，阳面略红，果硬，有清香味，种子大，凹于或平于果面。萼片相对大而长，紧贴于果实，除萼难。花期4～6（9）月，果期6～7（10）月。2n=2x=14。

分布于欧洲、亚洲东部（高加索）和中部（西伯利亚）、加拿利群岛。生长于草地、山坡、林边及灌木丛中。我国新疆天山山脉也有分布。

该种外形与森林草莓（*F. vesca*）相像，但绿色草莓的匍匐茎除第一节外每节均形成匍匐茎苗，花更大，雄蕊花丝长、高于雌蕊，花药更大，果实呈淡绿色阳面略红，果硬，宿萼紧贴于果实，易于将两者区分开来。

(四）裂萼草莓（*F. daltoniana* Gay）

别名锡金草莓（*F. sikkimensis* Kurz.）。

植株细弱矮小，高4～6cm。匍匐茎很纤细，茸毛稀疏贴生或几乎无毛。羽状三小叶，具小叶柄，锯齿数少。小叶长圆形或卵圆形，正面深绿色，近无毛，背面淡绿色，脉上被贴生茸毛。叶柄上茸毛贴生。花单生，花梗被贴生茸毛。萼片卵形，副萼片长圆形，顶端2～3浅裂，因此称“裂萼草莓”。副萼片与萼片近等长，均贴生稀疏茸毛。果相对稍大，约2.5cm长、1.3cm宽，呈长卵圆形或纺锤形，鲜红色，果肉海绵质，几乎无味。宿萼开展。2n=2x=14。

分布于印度锡金邦喜马拉雅山海拔3 000～4 500m处。生于山顶草甸、灌丛下。我国西藏的聂拉木、定结、墨脱等地也有分布。

该种叶片革质具光泽，这一性状与八倍体的智利草莓（*F. chiloensis*）颇为相似。该种植株纤细矮小，果长纺锤形，副萼片顶端2～3裂，可与其他种相区别。

（五）西藏草莓（*F. nubicola* Lindl.）

植株纤细，高4～26cm。叶片几乎无毛。羽状三小叶，小叶无柄或具短柄。小叶椭圆形或倒卵圆形，顶端圆钝，边缘具尖锯齿。叶正面绿色，贴生疏茸毛，背面淡绿色，叶脉上被贴生茸毛，脉间较稀。叶柄上密被紧贴茸毛，稀直立。匍匐茎极纤细，被紧贴茸毛。花序梗被贴生茸毛。花序上花朵少，常1～4朵。萼片卵状披针形，顶端渐尖，副萼片披针形，顶端渐尖。果实卵球形。宿萼紧贴于果实。花果期5～8月。$2n=2x=14$。

分布于西藏，生长在喜马拉雅山海拔1 500～4 000m较温暖地段。印度锡金邦、克什米尔地区、巴基斯坦及阿富汗也有分布。

该种与*F. viridis*相似，也与*F. vesca*相近。该种匍匐茎极纤细，花序上花朵少，宿萼紧贴于果实，茎、叶柄、花梗上被紧贴茸毛，可与相近种区别开。

（六）五叶草莓（*F. pentaphylla* Lozinsk）

植株较矮小，高5～15cm。羽状五小叶，下部的2片叶要远比上面的三出叶小，中心小叶具短柄，两边小叶无柄。叶片质地厚，椭圆形、长椭圆形、倒卵圆形。叶柄、匍匐茎及花序梗上均被直立茸毛。匍匐茎上除第一节外，每节均形成匍匐茎苗。花序高于叶面，花朵数少，常2～3朵。花两性，雄蕊不等长。萼片卵圆披针形，副萼片披针形，与萼片等长。果卵形或椭圆形，红色或白色。种子凹陷。宿萼明显反折。花期4～5月，果期5～6月。$2n=2x=14$。

分布于陕西、甘肃、四川、青海、河南。生于海拔700～2 300m的山坡草地。在陕西俗称泡儿、栽秧泡、瓢泡儿。

该种羽状五小叶，质地厚，叶柄、匍匐茎及花序梗上均被直立茸毛，宿萼极为反折，易与其他种区别。

（七）纤细草莓（*F. gracilis* Lozinsk.）

植株纤细，高5～20cm。叶为羽状三小叶或羽状五小叶，小叶无柄或中心小叶具短柄。小叶椭圆形、长椭圆形或倒卵椭圆形。叶正面绿色，被疏茸毛，背面淡绿色，被贴生茸毛，沿脉较密而长。叶柄、匍匐茎及花序梗均被紧贴茸毛。匍匐茎除第一节外，每节均形成匍匐茎苗。花序上花朵数少，常1～3朵。花两性，雄蕊不等长。萼片卵状披针形，副萼片线状披针形。果球形或椭圆形，宿萼极为反折。花期4～7月，果期6～8月。$2n=2x=14$。

分布于陕西、甘肃、青海、河南、湖北、四川、西藏。生于海拔1 600～3 900m的山坡、草地、沟边、林下。

该种植株被紧贴茸毛，萼片尖细，雄蕊不等长，宿萼极为反折，可与相近种区别。

（八）东北草莓（*F. mandschurica* Staudt）

植株较高，约15～25cm。新茎多，羽状三小叶，中心小叶呈长椭圆形，叶缘下垂，叶脉间隆起。叶正面茸毛多，背面茸毛更多。叶柄、匍匐茎上被直立白色茸毛。匍匐茎抽生能力强，数量多。聚伞花序，高部分歧，单株花序数多，每花序花朵数亦较多，常3～16朵，花序梗上茸毛直立。花两性，花瓣稍叠生或离生，常5枚，雄蕊花丝较长，高于雌蕊。萼片宽披针形，副萼片细披针形，全缘或具2裂。果红色，圆锥形。种子黄绿色，凸于果面。果实香味浓，果肉白色，汁液多。宿萼平展或微反折。花期5～6月，果期6～7月。2n=2x=14。

分布于黑龙江、吉林、内蒙古。

该种植株茸毛明显多于森林草莓（*F. vesca*），且雄蕊花丝长、明显高于雌蕊，小花梗上茸毛直立，可以区别开来。该种许多性状与分布在同样范围的东方草莓（*F. orientalis*）相近，但后者叶片较大、花明显更大，且为四倍体，可以区别开来。有学者认为东北草莓很可能是东方草莓的祖先（Staudt，1989；雷家军等，2001）。

（九）日本草莓（*F. nipponica* Makino.）

植株长势较旺。羽状三小叶，中心小叶卵形至长椭圆形，长2～5cm，叶背被茸毛，侧脉明显。叶柄和花序梗上被直立的茸毛。聚伞花序，花朵数少，常2～4朵。小花梗被稍斜向上方的茸毛。花中等大小，花径1.5～2.0cm，萼片5枚，窄卵形且尖，上被茸毛，副萼片亦5枚，披针形。花瓣5枚，圆形，白色，雄蕊花丝长，约3～4mm，高于雌蕊。果球形至卵形，红色，直径约1cm。种子平滑，具模糊的脉。2n=2x=14。

分布于日本本州中部、屋久岛、济州岛、桦太等地。

（十）蝦夷草莓（*F. yezoensis* Hara.）

别名北海道草莓。

本种与*F. nipponica*非常相似，但它茸毛更多，且小花梗上的茸毛呈直立状态。花序上花朵数稍多，常3～6朵，雄蕊花丝长，约3.5mm，高于雌蕊。种子腹面具1～2个模糊的脉。2n=2x=14。

分布于日本北海道东南部至南千岛。生长于山地、草原。

（十一）饭沼草莓（*F. iinumae* Makino.）

植株较矮小，叶片数较少。羽状三小叶，小叶倒卵圆形，基部呈楔形，长1.5～3.0cm，两侧叶缘各具6～8个粗锯齿。叶正面浅灰绿色，有些像八倍体弗州草莓（*F. virginiana* var. *glauca*），叶背面略呈粉白色，被茸毛。成熟叶几乎无茸毛。叶柄和花序梗上被长而斜向上方的茸毛。聚伞花序，花序梗细，花少，常1～3朵。花径1.5～2.5cm，花瓣常多于5枚，花瓣和萼片均7～8枚，花瓣窄。果卵形，直径0.8cm。果肉海绵质，几乎无味。种子平滑。2n=2x=14。

分布在日本北海道、本州的山地及桦太。生长于半高山至高山稍潮湿的草地。

日本分布的3个野生草莓种中，饭沼草莓的花瓣常7～8枚且较窄，而其他2个种常为5枚且较宽，可将它们区分。日本草莓的小花梗上的茸毛稍斜向上方，而蝦夷草莓则呈直立状态，可将两者区分。但由于日本草莓和蝦夷草莓非常相似，因此日本一些学者将蝦夷草莓作为日本草莓的一个变种（*F. nipponica* var. *yezoensis*）。

（十二）东方草莓（*F. orientalis* Lozinsk.）

植株高5～25cm。羽状三小叶，小叶倒卵圆形、菱状卵形，近无柄，小叶两侧各具6～9个大而深的锯齿。叶正面绿色，散生疏茸毛，背面灰绿色，有疏茸毛，沿叶脉较密；叶柄被直立茸毛。匍匐茎长而细，被直立茸毛。花序梗密被直立茸毛，花序分歧处通常具1枚正常羽状三小叶。花大，可达2.5～3.0cm，花瓣达1cm长，圆形，基部具短爪，花瓣重叠。通常花单性，稀两性。萼片比花瓣短。萼片卵状披针形，被紧贴茸毛，副萼片线状披针形。果半球形、圆球形或圆锥形，红色。种子有脉，凹于果面，宿萼开展或微反折。耐寒耐旱。花期5～6（9）月，果期6～7（10）月，秋季常有二次开花现象。2n=4x=28。

从我国吉林及黑龙江收集到的东方草莓为雌雄异株。雄株花药发育正常；雌株正常结果，但花药瘪小退化、花粉极少或无花粉。

分布于西伯利亚西部、蒙古、中国东北及朝鲜。生长于干寒地区的森林下及开阔的山坡地带。我国的黑龙江、吉林有分布，据资料记载辽宁、内蒙古、河北、山西、陕西、甘肃、青海、湖北、山东也有分布。

据《中国植物志》（第37卷，1985）记载，该种随着生态环境变化，形态特征上相应也有一定的变异。从我国东部向西，随着海拔升高，植株一般变矮小，花数减至1～2朵，茎、叶柄上茸毛也变稀疏至脱落。

该种与东北草莓（*F. mandschurica* Staudt）相似，但后者花明显小、叶较小，且为二倍体种，可以区别。

（十三）西南草莓［*F. moupinensis*（Franch）Card.］

植株较纤细，矮小，株高5～15cm。通常为羽状五小叶，下部的2片叶要小一些，稀为羽状三小叶。小叶无柄或仅中心小叶具短柄。小叶椭圆形或倒卵圆形，顶端圆钝。叶正面茸毛少，背面被白色绢状茸毛，沿叶脉较密。叶柄及匍匐茎被绢状直立茸毛。雌雄异株。花序略高于叶面，花少，常2朵，有时达4朵。花序梗分歧处苞片绿色，呈小叶状，花序梗上茸毛直立或紧贴。萼片卵状披针形，副萼片线状披针形。花瓣白色，倒卵圆形。雄蕊不等长。果实卵球形或椭圆形，橙红色，宿萼紧贴于果实。花期5～6（8）月，果期6～7月。2n=4x=28。

分布于中国西藏东部、云南、四川、甘肃、陕西、青海。生长于山坡、草地、林下。

该种性状特征变化较大，在山坡草地向阳处花期为5～6月份，在较阴湿高山林下可推迟到8月份，叶有羽状三小叶或羽状五小叶，花序梗上毛疏密不一，从极为直立到少数紧贴。

本种叶部特征与黄毛草莓 *F. nilgerrensis* 相近，但其茎、叶柄及叶背面被白色绢状茸毛，匍匐茎上除第一节外每节均形成匍匐茎苗，且为四倍体种，可以区分。

（十四）伞房草莓（*F. corymbosa* Lozinsk.）

植株高15～20cm。根状茎较细长，暗褐色。羽状三小叶，卵形，长2～3.5（4.5）cm，宽1.5～2.8（3.5）cm，先端圆钝，中心小叶基部楔形，每侧具7～9个锯齿。小叶近无柄。叶片正面绿色，叶脉间被数行稀疏的茸毛，背面淡绿色，叶脉上被疏而长的茸毛；叶柄被直立的灰白色茸毛；托叶膜质，棕褐色，披针形，长1～2cm，先端渐尖，被稀疏茸毛或无毛。伞房花序，常单生，花序梗和小花梗均被直立的灰白色茸毛，平于叶面或稍高于叶面，分歧处常有一具短柄的小叶。每花序通常具花3～5朵，花直径1～2cm；小花梗长1.5～3cm，被茸毛，具2～3个线状披针形的苞片。萼片三角形，先端渐尖，全缘，外面被茸毛；副萼片线状披针形，全缘，外面被茸毛。花瓣近圆形，白色。果实近球形，直径约1cm，红色，下垂。宿萼平展。花期4～5月，果期6～7

月。2n=4x=28。

分布于我国河北、山西、陕西、甘肃、河南等省。秦岭南北坡均有分布，北坡产于陕西的渭南、眉县，南坡产于陕西的太白、凤县等县。生于海拔 1 600～2 500m 的沟边、路旁、林缘或林下。

该种并不为人所熟知，国内仅《秦岭植物志》、《河南植物志》、《甘肃果树志》有记载，国外记载也很少（Staudt，1989）。该种尚有待于进一步研究。

（十五）麝香草莓［*F. moschata* Duch.（*F. elatior* Ehrh.）］

植株生长势强，株高达 10～40cm，无匍匐茎或发生得很少。雌雄异株，但其栽培品种通常为完全花。羽状三小叶，叶宽，呈菱形，叶脉明显，叶面多皱，茸毛很多。花序通常高于叶面。花大，直径达 2.0～2.5cm。花序梗及匍匐茎上均被直立茸毛。果比森林草莓（*F. vesca*）大，淡红色至暗棕红色或暗紫红色，甚至略带绿的红色，不规则球形或卵球形，麝香味浓。萼片极为反折。种子凸出。2n=6x=42。

分布于欧洲。从斯堪的纳维亚半岛至欧洲中部和东部（伏尔加河、第聂伯河、顿河地区）以及西伯利亚（阿穆尔河地区）均有分布。

（十六）弗州草莓（*F. virginiana* Duch.）

别名深红莓、弗吉尼亚草莓、弗吉尼亚莓。

植株较纤细，匍匐茎多，羽状三小叶，叶片薄，倒卵形至长椭圆形，淡灰绿色、绿色，通常具小叶柄，锯齿粗，叶柄被直立茸毛。花序变化大，低于、平于或高于叶面，基部至高部分歧。雌雄异株，偶有雌雄同株。花大，雌花明显比雄花小。果卵球形至圆锥形，直径 0.5～2cm。果面红色至深红色，绝大多数为深红色，果肉通常白色，汁多，酸，芳香。种子凹陷。花期 4～5 月，果期 5～6 月。弗州草莓的花期在野生草莓中一般最早。2n=8x=56。

分布于北美东部，从路易斯安那州、佐治亚州至哈得孙湾（Hudson Bay）和达科他州均有分布。生长于草地。

（十七）智利草莓［*F. chiloensis*（L.）Duch.］

植株较矮，匍匐茎粗壮，多数在结果时发生。羽状三小叶，叶片深绿色，具光泽，很厚，革质。小叶倒卵形，较宽，叶缘具圆锯齿，叶背面略白色且平滑。小叶近乎无柄，叶柄粗。花序变异大，多数被绢状茸毛，基部至高部分歧，花朵数由少到多不等。雌雄异株，偶尔也有雌雄同株。花序低于、平于或高于叶片。花很大，达 2.0～3.5cm，花瓣倒卵形，较宽。萼片在落瓣后紧贴，被绢状茸毛。果卵圆形至扁圆形，直径1.5～2.0cm，通常比其他野生种要大，阳面呈暗棕红色至粉红色，硬，果肉白色，口味清淡，缺乏香味。易除萼。种子浅黑色，多数凸于果面，但也有稍凹陷的。2n=8x=56。

分布于智利、北美海岸和阿拉斯加的太平洋沿岸以及相邻的内陆地带，在夏威夷也有分布。

该种性状变异大，有较多亚种，主要包括：ssp. *chiloensis* f. *chiloensis*（南美，主要在智利）、ssp. *chiloensis* f. *patagonica*（智利、阿根廷）、ssp. *lucida*（华盛顿至加州）、ssp. *pacifica*（加州至阿留申群岛）、ssp. *sandwicensis*（夏威夷）。该种耐旱性强，对不同光周期均有较强的适应性。在智利的安第斯山脉的智利草莓对花果期冷害有较强的抗性。该种易感叶灼病，不耐低温、不耐热，几乎无香味（但在加州发现几个香味浓的无性系）。

（十八）卵形草莓［*F. ovalis*（Lehm.）Rydb.］

该种性状介于弗州草莓和智利草莓之间。植株基本呈淡灰绿色，叶通常比弗州草莓（*F. virginiana* Duch.）厚，但比智利草莓（*F. chiloensis* Duch.）薄。叶背面有浅蓝色光泽。羽状三小叶，小叶近无柄或具短柄，长椭圆形或楔形，叶缘中上部具粗锯齿。花序高不足5cm，低于叶面。花径1～1.5cm，花瓣倒卵圆形。果淡红色，卵球形，直径约1cm，软至很软。2n=8x=56。

分布在美国新墨西哥州北部山区至蒙大拿州，西至加州海岸，北至阿拉斯加。分布区域介于弗州草莓和智利草莓的中间地带。生长于草原、草地。该种抗旱性强，耐冬季低温，花期抗霜能力强。在很多无性系中还具有一年2次开花及四季结果的特性。这些是未来草莓品种改良的有利性状。该种和弗州草莓、智利草莓一样，变异性大。

（十九）凤梨草莓［*F.* ×*ananassa* Duch.（*F. grandiflora* Ehrh.）］

现代栽培的大果草莓品种均属于这个种。植株粗壮，叶柄、匍匐茎、花序梗均粗。羽状三小叶，叶片大，正面几无毛。花序多低于或平于叶面。果大，直径1.5～3cm。2n=8x=56。Duchesne（1766）认为它来自于弗州草莓和智利草莓的自然杂种。大果草莓约在1750年左右形成，原产于欧洲（法国），因果实具有凤梨香味，故称为凤梨草莓*F.* ×*ananassa* Duch.，拉丁文*ananassa*意为凤梨。中国、美国、日本、意大利、波兰、西班牙、德国、法国、比利时、荷兰、俄罗斯等国大面积栽培该种的许多品种，如丰香、全明星、哈尼、宝交早生。

二、主要品种

（一）国外引进品种

20世纪50年代我国一些科研单位开始从苏联及东欧一些国家引种。70年代后期至今，我国从国外大量引种，中国农业科学院作物品种资源研究所、沈阳农业大学、江苏省农业科学院、北京市林业果树研究所等单位先后从波兰、保加利亚、比利时、日本、加拿大、荷兰、美国、西班牙等国引入一些品种。到目前为止，我国引入的品种近300个，在生产上应用较多的有全明星、戈雷拉、哈尼、达娜、早红光、丰香、女峰、丽红、因都卡、盛岗16、森加森加拉、鬼怒甘、弗吉利亚、吐德拉、卡麦若莎、章姬、幸香、枥乙女、甜查理、达塞莱克特、佐贺清香、红颊等数十个新品种。

兹将我国引入并在生产上得到一定应用的草莓品种介绍如下。

1. 埃尔桑塔（Elsanta） 别名：艾尔桑塔、爱尔桑塔。荷兰品种，由Gorella×Holiday育成，1983年发表。20世纪80～90年代由沈阳农业大学从荷兰多次引入，引入后在辽宁省有一定面积栽培。

果实大，圆锥形，果面红色、有光泽。果尖不易着色。果肉硬，橘红色。汁液多，品质优。耐运输。对萎黄病、红中柱根腐病敏感，对灰霉病、白粉病抗性中等。株长势强旺，高大。叶片质地粗糙。晚熟品种，很丰产，适于拱棚和露地栽培。

2. 宝交早生（Hokowase） 别名：宝交。日本兵库农业试验场以八云×Tahoe育成，1960年发表。20世纪70～80年代作为日本的主栽品种。1978年由广州郊区萝岗公社首先从日本引入我国，分布于全国各地，80～90年代在我国南方和北方均有较广泛栽培。

果实中等大小，整齐度较差，圆锥形至楔形。果面鲜红色、具光泽、有少量浅棱沟，果尖部不易着色，常为黄绿色。果肉白色或淡橙红色，细软，甜浓微酸，有香气，汁液多。品质优良，但不耐贮运。休眠中等深，需低温量约为450h。丰产性能好，每667m^2产量为750～1 200kg。不耐热，南方夏季育苗时叶片易发生枯焦现象。对白粉病、轮斑病抗性强，对黄萎病、灰霉病、根腐凋萎病抗性弱。植株长势中等，株态较开张。早熟品种，可作为露地或半促成栽培。

3. 春香（Harunoka） 日本农林水产省野菜茶叶试验场以久留米103号×达娜育成，1967年发表。1970年后在日本作为促成栽培品种之一迅速扩大，在丰香、女峰品种育成前有较大栽培面积。1978年由广州郊区萝岗公社从日本引入。20世纪80年代我国南北方均有栽培，部分地区曾作为主栽品种。现生产上已少见。

果实中等大小，较宝交早生整齐，圆锥形至楔形，长于宝交早生。果面橙红色、具光泽、有少量浅棱沟。果肉白色。果肉细软，甜浓微酸，有香气，汁液多。品质优良，但果皮较薄，质地柔软。丰产性中等，每667m^2产量为700～1 000kg。植株耐热性好于宝交早生。对黄萎病、灰霉病、根腐凋萎病抗性强，对白粉病抗性弱。特早熟品种，休眠浅，需低温量约为70h。

4. 达娜（Donner） 美国品种，由Cal145.52×Cal222［（USDA634×Banner）×（Blakemore×Nich Ohmer)］育成，1945年发表。1980年由江苏省农业科学院从日本引入我国，引入后曾有零星栽培。

果实较大，圆锥或楔形，果面红色、光泽强、平整或有少量浅棱沟。果肉红色，髓心中等大、稍空、橙红色。果肉细，甜酸适中，香气浓，汁液多。耐贮运性好。早中熟品种，果实外观美，品质较优。

5. 达塞莱克特（Darselect） 法国达鹏种苗公司于1995年由派克×爱尔桑塔育成。20世纪90年代后期引入我国，引入后在河北省、辽宁省、山东省等地推广发展较快。现在是河北省和辽宁省部分地区塑料大棚的主栽品种之一。

果实大，圆锥形，果形整齐。果面深红色，有光泽，果肉全红，质地坚硬，耐远距离运输。果实品质优，味浓，酸甜适度。丰产性好，保护地栽培每667m^2产3 500kg，露地栽培每667m^2产2 500kg。植株生长势强，株态较直立，叶片多而厚，深绿色。适合露地栽培、塑料大棚半促成栽培。

6. 丰香（Toyonoka） 日本农林水产省野菜茶叶试验场久留米支场以卑弥乎×春香育成，1983年发表。1985年引入我国。我国南方和北方均有栽培，分布较为广泛，目前仍是我国浙江、江苏、上海、四川、河北、北京等地的主栽品种。

果实较大，大小较整齐，圆锥形。果面鲜红色、光泽较强，果面平整、无或稍有棱沟。果肉白色，髓心中等大、白色、心实或稍空。果肉细，甜浓微酸，香气浓，汁液多。品质优良，耐贮运性也优于宝交早生及春香，露地草莓采收季节在常温下可放置2d。休眠浅，需低温量为50～70h。花芽开始分化期较宝交早生早，适合于设施条件下的促成栽培，长江流域进行促成栽培时10月定植，元旦前可成熟上市，每667m^{2}可达1 500～2 000kg。对黄萎病抗性中等，对白粉病抗性很弱，设施栽培中易严重发病。植株长势较强，株态较开张。特早熟品种，休眠浅，适于促成栽培。

7. 弗吉尼亚（Fujiniya）　别名：弗杰尼亚、弗杰利亚、杜克拉、A果。1993年从西班牙引入北京市和辽宁省东港市，引入时编号为A，亲本不详。通过性状观察，有人认为该品种即为美国品种Chandler（常德乐）。20世纪90年代中、后期在我国东北、华北有较大面积，是辽宁省日光温室中的主栽品种，由于品质较差目前已少有应用。

果实大，较整齐，圆锥形。果面鲜红色、具光泽、较平整。果尖部不易着色，常为黄绿色。果肉橙红色，髓心较大、淡红色、心空。果肉细韧，味淡，汁液中等。品质较差，果皮较厚，果实硬度大，耐贮运。适应性和抗病性强。丰产性能好，北方日光温室栽培每667m^{2}产量高达4 000～5 000kg。早熟品种，适于半促成或促成栽培，可多次抽生花序，在日光温室中可以从12月下旬陆续多次开花结果至翌年7月份。

8. 戈雷拉（Gorella）　别名：比4、比四、B4。荷兰瓦格林根园艺植物研究所以Juspa×US3763育成，1960年发表。品种育成后在世界各地栽培广泛，欧洲、亚洲均大量引种栽培。1979年由中国农业科学院作物品种资源研究所从比利时引入。20世纪80～90年代在我国北方地区栽培面积较大。目前在吉林、黑龙江等地仍作为主栽品种栽培。

果实中等大小，整齐度较差。果实楔形。果面红色较深、具光泽、有明显棱沟，果尖部不易着色，常为黄绿色。果肉红色，髓心较小、红色、心实或稍空。甜酸适中略偏酸，有香气，汁液中等。品质中等，果皮较厚，质地韧，较耐贮运。丰产性能较好，每667m^{2}产量为700～1 500kg。植株长势中等偏强，株态较开张，植株矮小。早中熟品种，可用于鲜食或加工，适于露地栽培，但不耐旱。

9. 鬼怒甘（Kinuama）　日本品种，由女峰品种的突变株选出，1992年发表。1995年从日本引入我国，20世纪90年代后期南北各地有一定设施栽培面积。

果实较大，短圆锥形。果面红色、光泽强、平整，很少有棱沟。种子分布均匀，凹于果面。果肉鲜红色，髓心浅红色、心实或稍空。品质优，香气中，汁液中多。可溶性固形物含量高，有机酸含量较高，果较硬，耐贮运性较强。植株较直立，高大，长势强旺。休眠期短。白粉病抗性中等。中早熟品种。性状与女峰品种相近，但长势更强、植株更高。

10. 哈尼（Honeoye）　别名：美国13号、美13。1972年美国康奈尔大学在纽约州Geneva农业试验站以Vibrant×Holiday杂交组合中选出，1979年发表。自20世纪80年代起成为美国的主栽品种，加拿大、意大利等国也有较大栽培面积。1983年由沈阳农业大学从美国引入，20世纪80年代中期以来，辽宁、甘肃、山东等省均作为主栽品种之一，目前主要用于露地栽培生产加工出口果实。

果实较大，圆锥形至楔形。果面红色至深红色、光泽较强、较平整、少有棱沟，果尖部不易着色。果肉淡红色，髓心中等大小、淡红色、心稍空。果肉细韧，味偏酸，有香气，汁液多。品质中等，果皮较厚，质地韧，耐贮运性强。丰产性能好，每667m^{2}产量为750～1 500kg。植株较耐热、耐寒。对灰霉病、白腐病、叶斑病、凋萎病抗性强，对黄萎病、红中柱根腐病抗性弱。植株长势较强，株态较直立。中熟品种，鲜食加工兼用，可露地或半促成栽培。

11. 红颊（Beinihoope）　原名：紅ほっぺ。别名：日本99号、99号。日本静冈县农业试验场以章姬×幸香育成，1993年发表。1998年引入杭州，1999年引入辽宁丹东，在示范推广时称为99号。目前在浙江、辽宁、河北、江苏、北京等地有大量栽培，已成为我国大面积栽培的主栽品种之一。

果实大，圆锥形。果色鲜红，着色一致，富有光泽，果心淡红色。可溶性固形物含量11%～12%，一级序果平均果重32.6g，平均单果18.65g。口感好、肉质脆、香味浓。果实硬度适中，较耐贮运。耐低温能力强，在低温条件下连续结果性好。抗白粉病强于丰香。保护地促成栽培一般每667m^{2}产量可达2 000kg以上。株型直立、长势旺。叶色浓绿，较厚。

12. 红衣（Redcoat）　加拿大品种，由Sparkle×Valentine育成，1957年发表。曾是加拿大的主栽品种之一。1978年由广东省花县从加拿大引入我国，20世纪80年代在我国南北曾有零星栽培。

果实较大，短楔形。果面深红色、光泽强、较平整、有少量棱沟。果肉红色，髓心中等大、心空、红色。果肉细软，甜酸适中，味浓，有少量香气，汁液多。品质较优良，耐贮运性好。植株长势中等较强，株态较开张。中早熟品种。

13. 卡麦若莎（Camarosa）　别名：卡姆罗莎、童子1号、美香莎。美国品种，由道格拉斯×CAL85.218-605杂交选育而成。20世纪90年代中期引入我国。在我国南北方均有一定的栽培面积，以北京地区为主。

果实大，最大果重达100g。果实大小较整齐，长圆锥形或楔形，果面平整光滑，有明显的蜡质光泽。果肉红色，酸甜适宜，香味浓。果实硬度大，耐贮运。休眠期短，开花早。保护地条件下，连续结实期可达6个月以上，每667m^{2}产量可达3 500～4 000kg。适应性强，抗灰霉病和白粉病。植株生长势和匍匐茎发生能力强，株型直立，半开张。综合性状优良，适于温室栽培。

14. 丽红（Reiko）　日本千叶农业试验场用春香自交系×福羽自交系育成，1976年发表。曾为日本主栽品种之一。1980年由北京农学院从日本引入，1982年上海市农业科学院林木果树研究所再次引入。在我国上海等地曾有一定栽培面积。

果实较大，大小较一致，圆锥形，外观美丽。果面鲜红至深红色，光泽强，果面光滑平整。果肉红色，髓心中等大小、红色、稍空。果肉细软，甜酸适中，较宝交早生酸，香气浓，汁液多。品质较优，质地细，耐贮运性中等。休眠中等深，需低温量为5℃以下60～100h。丰产性能较好，每667m^{2}产量为700～1 200kg。植株不耐热，南方夏季育苗时叶片易发生枯焦现象。对黄萎病、灰霉病抗性强于宝交早生，不抗白粉病和炭疽病。植株长势中等偏强，株态较直立。早中熟品种，果实外观美丽，可作促成栽培或半促成栽培品种。

15. 枥乙女（Tochiotome）　别名：枥木少女、枥乙姬。日本品种，由久留米49号×枥峰育成，1996年发表。目前是日本的主栽品种之一。1999年由沈阳农业大学从日本引入我国，引入后在南北方有一定面积栽培。

果实大，果实圆锥形。果面鲜红色、光泽强、平整。果肉淡红色，髓心小、稍空、红色。果肉细，味甜浓微酸，汁液较多。品质优，耐贮运性较强。日光温室每 667m^2 产量可达 2 000kg。果实较硬。抗病性中等，抗白粉病优于幸香。植株长势较强，株态较直立，叶深绿色、厚，叶面平展。早熟品种，适于大棚促成栽培。

16. 玛丽亚（Maliya） 原名不详。别名：C 果、卡尔特 1 号。1993 年自西班牙引入北京市和辽宁省东港市，引入时编号为 C，亲本不详。目前是辽宁等北方地区露地和拱棚的主栽品种之一。

果实大，圆锥形，大小整齐。果面鲜红色，有光泽、平整。肉质淡黄色，芳香酸甜，硬度大，耐贮运。一般每 667m^2 产 2 000kg 以上。休眠期较深，5℃以下低温量 500～600h。苗木田间易发生蛇眼病。植株生长势强，叶片较厚，呈椭圆形，叶缘锯齿浅，颜色浓绿，匍匐茎抽生能力较弱，但成苗率高。中熟品种，适宜露地、拱棚栽培及延迟栽培。

17. 明宝（Meiho） 日本兵库农业试验场以春香×宝交早生育成，1977 年发表。在日本兵库、冈山、山口等地作为促成栽培品种。1982 年由上海市农业科学院林木果树研究所从日本引入。20 世纪 90 年代在江苏、上海等地塑料大棚中用其作为促成栽培的主栽品种之一。

果实中等大，圆锥形至纺锤形。果面红色至橙红色、稍有光泽、果面较平整、少有棱沟，果尖部不易着色。果实有颈，有无种子带。果肉白色，髓心较小、白色微带红色、心实。果肉细软，味甜，微酸，有香气，汁液多。休眠浅，花芽分化早于宝交早生 10d 以上，适于促成栽培。大棚中产量与丰香相近，每 667m^2 可达 1 500～2 000kg，丰产性好。对白粉病抗性强，也较耐灰霉病，对黄萎病抗性弱。植株长势中等，株态较直立。早熟品种，品质较优，促成栽培时低温下花序抽生能力强。

18. 全明星（Allstar） 别名：群星。美国农业部马里兰州农业试验站以 $MDUS_{4419}$×$MDUS_{3185}$ 育成，1981 年发表。1980 年由沈阳农业大学从美国引入，目前河北、北京、辽宁、甘肃等地均有广泛栽培，是我国露地和拱棚、塑料大棚、日光温室的主栽品种之一。

果实较大，圆锥形至短圆锥形。果实大小较一致，外观美。果面鲜红色、有光泽、较平整、少有棱沟。果肉边缘淡红色，髓心中等大小、橙红色、心实。果肉细韧，甜酸适中，有香气，汁液多。品质中等，果皮较厚，质地韧，耐贮运性强。丰产性能好，每 667m^2 产量为 750～1 500kg。较耐热、耐寒。对根腐凋萎病、白粉病、红中柱根腐病及黄萎病有一定抗性。植株长势较强，株态较直立。中晚熟品种，鲜食加工兼用。适应性强，可作为露地或半促成栽培品种。

19. 森加森加拉（Senga Sengana） 别名：森加森加纳、森格森格纳、森嘎。德国以 Markee×Sieger 育成，1954 年发表。为波兰、德国主栽品种之一。1982 年沈阳农业大学从匈牙利引入。近十多年来作为加工品种在我国山东、辽宁等栽培较多。

果实中等大小，圆锥形至短圆锥形。果实大小较一致，外观美。果面深红色、光泽较强，果面较平整、少有棱沟。果肉深红色，髓心中等大小、深红色、稍空。果肉细韧，味偏酸，有香气，汁液多。品质中等，果皮较薄，耐贮运性中等。丰产性能好，每 667m^2 产量为 750～1 500kg。植株较耐热、耐寒。抗白粉病，不抗灰霉病。植株长势中等，植株较小。中熟品种，适于加工，可作为露地栽培品种。

20. 索菲亚（Sofia） 保加利亚品种，由 Dresden×Sparkle 育成，1951 年发表。1979 年由北京市农林科学院从保加利亚引入我国，在吉林、辽宁、河北等地曾有一定面积栽培。

果实较大，圆锥形或楔形。果面深红色、光泽中等、有棱沟。种子分布不均匀，密度中等，红色，凹入果面。果肉红色，髓心中等大、心空、橙红色。果肉细软，甜酸，稍有香气，汁液多。耐贮运性中等。单株产量 116.3g。植株长势中等偏弱，株态较开展。中熟品种，果型较大。

21. 甜查理（Sweet Charlie） 美国品种，以 FL80 - 456×Pajaro 育成，1999 年由北京市农林科学院从美国引入。引入我国后在南北各地开始了推广试栽，目前在北京、辽宁、山东、河北、吉林、广东等地有一定栽培面积。

果实较大，形状规整，圆锥形。果面鲜红色，颜色均匀，富光泽。果面平整。种子较稀，黄绿色，平于果面或微凹入果面。果肉橙红色，酸甜适口，甜度较大，品质优。果较硬，较耐运输。丰产性中等。植株长势强，叶片大，近圆形，绿色至深绿色。匍匐茎较多。

22. 吐德拉（Tudla） 别名：图德拉、土特拉。西班牙 Planasa 种苗公司育成，1995 年由辽宁省东港市草莓研究所引入我国。1995—2004 年在我国东北、华北有较大栽培面积，是辽宁省日光温室中的主栽品种，由于品质较差，现在已经很少栽培。

果实大，长楔形或长圆锥形。果面深红有光泽，稍有棱沟，较酸，硬度好。每 667m^2 产量 2 000kg 以上，温室最高可达 4 000kg。休眠期比弗吉尼亚浅，适合温室栽培，温室栽培比弗吉尼亚早熟 15～20d。植株生长健旺，繁殖力、抗逆性强，叶色浓绿光亮，植株较弗吉尼亚紧凑，花序大多呈单枝，无分歧。中熟品种，耐贮性强。

23. 幸香（Sachinoka） 日本农林水产省野菜茶叶试验场久留米支场 1996 年由丰香×爱莓育成，品种发表时已在日本的九州、四国等地区推广，1999 年由沈阳农业大学引入我国。目前是辽宁省日光温室的主栽品种之一。

果实大，圆锥形，果形整齐。果面深红色，光泽强。果肉浅红色，肉质细，甜、微酸，有香气，香甜适口，汁液多。耐贮运性优于丰香。日光温室每 667m^2 产量可达2 000 kg 以上。不抗白粉病。植株长势中等，较直立，叶片小。早中熟品种，适于半促成和促成栽培。

24. 早光（Earliglow） 别名：早红光。美国农业部马里兰州农业试验站以（Fairland×Midland）×（Redglow×Surecrop）育成，1975 年发表。曾是美国大面积栽培的早熟品种之一。1980 年由沈阳农业大学从美国引入，1980—2000 年是我国甘肃、河北、辽宁等地露地栽培的早熟品种之一。

果实中等偏大，圆锥形至短圆锥形。果实大小较一致，外观美。果面红至深红色，光泽较强、平整，少有棱沟。果肉红色，髓心大、淡红色、稍空。果肉细韧，甜酸适中，有香气，汁中等多。品质中等偏上，果皮较厚，质地韧，耐贮运性较强。丰产性能较好，每

667m² 产量为720～1 300kg。植株较耐热、耐寒。对叶斑病、叶灼病、红中柱根腐病有较强抗性，但易感染炭疽病。植株长势较强，株态较直立。早熟品种，外观美，可作为露地或半促成栽培品种。

25. 章姬（Akihime） 日本品种，由日本农民育种者荻原章弘以久能早生×女峰育成，1990年发表。1997年从日本引入我国，目前在长江流域、辽宁、河北、山东等地有较大面积栽培。

果实大，长圆锥形。果面鲜红色、有光泽、平整、无棱沟。果肉淡红色，髓心中等大、心空、白色至橙红色。果肉细软，香甜适中，汁液多，品质优。耐贮运性差。每667m² 产量为1 500～2 500kg。不抗白粉病。植株长势旺盛，株态直立。早熟品种，果实外观美，品质优。

26. 佐贺清香（Sagahonoka） 日本品种，由日本佐贺县农业试验研究中心于1991年设计大锦×丰香杂交组合，1995年以品系名佐贺2号在生产上进行试栽示范，1998年命名为佐贺清香。目前在辽宁、山东、长江流域有一定面积栽培。

果实大，圆锥形。果面颜色鲜红色，富光泽，美观漂亮，畸形果和沟棱果少，外观品质极优，明显优于丰香。温室栽培连续结果能力强，采收时间集中。果实甜酸适口，香味较浓，品质优。果实硬度大于丰香，耐贮运性强，货架寿命长。易感白粉病。适于温室栽培。植株长势及叶片形态与丰香品种有些相似，其综合性状优于丰香，是取代主栽品种丰香的品种之一。

（二）我国培育品种

我国的草莓育种开始于20世纪50年代前后，江苏省农业科学院、沈阳农业大学在国内最早开始草莓实生选种和杂交育种。至2008年底，我国已先后选育出了45个草莓品种。如明晶、明磊、明旭、长虹1号、长虹2号、硕丰、硕露、硕蜜、雪蜜、石莓1号、石莓2号、石莓3号、石莓4号、石莓5号、石莓6号、星都1号、星都2号、天香、燕香、红丰、香玉、美珠、长丰、红露、申旭1号、申旭2号、公四莓1号、四季公主2号、3公主、凤冠等（表2-6）。

1. 3公主 吉林省农业科学院果树研究所从2009年公四莓1号×硕丰杂交组合中选育而成。一、二级序果平均重15.1g，一级序果平均重23.3g，最大果重39g。一级序果楔形，果面有沟，红色，有光泽，二级序果圆锥形，果面无沟。种子分布均，黄色，平或微凸果面。果肉红色，髓心较大，微有空隙。香气浓。味酸甜，品质上。四季结果能力强，在温度适宜的条件下可常年开花结果。露地栽培春、秋两季果实品质好。含可溶性固形物春季10%、夏季8%、秋季15%。总糖7.01%，总酸2.71%，每100g鲜果维生素C含量91.35mg。丰产，抗白粉病，抗寒。生长势中等，株高18cm。叶片椭圆形或圆形，厚，深绿色，有光泽。花序高于叶面，分枝部位较低。

2. 长丰 山西省农业科学院果树研究所1992年从MDUS 4426×Tamella杂交组合中育成。在珠海、山西等地有一定栽培面积。果实中等大小，长圆锥形，果面平整、有光泽。果肉鲜红色，髓心大、心稍空、红色。果肉细，甜，有浓郁香气，汁液多。植株长势较强，较开张。丰产性能好，单株平均产量106.4g。果实味甜，香气浓，品质佳。早中熟品种，在北方易受晚霜危害。

3. 长虹2号　沈阳农业大学1991年从MDUS 4355×Tribute杂交组合中育成。在吉林、辽宁曾有一定面积栽培。果实大，圆锥形至楔形，果面红色、光泽好、果面较平整。果肉红色，甜酸，香气浓，汁液多。早中熟四季性品种，春季每667m² 产量为1 238kg，夏季每667m² 产量为888.7kg。抗寒、抗旱、抗晚霜能力强。植株长势中等，株态较开展，株高中等。四季品种，耐贮运。

4. 春星　河北省农林科学院石家庄果树研究所2001年从（春香×海关早红）×全明星杂交组合中育成。果实大，圆锥形或楔形。果面鲜红色，有光泽，果面较平整。果肉橙红色，髓心小、红色、空洞小。果肉细，酸甜，香气浓，汁液多。品质优，耐贮运性中等。丰产性能好，平均株产467.7g。植株长势强，株态较直立。早熟品种，产量高。

5. 春旭　江苏省农业科学院2000年从春香×波兰引进草莓（品种不详）杂交组合中育成。目前在江苏设施栽培中有较大栽培面积。果实较大，圆锥形，纵径与横径之比为2.3∶2.0。果面鲜红色，光泽强，较平整。果肉红色，髓心小、淡红色、无空洞。果肉细，甜，味浓，有香气，汁液多。品质优，果皮薄，耐贮运性中等。丰产性能好，设施条件下每667m² 产量为1 757～2 199kg。植株耐热、耐寒性强，在南京地区持续高温条件下植株生长正常。冬季低温时，受冻黑心花明显少于明宝和丰香。抗白粉病。植株长势中等，株态较开展。早熟品种，早期产量高，抗逆性好，适于大棚促成栽培。

6. 凤冠　宁波市草莓良种繁育中心与奉化市草莓研究所2007年从（丰香×枥乙女）×红颊杂交组合中选育而成。果形圆锥形，果个大，最大单果重120g，鲜红色，果面平整。种子小。果肉淡红色，较软，香气较浓，风味酸甜适口，适宜鲜食，也适宜加工。抗灰霉病，较抗白粉病和炭疽病。植株半开张，叶片圆而大，叶色浓绿。成熟期比丰香、章姬、红颊晚。

7. 公四莓1号　吉林省农业科学院果树研究所1999年从母托×小实杂交组合中选育而成。一、二级序果平均重12g，一级序果平均重23.3g，最大果重36g。一级序果短楔形，果面具数条深沟，深红色，有光泽；二级序果圆锥形，果面无深沟。种子分布不均，黄色，平或微凸果面。萼片中等大小，反卷，与髓心连接果。果肉边缘红色，髓心白色、较大、微有空隙。春季果肉较软，微有香气，秋季果肉较硬，富有香气。含可溶性固形物春季8%、夏季7%、秋季12%。总糖7.67%，总酸1.3%，每100g鲜果维生素C含量80.63mg。味甜酸，品质中上等。叶片椭圆形或圆形，中厚，深绿色，有光泽。花序低于叶面，短粗、斜生，分枝部位较低。

8. 红实美　东港市草莓研究所2005年从章姬×杜克拉杂交组合中选育而成。果个大而亮丽，长圆锥形，色泽鲜红，口味香甜，果肉淡红多汁。植株长势旺健，株态半开张，叶梗粗，浓绿肥厚有光泽。抗白粉病，硬度较好。单株平均产量400～500g，单株最高产量达1 500g。休眠浅，早熟，适宜温室栽培。

9. 晶瑶　湖北省农业科学院经济作物研究所2008年从幸香×章姬杂交组合中选育而成。果实呈略长圆锥形，果面鲜红，外形美观，富有光泽，畸形果少。果实个大，平均单果重25.9g，最大单果重100g，平均单株产量333g，丰产性好。果实整齐。肉鲜红，细腻，香味浓，口感好，髓心小、白色至橙红色。种子黄绿色、红色兼有，稍陷入果面。可溶性固形物含量12.8%。果实硬度较大，为0.401kg/cm^2，耐贮性好。育苗期易感炭疽病，大棚促成栽培抗灰霉病能力与丰香相当，抗白粉病能力强于丰香。植株高大，生长势强。叶片长椭圆形，嫩绿色。早熟品种。

10. 绿色种子 沈阳农业大学1959年从扇子面品种实生苗中选育而成。20世纪60年代后期至80年代在我国北方有一定栽培面积。果实中等大小，圆锥形，整齐，纵径与横径之比为3.0∶2.4。果面橙红色、光泽中等。果肉橙红色，髓心大、稍空、淡红色。果肉细，甜酸适中、味浓，汁液中等多。品质较优良，果实硬度大，耐贮性好。植株长势中等较强，株态较直立，叶深绿色。中晚熟品种，适于露地栽培。

11. 明晶 沈阳农业大学1989年从日出（Sunrise）品种实生苗中选育而成。在东北、华北地区有一定栽培面积。果实大，近圆形，果面红色、光泽好、较平整。果肉红色，髓心较小、稍空、橙红色。果肉细韧，致密，酸甜，有香气，汁液多，红色。单株平均产量125.4g，平均每667m^{2}产量1 100kg，最高达2 627.2kg。抗寒性好，抗晚霜危害，抗旱力强。植株长势较强，株冠直立，叶片稀疏，椭圆形，呈匙状上卷。早中熟品种，果实硬度大，耐贮运性好。

12. 明磊 沈阳农业大学1990年从节日（Holiday）品种实生苗中选育而成。果实较大，圆锥形，果尖钝，稍扁。果面橙红色、有光泽、有少量棱沟。果肉红色，肉质细，甜酸，有香气，汁液较多。丰产性能好，平均每667m^{2}产量1 261kg。抗寒、抗旱。花期早，应注意避免花期晚霜危害。植株长势较强，株态直立。早熟品种，成熟期集中，耐贮运。

13. 申旭1号 上海市农业科学院与日本国际农林水产业研究中心合作，于1997年在上海市农业科学院园艺研究所以盛冈23号×丽红育成。在上海附近有栽培。果实较大，圆锥形、楔形，果面深红色、着色一致、平整。果肉橙红色，髓心中等大小、心实、浅红色。果肉细，硬度中等，耐贮性优于丰香。酸甜适度，略有香味。丰产性能好，平均单株产量322.0g，早期产量和总产量均高于宝交早生。对炭疽病、灰霉病抗性强。休眠较浅，花芽分化期与宝交早生相近。植株长势强，较直立。早熟品种，适于促成、半促成栽培。

14. 申旭2号 上海市农业科学院与日本国际农林水产业研究中心合作，于1997年在上海市农业科学院园艺研究所以久留米49×8418-23（女峰×久留米45）育成。在上海、浙江、广西、广东、云南等南方地区有一定栽培面积。果实中等大小，圆锥形，果面橙红色、着色一致、有光泽、平整。果肉粉红色，髓心中等大小、心实、浅红色。果肉细，质地脆，硬度中等。酸甜适度，香味浓，汁液中等多。丰产性能好，单株平均着果37.8个，平均单株产量357.0g，作促成栽培时早期产量和总产量均高于丰香。植株长势强，株冠较大。早熟品种休眠浅，适于南方促成栽培。

15. 石莓1号 河北省农林科学院石家庄果树研究所1990年从宝交早生实生苗中选出。目前在华北地区有一定栽培面积。果实较大，长圆锥形，果面鲜红色、有光泽、较平整。果肉橙红色，髓心较大、橙红色、有空洞。果肉细韧，酸甜适度，有香气，汁液中等多。耐贮运性好。丰产性能好，平均每667m^{2}产量达1 260.4kg，最高达3 000kg。植株长势强。早熟品种，抗逆性好。

16. 石莓4号　别名春光。河北省农林科学院石家庄果树研究所2003年从宝交早生×石莓1号中选育而成。果实较大，圆锥形，果面橙红色、美观、平整、有光泽，果实整齐度高。果肉淡红色，肉质细腻，果汁中多，香味浓，髓心小、实、淡红色。品质上乘，较耐贮运。休眠期短，适宜保护地栽培，丰产性能好，抗逆性强，高抗叶部病害。植株生长势较强，株态较直立。早熟品种。

17. 石莓5号　河北省农林科学院石家庄果树研究所2007年从Y95×新明星中选育而成。果实圆锥或扁圆锥形，一级序果平均单果重3 818g，二级序果平均单果重2 513g，最大果重67g，平均单株产量383.2g。果面较平整，鲜红色，有光泽，着色均匀，稍有果颈，无裂果。果肉红，质地密。果汁中多，红色。果实风味酸甜，香气浓，可溶性固形物含量8.83%，果实硬度0.525kg/cm^2，硬度大，耐贮运性好，适宜鲜食及加工。植株长势强，叶色深绿，光泽强。中熟品种。

18. 石莓6号　河北省农林科学院石家庄果树研究所2008年从36021×新明星中选育而成。果实短圆锥形，一级序果平均单果重36.6g，二级序果22.6g，三级序果14.9g，最大果51.2g，平均单株产量401.6g，丰产性好。果面平整，鲜红色（九成熟以上深红色），萼下着色良好，有光泽，无畸形果，无裂果，有果颈。果肉红色，质地细密，髓心小无空洞。果汁中多，味酸甜，香气浓，可溶性固形物含量9.08%。果实硬度0.512kg/cm^2，硬度大，贮运性好。植株长势强，叶绿色，光泽强。中熟品种。

19. 硕丰　江苏省农业科学院园艺研究所1989年从MDUS4484×MDUS4493杂交组合中选育而成。目前在江苏有较大栽培面积。果实大，短圆锥形，果面橙红色、鲜艳、有光泽、较平整。果肉红色，髓心小、红色、无空洞。果肉细韧，甜酸，味浓，有香气，汁液中等多。果实硬度大，耐贮运性强。丰产性能好，平均每667m^{2}产量1 013kg，最高达1 849.2kg。植株耐热性强，在南京地区持续高温条件下生长正常。抗灰霉病、炭疽病。植株长势强，矮而粗壮，株态直立。晚熟品种。

20. 硕露　江苏省农业科学院园艺研究所1990年从Scott×Beaver杂交组合中选育而成。目前在江苏有一定栽培面积。果实大，圆锥形，果面鲜红色、鲜艳、有光泽、较平整。果肉橙红色，髓心小、稍空、橙红色。果肉细韧，甜酸适中，味浓，有香气，汁液多。品质较优良，果实硬度大，耐贮运性强。抗灰霉病、炭疽病。植株长势强，株冠大，株态直立。早熟品种，产量高，抗逆性好。

21. 硕蜜　江苏省农业科学院园艺研究所1989年从Honeoye×MDUS4429杂交组合中选育而成。目前在江苏有一定栽培面积。果实大，短圆形，果面红色较深、鲜艳、有光泽、较平整。果肉红色，髓心小、稍空、红色。果肉细韧，甜酸适中，味浓，有香气，汁液中等多。品质优良，果实硬度大，耐贮运性强。丰产性能好，平均每667m^{2}产量1 052.45kg，最高达1 360kg。植株耐热性强，在南京地区持续高温条件下生长正常。抗灰霉病、炭疽病。植株长势强，株态直立。早熟品种。

22. 硕香　江苏省农业科学院园艺研究所1995年从硕丰×春香杂交组合中选育而成。目前在江苏、安徽等地有一定栽培面积。果实大，圆锥形至短圆锥形，果面深红色、光泽好、平整。果肉深红色，髓心较小、稍空、红色。果肉细，浓甜微酸，有香气。果实硬度好于宝交早生，较耐贮运。丰产性能好，平均每667m^{2}产量844.0～934.4kg，最高达

1 250kg。耐热性强，对草莓灰霉病、炭疽病具有较强抗性。植株长势较强，株冠直立。早熟品种，果实大，果实耐贮，商品果率高。

23. 四季公主2号　吉林省农业科学院果树研究所2006年从全明星×公四莓1号杂交组合中选育而成。果实圆锥形，红色，有光泽。种子分布均匀，红色或黄色，平或微凹于果面。萼片大，反卷，与髓心连接紧。果肉橘红色，髓心小，微有空隙。一、二级序果平均重15g左右，一级序果平均重24.2g，最大果重41g。果实富有香气，味甜酸，品质上。秋季含可溶性固形物12.7%。总糖8.67%，总酸1.95%，每100g鲜果维生素C含量89.54mg。生长势中等，四季结果能力强，在温度适宜的条件下可常年开花结果。露地栽培春、秋两季果实品质好、硬度高，夏季果实品质和硬度稍差一些。平均单株产量558g，每667m^2产量2 555kg。株高18cm，叶片椭圆形或圆形、厚、深绿色、有光泽。

24. 天香　北京市农林科学院林业果树研究所2008年从达赛莱克特×卡姆罗莎杂交组合中选育而成。果实圆锥形，橙红色，有光泽，种子黄绿、红色兼有，平或微凸果面，种子分布中等。果肉橙红色。花萼单层、双层兼有，主贴副离。一、二级序果平均果重29.8g，果实纵横径6.16cm×4.37cm，最大果重58g。外观评价上等，风味酸甜适中，香味较浓。可溶性固形物含量8.9%，每100g鲜果维生素C含量65.97mg，总糖5.997%，总酸0.717%，果实硬度0.43kg/cm^2。植株生长势中等，株态开张，株高9.92cm，冠径17.67cm×17.08cm。叶圆形、绿色，叶片厚度中等，叶面平，质地较光滑，光泽度中等，单株着生叶片13片。

25. 新明星　河北省农林科学院石家庄果树研究所1987年从全明星植株中选出。目前在华北地区有一定栽培面积。果实大，楔形，果面鲜红色、有光泽、较平整。果肉橙红色，髓心较大、橙红色、有空洞。果肉细韧，酸甜，有香气，汁液多。耐贮运性好。丰产性能好，单株产量797.8g。中熟品种，植株长势强，产量高，果实耐贮性好。

26. 星都1号　北京市农林科学院林业果树研究所2000年从全明星×丰香杂交组合中选育而成。果实大，圆锥形。果面鲜红色、有光泽。果肉红色，肉质上等，酸甜适中，香味浓，汁液多。较耐贮运。植株长势强，株态较直立。中晚熟品种，果实大，产量高。

27. 星都2号　北京市农林科学院林业果树研究所2000年从全明星×丰香杂交组合中选育而成。目前在我国中、北部地区有一定栽培面积。果实大，圆锥形，果面红色略深、有光泽。果肉红色，肉质上等，酸甜适中，香味浓，汁液多。植株长势强，株态较直立。早中熟品种，果实大，产量高。

28. 雪蜜　江苏省农业科学院园艺研究所2003年将日本宫本重信先生赠送的草莓试管苗（品种不详）经组培诱变选育而成。果实圆锥形，较大，一、二序果平均单果重22.0g，最大果重可达45.0g。果形整齐，果面平整、红色、光泽强，种子分布稀且均匀，平于果面。果实韧性较强，果肉橙红色，髓心橙红、大小中等、无空洞或空洞小。香气浓，酸甜适中，品质优，可溶性固形物含量11.5%。抗白粉病、耐热和耐寒能力均强于丰香。早熟品种。植株长势中等偏强，叶片大，近椭圆形，深绿。

29. 燕香　北京市农林科学院林业果树研究所2008年从女峰×达赛莱克特杂交组合

中选育而成。果实圆锥或长圆锥形、橙红色、有光泽，种子黄绿、红色兼有，平或凸果面，种子分布中等，外观上等。果肉橙红色，风味酸甜适中，有香味。花萼单层双层兼有，主贴副离。一、二级序果平均果重33.3g，果实纵横径4.87cm×4.13cm，最大果重54g。可溶性固形物含量8.7%，每100g鲜果维生素C含量72.76mg，总糖6.194%，总酸0.587%，果实硬度0.51kg/cm^2。植株生长势较强，株态较直立，株高9.6cm，冠径18.7cm×19.3cm。叶圆形，绿色，叶片厚度中等，叶面平，质地较光滑，光泽度中等，单株着生叶片9片。

30. 紫金1号 江苏省农业科学院园艺研究所2005年从硕丰×久留米杂交组合中选育而成。果实圆锥形，果面鲜红，洁净漂亮，种子微凹于果面，果型整齐。果肉和髓心红色或橙红色，果味酸甜。果实除萼较易。可溶性固形物在9%以上。平均单果重14g。该品种除保持了母本硕丰果实表面和果肉红色、可溶性固形物含量高、丰产性好、抗病性强等特点外，还具有果实味酸甜浓、肉质稍软、除萼容易、植株直立等优良加工特性，适于半促成和露地栽培。

表2-6 我国自育的草莓品种

序号	品种名	亲 本	育出年份	选育单位
1	绿色种子	扇子面自然实生播种	1959	沈阳农业大学园艺系
2	大四季	前苏联引入的四季草莓自然实生播种	1959	沈阳农业大学园艺系
3	沈农101	金红玛×扇子面	1960	沈阳农业大学园艺系
4	沈农102	金红玛自然实生播种	1960	沈阳农业大学园艺系
5	明晶	Sunrise品种自然实生播种	1989	沈阳农业大学园艺系
6	明磊	Holiday品种自然实生播种	1990	沈阳农业大学园艺系
7	长虹1号	MDUS4355×Tribute	1991	沈阳农业大学园艺系
8	长虹2号	MDUS4355×Tribute	1991	沈阳农业大学园艺系
9	明旭	明晶×爱美	1995	沈阳农业大学园艺系
10	紫晶	不详，实生播种	1953	江苏省农业科学院园艺研究所
11	金红玛	不详，实生播种	1953	江苏省农业科学院园艺研究所
12	五月香	不详，实生播种	1953	江苏省农业科学院园艺研究所
13	硕丰	MDUS4484×MDUS4493	1989	江苏省农业科学院园艺研究所
14	硕蜜	Honeoye×MDUS4429	1989	江苏省农业科学院园艺研究所
15	硕露	Scott×Beaver	1990	江苏省农业科学院园艺研究所
16	硕香	硕丰×春香	1995	江苏省农业科学院园艺研究所
17	春旭	春香×波兰引进草莓	2000	江苏省农业科学院园艺研究所
18	雪蜜	日本草莓品种（不详）试管苗组培诱变	2003	江苏省农业科学院园艺研究所
19	紫金1号	硕丰×久留米	2005	江苏省农业科学院园艺研究所
20	星都1号	全明星×丰香	2000	北京市农业科学院林业果树研究所

（续）

序号	品种名	亲　本	育出年份	选育单位
21	星都2号	全明星×丰香	2000	北京市农业科学院林业果树研究所
22	天香	达赛莱克特×卡姆罗莎	2008	北京市农业科学院林业果树研究所
23	燕香	女峰×达赛莱克特	2008	北京市农业科学院林业果树研究所
24	新明星	Allstar 筛选复壮	1987	河北省农林科学院石家庄果树研究所
25	石莓1号	宝交早生中选出 SH140 单系	1990	河北省农林科学院石家庄果树研究所
26	石莓2号	春香×海关早红	1995	河北省农林科学院石家庄果树研究所
27	新红光	早光品种的株变	1997	河北省农林科学院石家庄果树研究所
28	春星	（春香×海关早红）×全明星	2001	河北省农林科学院石家庄果树研究所
29	石莓4号	宝交早生×石莓1号	2003	河北省农林科学院石家庄果树研究所
30	石莓5号	Y95×新明星	2007	河北省农林科学院石家庄果树研究所
31	石莓6号	36021×新明星	2008	河北省农林科学院石家庄果树研究所
32	香玉	MDUS4418×Marlate	1987	山西省农业科学院果树研究所
33	美珠	Sequoia×Earlibelle	1992	山西省农业科学院果树研究所
34	长丰	MDUS4426×Tamella	1992	山西省农业科学院果树研究所
35	红露	MDUS4418×Marlate	1992	山西省农业科学院果树研究所
36	申旭1号	盛冈23×丽红	1997	上海市农业科学院园艺研究所
37	申旭2号	久留米49×8418-23（女峰×久留米45）	1997	上海市农业科学院园艺研究所
38	红丰	宝交早生×戈雷拉	1989	山东省农业科学院果树研究所
39	石桌1号	丽红×（宝交早生×索非亚）	2002	重庆市农业科学研究所
40	红实美	章姬×杜克拉	2005	东港市草莓研究所
41	公四莓1号	母托×小实	1999	吉林省农业科学院果树所
42	四季公主2号	全明星×公四莓1号	2006	吉林省农业科学院果树所
43	3公主	公四莓1号×硕丰	2009	吉林省农业科学院果树所
44	晶瑶	幸香×章姬	2008	湖北省农业科学院经济作物研究所
45	凤冠	（丰香×枥乙女）×红颊	2007	宁波市草莓良种繁育中心与奉化市草莓研究所

第二节　生物学特性

草莓属是矮小的多年生常绿草本植物，一般株高5～40cm，植株呈丛状生长，具很短的茎，其上轮生叶片，成簇状，由于茎很短，叶柄长，叶片就像从根部长出一样。叶片羽状复叶，常为羽状三小叶，稀羽状五小叶，小叶柄很短或无。托叶膜质，与叶柄基部合生，鞘状。由叶腋可抽生细长的匍匐茎是草莓的繁殖器官，节处可形成新的植株。花序常为聚伞花序，稀单生，花两性或单性，花瓣白色，雄蕊通常20～40枚，雌蕊多数，着生于花托上，每一雌蕊由一花柱和一子房组成。萼片、副萼片各5枚，宿存。果实由花托膨大发育而来，植物学上称为假果，由于果实肉软多汁，园艺学上称之为浆果，其上嵌生很多瘦果（俗称种子），成为聚合果（图 2-1）。

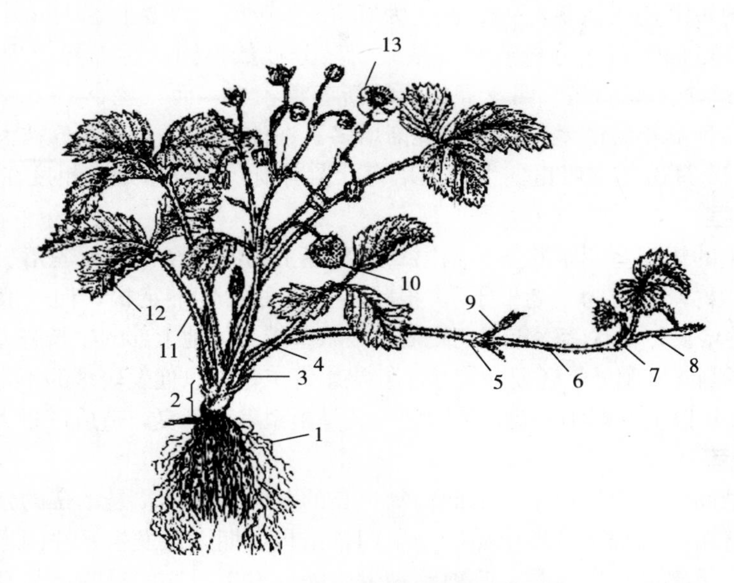

图 2-1　草莓植株的形态结构

1. 根　2. 新茎　3. 托叶鞘　4. 花序　5. 匍匐茎第一节　6. 匍匐茎　7. 匍匐茎第二节　8. 匍匐茎延伸　9. 匍匐茎分枝叶　10. 果实　11. 叶柄　12. 叶　13. 花

（引自《中国果树志·草莓卷》）

一、根

草莓为须根系，一般一株草莓常有 30 条根，多的可达 100 条。土壤疏松、肥力充足时须根多，其中白色吸收根多或有较多的浅黄色根，根系发达。草莓根在土壤中分布较浅，多分布在 20cm 以上的土层内，少数可深达 40cm。在地温 20℃时最适合根系生长，15℃以下生长缓慢，10℃以下几乎停止生长。因此草莓根系的生长一年中有两次高峰，春天当土温上升到 20℃时，根系生长达到第一次高峰，此时正值花序显露期。结果后由于温度上升，根系生长发育减缓，并变褐逐渐死亡。到 9 月中下旬土温下降，根系生长形成第二次高峰。一年中，早春根系比地上部开始生长约早 10d，南方春季根系生长约比北方早 1 个月。除温度外，土壤水分、通气、质地、酸碱度对草莓根系的生长发育也有较大影响。根据地上部的生长状态可以判断根系的生长状况。凡地上部分生长发育良好、早晨叶缘具有水滴的植株（吐水现象），其根系生长发育良好，在露地和保护地中均有此现象；凡根系发育不良、白色新根少的植株，在早春萌动后至开花期只能展开 3～4 个叶片，叶柄短，叶片小，早晨叶片吐水现象少。

二、茎

草莓的茎分 3 种，即新茎、根状茎和匍匐茎。

（一）新茎

当年萌发的短缩茎叫新茎，一般长度为0.5～2.0cm。新茎上着生叶片，叶片的叶腋下有腋芽，腋芽可抽生新茎分枝或匍匐茎。新茎分枝数目因品种而异，少的为3～9个，多的可达20～30个。如明晶、明磊等品种的新茎数较少，而三星、Tenira等品种的新茎数较多。同一品种随年龄的增长新茎数逐渐增多。在沈阳地区，新茎分枝大量发生期是在8～9月份，到10月份基本停止。生产上培育壮苗对新茎的要求是其粗度在1.2cm以上。

（二）根状茎

草莓多年生的短缩茎叫根状茎。当第二年新茎上的叶片全部枯死脱落后，就成为外形似根的根状茎，群众称之为“老根子”。根状茎上也可发生不定根，但一般第三年以后发根很少。随年龄增长，根状茎逐年衰老变褐，根状茎越老，地上部的生长越差。在实行多年一栽制时，除了割叶施肥外，还要注意培土、浇水等工作，以促发较多的不定根。露地栽培中一般不提倡3年以上的多年一栽，原因之一就是根系发育不良，造成产量大幅度下降。

（三）匍匐茎

由新茎叶腋间的芽萌发出来沿地面匍匐生长的茎叫匍匐茎，是草莓的繁殖器官。繁殖出的苗叫匍匐茎苗。匍匐茎的发生始于坐果期，结果后期大量发生。沈阳地区一般在6月上旬开始抽生。早熟品种发生早，晚熟品种发生晚。发生时期的早晚还与日照条件、母株经过低温时间的长短及栽培形式有关。促成栽培一般在果实采收后开始发生，露地栽培一般在果实开始成熟时发生。匍匐茎抽生能力、发生多少与品种、昼长、温度、低温时数、肥水条件、栽培形式等有关。有的品种如长虹1号、三星等品种匍匐茎抽生能力弱；有的品种如女峰、春香、宝交早生、弗杰尼亚、哈尼、丰香等匍匐茎抽生能力强，繁殖系数高。一般一株能繁30～50株匍匐茎苗，肥水条件好、空间大时能繁出几百株，但一般情况下每株能繁出生产用苗20～30株。匍匐茎发生量与母株受到5℃以下低温积累时间有关，只有在满足对低温量的需求之后，才会有大量匍匐茎发生。如促成栽培不等植株经受低温就盖膜保温，发生的匍匐茎少，而经过一段时间的低温后再盖膜的半促成栽培发生匍匐茎多一些，露地栽培发生的更多。

三、叶

草莓的叶发生于新茎上，因为新茎节间很短，所以好像是从根部直接长出来的。草莓的叶片一般为3片小叶，偶尔在田间也能看到4片或5片小叶的。叶片的形状、大小、颜色、质地等因品种、物候期和立地条件而明显不同。如弗杰尼亚叶片呈黄绿色，哈尼的叶片较长，戈雷拉的叶片革质粗糙等。同时，根据叶片的状况可以判断其是否发育良好。如果叶色浓绿、有光泽、叶柄粗是健壮的表现，反之如果叶柄细长、叶色淡、叶片薄则为徒长现象，可能因光照不足、氮肥过多、湿度过大或温度高造成。

草莓地上部在5℃时即开始生长，每株草莓一年可发20～30个叶片，20℃条件下，每8～10d发1片新叶。叶片有3个功能，即光合作用、蒸腾作用和呼吸作用。植株上从中心向外数第3～5片叶为功能叶，光合作用最强，要注意保护。新叶不断发生，老叶不断死亡，生产上要经常去老叶，因为老叶光合作用弱，入不敷出，同时还存在抑制花芽分化的物质。叶边缘的锯齿能把水聚成水滴排出去，这就是吐水现象，吐水现象只有在早晨才能看到，它是夜晚大量吸水的结果。大棚内也可见吐水现象，当大棚内湿度大时，吐水现象发生得多。植株叶片有吐水现象，说明根系活跃旺盛，生长发育良好。

一年中由于外界环境条件和植物本身营养状况的变化，在不同时期发生的叶其寿命长短也不一样。叶片寿命一般为80～130d。新叶形成第30d后叶面积最大，叶最厚，叶绿素含量最高，同化能力最强。在同一植株上第三片至第五片新叶同化能力最强。秋季长出的叶片适当保护越冬其寿命可延长到200～250d，直到春季发出新叶后才逐渐枯死。越冬绿叶的数量对草莓产量有明显地影响，保护绿叶越冬是提高翌年产量的重要措施之一。

四、花

草莓绝大多数品种的花为具有雌蕊和雄蕊的完全花，一般由花托、花萼、花瓣、雄蕊、雌蕊等几部分组成，我们食用的部分是由花托膨大形成的肉质浆果。目前生产上的品种大多为完全花品种，完全花品种可以自花结实。一般一朵完全花花瓣为5枚，但有时也可见第一级序花的花瓣数常6～8枚，一般花瓣数多的花大，果也大。雄蕊数目不定，通常30～40枚，雌蕊离生，着生于花托上，数目大约200～400个。

草莓花序为聚伞花序，通常为二歧聚伞花序和多歧聚伞花序。一般每株可抽生1～4个花序，1个花序上常着生10～20朵花。最后开的花不结果或结果太小，而成为无效花。不同品种无效花比例不同，如哈尼、明晶、明磊等品种的无效花少，而三星、Tenira等品种的无效花较多。对无效花多的品种应注意疏花疏果，可以节省养分，促进留下果实的增大发育，提高商品价值。疏花疏果应尽早进行，疏果不如疏花。每株留多少果由多方面的因素决定，如品种、植株健壮程度、单株花序数、土壤肥力等。一般小于5g即为无效果，花序上后期的第四、五级序的花均属此限，可以疏除。在平均气温达10℃以上时草莓就能开花，一般花期遇0℃以下低温时雌蕊受冻、变黑、丧失受精能力，花粉受害，发芽率降低。高于35℃时花粉发育不良，花粉受精以25～30℃为宜，从生产实际上看温度在20～35℃范围是可以的。一般温度较高时空气较干燥，花粉易传播受精，所以开花期大棚内温度25～30℃、湿度60%（不要超过80%）为宜。开花期大棚内温度绝对不能超过45℃。大棚栽培时，在低温条件下开的花其花瓣不能充分翻转，雄蕊开药不良，影响授粉受精。露地栽培时个别品种或有些植株在秋末天气较暖时也可见到开此状态的花，或者虽开花正常，但很快因低温而使雌蕊受冻变黑。这种低温条件下开的花不能受精，也坐不住果。

草莓的花是虫媒花，既进行自花授粉，又进行异花授粉。异花授粉能提高坐果率，从而提高产量。所以在露地及保护地栽培时，宜栽2～3个品种，以利授粉。但考虑到一般品种能自花授粉，栽多个品种时由于物候期不一致不便管理，所以生产上一般只栽一个品种，通过放养蜜蜂以提高授粉与坐果。

五、果　实

草莓食用部分（果实）是由花托膨大形成的，为柔软多汁的浆果。其真正的瘦果是受精后子房膨大形成的，附着于果实的表面，习惯上称之为种子。

果实的形状、颜色、大小等因品种而异，也受栽培条件的影响。果实成熟时一般为红色，果肉的颜色为红色、橙红色和近白色。主要形状有圆锥形、球形、楔形等。果实大小3～60g不等，一般为15～50g，最大可达120g以上。从第一级序到第五级序果实依次减小。一般第四级序以上的果为无效果，没有商品价值。从品种上看，明晶、明磊、全明星、弗杰尼亚等属于大果型品种，宝交、丰香、春香等属于中果型品种，而三星、威斯塔尔等属于小果型品种。一般大果型品种果大但果个数较少，小果型品种果小但果个数较多。浆果上分布有种子，种子对浆果的膨大发育起重要作用。草莓果实（花托）的重量与种子（瘦果）数目成正比，种子数目越多，果实越大。果实的膨大必须依靠种子的存在。种子的存在位置影响果实的形状。在局部去除种子则果实无种子的部位不膨大，而有种子的部位膨大，便形成畸形果。种子的深度有与果面平、凹、凸3种。一般平于果面的品种较耐贮运，如全明星、哈尼、弗杰尼亚等，而凹于果面的品种耐贮运性较差，如女峰、丰香、宝交早生等。大棚草莓中产生畸形果的原因大致有以下几种：①授粉受精不良；②低温受冻；③花期喷药；④品种问题。

草莓从开花到果实成熟一般需30d左右。受温度影响很大，温度高需要天数少，温度低则需要天数多。露地条件下，北方果实成熟期一般为5月中旬至6月上中旬。由于草莓花期长，果实采收期也长，露地栽培长达20～30d，保护地栽培长达6个月。

六、花芽分化

草莓花芽和叶芽起源于同一分生组织，当外界的温度、光照等环境条件适宜花芽分化时，分生组织向花芽方向转化而形成花芽。草莓花芽分化时期因品种、当地的气候条件、植株营养状况而异。早熟品种开始和停止花芽分化均早于晚熟品种。同一品种在北方高纬度地区因秋季低温来临和日照变短早，花芽分化开始期也早，在南方低纬度地区花芽分化则晚。同纬度地区海拔高的地方花芽分化早。同一品种，氮素过多、生长过旺、叶数过多过少等都延迟花芽分化期。大多数品种在日平均温度降至20℃以下、日照12h以下的条件诱导下开始花芽分化。在自然条件下，我国草莓一般在9月底至10月初开始花芽分化。北方与中部地区草莓多在9月中旬开始花芽分化，而南方地区草莓在10月上旬前后开始分化。花芽分化是草莓生产中的一个关键问题，花芽分化的质量和数量是翌年产量的基础。

草莓花芽分化开始，生长点变圆、隆起肥大，随后半圆形呈现凹凸不平，即进入花序分化期。在花序中，一级序花顺序分化出萼片、花瓣、雄蕊和雌蕊。二级序花分化稍晚，顺序分化出三级序花。当顶花芽一级序花进入花瓣和雄蕊分化时期，腋花芽也开始分化。

草莓的花芽分化和发育与自然气候的变化是相适应的。低温和短日照诱导草莓进入花芽分化，高温和长日照促进草莓花芽的发育。秋季低温和短日照有利于花芽分化，入冬前形成较多的花芽；翌春气温上升，日照变长，促进花芽发育。在分化后植株长势弱、缺乏营养则花芽发育不好，开花期延迟，适当地促进营养生长则对草莓花芽发育有利。花芽分化后应促进植株营养生长，及早追施适量肥料，对草莓开花结果影响较大，可增加花果数和产量。

七、休　眠

草莓的休眠是为避开冬季低温伤害而形成的一种自我保护性反应。晚秋、初冬以后，日照变短，气温下降，草莓进入休眠期，表现为新叶叶柄短、叶面积小、叶片着生角度开张、植株矮化、不再发生匍匐茎。影响草莓休眠的主要因子是短日照、低温等外界条件，以及品种、激素、营养状况等内部因素。日照比温度对草莓的休眠影响更大，休眠主要由秋季的短日照引起。在21℃、短日照条件下，草莓植株开始休眠，而在15℃、长日照条件下却难以进入休眠。引起休眠可能与植株体内内源激素水平有关，进入休眠后赤霉素等生长促进类物质减少，脱落酸等生长抑制类物质增多。

通过休眠所需要的一定时间、一定程度的低温称为低温需求量。不同品种的低温需求量不同。常见品种休眠度由深至浅的顺序是盛冈16＞达娜＞宝交早生＞丽红≥丰香。打破休眠所需5℃以下低温的时间是：丰香20～50h，八千代200～300h，宝交早生400～500h，达娜500～700h。需求量少的品种适于促成栽培，中间类型或低温需求量多的品种则适宜半促成或露地栽培。在适宜环境或保护下，草莓休眠期叶片不脱落，能保持绿叶越冬。在北方产区冬季若不注意覆盖保护，叶片就会枯死。

第三节　对环境条件的要求

不同的环境条件如温度、光照、土壤、水分、养分等对草莓的生长发育、结果有重要影响。

一、温　度

一般土温达到2℃时，草莓根系即开始活动，在10℃时生长活跃，形成新根。根系生长最适温度为15～20℃，冬季土温降到－10℃时根系即发生冻害。春季气温达5℃时，植株开始萌芽生长，此时草莓抗寒力下降，若遇寒潮低温则易受冻。沈阳地区个别年份易出现晚霜，因此，在萌动至开花期要注意预防晚霜危害。草莓地上部分生长最适温度是20～26℃。开花期的适温为26～30℃。开花期低于6℃或高于40℃都会阻碍授粉受精，导致畸形果。花芽分化在低温条件下进行，以10～17℃为宜，低于6℃则花芽分化停止。育苗期温度20～25℃时匍匐茎抽生快而多，低于15℃和超过28℃时匍匐茎抽生慢且数量少，喜温或耐温程度品种间有差异。

草莓抗寒性强，在冬季采用覆草防寒措施下，即使在最低温达－40℃的地区也可栽培。但草莓怕热，不耐高温，当温度超过30℃时其生长即受到抑制，因此在南方栽培时主要问题是越夏困难。同样，保护地栽培时温度超过40℃也会造成叶片灼伤等。草莓的生物学零度为5℃，计算草莓品种需冷时数即是以低于5℃以下的小时数计算的。

二、光　　照

光对草莓生长发育的影响表现在两个方面，一是光照强度，二是日照长度。草莓是喜光植物，同时也比较耐阴，因此可与幼龄果树进行间作。光照强，则生长健、叶色深、花芽发育好、产量高；光照弱，则植株长势细弱、叶柄细、叶色淡、花小且品质差、产量低。花芽和匍匐茎是同源器官，芽原基在不同条件下可向不同的方向分化，主要受日照长短的影响。花芽分化需在低温（10～17℃）、短日照（8～12h）下才能进行，沈阳地区在9～10月份进行花芽分化。而匍匐茎则需要在较高温度、长日照（＞12h）条件下才能发生，沈阳地区在5月下旬至6月上旬开始抽生匍匐茎。

三、水　　分

草莓不抗旱也不耐涝，根系多分布在20cm以内的土层中。草莓一生需水量大，日本有句俗语叫“草莓靠水收”，所以草莓栽培必须选择旱能浇、涝能排的地块。草莓不同生长发育期对水分的要求不同，一般花芽分化期田间含水量约60％为宜，开花期70％，果实膨大及成熟期为80％左右，否则果个小，红得太快。沈阳地区9～10月份是植株积累营养进行花芽分化的时期，要避免浇水过多。栽培草莓要保持较大湿度，但并不是越大越好，要适度，因为土壤水分过多会导致果实及根部染病，雨季要注意排水。

另外，草莓不仅对土壤湿度有要求，对空气湿度也有要求。在保护地栽培时，开花期湿度过大影响授粉受精，容易产生畸形果。一般要求空气相对湿度约60％为好，开花期不要超过80％，可以通过放风调节温、湿度。保护地中安装滴灌设备可以明显降低空气湿度而增加土壤湿度并提高地温，对草莓授粉受精、生长发育十分有利。

四、土　　壤

草莓对土壤的适应性较强，一般各种土壤均能生长，但要获得高产，良好的土壤是必备的条件。草莓高产地应是土壤肥沃、疏松、透水透气性强的微酸性土壤（pH6.0～6.5），要求旱能灌溉、涝能排水，地下水位不高于1m。

五、养　　分

草莓对氮、磷、钾的需求比较均衡，正常生长发育约是1∶1.2∶1的吸收总量。在大田常规施肥条件下，草莓从定植到收获对氮、磷、钾、钙、镁各营养元素的最大吸收量顺序为氮＞钾＞钙＞镁＞磷。草莓对微量元素比较敏感，尤其是铁、镁、硼、锌、锰、铜等缺少时都会产生相应的生理障害，影响正常生长发育。某种营养元素施用过量，轻则植株生长迟缓，重则出现肥害。其中氮肥过多时，植株徒长，抗逆性、抗病虫害能力下降，营养生长与生殖生长失衡，花芽分化时间推迟并分化不充分。在花果期氮肥偏多时果实畸形，裂果增加，果面着色晚，含糖量下降，硬度变软，商品价值与货架寿命受到影响。

草莓一生中对钾和氮的吸收特别强。在采收旺期对钾的吸收量要超过对氮的吸收量。对磷的吸收整个生长过程均较弱。磷的作用是促进根系发育，从而提高草莓产量。磷过量会降低草莓的光泽度。在提高草莓品质方面，追施钾肥和氮肥比追施磷肥效果好。因此追肥应以氮、钾肥为主，磷肥应作基肥施用。

由于草莓是浅根性植物，底肥全部施用在耕层 30cm 土壤中有利于草莓吸收利用；农家肥一定要彻底腐熟，否则高温发酵产生有毒氨气会伤害草莓。草莓叶面积较大，叶面施肥效果较明显。

第四节　繁殖与育苗

草莓繁殖有匍匐茎繁殖、母株分株繁殖、种子繁殖和组织培养繁殖 4 种。繁殖健壮的草莓苗是获得优质高产的基础。我国生产上主要用匍匐茎繁殖法繁殖苗木，并且越来越多的与组织培养结合，利用组培的原种苗作为母株以提高繁殖系数。在日光温室、塑料大棚等保护地栽培形式中，为了培育优质壮苗及提早花芽分化，常采用假植、钵、夜冷短日处理等育苗措施。

一、繁殖方法

（一）匍匐茎繁苗

匍匐茎繁殖是草莓生产上最常用的繁殖方法，从匍匐茎形成的秧苗与母株分离后成为匍匐茎苗。匍匐茎苗能保持品种的特性，并且根系发达、生长迅速，当年秋季定植，当年冬季或第二年即能开花结果。

匍匐茎一般在果实坐果后期开始发生，但因品种、地区和栽培方法而异。一般早熟品种发生早；我国南部及中部地区比北方地区匍匐茎发生早；露地栽培在果实开始成熟期发生，促成栽培在果实采收后发生。匍匐茎发生量主要受品种、植株低温积累量及营养条件影响。

20 世纪 80 年代后期之前，匍匐茎繁殖育苗以直接在生产田培育为主。果实采收后，隔行隔株挖掉部分植株，以留出较大空间抽生匍匐茎苗，通常一株母株可保存 5～6 条匍匐茎，每个匍匐茎留 2～3 株幼苗，每株可得 10～18 株幼苗。80 年代后期以来，匍匐茎繁殖育苗主要是利用专用圃培育，利用脱毒组培原种苗或健壮的匍匐茎苗作母株生产扩繁良种苗。选择专用繁苗田，要求排灌方便、土壤肥力较高、光照良好的地块，未种过草莓或已轮作过其他作物，至少一年内未施用过化肥农药。母株定植时期一般在 3 月中下旬至 4 月上旬，以当地土壤化冻之后、草莓萌芽之前为最好，此时草莓苗的生理活动正处在由休眠期进入萌动期，未进入旺盛活动期，这时移栽成活率和繁苗系数高。根据品种分生匍匐茎能力的不同，栽植密度应保证每株原种母苗有 0.8～1.0m^2 的繁殖面积。栽植时不宜过深埋住苗心，以防引发秧苗腐烂；也不要栽的太浅，如果新茎外露，易引起秧苗干枯，以“上不埋心，下不露根”为宜。

定植后要注意母株的肥水管理，母株现蕾后要摘除全部花蕾，减少养分消耗，促进植株营养生长，及早抽生大量匍匐茎。在匍匐茎抽生前或初期喷 50～100mg/L 赤霉素能促使多抽生匍匐茎苗。匍匐茎抽生后，将茎向畦面均匀摆开，压住幼苗茎部，促使节上幼苗生根。为了保证匍匐茎苗生长健壮，一般一株母株可以繁殖 30～50 株的壮苗，过多的匍匐茎及后期发生的匍匐茎应及时摘除。

（二）母株分株繁苗

母株分株繁殖是将老株分成若干株带根的新茎苗，又称分墩法、分蘖法。对不发生匍匐茎或萌发能力低的品种，可进行分株繁殖。另外，对刚引种的植株由于株数不够也可进行母株分株繁殖。一般是 7～8 月份老株地上部每个新茎有 5～8 片叶时，将老株挖出，剪除老的根状茎，将 1～2 年生的新根状茎分离，这些根状茎下部有健壮不定根，没有根的苗可先扦插生根后定植。分株法的繁殖系数较低，一般一墩母株只能得到 3～4 株达到栽植标准的营养苗。分株繁殖不需要专门的繁殖圃，可节省劳力和成本，但分株造成伤口较大，容易感染病害，栽植后应加强管理。

（三）种子播种繁苗

种子繁殖是有性繁殖，实生苗会产生很大变异，主要用于选育新品种，生产上一般不采用。种子繁殖的草莓苗根系发达、生长旺盛，一般经 10～16 个月可开始结果。但荷兰育种者培育出了利用种子繁殖的四季草莓品种 Elan，一年内任意时间都可播种，播种后 5～6 个月即可采收。

草莓种子的采集应选择成熟的果实，用刀片削下带种子的果面，贴在纸上，阴干后捻下种子。将种子装入纸袋，写上采取日期和品种名称，放在阴凉干燥处保存。草莓种子的发芽力在室温条件下可保持 2～3 年，种子没有明显的休眠期，因此可以随时播种。播种前对种子进行层积处理 1～2 个月，可提高发芽率和发芽整齐度。因草莓种子小，播种后只需稍加覆土即可。

（四）组织培养繁苗

草莓组织培养繁殖主要采用茎尖外植体，一方面可以在短时间内快速大量繁殖优良新品种、加快其推广栽培；另一方面可以获得草莓脱毒苗，并可保持品种的优良性状。组培原种苗作母株比田间普通生产苗作母株生长更健壮、繁殖的匍匐茎苗更多，繁殖后代生长势强、产量高。

由于草莓长期连作，病毒侵染严重，造成植株矮化、果实变小、品质低劣、长势衰退、抗逆和抗病能力明显下降，严重危害草莓生产。调查表明草莓病毒危害在我国老产区感染较重，为害草莓的 4 种主要病毒是草莓斑驳病毒、草莓皱缩病毒、草莓轻性黄边病毒、草莓镶脉病毒。人工脱除草莓病毒育苗技术的应用，是目前国际上解决草莓病毒问题的主要手段。先进发达国家已基本上实现了无病毒苗栽培，在我国推广纯正、优质、无病毒苗已势在必行。草莓脱除病毒有微茎尖培养、热处理等多种方法。草莓茎尖组织培养主要操作过程如下。

1. 消毒接种 从田间选择品种纯正、无病虫害、带茎尖生长点的匍匐茎茎段，用流水冲洗 1h，在超净工作台中用 70%乙醇浸泡 30s，转入 0.1%升汞中浸泡 8min，并不断摇动，然后用无菌水冲洗 5～6 次。无菌条件下剥去茎尖外苞叶及茸毛，剥取 0.2～

0.5mm茎尖接种于培养基上。茎尖越小脱毒率越高，0.2mm茎尖脱毒率可达100%，但实际操作中比较困难。因此，目前生产上一般采用0.5～1.0mm茎尖接种，但不能达到完全脱毒。草莓茎尖培养多采用MS培养基，附加BA0.5mg/L、IBA0.1～0.2mg/L、蔗糖30g/L、琼脂5～7g/L，pH5.8左右。接种后将玻璃瓶放在培养室中培养，室温25～28℃，每天光照12～14h，光强2 500～3 000lx。

2. 继代扩繁　经过30d左右培养，产生高2.5～3cm的小芽丛苗。可将芽丛进行切割，每3～4株为1块，每瓶3～4个芽丛，接种于增殖培养基上进行增殖培养。以后每隔25～30d继代一次，继代时间不应超过2年。当瓶内苗增殖达到需要数量时，将芽丛分成单株，每株应达到2～3片叶，放置在生根培养基中进行瓶内生根。生根培养基可用1/2 MS基本培养基附加IBA 0.2～0.3mg/L、蔗糖15～20mg/L、琼脂5～7g/L，pH5.8。无根苗在生根培养基上生长15～30d即能生根，当生有3～4条根、根长度达到0.5cm时，即可转入温室扦插驯化。

3. 扦插驯化　生根瓶苗在培养室中打开瓶口适应1～2d后，可先开小口，到最后完全将瓶口打开，使瓶内幼苗逐渐适应外界环境。用镊子夹住草莓苗从培养瓶中轻轻拉出，洗去培养基，放入加有水的容器内防萎缩。在温室中扦插于沙床或者穴盘。扦插时根须全部插入，但要露出生长点，并起小拱膜保温保湿。每天或隔天浇水，保持土壤基质含水量70%～80%。扦插于沙床的试管苗15～25d后可以生根移栽入穴盘。营养土由草炭、珍珠岩和园土各1/3组成，经过灭菌后均匀混合装入50～100穴的育苗盘中。穴盘苗经过2个月后可培养出具有3～4片以上的新叶、根长达到5cm以上且不少于5条的标准原原种苗。原种苗可以用于销售或定植于田间作母株繁殖生产用苗。

二、育苗措施

草莓育苗措施较多，目的是为了培育壮苗及提早花芽分化。目前生产上主要应用下列育苗措施。

（一）钵育苗

营养钵育苗是日本生产上普遍应用的育苗方法，在我国多用于繁殖新优稀缺品种。用疏松保水力强的营养土作钵土，将具2～3片展开叶的幼苗假植在直径10～12cm、高8～10cm的塑料钵内，育成具5～6片开展叶、茎粗1.0cm以上的壮苗。定植时带土一起放入定植穴内。钵育苗由于肥水易控制，植株不易徒长，定植时伤根少，缓苗时间短，因此，这一方法不仅使草莓花芽分化早，而且开花早，产量高，能使收获期提前到11月中旬，较露地育苗法早1个多月，果实采收期达半年以上。还可用营养钵压茎育苗，具体做法是在匍匐茎大量发生时，在母株周围埋入装有营养土的塑料营养钵，将匍匐茎上的叶丛压埋在营养土中，经常保持营养钵中的湿度，以利匍匐茎发根。

（二）假植育苗

将子苗从草莓母株上切下，移植到事先准备好的苗床或营养钵内进行临时非生产性定植，称为假植。假植育苗可增强植株的光合效率、增加根茎中的贮藏养分，是培育壮苗、提前和充分花芽分化、提早并延长结果上市时间和增加产量的一项有效措施。一般在7月中旬至8月上旬进行。选取品种纯正、生长健壮的秧苗，距子株苗两侧各2～3cm处将匍匐茎剪断，使子株苗与母株苗分离，放入盛有水的塑料盆内，只浸根，准备假植。按15cm×15cm株行距，在晴天下午或阴天移栽，移栽后喷水遮阳。假植圃应选择离生产大棚近的地块。不宜过多施肥，特别应控制氮肥的使用。

（三）高山育苗

又称高寒地育苗，在海拔800m以上的高寒地进行种苗繁育。由于高山气温较低，温差较大，日照适中，能避开7～8月高温对草莓苗生长的影响，提早花芽分化，减少病虫害，提高草莓苗素质，使草莓苗根系发达，植株健壮。一般海拔每升高100m，气温降低0.6℃，在海拔800m处育苗，可比平地降温1.5℃左右。海拔越高降温越明显。越是气温高的地区，高山育苗效果越好。具体方法：一般7月上旬采苗假植，培育成充实子苗，8月中旬上山，山上假植地不必施基肥，9月中旬下山定植。也可在7月上旬直接采苗上高山假植，8月中旬前进行以氮肥为主的肥培，8月中旬后断肥，9月中下旬下山定植。高山育苗技术中的低温条件比短日照更为重要，低温时间不足会导致开花不结果。苗圃选择在海拔800m以上的半山区山间盆地，9～10月平均气温18～22℃、最低气温15℃左右最适宜。

（四）夜冷育苗

夜冷育苗是使草莓植株白天接受自然光照进行光合作用，夜间采用低温处理，促进其花芽分化。将苗盆栽，夜间置于冷库中进行低温处理，但在生产上育苗时比较麻烦。近来发展为利用冷冻机在管架大棚顶端处理，并利用可移动的多层假植箱繁苗，较为方便。这种方法比常规育苗可提前花芽分化2周以上。夜冷处理一般在8月20～25日开始，处理20d。每天下午16：30推进室内，晚上20：30降温至16℃，第二天早晨5：30降温至10℃，至上午8：30再升温至16℃，9：00出库。15d后，基本上都达到分化初期。

（五）冷藏育苗

为促进花芽分化，8月上旬将健壮子苗置于10℃黑暗条件下20d。诱导结束后，子苗立即定植。冷藏苗标准为5片以上展开叶，根茎粗1.2cm以上。方法是起苗后将根土洗净，摘除老叶，仅留3片展开叶，装入铺有报纸的塑料箱内放入库中。在入库和出库前将苗放在20℃的环境中各炼苗1d。运用冷藏育苗可提早促成栽培草莓收获期。

第五节　栽培管理技术

草莓为矮棵果树作物，除露地栽培外，非常适合于设施栽培。露地栽培是使草莓在露地自然条件下解除休眠、进行生长发育的栽培方式。其优点是栽培管理省工、省力、成本低、便于规模经营。缺点是易受不良环境条件影响，成熟上市时间集中，价格低。露地栽培的南方2月上中旬、中部地区4月中下旬、北方6月上旬成熟上市。20世纪90年代以前，我国草莓栽培以露地为主，露地草莓主要用于鲜食，而90年代以后，露地栽培则主要用于加工。草莓设施栽培是指利用各种设施如小拱棚、中拱棚、大拱棚、塑料大棚、日光温室、玻璃温室等，达到早产、丰产及延长供应期的目的。设施栽培可以使草莓成熟期大大提前，从11月份到翌年6月份都有新鲜草莓上市。同时，通过应用四季草莓和抑制栽培方式可部分满足7～10月的鲜果供应。草莓基本可以做到周年供应，给生产者带来可观的经济效益。

一、露地栽培

（一）园地选择

凡日照充足、雨量充沛或有灌水条件的地区均可种植草莓。宜选择地势较高、地面平坦、土质疏松、土壤肥沃、酸碱适宜、排灌方便、通风良好的园地。在北方冬季寒冷地区应选择背风向阳的地方，高温湿润的南方宜选择背阴凉爽的地方。草莓不耐贮运，对采收和销售时间要求较严格，所以草莓园应交通方便、附近具有贮藏和加工条件。还要注意前茬作物，一般前茬以蔬菜、豆类、小麦和油菜较好。草莓地连作3～5年，产量会大大降低，生长势减弱，重茬现象较严重。

秧苗栽种前要进行土壤消毒，常用太阳能消毒。在6～8月高温休闲季节，将土壤或苗床土翻耕后覆盖地膜20d，利用太阳能晒土高温杀菌。或在6～8月高温休闲季节，每667m^{2}苗床土壤表面撒施石灰100～150kg、作物秸秆等有机物1 000kg左右、炉渣粉70～100kg等，翻地后起0.5m高垄。将整块地覆盖塑料薄膜，然后向内部土壤灌水，至土壤表面不再渗水为止，密闭14～20d。太阳能能使温度达到50℃以上，甚至60℃以上，可有效杀死多种病原菌和线虫。

（二）品种选择

露地栽培植株经过春、夏生长发育，秋季形成花芽，冬季自然休眠，第二年春暖长日照下开花。宜选用高产、耐贮运的大果型品种，还应考虑用途，鲜食或是加工。生产上露地栽培品种多从欧美引入，日本品种较少。现在我国露地生产上应用较多的草莓品种主要有哈尼、全明星、甜查理、森加森加拉、玛丽亚、达塞莱克特、宝交早生、达娜、弗吉尼亚等。我国自育的品种也有少量应用，如星都2号、硕丰等。

（三）定植

草莓定植前需施基肥，由于栽植密度大，生长期补肥较为不便，基肥最好一次施足。以有机肥为主，一般667m^{2}施腐熟有机肥2 000～5 000kg，加过磷酸钙以及适量石灰调节土壤的pH。提倡起大垄双行一年一栽植。大垄距80～100cm，小行距25～30cm，垄高依土壤旱涝情况定，约15～25cm。栽植密度要根据地力和品种决定，沃土和繁茂品种宜稀些，反之宜密些。通常每667m^{2}栽植1万株左右。

在生产上春、秋两季均可栽植。为了在短期内取得草莓高产，不同地区应根据当地气候条件选择适宜的栽植期。北方地区秋植一般在8月下旬至9月上旬，以秋季气温在15～25℃时为宜。此时，多数秧苗能达到所要求的定植标准，定植时间长，同时正值北方雨季，土壤水分和空气湿度较大，缓苗快，成活率高。南方地区秋植一般在10月上中旬为宜。在定植前最好先进行假植，以使其顺利度过适应期，从而促进秧苗定植的成活率。为确保秧苗成活，宜选阴天或傍晚栽植，栽苗时根据花序均从苗的弓背抽生的原理，可以采用定向栽植的方法，使全行花序朝向同一方向，以便垫果和采收。栽植深度做到浅不露根、深不埋心。草莓根浅，不耐干旱，栽后要立即灌水。对灌水淤心苗要及时冲洗整理。

栽后遇高温烈日要遮阴以降温保湿。

（四）肥水管理

栽植成活后，结合松土除草进行一次培土，以促使幼苗多生根。草莓是喜肥作物，为保证生育期内不脱肥，在施足基肥的基础上，还应适时、适量追肥。追肥采取少量多次的原则，及时补充草莓所需的各种养分。在肥料种类上以速效肥为主，要掌握适氮和增磷、钾的原则，施肥量和次数依土壤肥力和植株生长发育状况而定。追肥一般在草莓开始生长期、采收后、花芽分化等时期的稍提前一段时间进行。一般在3月下旬至4月上旬追施1次，8月下旬至9月上旬再追施1次。

栽后每天小水勤浇直至成活，宜在上午8:00～9:00进行，以后保持土壤微湿。传统的沟灌方法易导致田间湿度过大，采用滴灌技术可节约用水，同时有利于中、后期控水。现蕾至开花期应保持田间持水量约70%，果实膨大期应保持在80%左右，花芽分化期应适当控水，防止徒长。

（五）植株管理

适量摘除老叶，及时摘除残叶和病叶，并将其销毁或深埋。从心叶向外数3～5片叶的光合效率最高，每株留5～7片功能叶即可。及时摘除匍匐茎，也可用多效唑、矮壮素等抑制匍匐茎的发生。草莓以先开放的低级序花结果好，因此，应将高级序上的无效花疏除。一般每株草莓有2～3个花序，每个花序上有7～20朵花。摘除后期未开的花蕾及级序高的花蕾、小果及畸形果。草莓地最好用地膜覆盖代替垫果，也可用切碎的稻草、麦秸铺于植株周围。病害主要有灰霉病和白粉病，虫害主要有蚜虫、红蜘蛛，应采用高效低毒农药防治，但在果实采收期严禁使用。精细采摘于12月上旬开始，每隔1～2d采摘1次，采收期一般可延续1个月。采摘的适宜时间为早晨，采摘时动作要轻，手捏果柄，带柄采下，不要损伤花萼，否则易腐烂，影响品质。

（六）防寒

草莓在北方地区一般不能露地安全越冬，越冬防寒能有效保证植株不受冻害、促使翌年春季早萌动及高产。覆盖物可用稻草、玉米秸、树叶、腐熟马粪等。覆盖一般在灌封冻水之后、土壤刚结冻时进行。覆盖厚度5cm左右。早春当平均气温高于0℃时即可撤除防寒物，并清扫地表，松土保墒，促进生长。在春季有晚霜危害的地区可适当延迟撤除防寒物，以防植株受冻。

二、小拱棚栽培

小拱棚栽培是设施栽培中最简单的一种方法。与露地栽培相比，成熟期可提早15～25d，产量提高25%以上，采收期延长15d左右，且果实增大，色泽鲜艳。其经济效益是露地的2～3倍，是一种投资少、效益高的栽培模式。与大棚栽培相比，投资额为大棚栽培的1/10～1/20，方法简便，技术易掌握，便于推广，同时还有利于调节茬口，避免固定大棚栽培重茬的弊病。四川省双流县草莓栽培多采用小拱棚栽培形式。

（一）品种选择

小拱棚栽培草莓宜选用休眠期较短、植株生长旺盛、果实在低温下着色好、果型大、耐贮运、抗病性强的品种，如甜查理、埃尔桑塔、达塞莱克特、哈尼、全明星、宝交早生、丰香等。小拱棚栽培整地施肥与露地栽培相同，南方一般在10月中下旬定植，北方一般在8月下旬定植。为保证高产、稳产，必须选用优质壮苗。

（二）扣棚

拱棚可选择竹片弯成拱形棚架，外覆薄膜，跨度为2～3m，长30～40m，拱高0.8～1.0m。南北棚向。设置拱棚时，按畦长方向每隔1m距离插一根竹片，竹片两端分别插入棚两侧的畦埂上，然后在拱上覆盖塑料薄膜，四周用土压紧密封即可。要适当加压数道小绳，防止大风吹翻拱棚。

小拱棚的扣棚时期有秋季和春季两个时期。北方地区以晚秋扣棚效果好，夜温降到5℃进行扣棚。春季扣棚只能提早收获，不能延长花芽分化时间，对提高产量意义不大。南方地区以春季扣棚效果好，2月上、中旬为宜。扣棚过早苗萌芽后遇寒流受冻，过晚则会降低草莓的早熟及增产效果。

（三）扣棚后管理

扣棚后要注意棚内温度，既要防止高温危害，也要防止发生冻害。前期密闭以保持较高温度。待萌芽生长后，随棚温不断上升，开始逐步放风，防止棚内气温高于30℃。草莓萌芽至现蕾期白天温度15～20℃、夜间6～8℃，开花期白天20～25℃、夜间5～6℃。4月下旬，外界温度能满足草莓生长发育要求时可拆除小拱棚。在土壤干旱时应及时浇水，前期可结合浇水追1～2次尿素，后期适当增施磷、钾肥。在现蕾期和果实发育期各喷1次磷酸二氢钾，能提高果实品质、增进果实着色。

一般小拱棚栽培4月上旬草莓果开始成熟进入采收期。当果实达到八九成熟时，要及时采摘，以免因棚内温、湿度大造成烂果。最好2d采收1次，小拱棚拆除后，延至3～4d采1次。

三、塑料大棚栽培

塑料大棚栽培草莓具有上市早、供应期长、产量高、商品性好、经济效益高的优势。塑料大棚进行草莓的半促成栽培可使果实在2～4月上市，比露地栽培提早1～2个月；促成栽培可以使果实上市期提前到12月下旬，采收期长达5～6个月，使草莓成为淡季水果市场供应的珍品。

（一）塑料大棚半促成栽培

草莓的塑料大棚半促成栽培在北方地区应用较普遍。半促成栽培是对基本通过自然休眠或通过人为措施打破休眠的草莓植株采取保温或增温措施，以促进开花结果提早上市的栽培方法。

1. 品种选择 塑料大棚栽培草莓通常选用生长势强、坐果率高、耐寒、耐阴、抗白粉病、品质优、贮运性能好、果型大和果色艳丽的品种，如丰香、章姬、幸香、佐贺清香、红颊、枥乙女、全明星、哈尼、甜查理、玛丽亚、达塞莱克特、宝交早生、星都1号、星都2号、硕丰、明宝等。定植时苗木应达到壮苗标准，叶片大而厚，叶柄粗，展开叶4片以上，新茎粗1cm以上，根须多而白，单株重25～35g。

2. 整地定植 大棚半促成栽培比小拱棚半促成栽培采收早，产量高，因此，除秧苗标准要求较高之外，施足优质基肥也很重要。在施足基肥的情况下，不必再进行或少进行土壤追肥，可利用大棚操作方便的特点，多进行根外追肥。定植时期宜在9月上旬前后。因大棚半促成栽培比小拱棚栽培开花结果早，采用繁殖圃秧苗可高垄密植，以提高产量，每667m^{2}一般栽植1.0万～1.2万株。若采用假植苗，密度宜适当减小，每667m^{2}一般不宜超过1万株。

3. 扣棚保温 适时扣棚保温是草莓半促成栽培的关键。扣棚过早，影响花芽分化，导致减产；扣棚过晚又导致草莓休眠，发育不良，达不到栽培要求。因此，草莓大棚半促成栽培要求在满足解除植株自然休眠所需低温量时，适时扣棚保温。在气温下降到16℃以下为好。可及时在地面上覆盖黑地膜，不但可以保温、保湿，还可以减少杂草生长。

4. 激素处理 用赤霉素处理具有长日照的效果，可促进花芽发育，使第一花序提早开花，促进叶柄伸长，还可促进花序梗伸长。喷施质量浓度为5～10mg/L，共喷施2次。第一次在扣棚后刚长出新叶时，约扣棚后1周；第二次与第一次间隔10～15d。喷施时以苗心为主，每株喷5ml药液。喷施剂量要严格掌握，过多植株旺长、花序梗明显高于植株、授粉不良、坐果率低、畸形果多，过少则无效。

5. 棚内管理 温度管理是大棚草莓生产管理的关键。要求休眠期尽可能地提高地温，使10cm深的土层温度在2℃以上，以促进根系生长活动；萌芽展叶期要控制在15～25℃，不得出现－2℃以下低温；开花坐果期控制在20～28℃，不得出现5℃以下低温；果实发育期要控制在10～28℃；棚内30℃以上时应注意及时通风。花期放蜂辅助授粉。进入开花结果期应保持较低湿度，以利于开花授粉和防治病害发生。果实发育期应特别注意保持土壤湿润，有条件的地方最好使用滴灌。

（二）塑料大棚促成栽培

草莓促成栽培是采取措施诱导花芽分化，防止植株休眠，促进植株生长发育，提早开花结果，从而提高经济效益。塑料大棚促成栽培在南方地区应用较多。草莓促成栽培最关键的措施是促花育苗和抑制休眠，其他方面则以半促成栽培为基础。

1. 品种选择 促成栽培草莓品种应选择休眠浅、可多次发生花序的优质、高产品种，还应根据果品销售市场距离的远近、生产者技术管理水平等确定品种。我国草莓促成栽培主栽品种有红颊、丰香、章姬、幸香、佐贺清香、枥乙女等。

2. 促花育苗 由于保温始期早，开花结果早，要人为创造条件，促进花芽提早分化和发育，保证秧苗整齐健壮。促进花芽分化的主要措施有假植育苗、营养钵育苗、高山育苗等，各地区可因地制宜地选择应用。在花芽分化早的地区，可不必采取促花育苗。

3. 扣棚时期 覆盖棚膜时间因地理位置和品种不同而异，计划提早上市和休眠浅的品种早扣棚，计划推迟上市和休眠深的品种晚扣棚。一般在顶花芽开始分化1个月后。此时顶花芽分化已完成，第一腋花序正在进行花芽分化。扣棚时期要兼顾既不能使草莓进入休眠，又不会影响腋花芽分化。一般在我国的北方地区可在降几场霜后的10月中旬，往南地区可适期延后。

4. 激素处理 赤霉素处理和提早保温均具有抑制草莓休眠的效果。一般在开始保温后，约10月中旬，当苗具2片未展开叶时进行第一次赤霉素处理，以促进幼叶生长，防止进入休眠。在现蕾期，一般为10月下旬，可酌情进行第二次赤霉素处理，以促进花柄伸长，有利于授粉受精。

5. 补充光照 为防止植株矮化，可在设施内安装白炽灯，把每天光照时间延长到13～16h。通常667m² 安装100W的白炽灯泡30～40个，灯高1.8m。一般在12月初至翌年2月上旬进行补光照明，每天日落后照光4～5h，以补充冬季的光照不足，达到草莓开花结果期需要的长日照时数。电照补光栽培可显著提高草莓的产量。实行电灯照明时，赤霉素只能在10月中旬吐蕾前后喷1次。

6. 植株管理 在果实采收期间，应进行植株整理，及时摘除老叶、病叶、病果等，改善通风透光条件，增加光合产物积累，提高后期果实产量和品质。

四、日光温室栽培

日光温室草莓栽培是高投入、高产出的高效栽培形式，鲜果采摘时间长，11月中旬到翌年6月，可以满足元旦和春节两大节日市场，667m² 产量可达2 500～4 000kg，产值可达2万～4万元，经济效益十分可观。日光温室的利用有2种形式，一种是不经人工加温，利用太阳能来保持室内温度；另一种是利用加温设备人工加温进行栽培。北方寒冷地区利用日光温室不加温进行半促成栽培或加温进行促成栽培，加温栽培果实成熟期可比不加温提早2～3个月以上。目前北方地区利用加温温室进行草莓促成栽培的方式比较普遍。

北方冬季气候寒冷，日照时间短，为了使草莓在日光温室中正常生长并开花结果，须利用加温补光灯等手段调节环境条件，同时在土、肥、水上加强管理。

（一）品种选择

品种选择上与塑料大棚促成栽培相似，要求果大、丰产、抗逆性好、耐贮运性强、需低温量少、休眠浅、花芽分化容易的品种，一般需冷量在0～200h，如丰香、J10、静香等品种均较适合。

（二）整地施肥及定植

日光温室栽培要施入足够的基肥，以满足长采收期的肥料供应。一般每667m² 施入充分腐熟的堆肥2 000～3 000kg、氮、磷、钾复合肥50～75kg。采用假植育苗可在9月中下旬定植。如果不采用假植育苗，可在8月定植。定植采用大垄双行，垄宽50～60cm，垄高30～40cm，株行距为15cm×25cm。垄栽可以提高地温，促进生长发育，并减少病害的发生。

（三）扣棚及扣棚后管理

草莓日光温室促成栽培覆盖棚膜时间是外界气温降到8～10℃时。一般在扣棚前后要覆盖地膜，既可减少土壤水分蒸发、降低温室湿度，也可提高土温促进根系生长。

日光温室加温方法有2种，一是炉火加温，另一种是热风加温。无论采用哪种方法加温，温度管理应尽力达到各时期适宜温度的要求。开花结果期温度保持在20～25℃为宜。扣棚后适时追肥、浇水，温室内放养蜜蜂辅助传粉，喷施赤霉素抑制休眠，补充光照。控制温室内的湿度，一般保持在空气相对湿度70%～80%为宜，开花期湿度要小一些，一般60%为宜。要注意避免使地面和空气湿度过大，温室内湿度大、温度低时，易感染灰霉病、白粉病等。其管理可参照塑料大棚促成栽培。

五、抑制栽培

抑制栽培是使已完成花芽分化的草莓植株在人工条件下长期处于冷藏被抑制状态，延长其被迫休眠期，并在适期促进其生长发育的栽培方式。抑制栽培可灵活调节采收期，从而在成熟期上补充露地、小拱棚、大棚、日光温室草莓上市时间的空缺，在我国草莓产业发展中前景广阔。植株冷藏是抑制栽培中最关键的环节，而大棚管理则与大棚半促成栽培基本相同。

冷藏苗的质量一定要好，必须根茎粗壮、根系发达。冷藏苗要有足够的花数，入库时最好雌雄蕊已形成，但尚未形成花粉。入库冷藏过早，花数减少而产量降低，且冷藏费用增加；入库过晚，休眠结束后开始生育，易发生冷藏危害，以2月中旬入库为好。挖苗一定要认真细致，尽量少伤根。苗掘起后应轻轻抖动，去掉根部泥土。摘除基部叶片，只保留展开叶2～3片，以减少贮藏养分的消耗。将苗放入带有透气孔的纸箱或木箱中，每箱装20捆，分2层，纸箱应具备防潮性能。箱内侧覆一层塑料薄膜，将苗装入后封好，上方经薄膜覆盖后，留有一呼吸透气孔，封盖后，统一装入恒温库。贮藏温度要求－2～0℃。贮藏温度过高、过低会出现烂苗、冻死现象。

出库处理方法通常有2种，一种是定植的当天早晨出库，立即浸根，下午定植；另一种是前一天傍晚出库，放置一夜，第二天早晨开始浸根，之后定植。生产中多采用前一种。秧苗出库后必须浸根，否则定植成活率低。一般需流水浸根3h。草莓抑制栽培的定植时期随着采收期的早晚而灵活确定。一般来说，出库定植早，温度较高，从定植到采收所需时间短，果小，产量低；出库定植晚，温度较低，从定植到采收所需要时间长，果大，产量高。秧苗出库定植晚，生育期正逢低温季节，需进行大棚覆盖保温。例如7～8月出库定植，经过30d左右开始收获；9月上旬出库定植，45～50d开始收获；10月中旬以后定植，11月中旬开始利用大棚保温可一直收获到翌年2月。

第六节　果实采收与采后处理

一、果实采收

（一）采收标准

草莓果实成熟的显著特征是果实着色，判断成熟与否的标志是着色面积与软化程度。因栽培形式不同，露地栽培采收期在5月上中旬至6月上旬；促成栽培为12月中下旬至3月上旬；半促成栽培为3月上旬至4月下旬；延后抑制栽培的采收期多在8月下旬至11月。确定草莓适宜的采收成熟度要根据温度环境、果实用途、销售市场的远近等因素综合考虑。一般而言，果实表面着色达到70%以上时进行采收，作鲜食的以八成熟采收为宜。硬肉型品种以果实接近全红时采收为宜，这种果品质好，果形美，相对耐贮运。供加工果酱、饮料的要求果实糖分和香味，可适当晚采。供制罐头的，要求果实大小一致，在八成熟时采收。远距离销售时，以七八成熟时采收为宜。就近销售的在全熟时采收，但不宜过熟。

（二）采收前准备

在草莓开花期喷2～3次甲基托布津或多菌灵等杀菌剂，可阻止病原菌侵入幼果，提高果实的贮藏性。采收前2～3d，对果实喷施0.1%～0.5%氯化钙溶液，或果实采后用2%氯化钙溶液浸果，可抑制草莓过快软化，从而提高耐贮性。

采收前，应准备好足够的采收容器，如塑料箱、小木盒、塑料盒、塑料袋等。采收容器不宜过大，最好分成大小包装，小包装放入大包装，采果前垫上软纸或软布。如果须运往外地销售或送往加工厂，需提前准备好交通工具；若需要贮藏，要准备好冷库，并保证制冷设备能正常工作。

（三）采收方法

由于草莓是陆续开花、陆续结果、陆续成熟，一个品种的采收期延续约25d（露地）至6个月（日光温室栽培）。一般开始成熟时，可以每2天采收1次；成熟集中期，可每天采收1次。每次采收时必须将成熟的果实全部采尽。具体采收时间最好在早晨露水干后，上午11：00之前或傍晚天气转凉时进行。中午前后气温较高，果实的硬度较小，果梗变软，不但采摘费工，而且易碰破果皮，果实不易保存，易腐烂变质。果实摘下后要立即放在阴凉通风处，使之迅速散热降温。有条件的可放置低温库预冷处理。

浆果特别柔嫩，采收过程中必须轻摘轻放。采摘时连同花萼至果柄处摘下，避免手指触及果实。采下的浆果必须带有部分果柄并且不要损伤花萼，以延长浆果存放时间。将畸形果、腐烂果、虫伤果等不合格的果实同时采下，但采摘后不要混装，应单独另放，以免影响质量。

二、果实采后处理

（一）分级包装运输

分级标准除外观、果形、色泽等基本要求外，主要依果实大小而定。我国目前草莓生产上果实分级还没有统一的标准。一般大果型品种≥25g为一级果、≥20g为二级果、≥15g为三级果。中果型、小果型品种依以上标准每级别单果重降低5g。分级包装过程中要避免果实直接受到日光暴晒。

草莓的包装要以小包为基础，大、小包装配套。目前，上市鲜果有用200g、250g等规格的塑料盒小包装外加纸箱集装包装，也有用1kg、2kg、2.5kg礼品盒包装，还有用分层纸箱包装。规格大小根据运输远近、销售市场等灵活更改。为防止压伤，影响外观品质，切忌用大纸盒、大竹筐盛装。

草莓果实的运输应遵循小包装、少层次、多留空、少挤压的原则。在温度较低的冬季，可用一般的有篷卡车，运输途中要防日晒；进入3月中下旬温度渐高后，作较长距离运输的应使用冷藏车或采用冰块降温。

（二）保鲜贮藏

草莓浆果不耐贮藏。目前研究的保鲜贮藏方法较多，但生产上主要还是创造低温条件延长货架寿命。

1. 低温贮藏 草莓较难储存，最好随采随销。临时运输有困难的，可将包装好的草莓放入通风凉爽的库房内暂时贮藏。一般在室温下最多只能存放1～2d。放入冷藏库中库温12℃可保存3d左右，库温8℃时可存放4d，库温1～2℃时，可贮藏1周左右。但贮存期过久，品质风味均有下降，逐渐腐败。

2. 气调贮藏 草莓气调贮藏的条件为氧气3%，二氧化碳3%～6%，氮气91%～94%，温度0～1℃，空气相对湿度85%～95%。在此条件下，可保鲜贮藏2个月。将装有草莓的果盘用带有通气孔的聚乙烯薄膜袋套好，扎紧袋口，用贮气瓶等设备控制袋内气体组成达上述要求，密封后放通风库或冷库中架藏。贮藏中每隔5～7d打开袋口检查1次，若无腐烂和变质再封口冷藏。

3. 热处理贮藏 草莓热处理是防止果实采后腐烂的一种有效、安全、简单、经济的方法。在空气湿度较高的情况下，草莓果实在44℃下处理40～60min，可以使草莓腐烂率减少50%，浆果的风味、香味、质地和外观品质不受影响。

4. 保鲜剂 在远途运输的情况下，可用0.1%～0.5%的植酸、0.05%的山梨酸和0.1%的过氧乙酸混合液处理草莓果实，常温下能保鲜7d。另外，用1.0%的脱乙酰甲壳素在草莓果上涂一层膜，在13℃条件下能明显减少草莓的腐烂，21d后，腐烂率约为对照的1/5，效果好于杀菌剂，且无伤害，还可保持浆果较好的硬度。

5. 人造保鲜膜贮藏 成熟草莓果实，剔除病虫和腐烂果经水洗后用2%氯化钙、1%柠檬酸和0.2%苯甲酸钠溶液浸泡5～10min，用3%～6%海藻酸钠加0.5%柠檬酸钠液浸润，用3%～5%氯化钙溶液浸泡5～6min，塑料薄膜袋包装，在4℃条件下可贮藏9～10d。

（三）果实加工

草莓适合加工成各种制品，如草莓酱、草莓汁、草莓饼干、草莓果脯、草莓果醋、草莓罐头、草莓果酒等。20世纪90年代以来，我国速冻草莓出口量增大，很大程度上拉动了我国草莓生产和加工业的发展。

1. 速冻草莓 速冻就是将原料置于－25℃以下的低温中，使原料在短时间内迅速冻结成冻品，然后存放于－18℃低温库中待用。工艺流程：原料选择、检验、预冷、清洗、选剔、速冻、包装、成品。选择果实形态端正、大小接近、成熟度及色泽较一致的草莓鲜果，清洗消毒后将其置于0.05%～0.1%的高锰酸钾水溶液中浸泡、洗涤8～10min后，再次转入清水池中用清水冲洗2～3次。人工除去鲜果上的果柄、萼片，注意不得弄破果皮。将经洗涤消毒的果实沥干称重，按每2kg或5kg为一个装量单位，把鲜果装入专用金属盘中。速冻可加糖或不加糖。加糖速冻时，加入草莓净重30%～50%的白砂糖浸渍，也可按鲜果与糖为3∶1的质量比加白砂糖，均匀撒在果面，搅拌均匀装盘，放入低温冷库速冻。速冻温度为－37～－40℃，冻结时间为30～40min。直到果心温度为－16～－18℃。速冻完成后，将草莓移至0～5℃冷却间，将草莓分装入专用塑料袋中，每袋500g或1 000g，用封口机封实。包装后的草莓应立即送入室温－18～－20℃、湿度为95%～100%的冷藏室中贮藏。速冻草莓可贮藏18个月。速冻草莓可以较好地保持新鲜草莓的色、香、味、形，保鲜时间长。现在速冻产品以单冻草莓为主，冻结完毕后草莓由冻结机出口直接进入垫有塑料袋的包装纸箱中，成品存于－18℃低温库中。

2. 草莓果汁 工艺流程为原料选择、清洗、烫果或冷冻后解冻、压榨、自然澄清、虹吸上层清液、调配、灭菌、装瓶、冷却、冷藏（5℃左右）。冷冻草莓制汁产量高、品质好、色泽鲜艳清澈，具有新鲜草莓风味。选用含酸量高、色泽深红、香味浓、多汁、可溶性固形物含量高的品种，如哈尼。浆果要充分成熟，不允许有病虫污染、干疤、腐烂等不合格果。清洗方法同草莓酱。将草莓倒入沸水锅里烫 30～60s，使草莓中心的温度在 60～80℃即可，然后捞出放在盆中。将烫好的（或解冻）果实用压榨机破碎后放到滤布袋内，在离心甩干机内离心，由出水口收集果汁。榨出的草莓汁在密闭的容器中放置 3～4d 即可澄清，低温澄清速度更快。然后虹吸上层清液或用过滤机或 3～4 层纱布过滤。为了增加风味，控制糖度和酸度，对过滤液要调整成分。饮料草莓汁的糖度一般在 7%～13%，酸度不低于 0.3%～0.35%，可溶性固形物与酸的比例为 20∶1～25∶1。作为原果汁调整后的糖度要求为 45%，酸度为 0.5%～0.6%。将调整好的果汁加热灭菌后趁热装入洗净消毒的瓶中，立即封口。再在 80℃热水中灭菌 20min，取出后自然冷却。冷却后在低温下存放，一般应在 5℃低温冷库中贮存。草莓原果汁在饮用时需加 3 倍以上开水冲淡，果汁加水或放入冰箱即为清凉饮料。

3. 草莓果酒 工艺流程为原料选择、清洗、破浆、脱胶、调糖、发酵、除脚、陈酿、配酒、除菌、装瓶封盖、杀菌、包装、成品。选用含糖量高的品种，不允许有未熟果、烂果等不合格果。清洗方法同草莓酱。破碎打浆，排除果渣，榨取果汁。草莓果汁的脱胶可用单宁和明胶，也可用果胶酶。将脱胶后的果汁升温到 80℃灭菌，降温到 25℃入罐发酵。在入罐前要调整糖度，加糖量视其草莓含糖量而定，一般按 1.7 度糖产生成 1 度酒计算。加入活化后干酵母，加量为 0.03%。保温 15～20℃，发酵期 30d。发酵终止进行除脚 3 次，每隔 10d 除 1 次。随之加入偏重亚硫酸钾，加量为每 100kg 加 10g。除脚后的果汁含酒精 8%～10%，酸度在 0.6%～0.8%，糖分 0.5%～0.7%。将其以食用酒精封罐陈酿，时间 3 个月以上。陈酿后要换容器，以除去悬浮在酒汁中的杂质和容器底部的沉淀物。然后将果汁原酒根据需要调成红酒或干红果酒。草莓酒营养丰富，草莓的多种营养成分未经破坏，发酵中又生成多种氨基酸。成品质量要求草莓果酒呈檀香色或宝石红色，澄清透明，具有浓郁酒香和果香。

4. 草莓糖水罐头 工艺流程为原料选择、清洗（方法同草莓酱）、烫漂、装罐、注入糖液、加热排气、封罐、杀菌、冷却。选果实颜色深红、硬度较大、种子少而小、香味浓的品种。将清洗沥干的果实立即放入沸水烫漂 1～2min，以果实稍软而不烂为度，烫漂后将果实捞出沥干，之后装罐，随之注入 28%～30%的热糖液，装罐后加热排气，至罐中心温度为 70～80℃，保持 5～10min，立即密封。在水中杀菌 10～20min，分段冷却至擦干水分入库，经过保温处理检验合格即为成品。成品质量要求颜色呈浅红色或暗红色，汁中允许少量混浊及果肉碎屑，具有糖水草莓应有的风味，无异味。

5. 草莓果脯 工艺流程为原料选择、清洗、护色和硬化、浸渍、烘烤、成品。制作草莓脯的原料需选择、清洗和护色硬化处理。将护色硬化处理的果实漂洗后，放入稀糖液中浸渍 10～12h，捞出。加热提高糖液浓度并加入适量柠檬酸调整 pH，将果实再倒入浸渍 18～24h，然后加糖煮制至可溶性固形物含量达 65%以上，再浸泡 18～24h。将果捞出、沥干。将沥干后的果实放在55～65℃下烘烤至不黏手为度。把烘烤好的果铺整理成扁圆锥形，按大小、色泽、分级包装。成品质量要求草莓果脯为紫红或暗红色，具光泽；果呈扁圆锥形，不黏手，不返沙；质地韧性；具有草莓风味，甜酸适度，总糖为60%～70%；水分含量为18%～20%；二氧化硫残存量≤0.004g/kg。

6. 冻干草莓 将草莓鲜果经过分选清洗后冻结，送入专用密闭真空容器中进行真空冷冻干燥，使草莓中的水分升华脱出制成草莓冻干制品，之后真空包装。真空冷冻干燥是近年来果品加工业的新技术，该技术处理鲜果具有果形不变、营养不变、风味不变、色泽不变等优点，在密闭干燥贮存条件下可安全贮藏3～4年。冻干草莓经过吸湿可恢复新鲜草莓原状。工艺流程为原料选择、检验、预冷、清洗、切分、分选、速冻、冻干、分选、检验、包装、成品。

第七节　病虫害防治

草莓病害有20多种，主要有灰霉病、白粉病、炭疽病、黄萎病、芽枯病、红中柱根腐病、病毒病等。草莓虫害有40多种，主要有蚜虫、叶螨等。20世纪90年代以来，随着我国南北各地草莓产业的迅速发展、设施栽培的兴起、多年连作种植及频繁引种，病虫害的种类不断增加，为害也越来越严重。

一、病害及其防治

（一）灰霉病（*Botrytis cinerea* Pers.：Fr.）

灰霉病是草莓生产中发生最普遍的一种病害，主要为害成熟的果实。发病初期，受害部分出现黄褐色病斑，并扩展变褐、变软、变腐烂，病部表面密生灰色霉层。在未成熟果实上先出现淡褐色干枯病斑，之后病果呈干腐状；花瓣染病后变成黄褐色，在果梗、叶柄上形成暗褐色长形斑。灰霉病是露地、保护地栽培中最严重的病害，在栽植密度过大、持续多湿环境、温度20℃左右会导致灰霉病大发生。

防治要点：选择抗病品种。生长期清扫园地的枯蔓病叶集中烧毁，发病初期及时摘除染病幼果和花序，集中烧毁或深埋。采用地膜覆盖，避免果实与潮湿土壤直接接触。起垄栽植，灌水时不要让水浸泡果实。不要偏施氮肥。注意排水和通风换气，避免湿度过大，防止徒长。药剂防治可用敌菌丹800倍液、抑菌灵600～800倍液、百菌清600倍液、40%多菌灵粉剂500倍液等在开花前喷布，在温室内每立方米用0.1g的抑菌灵熏蒸效果也较好。

（二）白粉病［*Sphaerotheca macularis*（Wallr.：Fr.）Jacz. f. sp. *fragariae* Peries］

白粉病在设施栽培中更易于发生，现在是一些日本品种温室栽培中最严重的病害。白粉病为害草莓的叶片、叶柄、花、果实及果梗。叶片染病后，在背面发生白色点状菌丝，随后迅速扩展到全株，随着病势加重，叶向上卷曲。后期呈现红褐色病斑，叶片边缘萎缩、焦枯。花蕾和花感病后，花瓣变为红色，花蕾不能开放。果实感病后，果面将覆盖白色粉状物，果实膨大停止，着色变差，品质严重下降，几乎失去商品价值。白粉病在整个生长期都可能发生。促成栽培秋季就开始发病，半促成栽培多在春天发病，特别是保护地内湿度达90%以上或异常干燥时，较易发生此病。雨水能抑制孢子萌发和传播。

防治要点：选抗病品种，日本品种多不抗白粉病；加强土、肥、水综合管理，增强植株长势；防止偏施氮肥，控制植株徒长；注意通风换气，雨后及时防止过干、过湿；发现中心病株后要及时摘除病叶，并集中烧毁；发病初期及时进行药剂防治，可喷70%甲基托布津800～1 000倍液、50%退菌特800倍液、25%粉锈宁3 000倍液等，喷药尽量喷洒在叶片背面。

（三）革腐病［*Phytophthora cactorum*（Lebert & Cohn）J. Schröt.］

革腐病是一种重要的果实病害，露地及保护地中均易发生。大雨过后立即天晴时或者大水漫灌后，发病严重。主要为害果实，在果实整个发育期都可能被侵染。未成熟果感病部位变褐色至黑褐色，成熟果感病部位淡紫色至紫色。肉质变粗糙，像腐烂的皮革，且有令人作呕的味道。发病最适条件是饱和湿度、强光照、温度20～25℃，若温度在15℃以下和25℃以上发病率降低，低于10℃和高于30℃不发病。病菌随病果在土壤越冬。果实与土壤直接接触或与雨水、灌溉水等间接接触均易感染。

防治要点：不宜连作，避免在地势低、湿度大的地块栽培。进行土壤消毒。采用高垄覆膜栽培，及时彻底消除病果。发病初期喷施25%多菌灵300倍液、35%瑞毒霉1 000倍液、50%速克灵1 500倍液均可。

（四）炭疽病［*Colletotrichum fragariae* A. N. Brooks，*C. acutatum* J. H. Simmonds，*C. gloeosporides*（Penz.）Penz. & Sacc. in Penz.］

炭疽病是草莓产区的重要病害之一，尤其我国南方地区。该病主要为害匍匐茎和叶柄、叶片、花，果实也可感染。发病初期，病斑水渍状，呈凹陷的纺锤形或椭圆形，大小3～7mm，后病斑变黑色，或中央褐色，边缘红褐色。叶片、匍匐茎上的病斑相对规则整齐，很易识别。匍匐茎、叶柄上的病斑可扩展成环形圈，其上部萎蔫枯死。一般在7～9月发病，气温高的年份可延续到10月。降雨可加重该病的发生，往往导致死苗。

防治要点：选抗病品种，日本品种多不抗炭疽病。避免苗圃地连作。及时摘除病叶、病茎、枯老叶等带病残体，并清理田园。在匍匐茎抽生前进行药剂防治。

（五）红中柱根腐病（*Phytophthora fragariae* C. J. Hickman var. *fragariae*）

红中柱根腐病是草莓重要土壤真菌病害之一，常见于露地栽培，促成、半促成栽培相对较少。该病喜酸性土壤，在低洼排水不良的地块发病较重。草莓感病后全株枯萎，地上部由基部叶的边缘开始变为红褐色，再逐渐向上萎蔫至全株枯死。根的中柱呈红色和淡褐色是根腐病最明显的特征。由病株、土壤、水和农具传播。露地与大棚栽培的草莓在低温季节或低湿的地里都易发生，因此在气候冷凉、土壤潮湿条件下，此病成为草莓生产的毁灭性病害。

防治要点：选用抗病品种；不宜长期连作；避免在地势低、湿度大的地块栽培；进行土壤消毒；新发展区不从重病区引种，发现个别病株要立即带土烧毁；防止灌水和农具等传播；及时摘除老叶、病叶，增施农家肥，培育壮苗。

（六）芽枯病（*Phytophthora* spp.）

草莓芽枯病主要为害花蕾和幼芽，被害后呈青枯状萎蔫，枯死芽呈黑褐色。叶片和萼片被害后，形成褐色斑点，叶柄和果梗基部变成黑色，叶片萎蔫下垂，新生叶片变小，叶柄带有红色，严重时失去生长点，造成整株枯死。土壤水分含量高、空气湿度和栽植密度大、植株长势旺都易发病。发病末期，被害枯死部位往往有二次寄生的灰霉病发生。芽枯病主要通过幼苗传染，苗圃地和田间也有传染病原。

防治要点：加强栽培管理，避免栽植过深、过密。注意通风换气，特别是设施栽培，须防止湿度过大和灌水过多。氮肥用量过多，容易加重病害。避免使用发病地育苗，被害严重植株要与土一起挖除烧毁。现蕾期喷布杀菌剂。

（七）黄萎病（*Fusarium oxysporum* Schlechtend.：Fr. F. sp. *fragariae* Winks & Williams）

黄萎病又称叶枯病。黄萎病是草莓重要土壤真菌病害之一。该病感染后，植株生长不良，外围老叶首先表现症状，叶缘和叶脉变褐色，新长出的幼叶失绿黄化，呈畸形，扭曲，根系变褐色腐烂，但中心柱不变色。该病菌为高温型，发病适温 25～30℃，夏、秋季高温季节病症严重、典型。在连作地块发病加重。该病菌的寄主范围广，并可通过土壤、水等传播。

防治要点：避免在发病草莓园选留繁殖苗母株及避免连作。发现病株应尽早拔除，并妥善处理。对于连作的病发地必须在定植前进行土壤消毒。

（八）叶斑病［*Mycosphaerella fragariae*（Tul.）Lindau］

叶斑病又称蛇眼病，我国各地发生普遍。通常在露地结果后的植株叶片上或者露地繁苗期间发生，设施栽培较少发生。主要为害叶片造成叶斑，大多发生在老叶上。叶上病斑初期为暗紫红色小斑点，随后扩大成 2～5mm 大小的圆形病斑，边缘紫红色，中心部灰白色，略有细轮纹，酷似蛇眼。病斑发生多时常融合成大型斑。病菌以病斑上的菌丝在病叶上越冬。病菌生育适温为 18～22℃，低于 7℃或高于 23℃发育迟缓。秋季和春季光照不足，天气阴湿发病重；重茬田、管理粗放和排水不良地块发病重。病苗和表土上的菌核是主要传播载体。

防治要点：选用达赛莱克特、全明星等抗病品种。采收后及时清理田园，摘除收集被害叶片烧毁，剔除病株。可用百菌清、代森锰锌等药剂防治。

（九）轮纹病［*Gnomonia fructicola*（Arnaud）Fall］

轮纹病主要为害幼嫩叶片，在我国分布较为普遍。症状表现在老叶上起初为紫褐色小斑，逐渐扩大呈褐色不规则形病斑，周围常呈暗绿或黄绿色。在嫩叶上病斑常从叶顶开始，沿中央主脉向叶基呈 V 形或 U 形迅速发展。病斑褐色，边缘浓褐色，病斑内可相间出现黄绿红褐色轮纹，最后病斑内全面密生黑褐色小粒（分生孢子堆）。一般 1 个叶片只有 1 个大斑，严重时从叶顶伸达叶柄，乃至全叶枯死。该病还可侵害花和果实，可使花萼和花柄变褐死亡。该病是偏低温高湿病害，春、秋季特别是春季多阴湿天气有利于本病发生和传播，发病高峰期一般在花期前后和花芽形成期。28℃以上时极少发病。露地栽培时发生严重，设施栽培低温多湿、偏施氮肥、苗弱、光照不足的条件下发病重。

防治要点：及时摘除病老枯死叶片，集中烧毁。加强栽培管理，注意植株通风透光，不要单施速效氮肥，促使植株生长健壮。可用代森锌、代森锰锌500倍液防治。

（十）叶枯病［*Diplocarpon earlianum*（Ellis & Everh）F. A. Wolf］

叶枯病又称红点病，我国发生较普遍。主要侵害叶片，是草莓叶部常见病害之一，露地发生较重。叶枯病主要在春秋发病，侵害叶、叶柄、果梗和花萼。叶上产生紫褐色无光泽小斑点，以后扩大成直径3～4mm的不规则形病斑，病斑中央与周缘颜色变化不大。病斑有沿叶脉分布的倾向，发病重时叶面布满小病斑，后期全叶黄褐至暗褐色，直至枯死。在病斑枯死部分长出黑色小粒点，叶柄或果梗发病后，产生黑褐色稍凹陷的病斑，病部组织变脆而易折断。病菌在植株发病组织或落地病残物上越冬，春季释放出子囊孢子或分生孢子借空气扩散传播、侵染发病，并由带病种苗进行远距离传播。该病为低温性病害，秋季和早春雨露较多的天气有利侵染发病。肥足、苗壮发病轻，缺肥、苗弱发病重。

防治要点：选用全明星、达赛莱克特等抗病品种。及早摘除病老叶片，减少传染源。加强肥水管理，使植株生长健壮，但不要过多施用氮肥。可用多菌灵、苯菌灵、甲基托布津、代森锌、代森锰锌等药剂防治。

（十一）线虫病

为害草莓的线虫种类很多，据刘维志（1986）调查，我国草莓上寄生的线虫已有5种：叶部线虫1种（*Aphelenchoides fragariae*），芽部线虫2种（*Neotylenchus abulbosus*）和（*Neotylenchus acris*），根部线虫2种（*Pratylenchus penetrans*）和（*Xiphinema diversicaudatum*）。侵害草莓的线虫种类不同、侵害部位不同，症状表现也不同，常表现为矮化、变形、变色、枯叶、衰弱等。草莓线虫大多寄生在根部或生长点附近。根线虫侵害草莓根，引起植株长势减弱。草莓芽线虫主要在草莓芽上寄生，条件不适合时进入土壤中生活，或侵入到芽内，当植株上出现水膜时，它又继续生长发育，在芽生长点附近的表皮组织上营外寄生生活，刺破表皮组织吸食汁液，定植后使新生叶变小、畸形，株型矮缩。线虫能在枯叶中休眠和存活2年以上，当病叶湿润时即可复苏活动。各种线虫主要是通过种苗和土壤及枯枝、落叶、雨水、灌水、耕作工具等传播。一般重茬地和轻沙壤地受害较重。

防治要点：选择无病区育苗并严格实施检疫，注意轮作倒茬，消除田间野生寄主如三叶草、狗尾草、黑麦草、风车草、荞麦、苜蓿等，定植前用太阳能消毒或用氯化苦熏蒸处理土壤。

（十二）病毒病

草莓病毒病可使草莓生长衰退，并造成严重减产，一般可减产20%～30%。侵染草莓的病毒主要有4种：草莓斑驳病毒（Strawberry mottle virus，SMoV）、草莓皱缩病毒（Strawberry crinkle virus，SCrV）、草莓轻型黄边病毒（Strawberry mild yellow edge virus，SMYEV）、草莓镶脉病毒（Strawberry vein banding virus，SVBV）。几种病毒复合感染时造成的损失更大。由于草莓病毒病传染植株后一般不能很快表现出症状，具有潜伏性，只在十分严重时才表现出叶片皱缩、黄化等，所以长期以来未受到生产种植者重视，只是笼统归结为“品种退化”。植株感染病毒后一般需借助指示植物嫁接法或其他方法才可以检测出来，目前我国各草莓种植区的病毒感染率较高，尤其老区感染较重，应予以足够的重视。蚜虫是草莓病毒病传播的主要媒介。

防治要点：利用微茎尖培养获得无病毒苗进行繁苗。防治传毒昆虫如蚜虫。3～5年更换一次无病毒苗，及时剔除病苗等。

二、虫害及其防治

（一）蚜虫

蚜虫俗称腻虫。蚜虫是草莓产区普遍发生的主要害虫之一。为害草莓的蚜虫主要有食杂性的桃蚜（*Myzus persicae* Sulzer）、棉蚜（*Aphis gossypii* Glover）和绣线菊蚜（*Aphis citricola* van der Goot）等。蚜虫通常群集在新茎、幼叶、幼芽、花蕾上为害，也可群集在叶片背面，以口器刺吸汁液，虫口量大时造成叶片皱缩、卷曲，削弱植株长势，蚜虫分泌的黏稠物污染叶片和果实还易引起煤烟病。蚜虫还是病毒病的主要传播者。蚜虫以飞迁的方式完成其生活周期。冬季在桃、李、杏等核果类果树上越冬，翌年4月中下旬迁移到草莓上为害。也有的蚜虫冬季在草莓、蔬菜等作物的根际土壤中越冬，翌春天气转暖后繁殖为害。在温度较高的设施栽培草莓地里，蚜虫可周年在草莓上为害。蚜虫一年发生的代数因地区不同而异，较冷地区一般一年发生10代，较温暖地区一年可发生30～40代。

防治要点：及时摘除老叶，清理园地，清除杂草、枯叶，集中烧掉。发现蚜虫为害及时喷洒农药进行防治，喷洒要求细致全面。化学防治药剂应交替使用，以免产生抗性。

（二）叶螨

叶螨是草莓上常见的害虫，分布很广，我国各地发生普遍。为害草莓的叶螨类有多种，其中最重要的有二斑叶螨（*Tetranychus urticae* Koch）和朱砂叶螨（*Tetranychus cinnabarinus* Boisduval）。叶螨以成虫、若虫群集于叶背面，吐丝结网，并以口器刺入叶内吸取汁液。叶片被害初期呈灰白色或黄褐色斑点，后转紫红褐色，叶缘向下卷曲，受害严重时叶片呈铁锈色，状似火烧。受害后果实变小，畸形果增多，重者整株枯死，严重影响草莓产量和质量。叶螨繁殖能力强，一般一年可繁殖10代以上，既可有性繁殖，也可孤雌生殖，尤其在高温干旱的气候条件下繁殖迅速，能短期内爆发成灾，难于防治。气温在20℃以上时，5d左右即可繁殖1代，世代重叠，其中促成栽培中为害尤为严重。

防治要点：叶螨是通过匍匐茎苗带入苗床和草莓地，越冬期寄生在下部老叶上，所以摘除老叶、病叶非常重要。清理田园，减少叶螨寄生植物。放养天敌如长须螨来捕杀害螨，是最有前途的防治方法。保护天敌，加强虫情调查，减少用药次数，尽量少用或不用对天敌杀伤力强、残效长的农药。早观察、早发现，确保早期彻底防除。交替使用杀螨剂，防止产生抗性。

（三）盲蝽

盲蝽在我国某些地区或某些年份为害十分严重，不仅造成减产，而且影响鲜食和加工品质。盲蝽属半翅目昆虫，具刺吸口器，两者体形相似，但盲蝽个体小。为害草莓的主要是牧草盲蝽（*Lygus pratensis* L.）。盲蝽成虫、若虫约在落花后10d之内刺吸花托顶尖部位种子的汁液，破坏种子胚乳，阻止种子正常发育，被刺伤种子与正常发育种子大小一样，但中空，外表呈干稻草黄色，导致着生在花托顶部被刺种子的果肉组织停止发育，而在花托四周着生未受害种子的果肉仍能正常发育，因而形成扁圆形、空种子密集中心呈硬块、形似纽扣的畸形果。生产上常被误认为是花期低温冷害造成花托顶部种子授粉不良所致，两者的区别是，后者密集成块的是未发育的浅绿色小种子。盲蝽每年发生 3～5 代，食性杂，成虫在枯草落叶、树干缝隙、石缝等处越冬。早春成虫在杂草及各种作物上产卵。

防治要点：清除园地杂草、落叶，集中烧毁或深埋，减少虫源。春季园内发现成虫可喷药防治，必要时花前再喷 1 次。

（四）蛞蝓

蛞蝓别名鼻涕虫。在草莓上主要为害成熟期浆果，果实被啃食成洞；也为害叶片，被食处呈网状，在其爬行的叶面或果面留有银色黏液痕迹，令人恶心，浆果失去经济价值。蛞蝓喜阴暗潮湿环境，在保护地栽培中，在湿度大的地面、地膜下或叶背面易于发现。5～7 月间潮湿多雨季节在田间大量为害，入夏气温升高，活动减弱，秋季气温凉爽后又活动为害。以成体或幼体在作物根部湿土下越冬。

防治要点：清洁田园，铲除杂草，实行水旱轮作。可撒石灰或草木灰，蛞蝓爬过时，身体失水死亡；亦可用灭蜗灵颗粒剂撒施。

（五）金龟子

金龟子俗称金克郎、铜克郎。分布普遍。蛴螬是其幼虫的通称，属为害严重的地下害虫。为害草莓的金龟子主要有苹毛丽金龟子（*Proagopertha lucidula* Fald.）、黑绒金龟子（*Maladera orientalis* Motsch.）等。金龟子食性杂，成虫春季为害花蕾、嫩叶，对花尤为嗜食。可将嫩蕾、花及嫩心叶食成破碎状。幼虫咬伤或咬断草莓新茎和根，造成植株萎蔫死亡。苹毛丽金龟子每年发生 1 代。3～5 月间，平均气温达 10℃以上时成虫大量出土，特别是雨后出土更多，开始取食为害。发生多的年份可将整个花蕾、花朵食光。成虫交尾后钻入 10～20cm 的土层里产卵，卵经过 20d 左右孵出幼虫，就近取食草莓等植物根。老龄幼虫转移到深层土壤做土室化蛹。蛹经过 20d 左右羽化出成虫，在土室里越冬。成虫有假死习性。

不同种的金龟子幼虫除体形大小和生活周期年限有所差别外，其主要形态特征相似。蛴螬体形肥大，弯曲近 C 形，头部红褐色，全身白色至乳白色，头尾较粗、中间较细，胸足 3 对，后 1 对最长，每个体节多褶皱。蛴螬年发生代数因种、因地而异。一般每年发生 1 代，或 2～3 年 1 代。蛴螬共 3 龄，1～2 龄期较短，3 龄期最长。蛴螬终生栖居土中，其活动主要与土壤的理化特性和温、湿度等有关。在一年中活动最适的土温为13～18℃，春、秋季为害重。

防治要点：春、秋季翻耕土地，人拣、鸟啄杀灭蛴螬。发现死苗立即在苗附近挖出蛴螬消灭。人工捕杀成虫，绝大多数金龟子具假死性，可人工振落捕杀。避免施用未腐熟的厩肥，减少成虫产卵。利用成虫（金龟子）的趋光性用黑光灯或点火堆进行诱杀。

（六）金针虫

金针虫俗称铜丝虫、金齿耙等。主要分布在我国长江以北，是重要地下害虫之一。主要种类有沟金针虫（*Pleonomus canaliculatus* Falder）、细胸金针虫（*Agriotes fuscicollis*

Miwa）等。为害草莓根部、叶柄及浆果，致使草莓枯萎死亡，缺株断垄，局部地区可造成严重损失。生长期间在草莓根或地下茎上蛀洞或截断，在叶柄基部蛀洞甚至蛀入嫩心。在贴地浆果上蛀洞，被害果即丧失食用价值。蛀洞外口圆或不规则，洞小而深，有时可洞穿整个浆果，洞口常黏附泥粒。

防治要点：与水稻轮作。保护和利用天敌如青蛙、蟾蜍等。生长期发生金针虫可在草莓株间挖小穴，将颗粒剂或毒土点施穴中立即覆盖。在金针虫活动盛期常灌水可抑制为害。

（七）小地老虎（*Agrotis ypsilon* Rottemberg）

小地老虎俗称地蚕、切根虫等。地老虎类中以小地老虎分布最广泛，为害最严重。在草莓上主要以幼虫为害近地面茎顶端的嫩心、嫩叶柄、幼叶及幼嫩花序和成熟浆果。一年可发生2～7代，因地区不同而异。以卵、蛹、老熟幼虫在土中越冬。翌年4～5月出现成虫，幼虫于5月下旬为害严重。幼虫在3龄以前昼夜活动，多群集在叶或茎上为害，3龄以后分散活动，白天潜伏在土表层，夜间出土为害，从地面咬断幼苗的根茎部或咬食叶片，常将咬断的幼苗拖入土穴中，因此田间常出现缺苗断垄，也会把浆果吃成洞。土壤湿度较大时发生较重，圃地周围杂草多亦利于其发生。

防治要点：可人工捕杀，清晨在断苗周围见残留的被害叶在土中时，将土挖开，可发现地老虎幼虫。利用成虫对黑光灯有强烈的趋性进行诱杀，并针对其对糖、醋、蜜、酒等有特别的嗜好，可在春季成虫羽化盛期用糖醋诱杀成虫，糖醋毒液配制比为糖6份、醋3份、白酒1份、水10份，加适量敌百虫。

（八）蝼蛄

蝼蛄俗称土狗、地狗、啦啦蛄等。常见的主要有两种：东方蝼蛄（*Gryllotalpa orientalis* Burmeister）和华北蝼蛄（*G. unispina* Saussure）。食性杂，以成虫、若虫咬食根部和近地面的新茎和果实，将根和新茎咬断，使植株凋萎死亡。蝼蛄常钻筑坑道，在土面上可见隧道和隆起的虚土。以若虫或成虫在土穴中越冬，翌年春天开始活动。成虫、若虫多在夜间活动为害，有趋光性、趋湿性、趋厩肥习性。蝼蛄在雨后或灌溉后、土肥中有大量未腐熟厩肥时为害更重。

防治要点：施用的厩肥、堆肥等有机肥要充分腐熟，减少蝼蛄产卵。另外还可在苗床的步道上挖小土坑，将鲜马粪或鲜草放入坑内，次日清晨捕杀。

参考文献

邓明琴，雷家军．2005．中国果树志·草莓卷［M］．北京：中国林业出版社．

谷军，雷家军．2005．草莓栽培实用技术［M］．沈阳：辽宁大学出版社．

雷家军，代汉萍，谭昌华，等．2006．中国草莓属（*Fragaria*）植物的分类研究［J］．园艺学报，33（1）：1-5.

张运涛，雷家军．2006．草莓研究进展（二）［M］．北京：中国林业出版社．

张运涛，鲁韧强．2002．草莓研究进展（一）［M］．北京：中国农业出版社．

中国科学院植物志编辑委员会．1985．中国植物志［M］．北京：科学出版社．

Staudt G.．1989. The species of *Fragaria*，their taxonomy and geographical distribution［J］．Acta Horticulturae（265）：23-33.

第三章 越橘

概述

越橘为杜鹃花科（Ericaceae）越橘属（*Vaccinium*）植物，是具有较高经济价值和广阔开发前景的新兴小浆果树种。越橘果实为蓝色或红色，其中的蓝果类型俗称蓝莓(Blueberry)。其果实大小因种类不同而异，一般单果重为0.5～2.5g。果实肉质细腻，种子极小，甜酸适口，有清爽宜人的香气，富含多种维生素及微量元素等营养物质。越橘鲜果既可生食，又可作加工果汁、果酒的原料。越橘还具有较高的保健作用和药用价值，据美国农业部人类营养研究中心发布的研究结果称，越橘是他们曾研究过的40多种水果和蔬菜中抗氧化营养成分最丰富的一种资源。越橘在国内外极受欢迎，并已被联合国粮农组织列为人类五大健康食品之一。

越橘的种类、品种很多，近几年已选育出适合寒带、温带、亚热带等不同气候条件栽培的种类和优良品种，在很多地区已经推广种植，并取得了很好的经济效益。

一、栽培历史

越橘的栽培历史不到一个世纪，最早始于美国。1906年，F. V. Coville首先开始了野生选种工作，1937年将选出的15个品种进行商业化栽培。到20世纪80年代，已选育出适应各地气候条件的优良品种100多个，形成了缅因州、佐治亚州、佛罗里达州、新泽西州、密歇根州、明尼苏达州、俄勒冈州主要经济产区，总面积1.9万hm^2。目前，越橘已成为美国主栽果树树种。继美国之后，世界各国竞相引种栽培，并根据气候特点和资源优势开展了具有本国特色的研究和栽培工作。荷兰、加拿大、德国、奥地利、丹麦、意大利、芬兰、英国、波兰、罗马尼亚、澳大利亚、保加利亚、新西兰和日本等国相继进入商业化栽培。据统计，全球已有30多个国家和地区开始蓝果越橘产业化栽培，总面积达到12万hm^2，产量超过30万t，但市场上仍供不应求。

我国的越橘研究由吉林农业大学开始。1979年，吉林农业大学的郝瑞教授开始系统地调查长白山区的野生笃斯越橘资源。国内越橘的商业化栽培起步较晚，但发展速度较快。20世纪80年代初，吉林省和黑龙江省采集野生资源用于加工果酒、饮料。吉林省安图县山珍酒厂生产的越橘酒曾获农业部银质奖，在市场上很畅销，但由于依靠野果原料供应不稳及果酒市场的衰退，未能形成一个稳定的产业。在采集野生资源的基础上，一些林业部门曾进行野生笃斯越橘的驯化栽培，但由于产量及产值低，栽培效益差，生产上难于推广。针对这一问题，吉林农业大学于1983年率先在我国开展了越橘引种栽培工作。到1997年，从美国、加拿大、芬兰、德国引入抗寒、丰产的越橘优良品种70余个，其中包括兔眼越橘、高丛越橘、半高丛越橘、矮丛越橘、红豆越橘和蔓越橘六大类型。1989年，解决了越橘组织培养工厂化育苗技术，并在长白山建立了5个蓝果越橘引种栽培基地。1995年，初步选出适宜长白山区栽培的4个优良蓝果越橘品种，并开始向生产推广。南京植物研究所于1988年从美国引入12个兔眼越橘优良品种，并在南京和栗水两地试栽，证实兔眼越橘适宜于我国南方红壤区栽培。

2000年开始，辽宁、山东、黑龙江、北京、江苏、浙江、四川等地相继开展引种试栽。2004年，吉林、辽宁和山东省栽培面积达300hm^2，总产量300t，产品80%出口日本。到2009年，越橘栽培已经遍布全国十几个省（直辖市），总面积已近3 000hm^2，总产量超过1 000t。

二、经济意义

（一）营养及医学价值

1. 丰富的营养成分 越橘果实不仅颜色极具吸引力，而且风味独特，既可鲜食，又可加工成老少皆宜的多种食品，深受消费者喜爱。据分析，每100g越橘果肉中含蛋白质0.5g、脂肪0.1g、碳水化合物12.9g、钙8mg、铁0.2mg、磷9mg、钾70mg、钠1mg、锌0.26mg、硒0.1g、维生素A 9μg、维生素C 9mg、维生素E 1.7mg，以及丰富的果胶物质、SOD、黄酮等。

2. 天然色素源 越橘果实的许多功能归功于高含量的天然色素。美国农业部营养中心的Ronald Prior博士研究比较了美国不同产地、不同种类和品种越橘果实中色素含量，发现越橘果实色素含量远高于其他水果，野生的黑果越橘果实中含量最高，已经成为保健药物的原料。

3. 强抗氧化活性 美国农业部人类营养中心研究表明，与所测定的40种水果和蔬菜相比较，越橘的抗氧化活性（以ORAC浓度计）最高（图3-1）。越橘的强抗氧化能力可

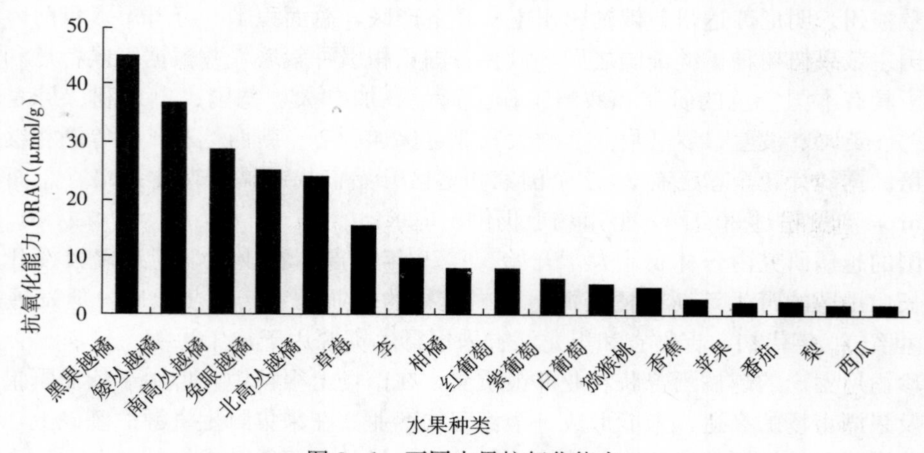

图3-1 不同水果抗氧化能力

减少人体代谢副产物自由基的生成，自由基与人类衰老和癌症的发生相关。

4. 解除眼睛疲劳，改善视力 据报道，在二战时期，英国空中驾驶员每天都食用越橘果酱，使视力大大改善，投弹的准确率大大提高，据说“在微明中能清楚地看到东西”。从发现越橘这一功能开始，美国军方就供给特种部队越橘干果，作为改善视力、增强夜战能力的一种特殊食品。意大利和法国科学家研究认为这主要是花青苷在起作用。研究发现，人每天摄取120～250mg花青苷（相当于40～80g越橘鲜果）会明显使视野变宽，适应黑暗环境的时间显著缩短。

现代社会中，随着电视、汽车和计算机的广泛普及，工作和生活压力的增大，视疲劳和与之相关的眼病越来越多。美国营养学家建议，每天食用越橘产品40～80g可以达到眼睛保健的目的。正是由于这一原因，美国教育部从2000年开始将越橘列为中小学生保护视力的营养配餐食品，并要求每人每周至少食用1杯越橘鲜果或加工品。

5. 延缓脑神经衰老，增强记忆力 美国农业部人类营养中心的James Joseph博士研究发现，越橘对与衰老有关的瞬间失忆症有明显的改善和预防作用，并能够增加记忆马达动力，这一发现作为21世纪食物营养学的重大发现被美国各界广为重视。James Joseph博士认为，这一发现和以后更深入的研究将使越橘成为21世纪的抗衰老食品。

6. 抗癌作用 美国伊利诺伊立州大学的Marry Ann Lila Smith博士研究了特殊黄酮类化合物（包括使越橘果实呈深蓝色的花色苷）对癌症的作用，发现这一类化合物可以有效抑制促进癌细胞繁殖的酶活性，其中以野生越橘的作用最强。她认为这些化合物对肝癌、子宫癌、前列腺癌、乳腺癌和白血病的癌细胞有抑制作用。一些相关的研究证明，越橘提取物对膀胱癌治疗有效。

（二）经济价值

正是由于越橘独特的风味及营养保健价值，其果实及产品风靡世界，供不应求，在国际市场上售价昂贵。越橘鲜果大量收购价为3.0～3.5美元/kg，市场鲜果零售价格高达10～20美元/kg。越橘冷冻果国际市场价格为2 600～4 000美元/t。在日本，越橘鲜果作为一种高档水果供应市场，只有20%的富有阶层消费食用。尽管日本现有400hm^{2}栽培面积，但远远满足不了市场需求，需每年从美国大量进口。日本从美国进口到口岸价位高达6～8美元/kg，市场零售价格达10～15美元/kg。越橘果实的加工品浓缩果汁国际市场价为3万～4万美元/t，是苹果浓缩果汁售价（1 000美元/t）的30～40倍。1998—2000年，我国外贸部门从长白山、大小兴安岭收购的野生越橘加工冷冻果的出口价也达2 000美元/t。

（三）越橘的开发和利用

从整个果树业的发展看，大果类如苹果、梨、桃、柑橘等发展的速度已远不如小果类，小果类的增长速度约是大果类的3倍。主要是因为这些小果类果实中含有特殊的保健成分，或是含有特别优质的天然色素或特殊香味成分。蓝果越橘和蔓越橘的原汁近黑色，稀释10倍左右即呈美丽的紫红色，如同深色的葡萄酒。世界上从温带到亚热带、热带的各种果品，从椰子、菠萝、荔枝、芒果、柑橘到苹果、山楂，无一具有如此吸引人的颜色。在人工合成色素已经不得不逐渐退出食品舞台的今天，越橘很自然地显示出其特有的魅力。而且，它所特有的香气和风味也是其他果品所不能替代的。越橘果实是加工的上好原料，在美国，越橘常与其他果品加工成复合饮料，如越橘橘子汁、越橘葡萄汁、越橘苹果汁等。蓝果越橘可供鲜食或加工，蔓越橘则主要用于加工，加工品有饮料、果酱、罐头食品、糕点馅、果干和冷饮食品等。深度加工可以大大提高经济效益，这也是大多数小果类果树的独特优势。

我国目前还没有形成越橘等小浆果完善的产品市场。越橘产品主要有四大类：鲜果、冷冻果、越橘色素和加工果酒。鲜果90%出口日本，10%供应北京和上海等大城市市场；冷冻果大约80%出口，以欧洲市场为主，20%供应国内食品企业用作加工原料；越橘果酒主要供应国内市场，小部分外销日本；越橘色素提取物几乎100%出口欧美市场。目前，我国越橘销售的主要难点是国内市场尚未培育，越橘种植企业产品以外销为主，不重视国内市场的培育。我国消费市场对越橘的认识程度较低，但这同时意味着国内越橘产品开发有巨大的潜力空间。

三、生产现状

（一）国外生产情况

世界各国栽培较多的是高丛越橘和矮丛越橘，美国、日本、大洋洲及南美洲以高丛越橘和兔眼越橘为主，欧洲各国则以高丛越橘为主。果实的利用形式主要是加工和鲜果销售。到2007年，总产量达到28万t。

北美地区是越橘的发源地，同时也是越橘的主要产区，在过去的10年内，北美地区越橘的栽培面积以平均每年20%～30%的速度递增。其他国家也以不同的速度增加。英国也开始进行高丛越橘的栽培，但仍是少量种植。与此同时，越橘总产量也在迅速增加，大多数国家果实利用形式以鲜果销售为主，北美的产量仍旧占据世界生产总量的主导地位。

北美、欧洲和日本是目前越橘果品的最大消费和贸易市场。根据北美越橘协会统计，越橘产品中大约50%参与国际贸易。日本是亚洲最大的越橘产品进口国。美国尽管是越橘主产国，但由于市场需求量大，每年从智利、澳大利亚和新西兰进口越橘鲜果2万t，仍然满足不了市场的需要。据统计，南美洲各国生产的越橘果实90%以上出口到北美地区，澳大利亚和新西兰生产的越橘主要是自销。

1. 美国和加拿大 美国和加拿大是世界越橘的发源地，其研究水平及产业化生产一直处于世界前列。北美地区高丛越橘集中在美国东北部的密歇根州、新泽西州，西北部的哥伦比亚及北卡罗来纳州。最近10年来，华盛顿和俄勒冈州越橘栽培面积以每年20%的速度递增，形成了美国又一个新的越橘主产区。

美国的缅因州和加拿大的东南部地区以采收利用野生矮丛越橘为主，缅因州的采收面积为2.4万hm^2，加拿大为2万hm^2，野生越橘的总产量占北美越橘总产量的40%以上。从1998年到2005年，魁北克野生越橘产量增长了近41倍，其他地方发展也十分迅速。矮丛越橘的利用主要是加工冷冻果，制作果汁、果酒及果酱。另外，干果加工出口最近几年呈上升趋势。根据北美蓝莓协会统计，到2007年，北美地区越橘栽培面积超过10万hm^2，产量达到24万t，占世界总产量的85%以上，总产值超过3.8亿美元。其中野生越橘产量超过 10 万 t。

北美地区是蔓越橘的主要产区，主要集中在美国的马萨诸塞、新泽西、威斯康星、俄勒冈和华盛顿州。到 2007 年总产量达到 36 万 t，占全世界产量的 97%。其中 80%的产量由美国的 Ocean Spary 公司控制，果实的 90%以上用于加工，主要是加工蔓越橘果汁饮料。

2. 日本 日本是亚洲最早进行越橘产业化生产的国家。1951 年，日本从美国引进高丛越橘品种并开始栽培，到 1993 年栽培面积达到 200hm²，2008 年超过 600hm²，年产量 1 500t，栽培品种主要是高丛越橘和兔眼越橘。日本是最近几年来越橘产品消费增加最快的国家之一。由于本国劳动力昂贵，鲜果采收成本过高，因此，日本的越橘鲜果主要从国外进口，从美国进口最多，其次是智利、澳大利亚和新西兰。越橘的冷冻果产品主要从美国进口。

3. 德国 德国的栽培历史较长，1946 年从美国引种试栽，开始进行产业化生产，同时进行独立的育种研究。栽培区域集中在北部地区，主要是高丛越橘品种，到 1999 年栽培面积达到 1 000hm²。但由于种植成本较高，栽培面积一直没有增加，产量一直维持在 5 000～6 000t。

4. 波兰 波兰 1956 年从美国引进越橘并开始普及，主要栽培种类为高丛越橘。波兰野生越橘分布面积广而且产量大，采收的野生果实向世界各国出口。2002 年全国栽培面积 500hm²；2009 年栽培面积超过 1 万 hm²，产量 15 000t。

5. 澳大利亚 1970 年引入种子并筛选品种，到 20 世纪 70 年代后期引入苗木并开始栽培，到 2005 年，面积达到 560hm²，产量 2 800t。主要集中在东部沿海地区，以栽植高丛越橘和兔眼越橘为主，高丛越橘中主要栽培品种是蓝丰，其次是斯巴坦和夏普蓝。

澳大利亚在引种的基础上，杂交育种工作取得了很大成绩，选育出了适应本国气候的优良品种，这些品种逐渐替代引入品种。在生产上，利用南北半球的气候差异进行生产，在北半球的冬季供应鲜果，大部分鲜果在国内市场销售，一部分出口到北美和欧洲。

6. 新西兰 1973 年引进越橘并开始产业化生产，到 2005 年栽培面积 425hm²，产量 900t。新西兰和澳大利亚一样，利用季节差生产越橘，总产量的 70%～80%向美国出口。新西兰栽培的主要品种为泽西和迪克西。利用蓝丰作母本杂交选育出普鲁、瑞卡和奴依，这些新品种的特点是果实大、品质好，比主栽品种晚熟 2～4 周。

7. 智利 智利越橘栽培历史较短，但发展迅速。1979 年从美国引种，栽培面积每年以 50%的速度增加，2008 年栽培面积超过 1 万 hm²，总产量近 4 万 t。智利的中部地区从南方的 Osorno 到北方的 Temuco 是北高丛越橘和蔓越橘的主产区。生产的产品全部以鲜果形式出口世界 26 个国家，其中 75%出口到美国。值得一提的是，智利越橘产业几乎全部采用组培育苗，到目前为止，尚没有严重的病虫害发生。

智利蔓越橘的生产开始于 1992 年，全国栽培面积 500hm²，产量 600t 左右。果实由公司加工成浓缩果汁，全部出口到美国，价格为 6～12 美元/kg。

8. 阿根廷 1991 年从美国引入，主要是高丛越橘。阿根廷与智利一样，利用南半球的优势近几年发展极其迅速，到 2008 年栽培面积超过 4 400hm²，产量超过 1 万 t，产品全部以鲜果出口。

南美越橘栽培面积与产量及世界各国越橘产量等见表3-1、表3-2。

表3-1 南美各国越橘栽培面积和产量

国家	面积（hm²）			2008年产量（t）		
	2005年	2007年	2008年	鲜果	加工	总计
智利	4 504	9 194	10 989	30 900	8800	39 700
阿根廷	2 802	3 807	4 415	10 100	1 400	11 500
乌拉圭	0	587	656	700	300	1 000
秘鲁	0	16	24	0	0	0
巴西	0	20	81	100	0	100
哥伦比亚	0	4	6	0	0	0
总计	7 306	13 628	16 171	41 800	10 500	52 300

数据来源：2009年Jose San Martin来华讲学资料，表中数据只包括蓝果越橘。

表3-2 世界各国越橘产量及产值

国家	2004年		2005年		2006年		2007年	
	产值（万美元）	产量（t）	产值（万美元）	产量（t）	产值（万美元）	产量（t）	产值（万美元）	产量（t）
美国	19 675.9	124 648	21 394.3	135 534	25 658.8	162 550	26 064.5	165 120
加拿大	12 992.8	82 310	10 956.5	69 410	13 027.5	82 530	12 217.7	77 400
德国	0	0	0	0	961.0	6 088	918.3	5 818
波兰	2 604.5	16 500	789.2	5 000	779.7	4 940	824.9	5 226
立陶宛	864.3	5 476	1 252.2	7 933	1 045.4	6 623	693.2	4 392
荷兰	631.4	4 000	631.4	4 000	631.4	4 000	631.4	4 000
罗马尼亚	631.4	4 000	631.4	4 000	631.4	4 000	631.4	4 000
俄罗斯	441.9	2 800	394.6	2 500	394.6	2 500	410.4	2 600
瑞典	15.7	100	347.2	2 200	347.2	2 200	347.2	2 200
新西兰	315.7	2 000	315.7	2 000	315.7	2 000	315.7	2 000
乌克兰	394.6	2 500	473.5	3 000	157.8	1 000	315.7	2 000
意大利	237.8	1 507						
法国	157.8	1 000	157.8	1 000	157.8	1 000	157.8	1 000
西班牙	118.3	750	157.8	1 000	157.8	1 000	157.8	1 000
乌兹别克斯坦	78.9	500	78.9	500	78.9	500	78.9	500
葡萄牙	15.7	100	15.7	100	41.6	264	31.5	200
墨西哥	44.1	280	41.0	260	31.5	200	19.4	123
摩洛哥	7.8	50	7.8	50	7.8	50	7.8	50
挪威	0	0	0	0	8.5	54	4.2	27

数据来源于FAO统计资料，表中南美和中国数据未作统计，数据只包括蓝果越橘。

（二）国内生产情况

我国自1983年由吉林农业大学首次引种以来，已有20多年的研究历史，解决了诸如品种、栽培、育苗等技术问题，为越橘产业化生产打下了基础。从 1999 年起，吉林农业大学小浆果研究所与日本公司合作，在山东省率先开展了越橘的产业化生产，到 2004 年，总计栽培面积 33hm^2，其中设施栽培 10hm^2，产品全部以鲜果外销日本市场。此外，吉林农业大学小浆果研究所通过技术支持和自主发展等形式，在辽宁省的沿海地区和吉林省的长白山区建立了 200hm^2 的越橘产业化生产基地。与此同时，其他省（自治区、直辖市）也相继进行推广栽培。到 2007 年全国种植面积 1 323hm^2。由表 3-3 统计数字可见，2001—2007 年，辽宁、吉林、山东等 9 个省（直辖市）蓝果越橘的栽培面积增长了 50 多倍，超过了世界其他国家的发展速度。

表 3-3 我国越橘栽培面积（hm^2）

省（直辖市）	2001 年	2002 年	2003 年	2004 年	2005 年	2006 年	2007 年
山东	10	20	39	33	43	107	193
辽宁		7	11	28	45	178	378
吉林	2	14	16	36	69	136	176
黑龙江					3	9	76
江苏	4	4	4	21	26	58	72
浙江					7	73	273
贵州	8	8	8	8	8	8	93
重庆			17	17	17	17	17
云南					5	11	45
合计	24	53	95	143	223	597	1 323

数据来源：李亚东，2009 年。表中数据只包括蓝果越橘类型。

利用设施栽培进行反季节生产使鲜果提早上市成为我国越橘生产的一大特点，并显现出巨大的市场潜力。温室栽培果实采收期可以提前到 3 月底至 5 月中旬，冷棚生产果实采收期为 5 月中旬至 6 月下旬，而露地生产为 6 月底到 8 月底。3 种栽培模式结合早中晚熟品种配合，全年可以实现连续 5 个月的鲜果供应。另外，在设施生产中由于植株生长期延长、花芽分化好，比露地生产可提高产量 30%。从 2001 年试验栽培开始，越橘的设施生产在我国从仅有的 0.13hm^2 发展到 2007 年的 30hm^2（表 3-4），预计 2010 年将达到 750hm^2。目前越橘的设施生产主要集中在山东、辽宁和吉林三省，栽培的品种有都克、蓝丰、北蓝和北陆。

表 3-4 我国主要产区越橘设施生产栽培面积（hm^2）

省份	2001 年	2002 年	2003 年	2004 年	2005 年	2006 年	2007 年
山东	0.13	4	8	8	8	10	12
辽宁	0	1.6	5	5	5	7	18
吉林							2
合计	0.13	5.6	13	13	13	17	32

数据来源：李亚东，2009 年统计。

四、我国越橘未来发展趋势和越橘生产区域规划

（一）市场和发展规模

作为一种新兴的健康保健果品，越橘在我国具有巨大的市场潜力。随着我国经济的快速发展，人民生活水平的提高，越来越多的人认识到功能健康食品的重要性。最近几年越橘的营养价值和保健功能在网络、电视、报刊等新闻媒体上得到广泛宣传，越橘产品也开始在各大超市销售。据吉林农业大学调查，目前我国各大超市销售的越橘产品有 30 余个品种，包括越橘鲜果、冷冻果、果干、果酱、罐头、果酒、饮料、色素胶囊、各类烘焙食品和奶制品等。越橘消费市场的形成将极大地促进国内对越橘原料的需求，促进越橘产业的快速发展。

更大的需求来自国际市场，越橘作为营养保健功能果品在国际市场供不应求。据北美越橘协会预测，全球每年需要越橘原料 40 万 t，而且呈上升趋势，而产量只有 24 万 t，缺口近一半。对我国来讲，未来越橘产品的主要国际市场是日本、韩国、中国的香港和台湾以及东南亚各国。因此要充分利用我国丰富的劳动力和自然资源发展越橘，使之成为一个出口创汇产业。

（二）我国越橘产区规划

越橘品种区域化是指在不同生态地区选择适宜当地生态条件的最佳品种。根据各地土壤气候条件及越橘品种群特点，我国越橘生产可以规划为以下几个产区。

1. 长白山、大小兴安岭区　长白山、大小兴安岭地处高寒山区，恶劣的气候条件致使许多果树难于形成生产规模，但发展越橘却有得天独厚的优势。大小兴安岭及长白山区有大面积连片集中的沼泽地，多为有机质含量高、疏松、湿润的酸性土壤，由于土壤呈强酸性，不适宜作物和多数树木生长，但稍加改良就适宜越橘的生长，因此，越橘也成为改造酸性沼泽地的先锋树种。

此区以抗寒力强的半高丛越橘、矮丛越橘品种为主。吉林农业大学经过 10 余年引种研究筛选出的优良抗寒越橘品种可以抵抗－40℃以上的低温。这些抗寒品种大多树体矮小，一般为 30～80cm，长白山、大小兴安岭地区冬季大雪可以覆盖植株 2/3 以上，可确保安全越冬。主推品种有美登、北蓝、北村、北陆，一些抗寒力强的高丛越橘品种可以选择小气候条件比较好的地区（吉林省的集安、图们）发展，主要推荐品种为蓝塔、北卫。

此区生产的果实以加工冷冻果、果汁、果酒为主，发展过程中要与当地的加工能力配套。

2. 辽东半岛越橘产区　辽东半岛的丹东到大连，土壤为典型的酸性沙壤土，年降水量 600～1 200mm，无霜期 160～180d，是栽培越橘较为理想的地区。但由于冬季的极端低温、干旱少雪等原因，越橘越冬抽条严重。此区是大樱桃和草莓的反季节栽培主产区，可以利用现有的设施条件大力推广设施栽培。在温室中生产越橘，采用自然升温，蓝丰品种可以在 4 月初至 5 月中旬采收，鲜果提早上市。因此将此区规划为越橘温室反季节生产区，以半高丛越橘和部分抗寒的高丛越橘品种为主，主要有北陆、北蓝、蓝丰、达柔。果

实以鲜食和加工兼用为主。

3. 胶东半岛越橘产区 胶东半岛的威海到连云港地区，土壤为酸性沙壤。典型的海洋性气候，年降水量600～800mm，无霜期180～250d，冬季气候温和，空气湿度大。所有北高丛越橘品种在此区均可以安全露地越冬，无抽条现象，青岛以南地区部分南高丛越橘和兔眼越橘品种也可以安全露地越冬。目前看此区是我国越橘的最佳产区。

此区为北高丛越橘主要产区，主要推荐的品种有都克、蓝丰、北陆、达柔和埃里奥特，以鲜果生产为主。胶东半岛具有经济发达、交通便利、便于出口等优势，利于鲜果销往日本、韩国等国出口创汇。在此区内采用普通的冷棚栽培，投入只有温室栽培的1/4，蓝丰品种可以提早到5月中旬至6月中旬采收上市。将此区规划为越橘鲜果冷棚生产主产区。

4. 长江流域越橘产区 长江流域的华东、江浙一带，土壤为酸性，夏季高温、湿润多雨。南高丛越橘和兔眼越橘耐湿热，可在此区发展。主要推荐品种有夏普蓝、奥尼尔、密斯梯、艾文蓝、佛罗达蓝、梯芙蓝、蓝宝石等，加工和鲜食兼用。

5. 云贵高原越橘产区 近几年来，云南和贵州越橘产业发展很快。该区土壤为酸性，气候条件变化多样，无霜期从120d（海拔3 000m）到280d（海拔1 000m）不等，几乎适宜所有越橘品种生长。此区发展越橘生产应该根据各地气候条件和生产目标以及社会经济发展条件因地制宜、谨慎发展。

6. 华南越橘产区 以广东、广西、福建沿海为主，主要发展兔眼越橘品种。兔眼越橘品种果大，风味比高丛越橘略差，但果实成熟期较早，为6～7月。此区越橘生产以供应东南亚、中国台湾和香港的鲜果市场为主。

第一节 主要种类和品种

越橘是一种古老的具经济价值的小浆果。据史料记载，几千年前北美土著人就已从野外采食越橘和蔓越橘。1900年前后，北美开始人工驯养种植，至今越橘已成为一类营养丰富、经济价值很高的果品资源。全世界越橘属植物约有400个种，广泛分布于北半球，从北极到热带的高山、河谷、沿海地区。其中有40%的种分布在东南亚地区，25%分布在北美地区，10%分布在美国的南部或中部地区。其余25%分散在世界各地，其中2个种在夏威夷，2个种在萨摩亚群岛，2个种在马德里和亚泽尼斯，6个种在马达加斯加。我国约有91个种、28个变种，分布于东北和西南地区。越橘大多数生长在开阔的山坡上，多为灌木，少为附生和蔓生。花为单生，总状花序或簇生。有些常绿型、矮化型的种到秋季叶片会变成红色，很美观，多用来绿化、装饰和布景。

一、主要种类及其特点

（一）簇生果类群（*V. cyanococcus* Gray）

此类群包括了所有的商业化栽培品种，根据Vander Kloet的划分方法，分为高丛越橘、矮丛越橘和兔眼越橘。

1. 高丛越橘（*V. corymbosum* L.，2n＝24，48，72） 异名：二倍体 *V. atrococcum* Heller，*V. caesariense* Mackenzie，*V. elliottii* Chapman；四倍体 *V. arkansanum* Ashe，*V. australe* Small，*V. fusatum* Ait，*V. manianum* Watson，*V. simulatum* Small；六倍体 *V. amenum* Ait，*V. ashei* Reade，*V. constablaei* Gray。

高丛越橘的分布范围从沿岸沼泽到内陆的湿地，从平原到山区的湿润山坡及干燥的山地都有大面积的高丛越橘生长。高丛越橘又根据生态适应性分为北高丛越橘和南高丛越橘。

北高丛越橘要求湿度大，抗寒力强，对土壤条件要求严格。树高1～3m，果实大，直径可达1cm。果实品质好，风味佳，宜鲜食。适宜于温带地区发展。美国北部、中北部地区大部分栽培品种源于此种。北高丛越橘与矮丛越橘杂交可育，美国明尼苏达大学用其与矮丛越橘杂交，创造出了半高丛越橘品种。

南高丛越橘（*V. australe*）耐湿热，耐冷能力比兔眼越橘强。果实比较大，直径可达1cm。适宜于亚热带地区发展。

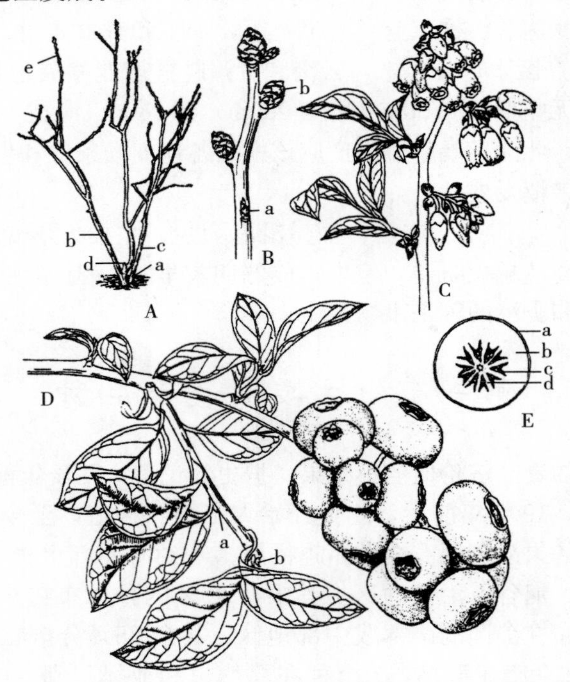

图3-2 高丛越橘浆果形态和枝芽特性

A. 休眠植株 a. 根颈部 b. 主枝 c. 更新枝 d. 修剪口 e. 当年生枝
B. 休眠枝条 a. 叶芽 b. 花芽 C. 花枝
D. 果枝 a. 腋芽 b. 败育顶芽 E. 果实横剖面 a. 表皮
b. 果肉 c. 子房室 d. 胎座和种子
（引自Eck等，1990）

2. 兔眼越橘（*V. ashei*，Reade，2n＝72） 至少有两个不同的类型，一个是在佛罗里达的狭长地带，另一个在佛罗里达东部，佐治亚南部和南卡罗来纳。Camp认为兔眼越橘是5个不同的四倍体的组合，即 *V. arkansanum*、*V. australe*、*V. fuscatum*、*V. myrsinites* 和 *V. virgatum*。

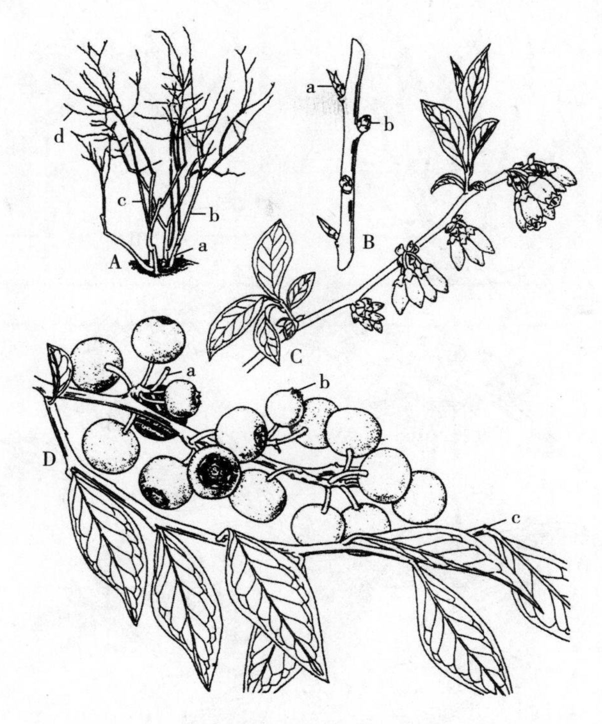

图 3-3　兔眼越橘浆果形态和枝芽特性

A. 休眠植株　a. 根颈　b. 主枝　c. 更新枝　d. 当年生侧枝

B. 休眠枝条　a. 叶芽　b. 花芽

C. 花枝　D. 果枝　a. 果梗　b. 宿存萼片　c. 败育顶芽

（引自 Eck 等，1990）

兔眼越橘树体高大，最高可达10m，寿命长，常绿。耐湿热能力强，抗旱能力强，对土壤条件要求不严格。果实大而硬，风味欠佳。适宜于热带及亚热带丘陵山区发展，生长在沼泽地和河岸地域。兔眼越橘是栽培品种中的一个重要种。

3. 矮丛越橘（*V. angustifolium* Aiton）　树高在 1.0m 以下，并且有菌根和根状茎。包括两个重要的种——狭叶越橘（*V. angustifolium*）和绒叶越橘（*V. myrtilloides*）及 6 个地方种。

（1）狭叶越橘（*V. angustifolium* Aiton，2n=48）　具有多态性。有 3 个变种：①*V. angustifoliun* forma *angustifolium*，叶片没有白霜，果粉厚，果梗直；②*V. angustifolium* forma *leucocarpum*，果白色；③*V. angustifoliun* forma *nigrum*，叶片有果粉，枝为 Z 形，果粉少，果黑色。

此种树体矮小，抗旱、抗寒能力强，果实由黑至亮蓝色。多生长在酸性的开放地、耕地边缘、高山荒地、干燥沙地、贫瘠泥炭地、裸露岩层地、松林、有橡树的荒原、择伐森林、沼泽和废弃的牧场。已从此种中选出适宜寒冷地区发展的优良栽培品种。

（2）绒叶越橘（*V. myrtilloides* Michaux，2n=24）　此类型是分布最北和最西的种，也是分布范围最广的种，是商业生产中的主栽种。适应性强，从沿海到海拔 1 200m 的地区，干燥高地、裸露的岩层地、多湿的沼泽和高山草甸都有分布。在排水良好的沙地生长最好。

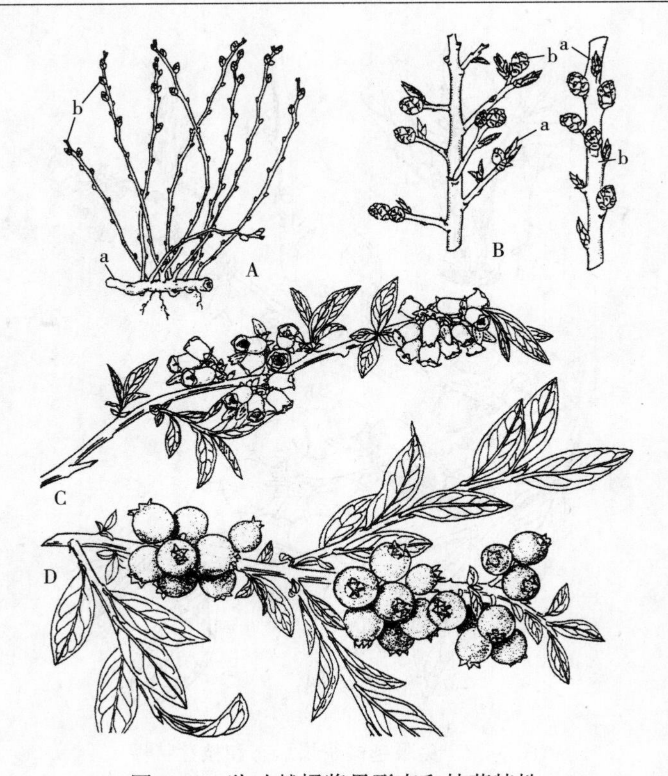

图 3-4 狭叶越橘浆果形态和枝芽特性

A. 休眠植株（a. 地下根茎 b. 直立茎）

B. 休眠枝条（a. 叶芽 b. 花芽） C. 花枝 D. 果枝

（引自 Eck 等，1990）

（二）酸果蔓越橘类群［*V. oxycoccus*（Hill）Koch］

此类群包括了大果蔓越橘和极地附近的二、四、六倍体种。木质、蔓生、常绿。主要生长在有苔藓的沼泽、潮湿的海岸、荒地和苔原上。果实红色，着生在腋生枝上，果实大小和形状在基因型内部和基因型间变化很大，种子由水以及鸟等动物传播。

1. 大果蔓越橘（*V. macrocarpon* Aiton，2n＝24） 此种与 *V. oxycoccus* L. 相比叶片较大（叶长＞1cm）；叶片型叶苞环绕在梗节处，一般果实和种子也较大（直径 9～14mm）。树纤细，叶狭小，蔓生。果实球形，红色，直径可达 2cm。果实用于制汁，少有鲜食。美国已从此种中选出优良品种并在生产上栽培。

2. 欧洲蔓越橘（*V. oxycoccus* L.，2n＝24，48，72） 叶片较小（叶长＜1cm），叶苞不明显，果小（直径 6～12mm）且较涩，种子小。此种二倍体多在北半球偏北地区，主要分布在冰岛、斯堪的纳维亚半岛、俄罗斯北部、乌克兰北部、德国南部、波兰及阿尔卑斯山脉，在亚洲横贯西伯利亚、堪察加半岛、阿尔泰山、朝鲜、日本、阿拉斯加西北部、哈得孙湾以及南部的不列颠哥伦比亚和艾伯塔山系中；四倍体分布在大不列颠群岛、斯堪的纳维亚、俄罗斯中北部、法国中部、意大利北部、罗马尼亚，亚洲的西伯利亚、堪察加半岛、日本、朝鲜，加拿大的新斯科舍省、不列颠哥伦比亚，美国的俄勒冈、费城、威斯康星、密歇根，丹麦，格陵兰岛西部；六倍体分布在芬兰、丹麦、东普鲁士、中国和美国北部。

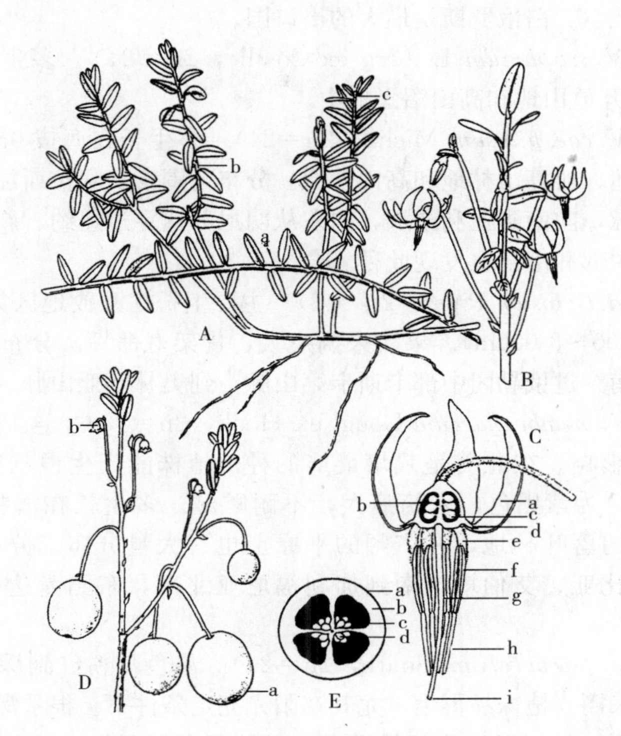

图 3-5　大果蔓越橘形态

A. 植株　a. 走茎　b. 直立茎　c. 顶芽

B. 花枝　C. 花纵剖面　a. 花瓣　b. 子房　c. 胚珠　d. 萼片　e. 花丝　f. 花药

g. 花柱　h. 送花粉管　i. 柱头　D. 结果枝　a. 成熟果　b. 未受精子房和萼片

E. 果实横剖面　a. 表皮　b. 果肉　c. 子房室　d. 种子

（引自 Dana，1990）

（三）红豆越橘类群［*V. vitis-idaea*（Moench）Koch］

红豆越橘（*V. vitis-idaea* L.，2n＝24）　红豆越橘株高 15～30cm，灌木，具匍匐根状茎。叶常绿卵形，叶厚，革质，暗绿色，上表面光滑，下表面有点状腺。果亮红色，直径 6～10mm，生于下垂的花冠上，具辛辣味，主要用于加工或提取色素。花为总状花序。抗寒力极强，抗旱。多生长在岩质的贫瘠土地或石楠属松木林中。海拔范围 0～3 000m，在高海拔地区不结果。在我国东北高山地带常与笃斯越橘混生。我国大兴安岭牙克石地区野生分布较为集中且蕴藏量大，具有很高的利用价值。德国已从野生群落中选出优良栽培品种。

第一个栽培品种是科丽尔（Koralle），随后还有红珍珠（Red Pearl），Erntekrone，Erntedank，Erntesegen，Mosovia。此种抗细菌性腐烂病，果中都含安息香酸。

（四）欧洲越橘类群（*V. myrtillus* Dumortier）

此类群受到的注意较少，分布在太平洋西北部和北美的阿拉斯加地区。

1. 欧洲越橘（*V. myrtillus*，2n＝24）　树体开张，具根状茎，果色暗红色或蓝色，芳香多汁，可鲜食，或用于加工。果皮含有丰富的花青苷色素，提取后广泛用于治疗微循环系统疾病。此种在欧洲和亚洲分布广泛，多生长在丘陵地、高山松林或云杉林的潮湿腐殖质或草炭土上。波兰、白俄罗斯是最大的出口国。

2. 帚状越橘（*V. scoparium* Leiberg ex Coville，2n=24） 多生长在海拔 1 500～3 000m 的开放或半开放山地和高山沼泽地中。

3. 丛生越橘（*V. caespitosum* Michx，2n=24） 多生长在海拔 0～3 000m 的潮湿草甸、山坡、岩质林地、亚高山林地和高山苔原。分布范围：从阿拉斯加中南部穿过不列颠哥伦比亚和落基山脉，向南到亚利桑那，向东从明尼苏达穿过纽约、新罕布什尔、佛蒙特和缅因，在墨西哥中部和南部也发现此种。

4. 甜越橘（*V. deliciosum* Piper，2n=48） 主要生长在开放地区如高山森林、草甸、高山苔原（海拔 1 400～3 000m）。果实采摘痕大，货架寿命短。分布范围：从不列颠哥伦比亚的西南部向南穿过俄勒冈中部卡斯卡第山脉，到奥林匹亚山脉。

5. 膜质越橘（*V. membranaceum* Dougl ex Hook，2n=48） 这是个高度易变的种，形状特征易受环境影响。在北美是栽培最广的种。植株能产生根状茎和不定芽，茎干高。果从中大到大，为紫黑色，采摘痕大，不耐贮藏。多生长在海拔 900～2 000m 的山坡上及干燥开放的落叶林地，在广阔的平原上也有大量分布。分布范围：从阿拉斯加穿过不列颠哥伦比亚、艾伯塔，南到加利福尼亚北部，东到爱达荷、蒙大拿、密歇根州。

6. 小叶越橘（*V. parvifolium* Smith，2n=24） 果色从粉红到深红，风味各异，果大小不等，果硬易采摘。植株易再生，尤其在阳光充足条件下。根系深且广。此种分布相当广，从阿拉斯加到加利福尼亚北部的沿岸，以及不列颠哥伦比亚东南部的内陆都有分布，从低洼地到中等海拔的潮湿山坡都可生长。

7. 卵叶越橘（*V. ovalifolium* Smith，2n=48） 果从中大到大，果色从深蓝到亮蓝，果实硬度高，果蒂痕小。多生长在沼泽粗质腐殖质上、岸边、落叶林，平原地区到海拔1 000m 地区都有分布。

（五）笃斯越橘（*V. uliginosum* L.，2n=24，48，72）

灌木落叶型，多分枝，株高 10～120cm，具根状茎。花单生或一簇（2～4朵）。果形从圆形到长形，果大小各异，直径 6～15mm，风味偏酸。果色从暗蓝色到蓝绿色。主要用于加工果酱、果汁、酿酒。是越橘中最抗寒的种，可抵抗 −50℃的低温。喜湿，抗涝能力很强，在水湿沼泽地上野生群落生长季几乎一直处于积水状态，但仍能正常生长结果。利用这一特点，可以作为抗寒和抗涝的优质育

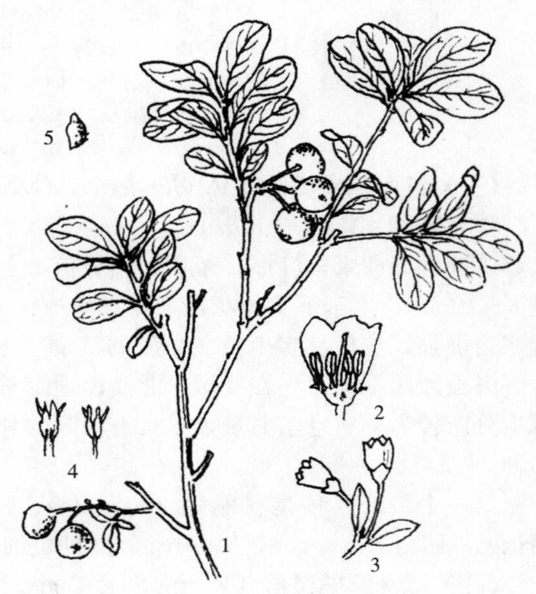

图 3-6 笃斯越橘形态

1. 果枝 2. 花纵剖面 3. 花枝

4. 雄蕊 5. 种子

（引自曲泽洲等，1990）

种材料。

多生长在潮湿多雨、有机质多的土壤及泥炭土上，如潮湿的灌木丛生的荒地或沼泽中、干燥的草炭土荒地、裸露的岩层地、山坡和耕地周围。我国东北大小兴安岭、长白山水湿沼泽地广泛分布。该种具有集中野生分布的特点，极有利于人工抚育和采集。芬兰国家园艺研究所用笃斯越橘与欧洲四倍体高丛越橘杂交，育成抗寒、抗涝越橘优良品种艾朗。

（六）其他具有经济价值的类群

1. *V. polycodium*（Raf.）Sleumer 类群　为一具有多态性的种，原产在干燥的高地上。果大，可溶性固形物含量高。果色从绿到白、粉红、淡紫、红、红褐、紫和黑。适于高地生境，耐旱，有些基因型采前落果，是具有发展潜力的种。

2. *V. herpothamnus*（Small）Sleumer 类群　是一个常绿木质化藤本种。有两个亚种：一个是 *V. crassifolium* ssp. *crassifolium* Andrews；另一个是 *V. crassifolium* ssp. *sempervirens*（Raynor & Henderon），此亚种主要用于做装饰，有两个栽培种：Bloodstone 和 Wells Delight。果小，晚熟，甜，有香气，耐贮，果皮无果粉、革质。许多类型相当耐旱。

3. *V. pyxothamnus* 类群　所有种都是常绿，叶革质。在海拔高的地区，其亚种 *V. consanguineum* 和 *V. floribundum* 的花序直立暴露在冰冷温度中，很可能是花期抗冻害的种质资源。有的品种果大且品质极佳。此外，还有如 *V. andringitrense* Perr（Madagassar）等。

二、主要优良品种

越橘是最晚实现栽培化的果树之一，其野生资源比较丰富。在现代文明发展之前，人类生存基本上靠的是野生资源，也没有因为野生资源的不足而产生迫切的栽培化需要。越橘的驯化始于 20 世纪。1906 年，美国果树学家 Coville 首先开始越橘品种的选育工作。这个新产业对于美国农业的重大意义在于为那些过去一向认为毫无利用价值的强酸性土壤找到了利用途径。而且美国开发越橘的历史对于我国红壤地区的开发利用很有启发。

越橘树体差异显著，兔眼越橘可高达 7m 以上，生产上控制在 3m 以下；高丛越橘多为 2～3m，生产上控制在 1.5m 以下；矮丛越橘一般 15～50cm；红豆越橘一般 15～30cm；而蔓越橘只有 5～15cm。果实大小 0.5～2.5g，多为蓝色、蓝黑色或红色。从生态分布上，从寒带到热带都有分布。根据其树体特征、果实特点及区域分布将越橘品种划分为 7 个品种群。品种群的划分上根据贺善安、郝瑞和李亚东的划分方法，仍然采用兔眼越橘品种群、南高丛越橘品种群、北高丛越橘品种群、半高丛越橘品种群、矮丛越橘品种群、红豆越橘品种群和蔓越橘品种群的分类方法。

（一）兔眼越橘品种群

该品种群的品种树体高大，寿命长，抗湿热，且抗旱，但抗寒能力差，－27℃低温可使许多品种受冻，对土壤条件要求不严。适宜于我国长江流域以南、华南等地区的丘陵地带栽培。向南方发展时要考虑栽培地区是否能满足450～850h、<7.2℃的需冷量；向北发展时要考虑花期霜害及冬季冻害。主要优良品种如下。

1. 梯芙蓝（Tifblue） 1955年美国佐治亚选育，亲本为Ethel×Claraway，中晚熟品种。这一品种是兔眼越橘中选育最早的一个品种，由于其丰产性强，采收容易，果实质量好，一直到现在仍在广泛栽培。植株生长健壮、直立，树冠中大，易产生基生枝，对土壤条件适应性强。果实中大，淡蓝色，质极硬，果蒂痕小且干，风味佳。果实完全成熟后可在树上保留几天。

2. 乌达德（Woodard） 1960年美国佐治亚选育，亲本为Ethel×Callaway，早熟品种。植株生长慢且树冠开张，栽培6～10年，在树冠1.2～1.8m范围内抽生很多枝条。此品种需冷量低，春季升温后很快开花，易受霜害。果实大，淡蓝色，完全成熟后果实风味极佳，但完全成熟前风味偏酸。果实质软，不适宜于作鲜果远销栽培。

3. 布莱特蓝（Briteblue） 1969年美国佐治亚选育，亲本为Callaway×Ethel，中晚熟品种。植株中等健壮，开张。该品种栽培前几年生长较慢，需轻剪。果实大，质硬，被蜡质呈亮蓝色。充分成熟前果实风味偏酸，因此需等到完全成熟后采收。果蒂痕干，果实成串生长，易于采收，并且成熟后可在树上保留相对较长时间。此品种耐贮运，可作为鲜果远销品种栽培。

4. 巨丰（Dellite） 1969年美国佐治亚选育，亲本为T-15×灿烂，中熟品种。植株中等健壮，呈直立生长，树冠中小，对土壤条件变化反应敏感。果实大、圆形、淡蓝色，质极硬，果蒂痕小且干。果实风味佳，果实糖酸比较其他品种高。其风味适合大多数人口味。但果实完全成熟前为棕红色，如作鲜果销售，影响外观品质。

5. 蓝美人（Bluebelle） 1974年美国佐治亚州立大学沿海平原试验站选育，亲本为Callaway×Ethel，中熟品种。植株中等健壮、直立，树冠中等。早产，丰产性极强，但对土壤条件反应敏感。果实成熟期持续时间长，果实大、圆形、淡蓝色，风味极佳。但果实未充分成熟时为淡红底色，充分成熟采收后迅速变软，并在采收时果皮易撕裂。因此，宜作为庭院栽培自用品种。

6. 顶峰（Climax） 1974年美国佐治亚选育，亲本为Callaway×Ethel，早熟品种。植株中等健壮、直立，树冠开张，枝条抽生局限于相对较小的区域内，因此，重剪或剪取插条对生长不利。果实中等大、蓝色至淡蓝色，硬度中等，果蒂痕小，具芳香味，风味佳。果实成熟期比较集中。晚成熟的果实小且果皮粗。此品种适宜机械采收，为鲜果市场销售栽培品种。

7. 粉蓝（Powderblue） 1978年美国北卡罗来纳选育，亲本为梯芙蓝×Menditoo，晚熟品种。植株生长健壮，枝条直立，树冠中小。果实中大，比梯芙蓝略小，肉质极硬，果蒂痕小且干，淡蓝色，品质佳。

8. 杰兔（Premier） 1978年美国北卡罗来纳选育，亲本为梯芙蓝×Homebell，早熟品种。植株很健壮，树冠开张，中大，极丰产。耐土壤高pH，适宜于各种类型土壤栽培。能自花授粉，但配量授粉树可大大提高坐果率。果实大至极大，悦目蓝色，质硬，果蒂痕干，具芳香味，风味极佳。适于鲜果销售栽培。

9. 森吐里昂（Centurion） 1978 年美国北卡罗来纳选育，亲本为 W-4×Callaway。晚熟品种。植株健壮、直立，树冠小。开花较晚且自花授粉。果实成熟期可持续 1 个月左右。果实中大，暗蓝色，具芳香味，风味佳。果实硬度不如梯芙蓝，在潮湿土壤栽培有裂果现象。宜作为庭园自用品种发展。

10. 灿烂（Brightwell） 1983 年美国佐治亚育成，亲本为梯芙蓝×Menditoo。早熟品种。植株健壮、直立，树冠小，易生基生枝，由于开花晚，所以比兔眼越橘等其他品种抗霜冻能力强。丰产性极强，由于浆果在果穗上排列疏松，极适宜机械采收和作鲜果销售。果实中大、质硬、淡蓝色，果蒂痕干，风味佳。雨后不裂果。此品种是鲜果市场最佳品种。

11. 芭尔德温（Baldwin） 美国佐治亚品种，1985 年选育，亲本为 Ga.6-40（Myers×Black Giant）×梯芙蓝。晚熟品种。植株生长健壮、直立，树冠大，连续丰产能力强，需冷量为 450～500h。抗病能力强。果实成熟期可延续 6～7 周。果实大、暗蓝色，果蒂痕干且小，果实硬，风味佳。适宜于庭院栽培。

12. 精华（Choice） 1985 年美国佛罗里达选育，由 T-31（Satilla×Callaway）自然授粉实生苗中选出，晚熟品种。植株生长健壮，但不如梯芙蓝。对叶片病害抵抗力差，且易感根腐病，适宜在排水良好的土壤上栽培。果实小、淡蓝色，质硬，果蒂痕干，充分成熟后风味佳。适宜作鲜果远销和庭园自用栽培。

1991 年，新西兰国家园艺研究所从 Premier 自然授粉的后代中选育出马鲁（Maru）和拉会（Rahi），美国佛罗里达大学选育出品种温蒂（Windy）和雪花（Snowlake），开始在生产上使用。

（二）南高丛越橘品种群

南高丛越橘喜湿润、温暖的气候条件，需冷量低于 600h，抗寒力差，适于我国黄河以南如华东、华南地区发展。与兔眼越橘品种相比，南高丛越橘具有成熟期早、鲜食风味佳的特点。在山东青岛 5 月底到 6 月初成熟，南方地区成熟期更早。这一特点使南高丛越橘在我国南方的江苏、浙江等省具有重要的栽培价值。

1. 佛罗达蓝（Floridablue） 1976 年美国佛罗里达大学选育，亲本为 Florida 63-20×Florida 63-12，在佛罗里达州 4 月下旬至 5 月初成熟。树体中等健壮，抗茎干溃疡病。果实大、淡蓝色，硬度中等，果蒂痕中湿，风味佳。适宜于庭院栽培或在当地市场鲜果销售。

2. 夏普蓝（Sharpblue） 1976 年美国佛罗里达大学选育，亲本为 Florida 61-5×Florida 62-4。果实及树体主要特性与佛罗达蓝极相似，但果实为暗蓝色。为佛罗里达中部和南部地区栽培最为广泛的品种。树体中等高度，树冠开张。需冷量是所有南高丛越橘品种中最低的。早期丰产性强。需要配置授粉树。

3. 爱凤蓝（Avonblue） 1977 年美国佛罗里达大学选育，由（Florida1-3×Berkeley）×（Pioneer×Wareham）杂交育成。果实成熟期略晚于佛罗达蓝。树体中小，树冠开张，自花结实，但用夏普蓝和佛罗达蓝授粉可提高产量和品质。果实中大、淡蓝色，肉质硬，果蒂痕小且干，品质及风味是南高丛越橘品种中最好的一个。适宜于鲜果远销栽培。

4. 奥尼尔（O'Neal） 树体半开张，分枝较多。早期丰产性强。开花早且花期长，由于开花较早，易遭受晚霜危害。极丰产。果实中大，果蒂痕很干，果肉硬，鲜食风味佳。适宜机械采收。需冷量为400～500h。抗茎干溃疡病。

5. 佐治亚宝石（Georgiagem） 树体半开张，高产且连续丰产。果实中大，果肉硬，果蒂痕小且干。配置授粉树可提高产量和品质。需冷量为359h。抗霜能力差。

6. 南月（Southmoon） 1995年由佛罗里达大学杂交选育。为美国专利品种，专利号为PP9834。是由多个亲本自然混合授粉的实生后代中选出，其亲本包括夏普蓝、佛罗达蓝、艾文蓝和FL4-76、FL80-46。早熟品种，比夏普蓝早熟8d左右。树体生长健壮直立，在较好的土壤条件下栽培树高可达2m，树冠直径达1.3m。需冷量为400h。由于开花比较早，易遭受晚霜危害。果实大，平均单果重2.3g，略扁圆形，暗蓝色。果蒂很小且干，果肉硬，风味甜略有酸味。栽培时需配置授粉树，夏普蓝和佛罗达蓝均可作授粉树。

7. 马瑞巴（Marimba） 1991年美国佛罗里达大学选育的品种，为美国专利品种，专利号为PP7974。亲本不详。树体生长中等健壮，直立。丰产性中等。需冷量只有200h。果实中大，平均单果重1.6g，暗蓝色，果粉中等，果蒂痕很小且干，果肉硬，极耐贮。风味甜，酸味中等。

8. 奥扎克兰（Ozarkblue） 1996年美国阿肯色大学选育，为美国专利品种，专利号为PP10035。亲本为USDA-G-144×FL4-76。树体生长健壮，早期丰产性强，定植后的第二年产量比蓝丰高，且连续丰产。果实大，第一批果平均单果重2.1g，第二批果平均单果重1.8g，第三批果平均单果重1.3g。果实为地球形，较整齐一致。果蒂痕小且干。果实蓝色，与蓝丰相似。果实成熟期比蓝丰晚9d左右，但采收期比蓝丰长7～14d。果肉硬，超过蓝丰，鲜食风味比蓝丰甜且香味浓，可溶性固形物11.5%。该品种的另一个突出特点是抗寒能力很强，可抵抗－23℃低温，是南高丛越橘品种中抗寒力最强的一个。

9. 斯塔纳（Stana） 1997美国佛罗里达大学选育，为美国专利品种，专利号为PP10788。为艾文蓝的自然杂交后代，父本不详。需冷量为400h。树体生长健壮，高大直立，土壤条件良好的情况下十年生树高可达2.2m，树冠直径可达1.9m。产量中等偏上，五年生树产量可达2.75kg/株。果实中大，平均单果重1.8g。果蒂痕小且干。果实暗蓝色，果肉硬，耐贮存。抗寒能力强。

10. 明星（Star） 1995年美国明尼苏达大学选育，为美国专利品种，专利号为PP10775。亲本为FL80－31×O' Neal。树体中等直立，丰产性中等偏上，三年生树平均株产3kg。果实中大，平均达果重1.6g。果实暗蓝色，果蒂痕小且干。果肉很硬，耐贮运能力强，风味极佳。与夏普蓝相比，该品种果实成熟期集中，所有果实在3周内成熟，夏普蓝则需8周。成熟期极早，在佛罗里达地区4月27日成熟。因此，在鲜果市场上很有竞争力。

11. 珠宝（Jewel） 1998年美国佛罗里达大学选育，为美国专利品种，专利号为PP11807。亲本为密歇根和新泽西北高丛越橘中筛选出的大果、品质佳、成熟期早的品系与野生的*V. darrowi*。树体中等高，半开张，四年生树株高1m，冠径1.05m。需冷量为

400h。产量中等，四年生树产量为1.36～1.82kg/株。果实大，第一批成熟果平均单果重1.7～2.5g。果实暗蓝色，果蒂痕小且干，果肉较硬，风味酸甜。

12. 蓝脆（Bluecrisp） 1997年美国佛罗里达大学选育，为美国专利品种，专利号为PP11033。亲本不详。树体生长健壮，半开张。树高可达2m。丰产性中等偏上，四年生树平均株产1.82kg。果实大，平均单果重2.2g。果实暗蓝色，果蒂痕小且干，果肉极硬，风味甜略有酸味。

13. 绿宝石（Emerald） 1999年美国佛罗里达大学选育，为美国专利品种，专利号为PP12165。亲本为FL91-69×NC1528。树体生长健壮，半开张，四年生树高1.5m，树冠直径1.1m。树势生长超过夏普蓝。果实极大，第一批果平均单果重2.9g。果实蓝色，果蒂痕小且干，果肉极硬，果实风味甜略有酸味。成熟期极早，且较集中，在佛罗里达地区4月下旬至5月上旬成熟。产量高，五年生株产可达3.63kg。抗寒力强，抗病抗虫能力强，是很有发展前途的南高丛优良品种。

14. 蓝宝石（Sapphire） 1998年佛罗里达大学选育，为美国专利品种，专利号为PP11829。亲本不详。树体生长中等健壮，半开张或开张，七年生树高可达1.5m，冠径1.1m。需冷量250h。丰产性中等，平均株产2.27kg。果实大，平均单果重1.7～2.2g。果实蓝色，果蒂痕小且干，果肉极硬，果实甜，风味佳。高抗茎干溃疡病。

15. 新千年（Millennia） 2000年美国佛罗里达大学选育，为美国专利品种，专利号为PP12816。亲本为FL85-69×O'Neal。树体生长健壮，树姿直立到开张。高1.2m，冠径1.15m。丰产性强，三、四年生树株产2.27～2.72kg。果实极大，平均单果重2.37g。果实天蓝色，比其他品种美观。果蒂痕小且干，果肉极硬，风味甜。成熟期早，在佛罗里达地区4月27日成熟。高抗茎干溃疡病。

16. 温莎（Windsor） 2000年佛罗里达大学选育，为美国专利品种，专利号为PP12783。亲本为FL83-132×Sharpblue。树体生长健壮，与夏普蓝和奥尼尔相似。高1.2m，冠径1.05m。丰产性强，三、四年生树株产2.27～2.72kg。果实极大，平均单果重2.48g。果实天蓝色，悦目美观。果蒂痕中至大，有果皮撕裂现象。果肉极硬，风味甜。该品种的突出特点是成熟期极早，在佛罗里达地区4月22日即可成熟，比明星早熟5d。

17. 比乐西（Biloxi） 1998年美国农业部ARS小浆果研究站杂交选育的品种，亲本为Sharpblue×US329。树体生长直立健壮。丰产性强。果实颜色佳，果蒂痕小，果肉硬，果实中等大小，平均单果重1.47g，鲜食风味佳。该品种的突出特点是果实成熟期早，比Climax早熟14～21d。可以早期供应鲜果市场。栽培时需要配置授粉树。另外，由于开花期早，易受晚霜危害。

18. 久比力（Jubilee） 2000年美国农业部Poplaville农业研究中心浆果试验站选育。亲本为Sharpblue×MS60（G-132×US75）。树体直立，健壮，丰产性强。果实大小中等，颜色好，风味佳，果肉硬，果蒂痕小。开花较晚，但果实成熟期比Climax早2周。果实成熟后可以在树上不采收且果实品质不变。商业性生产中可以一次或二次采收95%以上。

19. 玉兰（Magnolia） 2000年，美国农业部Poplaville农业研究中心浆果试验站选育。由（Harison×Avonblue）×Florida 72-5杂交育成。树体开张，中等大小，丰产。果实中等大小，颜色好，风味佳，果肉硬，果蒂痕小。开花较晚，但果实成熟期比Climax早1周。

20. 珍珠河（Pearl River） 2000年美国农业部Poplaville农业研究中心浆果试验站选育。亲本为G-136×Beckblue。树体直立，健壮，丰产。果实中等大小，暗蓝色，风味佳，果肉硬，果蒂痕小。开花比Climax晚2周，但果实成熟期比Climax早1周。

（三）北高丛越橘品种群

北高丛越橘喜冷凉气候，抗寒力较强，有些品种可抵抗－30℃低温，适于我国北方沿海湿润地区及寒地发展。此品种群果实较大，品质佳，鲜食口感好，可以作鲜果市场销售品种栽培，也可以加工或庭院栽培，是目前世界范围内栽培最为广泛，栽培面积最大的品种类群。

1. 蓝丰（Bluecrop） 1952年美国由（Jersey×Pioneer）×（Stanley×June）杂交选育，中熟品种，是美国密歇根州主栽品种。树体生长健壮，村冠开张，幼树时枝条较软。抗寒力强，其抗旱能力是北高丛越橘中最强的一个。极丰产且连续丰产能力强。果实大，淡蓝色，果粉厚，果肉硬，果蒂痕干，具清淡芳香味，未完全成熟时略偏酸，风味佳，是鲜果销售的优良品种。

2. 蓝塔（Bluetta） 1968年美国农业部和新泽西州合作选育的品种，是由（North Sedwick×Coville）× Earliblue杂交育成，为早熟品种。树体生长中等健壮，矮且紧凑，抗寒性强，连续丰产性强。果实中大、淡蓝色，质硬，果蒂痕大，风味比其他早熟品种佳，耐贮运性强。

3. 蓝天（Bluehaven） 1968年美国密歇根州农业试验站选育，亲本为Berkeley×（Lowbush×Pioneer实生苗），中熟品种。树体生长健壮、直立，抗寒，极丰产。果实成熟期集中，适宜机械采收，是密歇根州主栽品种。果实大、圆形，淡蓝色，质硬，果蒂痕干且小，风味极佳。宜作鲜果销售栽培。

4. 晚蓝（Lateblue） 1967年美国农业部和新泽西州农业试验站合作选育，晚熟品种。树体生长健壮直立，连续丰产性强，果实成熟期较集中，适于机械采收。果实中大、淡蓝色，质硬，果蒂痕小，风味极佳。果实成熟后可保留在树体上。

5. 米德（Meader） 1971年美国新海波塞尔农业试验站选出的品种，亲本为Earliblue×Bluecrop，中早熟品种。树体生长健壮、直立，极抗寒，极丰产，需要重剪，果穗疏松，且果实成熟期一致，适于机械采收。果实大，质硬，果蒂痕小且干，风味佳，果实过度成熟时不脱落、不裂果。该品种适宜于寒冷地区作鲜果销售栽培。

6. 埃利奥特（Elliot） 1974年美国农业部选育，由Burlington×［Dixi×（Jersey×Pioneer）］杂交育成，为极晚熟品种。树体生长健壮、直立，连续丰产，果实成熟期较集中。果实中大、淡蓝色，肉质硬，风味佳。此品种在寒冷地区栽培成熟期过晚。

7. 哈里森（Harrison） 1974年美国农业部与北卡罗来纳农业研究中心合作选育的品种，亲本为Croatan×US-11-93，中早熟品种。树体生长健壮，半直立，丰产性强，自花授粉结实，抗茎干溃疡病和蚜虫。果实大、淡蓝色，质硬，风味佳。其颜色和风味比其他品种要好，耐贮运。

8. 北卫（Patroit） 1976年美国选育，亲本为Dixi×Michigan LB-1，中早熟品种。树体生长健壮、直立，极抗寒（-29℃），抗根腐病。果实大，略扁圆形，质硬，悦目蓝色，果蒂痕极小且干，风味极佳。此品种为北方寒冷地区鲜果市场销售和庭院栽培的首选品种。

9. 蓝鸟（Bluejay） 1978年美国密歇根州立大学选育，亲本为Berkeley×Michigan 241（Pioneer×Taylor），早熟品种。树体生长健壮、直立。果实中大、圆形、淡蓝色，质硬，果蒂痕小，果柄长，有较爽口的略偏酸风味。极抗寒（-32℃），丰产性强，抗僵果病。

10. 斯巴坦（Spartan） 1978年由美国农业部选育，亲本为Earliblue×US11-93，早熟品种。树体生长健壮，树冠开张，丰产性强，略抗僵果病害。果实极大、淡蓝色，质硬，风味佳。该品种是近年来欧洲发展比较看好的一个品种。

11. 巨蓝（Bluechip） 1979年美国农业部与北卡罗来纳农业研究中心合作选育，亲本为Croatan×US11-93，中熟品种。树体生长健壮、直立。自花结实，连续丰产果实极大，质硬，悦目蓝色，有爽口略偏酸风味。抗茎干溃疡病、僵果病和根腐病。

12. 公爵（Duke） 1986年美国农业部与新泽西州农业试验站合作选育，亲本为（Ivanhoe×Eariblue）×（E-30×E-11），早熟品种。树体生长健壮、直立，连续丰产。果实中大、淡蓝色，质硬，清淡芳香风味。此品种可作为蓝塔的替代品种。

13. 康维尔（Coville） 1949年美国选育品种，亲本为Jersey×Pioneer。果实成熟期比泽西晚。树体生长健壮，极丰产。果穗松散，无裂果，无落果，适宜机械采收。果实大、淡蓝色，质硬，完全成熟前风味偏酸。

14. 泽西（Jersey） 1928年美国选育品种，亲本为Rubel×Grover，中熟品种。树体大且直立。果实中大、淡蓝色，风味佳。果实成熟期长，可持续至9月中旬。此品种为美国新泽西州和密歇根州主栽品种，适宜鲜果销售栽培。

15. 伯克利（Berkeley） 1949年美国选育品种，亲本为Jersey×Pioneer。中熟品种。树体生长健壮，树冠开张，丰产。果穗疏散，果实极大，淡蓝色，质硬，清淡芳香味，果蒂痕中，风味佳。

16. 蓝光（Blueray） 1955年美国选育品种，亲本为（Jersey×Pioneer）×（Stanley×June），中早熟品种。树体生长健壮，树冠开张，丰产。果穗小且紧凑。果实极大、淡蓝色，质硬，具芳香味，风味佳，抗裂果。

17. 达柔（Darrow） 1965年美国选育品种，亲本为（Wareham×Pioneer）×Bluecrop，晚熟品种。树体生长健壮，直立，连续丰产。果实大、淡蓝色，质硬，果蒂痕中，略酸，风味好。

18. 早蓝（Eariblue） 1952年美国选出品种，亲本为Stanley×Weymouth，早熟品种。树体生长健壮，树冠开张，丰产。果实大、悦目蓝色，质硬，宜人芳香，风味佳，果实成熟后不落果。

19. 艾朗（Aron） 1982年芬兰国家园艺研究所选育，是由笃斯越橘与四倍体高丛越橘Rancocas杂交又经回交后育成的一个品种。抗寒能力极强，抗涝能力很强。果实比笃斯越橘大，丰产。缺点是花芽形成慢，早果性差。该品种适宜我国长白山、大小兴安岭寒地的沼泽地栽培。

20. 普鲁（Puru） 1988年新西兰国家园艺研究所选育的品种，为美国专利品种，专利号为PP6701。亲本为E118（Ashworth×Earliblue）×Bluecrop。中熟品种。树体生长直立，中等健壮，并有秋季二次开花习性。产量中等，一般3～5kg/株。果实极大，果实直径12～18mm，单果重2.5～3.5g，果实淡蓝色，果实质地硬，风味极佳，尤其适宜日本市场的需求。

21. 瑞卡（Reka） 1988年新西兰国家园艺研究所选育的品种，为美国专利品种，专利号为PP6700。亲本为E118（Ashworth×Earliblue）×Bluecrop。早熟品种。树体生长直立，健壮。果穗大而松散。丰产能力极强，可达12kg/株。果实中等大小，直径12～14mm，平均单果重1.8g，暗蓝色，果实风味极佳。果实质地硬，易采收。该品种对矿质土壤的适应能力强。栽培时需要修剪花芽，以避免结果过多。

22. 伯吉塔蓝（Brigita Blue） 1980年澳大利亚农业部维多利亚园艺研究所选育。由Lateblue自然授粉的后代中选出。树体生长极健壮，直立。晚熟品种。果实大，蓝色，果蒂痕小且干，风味甜。适宜于机械采收。

23. 雷戈西（Legacy） 树体生长直立，分枝多，内膛结果多。丰产，早熟品种，比蓝丰早熟1周。果实大，蓝色，质地很硬，果蒂痕小且干。果实含糖量很高，水甜，鲜食风味极佳。这一品种被认为是目前鲜食品质最好的品种之一。

24. 托柔（Toro） 中熟品种，成熟期与蓝丰相同。树体生长健壮直立，很丰产。果穗极大，果实大，质地硬，蓝色，果蒂痕小且干，风味比蓝丰好。果实采收较容易，可两次完全采收完毕。

（四）半高丛越橘品种群

半高丛越橘是由高丛越橘和矮丛越橘杂交获得的品种类型。由美国明尼苏达大学和密歇根大学率先开展此项工作。育种的主要目标是通过杂交选育果实大、品质好、树体相对较矮、抗寒力强的品种，以适应北方寒冷地区栽培。此品种群的树高一般50～100cm，果实比矮丛越橘大，但比高丛越橘小，抗寒力强，一般可抗－35℃低温。

1. 北地（Northland） 1968年美国密歇根大学农业试验站选育，亲本为Berkeley×（Lowbush×Pioneer实生苗），中早熟品种。树体生长健壮，树冠中度开张，成龄树高可达1.2m。抗寒，极丰产。果实中大，圆形，蓝色，质地中硬，果蒂痕小且干，成熟期较为集中，风味佳。是美国北部寒冷地区主栽品种。

2. 北蓝（Northblue） 1983年美国明尼苏达大学育成，亲本为Mn-36×（B-10×US-3）。晚熟品种，树体生长较健壮，树高约60cm，抗寒（－30℃），丰产性好。果实大、暗蓝色，肉质硬，风味佳，耐贮。适宜于北方寒冷地区栽培。

3. 帽盖（Top Hat） 1979年美国密歇根州立大学农业试验站选育，亲本为Mi-19-H×Mi-36-H，早熟品种。其两个亲本均具有矮丛越橘血缘。植株半矮化，叶小，节间短。果实中大，亮蓝色，果蒂痕小，风味好。此品种可作为盆景观赏栽培。

4. 北空（Northsky） 1983年美国明尼苏达大学选育，亲本为B-6×R2P4，晚熟品种。树体生长较矮，一般25～55cm，丰产性中等。果实中大，天蓝色，肉质中硬，鲜食风味好，耐贮。抗寒力强（－30℃）。适宜于北方雪大地区栽培。

5. 北村（Northcountry）　1986年美国明尼苏达大学育成，亲本为B-6×R2P4，中早熟品种。树体中等健壮，高约1m，早产，连续丰产。果实中大，天蓝色，口味甜酸，风味佳。此品种在我国长白山区栽培表现丰产、早产、抗寒，可露地越冬，为高寒山区越橘栽培优良品种。

6. 圣云（St. Cloud）　美国明尼苏达大学选育，中熟品种。树体生长健壮、直立、树高1m左右，抗寒力极强，在长白山区可露地越冬。果实大，蓝色，肉质硬，果蒂痕干，鲜食口感好。此品种可作为我国北方寒冷地区鲜果销售栽培品种。该品种是半高丛越橘中抗寒力最强的一个，在东北地区很有发展前途。

7. 奇伯瓦（Chippewa）　1996年美国明尼苏达大学选育，亲本为（G65×Ashworth）×U53。晚熟品种。树体生长健壮，高约1m，丰产，可达1.4～5.5kg/株。果实中大，天蓝色，果肉质地硬，风味甜。抗寒力强。

8. 北极星（Polaris）　1996年美国明尼苏达大学选育，亲本为Bluetta×（G65×ashworth）。中熟品种，比北蓝早熟1周。树体生长健壮，直立，高约1m。丰产，可达1.5～4.5kg/株。果实中大，蓝色，果肉质地硬且脆，有芳香风味，耐贮存能力极强。抗寒力强。需配置授粉树。

9. 蓝金（Bluegold）　1989年美国明尼苏达大学选育，亲本为（Bluehaven×ME-US55）×（Ashworth×Bluecrop）。中熟品种。树体生长健壮直立，分枝多，高80～100cm。果实中大，天蓝色，果粉厚，果肉质地很硬，有芳香味，鲜食略有酸味。丰产性强，需要重剪增大果个，通过修剪控制产量单果重可达2g。此品种适宜北方寒冷地区作鲜果生产栽培。抗寒力极强。

10. 水晶蓝（Crystal Blue）　1993年美国明尼苏达大学选育，为美国专利品种。专利号为PP9098。亲本为MN-6×MN69-3。树体生长直立、健壮，五年生树高85cm，树冠直径95cm，并可产生10个左右25～30cm长的基生枝。连续丰产。果实中大，平均纵横径6mm×9mm，蓝色，果实硬度中等偏上，果蒂痕小且干，甜酸适度，有典型的野生越橘口味，风味极佳。抗寒能力极强。经过连续18年的观察，是目前大果鲜食越橘品种中抗寒力最强的一个，可以抵抗冬季－35℃以下低温。该品种在我国东北的高寒地区很有栽培前景。

10. MN5115，MN5415　这两个品种均是美国明尼苏达大学杂交选育的后代。1989年引入我国。树体生长健壮，树冠较开张，丰产性强。抗寒力比北空强。果实大，略扁圆形，天蓝色，质硬，果蒂痕干。可作为北方鲜果销售栽培品种。

（五）矮丛越橘品种群

此品种群的特点是树体矮小，一般高30～50cm。抗旱能力较强，且具有很强的抗寒能力，在－40℃低温地区可以栽培，在北方寒冷山区，30cm积雪可将树体覆盖，从而确保安全越冬。对栽培管理技术要求简单，极适宜于东北高寒山区大面积商业化栽培。但由于果实较小，果实主要用作加工原料。因此，大面积商业化栽培应与果品加工能力配套发展。现将已引入吉林农业大学的品种作一介绍。

1. 美登（Blomidon）　1970年加拿大农业部肯特维尔研究中心从野生矮丛越橘选出的品种Augusta与品系451杂交后代选育出的品种，中熟品种。树体生长健壮，丰产，在长白山区栽培5年生平均株产0.83kg，最高达1.59kg。果实圆形、淡蓝色，果粉较厚，单果重0.74g，风味好，有清淡宜人香味。在长白山7月中旬成熟，成熟期一致。抗寒力极强，长白山区可安全露地越冬。为高寒山区发展越橘的首推品种。

2. 斯卫克（Brunswick） 1965年加拿大农业部肯特维尔研究中心从野生矮丛越橘（*V. angustifolium* Ait）中选育。中熟品种。树体生长旺盛，高30cm。较丰产。果实球形、中等蓝色，比美登略大，直径1.3mm，单果重可达1.25g。果穗紧凑，每个果穗20个单果。在长白山区于7月下旬成熟，果实成熟期一致。抗寒性强，长白山区可安全露地越冬。与奥古斯塔相互授粉良好。

3. 芝妮（Chignecto） 1964年加拿大农业部肯特维尔研究中心从野生矮丛越橘中选育的品种。树体生长健壮，基生枝条可达80cm长。中熟品种。较丰产。果穗比斯卫克大，位于叶片之上。叶片狭长。果实近圆形，粉蓝色，果粉厚，果实直径0.8cm，单果重0.45g。果实成熟期不一致。抗寒力强，长白山区可露地越冬。

4. 芬蒂（Fundy） 1969年加拿大肯特维尔研究中心从奥古斯塔自然授粉的实生后代中选出。树体生长极健壮旺盛。枝条可达40cm长。丰产，早产。果穗生长在直立枝条的上端，易采收。果实略小于美登，单果重0.72g，果实淡蓝色，被果粉。果实中熟，成熟一致。抗寒力强。

5. 坤蓝（Cumberland） 1964年加拿大农业部肯特维尔研究中心从矮丛越橘的野生群体中选出的品种。在长白山区栽培表现生长健壮，高25cm。中熟品种，比美登早熟约4d，但比斯卫克晚熟4d。早产，丰产。果实中等大小，单果重0.5g，果实风味好，适宜于冷冻果加工。成熟期一致，抗寒。

6. 奥古斯塔（Augusta） 美国缅因州实验站从自然授粉的3302品系个体中选育出的品种。树体高约18cm，饱满。中熟品种。丰产、早产。二年生树产量可达2 720kg/hm^2，四年生树产量可达8 420kg/hm^2。果实大，直径1～1.2cm。鲜食和冷冻风味佳。自花不实，需配置授粉树。适宜于机械采收。

此外，还有CA-206、7917、NB-3等几个品种，也适宜长白山等寒冷山区栽培。

（六）红豆越橘品种群

红豆越橘为常绿小灌木，树高25cm左右，果实红色，百果重20g。果实生食口味差，主要用于加工。抗旱和抗寒能力很强，适宜北方寒地栽培。由于树体常绿，果实红色，并有二次开花结果习性，可以盆栽作观赏之用。红豆越橘商业化栽培集中于德国和波兰。吉林农业大学从德国引入2个品种科丽尔（Koralle）和红珍珠（Red Pearl），经长白山区少量试栽，表现为早产、丰产。

1. 红珍珠（Read Pearl） 荷兰从欧洲野生群体中选育的品种。树体生长健壮，高约30cm。株丛扩展较快，叶片亮绿色，果实中大，连续丰产。

2. 科丽尔（Koralle） 1969年德国从野生群体中选育，是目前欧洲栽培最为普遍的品种。树体直立，高25～30cm。与其他品种相比，根状茎扩展缓慢，早产且连续丰产。果实中大，亮红色，如珍珠状，很美观。

3. 苏西（Sussi） 1986年瑞典选育的品种。专利号为VF 846.941200。该品种生长缓慢，树高12～20cm，但具有株丛扩展迅速的习性。叶片亮绿色，使之成为极好的绿化树。果实圆形，中大，初秋成熟。

4. 桑那（Sanna） 1988年瑞典选育出的专利品种，专利号为VF 846.941220。最明显的特点是果实大，连续丰产，是目前产量最高的品种。树高14～22cm，在夏秋两季结出红色悦目的浆果。

5. 如努（Buno Bielawskie） 1996年波兰华沙农业大学从距离华沙50km的森林野生群体中选育出的品种。树体生长健壮，直立，高25～30cm。丰产。叶片暗绿色。果实椭圆形，暗红色，于9月初成熟。抗寒。

（七）蔓越橘品种群

此品种群树体矮小，一般高5～15cm，茎匍匐生长，抗寒力极强，适于高寒山区栽培。果实个大，红色，直径1～2cm，主要用于加工蔓越橘汁、酒等。因其栽培管理要求较高，使其发展受到一定限制。商业化栽培主要集中于美国。栽培的品种主要是从野生群体中获得，一部分由杂交育种获得。在蔓越橘商业化栽培的150年里，利用野生品种进行大量繁殖，筛选出132个栽培品种。除此之外，还通过杂交手段获得了37个改良品种。

目前，我国尚无蔓越橘栽培。吉林农业大学于2000年从波兰引入20个品种，并在吉林农业大学建立了品种选育试验园进行研究。

1. 贝克薇斯（Beckwith） 杂交品种，McFarlin×Early Black，1950年推出。果大而且多着生在直立的长枝上，采收方便。在新泽西州反映较好。

2. 百年纪念（Centennial） 从美国马萨诸塞州的野生蔓越橘中选出。果实樱桃形，红色，风味特佳。贮藏性中等。抗病性不强。

3. 早黑（Early Black） 古老的实生选择品种。1852—1895年在美国马萨诸塞州选出。是美国东部标准的早熟品种，也是美国分布量最大的品种。其生产面积约占北美蔓越橘总面积的1/4。果实铃形，略小于豪斯品种。暗红色极深，近于黑色，有光泽。早熟，成熟期在9月。可加工浓果汁、蜜饯和作鸡尾酒的果汁，加工品质极好。但在普通条件下贮藏性中等。抗真菌病害，对假花病的抗性强于豪斯品种。

4. 豪斯（Howes） 古老的实生选择品种。1843年由Eli Howes在美国马萨诸塞野生群体中选出。果实卵形，大小一致。深鲜红色，有光泽。坚实，果胶含量很高。成熟迟，耐贮藏。加工品质极好，供应晚季市场，包括感恩节市场。不抗假花病。

5. 麦克法林（McFarlin） 1874年由T. H. McFarlin在美国马萨诸萨野生群体中选出，是华盛顿和俄勒冈的主栽品种，在威斯康星约占栽培面积的20%。果大，有蜡质。表面有毛，外形不美观，但加工品质好，贮藏性好。抗假花病。

6. 西尔斯（Searles） 1893年由A. Searles从威斯康星的野生群丛中选出，为美国威斯康星主栽品种。在20世纪80年代，该州蔓越橘总面积增加至3 239hm^2，本品种占60%。

本品种生长快，花多，果大，卵形，深红色。中熟品种，十分丰产。在美国东部表现不抗田间和贮藏期果腐病，特别对端腐病（*Godronia cassandrae*）和干腐病敏感。由于果皮特别薄，而且蒂痕深，采收时容易受伤，贮藏性较差，有时贮藏期损失率高达25%以上。该品种的适应性较差，除在威斯康星为主栽品种外，只在美国俄勒冈和加拿大有小面积分布。

7. 斯蒂芬（Stevens） 杂交品种。亲本为McFarlin×Pouter。由于产量高，发展速度很快，已经成为栽培面积仅次于早黑的主栽品种。生长势强，果很大而坚硬，色泽鲜艳富光泽。成熟迟。抗猝倒病。

8. 薇尔科斯（Wilcox） 由豪斯×赛尔斯（1950）杂交育成，生长势强。果大，百果重133g。成熟期比斯蒂芬品种早3周。抗叶甲。

杂交品种除斯蒂芬以外，还有Crowley和Pilgrim。新品种由于推广的费用较大和栽植材料不足，推广的速度很慢。到1991年时，栽培利用的仍然是以由野外选出的古老品种为主，据统计，早黑、豪斯、麦克法林、西尔斯和BenLear等以自然选择系命名的品种占总生产面积的72%。

第二节　生物学特性

一、树体形态特征

越橘为灌木丛状果树，各品种群间树高差异悬殊。兔眼越橘树高可达10m，栽培中常控制在3m左右；高丛越橘树高一般1～3m；半高丛越橘树高50～100cm；矮丛越橘树高30～50cm；红豆越橘树高5～25cm；蔓越橘匍匐生长，树高只有5～15cm。

二、根、根状茎和菌根

（一）根

越橘为浅根系，没有根毛，主要分布在浅土层，向外扩展至行间中部。在一年内越橘根系随土壤温度变化有2次生长高峰。第一次出现在6月初，第二次出现在9月份。2次生长高峰出现时，土壤温度为14℃和18℃。土温低于14℃、高于18℃时根系生长减慢，低于8℃时根系生长几乎停止。根系生长高峰出现时地上部枝条生长高峰也同时出现。

越橘根系的吸收能力比具有根毛的根系小得多。越橘的根系细，呈纤维状，细根在分枝前直径为50～75μm。将越橘根系与小麦根系进行比较：越橘没有根毛的一段细根其吸收面积只有同样长度具有根毛的小麦根系的1/10；越橘的细根每天仅生长1mm，而小麦的细根每天可生长20mm。

用锯末覆盖土壤时，在腐解的锯末层有越橘根系分布，而在未腐解的锯末层没有根系分布。应用草炭进行土壤改良时，根系主要分布在树冠投影区域内，深度30～45cm，而未经改良的根系向外分布较广，但深度只集中在15cm以内的浅土层。施肥和灌水可促进根系大量形成和生长。在疏松通气良好的沙壤土里，影响根系生长的主要因素是土壤温度。缺水可以导致根系死亡。

（二）根状茎

矮丛越橘根系的主要部分是根状茎。据估计，矮丛越橘大约85%的茎组织为根状茎。不定芽在根状茎上萌发，并形成枝条。根状茎一般为单轴形式，直径3～6mm。根状茎分枝频繁，在地表下6～25mm深的土层内形成紧密（穿插）的网状结构。新发生的根状茎一般为粉红色，而老根状茎为暗棕色并且木栓化。

（三）菌根

越橘根系呈纤维状，没有根毛，但在自然状态下，越橘根系与菌根真菌共生形成菌根。侵染越橘的菌根真菌统称为石楠属菌根，专一寄生于石楠属植物。目前已发现侵染越橘的菌根真菌有10余种，其中比较普遍的有 *Pezilla ericace* 和 *Scytadidium vaccinii* 2个种。

值得注意的是，几乎所有越橘的细根都有内生菌根真菌的寄生，从而解决越橘根系由于没有根毛造成的对水分及养分吸收能力下降的问题。近年来，众多的研究已证明，菌根真菌的侵染对越橘的生长发育及养分吸收起着重要作用，归结起来有以下几点。

1. 促进养分吸收 菌根侵染的一个重要作用是促进根系直接吸收有机氮。人工接种后，植株氮含量可提高17%。菌根对无机氮吸收也有促进作用。在自然条件下，越橘生长的酸性有机土壤中能被根系直接吸收利用的氮含量很低，而不能被根系吸收的有机态氮含量很高。据调查，越橘生长的典型土壤中可溶性有机氮占71%，而可交换和不可交换的 NH_4^+ 只占0.4%。

菌根也可促进越橘对磷（包括有机磷和难溶性磷）以及钙、硫、锌、锰等元素的吸收。

2. 对重金属元素中毒的抵抗作用 越橘生长的酸性土壤pH很低，使土壤中重金属元素如铜、铁、锌、锰等的供应水平很高，导致植株重金属中毒，造成生理病害甚至死亡。菌根真菌的一个重要作用是当重金属元素过量时，其菌丝通过在根皮细胞内主动生长吸收过量的重金属，从而防止树体中毒。

3. 促进越橘生长发育 菌根真菌对越橘养分吸收的促进作用最终反映在生长量和产量上。人工接种菌根后可增加越橘分枝数量，增加植株生长量，并可使产量提高11%～92%。

4. 影响幼苗定植成活率 当越橘定植在没有石楠属菌根真菌的土壤上（如沙壤干旱土壤）时，由于缺少菌根，使成活率降低，成活的植株生长衰弱。

三、芽、枝、叶

（一）芽的生长特性

高丛越橘叶芽着生于一年生枝的中下部。在生长前期，当叶片完全展开时叶芽在叶腋间形成。叶芽刚形成时为圆锥形，长度3～5mm，被有2～4个等长的鳞片。休眠的叶芽在春季萌动后产生节间很短、且叶片簇生的新梢。叶片按2/5叶序沿茎轴生长。约在盛花期前2周叶芽完全展开。

（二）枝的生长特性

越橘新梢在生长季内多次生长，2次高峰最普遍，一次在春季至夏初，另一次在秋季。叶芽萌发抽生新梢，新梢生长到一定长度停止生长，顶端生长点小叶变黑形成黑尖，黑尖期维持2周后脱落并留下痕迹，称作“黑点”。2～5周后顶端叶芽重新萌发，发生转轴生长，这种转轴生长一年可发生几次。最后一次转轴生长顶端形成花芽，开花结果后顶端枯死，下部叶芽萌发新梢并形成花芽。

新梢的加粗生长与加长生长呈正相关。按照茎粗，新梢可分为3类：细＜2.5mm、中2.5～5mm、粗＞5mm。茎粗的增加与新梢节数和品种有关。对晚蓝品种调查发现，株丛中70%新梢为细梢、25%为中梢，只有5%为粗梢。若要形成花芽，细梢节位数至少为11个、中梢17个、粗梢30个。

高丛越橘和兔眼越橘的枝条产生于前一年形成的叶芽。一般叶芽萌动较花芽早1～2周，枝条长度可达数十厘米。对主蔓重剪可刺激基部的休眠芽萌发，有时还可从根上萌发新枝。

矮丛越橘的枝条多产生于根茎上面的休眠芽，虽然整个根茎上都可以萌发新枝，但多数集中于近先端处。近地面分布的根茎萌枝较多。有时根茎可钻出地面成为枝条。当年一般不再分枝，延长生长到6月结束。在地面以上的部分被烧去后，春季未被烧去的枝条基部和根茎部位萌发新枝。在焚烧后第一年约延迟到7月上旬才停止生长。此后开始进行花芽分化。顶部和近顶部的芽可以分化为花芽，基部则形成叶芽并在第二年萌发形成侧枝。枝条平均长度约8cm。

据郝瑞观察，笃斯越橘的茎有根态茎、行茎和营养茎3种类型。根态茎是位于土内的多年生固态茎，构成水平分布的地下骨架，上面有许多根须和少量粗根，在接近营养茎的地方斜伸向上。根态茎的寿命为30～40年，可以经历地上部的多次更新。行茎一般是由根态茎先端下侧的隐芽萌生，萌发后向前方或侧前方延伸10～30cm，上面可以看到不发育的叶片。行茎一旦露出土面，就由水平延伸变为直立向上生长，而且色泽由白变绿，叶片由小变大，并开始光合作用。行茎的出土部分转变为营养茎，而留在土内的部分则变为根态茎。行茎的作用是繁殖、更新和扩大株丛。营养茎第一、二年的生长量约20cm以上，以后则愈来愈少。骨干枝的寿命可达10～20年，其上的小枝组不断更新。新梢一年只有一次生长，长度不过2.2cm，顶部几个芽可以发育成花芽，中部的一个或几个叶芽可以萌生新枝，基部芽一般不萌发。

（三）叶的生长特性

越橘叶片互生。高丛、半高丛越橘和矮丛越橘在入冬前落叶；红豆越橘和蔓越橘为常绿，叶片在树体上可保留2～3年。各品种群间叶片长度不等，叶片长度由矮丛越橘的0.7～3.5cm到高丛越橘的8cm。叶片形状最常见的是卵圆形。大部分种类叶片背面被有茸毛，有些种类的花和果实上也被有茸毛，但矮丛越橘叶片很少有茸毛。

四、开花坐果

（一）花器结构

越橘单花形状为坛状，亦有钟状或管状。花瓣联结在一起，有4～5个裂片。花瓣颜色多为白色或粉红色。花托管状，并有4～5个裂片。花托与子房贴生，并一直保持到果实成熟。子房下位，常4～5室，有时可达8～10室。每一花中有8～10个雄蕊。雄蕊嵌入花冠基部围绕花柱生长，雄蕊比花柱短。花药上半部有2个管状结构，其作用是散放花粉（图 3-7）。

（二）花芽发育

1. 花芽分化　越橘花芽形成于当年生枝的先端，从枝条顶端开始，以向基的方式进行分化。高丛越橘花序原基 7 月下旬形成，矮丛越橘 6 月下旬形成。花芽与叶芽有明显区别。花芽卵圆形、肥大，长 3.5～7mm。花芽在叶腋间形成，逐渐发育，当外层鳞片变为棕黄色时进入休眠状态，但花芽内部在夏季和秋季一直进行各种生理生化变化。当 2 个老鳞片分开时，形成绿色的新鳞片。花芽沿着枝轴在几周内向基部发育，迅速膨大形成明显的花芽并进入冬季休眠。进入休眠阶段后，形成花序轴。

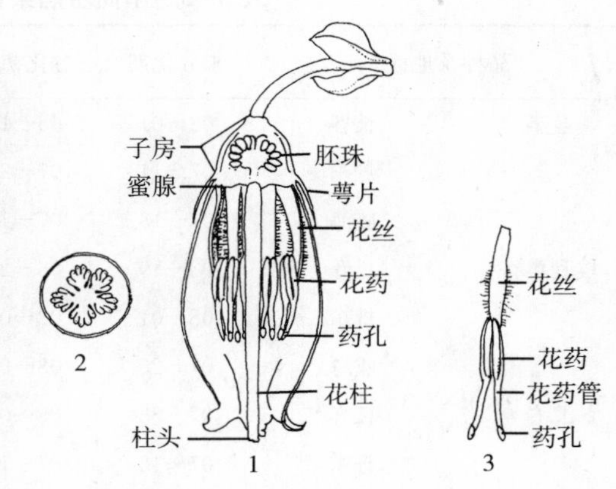

图 3-7　梯芙蓝兔眼越橘花器结构
1. 纵剖面　2. 横剖面　3. 单个雄蕊
（引自 Gough，1994）

每个枝条分化的花芽数与品种和枝条粗度有关，一般高丛越橘 5～7 个，最多可达 15～20 个。花芽在节上通常是单生，偶尔会有复芽，其发生的概率与枝条的生长势有关，粗的枝条产生复芽的概率高。单芽和复芽的分化期和开花期相同。花原基的出现时期高丛越橘在 7 月下旬。高丛越橘花芽内单朵花的分化以向顶方式进行。花序梗不断向前分化出新的侧生分生组织。在一个花序中基部的花芽先形成、先开放。矮丛越橘的花序梗轴停止发育以后，先是近侧的花原基同时分化，然后是远侧的花原基分化。近侧的分生组织变扁平并出现萼片原基以后，花器的其他部分向心分化。大约在 8 月底时从外形上可以看出，枝条顶端的花芽比基部的叶芽大而且圆鼓。红豆越橘于夏季在嫩枝的节上开始分化，8～9 月时已经比叶芽大。

越橘的花芽分化时期分为未分化期、分化初期、萼片分化期、花瓣分化期、雄蕊分化期、雌蕊分化期（图 3-8）。不同生态条件对越橘花芽分化的进程影响较大，但同一品种在不同生态条件的分化进程存在很大差异，以北春花芽为例，8 月 1 日在长春地区还处于分化初期，而丹东地区已进入花瓣分化期，威海地区雌蕊已经开始分化；在威海花芽分化始期为 6 月下旬，8 月上旬花芽分化可以结束，在丹东花芽分化始期比威海地区推迟了 7～22d，长春比威海推迟了 35d 左右（表 3-5）。

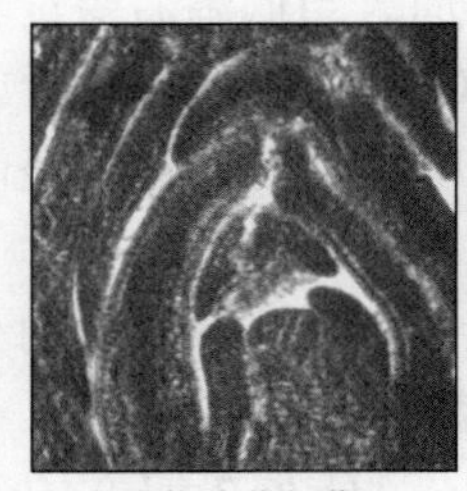
花芽分化初期

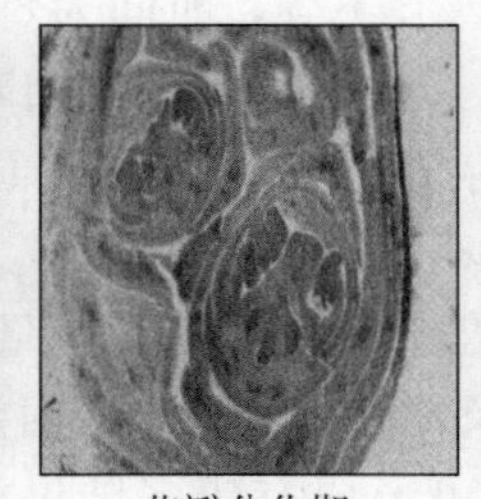
花瓣分化期

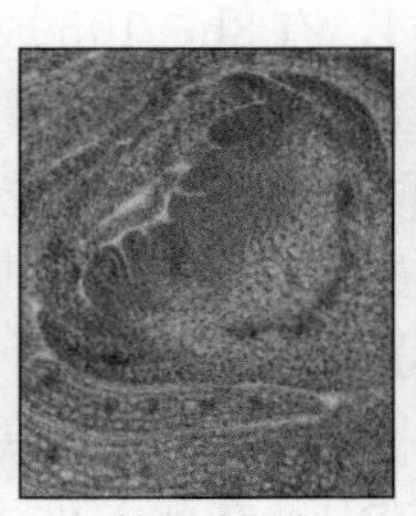
雄蕊分化期

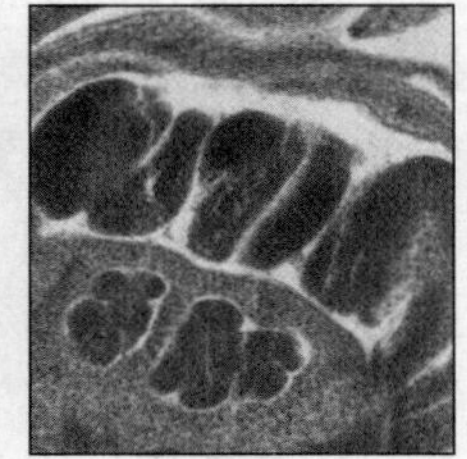
雌蕊分化期

图 3-8　北春花芽不同分化时期
（引自王庆贺，2009）

表3-5 不同生态条件下越橘花芽分化进程

品种及地区		未分化期	分化初期	萼片分化期	花瓣分化期	雄蕊分化期	雌蕊分化期
蓝丰	长春	08—01	08—12	08—23	09—04	09—20	10—14
	丹东	07—11	07—25	08—15	08—29	09—13	09—27
	威海	07—13	07—18	08—08	08—22	09—04	09—20
埃利奥特	长春	08—19	08—25	09—04	09—23	10—04	
	丹东	08—01	08—08	08—29	09—13	09—27	10—16
	威海	07—25	08—01	08—15	08—29	09—11	09—27
北春	长春	07—25	08—01	08—09	08—14	08—20	09—07
	丹东	07—13	07—18	07—25	08—01	08—15	08—23
	威海	06—20	06—25	07—11	07—18	07—25	08—01
美登	长春	06—30	07—11	07—25	08—01	08—14	08—20
	丹东	06—21	06—27	07—04	07—11	07—18	08—01
	威海	06—08	06—11	06—25	07—04	07—11	07—25

（引自王庆贺，2009年）

当温度保持在8℃以上时，花芽继续发育，直到夏末秋初。到冬季开始休眠时花药已经完全形成，而雌配子体则形成了孢原组织。在罗得岛，到10月初高丛越橘和兔眼越橘的分化已经完成，花的各个部分都已经可以看出，细胞继续分裂。到11月，花瓣包被了小花，胚珠可见。此时花梗也已可见。到12月上旬以后细胞停止分化，花芽不再膨大。直到翌年3月份萌芽后花芽再继续膨大，4月中旬约在开花前3周花粉粒形成。从花芽分化到开花的全部过程历时共9个月。

花芽在一年生枝上的分布有时被叶芽间断，在中等粗度枝条上往往远端的芽为花序发育完全的花芽。花芽形成的机制尚不十分清楚，但矮丛越橘位于枝条下部的叶芽可因修剪刺激转化为花芽。枝条的粗度和长度与花芽形成有关，中等粗度枝条形成花芽数量多。枝条粗度与花芽质量也有关系，中等粗度枝条上花序分化完全的花芽多，而过细或过粗枝条单花芽数量多。

2. 花芽分化与光照 越橘的花芽分化为光周期敏感型，花芽在短日照（12h以下）下分化。大多数矮丛越橘品种花芽分化要求光周期日照时数在12h以下，有的品种在日照时数为14～16h的条件下也能分化，只是形成的花芽数较少。高丛越橘花芽分化需要的光周期日照时数因品种而不同，有8h、10h或12h不等，时间为8周。当低温需要量较高的兔眼越橘向南推进时，也会遇到光周期问题。兔眼越橘品种间对日照时数的需要也有差异，例如Beckyblue在秋季短日照条件下花芽分化的多，短日照使翌年的开花期提前，但坐果率下降。Climax品种花芽分化对光周期不敏感。

枝条的生长量与花芽分化量密切相关。在14h或16h的日照长度下花芽形成的少，而枝条的生长量在日照时数为16h时最大，在8h最小。在日照时数为10h的条件下花芽分化量最大，枝条生长量也较大，在此条件下可形成有较多结果枝。分布在南方的兔眼越橘，如果在秋季花芽分化期枝条已经全部落叶，不能形成花芽；如果部分落叶，则只在有叶的节位上形成花芽。

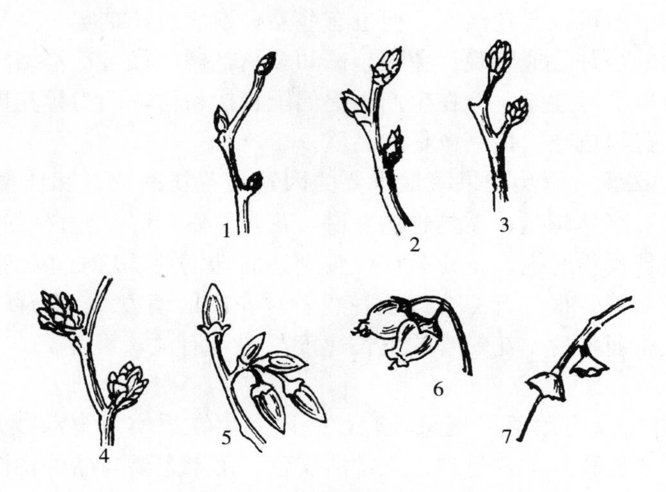

图 3-9　兔眼越橘的开花过程

1. 未萌动　2. 芽鳞松开　3. 芽鳞分离　4. 花分开，芽鳞脱落
5. 单花完全分离　6. 花冠筒完全膨大，开放　7. 花冠脱落
（引自 Galletta 等，1989）

3. 开花　越橘的花为总状花序。花序大部分侧生，有时顶生。花芽单生或双生在叶腋间。越橘的花芽一般着生在枝条上端。春季花芽从萌动到开放需 3～4 周，花期约 15d。由于春季气温常不稳定，晚花品种花期受冻的危险较小。当花芽萌发后，叶芽开始生长，到盛花期时叶芽才长到其应有的长度。一个花芽开放后，单花数量因品种和芽质量而不同，一般为1～16 朵花。开花时顶花芽先开放，然后是侧生花芽。粗枝上花芽比细枝上花芽开放晚。在一个花序中，基部花先开放，然后中部花，最后顶部花。然而果实成熟却是顶部先成熟，然后中、下部。花芽开放的时期则因气候条件而异。

五、果实的生长发育与成熟

越橘果实形状由圆形至扁圆形，果实大小、颜色因种类而异。兔眼越橘、高丛越橘、矮丛越橘果实为蓝色，被有白色果粉，果实直径 0.5～2.5cm；红豆越橘果实为红色，一般较小；蔓越橘果实红色，果个大，为 1～2cm。

越橘果实一般开花后 2～3 个月成熟。果实中种子较多，每个果实中平均有 65 个种子。由于种子极小，并不影响果实的食用风味。

（一）坐果

1. 授粉受精　有些品种自花授粉率很低，无异花授粉时会大大影响产量。因此，促进授粉受精是越橘栽培中至关重要的一环。越橘的花开放时为悬垂状，花柱高于花冠，如果没有昆虫媒介，授粉会很困难。有些品种不需要受精只需花粉刺激即可坐果并产生无种子果实，但这种果实往往达不到品种固有的颜色、大小和品质，从而影响产量和果实的商品性，生产上应尽量避免。一般来说，管理水平高的越橘园授粉率可达 100%，授粉率至少在 80%以上才能达到较好的产量。

高丛越橘品种一般可以自花结实，但也有些品种不能自花结实。高丛越橘自花授粉果实往往比异花授粉的小并且成熟晚。兔眼越橘和矮丛越橘往往自花不结实或结实率低。自花结实的品种可以单品种建园，但在生产中提倡配置授粉树，因为异花授粉可以提高坐果率，增大单果重，提早成熟，提高产量和品质。

2. 影响坐果的因素 影响坐果率最重要的因素是花粉的数量和质量。有些品种花粉败育，授粉不佳。对高丛越橘、矮丛越橘来讲，花开放后 8d 内均可授粉，但开花后 3d 内授粉率最高，为最佳授粉时期。花粉落在柱头到达胚珠需要 3d 时间。越橘的花粉萌发后一般只产生一个花粉管，很少有 2 个以上花粉管。花粉的萌发与 pH 直接相关，pH 为 5 时萌发率最高。花粉萌发后，花粉管的生长速度与温度有关，温度高，花粉管生长迅速，有利于受精。

3. 落果 越橘坐果之后落果现象较轻，一般发生在果实发育前期，开花 3～4 周之后，脱落的果实往往发育异常，呈现不正常的红色。落果主要与品种特性有关。

（二）果实发育曲线

浆果发育受许多因素影响，从落花至果实成熟一般需要 50～60d。受精后的子房迅速膨大，约持续 1 个月。浆果停止生长时期持续约 1 个月，然后浆果的花托端变为紫红色，而绿色部分呈透明状。几天之内，果实颜色由紫红色加深并逐渐达到其固有颜色。在果实着色期，浆果体积迅速增加，此阶段可增加 50%。果实达到其固有颜色以后，还可增大 20%，再持续几天可增加糖含量，有利于风味形成。根据浆果的发育进程，越橘果实的发育可划分为 3 个阶段：①迅速生长期，受精后 1 个月内，此期主要是细胞分裂；②缓慢生长期，特征是浆果生长缓慢，主要是种胚发育；③快速生长期，此期一直到果实成熟，主要是细胞膨大。其果实发育呈单 S 形曲线（图 3-10）。

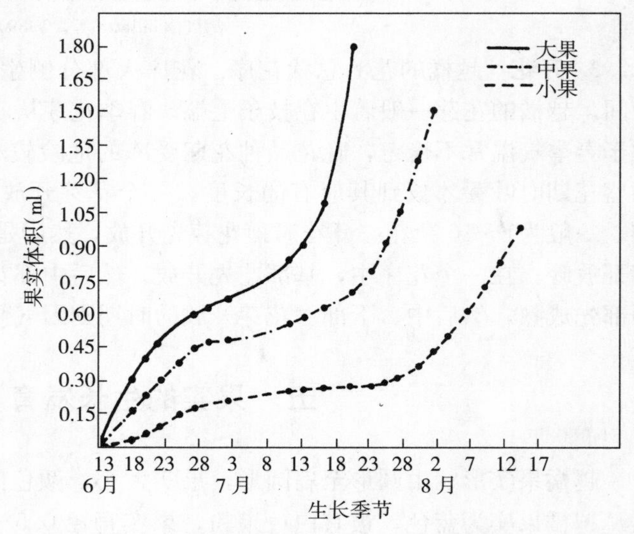

图 3-10 高丛越橘 Earliblue 大、中、小果生长发育曲线

蔓越橘果实发育期 60～120d。成熟期取决于品种特性、气温和日照时数。成熟时果实从草绿色转为浅绿色或白色，然后在表面逐渐出现红色，开始时色素积累较慢，到了初秋夜间温度开始下降时，积累速度加快。成熟果实鲜红色，常常具有蜡粉，使果实看起来近乎黑色。成熟时果实与果梗之间并不形成离层，所以在冬季直到第二年的生长期都不会脱落。采收时要将果梗拉断或者与果实拉开，所以上市的果实中会有一部分带有果梗。蔓越橘植株生长和果实发育时期见图 3-11。

红豆越橘从开花到果实成熟为 70～100d，从第一个果实成熟起，约经半个月达到完全成熟。发育成熟的果实很容易采收，品质也达到最高，可以集中一次采收。

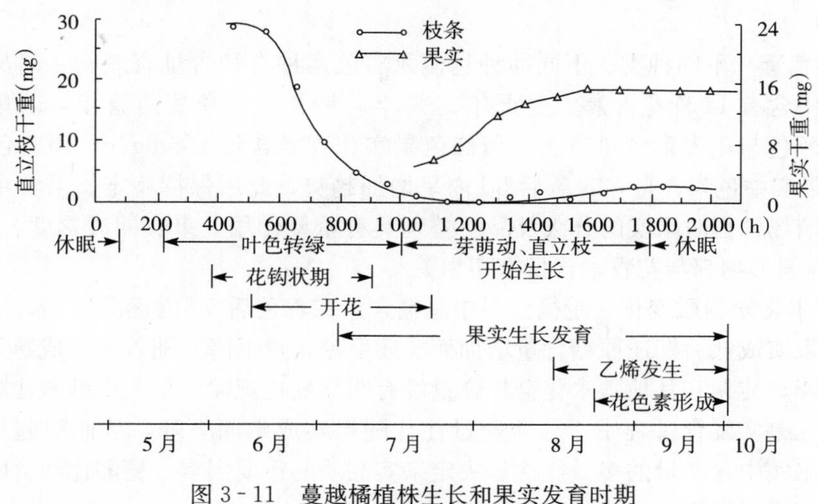

图 3-11 蔓越橘植株生长和果实发育时期

(引自 Grahame，1984)

(三) 影响果实发育的因素

1. 种类和品种 越橘果实发育所需时间主要与种类和品种特性有关。一般来讲，高丛越橘果实发育比矮丛越橘快，兔眼越橘果实发育时间较长。大多数情况下，果实发育时间的长短主要取决于果实发育迅速生长期的长短。另外，果实的大小与发育时间有关，小果发育时间长，而大果发育时间短，相差可达 1 个月。

2. 种子 越橘果实中种子数量与浆果大小密切相关。在一定范围内，种子数量越多，果实越大，在异花授粉时，浆果重量的大约 60%归功于种子。对于单个果实来讲，在开花期如果花粉量大，则形成种子多，形成的果实也大，但此时种子对果实发育的贡献只有果实大小的 10%；但当开花期花粉量小，形成种子少，则果实变小，此时种子对果实发育的贡献可达 59%。因此，对果实发育而言，一定数量的种子是必需的，但并非越多越好。

3. 激素 果实的发育和成熟与内源激素变化密切相关。在矮丛越橘果实中，生长素活性在果实发育迅速生长期较低，随着缓慢生长期到来生长素活性迅速增加并达到高峰，进入快速生长期则开始下降。生长素活性首次出现是在开花后第 3 周，到第 5～6 周达到高峰。赤霉素活性在果实迅速发育期达到高峰，高峰出现在开花后第 6d。进入果实缓慢生长期赤霉素活性迅速下降，并一直维持较低水平，到果实着色时又迅速增加。高丛越橘果实中赤霉素活性变化与矮丛越橘基本一致，但生长素变化则不同。高丛越橘果实中生长素活性在果实迅速发育期快速增加，高峰出现在缓慢生长期开始阶段，有些高丛越橘品种果实中生长素从果实迅速发育期到缓慢生长期一直下降。高丛越橘果实中生长素活性在果实快速发育期出现第二次高峰，这也与矮丛越橘不同。

4. 外界环境条件 温度和水分是影响浆果发育的 2 个主要外界因子。温度高加快果实发育，水分不足则阻碍果实发育。

(四) 果实成熟

果实开始着色后需 20～30d 才能完全成熟。同一果穗中，一般是中部果粒先成熟，然后是上部和下部果粒。矮丛越橘果实成熟比较一致。果实成熟过程中内含物质会发生一系列的变化。

1. 果实色素 不同种类、不同品种越橘果实色素种类和含量有差别。高丛越橘和矮丛越橘果实中含有14种花青素。主要有3-单半乳糖苷、3-单葡萄糖苷、3-单阿拉伯糖苷。果实的颜色与花青素含量有关。紫红色果实花青素含量2.5mg/g，而蓝色果实高达4.9mg/g。果实中色素含量在着色后6d内呈增加趋势，此后保持稳定。果实中花青素含量对于鲜果市场销售时果实的分级及品质差别具有重要作用。果实的成熟度、总酸含量、pH及可溶性固形物都与花青素含量密切相关。

2. 果实中化学物质变化 越橘浆果中总糖含量在着色后9d内逐渐增加，然后保持一定水平，在果实成熟后期还原糖含量增加而非还原糖含量下降。随着果实成熟，可滴定酸含量逐渐下降，淀粉和其他碳水化合物含量没有明显变化规律。果实中糖酸比随果实成熟迅速增加。在果实发育过程中，总酸含量往往随果实成熟而下降，从而引起果实pH升高。因此，果实中含酸量的多少往往是决定果实品质的重要因素。糖酸比和含酸量在越橘栽培中常作为果实品质的一个判别依据。

树体负载量、氮肥施用量、果实收获期对越橘果实的糖酸含量作用明显。增加负载量极显著地降低果实中糖含量，但对酸含量没有影响；增施氮肥提高果实含酸量，降低糖的含量。晚收获的果实比早收获的果实含糖量极显著增加，含酸量降低，但果实耐贮性下降。

3. 果实中特殊成分 越橘鲜果中含有较丰富的维生素 B_1、维生素 B_2、烟酸、维生素C及钙、钾、锰、铁等矿质元素（表3-6）。除此之外，果实中还含有维生素E、熊果苷等其他果品中少有的特殊成分。

表3-6 每100g越橘鲜果中含有的主要成分

成分	品种群		
	高丛越橘	兔眼越橘	矮丛越橘
水分（%）	83.2		86.6
能量（J）	0.7		0.4
蛋白质（g）	0.5		0.6
脂肪（g）	15.3		12.2
碳水化合物（g）	1.5		1.5
纤维素（g）	0.3		0.2
灰分（g）	15.0	6.0	8.0
Ca（mg）		5.6	5.0
Mg（mg）	13.0	9.7	11.0
P（mg）	1.0	0.2	0.2
Fe（mg）	1.0	1.1	1.0
Na（mg）	81.0	93.0	54.0
维生素A（IU）	0.03	0.05	0.03
维生素 B_1（mg）	0.06	0.05	0.03
维生素 B_2（mg）	0.50	0.36	0.52
烟酸（mg）	14.0	12.60	2.50

引自Paul Eck. 1998，Blueberry Science。

六、越橘的生命周期和物候期

（一）生命周期

矮丛越橘和笃斯越橘为根茎型，株高不过几十厘米。笃斯越橘根茎寿命可达 300 年，地上部寿命约 30 年左右，前 2 年为营养生长期，第 3 年开始结果，盛果期不过 5～6 年，从第 7 年开始，生长势开始减弱。为此，及时的人工更新以代替漫长的自然更新过程，是发掘其丰产潜力的有效措施，也是建立半栽培式笃斯越橘天然丰产基地的主要方式。大多数矮丛越橘的经营方式是以 2 年为一个周期，实行焚烧更新。试验证明每 2 年焚烧一次比每 3 年焚烧一次的效果好。在焚烧以后，从根茎部或枝干基部发出强壮的枝条。

（二）物候期

越橘果树的物候期因种类和地区而异。在我国东北地区笃斯越橘的物候期为：5 月中旬芽萌动；5 月中旬至 6 月下旬叶芽绽开，花始开；6 月中旬展叶，新梢生长，盛花；6 月下旬至 7 月上旬果实迅速膨大，开始着色，新梢停止生长；7 月中旬果实开始着色；7 月下旬至 8 月上旬果实成熟；8 月中旬果实脱落；8 月下旬至 9 月上旬叶开始变色；9 月中旬至 10 月中旬落叶。

在长白山的松江河地区，越橘的物候期比长春平均晚 10d 左右。萌芽期在 5 月中旬，开花期在 5 月末 6 月初，果实在 6 月末 7 月初着色，7 月下旬到 8 月初成熟。另外，矮丛越橘品种群的品种成熟期较早，半高丛越橘品种群的品种成熟期较矮丛越橘晚 10d 左右。

第三节 对环境条件的要求

一、温 度

（一）温度对生长的影响

越橘在生长季可以忍耐 40～50℃的高温，高于这一温度范围时由于根系对水分吸收差而导致生长发育不良。当气温从 18℃升到 30℃时，矮丛越橘根状茎数量明显增加并且生长较快。夏季低温是矮丛越橘生长发育的主要限制因子。当土壤温度由 13℃增加到 32℃时，高丛越橘的生长量成比例增加。土壤温度对越橘的生长习性也有影响，高丛越橘蓝铃品种在土壤温度低于 20℃时，枝条节间缩短，生长开张；温度升高，树体生长直立高大。

作为一种常绿植物，蔓越橘在低于 4.4℃时不能生长。像其他杜鹃花科植物一样，蔓越橘在温度开始下降时才开始积累糖分。当温度低于－12.2℃时，蔓越橘易发生冻害。花开放以后，－0.6℃就易导致一些花器受到伤害，包括子房、胚珠、花柱、雌蕊、花药、花粉粒和蜜腺。最适的生长温度为 15.6～26.7℃。

花青苷的含量是蔓越橘一个重要的商品品质。温度对蔓越橘花青苷的形成起着至关重要的作用，当周围环境温度降低时，植株和果实的花青苷含量显著增加。在最冷的条件下，果实着色也明显加深。在果实发育后期，温度过高会影响花青苷的积累。

早春低温对植株生长不利，越橘叶片展开以后遭受霜害时，叶片虽然不脱落，但变为不正常的红色，从而影响光合作用。叶片变红后随着温度升高约需要一个月时间才能转绿。

（二）需冷量

高丛越橘要正常开花结果一般需要650～800h的＜7.2℃的低温，不同品种之间需冷量不同。花芽比叶芽的需冷量少。虽然650h低温能够完成树体休眠，但只有超过800h的低温高丛越橘才会生长较好。所以800h是高丛越橘最低需冷量，1 060h的需冷量最佳。北高丛越橘正常生长结果的需冷量为800～1 200h。当高丛越橘在气候较暖地区栽培时，需冷量几乎没有变化。应用杂交育种方法可以改变需冷量，美国佛罗里达杂交育成的三倍体高丛越橘只需小于400h的需冷量。

连续的0.5℃低温对满足高丛越橘需冷要求最为有效。白天较暖的气候条件和休眠期较高的温度对高丛越橘的冷量积累不利。1～12℃的低温均可满足高丛越橘积累冷量的要求，但6℃最为适宜。衡量越橘需冷量时应用Utah冷量单位较适宜，即每小时1℃低温相当于0.5冷量单位。较好的叶片分化需要1 000个冷量单位。

兔眼越橘需冷量只相当于高丛越橘的1/3～1/2。而且品种间需冷量差异很大。在美国南方栽培的兔眼越橘需要＜7.2℃的低温400h以下即可正常生长结果。兔眼越橘中的一个品种彼肯（Pecan）用＜7.2℃低温处理360h即正可常生长结果。蓝铃品种达到最大开花量需要450h＜7.2℃低温，而梯芙蓝（Tifblue）则需要850h（表3-7）。

昼夜温度变化影响芽的开绽。梯芙蓝在休眠期最适宜的温度是白天15℃ 8h、夜晚7℃16h；如果白天18℃10h、夜晚7℃14h，则使芽开绽推迟。但是，积累的冷温量并不能被高温抵消。

表3-7　高丛越橘和兔眼越橘最大开花量的需冷量

高丛越橘		兔眼越橘	
品　种	＜7.2℃（h）	品　种	＜7.2℃（h）
泽西（Jersey）	1 060	梯芙蓝（Tifblue）	850
卡伯特（Cabot）	1 060	顶峰（Climax）	650
先锋（Pioneer）	1 060	巨丰（Dellite）	750
六月（June）	1 060	乌达德（Woodard）	650
伯林（Burlington）	950	蓝宝石（Bluegem）	450
迪克西（Dixi）	950	蓝铃（Bluebelle）	450
卢贝尔（Rubel）	800	彼肯（Pecan）	360
佛罗里达三倍体	＜400		

引自Paul Eck，1988，Blueberry Science。

（三）低温伤害

1. 冻害　越橘的不同种类抗寒能力不同，矮丛越橘最抗寒，高丛越橘次之，兔眼越橘抗寒力最差。1月中旬高丛越橘的枝条在－34℃时发生冻害，芽在－29℃时发生冻害；－26℃低温造成兔眼越橘花芽死亡，而高丛越橘却无冻害发生。同一品种群内不同的品种抗寒性也不同。高丛越橘中的蓝丰、蓝线抗寒力强，而迪克西抗寒力差；兔眼越橘中梯芙蓝抗寒力最强；矮丛越橘品种除了其本身抗寒能力较强外，另一个重要因素是由于其树体矮小，在北方栽培时冬季积雪可完全将其覆盖，使其安全越冬，当冬季积雪不足时，往往造成雪层外枝条发生抽条。

越橘冻害类型主要有抽条、花芽冻害、枝条枯死、地上部死亡，很少发生全株死亡。其中最普遍的是抽条，冬季少雪、入冬前枝条发育不充实、秋春少雨干旱均可引起抽条发生。其次是花芽冻害，花芽着生的位置和发育阶段与其抗寒性密切相关。枝条基部着生的花芽抗寒力比顶部的强。基于这一点，在北方寒冷地区栽培越橘时应选择枝条基部形成花芽多的品种，以保障产量。兔眼越橘花芽未开绽时可抵抗－15℃低温，而开绽后0℃即可造成冻害死亡。

对常绿的蔓越橘而言，休眠期间最低能忍耐－17.8℃的低温。发生冻害时，叶片的颜色由微红变为暗棕色。－12.2℃就可导致花芽受冻，而且节位低的花序或发育较早的花芽比发育较晚的花芽更易受到低温伤害。休眠后期到露蕊时期，最容易受低温伤害的花器是花药、花柱和蜜腺。

越橘的抗寒性除了与品种特性有关外，还与一些外界因素密切相关。越橘对低温的忍受能力很大程度上依赖于植物进入低温之前的低温驯化程度。在田间，早蓝（Earliblue）的枝条－20℃时死亡，而同一品种在第二年温度达－40℃时仍无冻害发生，其原因就是每年低温驯化程度的差异。

虽然越橘的抗寒能力较强，但冻害的发生与否和程度与冬季低温的程度及发生时间的长短、早晚密不可分。高丛越橘枝条的硬化时间较长，一直到1月末才达到最大硬化度，9～10月硬化速度最快，9月和10月的低温比1月更易使高丛越橘发生冻害。除了温度之外，其他因素如水分是引起越橘冻害的一个重要因素。例如，高丛越橘芽内水分含量与其抗寒力成负相关，芽内水分增加，抗寒力降低。

越橘花芽的抗寒能力是影响越橘生产的一个重要因素。花芽的抗寒能力与许多因素有关，如光周期、温度、花芽大小、颜色及水分含量。一般花芽饱满、水分含量低、花青素含量高则抗寒力强，反之抗寒力差。在田间，如果花芽自然缓慢失去芽内水分，可提高抗寒力。

2. 霜害　霜害是威胁越橘生产最严重的一种自然灾害，做好防霜工作是保证产量的关键环节。越橘受霜害威胁最严重的是花芽、花和幼果。霜害不至于造成花芽死亡，但会影响花芽内各器官发育，如雌蕊，可造成坐果不良，果实发育受阻。鉴别霜害的最佳时期是盛花期，如果雌蕊和子房在低温几小时后变黑即表明发生了霜害。切开的花芽各器官组织在低温后变暗棕色即发生了霜害。花芽发育的不同阶段抗霜能力不同。花芽膨大期可抗－6℃低温，花芽鳞片脱落后－4℃低温即可致死，花瓣露出尚未开放时－2℃低温致死，完全开放的花在0℃即遭受严重伤害。

不同品种对霜害抗性不同，主要原因是开花期不一致。开花早的品种易受霜害。如，高丛越橘中的蓝线开花早，早春霜害严重，而兔眼越橘中的顶峰和布莱特蓝开花晚，霜害也轻。

夏季末，蔓越橘正在发育的花原基和果实易受秋霜伤害。受霜害的植株花原基不仅减少，而且发育也比较慢。当果实发育处于绿白相间时期，－3.9℃仅会造成轻微伤害，而大多数成熟果实在2～4.4℃就受到伤害，特别是在低温持续一段时间的情况下。个别品种的果实能忍受－5.0℃的低温，如Early Black和Howes。

花期霜害的保护措施除了传统的灌水、防风、提高果园温度外，近年来一些化学物质受到重视。保护蔓越橘免受霜害的传统办法是淹水。当受害较轻时，水深保持2.54cm即可，但如果温度为－6～－4℃，水的深度应保持在7.6～10.2cm。

二、光　照

（一）光强

对于大部分越橘品种，17 600lx以上的光照强度基本上满足越橘光合作用的要求，光照强度低于6 994lx，有些品种光合速率显著降低。对于矮丛越橘，虽然17 600lx光照强度完全可以满足其对光照的要求，但增加光强可以大幅度增加花芽数量。当光照强度＜21 520lx时，矮丛越橘果实成熟推迟，而且低光照导致果实采收期成熟果实百分率下降，并且果实成熟率和果实含糖量下降。

在越橘育苗中，常适当遮阴以保持空气和土壤湿度。但是，全光照条件可提高生根率，并且根系发育好。因此，育苗过程中在保证充足水分和湿度的条件下应尽可能增加光照强度。

（二）光质

过多的紫外线对越橘的生长和果实发育不利。正常的晴朗天气达到地面的紫外光为1.742W/m^2（合10.5 UV-B单位）。用24～44 UV-B单位的紫外光照处理兔眼越橘果实，单果重极显著下降。浆果处于24 UV-B单位紫外光条件下不能产生蜡质，处于正常光照的4倍紫外光下，果实表面产生日灼状的疤痕。紫外光抑制营养生长，导致花芽数量明显降低。

三、水　分

越橘叶片的蜡质层使其气孔扩散阻力比其他植物高，所以越橘叶片蒸腾速率较低。兔眼越橘是越橘中较为抗旱的种类，水势每下降100Pa，其叶片中的相对含水量就下降6.4%。灌水可以降低兔眼越橘气孔扩散阻力的50%，并增加蒸腾速率70%，但不影响木质部的水势，还可以使浆果重增加25%。但是应用抗蒸腾剂可以使叶片气孔扩散阻力增加1倍，使蒸腾速率下降60%，浆果重增加31%。

一些树冠较大的品种对水分胁迫比较敏感，如梯芙蓝。白天蒸发量大时根系不能吸收足够的水分，进而影响结果，导致减产。一年生兔眼越橘的临界水势（引起气孔关闭）为－220Pa。当树体中水势降低时，越橘的气孔阻力迅速增加，即使是中等水分胁迫也会显著地抑制生长。高丛越橘和兔眼越橘淹水4d，气孔阻力和蒸腾速率明显下降，CO_2吸收速率在9d后达到负值。受淹水胁迫的越橘解除胁迫后至少需要18d才能恢复到淹水前的气孔特征。

四、土　　壤

相对于其他果树，越橘对土壤条件要求比较严格。不适宜的土壤条件常常导致越橘生长不良甚至死亡。

（一）土壤类型及其结构

越橘栽培最理想的土壤类型是疏松、通气良好、湿润、有机质含量高的酸性沙壤土、沙土或草炭土。在钙质土壤、黏重板结土壤、干旱土壤及有机质含量过低的土壤上栽培越橘必须进行土壤改良。

越橘的根系纤细，在黏重土壤中因不能穿透土层而生长很慢，导致植株生长不良。有机质含量低且为中性的黏重土壤，土壤结构较差，通气、排水不良，常导致越橘生长不良。在钙质土壤和 pH 较高的土壤上，越橘极易发生缺 Fe 失绿症状。在干旱土壤上，由于越橘根系分布很浅，容易发生根系伤害。

土壤中的颗粒组成尤其是沙土含量与越橘的生长密切相关。沙土含量高，土壤疏松，通气好，极利于根系发育。在草炭土和腐殖土上栽培越橘常遇到 2 个问题，一是春秋土壤温度低，且由于土壤湿度大升温慢，使越橘生长缓慢；二是土壤中氮素含量很高，使枝条停止生长晚，发育不成熟，常易造成越冬抽条。

栽培高丛越橘的理想土壤是有机质含量高（3%～15%）、地下硬土层在 90～120cm 处的最好，可以防止土壤中水分渗漏。兔眼越橘对土壤条件要求相对较低，在较黏重的丘陵山地上也可栽培。

（二）土壤 pH

越橘是喜酸性土壤的植物，土壤 pH 是影响其生长的最重要因子。Harner 研究提出，越橘生长适宜土壤 pH 范围为 4.0～5.2，最适为 4.5～4.8。有研究认为，pH 3.8 是越橘正常生长的最低限，pH 5.5 为正常生长的上限。综合国内外研究结果，高丛越橘和矮丛越橘能够生长的土壤 pH 为 4.0～5.5，最适 pH 为 4.3～4.8；兔眼越橘土壤 pH 适宜范围较宽，为 3.9～6.1，最适为 4.5～5.3。

土壤 pH 对越橘的生长和产量有明显影响。土壤 pH 是限制越橘栽培范围扩大的一个主要因素。土壤 pH 过高（>5.5），往往诱发越橘缺铁失绿，而且易造成对钙、钠吸收过量，对越橘生长不利。随着土壤 pH 由 4.5 增至 7.0，兔眼越橘生长量和产量逐渐下降，当增至 pH 6.0 时，植株死亡率增加，而达到 pH 7.0 时，所有植株死亡。

土壤 pH 过低时（<4.0），土壤中重金属元素供应增加，越橘因重金属元素如铁、锌、铜、锰、铝吸收过量而中毒，导致生长衰弱甚至死亡。高丛越橘在土壤 pH 3.4 时，会发生叶缘焦枯、枯梢等重金属中毒症状，而将土壤 pH 调至 3.8 时则恢复正常。

（三）土壤有机质

土壤有机质的多少与越橘的产量并不呈正相关，但保持土壤较高的有机质含量是越橘生长必不可少的条件。土壤有机质的主要功能是改善土壤结构、疏松土壤，促进根系发育，保持土壤中水分和养分，防止流失。土壤中的矿质养分如钾、钙、镁、铁可以被土壤中有机质以交换态或可吸收态保存下来。当土壤中有机质含量低时，根系分布主要在有机质含量高的草炭层。

(四) 土壤通气状况

土壤通气状况好坏主要依赖于土壤水分、结构和组成。黏重土壤易造成积水、土壤通气差，引起越橘生长不良。在正常条件下，土壤疏松、通气良好时，土壤中 O_2 含量可达20%，而通气差的土壤 O_2 含量大幅度下降，CO_2 含量大幅度上升，不利于越橘生长。采用土壤覆盖有机物料、掺入有机物等方法可显著改善土壤通气状况，为越橘生长创造适宜条件。

(五) 土壤水分

土壤干旱易引起越橘伤害。干旱最初的反应是叶片变红。随着干旱程度加重，枝条生长细而弱，坐果率降低，易早期落叶。当生长季严重干旱时，造成枯枝甚至整株死亡。土壤水位较低时，干旱更严重。

排水不良同样造成越橘伤害。土壤湿度过大的另一个危害是"冻拔"。由于间断的土壤冻结和解冻，使植株连同根系及其土层与未结冻土层分离，造成根系伤害，甚至死亡。对于这样的土壤，必须进行排水。

不同的种和品种耐淹水能力不同。高丛越橘比兔眼越橘对淹水反应敏感，笃斯越橘常年生长在积水中仍可以正常生长结果。笃斯越橘与高丛越橘的杂交后代艾朗具有很强的抗淹水能力，生长季节淹水 28d 仍能存活，且解除胁迫后很快恢复正常。其他高丛、半高丛越橘品种如蓝丰、北村等也表现出较强的耐淹水能力。

越橘喜土壤湿润，但又不能积水。理想的土壤是土层 70cm 处有一层沙壤土和草炭。这样的土壤不仅排水流畅，而且能够保持土壤水分不过度流失。最佳的土壤水位为 40～60cm，高于此水位时，需要挖排水沟，低于此水位时则需要配置灌水设施。

第四节 育苗与建园

一、育 苗

越橘苗木繁殖方式因种而异，高丛越橘主要采用硬枝扦插，兔眼越橘采用绿枝扦插，矮丛越橘绿枝扦插和硬枝扦插均可，其他方法如种子育苗、根状茎扦插、分株等也有应用。近年来，组织培养工厂化育苗方法也已应用于生产。

(一) 硬枝扦插

主要应用于高丛越橘，但不同品种生根难易程度不同。蓝线、卢贝尔、泽西硬枝扦插生根容易，而蓝丰则生根困难。

1. 插条选择 宜选择枝条硬度大、成熟度良好且健康的枝条，尽量避免选择徒长枝、髓部大的枝条和冬季发生冻害的枝条。扦插枝条最好为一年生的营养枝。如果因插条不足而选择一年生花芽枝，扦插时要抹去花芽。但花芽枝生根率往往较低，而且根系质量差。枝条部位对生根率影响显著，枝条的基部作为插条，无论是营养枝还是花芽枝，生根率都明显高于位于枝条上部的。因此，应尽量选择枝条的中下部作插条。

2. 剪取插条的时间 育苗数量少时，在春季萌芽前（一般在 3～4 月）剪取插条，随剪随插。大量育苗时需提前剪取插条。一般枝条萌发需要800～1 000h的冷温需要量，因此剪取的时间应确保枝条已有足够的冷温积累。一般来说，2月份比较合适。

3. 插条准备与贮存　插条的长度一般为8～10cm。上部切口为平切，下部切口为斜切，切口要平滑。下切口正好位于芽下，这样可提高生根率。插条剪取后每50或100根一捆，埋入锯末、苔藓或河沙中，温度控制在2～8℃，湿度50%～60%。低温贮存可以促进生根。

4. 扦插基质　河沙、锯末、草炭、腐苔藓等均可作为扦插基质。但用河沙和锯末作扦插基质生根后需移栽，费工且影响苗木发育。比较理想的扦插基质为腐苔藓或草炭与河沙（体积比1∶1）的混合基质。

5. 扦插床的准备　扦插可以在田间直接进行。将扦插基质铺成1m宽、25cm厚的床，长度根据需要而定。但这种方法由于气温和地温低，生根率较低。

应用最多而且比较廉价的是木制结构的架床。架床底部钉有0.3～0.5cm筛眼的硬板。木箱用圆木架离地面，采用这种方法可以有效增加基质温度，提高生根率。

扦插后，有条件时最好在扦插床或扦插箱上设置拱棚，拱棚塑料以无色为好。设置拱棚时注意温度控制，在5～6月份棚内温度过高时，应进行遮阴，及时放风降温。

6. 扦插　一切准备就绪后，将基质浇透水保证湿度但不积水。然后将插条垂直插入基质中，只露一个顶芽。距离5cm×5cm。扦插不要过密，否则一是造成生根后苗木发育不良，二是容易引起细菌侵染，使插条或苗木腐烂。高丛越橘硬枝扦插时，一般不需要用生根剂处理，许多生根剂对硬枝扦插生根作用很小或没有作用。

7. 扦插后的管理　扦插后应经常浇水，以保持土壤湿度，但应避免过涝或过旱。水分管理最关键的时期是5月初至6月末，此时叶片已展开，但插条尚未生根，水分不足容易造成插条死亡。当顶端叶片开始转绿时，标志着插条已开始生根。

扦插前基质中不要施任何肥料，扦插后在生根以前也不要施肥。插条生根以后开始施入氮肥，以促进苗木生长。肥料应以液态施入，用完全肥料，浓度约为3%，每周1次，每次施肥后喷水，将叶面上的肥料冲洗掉，以免烧叶。

生根后的苗木一般在苗床上越冬，也可以于9月份移栽。如果生根苗在苗床越冬，在入冬前苗床两边应培土。

生根育苗期间主要采用通风和去病株方法来控制病害。大棚或温室育苗要及时通风，以减少真菌病害和降低温度。

（二）绿枝扦插

绿枝扦插主要应用于兔眼越橘、矮丛越橘和高丛越橘中硬枝扦插生根困难的品种。这种方法相对于硬枝扦插要求条件严格，且由于扦插时间晚，入冬前苗木生长较弱，因而容易造成越冬伤害。但绿枝扦插生根容易，可以作为硬枝扦插的一个补充。

1. 剪取插条时间　剪取插条在生长季进行，由于栽培区域气候条件的差异没有固定的时间，主要从枝条的发育来判断。比较合适的时期是在果实刚成熟时，此时二次枝的侧芽刚刚萌发。另外的一个判断标志是新梢的黑点期。在以上时期剪取插条生根率可达80%～100%，过了此期则插条生根率大大下降。

在新梢停止生长前约1个月剪取未停止生长的春梢进行扦插不但生根率高，而且比夏季插条多1个月的生长时间，一般到6月末即已生根。用未停止生长的春梢扦插，新梢尚未形成花芽原始体，第二年不能开花，有利于苗木质量的提高。而夏季停止生长时剪取插条，花芽原始体已经形成，往往造成第二年开花，不利于苗木生长。

插条剪取后立即放入清水中，避免捆绑、挤压、揉搓。

2. 插条准备 插条长度因品种而异，一般留4～6片叶。插条充足时可留长些，如果插条不足可以采用单芽或双芽繁殖，但以双芽较为适宜，可提高生根率。扦插时为了减少水分蒸发，可以去掉插条下部1～2片叶。枝条下部插入基质，枝段上部的叶片去掉，有利于扦插操作。但去叶过多影响生根率和生根后苗木发育。

同一新梢不同部位作为插条其生根率不同，基部作插条生根率比中上部低。

3. 生根促进物质的应用 越橘绿枝扦插时用药剂处理可大大提高生根率。常用的药剂有萘乙酸（500～1 000mg/L）、吲哚丁酸（2 000～3 000mg/L）、生根粉（1 000mg/L），采用速蘸处理，可有效促进生根。

4. 扦插基质 我国越橘育苗中最理想的基质为腐苔藓。腐苔藓作为扦插基质有很多优点：疏松、通气好，而且为酸性，营养比较全，作为扦插基质时由于酸性，可抑制大部分真菌。扦插生根后根系发育好，苗木生长快。另外，土壤中的菌根真菌对生根和苗木生长也有益处。利用草炭、河沙、珍珠炭、锯末等混合基质时生根率低，而且生根过程中易受到真菌侵染，苗木易腐烂，生根后由于基质营养不足、pH偏高等问题，苗木生长较差。利用河沙作基质生根率较高，但生根后需要移苗，比较费工，而且移苗过程中容易伤根，造成苗木生长较弱。

5. 苗床的准备 苗床设在温室或塑料大棚内。在地上平铺厚15cm、宽1m的苗床，苗床两边用木板或砖挡住，也可用穴盘。扦插前将基质浇透水。

在温室或大棚内最好装置全封闭弥雾设备，如果没有弥雾设备，则需在苗床上扣高0.5m的小拱棚，以确保空气湿度。

如果有全日光弥雾装置，绿枝扦插育苗可直接在田间进行。

6. 扦插及插后管理 苗床及插条准备好后，将插条速蘸生根药剂后垂直插入基质中，间距以5cm×5cm为宜，扦插深度为2～3个节位。

插后管理的关键是温度和湿度控制。最理想的是利用自动喷雾装置，利用弥雾调节湿度和温度。温度应控制在22～27℃，最佳温度为24℃。

如果是在棚内设置小拱棚，需人工控制温度。为了避免小拱棚内温度过高，需要遮阴，中午打开小拱棚通风降温，避免温度过高降低成活率。生根后撤去小拱棚，此时浇水次数也应适当减少。

及时检查苗木是否有真菌侵染，拔除腐烂苗，并喷600倍多菌灵杀菌，控制真菌扩散。

7. 促进绿枝扦插苗生长技术 扦插苗生根后（一般6～8周）开始施肥，施入完全肥料，以液态浇入苗床，浓度为3%～5%，每周施1次。

绿枝扦插一般在6～7月进行，生根后到入冬前只有1～2个月的生长时间。入冬前，在苗木尚未停止生长时给温室加温以促进生长。温室内的温度白天控制在24℃，晚上不低于16℃。

8. 移栽 当年生长快的品种可于7月末将幼苗移栽到营养钵中。营养土按马粪、草炭、园田土体积1∶1∶1配制，并加入硫黄粉1 000g/m³。

9. 休眠与越冬 越冬苗需入窖贮存，贮存期间注意保湿、防鼠。

（三）组织培养

组织培养育苗方法已在越橘上获得成功。应用组培方法繁殖速度快，适宜于优良品种的快速扩繁。

1. 田间取材 生长季节选择生长健壮的半木质化的新梢。最好将用于外植体取材的苗木盆栽于日光温室中，每年的3～5月取材。

2. 接种 将材料适当分割，在超净工作台上用0.1%升汞灭菌6～10min后，用无菌水冲洗5次，接入培养基中。

3. 诱导培养 用改良的WPM培养基，温度20～30℃，光照12h，30d后可长出新枝。

4. 继代培养 对已建立的无菌培养物进行继代培养，每40～50d继代1代，以达到育苗数量上的要求。温度20～30℃，光照2 000～3 000lx，12～16h。

5. 炼苗 将准备移栽的瓶苗放在强光下，并逐渐打开瓶口，使之适应外界条件。一般需7～15d。

6. 移栽 将苗从瓶中取出，去掉基部的培养基，然后在大棚内插到苗盘上。正常情况下，1个月后即可成活。

（四）其他育苗方法

1. 根插 适用于矮丛越橘。于春季萌芽前挖取根状茎，剪成5cm长的根段。育苗床或盘中先铺一层基质，然后平摆根段，间距5cm，然后再铺一层厚2～3cm的基质。根状茎上不定芽萌发后即可成为幼苗。

2. 分株 适用于矮丛越橘。许多矮丛越橘品种如美登、斯卫克的根状茎每年可从母株向外行走18cm以上。根状茎上的不定芽萌发出枝条后长出地面，将其与母株切断即可成为新苗。

3. 种子繁殖 常用于育种。对某些保守性的品种如矮丛越橘品种，当苗木不足时可采用种子繁殖。采种要采完全成熟的果实。采种后可立即在田间播种，也可贮存在－23℃低温下完成后熟后再播种，采用变温处理（1℃低温4d，21℃高温4d）32d后可有效提高萌芽率。用100mg/L的赤霉素处理也可打破种子休眠。

4. 嫁接 嫁接繁殖常用于高丛越橘和兔眼越橘，方法主要是芽接。嫁接的时期为木栓形成层活动旺盛、树皮容易剥离时期。其方法与其他果树芽接基本一致。

利用兔眼越橘作砧木嫁接高丛越橘，可以在不适于高丛越橘生长的土壤上（如山地、pH较高土壤）栽培高丛越橘。

二、苗木抚育和出圃

（一）苗木抚育

经硬枝或绿枝扦插的生根苗，于第二年春栽植在营养钵内。营养钵可以是草炭钵、黏土钵和塑料钵，但以草炭钵最好，苗木生长高，分枝数量多。营养钵大小要适当，一般直径以12～15cm较好。营养钵内基质用草炭（或腐苔藓）与河沙（或珍珠炭）按体积1∶1混合配制。苗木抚育1年后再定植。

第二年苗圃管理以培育大苗、壮苗为目的，注意以下环节：①经常灌水，保持土壤湿润；②适当追施氮磷钾复合肥，促进苗木生长健壮；③及时除草；④注意防治红蜘蛛、蚜虫以及其他食叶害虫；⑤8月下旬以后控制肥水，促进枝条成熟。

（二）苗木出圃

10月下旬以后将苗木起出、分级，注意防止品种混杂，保护好根系。吉林农业大学根据越橘生产要求制定了越橘苗木出圃标准（表3-8），可供生产参考。

表3-8　越橘苗木出圃标准

项目	指　标	一　级			二　级		
		矮丛	半高丛*	高丛	矮丛	半高丛*	高丛
根	不定根数	4	4	4	2	2	2
	不定根长（cm）	10	15	20	5	10	15
	不定根茎部粗（cm）	0.15	0.15	0.2	0.1	0.1	0.15
	须根分布	数量多、分布均匀			数量多、分布均匀		
茎	株高（cm）	15	20	30	10	15	20
	茎粗（cm）	0.2	0.3	0.35	0.15	0.2	0.3
	分枝数量	2	2	2	1	1	1
	成熟度	有2个以上标准枝木质化			有1个以上标准枝木质化		
	芽饱满程度	饱满			饱满		
苗木	机械损伤	无	无	无	轻度	轻度	轻度
	病害	无	无	无	无	无	无
	虫害	无	无	无	无	无	无

说明：不定根数指长度10cm以上、基部直径0.1cm以上的根数量，不定根茎部粗度指根基部2cm处的粗度，株高指从地表处到茎顶端的长度，茎粗指插段分枝处或距地面5cm处的粗度，芽饱满程度调查苗木中部芽，标准枝指长度和粗度符合本级标准的枝。半高丛越橘品种之间的株高差异较大，应根据具体情况进行调整。

三、灌木类型越橘园的建立

（一）园地选择及评价

栽培越橘园选择土壤类型的标准是：坡度不超过10%；土壤pH 4.0～5.5，最好是4.3～4.8；土壤有机质含量8%～12%，至少不低于5%；土壤疏松，排水性能好，土壤湿润但不积水，如果当地年降水量少时，需要有充足的水源。

上述土壤条件在自然条件下选择时可从植物分布群落进行判断，具有野生越橘分布或杜鹃花科植物分布的土壤是典型的越橘栽培土壤类型。如果没有指示植物判断则需进行土壤测试。园地选择时需注意的是要选择新开荒地，种植过其他作物的土壤栽培越橘往往引起生长衰弱，甚至死亡。

（二）气候条件的选择

气候条件本着适地适栽的原则，栽植适应当地气候的种类和品种。北方寒冷地区栽培越橘时主要考虑抗寒性和霜害两个因素。冬季少雪、风大干旱地区不适宜发展越橘，即使在长白山区冬季雪大地区也应考虑选择小气候条件好的地区栽培，晚霜频繁地区，如四面环山的山谷栽培越橘时容易遭受花期霜害，尽量不选。

（三）园地准备

园地选择好后，在定植前一年深翻并结合压绿肥，如果杂草较多，可提前一年喷除草剂。土壤翻耕深度以20～25cm为宜，深翻熟化后平整土地，清除杂物。在水湿地潜育土这类土壤上，应首先清林，包括乔木及小灌木等，然后才能深翻。

在草甸沼泽地和水湿地潜育土壤上，应设置排水沟，整好地后修台田，台面高25～30cm、宽1m，在台面中间定植一行。

如果土壤pH较高，需要施硫黄粉调节，应在定植前一年结合深翻和整地同时进行。越橘定植后生长寿命可达100年，所以定植前一定要做好整地工作。

（四）苗木定植

1. 定植时期　春季和秋季定植均可，以秋季定植成活率高，若在春季定植，越早越好。

2. 挖定植穴　定植前挖好定植穴。定植穴大小因种类而异，兔眼越橘应大些，一般1.3m×1.3m×0.5m；半高丛越橘和矮丛越橘可适当缩小。定植穴挖好后，将园土与有机物混匀后回填。定植前进行土壤测试，如缺少某些元素如磷、钾则与肥料一同施入。

3. 株行距　兔眼越橘常用株行距为2m×4m，至少不少于1.5m×3m；高丛越橘株行距为0.6～1.5m×3m；半高丛越橘常用1.2m×2m；矮丛越橘采用0.5～1m×1m。高丛越橘常用株行距及每公顷需苗木数见表3-9，我国越橘生产中采用的越橘种植密度和每公顷苗木数量见表3-10。

表3-9　高丛越橘常用株行距及每公顷所需苗木数

株行距（m）	每公顷需苗木数
0.6×3	5 555
0.9×3	3 703
1.2×2.7	3 086
1.2×3	2 777
1.35×2.7	2 739
1.35×3	2 469
1.5×3	2 222

引自 Paul Eck，1988，Blueberry Science。

表 3-10　我国越橘生产中采用的种植密度和每公顷苗木数量

兔眼越橘		高丛越橘		半高丛越橘		矮丛越橘	
株行距(m)	每公顷株数	株行距(m)	每公顷株数	株行距(m)	每公顷株数	株行距(m)	每公顷株数
1.2×3.0	2 777	1.0×2.0	5 000	1.0×2.0	5 000	0.5×2.0	10 000
1.5×3.0	2 222	1.0×2.5	4 000	1.0×2.5	4 000	0.5×1.5	13 333
		0.8×2.5	5 000	0.6×2.5	4 166		

4. 授粉树配置　高丛越橘、兔眼越橘需要配置授粉树，即使是自花结实的品种，配置授粉树后可以提高坐果率，增加单果重，提高产量和品质。矮丛越橘品种一般可以单品种建园。授粉树配置方式可采用 1∶1 式或 2∶1 式。1∶1 式即主栽品种与授粉品种每隔 1 行或 2 行等量栽植。2∶1 式即主栽品种每隔 2 行定植 1 行授粉树。

5. 定植　定植的苗木最好是生根后抚育 2～3 年的大苗。一年生苗木也可定植，但成活率低，定植后需要精细管理。定植时将苗木从营养钵中取出，在定植穴上挖 20cm×20cm 小坑，填入一些酸性草炭，然后将苗栽入，栽植深度以覆盖原来苗木土坨 3cm 为宜。埋土后轻轻踏实，有条件时要浇透水。我国长白山区春秋土壤水分充足，定植后不浇水成活率也很高。

四、蔓越橘园的建立

蔓越橘的形态及生长习性较特殊，栽培技术与其他果树差异较大，故建园特点较多。

（一）园地选择

1. 土壤酸度　蔓越橘适宜的 pH 为 4.5～5.0，强酸性沙壤土有利于生长，并且抑制杂草的生长。因此，园地宜选择未开垦的泥炭土、强酸性沼泽地。

2. 面积　蔓越橘园宜建大园，园地过小不能有效地利用机械，经济效益低。经营获利的果园其种植面积通常都在 $20hm^2$ 以上。

3. 排灌条件　建园地点要有足够的水源，用于防霜、灌溉和采收。要有一定的坡度，以便迅速排水。

4. 其他条件　粗沙供应方便，以用于建园和管理。冷空气能从园内顺利排出。

（二）施工建园

1. 分区　把蔓越橘园划分成便于管理的小区。小区形状最好是长方形，各小区通常应是平行的，相邻小区之间可以略有些高度差异，每个小区大小 $1～2hm^2$、长宽不超过 150～300m 为宜。小区过小不利于机械化作业，过大则在发生霜冻时不能很快灌水，排水也较困难。小区四周要设计沟渠、道路。

2. 整地　蔓越橘园的整地，最关键的是要求小区土地平整，这涉及灌溉、防霜、采收等一系列管理措施。平整小区清除出来的东西堆积在小区地头，形成稍高的堤埂，修整成区间路。在已经平整过的小区表面最好铺 3～10cm 的沙。沙层有助于减少杂草滋生。

3. 栽植　蔓越橘是自花结实植物，可以大面积单品种建园。新园可以从老园收割蔓越橘枝蔓扦插。将枝蔓散装或捆束包装，并注意保湿。从杂草多的小区收集枝蔓时有可能把杂草带入新栽植区，应注意避免。最好在春季开始生长时栽植。将枝蔓切成15～20cm长，分散到已灌透水的小区地表。每公顷大约分布2.5t枝蔓。用宽轨牵引拖拉机带圆盘耙走过插条，将插条压入土中与土壤密接。

小面积栽植或栽植一些珍贵的栽植材料，常用手工操作。栽植距离为40cm×40cm。每个栽植点栽4～6个插条。用手铲挖坑，坑深10cm，插入插条，并埋好。

第五节 栽培管理技术

一、土壤管理

越橘根系分布较浅，而且纤细，没有根毛，因此要求土壤疏松、多孔、通气良好。土壤管理的主要目标是创造适宜根系发育的良好土壤条件。

（一）果园管理制度

1. 清耕 在沙土上栽培高丛越橘采用清耕法进行土壤管理。清耕可有效控制杂草与树体之间的养分竞争，促进树体发育，尤其是在幼树期，清耕尤为必要。

清耕的深度以5～10cm为宜。越橘根系分布较浅，过分深耕不仅没有必要，而且还易造成根系伤害。

清耕的时间从早春到8月份都可进行，入秋后不宜清耕，对越橘越冬不利。

2. 台田 地势低洼、积水、排水不良的土壤（如草甸、沼泽地、水湿地）栽培越橘时需要修台田。台面通气状况得到改善，而台沟则用于积水，这样既可以保证土壤水分供应又可避免积水造成根系发育不良。但是，台面耕作、除草无法机械操作，需人工完成。

3. 生草法 生草法在越橘栽培中也有应用，主要是行间生草，行内用除草剂控制杂草。生草法可获得与清耕法一样的产量。

与清耕法相比，生草法具有明显保持土壤湿度的功能，适用于干旱土壤和黏重土壤。采用生草法，杂草每年积累于地表，形成一层覆盖物。生草法的另一个优点是利于果园工作和机械行走，缺点是不利于控制越橘僵果病。

4. 土壤覆盖 越橘种植要求酸性土壤和较低的地势，当土壤干旱、pH高、有机质含量不足时，就必须采取措施调节上层土壤的水分、pH等。除了向土壤掺入有机物外，生产上广泛应用的是土壤覆盖技术。土壤覆盖的主要功能是增加土壤有机质含量、改善土壤结构、调节土壤温度、保持土壤湿度、降低土壤pH、控制杂草等。矮丛越橘土壤覆盖5～10cm厚的锯末，在3年内产量可提高30%、单果重增加50%。土壤覆盖可以明显提高越橘树体的抗寒能力，这一点在东北地区越橘栽培中具有重要意义。从提高抗寒力角度看，土壤覆盖使用锯末和草炭效果较好。

土壤覆盖物应用最多的是锯末，尤以容易腐解的软木锯末为佳。用腐解好的烂锯末比未腐解的新锯末效果好且发挥效力迅速，腐解的锯末可以很快降低土壤pH。土壤覆盖如果结合土壤改良掺入草炭效果会更加明显。

覆盖锯末在苗木定植后即可进行，将锯末均匀覆盖在床面，宽度1m、厚度10～15cm，以后每年再覆盖2.5cm厚以保持原有厚度。如果应用未腐解的新锯末，需增施

50%的氮肥。已腐解好的锯末，氮肥用量应减少。

除了锯末之外，树皮或烂树皮作土壤覆盖物可获得与锯末同样的效果。其他有机物如稻草、树叶也可作土壤覆盖物，但效果不如锯末。

5. 覆地膜 地面覆盖黑塑料膜可以防止土壤水分蒸发、控制杂草、提高地温。如果覆盖锯末与黑地膜同时进行效果会更好。但如果覆盖黑地膜时同时施肥，会引起树体灼伤。所以在生产上首先施用完全肥料，待肥料经过2年分解后，再覆盖黑塑料膜。

应用黑塑料膜覆盖的缺点是不能施肥，灌水不便，而且每隔2～3年需重新覆盖并清除田间碎片。所以黑塑料膜覆盖最好是在有滴灌设施的果园应用，尤其适用于幼年果园。

（二）土壤改良技术

如果选择栽植越橘的土壤pH过高或过低、偏黏、有机质含量过低，在定植以前应对土壤结构、理化性状等做出综合评价，有针对性地进行改良，以利于越橘生长。

1. 土壤pH过高的调节 土壤pH是限制越橘栽培范围扩大的主要因素。土壤pH过高常造成越橘缺铁失绿，生长不良，产量降低，甚至植株死亡，这类土壤必须进行改良。当土壤pH>5.5时，就需要采取措施降低土壤pH。最常用的方法是土壤施硫黄粉或$Al_2(SO_4)_3$。施硫黄粉后1个月土壤pH迅速降低，第二年仍可保持较低的水平。在定植前一年结合整地将硫黄粉均匀撒入地中，深翻混匀。硫黄粉要全园施用，不要只施在定植带上。表3-11是每100m^{2}沙土或壤土使用硫黄粉降低土壤pH时的用量，100m^2 pH4.5以上的沙土pH每降低0.1需施硫黄粉0.367kg，壤土则需1.222kg。$Al_2(SO_4)_3$的使用量是硫黄粉的6倍。此外，土壤覆盖锯末、松树皮，施用酸性肥料以及施用粗鞣酸等均有降低土壤pH的作用。

表3-11 调节土壤pH每100m^{2}的硫黄粉用量（kg）

土壤pH	调节后pH 4.0		4.5		5.0		5.5		6.0		6.5		7.0		7.5	
	沙土	壤土	沙土	壤土	沙土	壤土	沙土	壤土	沙土	壤土	沙土	壤土	沙土	壤土	沙土	壤土
4.0	0.00	0.00														
4.5	1.95	5.86	0.00	0.00												
5.0	3.91	11.73	1.95	5.86	0.00	0.00										
5.5	5.86	17.10	3.91	11.73	1.95	5.86	0.00	0.00								
6.0	7.33	22.48	5.86	17.10	3.91	11.73	1.95	5.86	0.00	0.00						
6.5	9.29	28.34	7.33	22.48	5.86	17.10	3.91	11.73	1.95	5.86	0.00	0.00				
7.0	11.24	33.71	9.29	28.34	7.33	22.48	5.86	17.10	3.91	11.73	1.95	5.86	0.00	0.00		
7.5	13.19	39.09	11.24	33.71	9.29	28.34	7.33	22.48	5.86	17.10	3.91	11.73	1.95	5.86	0.00	0.00

注：引自Paul Eck，Blueberry Culture。

2. 土壤pH过低的调节 当土壤pH低于4.0时，由于重金属元素供应过量，会造成重金属中毒，使越橘生长不良，甚至死亡。此时需要采取措施增加土壤pH，最常用且有效的方法是施用石灰。石灰的施用也应在定植前一年进行。施用量根据土壤类型及pH而定。

3. 改善土壤结构及增加有机质　当土壤有机质含量<5%时及土壤黏重板结时，需要掺入有机物料或河沙等。掺入河沙虽然能改善土壤结构，疏松土壤，但不能降低土壤pH，而且使土壤肥力下降，因此最好是掺入有机物料。最理想的有机物料是腐苔藓和草炭，掺入后不仅增加土壤有机质，而且还具有降低pH的作用。此外，烂树皮、锯末及有机肥也可作为改善土壤结构掺入物。应用烂树皮和锯末时以松科材料为佳，并且配以硫黄粉混合施用。

土壤中掺入有机物可在定植时结合挖定植穴进行，一般按园土与有机物1∶1（体积比）混匀填入定植穴。土壤掺入有机物料可以改善土壤理化性质，增加土壤缓冲能力，避免土壤温度剧变，降低pH，增加有机质含量，改善土壤结构，有利于菌根真菌发育，从而提高产量和果实品质。土壤掺入有机物料在越橘栽培中已是一种常规措施。

二、施　　肥

（一）越橘的营养特点

越橘属典型的嫌钙植物，它对钙有迅速吸收与积累的能力，当在钙质土壤栽培时，由于钙吸收多，往往导致缺铁失绿。从整个树体营养水平分析，越橘为寡营养植物，与其他果树相比，树体内氮、磷、钾、钙、镁含量很低。由于这一特点，过多施肥往往导致肥料过量而引起树体伤害。越橘喜铵态氮，对土壤中铵态氮的吸收能力强于硝态氮。

（二）土壤施肥反应

1. 氮肥　越橘对施氮肥的反应因土壤类型及土壤肥力而异。当土壤肥力较高时，施氮肥对越橘增产无效，且有害，施氮量过多时甚至造成植株死亡。但这并不意味着在任何情况下都不施氮肥。在以下几种情况下越橘需要增施氮肥：①土壤肥力差、有机含量较低时；②利用矿质土壤栽培时；③栽培越橘多年土壤肥力下降时；④土壤pH较高(>5.5)时。

2. 磷肥　水湿地潜育土类型的土壤往往缺磷，增施磷肥效果显著。但当土壤中磷含量较高时，增施磷肥不仅不能提高产量反而延迟果实成熟。一般当土壤中含速效磷低于6mg/kg时，就需增施磷肥（P_2O_5）15～45kg/hm^2。

3. 钾肥　钾肥对越橘增产效果显著，增施钾肥不仅可以提高越橘产量而且提早成熟、提高品质、增强抗寒性。但钾肥过量不仅对增产没有作用，反而会使果实变小、冻害加重、导致缺镁症等。

（三）施肥的种类、方式、时期及施肥量

1. 施肥种类　越橘施用完全肥料比单纯肥料效果要好得多，其产量可提高40%。对于越橘而言，铵态氮容易吸收，而硝态氮不仅不易吸收，还对生长产生不良影响。建议使用（NH_4）$_2SO_4$，土壤施入（NH_4）$_2SO_4$不仅供应越橘铵态氮，而且具有降低土壤pH的作用，在pH较高的矿质土壤和钙质土壤上尤其适用。

2. 施肥方式与时期　越橘施肥以撒施为主，高丛越橘和兔眼越橘可采用沟施，但深度要适宜，一般10～15cm。土壤施肥的时期一般是早春萌芽前。

越橘施肥分2次以上施入比一次性施入能明显增加产量和单果重。一般分为2次，萌

芽前施入总量的1/2，萌芽后再施入1/2，2次间隔4～6周。

3. 施肥量 越橘对施肥反应敏感，过量施肥容易抑制生长，造成减产，甚至植株死亡。因此，施肥时必须慎重，不能凭经验确定施肥量，而要视土壤肥力及树体营养状况来确定。

越橘施肥的氮、磷、钾比例大多数趋向于1∶1∶1。有机质含量较高的土壤氮肥用量应减少，可采用1∶2∶3或1∶3∶4的比例。而矿质土壤中磷、钾含量高，氮（N）、磷（P_2O_5）、钾（K_2O）比例以1∶1∶1为宜，或者采用2∶1∶1。

（四）施肥依据

1. 测土施肥 为了避免施肥过量，应对土壤进行肥力测定，根据测定结果确定施肥量。一般在越橘定植时测定一次土壤肥力，以后每3～5年测定1次。美国已将土壤测试分析法应用于越橘生产。

2. 叶片营养诊断

（1）常见的营养缺素症 ①缺铁失绿症。缺铁失绿是越橘常发生的一种营养失调症，其主要症状是叶脉间失绿。开始出现症状时叶脉间失绿，但叶脉保持绿色，症状严重时叶脉也失绿，其中新梢顶部叶片表现症状早且严重。②缺镁症。其症状是浆果成熟期叶缘和叶脉间失绿，主要出现在生长迅速的新梢和老叶上，以后失绿部位变黄、变橘黄色，最后呈红色。③缺硼症。其症状是芽非正常开绽，萌发后几周顶芽枯萎，变暗棕色，最后顶端枯死，引起缺硼症的主要原因是土壤水分不足。

（2）各种元素缺乏和过多的矫治 叶分析方法是果园施肥管理中最为准确的技术。越橘叶分析标准值列于表3-12。将分析数据与标准值进行比较，可以较科学地确定施肥种类及施肥量。

氮：缺氮时按叶片中N含量每增加0.1%增施纯N 10%计算施氮量。如果土壤pH高于5.0，用$(NH_4)_2SO_4$；如果土壤pH低于5.0，则改用尿素。不可施用含氯氮肥或NH_4NO_3。

氮含量过高时按叶片氮含量每降低0.1%减少施纯N 10%计算。

磷：低磷时可以在一年内任何时间施用45%的磷肥201kg/hm^2。磷含量高于正常值则不施磷肥。

钾：低钾时在秋季或早春施用430kg/hm^{2}硫酸镁钾或180kg/hm^{2}硫酸钾。钾含量过高或含量虽正常，但K/Mg高于4.0则不施钾肥。

钙：低钙时如果土壤pH低于4.0施用石灰，如果土壤pH高于4.0则在秋季或早春施用1 120kg/hm^{2}硫酸钙。钙高于正常值可参照土壤测试降低土壤pH至5.5以下。

镁：缺镁时如果土壤pH低于4.0增施石灰；如果土壤pH高于4.0则施入硫酸镁280kg/hm^2；如果镁含量在正常范围，但K/Mg比高于5.0，则增施氧化镁90kg/hm^2，改善钾和镁的平衡。镁高于正常值可参照土壤测试降低土壤pH至5.5以下。

锰：缺锰时在生长季节叶面喷施2次螯合锰，用量为6.7kg/hm^2，对水55L。

锰高于正常值参照土壤测试增加土壤pH至5.5以下。

铁：缺铁时在夏季和下一年开花后叶面喷施螯合铁6.7kg/hm^2，对水55L，检查施用效果，并根据情况加以纠正。如果土壤pH在正常范围（4.0～4.5），但低铁状况仍持续几年，则土施螯合铁 28kg/hm^2 或硫酸亚铁 17kg/hm^2。

铜：缺铜时在开花后和果实采收后叶面喷施螯合铜 2.24kg/hm^2，对水 55L。

硼：低硼可在晚夏和下一年初花期叶面喷施 1.7kg/hm^2 硼酸，对水 55L。如果低硼持续几年而土壤 pH 在正常范围（4.5～5.0），则土壤表面施用 5.6kg/hm^2 硼酸。

锌：低锌可在花后、采收前和晚夏叶面喷施 2.24kg/hm^2 螯合锌或硫酸锌，对水 55L。如果低锌连续持续几年则土壤施用硫酸锌，11.2kg/hm^2。

表 3-12　越橘矿质养分缺乏症及其矫治

元素	缺乏时元素水平（干重）	缺乏时主要症状	施肥矫治措施
N	1.5%	新梢生长量减少，叶片变小、黄化，白绿色老叶首先表现症状	施氮肥 67.3kg/hm^2，分 2 次施入，如果土壤覆盖或灌水较重，再增施 50%
P	0.1%	生长量降低，叶片小且暗绿，老叶首先表现症状，出现紫红色	土壤施 P_2O_5，56kg/hm^2
K	0.4%	叶片杯状卷起，叶缘焦枯，老叶首先表现症状	土壤施 K_2O，45kg/hm^2
Mg	0.2%	叶脉间失绿，伴有黄色或红色色斑，老叶首先表现症状	土壤施 MgO，22.4kg/hm^2
Ca	0.3%	幼叶叶缘失绿，出现黄绿色斑块	根据土壤 pH 施用石灰 10～40t/hm^2
S	0.05%	幼叶叶脉明显黄化，老叶片呈黄绿色	土壤施入 $(NH_4)_2SO_4$
Cl	中毒水平 >0.5%	中毒症状为新梢中部叶片的中上部叶表为咖啡棕色，基部叶片尖部变黄	不要施用含 Cl 的肥料，如 NH_4Cl、KCl
Fe	60mg/kg	幼叶叶脉间失绿、黄化，叶脉保持绿色	降低土壤 pH，叶面喷施螯合铁 2.24kg/hm^2，加水 220L
Mn	20mg/kg	幼叶叶脉间失绿，但叶脉及叶脉附近呈带状绿色	将土壤 pH 调至 5.2 以下，叶面喷施螯合锰 1.12kg/hm^2，加水 220L
Zn	10mg/kg	叶片变小，节间缩短，幼叶失绿，并沿叶片中脉向上卷起	将土壤 pH 调至 5.2 以下，叶面喷施螯合锌 1.12kg/hm^2，加水 220L
B	10mg/kg	新梢顶端枯死，幼叶小且蓝绿色并常呈船状卷曲	充分灌水，叶面喷施硼砂溶液
Cu	10mg/kg	症状与缺 Mn 相似，但有时新梢顶端枯死	保持土壤排水良好，将土壤 pH 降至 5.2 以下

*引自 Paul Eck，1988，Blueberry Science。

三、水分管理

（一）灌水的时间及判断方法

必须在植株出现萎蔫以前进行灌水。不同的土壤类型对水分要求不同，沙土持水力差，易干旱，需经常检查并灌水；有机质含量高的土壤持水力强，灌水可适当减少，但黑色的腐殖土有时看起来似乎是湿润的，实际上已经干旱，易引起判断失误，需要特别注意。

越橘园是否需要灌水可根据经验判断，用铲取一定深度土样，放入手中挤压，如果土壤出水则证明水分合适，如果挤压不出水，则说明已经干旱；取样土壤中的土球如果挤压容易破碎，说明已经干旱。根据生长季内每月的降水量与越橘生长所需水分也可作出粗略判断，当降雨量较正常降雨量低 2.5～5mm 时，即可能引起越橘干旱，需要灌水。

越橘主产区或野生分布区主要位于具有地下潴留水的有机质上。这样的土壤地下水位必须达到足够的高度以使上层有机质层有足够的土壤湿度。要达到既能在雨季排水良好又能满足上层土壤湿度，土壤的潴留水水位应在 45～60cm。在越橘果园中心地带应设置一个永久性的观测井，用以监视土壤水位。

比较准确的方法是测定土壤含水量或土壤湿度，也可测定土壤电导率或电阻进行判断。

（二）水源和水质

比较理想的水源是地表池塘水或水库水。深井水往往 pH 过高，而且 Na^+ 和 Ca^{2+} 含量高，长期使用会影响越橘生长和产量。

（三）灌水方式

1. 喷灌 固定或移动的喷灌系统是越橘园常用灌溉设备。喷灌的特点是可以预防或减轻霜害。在新建果园中，新植苗木尚未发育，吸收能力差，最适采用喷灌方法。在美国越橘大面积产区，常采用高压喷枪进行喷灌。

2. 滴灌和微喷灌 滴灌和微喷灌方法近年来应用越来越多。这两种灌水方式投资中等，但供水时间长、水分利用率高。水分直接供给每一树体，流失、蒸发少，供水均匀一致，而且一经开通可在生长季长期供应。滴灌和微喷灌所需的机械动力小，很适应于小面积栽培或庭院栽培使用。与其他方法相比，滴灌和微喷灌能更好地保持土壤湿度，不致出现干旱或水分供应过量情况，因此与其他灌水方法相比产量及单果重明显增加。

利用滴灌和微喷灌时需注意两个问题，一是滴头或喷头应在树体两面都有，确保整个根系都能获得水分，如果只在一面滴水则会使树冠及根系发育两边不一致，从而影响产量。二是水需净化处理，避免堵塞。

四、修　　剪

修剪的目的是调节生殖生长与营养生长的矛盾，解决树体通风透光问题。修剪要掌握的总的原则是达到最好而不是最高的产量，防止过量结果。越橘修剪后往往造成产量降低，但单果重增大、果实品质提高、成熟期提早、商品价值增加。修剪时应防止过重，以保证一定的产量。修剪程度应以果实的用途来确定：如果加工用，果实大小均可，修剪宜轻，提高产量；如果是鲜果销售，修剪宜重，提高商品价值。

越橘修剪的主要方法有平茬、疏剪、剪花芽、疏花、疏果等，不同的修剪方法其效果不同。究竟采用哪一种方法应视树龄、枝条多少、花芽量等而定。在修剪过程中各种方法应配合使用，以便达到最佳的修剪效果。

（一）高丛越橘修剪

1. 幼树修剪 幼树定植后 1～2 年就有花芽，但若开花结果会抑制营养生长。幼树期是构建树体营养面积的时期，栽培管理的重点是促进根系发育、扩大树冠、增加枝量，因此幼树修剪以去花芽为主。定植后第二年、第三年春，疏除弱小枝条，第三年、第四年应以扩大树冠为主，但可适量结果，一般第三年株产应控制在 1kg 以下（图 3-12）。

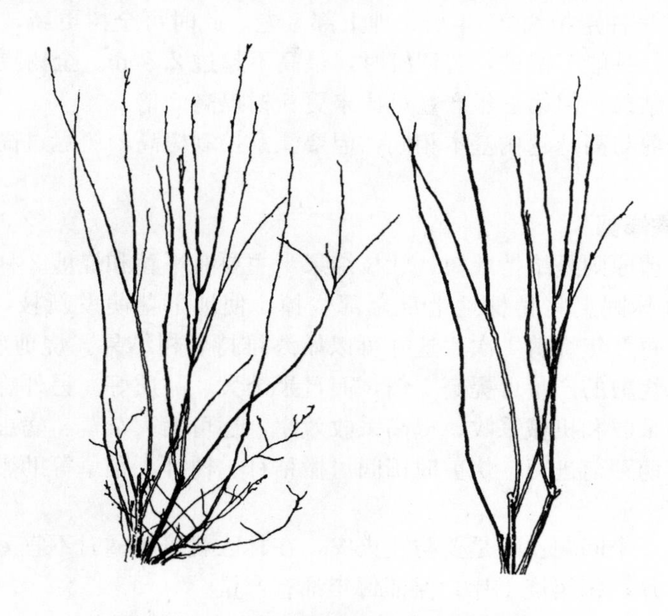

图 3-12　高丛越橘二年生树的修剪方法

（引自 Paul Eck. Blueberry Science）

2. 成年树修剪　进入成年以后，植株树冠比较高大，内膛易郁蔽。此时修剪主要是控制树高，改善光照条件。修剪以疏枝为主，疏除过密枝、细弱枝、病虫枝以及根系产生的分蘖（图 3-13）。

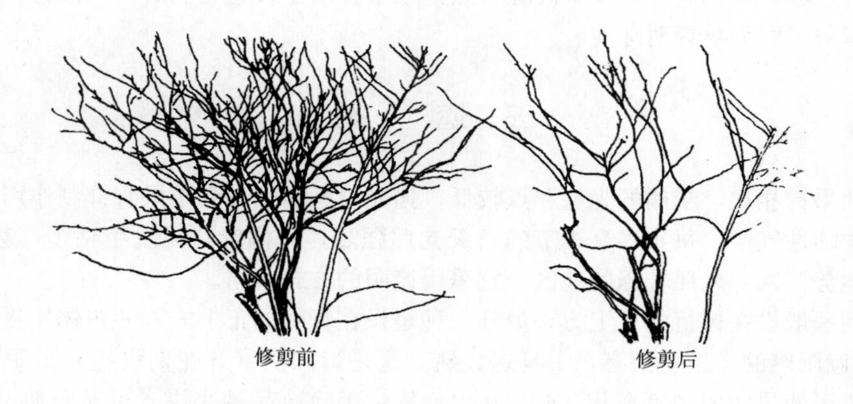

图 3-13　高丛越橘结果树的修剪方法

（引自 Cough，1994）

生长势较开张树疏枝时去弱枝留强枝，直立品种去中心干、开天窗，并留中庸枝。大的结果枝最佳的结果年龄为 5～6 年，超过此年限要回缩更新。弱小枝可采用抹花芽的方法修剪，使其转壮。

成年树花芽量大，常采用剪花芽的方法去掉一部分花芽，一般每个壮枝剪留 2～3 个花芽。

3. 老树更新 植株定植约 25 年后，地上部衰老。此时可全树更新，即紧贴地面用圆盘锯将其全部锯掉，一般不留桩，若留桩时，最高不超过 2.5cm。全树更新后从基部萌芽新枝。更新当年不结果，但第三年产量可比未更新树提高 5 倍。

兔眼越橘的修剪与高丛越橘基本相同，但要注意控制树高，树冠过高不利于管理及果实采收。

（二）矮丛越橘修剪

矮丛越橘的修剪原则是维持壮树、壮枝结果，主要有平茬和烧剪 2 种。

1. 烧剪 即在休眠期将植株地上部全部烧掉，使地下茎萌发新枝，当年形成花芽，第二年结果，以后每 2 年烧剪 1 次，这样可以始终维持壮树结果。烧剪后当年没有产量，但第二年产量比未烧剪的产量可提高 1 倍，而且果个大、品质好。另外烧剪之后新梢分枝少，适宜于采收器采收和机械采收，提高采收效率，还可消灭杂草、病虫害等。

烧剪宜在早春萌芽前进行。烧剪时田间可撒秸秆、树叶、稻草等助燃，国外常用油或气烧剪。

烧剪时需注意 2 个问题：一是要防止火灾，在林区栽培越橘时不宜采用此法；二是将一个果园划分为 2 片，每年烧 1 片，保证每年都有产量。

2. 平茬修剪 平茬修剪是从基部将地上部全部锯掉，原理同烧剪。关键是留桩高度，留桩高对生长结果不利，所以平茬时应紧贴地面进行。平茬修剪后地上部留在果园内，可起到土壤覆盖的作用，而且腐烂分解后可提高土壤有机质含量，改善土壤结构，有利于根系和根状茎生长。

平茬修剪的关键是要有合适的工具。我国泰州市林业机械厂生产的背负式割灌机具有体积小、重量轻、操作简便、效率高等特点，很适合用于矮丛越橘的平茬修剪。

平茬修剪时间为早春萌芽前。

五、遮　　阴

与其他果树相比，越橘的光饱和点较低，强光对越橘生长和结果有抑制作用。我国北方地区为大陆性气候，每年春夏季节的晴天光照强烈，越橘叶片易发生枯萎，甚至焦枯。因此，在地势开阔、光照较强的地区，宜采用遮阴的方式栽培。

遮阳网一般设在树行的正上方，另外一种是设在行间的正上方（使树体接受更多的光照）。设置遮阳网的作用主要有：①延迟成熟。这是遮阳网（开花期设置）最重要的一种作用，一般可使果实成熟期延迟 7d 以上，尤其对于晚熟品种来讲，可延长鲜果供应期。②分散成熟。遮阳网可使果实成熟过程延缓，同一树体和果穗上的果实成熟分散，有利于分期分批采收。③增强树体生长势，增大果个，增加果实硬度，提高果实的耐贮运能力。④具有防霜功能。

六、除　　草

越橘园除草是果园管理中的重要环节，除草果园比不除草果园产量可提高1倍以上。人工除草费用高，土壤耕作又容易伤害根系和树体，因此，化学除草在越橘栽培中广泛应用。尤其是矮丛越橘，果园形成后由于根状茎窜生行走，整个果园连成一片，无法进行人工除草，必须使用除草剂。

但越橘园中应用化学除草剂有许多问题，一是土壤中含量过高的有机质可以钝化除草剂；二是过分湿润的土壤除草剂使用的时间不能确定；三是台田栽培时，台田沟及台面应用除草剂很难控制均匀。尽管如此，在越橘园应用除草剂已较成功。

除草剂的使用应尽可能均匀一致，可以采用人工喷施和机械喷施。喷施时压低喷头喷于地面，尽量避免喷到树体上。迄今为止，尚无一种对越橘无害的有效除草剂。因此，除草剂的使用要规范，新型除草剂要经过试验后方能大面积应用。

七、果园其他管理

（一）越冬防寒

尽管越橘中的矮丛越橘和半高丛越橘抗寒力较强，但在栽培中仍有冻害发生，其中最主要的两种冻害是越冬抽条和花芽冻害。在特殊的年份地上部可能全部冻死，因此在寒冷地区越冬保护也是提高产量的重要措施。

1. 人工堆雪防寒　在北方寒冷地区，冬季雪大而厚，冬季可以利用这一天然优势进行人工堆雪，来确保树体安全越冬。与其他方法如盖树叶、稻草相比，堆雪防寒具有取材方便、省工省时、费用少等特点，而且堆雪后可以保持树体水分充足，使越橘产量比不防寒的大大提高，与盖树叶、稻草相比产量也明显提高。

防寒的效果与堆雪深度密切相关，并非堆雪越深产量越高。因此，人工堆雪防寒时厚度应该适当，一般以覆盖树体的2/3为佳。

2. 埋土防寒　在我国东北黑穗醋栗等小浆果栽培中普遍应用埋土防寒方法，这种方法可以有效地保护树体越冬，在越橘栽培中可以使用。但越橘的枝条比较硬，容易折断，因此在定植时应采用斜植方法，以利于埋土防寒。

3. 其他防寒方法　树体覆盖稻草、树叶、塑料地膜、麻袋片、稻草编织袋等都可起到越冬保护的作用。

（二）鼠害及鸟害的预防

树体越冬时，有时易遭受鼠害，尤其是土壤覆盖秸秆、稻草时，更易遭受鼠害，如田鼠啃树皮，使树体受伤害甚至死亡。因此，入冬前田间应撒鼠药，根据鼠害发生的程度与频度来确定田间鼠药施用量。

越橘成熟时果实蓝紫色，对一些鸟特别有吸引力，常常招鸟食果。据调查，鸟害可造成10%～15%的产量损失。比较简易的防治方法是在田间立稻草人。如果栽培面积较小，如庭院栽培，可将整个果园用尼龙网罩起来。美国越橘生产园中设置电子发声器，定时发出鸟临死前的惨叫声，可吓跑鸟群。

（三）昆虫辅助授粉及生长调节剂的应用

1. 昆虫辅助授粉　越橘花器的结构特点使其靠风传播花粉比较困难，授粉主要靠昆虫来完成。为越橘授粉的昆虫主要有2种：蜜蜂和大黄蜂。有些品种的花冠深，蜜蜂不能采粉，主要依靠大黄蜂授粉。正是由于这一点，越橘栽培中保护蜜蜂和大黄蜂显得很必要，在授粉期应尽可能避免使用杀虫剂。有条件的果园可以进行人工放蜂，以提高坐果率。

2. 生长调节剂的应用　在开花期应用赤霉素和生长素都有促进坐果的作用，在越橘上应用比较成功的是赤霉素。在盛花期喷施20mg/L的赤霉素溶液，可提高越橘坐果率，并产生无种子果实，果实成熟期也提前。在美国已生产出越橘专用赤霉素药剂。

第六节　果实采收与采后处理

一、果实采收

（一）矮丛越橘采收

矮丛越橘果实成熟比较一致，先成熟的果实一般不脱落，可以等果实全部成熟时再采收。在我国长白山区，果实成熟的时间在7月中下旬。矮丛越橘果实较小，人工手采比较困难，使用最多而且快捷方便的是梳齿状人工采收器。采收器宽一般为20～40cm、齿长25cm，一般40个梳齿。使用时，沿地面插入株丛，然后向前方上捋起，将果实采下。果实采收后，清除枝叶或石块等杂物，装入容器。

美国、加拿大矮丛越橘采收常使用机械。采收机械也是一个大型梳齿状的摇动装置，采收时上下、左右摆动，将果实采下，然后用传送带将果实运输到清选器中。

（二）高丛越橘采收

高丛越橘同一树种、同一株树、同一果穗的果实成熟期都不一致，一般采收持续3～4周，所以要分批采收，一般每隔1周采果1次。果实作为鲜食销售时要人工手采。采收后放入塑料食品盒中，再放入浅盘中，运到市场销售，应尽量避免挤压、暴晒、风吹雨淋等。人工手采时可以根据果实大小、成熟度直接分级。

美国在兔眼越橘和高丛越橘采收中，为节省劳力，使用手持电动采收机。采收机重约2.5kg，由电动振动装置和4个伸出的采收齿组成，干电池带动。工作时将可移动式果实接受器置于树下，将采收机的4个采收齿深入树丛，夹住结果枝启动电源振动约3s。使用这一采收机需3人配合，工作效率相当于人工采收的2～3倍，但在上市前需要进行分级、包装处理。

果实要适时采收，不能过早。采收过早果实小，风味差，影响品质。但也不能过晚，尤其是鲜果远销，过晚采收会降低耐贮运性能。越橘果实成熟时正是盛夏，注意不要在雨中或雨后马上采收，以免造成霉烂。

（三）机械采收

由于劳动力资源缺乏，机械采收在越橘生产中越来越受到重视。机械采收的主要原理是振动落果。一台包括振动器、果实接收器及传送带装置的大型机械采收器每小时可采收0.5hm^2以上的面积，相当于160个人的工作量。但机械采收存在几个问题：一是产量损失，据估计，机械采收大约比人工采收损失30%的产量；二是机械采收的果实必须经过分级、包装程序，三是前期投资较大。在我国以农户小面积分散经营时不宜采用，但大面积、集约式栽培时应考虑采用机械化采收。

二、果实采后处理

（一）果实分级

果实采收后根据其成熟度、大小等进行分级。经过初级机械分级后仍含有石块、叶片以及未成熟、挤伤、压伤的果实，需要进一步分级。高丛越橘分级的标准是浆果pH 3.25～4.25，可溶性糖>10%，总酸0.3%～1.3%，糖酸比10～33，硬度足以抵抗170～180r/s的振动，果实直径>1cm，颜色达到固有蓝色（果实中色素含量>0.5%时为过分成熟）。实际操作中，主要依据果实硬度、密度及折光度进行分级。

根据密度分级是最常用的方法。一种方式是用气流分离。越橘果实通过气流时，小枝、叶片、灰尘等密度小的物体被吹走而成熟果实及密度较大的物体留下来进行再分级，进一步的分级一般由人工完成。另一种方式是采用水流分级。水流分级效果较好，但缺点是果粉损失影响外观品质。

（二）包装

传统的越橘果实包装是用纸板盒，每12个盒装入浅盘中运输。但这种纸盒包装容易引起果实失水萎蔫。后来改进为用蜡封纸盒，并在上部及两侧打小孔，以利于通风。近几年改用无毒塑料盒。越橘鲜果包装以120g一盒比较适宜。

（三）果实贮存

1. 低温贮存　越橘鲜果需要在10℃以下低温贮存，即使在运输过程中也要保持10℃以下温度。果实采摘后必须经过预冷，贮运过程中才能有效防止腐烂。预冷的方式主要有真空冷却、冷水冷却、冷风冷却。

（1）真空冷却　真空冷却是果实通过表面水分蒸发散热冷却的方式。这种方式冷却速度快，20～30min即可完成。

（2）冷水冷却　用冷水浸渍或用喷淋冷水使果实冷却。这种方法与冷空气冷却相比效率高、速度快，但易造成果实腐败。

（3）冷风冷却　用冷冻机制造冷风冷却果实，分为强制冷却和差压冷却。强制冷却即向预冷库内强制通入冷风，但有外包装箱时冷却速度较慢，为了尽快达到热交换，可在外包装上打孔；差压冷却在预冷库内所有外包装箱两侧打孔，采用强制冷风将冷空气导入箱内，达到迅速冷却的目的。冷风冷却效果较好。

2. 冷冻保存　果实采收分级包装后可加工成速冻果贮存。速冻果不易腐烂，贮存期长，但生食风味略偏酸。

加工冷冻果是浆果类果实利用的一个趋势，黑莓、树莓、草莓等均可加工冷冻果。但以上三类浆果冷冻时容易出现变色、破裂等现象，而越橘果实质地较硬，冷冻后无此现象。

冷冻的温度要求－20℃以下，每袋10kg或13.5kg（聚乙烯袋装）装箱。运输过程中也要求冷冻。

第七节　设施栽培技术

随着越橘产业在我国的迅猛发展，越橘保护地栽培也迅速崛起。目前山东、辽宁等省已形成了一定规模的越橘生产基地，这些基地各具特色，起到了良好的示范带动作用，促进了越橘保护地栽培的发展。

一、设施结构

越橘一般在定植当年年底形成足量花芽，可以扣棚生产。越橘树体较矮小，既适合日光温室栽培，又适合塑料大棚栽培。

近年来，连栋式塑料大棚逐渐应用于越橘栽培。相对于单栋式塑料大棚，连栋式塑料大棚土地利用率较高、保温性能好、室内温度均匀。但连栋数量不能过多，否则通风效率降低，调控功能差，而且造价也较高。

不论采用何种棚体，都要保证树体距棚膜有50～100cm的距离，否则树冠温度过高，影响树体正常的生长发育。

（一）日光温室

日光温室剖面见图3-14。在北纬34°～42°地区，日光温室一般不用加温，但如果要获得较好的采光与保温效果，又便于温湿度的调控，须注意其结构参数：南北跨度9m，东西长度50～80m。前后坡投影比5∶1。前屋面半拱式，采光屋面角30°，脊高4.3m；后墙高2.5m，后坡仰角50°，后坡长2.3m。墙体复合厚度1.5m。可采用竹木水泥结构或钢架结构。

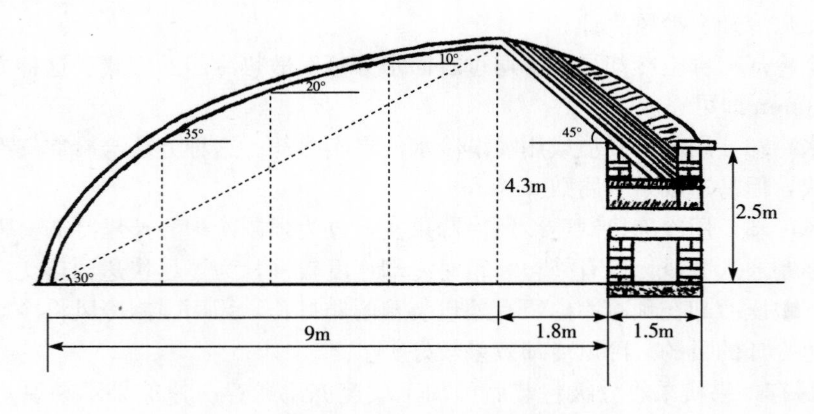

图3-14　日光温室剖面

各地区应根据纬度适当调整上述参数。北纬33°～38°地区，采光屋面角为23°～28°，前后坡投影比6～7∶1，墙体厚度60～100cm，后坡仰角45°。北纬38°～43°地区，采光屋面角为 28°～33°，前后坡投影比 4～5∶1，墙体厚度 100～150cm，后坡仰角 50°。这种温室采光好，升温快，保温效果好，投资少，建造方便，生产中应用较多。

（二）塑料大棚

塑料大棚的基本类型有 3 种，即无柱式、悬梁吊柱式和多柱式。多柱式塑料大棚由竹木建成，取材方便，建筑容易，造价低廉。但棚内架材过多，造成遮阴，且操作不方便。另外，竹木易腐朽，使用寿命短。为了克服这些不足，又逐渐发展了少柱的悬梁吊柱式和无柱式塑料大棚。

塑料大棚剖面见图 3-15。塑料大棚为南北走向，跨度 12m，棚顶高 3m，长 50～80m，悬梁吊柱竹木结构或无柱式钢架结构。棚型结构符合轴线公式，抗风雪能力强，适合北纬 33°～38°地区越橘促成栽培。

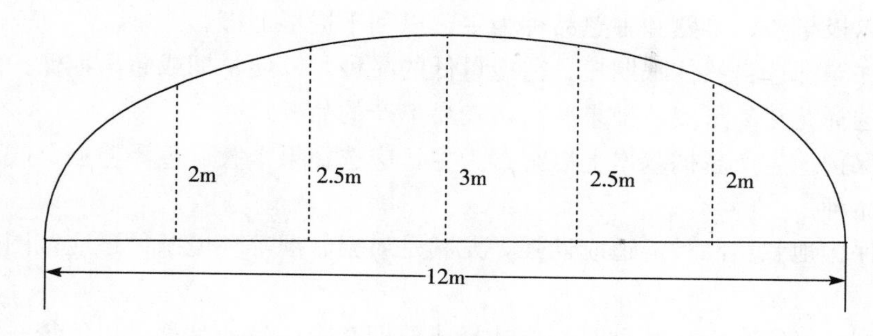

图 3-15　塑料大棚剖面

（三）连栋式塑料大棚

构成连栋式大棚的单个大棚与普通单栋式大棚的结构特点相似，即南北走向、剖面结构符合合理轴线公式、东西跨度 9～12m、有一定抗风能力等。

连栋式大棚的优点是土地利用率高、室内气温均匀，但连栋内部的单棚不能通过棚体两侧通风，总的通风口面积与土地面积之比小于单栋式，因此通风效率下降，调控功能降低。理论计算与生产实践表明，连栋式大棚的东西总宽度为 30m 时，通风效率与单栋式相当，超过 30m，通风效率迅速下降。因此，在无强制通风设施、单纯依靠自然通风的情况下，连栋式大棚的东西宽度最好为 30m，一般不要超过 40m；在具备强制通风设施时，东西宽度一般不要超过 60m。棚体南北长度对通风影响不大，但从作业方便角度考虑，以不超过 100m 为宜。

二、建　　园

（一）园地选择

选择背风向阳、排灌便利、土质疏松、通气良好、湿润、有机质含量高的酸性沙壤土，按照棚室建造规划建园。大面积栽植时，棚室成群，在棚室群的北边应建造防风林和风障，以防风增温，调节小气候。

越橘保护地栽培的方式目前主要是促成栽培，果实提早成熟，提前上市，补充淡季市场供应。在品种选择上，主要是穗大粒大、色泽艳丽、味浓芳香、酸甜适口的中早熟鲜食品种。

（二）土壤改良

越橘保护地栽培是高投入高产出的产业，理论上应严格按标准选择土壤类型，但生产中并非如此。随着保护地栽培的迅速发展，目前在沙滩地、山岭地等不太适合的土壤上定植建棚的越来越多。在定植以前应对土壤结构、理化性状等做出综合评价，对不适宜的土壤进行改良。改良的重点是调节土壤 pH，增施有机肥，提高土壤有机质含量。

（三）品种的选择与搭配

越橘保护地栽培的方式目前主要是促成栽培，使鲜果提早成熟上市，补充淡季市场供应，获得更高的经济效益。因此，保护地越橘栽培的品种选择就显得更加重要，应遵循以下原则：

第一，以极早熟、早熟和中熟品种为主，以利于提早上市。

第二，注意筛选自然休眠期短、需冷量低的品种，以便早期或超早期保护栽培。

第三，选择花芽易形成、坐果率高，较易丰产的品种。

第四，保护地生产越橘基本上以鲜食为主，应选择果个大、色泽艳丽、酸甜适口的优质、耐贮运品种。

第五，保护地栽培品种应适应性强，尤其是对温、湿等环境条件适应范围较宽，且抗病性较强。

第六，同一棚室在定植品种时，应选择成熟期基本一致的品种，以便统一管理。不同棚室种植的品种，可适当早、中、晚熟搭配，以延长鲜果供应期。

根据以上原则，以提早成熟为目标时可种植蓝塔、都克、早蓝、蓝丰和北卫，以延迟成熟为生产目标时可种植蓝丰、达柔、埃利奥特。

（四）定植密度及授粉树配置

为追求早期丰产，一般来说保护地栽培定植密度应大于露地栽培。目前生产中越橘保护地栽培大都采用高密度建园，以增加前期产量。普遍采取的密度为 0.5m×2m 或 0.75m×1.5m。

高密度建园是提高当年产量的最有效途径。但以后几年随着树冠的形成，如何解决郁闭是一个关键问题。目前普遍采取两种方式解决：一是计划密植，去株间伐；二是永久密植，株密稀留枝。不论哪种方式，都应在加强肥水管理的基础上，加强整形修剪，做到通风透光。

大部分高丛越橘品种可以自花结实，但自花授粉果实往往比异花授粉的小并且成熟晚。兔眼越橘往往自花不结实或结实率很低。异花授粉可以提高其坐果率、增大单果重、提早成熟、提高产量和品质。因此在越橘保护地建园时授粉品种的配置就显得更加重要。一般做法是，每个棚室可定植 2～3 个品种，尽量防止品种单一。

（五）定植方法

按日光温室或塑料大棚的尺寸整地。春季和秋季定植均可，以秋季定植成活率高，若春季定植则越早越好。建议采用 2～3 年生大苗建园。一般采用行距宽、株距小的长方形，南北行栽植方式，这样不仅光照条件好，而且有利于越橘的生长发育。

三、设施环境调控

(一) 温度的调控

1. 越橘的低温需求量 理论上讲，如果是促成栽培，开始升温时间越早，成熟上市时间越提前，效益越高。但越橘与其他果树一样，必须满足一定的低温时数，才能通过自然休眠。如果自然休眠未解除，即使给予其生长发育适宜的环境条件，也不能萌芽开花，有时尽管开花，但不整齐，花期拖长，坐果率低。

对果树通过自然休眠的低温有效阈值现仍有争议，但一般认为最有效温度是0～7.2℃。不同种类和品种的低温需求量不同。北高丛越橘的低温需求量为500～1 000h，南高丛越橘的低温需求量为150～600h，兔眼越橘的低温需求量为300～800h。

2. 开始升温时间的确定 首先，要考虑越橘的低温需求量是否得到满足，可查阅当地历年气象资料计算。为增加保险系数，在此基础上应适当后延数天。

其次，要考虑果品计划上市时间。目前，在越橘保护地栽培中，果品上市时间一般是越早越好。为避免果品上市过于集中，常采用分期升温的方法。

在高丛越橘集中产区山东青岛等地，采用日光温室（加温或不加温）或保温加温条件较好的塑料大棚，最早可于12月底开始升温；采用保温加温条件一般的塑料大棚，一般于1月底2月初开始升温；采用无保温加温条件的塑料大棚，一般于2月下旬开始升温。果品最早上市时间为4月中旬，集中上市时间为4月底至5月底。2月底开始升温并且不盖草苫的塑料大棚，果品上市时间仅比露天栽培提前10d左右。

3. 温度的调控 设施内的温度主要靠开闭通风口和揭盖保温被等来调控。从开始升温至萌芽，白天温度保持在15～23℃，最高温度不超过25℃，夜间不低于7℃。花期至果实膨大期，白天温度18～22℃，最高温度不超过25℃，夜间最低温不超过10℃。果实着色至果实采收期，如果连续30℃以上高温数日，则果实来不及膨大就迅速成熟，影响品质和质量，因此白天最高温度不超过25℃，夜间温度15℃，昼夜温差10℃。

4. 地温 保护地栽培尤其是促成栽培中，棚室内地温上升慢，地温—气温不协调，会造成发芽迟缓、花期延长等。另外，地温变幅大会严重影响根系的活动和功能发挥。因此，如何提高地温，并使其变化平缓是一项重要工作。扣棚前1个月左右在棚室内地面覆盖地膜可以提高土温。地膜一定要早覆盖，过晚或邻近扣棚时再覆盖升温效果差，甚至使地温上升更慢。

(二) 湿度的调控

1. 空气相对湿度 不同生育期要求棚室内空气相对湿度不同：萌芽前湿度80%左右，花期45%～65%，果实发育期60%～70%，近成熟时50%～60%。空气相对湿度过大时可通风和覆盖地膜。浇水时要避免大水漫灌。

2. 土壤湿度 设施内的土壤湿度主要决定于水分供应的次数及数量。一般情况下，由于设施覆盖减弱了地面水分散失，设施内土壤湿度要高于露地，这也决定了保护地越橘栽培可相应地减少浇水的次数和数量。人工供水忌大水漫灌，一般采用沟灌、穴灌，最好采用滴灌。要维持土壤含水量的相对稳定。

（三）气体的调控

1. 二氧化碳调节 设施内冬季严寒时期由于密闭保温，二氧化碳含量不断降低，影响植株光合作用的正常进行，因此及时补充二氧化碳就显得很重要。增施有机肥是补充二氧化碳最简单的方法。试验证明，有机肥施入土壤中经过腐解能释放出大量二氧化碳。另外，可采用施放固体二氧化碳或在中午加大透风量等方法，将大气中的二氧化碳交换到棚室内，供给植株进行光合作用。

2. 有害气体的排除 设施内植株生长过程中会产生有害气体，不利于作物生长发育。生产中除控制其发生量外，还要采取措施将其排除：①通风换气，在保证室内温度前提下及时排除有害气体。②合理施肥。施用充分腐熟的有机肥料，少用或不用碳酸氢铵化肥，减少氨气发生。不连续大量追施氮素化肥，减少亚硝酸气体。亚硝酸气体发生危害时，棚室土壤内施入适量石灰。③不用或少用采暖火炉直接加温，一氧化碳主要来源于煤的不充分燃烧，短时间加温可采用燃烧酒精等清洁材料。

（四）光照的调控

光调控的主要任务是增加光照。除了采用优型棚室、减少建筑材料遮光和利用透光性能优良的棚膜外，还可采取以下几项增光措施：①延长光照时数，在保证棚室温度前提下，适当地早揭晚盖草苫以增加光照时间。阴天只要无雨雪时仍要坚持揭苫，使果树利用散射光进行光合作用。②挂反光幕。在中柱南侧、后墙和山墙上挂宽 2m 的反光幕，可增加树冠光照 25%左右，明显提高果实的产量和品质。③铺反光膜。果实成熟前 30～40d，在树冠下铺聚酯镀铝膜，将光线反射到树冠下部和内膛，以提高下层叶片的光合能力、促进果实增大和着色，既提高产量又提高品质。④清洁棚膜，使其保持较高的透光率，以改善棚室内光照状况。清洁棚膜还包括清除棚膜内面的水滴、水膜，最好的方式是选用无滴膜。若使用普通棚膜，可按明矾 70g、敌克松 40g、水 15kg 的配方配制溶液喷洒棚面，可有效除去水滴，增加光照强度。⑤调整树体，抹除或疏掉背上直立强旺枝以改善树冠内部光照，日光温室中南部植株不可过高，防止遮挡后部树体。

四、栽培管理技术

（一）整形修剪

设施栽培时越橘叶片变大、变薄，叶绿素含量降低，枝条的萌芽率、成枝力均较露地条件下提高，新梢生长较旺，节奏性不明显，节间变长，根冠比下降，更加恶化棚室内光照状况，加剧了梢、果营养竞争。经一个生长季的保护栽培，揭膜后很快进入夏季，阳光充足，高温多湿，树体易发生代偿性的新梢徒长，此时正值花芽分化旺季，如不加控制，会使树体光照恶化，贮藏养分不足，花芽分化不良，直接影响下一年的产量和效益。整形修剪的目的是调节生殖生长与营养生长的矛盾，解决通风透光问题，实现丰产优质。

1. 幼树修剪 幼树期修剪的主要目的是促进根系发育、扩大树冠、增加枝叶量，因此修剪以扩大树冠、疏除花芽为主。定植后的第一、二年春季疏除细弱枝、下垂枝、树冠内膛交叉枝、过密枝、重叠枝以及病虫枝等，留壮枝。第三、四年仍以扩大树冠为主，但可适量结果，以壮枝为主要结果枝，一般第三年株产控制在1kg以下。

2. 成龄树修剪　进入成年以后，内膛易郁闭，树冠比较高大，此时修剪主要目的是控制树高，改善光照条件。应以疏枝为主，疏除过密枝、细弱枝、病虫枝以及根系产生的分蘖。对较开张的树去弱枝留强枝，直立品种去中心干、开天窗、留中庸枝。结果枝最佳的结果年龄为3～5年，要及时回缩更新。对弱小枝可疏除花芽或短截使复壮。回缩或疏除下垂枝。

成龄树花芽量大，每个枝条顶端可以形成8～13个花芽，可通过修剪去掉一部分花芽，壮枝剪留2～3个花芽，以增大果个。

（二）花果管理

保护地越橘栽培成本高，经济效益也高。但如果对温度、湿度、光照等管理不当，往往使坐果率下降，落花、落果严重，产量下降。因此，采取有效的花果管理措施是很有必要的。

1. 辅助授粉　棚室内高温高湿的小气候不利于越橘花器官发育，不完全花比例增加，单花开放时间缩短，花粉黏滞、生活力下降。上述种种因素均不利于越橘授粉受精，往往使坐果率下降。因此，在越橘保护地栽培中，即使对有自花结实能力的品种，也要采取措施加强辅助授粉。

辅助授粉的方法包括人工授粉、蜜蜂授粉等。

越橘花量大，人工授粉时一般采用掸授，即用柔软的家禽羽毛制作毛掸，在不同品种树的花朵上往返轻扫，达到传播花粉的目的。

有条件时尽量采用蜜蜂授粉。蜜蜂在12～30℃范围内均能活动，授粉效率高而且省工。蜜蜂在露天栽培中授粉效率较高，但在保护地高温、高湿环境中出蜂率低，授粉效果极差，不宜采用。

无论采用哪种方法，授粉次数多、认真细致，则授粉效果好。保护地栽培中若进行人工授粉，一般要3～5次，至少要2～3次。

2. 疏花疏果　疏花疏果有以下几方面的作用：集中养分，减少无效消耗，从而提高坐果数量；增大果个，改善着色及内在品质，提早成熟，从而提高果品商品价值和经济效益；合理负载，维持树势中庸健壮，从而实现连年丰产稳产。

萌芽前通过修剪疏花芽，一般每个枝条顶端有8～13个花芽，可疏掉2/3左右的花芽，保留2～3个饱满花芽。

3. 促进着色与提高品质　保护地条件下光照差、湿度大、产量过高等因素常导致果实含糖量降低、风味变淡、着色差，但生育期长、昼夜温差大、管理水平高又是提高果实品质的有利条件。如能扬长避短，则可以生产出品质优于露地栽培的反季节果品。促进果实着色、提高果实品质可采取以下管理措施。

（1）改善光照　疏除部分遮光、过密新梢。树冠下铺反光膜，增加冠内散射光。果实着色期适量摘除遮挡果实的叶片，注意不能摘掉过多。霜期过后，放风锻炼2～3d，选阴天卷起棚膜，增强光照，如气温降低或遇下雨天，将膜重新盖好，提高温度并防雨。

（2）增加昼夜温差　果实着色至成熟期，白天温度适当高，夜晚温度适当低，保持10～12℃的昼夜温差，可促进糖分积累，有利于果实着色和可溶性固形物含量的提高。

（三）土肥水管理

1. 土壤管理 保护地越橘对土壤肥力要求较高，土壤管理的中心任务就是不断提高有机质含量，调节 pH，为壮树高产优质奠定基础。主要措施有：①土壤覆盖。定植后园地内覆上 20cm 厚的锯末、碎玉米秸或麦秸等有机物料，能达到保持土壤湿度、防止杂草生长、增加有机质的良好效果。②覆地膜。应用黑地膜覆盖既可以防止土壤水分蒸发，控制杂草，又可以提高地温。如果覆盖锯末与覆盖黑地膜同时进行，效果会更好。③调节土壤 pH。施用硫黄粉和硫酸亚铁，在冬季整地时每 $667m^2$ 施用硫黄粉 150kg、硫酸亚铁 150kg，可使土壤 pH 维持在 4.5 左右，其效果能保持 3 年以上。④增施有机肥。挖栽植沟时将腐熟牛粪与原土 1∶1 混匀回填，每 $667m^2$ 施用牛粪 $15m^3$。定植时每株施泥炭至少 2kg，与熟土 1∶1 混合均匀。

2. 肥水管理 越橘从展叶、抽梢、开花、果实发育到成熟都集中在生长的前半期。一年中从展叶到果实成熟前需肥量最大，采果后、花芽分化盛期需肥量次之，其余时间需肥量较少。因此，在保护地越橘生产中，必须抓好秋季、花期前后和果实采收后的几次施肥。

越橘喜土壤湿润，但又不能积水。因此，棚室内要求有良好的排灌条件。浇水时不要直接浇冷水，最好把水放到蓄水池里，待水温与地温接近时再浇。

第八节 病虫害防治

病虫害防治是越橘栽培管理中的重要环节。病虫害主要为害越橘的叶片、茎干、根系及花果，造成树体生长发育受阻、产量下降、果实商品价值降低甚至失去商品价值。我国越橘已由引种阶段进入到大面积栽培阶段，一些病虫害逐渐开始发生。鉴于越橘在我国是一个新的栽培树种，在严格把好检疫关的同时，应借鉴国外多年研究成果，积极开展病虫害发生规律和防治技术研究，减少（减缓）病虫害在我国发生。国外报道为害越橘的病虫害有上百种，这里只介绍一些常见的、为害较为严重的病虫害种类及防治措施。

一、病害及其防治

近年对我国越橘主产区病害调查发现，为害越橘生产的主要病害有越橘根癌病、越橘灰霉病，越橘果腐病以及越橘缺素症。

（一）越橘根癌病

1. 病害症状 主要为害根部。主根、侧根染病部位出现小的突起，逐渐扩展为瘤状物，也有多个小瘤聚集成大瘤。受害植株地上部生长势弱，营养状况不好，植株矮小，严重时全株死亡。

2. 病原种类 经鉴定病原菌为土壤农杆菌（*Agrobacterium tumefaciens*）。杆状，革兰氏染色阴性，不产生芽孢，依靠 1～6 个鞭毛运动，菌落一般为白色至奶油色，凸起，有光泽，全缘。

3. 发病规律 5 月下旬发生较严重，进入生长旺季之后随着植株根系的发育，抗性增加，根癌病发展减缓，病情不再发展。但是该病病原在土壤中逐年累加，发生会呈逐年加重趋势。

4. 防治技术

（1）壮苗建园　建园时注意选择健壮苗木，剔除病苗。

（2）加强管理　加强肥水管理。耕作和施肥时注意不要伤根，并及时防治地下害虫。

（3）挖除病株　发病后要彻底挖除病株，并集中处理。挖除病株后的土壤用10%～20%的农用链霉素、1%的波尔多液进行土壤消毒。

（4）药剂防治　用0.2%硫酸铜、0.2%～0.5%农用链霉素等灌根，每10～15d灌1次，连续2～3次。采用K84菌悬液浸苗或在定植或发病后浇根，均有一定防治效果。

（二）越橘灰霉病

1. 病害症状　主要为害小枝、花、叶片和果实，造成严重损失。受害的幼嫩枝条由褐变黑，最后呈黄褐色或灰色。受侵染花萎蔫，上面产生灰色霉层。受侵染果表面由青绿色变为淡蓝紫色，果实失水皱缩，严重的整个果实皱缩成绿豆大小。受害果常发生脱落。

2. 病原种类　灰霉病由灰葡萄孢（*Botrytis cinerea*）引起。在马铃薯葡萄糖琼脂培养基上菌丝体最初为白色，很快变为褐灰色。菌丝分枝，具隔，透明。分生孢子梗长而分枝，末端是圆尖的孢子。分生孢子与芽孢子一样，在顶细胞表面的短齿上形成。分生孢子为单细胞，卵形，透明，成团时呈灰褐色。

3. 发病规律　病菌以休眠菌丝体在植物残体上越冬。春天，菌丝生长，菌核萌发，产生大量分生孢子。分生孢子容易分散，借风传播到易感植株上。在高湿、低到中温的条件下，病菌侵染花、果实，造成严重损失。高湿的空气环境持续6～9d，休眠芽会受害，花只需3～4d就可被感染。孢子萌发的最适温度20～25℃。15～20℃时植株最易受害。

4. 防治技术　每年进行一次修剪，改善树体通风透光条件，创造不利于病菌生长的环境。避免在春季过量施用氮肥，抑制枝条的过旺生长，因为病菌易侵染幼嫩部位。在花期使用有效的杀菌剂能够控制灰霉病。除嗪胺灵以外，能够控制其他病害和炭疽病的大部分杀菌剂一般都可以控制灰霉病。

（三）越橘僵果病

僵果病是越橘生产中发生最普遍、为害最严重的病害之一，由*Monilinia vaccinii-corybosi*真菌侵染所致。在侵害初期，成熟的孢子在新叶和花的表面萌发，菌丝在细胞内和细胞间发育，引起细胞破裂死亡，从而造成新叶、芽、茎干、花序等突然萎蔫、变褐。3～4周以后，由真菌孢子产生的粉状物覆盖叶片叶脉、茎尖、花柱，并向开放花朵传播，进行二次侵染，最终受侵害的果实萎蔫、失水、变干、脱落，呈僵尸状。越冬后，落地的僵果上的孢子萌发，再次进入第二年循环侵害。

据调查，在最严重的年份，可有70%～85%的越橘受害，较轻的年份也可达8%～10%。僵果病的发生与气候及品种相关。早春多雨和空气湿度高的地区往往发病严重，冬季低温长的地区发病严重。不同品种感病程度不同，兔眼越橘在发病初期易受侵染；高丛越橘中的奈尔森、蓝塔、达柔、考林则抗病性强，而蓝丰、伯克利、蓝乐、早蓝、泽西、维口则易感病。

生产中可以通过品种选择、地区选择降低僵果病为害。入冬前清除果园内落叶、落果，烧毁或埋入地下，消灭病原，可有效降低僵果病的发生。春季开花前浅耕和土壤施用尿素也有助于减轻病害的发生。

化学防治可以根据不同的发生阶段使用不同的药剂。早春可喷施50%的尿素，开花前喷施20%的嗪胺灵可以控制第一次和第二次侵染，其效果可达90%以上。嗪胺灵是现在防治越橘僵果病最有效的杀菌剂。

(四) 越橘果腐病

该病是越橘采后贮藏的一种常见病害，多由于在生长季植株带菌、贮藏时发病造成果实腐烂。

1. 病害症状 果面生灰色或黑色霉层，果实变软、凹陷，尤其是有伤口的果实，腐烂更快。

2. 病原种类 灰霉、青霉、交链孢霉、芽枝霉等真菌均可引起果腐。

3. 发病规律 果腐病主要是一些腐生真菌侵染使果实腐烂。采收时摇动果柄造成伤口为病菌的侵入创造了条件，果柄失水干枯往往加重发病。

4. 防治技术

(1) 科学管理 合理的栽培技术措施有利于越橘浆果含糖量的积累，这是增强果实耐贮性的前提。应增施有机肥和磷钾肥，生长后期严格控制氮肥的使用。采前半个月停止灌水。要保证树体合理的负载量，加强病虫害的综合防治。此外，采前喷钙可以增加果实中的钙含量，保持果实的硬度，增强果实的耐贮性，提高抗果腐病能力。

(2) 适期采收 越橘果实属于非呼吸跃变型，因此要在果实生理成熟时采收。采收时注意尽量避免果实受伤。

(3) 消灭病原 果品入库前对贮藏库进行消毒杀菌。SO_2是贮藏库消毒杀菌的最佳药剂。不同品种对SO_2忍受能力不同，须通过试验确定合适的使用浓度，一般按$20g/m^3$硫黄粉进行熏硫处理。除此之外，仲丁胺、过氧乙酸等也可以用。贮藏期间采取低温、气体调节、辐射杀菌和药剂杀菌等措施，创造不利于病菌生长的环境，提高越橘贮藏性，延长贮藏期达到保鲜的目的。

(4) 库房管理 贮藏期间经常检查制冷系统是否有氨气遗漏，如有要尽快打开库房换气，喷水洗涤空气，也可引入SO_2中和氨气，SO_2浓度不可高于1%。

(五) 越橘病毒病

病毒性病害的传播媒介主要是昆虫类，如蚜虫、线虫、叶蝉、蜜蜂等。植株一旦感病，则危害一生，其防治应以预防为主。发现病株应尽快清除烧毁，同时喷施杀虫剂，控制害虫携带病毒向外传播。越橘生产中为害较重的病毒性病害有以下几种。

1. 越橘枯焦病毒病 (Blueberry scorch virus，BLSCV) 越橘枯焦病毒可以引起叶片和花死亡。在高丛越橘中，蓝丰、蓝塔、泽西、奥利匹亚、华盛顿等品种表现抗病，这些品种受侵染时，虽然表现出症状，但不会引起产量损失。而伯克利和迪克西抗病性差，受害严重。受害植株最初在早春花期，表现病状主要是花萎蔫并少量死亡，靠近花序的叶片少量死亡，老枝上的叶片边缘失绿，这种症状每年发生。随着植株的生长，迪克西和派伯品种常常表现受害枝条上部5～10cm死亡，而抗病性较差的伯克利品种往往表现大部分叶片死亡，并引起3～6年生植株死亡。抗病性强的品种只表现叶片失绿。受侵染萎蔫的花朵往往不能发育成果实，从而导致产量下降。越橘枯焦病在田间传播迅速。据美国调查，在一个定植283株派伯品种的果园中，一年之内有50%植株受害，定植5年后受害率达95%。传播媒介主要是蚜虫。

防治方法：定植无病毒苗木。选择园地时，确保该地及邻近园地没有此类病毒。尤其值得注意的是，邻近越橘园如果种植的是抗病品种，虽无症状表现，但却可能携带病毒。一旦发现植株受害，应该马上清除烧毁，并在3年内严格控制蚜虫。

2. 越橘鞋带病毒病（Blueberry shoestring virus，BSSV）　越橘鞋带病毒病是越橘生产中发生最普遍、为害最严重的病害。1981年美国密歇根州由于该病的发生损失了300万美元。该病最显著的症状是当年生枝和一年生枝的顶端长有狭长、红色带状条痕，尤其是向光的一面表现严重。花期受害的花瓣呈紫红色或红色，大多数受害叶片呈带状（由此而称为“鞋带”），少数叶片沿叶脉呈红色带状或沿中脉呈红色带状，有些叶片呈月牙状变红或全部变红。受害枝条往往上半部弯曲。越橘鞋带病主要靠蚜虫株间传播，潜伏期4年，受侵染植物4年后表现症状。利用带病毒植株繁殖苗木是这一病毒在园与园之间传播和远距离传播的主要方式。

防治方法：杜绝采用病株繁殖苗木。当发现受害植株后，用杀虫剂严格控制蚜虫。机械采收时，应对机械器具喷施杀虫剂，以防其携带病毒蚜虫向外传播。

3. 越橘叶片斑点病（Blueberry leaf mottle virus，BLMV）　越橘叶片斑点病发生区域较少，但一旦发病则为害严重。发病几年内茎干死亡直至全株死亡。不同品种对此病的抗病性不同，症状表现也不一致。卢贝尔品种抗病性最差，受害植株5～6年以后表现为多年生茎干死亡，重新抽生的枝条生长短小畸形，叶片有斑点，有时有枯斑，呈现粗糙的环形“窗口”，进一步发展，叶片畸形并呈条状枯焦。泽西品种表现症状较轻，茎干死亡较少，但树体生长矮小，由于节间缩短，枝条上部叶片簇生并变为黄绿色，叶片较正常的小。

越橘叶斑病主要由为越橘授粉的蜜蜂和大黄蜂传播，其传播范围可达1km^{2}以上。在一个10hm^{2}的果园，如有1株植株受病毒侵染，10年内其受侵染率可达50%以上。使用病株扩繁苗木也是其主要传播方式之一。

防治方法：清除病株。若使用杀虫剂，则使蜜蜂不能授粉，从而影响产量和品质。越橘叶斑病的潜伏期为4年，早期诊断非常必要，利用ELISA酶联免疫技术可比较容易地进行早期诊断。另外，在生产中控制放蜂也可有效控制此病的传播。新建果园应离开感病果园至少2km以上。

4. 越橘花叶病（Blueberry mosaic virus，BMV）　花叶病是越橘生产中发生较为普遍的一种病害。该病可造成减产15%。主要症状是叶片变为黄绿色或黄色，并出现斑点或环状枯焦，有时呈紫色病斑。症状的分布在株丛上呈斑状。不同年份症状表现也不同，在某一年表现症状严重，下一年则不表现症状。花叶病主要靠蚜虫和带病毒苗木传播，因此，施用杀虫剂控制蚜虫和培育无毒苗木可有效地控制该病的发生。

5. 越橘红色轮状斑点病（Blueberry red ringspot virus，BRRV）　红色轮状斑点病是

美国越橘产区发生较普遍的病害之一。据调查，该病的发生可造成减产至少25%。植株感病时，一年生枝条的叶片往往表现中间呈绿色的轮状红色斑点，斑点的直径为0.05～0.1cm。到夏秋季节，老叶片的上半部分亦呈现此症状。该病毒主要靠粉蚧传播，另一种方式是带病毒苗木传播，防治的主要方法是采用无病毒苗木。

除了以上5种病毒病害之外，还有矮化病毒、番茄红点病毒、山羊尾病毒等，均对越橘生产造成危害。

（六）越橘缺素症

越橘缺素症是一种常见的生理病害，因为越橘适宜生长的土壤为pH4.5～5.5，在调节土壤酸度时，往往会导致土壤中的某些元素缺少而导致植株生长不良。

1. 缺铁失绿症 是越橘常见的一种营养失调症。其主要症状是叶脉间失绿，严重时叶脉也失绿，新梢上部叶片症状较重。引起缺铁失绿的主要原因有土壤pH过高、石灰性土壤、有机质含量不足等。最有效的方法是施用酸性肥料硫酸铵，若结合土壤改良掺入酸性草炭则效果更好。叶面喷施螯合铁0.1%～0.3%，效果较好。

2. 缺镁症 浆果成熟期叶缘和叶脉间失绿，主要出现在生长迅速的新梢老叶上，以后失绿部位变黄，最后呈红色。缺镁症可采取土壤施氧化镁来矫治。

3. 缺硼症 其症状是芽非正常开绽，萌发后几周顶芽枯萎，变暗棕色，最后顶端枯死。引起缺硼症的主要原因是土壤水分不足。充分灌水、叶面喷施0.3%～0.5%硼砂溶液即可矫治。

二、虫害及其防治

越橘虫害种类较多，昆虫刺吸咬食后导致植株叶片和茎干变色、缺刻、孔洞和叶片枯死等多种为害状，易与病害混淆。常见虫害有金龟子、果蝇、叶甲、蛴类、鳞翅目害虫等。

（一）金龟子类

成虫取食花蕊和嫩叶，幼虫为害根部，造成严重损失，是越橘的主要害虫之一。目前国内调查发现的为害越橘的主要种类有小青花金龟、浅褐彩丽金龟、琉璃弧丽金龟和墨绿彩丽金龟等。

1. 种类

（1）小青花金龟 小青花金龟（*Oxycetonia jucamda* Faldermann）属鞘翅目、花金龟科。以成虫取食花蕾，将花蕾咬成孔洞，将花瓣和柱头咬成破碎状，为害期1～2周，虫口密度大时，常造成毁灭性灾害。成虫长椭圆形稍扁，背面色彩差异较大，有绿、暗绿、古铜、微红、黑褐等，具有光泽，体表密布淡黄色毛和点刻。前胸背板有白绒斑2个。鞘翅狭长，翅面上生有白色或黄白色绒斑6个。臀板宽短，有白绒斑4个，横列或呈微弧形排列。

小青花金龟1年发生1代，以成虫和幼虫在土中越冬并在土中生活，是农作物的地下害虫。4月成虫开始活动，5月上中旬当越橘开花时，成虫发生最多，群集在果树上为害花瓣、花蕾、柱头，5月下旬仍有大量成虫发生为害，6月成虫减少，8～9月当年成虫发生为害，活动一段时间即开始越冬，幼虫一生均在土内生活，以腐败物为食。以管理粗放的山地果园发生较多。成虫多在晚间活动，每天傍晚大量成虫群集在果树上为害直至深夜。6 月下旬开始产卵，每次产卵 20 多粒。卵期约 10d，成虫有趋光性。

（2）琉璃弧丽金龟 琉璃弧丽金龟（*Popillia flavosellata*）属鞘翅目、丽金龟科，分布范围广，为害较重。成虫喜食花蕊或嫩叶，有时一朵花上有成虫 10 余头，先取食花蕊后取食花瓣，影响授粉或不结实。幼虫主要为害植株地下根部。成虫体长 11～14mm，宽 7～8.5mm，体椭圆形，棕褐泛紫绿色荧光。鞘翅茄紫有黑绿或紫黑色边缘，腹部两侧各节具白色毛斑区。头较小，唇基前缘弧形表面皱，触角 9 节。前胸背板缢缩，基部短于鞘翅，后缘侧斜形，中段弧形内弯。小盾片三角形。鞘翅扁平，后端狭，小盾片后的鞘翅基部具深横凹，臀板外露隆拱，上刻点密布，有 1 对白毛斑块。卵近圆形，白色，光滑。幼虫体长 8～11mm，每侧具前顶毛 6～8 根，形成一纵列，额前侧毛左右各 2～3 根，其中 2 长 1 短。头长 2.4～3.1mm，宽 3.5～4.1mm；上唇基毛左右各 4 根。肛门背片后具长针状刺毛，每列 4～8 根，一般 4～5 根，刺毛列呈八字形向后岔开不整齐。

（3）墨绿彩丽金龟 墨绿彩丽金龟（*Mimela splendens*）属于鞘翅目、丽金龟科。以成虫取食花蕊和嫩叶为害越橘植株。成虫体长 17～20.5mm，体宽 10～11.5mm。体中至大型，卵圆形。全体墨绿至铜绿色，有金黄色闪光，表面光洁。触角色淡，呈黄褐至深褐色。唇基长大，近矩形或略似梯形，散布浅细刻点，前缘微内凹，额唇基缝几乎横直，头面与唇基相仿。触角 9 节，鳃片部长大。前胸背板短，匀称散布刻点，中央有一条细狭中纵沟，两侧中部各有一个显著小圆坑，圆坑后侧有一个斜凹，四缘有边框，前缘边框前有宽阔膜质饰边，侧缘边框内侧有数根纤弱长毛；前侧角锐角形，十分前伸，后侧角钝角形。小盾片短阔，散布刻点。鞘翅散布刻点，缝肋显著，纵肋模糊。臀板大，短阔三角形，两侧及端部散生纤毛。胸下密被绒毛，前胸垂突多毛，末端向前弯折似钩，侧视似鹰之喙，后缘折角近直角形。前、中足 2 爪之大爪端部分叉。

2. 防治方法

（1）药剂防治 4 月中旬于金龟子出土高峰期用 50%辛硫磷乳油或 40%乐斯本乳油等有机磷农药 200 倍液喷洒树盘土壤，能杀死大量出土成虫，这是一项关键的防治措施。也可以用 4.5%高效氯氰菊酯乳油 100 倍液拌菠菜叶，撒于树冠下，每平方米 3～4 片，作为毒饵毒杀成虫，连续撒 5～7d。成虫为害盛期可用 10%吡虫啉可湿性粉剂 1 500 倍液、40%乐斯本乳油 1 000 倍液于花前、花后树上喷药防治，喷药时间为 16：00 以后。

（2）人工捕杀成虫 利用金龟子的假死性，傍晚在树盘下铺一块塑料布，再摇动树枝，然后迅速将震落在塑料布上的金龟子收集起来，进行人工捕杀。

（3）杨树把诱杀异地迁入成虫 用长约 60cm 的带叶枝条，从一端捆成直径约 10cm 的小把，在 50%辛硫磷乳油或 4.5%高效氯氰菊酯乳油 200 倍液中浸泡 2～3h，挂在 1.5m 长的木棍上，于傍晚分散插在果园周围及果树行间，利用金龟子喜欢吃杨树叶的特性来诱杀异地迁入的成虫。

（4）灯光诱杀 有些金龟子具有较强的趋光性，有条件的果园可安装黑光灯，在灯下放置水桶，使诱来的金龟子掉落在水中，然后进行捕杀。

（5）趋化诱杀 在果园内放糖醋液诱杀罐进行诱杀。取红糖 5 份、食醋 20 份、水 80

份配成糖醋液，装入罐中，每25～30m挂1个。

（6）合理施肥　不施未腐熟的农家肥料，以防金龟子产卵。对未腐熟的肥料进行无害化处理，达到杀卵、杀蛹、杀虫的目的。

这样经过2～3年的防治，可有效地减轻金龟子的为害。

（二）叶甲类

为害越橘的叶甲类害虫主要是双斑长跗萤叶甲（*Monolepta hieroglyphica*），属于鞘翅目、叶甲科，以成虫取食叶片为害。

成虫体长3.6～4.8mm，宽2～2.5mm，长卵形，棕黄色，具光泽。触角11节丝状，端部色黑，长为体长2/3。复眼大，卵圆形。前胸背板宽大于长，表面隆起，密布很多细小刻点，小盾片黑色呈三角形。鞘翅布有线状细刻点，每个鞘翅基半部具一近圆形淡色斑，四周黑色，淡色斑后外侧多不完全封闭，其后面黑色带纹向后突伸呈角状，有些个体黑带纹不清或消失。两翅后端合为圆形，后足胫节端部具1长刺，腹管外露。卵椭圆形，长0.6mm，初棕黄色，表面具网状纹。幼虫体长5～6mm，白色至黄白色，体表具瘤和刚毛，前胸背板颜色较深。蛹长2.8～3.5mm，宽2mm，白色，表面具刚毛。

防治方法：搞好田园管理，及时清除杂草、枯枝。在成虫盛发期应及时喷洒菊酯类农药消灭杂草，可喷洒50%辛硫磷乳油1 500倍液、20%速灭杀丁乳油2 000倍液、2.5%功夫2 000倍液。间隔7d喷2次，可有效控制该虫对越橘的为害。

（三）越橘果蝇

越橘果蝇（*Rhagoletis mendax*）是越橘园常见害虫，以雌果蝇产卵于成熟的越橘果实萼洼处，孵化后的幼虫蛀食为害。受害果实变软，果汁外溢，落果，使产量下降、品质变劣，影响鲜销、贮藏、加工及商品价格。

防治方法：①5月中下旬全园除草，同时用50%辛硫磷乳油1 000倍液喷洒地面，压低虫源基数，可减少发生量。②及时清除落地果实，在距果园一定距离处覆厚土掩埋或用30%敌百虫乳油500倍液喷雾处理。③利用果蝇成虫趋化性，用敌百虫、糖、醋、酒、清水按体积1∶5∶10∶10∶20配制成诱饵，用塑料钵装液置于越橘园内，每667m^{2}6～8钵，诱杀成虫。定期清除诱虫钵内果蝇，每周更换1次诱饵，可收到较好的诱杀效果。④田间挂放粘蝇板捕虫。

（四）鳞翅目害虫

1. 美国白蛾　美国白蛾（*Hlyphantria cunea* Drury）又名美国灯蛾、秋幕毛虫，属鳞翅目灯蛾科，是世界性检疫害虫。主要为害果树、行道树和观赏树木，尤其以阔叶树为重。美国白蛾为害性大，虫情暴发时，黑色的幼虫可以在极短的时间内吃光所有的叶片。喜食的树种有100多种，如果没有了喜食的树叶，将取食其他绿色植物叶片。

防治方法：①实行检疫，严禁从疫区引进苗木，防止美国白蛾扩散；②人工防治，发现幼虫结网为害时，剪除网幕集中烧毁，杀灭幼虫；③使用美国白蛾性诱芯诱杀成虫，抑制产卵；④在幼虫为害期，喷50%杀螟松1 000倍液、2.5%溴氰菊酯3 000倍液、2 000倍速灭杀丁加上800倍液敌敌畏均能达到良好的防治效果。

2. 毒蛾类　毒蛾类害虫均属鳞翅目、夜蛾总科、毒蛾科，是为害农、林、牧业生产的一类常见害虫，分布广，种类多，为害大，一些种类往往是森林、果树的重要害虫。毒蛾主要取食寄主植物的叶、花和嫩果等，大发生时将寄主植物的叶片吃得仅剩主脉，严重影响其生长和开花结果。主要种类有折带黄毒蛾（*Euproctis flava*）、灰斑古毒蛾（*Orgyiaericae germar*）、舞毒蛾（*Lymantria dispar*）等。

防治方法：①捕杀。毒蛾产卵呈块状而且比较集中，多数种类1～2龄幼虫有群集取食习性，很容易被发现。可结合整形修剪等彻底清除果园内的枯枝落叶集中销毁，有效减少虫源。②毒蛾成虫多有较强的趋光性，可在成虫盛期利用黑光灯、高压汞灯或频振式杀虫灯等诱杀，集中消灭。此外，还可利用性诱剂诱杀雄成虫等。③保护和利用天敌进行生物防治。毒蛾类害虫均有多种寄生性和捕食性天敌。舞毒蛾的天敌有91种，其中寄生性天敌55种，捕食性天敌36种。这些天敌对毒蛾类害虫的种群有较强的控制作用，要加强保护利用。在田间施用化学农药时，尽量选择对天敌杀伤力小的农药和施药方法。利用生物防治剂如白僵菌、Bt、核型多角体病毒或质型多角体病毒制剂（很多种类都已商品化生产）等喷施防治。④化学防治使用90％晶体敌百虫、80％敌敌畏乳油、50％杀螟松乳油、50％辛硫磷乳油、50％马拉硫磷乳油、70％溴马乳油、10％天王星乳油、2.5％溴氰菊酯乳油、2.5％功夫乳油、20％速灭杀丁乳油、25％灭幼脲Ⅲ号悬浮剂等，按使用说明施用。

3. 刺蛾 刺蛾（*Cnidocampa flavescens*）属鳞翅目、刺蛾科，幼虫俗称洋辣子、八角钉、火辣子，可为害越橘、苹果、梨等多种果树和林木。以幼虫取食叶片，低龄幼虫只吃叶肉、残留叶脉，高龄幼虫可将叶片吃成缺刻，为害严重时能将全株叶片吃光。一般情况下有虫株率达10％左右，严重的达20％～30％。主要有绿刺蛾、黄刺蛾。刺蛾多数一年发生2代，一般在6～7月为第1代幼虫发生为害期，8～9月为第2代幼虫发生为害期。成虫夜晚活动，有趋光性，卵多散产于叶背。

防治方法：①人工防治，利用该幼虫具有的明显群集性人工摘除带虫枝叶，蛹期采用刮除方法除治。②药剂防治，掌握幼虫发生初期（以2龄期喷药为适宜）及时喷洒90％晶体敌百虫或敌敌畏800～1 000倍液、40％的辛硫磷乳油1 000倍液、20％杀灭菊酯乳油2 000～3 000倍液、2.5％溴氰菊酯乳油2 000～3 000倍液，均有良好效果。

4. 尺蛾 尺蛾科成虫身体小至大形，比较细弱，前后翅面宽大，但翅较薄，静止时平展在身体两侧。尺蛾的幼虫又称为“尺蠖”，俗称“步曲虫”或“弓腰虫”。本科昆虫分布很广，约有1万种以上，大都是农林业的害虫。越橘上主要发现有木橑尺蛾（*Culcula panterinaria*）和桑褶翅尺蛾（*Zamacra excauvata*）。

防治方法：①为害严重时入冬前在树干基部周围挖蛹。②利用黑光灯诱杀成虫。③保护天敌，如追寄蝇、聚瘤姬蜂、螳螂、益鸟等。④发生严重时可用化学药剂压低虫口密度，使用药剂参照刺蛾防治方法，也可使用0.5％蔬果净（楝素）乳油500倍液、44％多虫青乳油1 000倍液防治，药剂防治应该在幼虫2龄以前进行，才能取得较好效果。用20％灭幼脲1号10 000倍液防治可以在幼虫3龄以前使用。

5. 银锭夜蛾 银锭夜蛾（*Macdunnoughia crassisigna*）属鳞翅目、夜蛾科，以幼虫取食叶片为主。

防治方法：提倡施用每克含100亿以上孢子的青虫菌粉剂1 500倍液进行生物防治。此外，可选用10％吡虫啉可湿性粉剂2 500倍液或5％抑太保乳油2 000倍液，于幼虫低龄期喷洒，防治1～2次，间隔20d。

6. 黄褐天幕毛虫 黄褐天幕毛虫（*Malacosoma neustria*）属鳞翅目、枯叶蛾科。黄褐天幕毛虫一年发生1代。以卵越冬，卵内是没有出壳的小幼虫，第二年5月上旬当树木展叶时便开始钻出卵壳，为害嫩叶，以后又转移到枝杈处吐丝结网。1～4龄幼虫白天群集在网幕中，晚间出来取食叶片。幼虫近老熟时分散活动，此时幼虫食量大增，容易暴发成灾。5月下旬至6月上旬是为害盛期，同期开始陆续老熟后于叶间杂草丛中结茧化蛹。7月为成虫盛发期，羽化成虫晚间活动，成虫羽化后即可交尾，产卵于当年生小枝上。每一雌蛾一般产1个卵块，每个卵块146～520粒卵，也有部分雌蛾产2个卵块。在大兴安岭林区主要集中产卵在柳树枝条上，每一丛柳树上卵块数高达70多块。幼虫胚胎发育完成后不出卵壳即越冬。

防治方法：①在5月中旬至6月上旬幼虫期可以利用生物农药或仿生农药，如阿维菌素、Bt、杀铃脲、灭幼脲、烟参碱等喷烟或喷雾，控制虫口密度，降低种群数量。②7月上、中旬利用黑光灯、频振灯诱杀成虫。

（五）横纹菜蝽

横纹菜蝽（*Eurydema gebleri* Kolenati）属半翅目、蝽科。成虫、若虫均刺吸植物汁液，一般多集中在嫩芽、嫩茎、花蕾或幼荚上为害，叶片被害处有些凹陷，出现白斑，叶片枯黄，严重时抑制植株生长。

防治方法：①成虫出蛰前彻底清除菜园及附近田边的杂草、落叶。②人工采摘卵块。③药剂防治，在若虫3龄前喷施98%巴丹可溶性粉剂2 000倍液、21%增效氰·马乳油2 000倍液、2.5%敌杀死（溴氰菊酯）乳油3 000倍液、50%辛·氰乳油3 000倍液、2.5%功夫乳油1 500倍液、48%乐斯本乳油或48%天达毒死蜱1 500倍液等，收获前7d停止用药。

（六）越橘蚜螨

越橘蚜螨是为害越橘未开绽芽最严重的害虫之一。虫体极小，肉眼难以发现，并且大部分时间生活在芽内。蚜螨的发生可以从其为害症状来鉴别：芽变粗糙，有赘状物伴随变红色，有时幼果出现红色斑点，为害严重时造成芽死亡，产量下降。

防治的方法是在果实采收后每公顷用马拉硫磷0.62kg，加水1 200L喷施，6～8周后再喷1次。

参 考 文 献

顾姻，贺善安.2001. 蓝浆果与蔓越桔［M］. 北京：中国农业出版社.

李亚东.1999. 中国果树实用技术大全·落叶果树卷［M］. 北京：中国农业科学技术出版社.

李亚东.2001. 越橘（蓝莓）栽培与加工利用［M］. 长春：吉林科学技术出版社.

祖容.1996. 浆果栽培学［M］. 北京：中国农业出版社.

James J Luby. 1991. Genetics resources of temperate fruit and nut crops-blueberry and cranberry（*Vaccinium*）［J］. Acta Horticulturae（290）：393-456.

Jennifer Trehane. 2004. Blueberryies，Cranberryis and Other Vacciniums［M］. Portland Cambridge：Timeber Press.

Paul Eck. 1988. Blueberry science [M] . New Brunswick，London：Rutgeers University Press.

Paul Eck. 1996. Blueberry culture [M] . New Brunswick，London：Rutgers University Press.

Penn State University. 1994. Small Fruit production and pest management guide，1994—1995 [R] . Penn State University.

Teryl R Roper. 1997. Cranberry：Botany and horticulture [J] . Horticulture Reviews（21）：215 - 249.

第四章

树莓和黑莓

概　　述

一、栽培意义

树莓是联合国粮农组织向世界推荐的健康小浆果，被誉为第三代水果。欧洲、美洲一些国家已进行现代化的园艺栽培。树莓具有生长快、投产早、产量高、供应期长和经济价值高的特点。据在我国北京密云引种试验，栽种后当年即可结果，2～3 年进入盛果期，单位面积产量一般为 6 500～9 000kg/hm^2。

树莓是高营养水果，含有大量的可溶性纤维素、维生素和矿物质。果实颜色有鲜红、紫红、黑红、黑色、黄和金黄等，十分诱人，是各种工业食品的天然色素添加剂。果肉多汁，甜酸适口，馨郁芳香，营养丰富。据分析，树莓鲜果含有粗脂肪 0.66%～0.76%、蛋白质 0.82%～1.04%、总糖 6.41%～9.61%、有机酸 1.49%～2.50%，每 100g 鲜果含有 β-胡萝卜素 0.27～0.53mg、维生素 C 5.5～24.3mg、维生素 E 0.11～0.19mg。另外，每 100g 鲜果肉含总氨基酸达 1.06～1.14mg。树莓品种多，自夏季至秋季均有果实成熟，鲜果供应期长。冻鲜果和果浆是重要的出口产品。

树莓又是医药及食品工业的重要原料。果肉可制作果酱、果汁、果酒、调味品，是许多食品（如酸奶、冰淇淋、夹心饼干和巧克力等）的原料。据报道，树莓鲜果是目前最好的减肥食品，比任何减肥药物效果都好，而且无副作用。每 100g 树莓鲜果还含有水杨酸 1.2～3.0mg、黄酮 3.76～4.69mg，树莓还含有超氧化物歧化酶（SOD）、γ-氨基丁酸等抗衰老和抗癌物质。水杨酸可作为发汗剂，是治疗感冒、咽喉炎的降热药。美国明尼苏达大学和南卡罗来纳医科大学贺岭斯癌症中心研究证实，鞣化酸对结肠、宫颈、乳腺和胰脏癌细胞有特殊疗效。此外，树莓的枝叶可提取栲胶，根、茎及叶可药用，种子可加工提炼香精油。

树莓的适应性较强，温带、亚热带均有引种栽培。在气候适宜的地区，河谷、山地、平地以及多种土壤均能栽培。树莓和黑莓对大、小农业种植户都是一种理想的作物。在小型种植地块，家庭劳力就可完成各种种植管理和收获任务，大面积的种植园修剪和采收需雇工。树莓生产期要求长期规范化管理和资金投入。栽培管理得越好，产量越高，收益也越大。发展树莓生产对调整农业产业结构、发展农村经济、促进农民增收和改善生态环境都具有重要意义。

二、生产现状

（一）世界树莓发展概况

16 世纪中期西欧开始栽培树莓，18 世纪末由欧洲引入美国。19 世纪中叶俄罗斯已进行广泛的庭院栽培。进入 21 世纪以来，由于发达国家劳动力极度缺乏，树莓这个手工劳动密集型产业的成本不断增加，已出现生产面积逐年下降的趋势，所以增大了树莓产品的进口量。我国加入世界贸易组织以后，国内农业在参加国际分工和国际竞争中要有一个大的产业结构调整和优化过程。据分析，我国树莓生产今后几年内会有大的发展，树莓将成为我国果品中一个大宗的有竞争力的外贸产品。近年来，智利和韩国是树莓发展最快的国家，智利利用南半球的气候优势以及北美市场需求的拉动，已成为南半球主要出口国。韩国的崛起，源自于国内酿酒工业的需求，其覆盆子酒已成为出口创汇的重要产品。我国人民生活水平不断提高，国际交流不断增大，对树莓产品的质量要求越来越高，数量需求也越来越大。

目前全世界树莓种植面积约 20 万 hm^2，总产量约 60 万 t。世界树莓产业发展状况可以概括为新兴产区蓬勃兴起，南美正在取代北美、东欧，成为树莓原料产品的主要生产和输出地，反映了树莓作为劳动密集型产业从发达国家和地区向适种的欠发达国家和地区转移的趋势。

据美国农业部小浆果研究中心的市场分析，树莓世界市场的供求平衡量为 200 万 t，目前只有 40 万 t。在国际市场上，树莓鲜果价格近年来一直比较稳定，树莓速冻果因其需求的增加和速冻工艺的改进，价格也在提升。

树莓加工和零售以北美（美国、加拿大）和西欧（德、法、英）为中心，占世界零售市场的 80%。树莓种植和出口最多的是北半球的塞尔维亚和南半球的智利，两国占据着全球出口市场的 60%以上。美、德、英、法为树莓进口大国。

（二）我国树莓引种栽培概况

我国栽培树莓的历史较短，目前栽培的优良品种基本上引自国外。进入 20 世纪 80 年代，我国树莓生产得到发展。我国引种树莓可分 3 个阶段：

第一阶段（1905—1985 年）为个别地区农户自发种植阶段。如在 20 世纪初，俄罗斯人将树莓带入中国，在黑龙江省尚志县石头河子、一面坡一带栽培。

第二阶段（1986—2002 年）为优良品种引进、培育和区划试验阶段。如 1982—1986 年，主要由沈阳农业大学、吉林农业大学和南京植物研究所等单位，先后从俄罗斯和美国引进了少量品种；再如 1999 年，国家林业局正式将树莓列入“948”引进国际先进农业科学技术项目，由中国林业科学研究院森林生态环境与保护研究所从美国引进树莓和黑莓品种 67 个。这些品种直接来源于美国，但其中有些品种间接来源于加拿大、澳大利亚、匈牙利、南斯拉夫、英国、波兰等国。所引进的品种基本上包括了当时世界上较好的树莓优良品种。例如秋果型品种海尔特兹（Heritage）已推广近 2 000hm^2，成为华北地区主栽品种；夏果型品种托拉蜜（Tulameen）以其果大、味香、采果期长而深受欢迎，在华北、西北、东北部分地区适应性好。

第三阶段（2003年至今）为树莓区域化、规模化发展初期阶段。在这一阶段，以中国林业科学研究院、江苏省中国科学院植物研究所（南京中山植物园）、沈阳农业大学引进的新品种为基础，形成了具有一定规模的种植产业群，包括以北京为中心的环渤海产业群、以沈阳为中心的沈阳树莓产业群、以尚志市为中心的哈尔滨树莓产业群、以南京白马镇为中心的沿江黑莓产业群、以连云港赣榆为中心的沿海黑莓产业群以及以山东临沂为中心的中部黑莓产业群。此外，有一定规模的种植区还有江西和贵州（黑莓）、四川阿坝（树莓）、河南郑州（红莓、黑莓）等。2008年，全国树莓、黑莓种植面积已达到8 670hm^2,总产量约达3.5万t，其中黑莓约2.5万t，树莓约1万t。江苏、山东成为中国黑莓两大主产地；辽宁、黑龙江成为中国树莓两大主产地。随着种植规模不断扩大，一批具有冷储、运输、加工、出口功能的龙头企业应运而生。但是各地在发展规模、速度，特别是引种方面普遍存在很大盲目性，在选择品种时缺乏区域化试验依据，不根据市场需要选择品种，引种和苗木购置混乱，导致先天不足，给今后发展造成极大困难。

黑莓适宜地域范围主要在长江以南。主产省份为江苏、浙江、江西、四川、贵州、山东、湖北，其中以江苏南京为主要引种栽培区。

红树莓自黄河以北及西南高海拔地区都有引种，规模种植集中在黑龙江、辽宁。其中以辽宁发展最快，截至2008年树莓栽培面积近3 300hm^2，主要集中在沈阳市东陵区、法库县、丹东凤城市、大连庄河市、阜新阜蒙县等市县区。主要栽培品种有美国22号、费尔杜德（Fortode)、托拉蜜（Tulameen)、澳洲红等。

到2008年，黑龙江树莓栽培面积已达2 000hm^2。其中尚志市已达1 300hm^2，主要集中在石头河子、长寿乡、亚布力、亮河乡等。目前，黑龙江小浆果加工企业有10多家，年加工能力20 000～30 000t，年出口速冻鲜果3 000t，这些配套加工企业成为小浆果种植业健康发展的坚强后盾。主要出口到智利、韩国、秘鲁、新西兰等国家。

河南省黄河沿岸地区树莓发展具有独特的地理优势，交通便利，配套速冻食品加工企业多，特别是树莓产业不可或缺的冷链物流相对发达。目前，该地区树莓和黑莓种植面积为160hm^2。在气候寒冷地区，树莓采摘期较短，如秋果型品种在黑龙江采果期不足1个月。相比之下，在中原地区采果期可长达3个月，如果将夏果型与秋果型品种搭配种植时，采果期可长达6个月（5月底至11月初）以上。部分夏果型红树莓品种不用埋土防寒亦能露地越冬，降低了冬季管理的用工成本及有效避免了埋土防寒折损率高的弊病。中原地区农村劳动力充沛，用工成本较低，河南黄河故道地区有大面积的沙壤土，适宜种植树莓。

目前国内加工市场基本属于空白，大超市中树莓加工产品大多来自国外。近几年，我国黑龙江、辽宁、吉林、天津、江苏等地先后进行了果酒、饮料、浓缩汁、果酱、罐头及速冻食品的研究与利用。蒙牛、伊利已推出树莓酸奶，好丽友推出了树莓派，乐天推出树莓口香糖，北京中医药大学推出保湿面贴膜等。在高科技领域也进行了一些研究，广东与日本合作从甜叶悬钩子中提取出了比蔗糖甜300多倍的悬钩酐；中山大学和广州中药总厂合作对茅莓、掌叶覆盆子等开展了药理、药物及成分方面的研究，研制了有较好疗效的“止血灵”注射液。最近我国学者证实树莓可抑制肝癌细胞的生长，首次成功锁定树莓预防肝癌生长的2个特异性蛋白质作用靶点，为树莓预防原发性肝癌提供了重要的理论依据。

国内外市场的需求推动了我国的树莓栽培，如果国内树莓产业发展顺利，不但会很快占领国内市场，扭转国外产品挤占国内市场的局面，而且会很快通过数量和价格优势，在国际市场占据相当大的份额。所以，在我国发展树莓产业有广阔的前景。

三、我国树莓和黑莓生产存在的问题及发展方向

（一）存在问题

1. 科技水平相对滞后 美国、欧洲树莓栽培专业化程度相当高，如品种选育、育苗、栽培、病虫害防治、贮运和保鲜等，按专业实行分工，有专门的科研机构和专家队伍。而我国树莓研究人员较其他果业要少得多，特别是品种的选育基本是空白。树莓丰产稳产、植保、采摘的机械化配套等方面都缺乏专门的研究机构。品种混乱，有的同物异名，有的同名异物。

2. 资金投入少制约发展 树莓生产链条长，而配套设施滞后，尤其在已初见种植规模的地区一旦冷储、加工、收购资金投入不足，将成为影响产业发展的主要制约因素。目前出口产品处于初级原料阶段。

3. 产品质量分类标准混乱，不利于与目标市场接轨 在国际小浆果市场，欧盟、美国都有标准。树莓是重要的保健浆果，提倡有机栽培。在我国，与其他果树相比，树莓的标准尚属空白，已面临影响生产、加工和出口的局面。

4. 信息资源不对称，企业盲目性大 欧美国家有发达的农业产业化体系，有产前信息搜集、产中生产服务、产后加工与销售等环节，都为农业生产者提供强有力的信息支持，企业能随时了解市场变化。而我国没有建立实用的交易信息平台，造成市场不稳定，生产经营者各自为战，缺乏协调平台和联合作战能力。

5. 生产和经营规模小，缺乏市场竞争力 发展现代树莓种植和产业必须不断推进规模经营，改造相关基础设施，否则不仅难以提高劳动生产率，而且也给控制产品的质量标准和市场风险带来瓶颈制约。单个农民或农业企业的竞争力在国际化竞争中往往不堪一击。我国只要有3～5个县建成1 333hm^2以上的树莓重点产区，就可形成规模带动效应。

（二）发展方向

1. 区域差别化种植 根据当地的自然、交通条件和市场需求，选择适应性的品种种植是提高经济效益的基础。东北地区适合种植夏果型品种，但受气候影响，采摘季与雨季同步，树莓果既易腐烂，又严重影响果品的甜酸度。但是，这一地区出口条件优越，适合生产加工型树莓。西北地区也适合种植夏果型树莓。黄河中下游地区夏季炎热多雨，但无霜期长，秋季光照充足，雨量适中，非常适合秋果型树莓。黑莓则应逐步实现北进西移，北进指从长江下游向黄河中下游丘陵、山区、河岸阶地延伸，西移指从长江下游向中上游和西南高原区推进。长江下游夏季高温多雨，既易引发黑莓病害，又造成果品着色差、甜度低，且受工业污染的威胁严重。应逐步向生态环境和土壤、气候条件更有利于生产优质黑莓的区域转移，这将是中国黑莓产业走出困境的重要选择。

2. 政府要在金融税收政策上大力支持龙头企业和种植户 树莓冷冻保鲜要求高，树

莓产业能否可持续发展，不仅取决于农民的种植积极性和种植规模，更取决于当地能否有与种植规模相适应的龙头加工企业，提供长期、稳定的收购、加工、销售的保障。吸引食品加工巨头介入，是树莓产业开发的重要途径。

3. 编制树莓的科技和产业发展规划 在大宗水果相对过剩、小浆果相对稀缺因而仍有大的发展空间的形势下，要把以树莓为核心的小浆果产业发展为改善生态环境、促进农民致富、增加出口创汇的重点，需要制定产业发展规划和支持措施，加强促进产业发展的科技研究，尤其是对优势区域进行重点扶持。

4. 专款资助建立公益性的专业科研机构 树莓作为我国一个新兴产业，要达到国际水平和占据国际市场，保障树莓产业健康发展，格外需要加强其从育种、栽培、管理、加工到市场营销的整个产业链的科技基础，加强科技推广体系建设，尽快走上依靠科技进步带动产业发展的道路，为此需要建立公益性的专门研究机构。

第一节　生物学特性

一、形态特征及其生长发育特性

(一) 根系

1. 根系形态与分布 树莓的根系由茎的基部（红莓）或顶端（黑莓）所抽生的不定根构成，无主根。

树莓根系浅生，多以纤维形网状根生长在土壤的上层。在一般条件下，有70%的根系垂直分布在0～25cm的土层内，20%分布在25～50cm的土层内，少数直径大于6mm的根偶尔也能扎入90～180cm深的土层内（图4-1）。

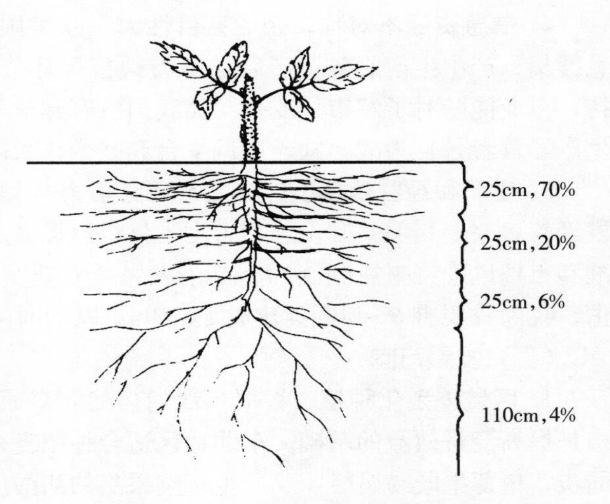

图4-1　树莓根系在土壤中的分布
（引自 Bramble Production Guide）

根系的水平伸展范围不广，在植株周围30～50cm范围根系密度最大，50cm以外根系逐渐稀少。根系的水平生长幅度因品种和土壤质地不同而变化。红莓品种维拉米（Willamette）的根系在沙壤土中能伸展1.5～2.0m，而在黏土中只有1m左右；托拉蜜（Tulameen）的根系无论在沙壤土或黏土中都不及维拉米发达。

2. 根系生长的周期性 根系的年生长表现出一定的间歇性，这就是根系生长发育的周期性。在北京地区一年有2次旺盛生长期和1次缓慢生长期。根系的第一次旺盛生长期是3月上旬至4月中旬；4月中旬至9月中旬因初生茎生长及开花结果，根系处于缓慢生长期或近乎停止生长；9月下旬至11月，为根系的第二次旺盛生长期，在植株基部的周围浅土层 50cm 范围内，布满了白色的幼嫩根系。

从根系的生长周期看，温度和植株本身的营养物调整与根系生长相关。在初生茎旺盛生长和开花结果期，土壤温度高，茎的生长和果实生长发育需要消耗大量的营养物质，根系生长就会相应减缓或停止。秋季气候凉爽，大部分果实已成熟，茎的生长减缓，树体营养从叶和茎部向根系回流，此时根系又趋向旺盛生长。

根系生长需要适宜的土壤温度。据观察（黄庆文，1998），3 月中下旬，当 20cm 土层深处的温度稳定大于 1～2℃时，根系开始活动并发出新根；4 月上中旬，土温达 5～7℃时，根系生长达到高峰期，白色吸收根占总根量的 80%以上；8 月中旬，当 20cm 的土层温度升至 27℃以上时，根系生长受到明显的抑制，白色吸收根下降到 25%左右；以后随土壤温度的下降，根系生长又有较大回升。当土温在 8.5℃时，白色吸收根上升到 60%～70%（图 4-2）。树莓根系生长的周期性特点，为培育管理和苗木繁殖提供了可靠依据。

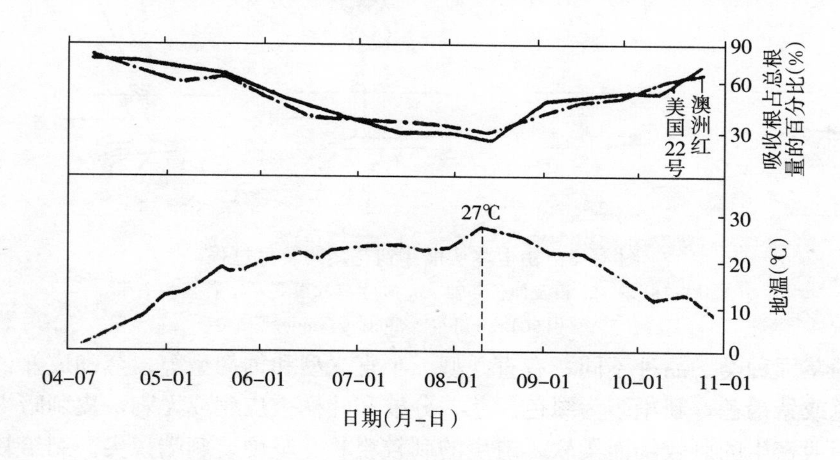

图 4-2　红树莓根系生长与土壤温度的关系

(二) 芽、茎、叶

1. 芽　树莓的芽为裸芽，互生。芽的种类有未成熟芽、果芽、主芽和根芽。

(1) 未成熟芽（Immuture bud）　未成熟芽着生在茎和侧枝的顶部，一般为叶芽，属于形态、生理上发育不完整的芽。到了生长季的末期，由于气温逐渐降低，迫使新梢和芽停止生长，使这一部分芽不能成熟。未成熟芽在越冬后自然枯死。

(2) 果芽（Fruit bud）　着生于茎或侧枝的叶腋间，通常每一节有 2 个芽，少数可见到有 3 个芽。两芽邻接一上一下，上方的芽发育良好，芽体较大，萌发后形成结果枝，开花结果，故称果芽；下方的芽发育弱小，多为叶芽，一般不萌发，但在特殊的条件下，果芽受损后，叶芽也能发育成为果芽，抽生结果枝，这种结果枝细弱、节少、花少、坐果率低。

(3) 主芽（Leader）　地下根茎的侧芽膨大而成为主芽。主芽当年形成后不萌发，经过越冬休眠后，第二年萌发长出地面，形成初生茎。

(4) 根芽（Root bud）　形成于根部的芽称根芽。红树莓的根系可在任何部位产生根芽，又称不定芽。不定芽的芽轴伸长露出地面生长成幼苗。不定芽的产生一般在气候凉爽的秋季，而通常在春季萌发长出地面。10 月至翌年 3 月之间是根芽的形成期，但炎热的夏季和寒冷的冬季不能形成根芽。另外，根芽的数量与品种和土壤条件有关。例如，米克（Meeker）根系根芽的数量超过托拉蜜（Tulameen）1倍多。有机质丰富、排水良好的沙壤土根系发达，根芽多，而排水不良的黏土根系稀少，生长弱，根芽很少。红树莓大多数品种的根系都具有根芽，而黑莓大多数品种的根系则不产生根芽。

2. 茎　茎有初生茎和花茎之分，由主芽和浅层根系的根芽萌发产生。初生茎在地面下的部分称根茎（图4-3）。

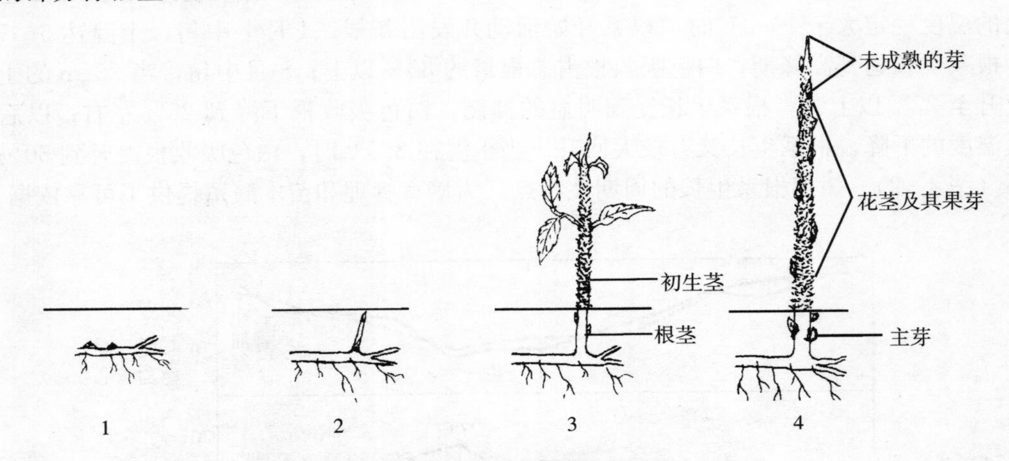

图4-3　初生茎从根芽到花茎的发育过程

1. 根和根芽　2. 根及伸长芽轴　3. 初生茎和根茎　4. 花茎和主芽

（引自 Bramble Production Guide）

树莓的茎因种类、品种不同，有直立型、半直立型和匍匐型等。茎和成熟枝的颜色一般为灰褐色或紫褐色，新梢多为绿色。茎、分枝和叶柄被皮刺或无刺，皮刺暗褐色，密生或疏生，一般密生的刺较细而柔软，疏生的刺较粗壮、坚硬、刺端锐尖。刺给栽培管理特别是上架绑缚、修剪和采果造成困难。无刺型的品种较少，我国已引进了黑莓无刺型优良新品种，例如阿甜（Arapaho）和三冠王（Triple Crown）。

树莓依其生长和结果习性分为两种类型，即夏果型和秋果型。品种类型不同，茎的营养生长器官名称各异。

（1）夏果型初生茎和花茎生长发育　茎可生长2年，在第一年生长季通常是营养生长，此时的茎称为“初生茎”（primocane）。在第二年生长季初生茎形成繁殖体（结果母枝），抽出结果枝开花结果，此时的茎称为“花茎”（Floricane）（图4-4）。

初生茎的周年生长呈节奏性变化，以春季和夏季生长量最大，占全年生长量的60%～70%。主茎在整个生长期中保持1个独立的干，但有些品种也产生较多的分枝。据在北京密云树莓引种试验园观察，主芽萌发伸出地面的日期在3月末至4月上旬，各品种间的萌芽期相差10d左右。初生茎在春季开始缓慢生长。随着气温的逐渐升高，茎的新梢生长加快，5月上旬至6月上旬新梢生长最快，如夏密品种的新梢平均日生长3.6cm。6月中旬以后，由于开花和结果，初生茎的日生长降至最低。7月下旬果实已采收，加之结果老枝被修剪清除，同时疏除部分过密的初生茎，改善了园内通风透光条件，初生茎生长加快。9月中旬后生长减缓，10月中旬后随着气温急剧降低而被迫停止生长。越冬休眠后到第二年，初生茎成为花茎，因而停止了高生长。在管理和土肥水条件好的情况下，茎的营养生长高达200～250cm。初生茎的粗生长与高生长的节奏是一致的，但由于树莓茎的次生分生组织的发生和次生生长十分微弱，茎粗生长量很低。大多数品种的茎粗不超过2cm。

春季花茎的果芽萌发，芽轴迅速伸长并形成结果枝（图4-4）。一般在花茎长3/5部位的芽萌发率和成枝率最高，形成的果枝质量好，这些枝占树莓单株结果量的90%以上。处在花茎中下部的芽萌发率低或不萌发，即使萌发其成枝力也很低，多数不能形成结果枝。在特殊情况下，如花茎遭受严重冻害、截干修剪等，可促使花茎基部的芽萌发形成结果枝，但这种情况下形成果枝数量少，产量低，又受当年初生茎生长干扰，果实易感病，采收不便。

图4-4　由花茎上的果芽发育成的结果枝
（引自 Bramble Production Guide）

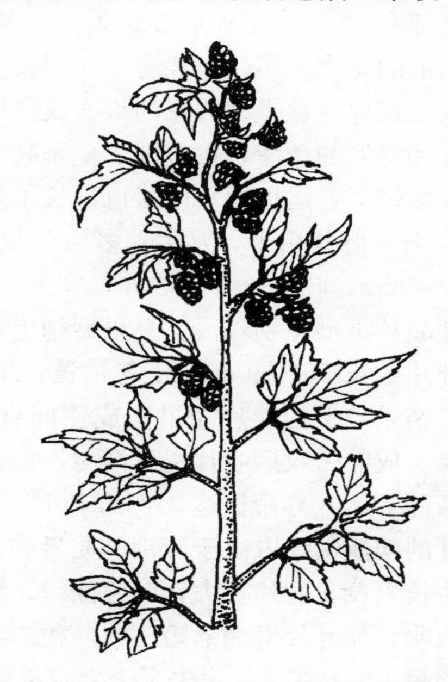

图4-5　初生茎结果型树莓的结果枝
（引自 Bramble Production Guide）

结果枝有数个节，在结果枝上的每个腋芽均可形成花序，但结果枝的节数和每节上花序的花朵数与花茎的强壮程度相关。适宜的株高和粗壮的花茎结果枝多，并在单一的结果枝上结出更多的果。由此说明，树莓的栽培品种只有在良好的栽培管理条件下才能丰产。

（2）秋果型初生茎和花茎的生长发育　一年之内初生茎既营养生长又花芽分化并于当年秋季开花结果的树莓，称为秋果型或连续结果型树莓（Fall-fruiting or ever bearing）（图4-5）。

秋果型树莓与夏果型相比，夏果型树莓的初生茎第一年为营养生长而不能结果，必须经过越冬休眠后于第二年生长季开花结果，也就是2年结果1次，结果后老茎枯死。秋果型树莓的初生茎当年形成花茎并于夏末秋初开花结果，结果后老茎不枯死。如果把这些结过果的老茎留下来越冬，第二年春季在茎的中下部腋芽即萌发抽生结果枝再次结果。因此，又称秋果型为连续结果型树莓（Ever bearing raspberry）。秋果型树莓在第二年结果后老茎自然衰老枯死。

秋果型树莓的初生茎来源同夏果型树莓一样，从主芽和根芽产生。据在北京密云树莓引种试验园观察，3 月下旬主芽萌发，芽轴伸出地面，4 月上旬展叶。根芽萌发出土期略比主芽晚 4～5d。不同品种间的萌芽期也相差 5～7d。定植第二年，大多数品种每 $1m^2$ 可萌发 20～30 株幼苗。少数品种，如爱米特（Amity）每 $1m^2$ 能萌发长出 40～50 株苗。

初生茎的营养生长期一般为 65～75d，少数品种如波鲁德（Prelude）的营养生长期超过 80d，是一种晚熟品种。花芽的形成与初生茎的高度或初生茎节数（或叶片数）有关。在北京密云地区当初生茎的节数或叶片数达到 35～45 时，茎的顶端生长组织从营养状态转化到繁殖状态，花芽从茎的顶端向下部不断萌发。如海尔特兹（Heritage）品种，在初生茎上部有 10～12 个芽形成花芽。大多数秋果型品种的花芽数约占节数或叶片数的 1/3。在茎顶上的花序最小，一般为 1～3 朵花，向下花序逐渐增大，花朵数增加。

在北京地区秋果型树莓的果实成熟期在秋季，凉爽的气候和较大的日温差增加了果实的甜度和鲜红的色泽，也避开了夏季高温和强日照辐射对果实的日灼危害。秋果比夏果硬度大，减轻了贮运损耗，同时也延长了货架期。

3. 叶 叶片扁平，互生，多为单数羽状或三出羽状复叶，顶端渐尖，基部心形，叶柄长 6～9cm，叶片长 7～13cm，宽 8～15cm。叶片颜色多为深绿、泛紫红色。叶片寿命长短随品种类型差别较大。夏果型初生茎年生长周期中叶片寿命呈现节奏性的变化，茎下部的叶片生长 50～60d 即衰老枯黄；中上部叶片在正常生长的情况下寿命长达 150～180d，结果枝上的叶片随果实成熟即衰老枯萎，一般在 40～50d。秋果型的叶片寿命较长，果实成熟采收后叶片仍具活力，起着以叶养根的作用。黑莓的叶寿命最长，冬季在防冻的条件下，叶寿命长达 210～240d。

叶的功能大小取决于叶片的质量和寿命。沙壤质中性土壤，水肥充足，栽培管理好的树莓生长繁茂，叶片宽大，叶色深绿，寿命长，果实大，品质好，丰产。对托拉蜜品种的观察表明，如叶片寿命缩短 1/3，第二年花茎形成结果枝的能力则降低到 40%～50%；叶寿命缩短 1/2，花茎就丧失了全部结果能力。

（三）花和果实形态

1. 花序和花 树莓的花序是有限花序，但由于其花序的形状为圆锥形，故称为圆锥状花序。另外，有些品种的花序为伞房花序，如黑莓“奥那利”和黑树莓“黑倩”等。这些品种花序的小花梗上部短，向下部依次加长，而且花梗粗壮较挺立，使花序顶形成近似一平面。圆锥状花序的基部通常具 2～3 个较长的侧轴，每轴着生 5～10 朵花，向上侧轴逐渐缩短，只在侧轴的顶部着生 1 朵花。单株花序数及其着生的位置因品种类型而异。

夏果型红树莓和黑树莓的花序由叶腋内的花芽发育而成，每个叶腋着生 1 个花序，花芽为纯花芽。而结果枝的顶芽成为 1 个花序，这个顶生花序通常有 7～8 朵花，在花序中顶生的花最先开放，然后花朵从花序的顶部向下依次开放。结果枝有数个节，一般是结果枝从上到下的第 5 节是不孕花，往上的第 4、第 3 节有 1～3 朵花。结果枝的节数和每节上的花朵数反映出花芽分化期秋季的气候条件和花茎的强壮程度，强壮的花茎和秋季适宜的温度可使结果枝节数和花芽数增加，1 个结果枝上可有 30 朵或更多的花。

秋果型红树莓的花序由初生茎叶腋内的花芽发育而成。正常生长情况下，当初生茎生长到 35～45 个节时，茎上部的叶腋内形成花芽，当年秋季抽生花序开花结果。初生茎结果型品种的高生长到开花前停止，其节数和单株的花序数量是比较稳定的品种特征。据观察，秋来斯（Autumn Bliss）品种初生茎平均有36个节，平均花序数11个。波拉娜（Polana）初生茎平均45个节，平均花序数20个。前者花序数约占总节数的1/3，后者约占1/2。秋果型品种的另一个共同的特性是在节的叶腋间通常有2～3个花芽，多为2个花芽。到开花期一般只有1个花芽首先萌发，形成花序结果，另外1～2个花芽成为隐芽不萌发，只有少数品种如玉贝（Ruby）到结果末期，第一批果接近完全采收后，10月中旬另一个花芽又形成花序，但花轴短，分枝少，一般1个花序只有5～7朵花。这种晚期果的质量好，果大味浓，色泽暗红发亮，外观很美。但易遭受早霜和寒潮危害，在无保护的露地自然状况下，果实不能完全成熟。

树莓的花为两性花，属完全花。花由花梗、花托、花萼、花瓣、雄蕊（花药、花丝）、雌蕊（柱头、花柱、子房）组成。花萼5枚，萼片基部连接，花瓣5片，与萼片互生成辐射状（图4-6）。花瓣先端钝圆或微尖，白色或浅紫红色。花瓣的色泽和形状因品种类型而有差别，如黑莓克优娃（Kiowa）、奥那利（Ollalie）等，花瓣基部紫红色，中部粉红色，上部粉白色。而红莓类的花瓣多为白色。

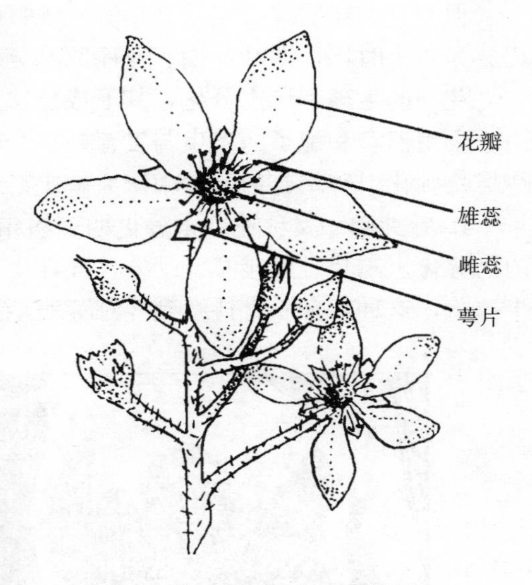

图4-6　树莓花的典型构造
（引自Bramble Production Guide）

雌蕊是由许多离生单雌蕊群着生在花托上，子房上位，花柱伸长为子房的4～5倍。子房内有胚珠2枚，1枚发育成种子，另1枚与子房形成小核果。雄蕊多数，离生，着生在花托周围的花萼基部，呈环状紧密排列。1朵花内雄蕊数达100个左右。花托的形状随品种类型而不同，红莓类的花托为圆锥形或半圆球形，果实成熟后花托与果实脱离，成为中间空心的果，花托留在花柄上逐渐枯萎并随花柄一起脱落。黑莓类的花托呈棒状或圆柱状，果实成熟后与花托同落，花托成为果实的中心部分，可食。

2. 果实　树莓的果实实际上是由一簇多层成熟的小核果形成的聚合果，这种聚合果是由同一朵花发育而成的，小核果排列紧密，互相紧贴形成一个完整的果实，每个果实由70～120个成熟的小核果组成（图4-7）。而黑莓的小核果紧贴在花托上，成为实心果，果心（花托）肉质，可食。

聚合果的形状和大小因品种差异较大。就大小而言，红树莓马拉哈提品种的果实带果托平均重5.39g，而黑倩（Black Butte）的果实平均重2.01g。黑莓的不同品种果实大小差异更大，小者平均单果重3～5g，大者10～20g。果形则有圆形、扁圆形、圆锥形、圆柱形等。果色随品种变化较大，有红色、黑色、紫红色、黄色、黄红色等。在温度和空气湿度适宜的条件下，成熟的果光

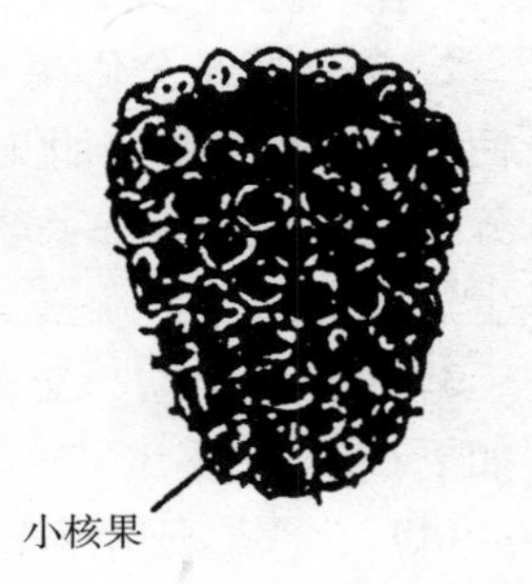

图4-7　树莓果典型构造
（引自Bramble Production Guide）

泽鲜艳，芳香浓郁。小核果果肉多汁，故又称浆果型聚合果。

二、花芽分化和结果习性

（一）花芽分化

树莓的花芽分化主要集中在第二年春季生长开始期。有随生长随分化、单花分化期短、分化速度快、全株分化持续期较长等特点。据观察（赵宝军，1997），红树莓品种美国22号在沈阳的生理分化期始于7月上旬，约1周；8月上旬至8月下旬进入花序原基分化期；花芽的进一步分化则集中在第二年4月下旬至5月上旬。

据谭余、桂明珠、王兵（1997）观察研究，在哈尔滨地区，红马林品种的花芽分化过程分为4个时期，即叶芽期、花序原基分化期、小花分化期和性器官形成期。

花芽的生理和形态分化，其形成建造过程受遗传因子控制和外界环境条件的影响。但由于生殖器官和配子的发生与发育是一个非常复杂的过程，对其了解还很少。这些问题留待树莓驯化引种培育新品种中研究解决。

1. 叶芽期 又称花芽未分化期。当年6～10月，此时芽的特点是生长锥周围由外向内已分化出鳞片、过渡叶、幼叶，并在生长点旁有小叶原基突起，生长点尚未膨大，仍呈半球状，这种状态一直持续到翌年芽萌动初期的4月下旬（图4-8A）。

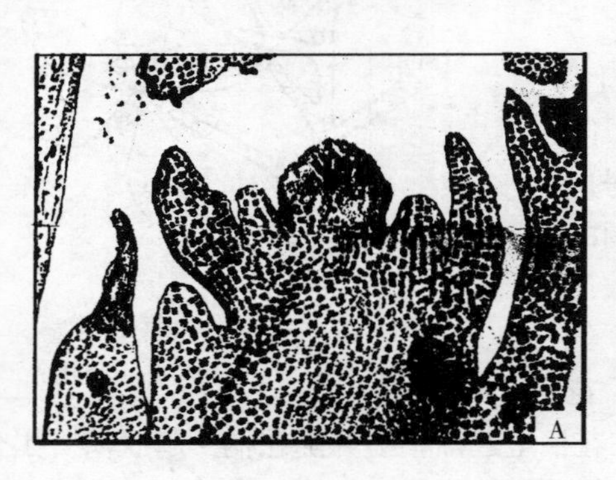

图4-8 红树莓的叶芽期和花序原基分化期
A. 叶芽期 B. 花序原基分化期

2. 花序原基分化期 5月初，花茎中上部的芽萌动后，有2～3枚幼叶已明显长大，叶柄长10mm左右，此时芽内幼叶已有10～12枚，生长锥开始膨大，其下有数枚小叶原基分化，中间各有一半球形突起，此为花序原基（图4-8B）。突起自上而下，由大到小，簇生于芽的顶端。

3. 小花分化期 花芽的最顶端膨大部分是全花芽最先形成小花的部位。小花分化过程如下。

（1）花萼原基分化 在花序原基分化的同时，5月中旬最顶端的小花原基顶端明显膨大，并在其周边产生5枚大小相似的突起，此为花萼原基。原基很快伸长，随之附近各花序原基的第一枚花亦相继分化出花萼原基，以后由上而下各小花原基不断产生，并逐渐分化出花萼原基（图4-9）。

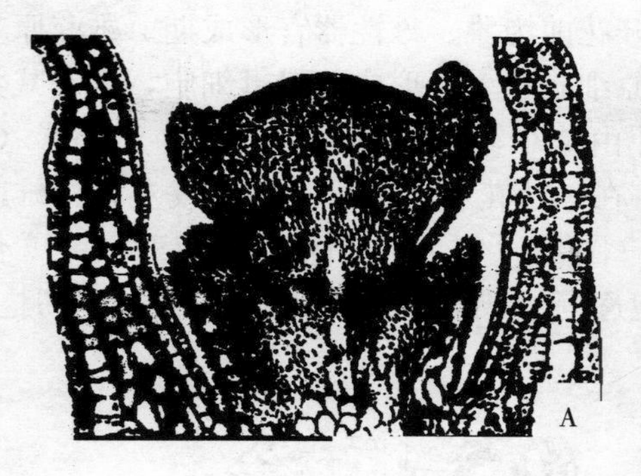

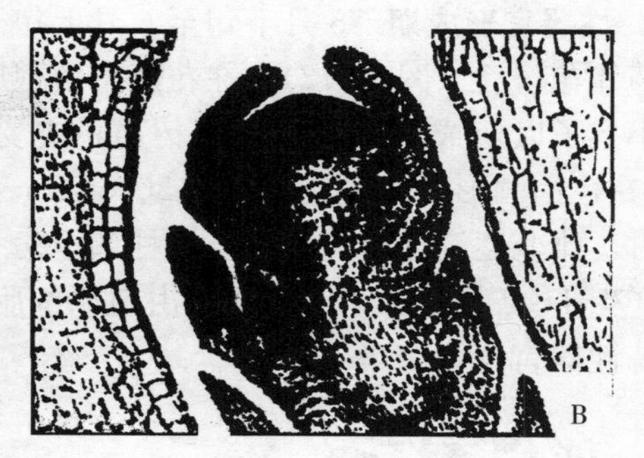

图 4-9　红树莓小花分化期花萼原基分化

A. 花萼分化　B. 萼片逐渐长大

（2）雄、雌原基分化　5月中旬末，随花萼伸长，在花萼基部联合处的内侧边缘产生2～3圈齿状突起，数量多，密集排列，此为雄蕊原基。与此同时，花托边缘也由下而上逐渐产生大量突起，即离生的雌蕊原基（图 4-10）。

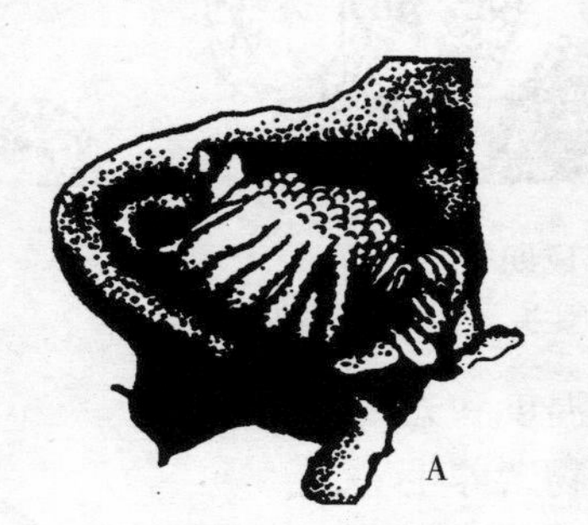

图 4-10　小花分化期雄、雌原基分化

A. 雄、雌蕊分化　B. 示一个有限花序分化情况，小花自上而下形成

（3）花瓣原基分化　5月中旬，当花序伸长至5cm时，顶花已完成发育，雄蕊原基开始分化花丝和花药，位于花萼与雄蕊之间的5枚花瓣原基明显长大，与花萼互生，由条状逐渐扩展成舌状（图 4-11）。

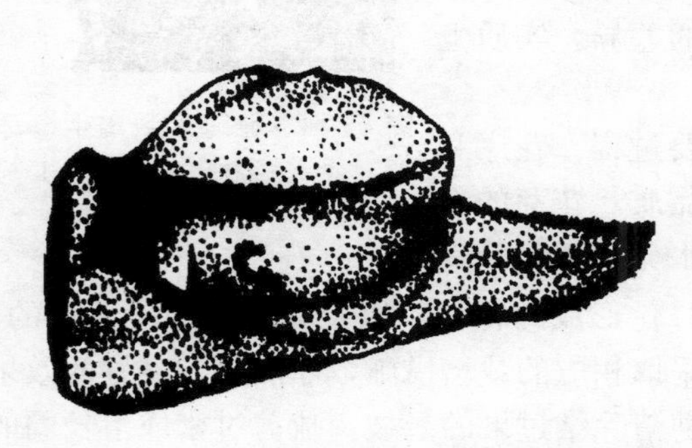

图 4-11　小花分化期花瓣原基分化，示1枚花萼（下）和1枚花瓣（上）

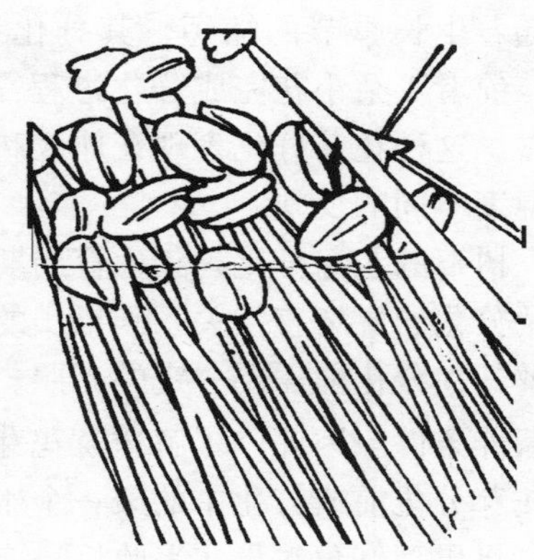

图 4-12　雄蕊多数已分化成花丝和花药

4. 性器官形成期 5月下旬至6月上旬开花前为雌、雄性器官形成期。雄蕊原基分化为花药和花丝后（图4-12），在花药内由孢原细胞进一步形成花粉母细胞，再经减数分裂产生小孢子以至成熟的花粉。红树莓的花芽由4个药室组成，横断面为扁碟形（图4-13）。花柱为圆形，成熟花粉大小20.58μm。在一朵花中雄蕊可达100枚左右。雄蕊分化的同时，雌蕊逐渐分化为柱头、花柱和子房（图4-14）。花柱伸长为子房的5～6倍。子房内产生1～2枚胚珠，开花前将由孢原细胞逐渐形成成熟胚囊（图4-15）。6月上旬开花前，性器官分化完毕。

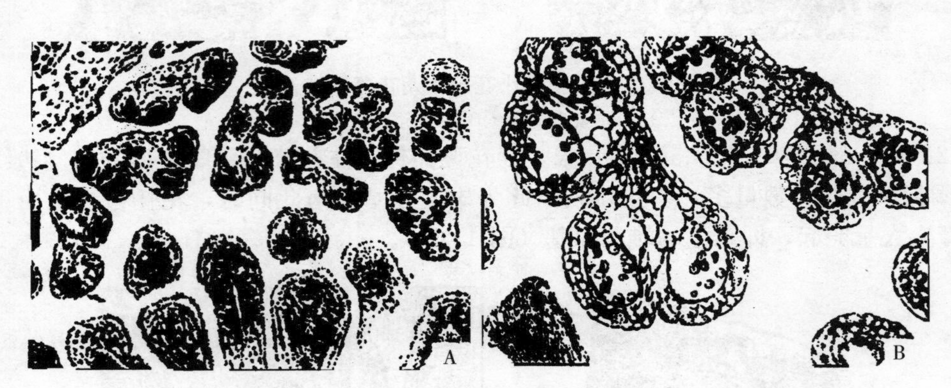

图4-13 性器官形成期（一）
A. 花蕾横切，示花药（上）和柱头（下） B. 花药

环境条件对成花的影响，研究比较清楚的是温度和光照等因子。生境因子对花芽分化的影响必须在植物营养生长达到一定的生理状态时才能起作用。树莓的花芽分化时间又与特定的季节、地理纬度和植株的生长发育状况相关。在沈阳地区，夏果型红树莓的花芽分化始于当年的秋季，在哈尔滨地区则始于翌年的春季。但共同的特点是分化的高峰期都在春季，完成分化过程的时间短、速度快，并随着生长季节的缩短，其分化过程也呈相应缩短的趋势。前者1朵小花完成分化过程需30d左右，后者为20d左右。这种花芽分化表现在地区和时间上的差异，实质上是温度不同的反映。

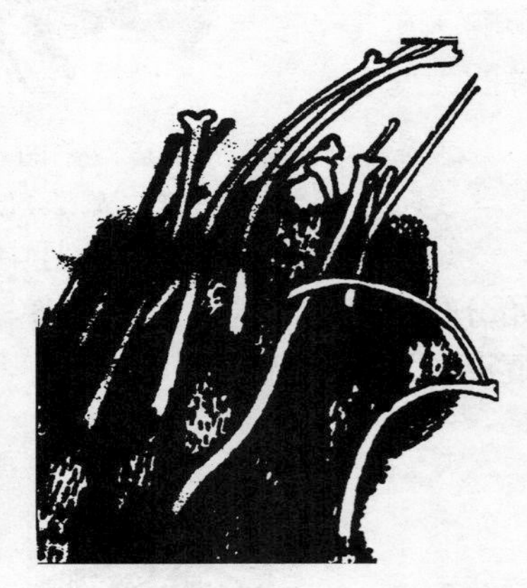

图4-14 雌蕊多数离生，每个雌蕊已分化为柱头、花柱和子房

树莓的花芽分化是年生育周期中的重要过程。花序和花朵分化的好坏直接关系到果实的产量和品质。花芽的形成及其在分化前需要一定的光照、温度、水分和肥料等良好营养条件。因此，了解树莓花芽及花芽分化形成的特性，以及它们对环境条件的要求，在花芽分化前或分化中的某一个生长阶段采取相应的栽培措施，才能收到良好的效果。例如，夏果型红莓在果实采收后，应立即修剪清除结过果的老枝，疏剪过密或生长弱的初生茎，松土除草、追肥，以及改善通风透光和营养条件，促进植株的健康生长和提高花芽分化率。

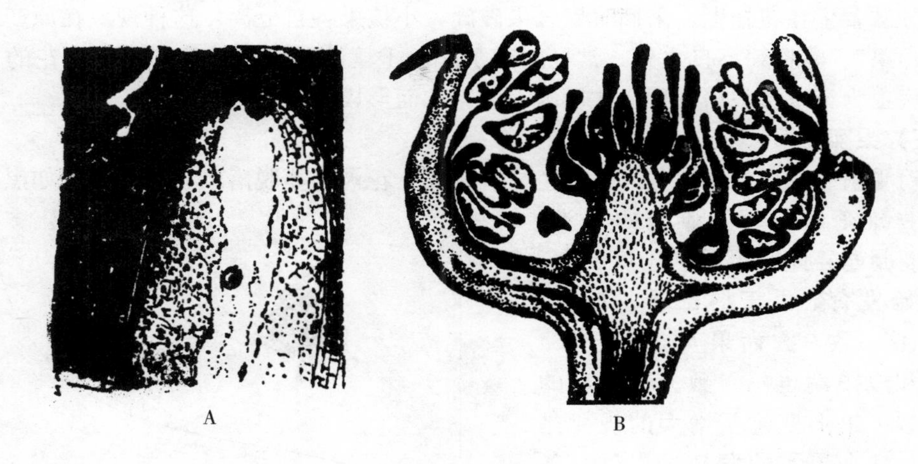

图 4-15　性器官形成期（二）
A. 子房内胚珠已形成卵细胞和中央细胞　B. 近成熟花纵切面示一朵花的各部组成

（二）开花、授粉和结实

1. 开花　树莓花开放的顺序是花序顶端中心第一朵小花最先开放，然后花序内各部分的花陆续开放。结果枝则以顶生花序最先开放，并依次向下各个节的花序开放。处在花序内部和结果枝下部的花质量较差，发育不良，一般不开放或开花不坐果，成为无效花。不同的品种无效花多少差异较大，引种地区的环境和栽培措施对无效花的产生也有较大的影响。在北京密云地区托拉蜜（Tulameen）品种的无效花为23%左右，诺娃（Nova）品种的无效花多达30%。

单花开放过程为裂蕾、初开、萼片分离、瓣开、花丝伸展和瓣萼凋萎等。但单花开放均在10～24h内完成。

据黄庆文观察，树莓雄蕊、雌蕊发育较快，成熟较早，在萼片分离期，部分花粉即可散出。雌蕊在闭萼期当花蕾长到足够大时，即可接受花粉受精并坐果。树莓花粉量大，美国22号和澳洲红的花药中花粉粒分别达1万～2万粒和0.3万～0.5万粒。在24～26℃条件下，花粉发芽率可达50%～70%。花粉放在干燥皿内在5℃冰箱内贮存，生活力可延长到1个月或更长。黑莓花粉在－5℃和相对湿度为10%～20%的条件下，可贮藏达数年之久。

2. 授粉与结实　树莓既能自花结实又可异花结实，花粉传播一般是在同一朵花内进行，由风或昆虫传媒。有蜜蜂授粉的坐果率能达到90%～95%，每公顷树莓园最少需5～6箱蜜蜂。另外，人工授粉试验结果表明，树莓无传媒自花授粉的坐果率最低，人工异花授粉的居中，有传媒自然授粉的最高。因此，树莓种植园里应当配置适合的授粉株和传媒更能保证丰产。

花期的天气状况对授粉影响很大。凉爽和微风的天气有利于黄蜂等小昆虫的活动，能正常完成树莓的授粉工作。在不良天气和缺少蜂类昆虫活动的情况下，树莓授粉不良而形成“碎果”。树莓的大多数品种在正常的情况下有雌蕊100～125个，典型的聚合果有小浆果75～85个，排列紧密，相互紧贴成一个饱满完整的聚合果。当授粉不全，小核果少并稀疏地分散着生在花托上，采摘时聚合果破碎，小核果各自分离，这种现象在原产地美国称为“碎果”。除授粉不良之外，常见的有干旱、土壤缺肥、植株营养不良、花的发育不完全、病虫为害以及栽培管理粗放等因素的影响而形成碎果。

(三) 果实发育

授粉受精完成后，花的各部分发生显著变化，花被枯萎脱落，有的品种（如黑莓）花萼宿存，雄蕊的花丝及雌蕊的柱头、花柱枯萎凋谢。此时可见到子房膨大，果实开始发育。由于树莓的花期长，坐果期不一致，因而果实（聚合果）生长期和成熟期也不一致。但果实的细胞分裂、果形变化及增大的规律是一致的，整个果实的发育过程呈一条典型的生长曲线，具有明显不同的发育阶段性。即前期缓慢，生长期过程较长；后期生长期短，增长速度快（图 4-16）。

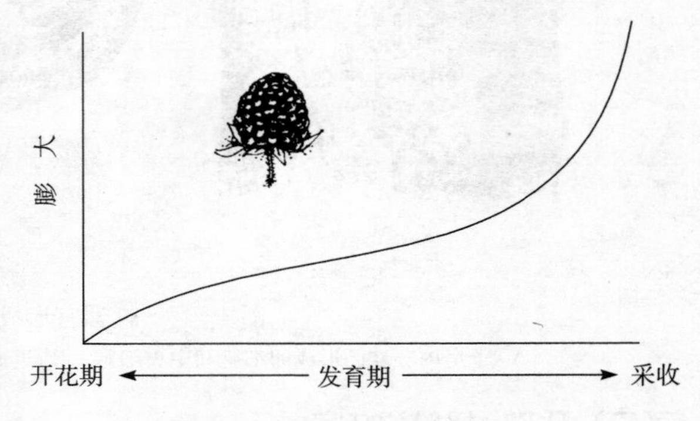

图 4-16 树莓果实发育成熟曲线

（引自 Bramble Production Guide）

果实在发育过程中，形态和细胞内容物发生变化，每个雌蕊有 2 枚胚珠，1 个发育成种子，另 1 个围绕种子随子房一起形成小核果，体积膨大，重量增加。果实成熟时，果皮中叶绿素分解，使果实由绿色转变为淡绿、黄白、红、暗红、紫红、黑红等。果实内合成积累的芳香性物质散发出特有的浓香味。同时，果实的有机酸减少，糖分增多，使口感变佳。这里要特别指出的是，由于后期果实增长速度快，在充分成熟之前 4～5d，果实仍然均匀而稳定地继续增大。所以，为了获得最高的产量和质量，果实必须充分成熟才可采收。

(四) 结实力及产量

树莓是一种小浆果果树，其结实能力（即生产能力）高低直接影响到经营者的经济效益。果树的生产能力一般理解为果树的生长发育、花芽形成、开花结果的能力，而结实能力则是果树的生长发育和开花结果能力的综合指标。生产能力高低，除品种的优劣之外，还与栽培的生态条件和栽培技术水平密切相关。2000 年，我国引进国外树莓优良品种 60 多种，在北京密云进行了引种和品种栽培试验（表 4-1）。品种的结实能力及产量是决定外来品种是否有实际生产意义的最可靠依据。

表 4-1 部分树莓品种的结实力和产量（北京密云，2001—2002）

品种类型	品种		平均单株花序数	平均单株果数	平均单果重 (g)	平均单株产果量 (g)
	中译名	品种名				
S	阿岗昆	Algonquin	18.6	199.6	2.5	678.6
S	堪 贝	Canby	7.4	134.3	3.8	510.3
S	酷好	Coho	7.9	88.5	2.7	239.0
S	克西拉诺	Kits lano	7.2	160.8	2.9	466.3

（续）

品种类型	品种		平均单株花序数	平均单株果数	平均单果重（g）	平均单株产果量（g）
	中译名	品种名				
S	拉萨木	Latham	4.6	51.8	2.6	134.7
S	拉云	Lauren	7.4	45.7	3.7	169.1
S	马拉哈提	Malahat	10.0	73.2	4.5	395.3
S	米 克	Meeker	6.1	92.4	3.8	351.1
A	诺娃	Nova	6.4	76.6	4.1	209.8
S	托拉蜜	Tulameen	10.4	112.6	5.4	608.0
S	缤纷	Royalty	10.0	108.2	5.1	551.8
A	秋来斯	Autum Bliss	13.6	83.2	3.5	199.7
A	卡来英	Caroline	12.5	88.9	3.9	346.7
A	顶酷	Dinkum	12.3	113.2	3.2	283.0
A	海尔特兹	Heritage	16.0	116.9	3.0	280.7
A	玉贝	Ruby	13.4	90.1	2.6	198.2
A	秋金	Fall Gold	23.5	77.7	2.7	124.3
A	波娜	Polana	16.7	97.5	3.0	224.3
A	爱迷特	Amity	13.8	83.9	2.5	314.1

注：S为夏果型，A为秋果型。

可以看出，在同一栽培环境和栽培措施的条件下，夏果型品种以阿岗昆（Algonquin）产量最高，2年平均单株产果量达到678.6g。若按品种试验园的种植密度每667m² 结果株数1 300～1 800株计算，每667m² 产果量为880～1 200kg，达到或超过原产地的产量水平。而产量最低的拉萨木（Latham）品种，每667m² 产量仅有170～240kg。高产与低产品种比较相差5倍多。秋果型品种中以卡来英（Caroline）产量最高，2年平均单株产果量为346.7g，以每667m² 结果株数3 000～3 200株计算，每667m² 果实产量1 000～1 100kg，比产量最低的秋金（Fall Gold）（平均单株产果量124.3g）高出约3倍。

试种试验结果还表明，单株产量与花茎（夏果型）或初生茎（秋果型）的茎粗呈正相关（*r*=0.71），也就是说越粗壮的花茎结果枝数量越多，同时每一结果枝的结果数量也多。因此，促使茎粗壮的栽培措施是维持树莓高产的关键。

（五）物候期和年龄时期

1. 物候期　树莓在一年中的开花结果物候期因品种类型不同而有较大差异，主要表现在花芽形成期长短和果实成熟及采收期的不同，这些不同的特点所要求的管理措施也不同。夏果型的树莓开花结果物候期见表4-2。

表4-2 夏果型树莓部分品种的开花结果物候期（月-日）（北京密云，2001）

品种 中译名	品种 品种名	萌芽期	展叶期	现蕾期	花期	果熟及采收
阿岗昆	Algonquin	04-04	04-04	04-30	05-13～06-12	06-10～07-08
堪　贝	Canby	03-28	04-08	04-28	05-12～06-02	06-13～07-02
酷　好	Coho	04-06	04-16	05-02	05-15～06-02	06-16～07-15
克拉尼	Killarney	03-31	04-10	05-04	05-10～06-15	06-16～07-10
克西拉诺	Kitsilano	04-06	04-13	05-04	05-17～06-13	06-18～07-05
拉萨木	Latham	03-31	04-08	05-03	05-15～06-04	06-18～07-05
拉　云	Lauren	04-06	04-12	05-02	05-16～06-04	06-16～07-06
来味里	Reveille	04-02	04-10	04-27	05-10～05-29	06-03～06-27
泰　藤	Titan	04-06	04-10	04-27	05-13～06-01	06-12～07-10
托　拉	Taylor	04-04	04-10	05-01	05-14～06-01	06-13～07-14
玉　贝	Ruby	04-04	04-10	05-10	05-20～06-04	06-15～07-10
黑　倩	Black Butte	04-10	04-15	05-08	05-17～06-14	06-28～07-25
克优娃	Kiowa	04-06	04-15	05-03	05-16～06-28	06-29～08-04
奥那利	Ollalie	04-10	04-16	05-02	05-15～06-14	06-19～07-15
萨　尼	Shawnee	04-06	04-16	04-30	05-09～06-15	06-19～07-26
阿　甜	Arapaho	04-06	04-18	04-30	05-12～06-25	06-28～07-10
三冠王	Triple Crown	04-06	04-15	05-10	05-20～06-28	07-10～08-12
托拉蜜	Tulameen	04-10	04-18	05-03	05-14～06-16	06-16～07-26
那　好	Navaho	04-06	04-17	05-02	05-15～06-28	07-10～08-12
马拉哈提	Malahat	04-06	04-14	05-02	05-12～06-12	06-10～07-07
米　克	Meeker	04-07	04-10	05-01	05-14～06-12	06-14～06-30
维拉米	Willamette	04-04	04-10	04-27	05-11～05-28	06-16～07-04
缤　纷	Royalty	04-06	04-10	05-03	05-16～06-03	06-03～06-28
黑水晶	Bristol	03-30	04-10	04-23	05-10～05-28	06-04～06-28
黑　宝	Boysen	04-07	04-18	05-04	05-15～06-10	06-04～06-30

由表4-2可知，夏果型品种开花结果物候期为90～120d。在北京密云观察，夏果型品种一般在4月上旬萌芽，在同一株上花茎的中上部萌芽最早，中部以下的芽萌发较晚，相差3～4d。从萌芽、芽开放到展叶经历5～7d。一般在芽萌动期花芽已开始分化，到展叶期，在结果枝的节间已形成花序，再经15～20d花蕾出现，5月上旬至6月中下旬开花，花期30～40d。6月中下旬果实开始成熟，果实生长期为25～30d。多数品种的果实收获期到7月上中旬结束，少数品种例如那好（Navaho）等延续到8月上旬。

秋果型红莓开花结果物候期为140～150d。新梢出土在3月末至4月上旬，从新梢（初生茎幼苗）出土到幼茎第一片叶全面展开为5～10d。据美国报道，秋果型红莓在低温条件下完成休眠之后，当温度在4.4～12.8℃时即进入花芽分化期。据此，在新梢出土时到展叶生长期同时进行花芽分化。从展叶到现蕾这一阶段是初生茎迅速生长发育期，一般需 55～60d。从开花到果实成熟需 18～25d，而果实的采收期则长达 40～50d 或更长（表 4-3）。果实的成熟期也因气温逐渐降低而延长，部分品种如海尔特兹和卡来英在不遭受早霜或寒潮的袭击时，果实的采收期甚至可延续到 11 月中下旬。

表 4-3 秋果型树莓部分品种的开花结果物候期（月-日）（北京密云，2001）

品种		新梢出土	展叶期	现蕾	花期	果熟及采收
中译名	品种名					
爱迷特	Amity	03-31	04-10	06-13	06-23～08-10	07-15～09-10
秋来斯	Autumn Bliss	03-31	04-10	06-12	06-18～08-10	07-10～09-15
秋　英	Autumn Britten	04-06	04-12	06-13	06-24～08-14	07-16～09-15
顶　酷	Dinkum	04-02	04-10	06-15	06-20～08-13	07-15～09-10
卡来英	Caroline	03-28	04-06	06-17	06-28～08-11	07-26～09-20
海尔特兹	Heritage	03-28	04-06	06-18	07-01～08-13	07-12～09-23
波拉娜	Polana	04-01	04-06	06-04	06-16～08-10	07-12～09-05
波鲁德	Prelude	04-06	04-10	06-10	06-20～08-15	07-12～09-16
金萨米	Golden Summit	04-06	04-10	06-13	06-26～08-02	07-10～09-10
皇　蜜	Honey Queen	04-10	04-14	06-04	06-15～07-30	07-06～08-20
金克维	Kiwigold	04-01	04-10	06-12	06-20～08-15	07-11～09-07
秋　金	Fall Gold	04-01	04-10	06-03	06-26～08-05	07-23～09-02
萨米堤	Summit	04-07	04-13	06-14	06-20～08-10	07-15～08-30
如　贝	Ruby	04-07	04-10	06-12	06-20～07-30	07-20～09-05

注：这里的新梢指树莓春天从地下萌生的新苗，不是指老枝上的新梢。

2. 年龄时期 根据树莓各器官的结构和功能特点，在自然生长条件下，其树体及经济寿命可分为 3 个时期。

（1）生长期 从无性繁殖的苗木定植后到结果盛期前一段为生长期。此期根系迅速扩展，初生茎生长健壮，花茎或初生茎开始结果，但单位面积的结果株数和结果枝数量都未达到最高值，而产量在逐年递增。此期为 1～3 年。

（2）结果期 根系生长及扩展已稳定，单株分株能力和根部抽生初生茎的数量均已达到最大值。根芽萌发力旺盛，由根芽形成的初生茎数量也达到最大。果实产量和质量达到高峰，既是生长更新旺盛期，又是结果盛期。此期一般可达 6～8 年。

（3）衰老期 此期到来时根系逐渐回缩，数量减少，枯死根增多，根芽稀少，萌发抽生的新梢生长纤细，处在土壤中的主芽已逐渐丧失抽发初生茎能力。初生茎的生长势和结实力下降，产量低，品质差。衰老期一般延续 3～4 年。树莓一般在 10～15 年进入衰老期。栽培环境的生态因子和栽培技术对树莓的生命周期影响很大。树莓在美国俄勒冈和华盛顿等地生命周期长达 20～25 年，但为了维持高产期，一般 5～6 年即可更新一次。

第二节 对环境条件的要求

影响树莓生长和产量的环境因素很多，包括温度、土壤、水分、湿度、光照、风、地形等。了解这些环境的影响，对正确选择栽培品种和提高果实的产量与品质都是非常重要的。

一、温　度

红树莓年生长发育期的最佳气候条件是夏季较凉爽，收获季节少雨，冬无严寒。红莓可以忍耐的低温大约为－29℃，紫莓可忍耐－23.3℃，黑树莓为－20.6℃，而黑莓是－17℃。冻害以几种方式伤害树莓植株。晚霜害可以危害夏果型树莓的嫩梢或花致死；秋季严重的霜害或冻害可使果实停止发育而减产，初生茎停止生长而焦梢。温度对树莓最普遍的影响是在冬季休眠期的低温和波动性的温度变化影响。红树莓露地休眠需要4.4℃的平均低温，经过800～1 600h后才能得到充分休眠。如果在休眠期温度过低或出现波动性温度，植株就很难充分休眠；树莓休眠期如果温度达到15～21℃，翌年不能正常发芽。不经过低温处理的芽可以长期处于休眠状态而不萌芽，最长可达一年之久。由此可见，我国除福建、广东、广西、海南和台湾省（自治区）外，其他绝大多数地区栽植树莓都可以满足休眠期的需冷量，可顺利地通过自然休眠期。当低温满足植株休眠以后，植物会不再休眠，并开始对寒冷很敏感。所以，冬季的变温可使冻害更频繁，而不是绝对低温的影响。由于这种原因，夏果型品种在无充沛雨雪的地区越冬必须采取防寒措施。在北方山地种植树莓，应选择半阳坡，尽量减少冬季阳光的直接辐射所引起的温度波动，以减轻冻害。我国华北和西北地区冬季寒冷而又少雪，早春土壤水分冻结或地温过低，使垂直分布较浅的树莓根系不能或极少吸收水分，而此时正值天气干旱多风，枝条水分蒸腾强度大，造成根系吸水与枝条失水平衡关系的严重失调，导致出现"生理干旱"。因此，在这些地区栽植的树莓，冬季必须埋土保墒防冻害，春季土壤解冻后及早灌溉。

如果晚秋白天和夜间温暖期延长，并随之突然降温，可引起冻害。植株因不能有充分的时间"调整"其抗性来适应更低的温度而受冻。冻害的特征和范围可从整个植株的芽到茎死亡。轻者使茎中水分流动部分受阻，越冬的花茎在春天通常可发芽，但是在受热或水分缺乏情况下，新梢易枯萎；严重时，叶和果生长达不到正常大小。

温度对树莓有多种影响。树莓花芽分化需要冷凉气候，通常在15.5℃条件下，无论是9h的短日照，或16h的长日照，均不能正常形成花芽；在12.7℃的9h短日照条件下，则叶芽能分化成花芽，但在16h长日照条件下则不能分化成花芽；如果温度为10℃，则无论是9h短日照还是16h长日照，新梢均能形成花芽。

气候太热对树莓也有伤害。当温度升高时，果实成熟得快，叶和果易受日灼。当蒸腾量或通过叶片散发的水量超过根部的水分吸收量时，会发生萎蔫。发生萎蔫的植株很快关闭气孔，使生理活动停止，造成生长迟缓，植株整个活力降低，果变小。所以，在气温过高的地区栽植的树莓果实较小，成熟期不一致，香味减少，着色不良，维生素C含量低。

二、土 壤

树莓要求土层深厚、质地疏松、富含有机质的土壤。树莓约有90%的根系分布在土壤上层30～50cm处。保水保肥、具有丰富的有机质、pH6.5～7.0的土壤有利于根系更好地吸收矿物营养元素。树莓在土壤黏粒（颗粒直径＜0.002mm）＞30%的土壤上生长很困难，因为黏土耕作层底部或栽植坑壁及坑底土层坚硬，渗透性小，甚至是临时性的土壤水分饱和状态也能对根系造成严重伤害，如果在生长期被水渍十几小时，树莓根系即开始窒息而腐烂，重者致使植株整体死亡。

如果灌溉条件好，并能够采取覆盖措施保护土壤湿度，沙壤土也能适宜种植树莓。某些轻黏土壤，通过适当的改良，安装排灌系统后也能改造成适宜种植树莓的土壤。

三、水 分

树莓喜湿但不耐涝，在过度潮湿的土壤上表现不良，这是由于较湿的土壤有利于病原菌的生长繁殖。红莓根系要求较高的可利用氧气，而水淹地土壤含氧极少。因此，栽培树莓时要避开排水不良的土壤和立地条件。秋季土壤过湿植株冬季更易遭受冻害。土壤水分不足也不利于树莓茎的生长。树莓栽培区适宜的年降水量为500～1 000mm且分布均匀。年降水量低于500mm的地区干旱季节必须要灌溉；年降水量超过1 000mm的地区必须要有排水措施，并要适当稀植。滴灌是最好的灌溉方法，可稳定地为植株提供水分。红树莓在果实成熟期若降雨量过大，不能及时采收，易造成落果、霉烂，直接影响当年产量。

四、湿 度

树莓对空气湿度要求严格，空气干燥植株易出现萎蔫。开花期适宜的空气相对湿度应为55%～60%；空气湿度过低或过高，不利于授粉受精。结果期的空气相对湿度以70%～80%为宜，以免果实遭受灼伤。我国北方冬季低温，空气干燥是树莓遭受伤害的主要原因。

五、光 照

光是植物的能源，与生长、产量、果的品质都有关。一般来说，暴露在阳光下的茎结果更多，当增加光照时，树莓产量明显增加。可用修剪和搭架来调节树莓的光照。由树莓冠层截取光量仅是控制植物生长发育的一个因素，另一个重要因素是日照长度。人们改变不了田间日照长度，但可以采取相应的栽培技术（如修剪和棚架），人为补光。秋果型树莓的花芽分化需要每日6～9h日照和4～14℃的温度，秋果型树莓的茎高达16～20个节才能形成结果枝，抽生花序开花结果。因此，树莓种植地每日至少要有6～9h的日照，才能满足其对光照的需求。树莓在果实膨大至成熟期光照不宜太强。尤其是7月份果实成熟时，高温强光对树莓生长有抑制作用。通风、散射光是树莓适宜的环境条件。

六、风

树莓对风害特别敏感，断茎是最明显的伤害。大风可吹折树莓的基部，植株的剧烈摇晃产生的枝叶间摩擦对茎造成伤害。如果茎从基部折断枯萎，此"症状"可能会与根部病害相混淆。所以，对根系和茎基部异常必须查明原因。冬季的风也能够造成花茎失水或干枯，失水的茎对寒冷高度敏感，通常会死亡。

解决风害最根本的办法是搭架。棚架的作用是增加单位面积内植物的覆盖面，提高光能利用率，同时起到支撑和固定茎的作用，增强抗风能力。另外，用风障保护树莓，可将风速从5.59m/s降到4.02m/s，使植株增高30%，产量增加40%。风速通常影响土壤湿度，高风速可造成土壤表面更多水分的蒸发。

七、地　形

地形对树莓的影响是通过海拔高度、坡度、坡向等影响光、温、水、热在地面上的分布。在山地种植树莓，除要有适宜的土壤条件之外，还要注意种植地的海拔高度引起的气候因素垂直变化。在气候较寒冷的地区，树莓适宜种植在北坡或东坡。一般应选择坡度低于20°的直形、阶形或宽顶凸形坡地种植树莓。总之，山地树莓园应有充足的阳光、适宜的温度和空气流通，充足的水分和防风设施，避免洼地和寒流汇集区，以防霜害等。

第三节　种类和品种

一、主要种类

树莓属于蔷薇科（Rusaceae）悬钩子属（*Rubus* L.）。全世界已经鉴定的野生悬钩子有400多种，而可食的种类仅36～48种，主产北温带，少数产亚热带及热带。我国约有150种，产于南北各地。

栽培上最重要的是空心莓亚属（Subgenus *Ideobatus*）和实心莓亚属（Subgenus *Eubatus*）（图4-17）。这两个亚属主要的区别见表4-4。

表4-4　树莓类两个亚属的主要区别

亚属名	主要性状
空心莓亚属	落叶灌木，茎直立或半直立；被刺毛或腺毛；叶3出或5出，掌状，稀羽状复叶；托叶线形，连于叶柄上；果色红、黄、金黄、紫红、黑红，聚合果与花托分离
实心莓亚属	落叶或常绿灌木，茎匍匐或攀援，稀直立；皮刺坚硬；叶常3出或5出，掌状或羽状复叶，稀单叶；托叶宽深裂成条状，连于叶柄上；果色黑色，聚合果与花托同落

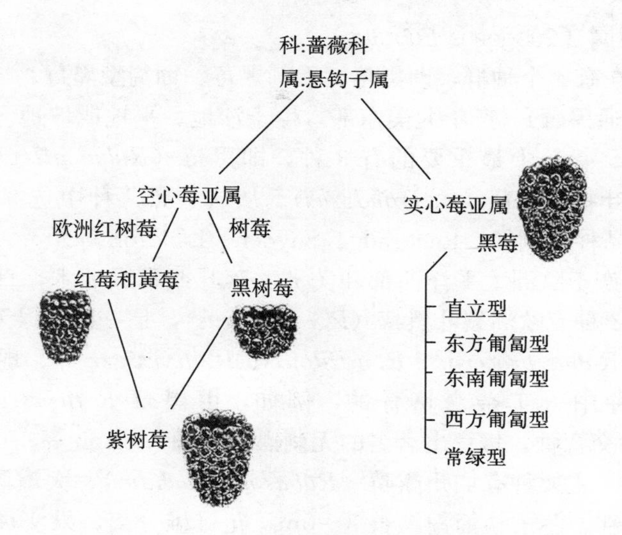

图 4-17　树莓分类系统及其相关性

（一）空心莓亚属（Subgenus *Ideobatus*）

空心莓亚属有 3 个种群，即欧洲红树莓（*Rubus idaeus*）、黑树莓（*Rubus occidentalis*）和紫树莓（*Rubus neglectus*）。

1. 欧洲红树莓　主要有红莓和黄莓 2 个种。红莓和黄莓由野生种覆盆子（*Rubus idaeus* L.）驯化培育而成。

覆盆子分布于欧洲、亚洲和北美洲。我国产于辽宁、吉林、陕西、甘肃、新疆、山西、河北、河南、山东。生于山坡、旷地、灌草丛中。落叶灌木，2 年生高达 2m，疏生皮刺，幼枝被细茸毛。叶常 3 出或 5 出，掌状或羽状复叶。总状或圆锥状花序顶生，单花或总状花序腋生。花瓣白色，花期 5～7 月，果期 7～9 月。聚合果近球形，果横径最宽处 1～1.2cm，果红色。果酸甜可食，制糖或酿酒，种子含油率 10%～20%，可提取香精，全株可药用，具明目、补肾等疗效。

（1）红莓　依其农艺性状（果形、颜色、茎的形态和粗度、耐寒性等）划分为欧洲红莓（*Rubus idaeus* var. *vulgatus*）和美洲红莓（*Rubus idaeus* var. *strigosus*）。现代红莓品种多为杂交种，含有欧洲（Vulgatus）和美洲（Strigosus）2 个亚种的基因。

（2）黄莓　果金黄色或琥珀色。来源于红树莓和黑树莓 2 个种的隐性突变体。黄莓小核果极甜，但是聚合果很软，小核果易分离，货架期极短。有些黄莓品种非常适于市场需要，可在农户家庭果园种植。

2. 黑树莓　由野生种糙莓（*Rubus occidentalis* L.）培育而成。糙莓主要分布于北美洲的东部。其主要栽培种有黑红莓（Black raspberry），此种是红莓和黑树莓的杂交种。果实黑红色或紫黑色，聚合果较小，产量低。但是，由于其独特的色香口味，颇受市场欢迎。因此，售价很高。

3. 紫树莓　由紫茎莓（*Rubus neglectus* Peck.）驯化培育而成。现代栽培种紫树莓是黑树莓和红莓的杂交种。紫树莓通常有半直立、强壮的拱形茎和侧枝（分枝）。果实大，果酸而味浓，是制果酱的极佳品。最新的紫树莓品种是紫红莓和红莓的回交种。

(二) 实心莓亚属（Subgenus *Eubatus*）

实心莓亚属现在有4个种群，即黑莓、无刺黑莓、匍匐型黑莓、树莓与黑莓杂交种。

1. 黑莓（或普通黑莓） 产于北美东部，生于沙地、平地或坡地。落叶灌木，茎直立或半直立，被皮刺。栽培上最重要的有3种，即黑莓（*Rubus allegheniensis*）、沙黑莓（*R. cuneifolius*）、叶状花黑莓（*R. frondosus*）。从这些黑莓种中选择培育出了最重要的早期美国黑莓栽培品种，例如，Eedorado、Suyden、Lavoton等。

2. 无刺黑莓 产于欧洲太平洋西部和美洲。落叶或常绿灌木，直立、半直立或匍匐生，全株无刺。主要种有欧洲裂叶黑莓（*R. lacinaitus*），是一种常绿无刺型变种；欧洲和美洲黑莓种，例如*Rubus procerus*、*R. nitidoids*、*R. thyrsiger*等。现代无刺黑莓品种是从这些无刺黑莓种中人工杂交培育的，例如，由黑莓*R. thyrsiger*与*R. rusticanus* var. *inermis*进行杂交育种，培育出著名的无刺黑莓品种Merton等。

3. 匍匐型黑莓 主要种有加州露莓（*Rubus ursinucham*）、大瓣黑莓（*R. macropetulus*）。产于北美西部。茎柔软匍匐，长3～5m。花雌雄分离，果实风味极佳。现代匍匐型黑莓品种如Wdor等是这些匍匐型黑莓的人工杂交种。

4. 树莓、黑莓杂交种 杂交种表现出黑莓特征，但也具有红色或黑色的果实，主要有以下几种。

(1) 罗甘莓（Loganberry） 该杂种是从美国西部露莓（*R. ursinus*）中选育出来的天然杂交种。该品种在美国加利福尼亚州园艺场表现出欧洲红莓变种特征。

(2) 杨氏杂交莓（Yaungberry） 黑莓和树莓人工杂交种，由美国园艺家培育。

(3) 博伊森莓（Boysenberry） 产于美国加利福尼亚的树莓与黑莓的杂交种。

二、主要栽培品种

全世界树莓栽培品种多达200个以上，有一定规模的栽培品种近30个，成为国际市场商品品种的不超过20个。我国引进树莓品种已有60个以上，下面介绍的是经过引种试验表现较好的品种。

(一) 树莓

1. 宝尼（Boyne） 来自加拿大马尼托巴，由吉夫（Chief）×夏印第安（Indian summer）杂交选育而来。强壮，分蘖多。果早熟，平均单果重3g，暗红色，冻果加工质量好。可耐−36℃低温，是最抗寒的品种，在吉林的延边地区生长良好，是寒冷地区的优良品种。

2. 托拉蜜（Tulameen） 来自加拿大，1980年由奴卡（Nootka）×金普森（Glenprosen）杂交选育而来。金普森是黑红莓卡布兰的祖先，果呈长圆锥形，果与花托易分离。晚熟，平均单果重5.4g，果硬，亮红色，香味适宜，采果期可长达50d，是鲜食佳品。货架期长，在4℃条件下可维持其良好外观达8d之久。非常适宜速冻。由于其夏天成熟，口味诱人，有“夏蜜”之美誉，适合市场需要。该品种分蘖很少，耐寒力较差，但在辽宁地区表现良好。在我国河北、河南、山东、陕西等省的大城市周边地区沙壤土上试种表现良好，也是设施栽培的首选品种。

3. 维拉米（Willamette） 美国俄勒冈树莓产业标准认定的优良品种。果大，近圆形，暗红色，稍硬，平均单果重3.5g，含糖量较低，是加工的标准品种。该品种在美国华盛顿州栽培面积占20%，一直延伸到太平洋西北部均有种植。植株强壮，产量高，茎粗细中等，高而蔓生，根蘖繁殖力强，易繁殖。抗寒性较差，由于其果色较暗，虽然风味佳，但不适宜鲜食。

4. 米克（Meeker）　来自美国华盛顿州，是太平洋西北部第二大主栽品种。高产，不易感染根腐病、疫霉病，是极好的加工与鲜食品种。平均单果重3.8g，果亮红色。在有机质高的沙壤土中，可持续高产。品种起源于维拉米（Willamette）×考博（Cuthbert）杂交种，在俄勒冈和华盛顿州西北部栽培面积占60%，在加拿大、哥伦比亚以及智利南部均能生长。该品种成熟迟，产量中等，风味和坚硬度均佳，故速冻果所占比例较高。缺点是抗寒性较差，在某些年份比其他品种易遭受霜害。在温暖季节出现“盲芽”，这可能与低温有关。在我国河南黄河沿岸试种表现良好，而在东北地区发展面积不大。

5. 菲尔杜德（Fortodi）　来自匈牙利，2002年由商人带入我国。在辽宁、黑龙江部分地区种植较多。

6. 海尔特兹（Heritage）　美国纽约州农业试验站培育，由米藤（Milton）×达奔（Durbam）杂交选育而成，栽培面积极广。果实品质优良，果硬，色香味俱佳，平均单果重3g，冷冻果质量高。该品种占智利树莓栽培面积的80%。海尔特兹适应性强，茎直立向上，通常不需要很多支架。对疫霉病、根腐病相对有抗性。可忍耐较黏重土壤，但在排水不良地区易遭受根腐病。根蘖繁殖力强，是商业化栽培的优良品种。其缺点是成熟迟，不宜种植在生长季短的地区即9月30日以前有霜冻的地区。在河南黄河沿岸地区采果期可到11月底。

7. 波鲁德（Prelude）　该品种来自NY817号杂交种，由美国纽约州农业技术推广站及康奈尔（Cornell）大学培育而成。植株强壮，茎稀疏，刺少，根条多而强壮。果圆形，较硬。在北京地区试种表现生长好，产量高，质量好，易于采摘。在秋果型中成熟早，目前尚未大面积推广。

8. 秋英（Autumn Britten）　来自英国，1995年开始推广栽培。果中等大小，平均单果重3.5g，果形整齐，味佳。茎稀疏，需密植。成熟较海尔特兹早10d。

9. 秋来斯（Autumn Bliss）　来自英格兰马林（Malling）东部。果早熟，味佳。平均单果重3.5g，果托大。耐寒，也能耐热。家系复杂，由多种树莓杂交而成。在北京地区试种表现结果早，较海尔特兹早成熟14d。不抗叶斑病。目前我国栽培面积较少，是寒冷地区有希望的品种。

10. 紫树莓（Royalty）　是红莓黑树莓的杂交种，来自美国纽约，由卡波地（Cumberland）×纽奔（Newburgh）×夏印第安杂交而成。茎高而强壮，产量高。抗大红莓蚜虫，从而降低了花叶病毒侵染的可能性。果成熟迟，平均单果重5.1g。果实成熟时由红到紫，在较坚硬的红色阶段果实的含糖量已经达到一定数值，风味和外表已完美，此时采摘，货架期会更长，因此采收期可采红色的果，也可采紫色的成熟果。适宜种植在华北、东北、西北较温暖地区。

11. 黑水晶（Bristol）　即黑树莓，来自美国纽约。植株强壮而高产，果实早熟，平均单果重仅1.8g，但果硬，风味极佳，是做果酱的最佳原料，也是鲜食佳品。抗寒、抗白粉病，但易感染茎腐病。适宜种植在我国华北、东北南部地区。由于该品种产量低，很少大面积种植。

12. 黑马克（Mac Black） 果实较黑水晶大，平均单果重 2.5g，结果迟，味淡。其抗性强，采摘时间长，是鲜食优良品种。

13. 金维克（Kiwigold） 即黄树莓，来自澳大利亚。果大，质优，单果重 3.1g。属秋果型黄莓。在北京地区试种生长好，产量中上，果色金黄，美观。

14. 丰满红 是在吉林省吉林市丰满乡栽植的树莓中优选出来的新品种（郑德龙，1990）。通过品种审定并命名为丰满红。丰满红果大，鲜红色，单果重 6.9g（带花托）。早果，高产，质优，属初生茎结果型。适应性强，可耐－40℃的低温，适宜在无霜期 125d、≥10℃有效积温 2 700℃的地区种植，冬季无需埋土防寒。另一特点是植株矮小，便于设施栽培。目前无大面积栽培。缺点是种子大而多。

（二）黑莓

1. 阿拉好（Arapaho） 美国阿肯色大学 1992 年推出。无刺，直立，生长势中等，植株萌蘖力强，产量中等。果实中等大小，平均单果重 4.5～7g，坚实。种子小，风味极佳，可溶性固形物含量可达 10%。成熟期 5 月下旬至 6 月中下旬。抗锈病，需冷量 400～500h。

2. 黑布特（Blackbutte） 美国俄勒冈州立大学推出。带刺，枝蔓生，生长势强，抗寒性强。抗炭疽病，丰产。成熟果黑色，果大，单果重 7～14g，果形一致。6 月成熟。适宜加工。

3. 黑沙丁（Black Stain） 美国 USDA 于 1974 年推出。无刺，半直立，生长势较强，丰产。成熟果实紫黑色，坚实，中等大小，平均单果重 3.46g，成熟期 7 月初至 7 月底。果实有轻微涩味，主要用于加工。

4. 宝森（Boysen） 美国 1935 年推出。带刺，枝蔓生，生长势强。丰产。成熟果近乎黑色，果大，相对较软，平均果重 7g 左右，有特殊香气。成熟期 6 月上旬至 6 月下旬。鲜食、加工皆宜。

5. 布莱兹（Brazos） 由美国得克萨斯农业实验站于 1959 年推出。带刺，直立，生长势强。丰产。成熟果黑色，较大，最大果可达 10g 以上。成熟期 6 月中旬至 6 月底。果实含酸量较高，主要用于加工。对丛叶病敏感。

6. 肯蔓克（Comanche） 带刺，直立，生长势强，株型较大。成熟果紫黑色，中等大小，平均单果重 4～5g。成熟期 6 月中旬至 7 月上旬。对丛叶病敏感。

7. 切斯特（Chester） 美国 USDA 于 1985 推出。无刺，半直立，生长势强。丰产稳产。成熟果紫黑色，较大，平均单果重 6～7.6g，风味佳，酸甜。成熟期 7 月上旬至 8 月初。耐贮运，鲜食、加工皆宜。需冷量 700～900h。江苏省中国科学院植物研究所已审定。

8. 乔克多（Choctaw） 美国阿肯色大学 1988 年推出。带刺，直立，生长势强。成熟果紫黑色，中等大小，平均单果重 5g 左右，种子非常小，风味佳。成熟期 6 月中旬至 7 月上旬。果实品质好。耐运输，但不耐贮藏。需冷量 300～600h。

9. 赫尔（Hull） 美国 USDA 于 1981 年推出。无刺，半直立，生长势强。丰产稳产。成熟果紫黑色，大果，平均单果重 6.45～8.6g，最大可达 10g 以上，坚实。味相对甜酸，汁多，品质佳。成熟期7月初至7月下旬。需冷量750h。江苏省中国科学院植物研究所已审定。

10. 卡瓦（Kiowa）　美国阿肯色大学1996年推出。带刺，棘刺多，直立，生长势中等。丰产。大果，平均单果重10～12g，整个采收期果实大小保持一致，坚实，味酸甜，可溶性固形物含量平均可达10%。南京地区成熟期6月初至7月上旬，果实采收期可达6周。需冷量100～300h。

11. 酷达（Kotata）　美国USDA于1984推出。带刺，生长势强。丰产。成熟果亮黑色，果大，风味佳，坚实。

12. 马林（Marion）　带刺，直立，生长势强。成熟果紫黑色，果形不整齐，中等大小，平均单果重4g左右。成熟期6月上旬至6月下旬。风味佳，加工性能好。

13. 耐克特（Nectarberry）　美国1937年推出，据说是由Young实生选育出的，也有可能是Boysen的嵌合体。无刺，蔓生。大果，深红至紫黑色，围绕果心的小核果大，只有9个，种子小。成熟期7月下旬至8月下旬。风味佳，适宜加工。

14. 那好（也叫纳瓦荷）（Navaho）　美国阿肯色大学1988年推出。无刺，直立。株型中等，丰产。成熟果黑色，有光泽，果实小到中等大小，5g左右，风味好，可溶性固形物含量8.6%～11.4%，坚实，耐贮运。抗寒。南京地区6月中下旬至7月中旬成熟，采收期长。低温需求量800～900h。

15. 奥那利（Ollalie）　有刺，蔓生，生长势强。丰产稳产。成熟果黑色，果大而长，坚实，味甜，有野生果的风味。

16. 三冠王（Triple Crown）　美国USDA于1996年推出。无刺，半直立，生长势强。株型大，丰产稳产。成熟果紫黑色，大果，平均单果重8.5～9.5g，最大可达20g以上。种子大。坚实，味甜，品质佳。易采收。成熟期比切斯特早4～7d。

17. 无刺红（Thornless Red）　美国1926年推出。无刺，蔓生。丰产。成熟果深红色，果中等大小，平均果重3.82g，最大可达8g以上。酸甜可口，香气浓郁。在南京地区为特早熟品种，5月底至6月中旬成熟。冷冻后能保持果实风味，适宜加工。

18. 大杨梅（Young）　无刺，蔓生。株型较小，产量中等。成熟果红至深红色，果中等大小，平均果重4.3g左右，最大可达8g。味甜，香气浓郁，籽少而小。5月下旬至6月中旬成熟。

三、品种选择与栽培区域化

品种区域化是指在不同生态地区选择适宜当地条件的最佳品种种植，以达到最高的经济效益。根据我国树莓引种区域试验的初步结果，我国树莓种植区可分为以下几个主要栽培区。

(一) 东北地区

东北地区包括黑龙江、吉林、辽宁三省。该地区冬季严寒，夏季凉爽，春秋季气候干燥，雨季一般在每年的7月来临。2009年统计结果表明，该地区是我国红树莓的主要产区，我国目前的绝大多数树莓果品产自东北地区。

黑龙江省的树莓种植主要集中在尚志及周边县市，是我国种植树莓历史最长的地区，2008年的树莓种植面积约800hm^2。主要品种为欧洲红及菲尔杜德，也有少数农户或公司种植美国22号、澳洲红及威廉米特等。

吉林省树莓栽培较少，栽培面积约133hm^2。

2000—2009年，辽宁省的树莓生产呈现快速发展趋势。2000年以前，当地只有少数庭院零星种植树莓供自家食用。2009年树莓栽培面积达到近2 000hm^2，已经形成新兴果品种植产业。目前的主栽品种为菲尔杜德、美国22号及托拉蜜，也有少量的欧洲红、澳洲红、早红等。2008年以来，部分地区开始种植双季树莓，品种包括秋来斯和海尔特兹。

树莓产业的快速发展，使得优良品种的筛选落后于生产发展的需求。因此，发展和更新树莓时一定要根据当地气候特点及产后用途慎重选择栽培品种。

（二）华北地区

华北地区包括北京、天津、河北、山东、山西、河南等省（直辖市）。该地区是典型的暖温带半干旱半湿润大陆性季风气候，四季分明，夏季炎热多雨，冬季寒冷干燥，春、秋短促。年平均气温13～14℃，年降水量400～800mm，降雨集中于7～8月。此地区土壤多样，适宜种植树莓的地区广泛，可根据不同的地理—气候因素，结合树莓引种试验结果选择适应性品种建园。

本地区很多地方的气候既适合红莓也适合黑莓生长，有着独特的地理区位优势，交通运输便利，配套速冻食品加工企业众多，特别是树莓产业的商品流通过程中不可缺少的冷藏设备比较齐全。在大中城市周边地区，可发展以鲜食为主的品种，供应超市。在交通便利、有加工能力的地方可发展加工型品种。本地区包括2个引种栽培区。

1. 京、津、冀地区　在大城市周边地区选择鲜食品种。夏果型托拉蜜（Tulameen）、黑水晶（Bristol）、来味里（Reveille）；秋果型波鲁德（Prelude）、秋来斯（Autumn Bliss）、黄树莓金维克（Kiwigold），再配以鲜食黑莓那好（Navaho），包装成五彩缤纷的果盒，很受欢迎。这几种品种搭配可自6月上旬至10月下旬不断有鲜果供应市场。如将秋果型的品种于下霜前扣上大棚，采摘期可延至12月中旬，其效益会大大提高。

2. 晋、鲁、豫地区　山东、河南黄河沿岸地区有大面积的沙壤土地，是种植树莓的理想土壤。山东近海地区夏果型品种无需埋土防寒，秋果型品种比东北地区采果期延长近1个月。本区农业较发达，食品加工业也发展较快，栽培品种应选择产量高的加工型品种，如维拉米（Willamette）、米克（Meeker）、紫树莓（Royalty）、海尔特兹（Heritage）、波鲁德（Prelude）等。

（三）西北地区

本区地域辽阔，气温、年降水量变化大，具有多样性的气候特点。树莓引种试验表明，陕西关中、新疆玛纳斯和伊宁等地适宜树莓生长，陕西秦巴山区也是我国野生悬钩子的东亚分布中心。气候夏季凉爽，适宜发展红树莓，以加工型品种为主。

树莓引种试验初步表明，新疆天山北坡伊犁河谷地区是种植树莓的最佳适生区域。这里的气候条件十分独特，从大范围而言，属温带大陆性气候，但由于特殊的地形、地貌形成的逆温气候，使这里成为具有“海洋性”气候特色的温带湿润小区。这里冬季比较温暖，气候湿润，降雪量较大，这正符合红树莓的夏季不耐高温、怕涝的生物学特点。在华北、东北、西北地区，由于冬季气候寒冷干燥，树莓入冬前都要埋土，否则容易造成冻害甚至干枯死亡。与之相比，新疆伊犁地区冬季不需要埋土防寒，从而降低了生产成本。而且新疆日照时间长、昼夜温差大、有效积温高，加之天山冰川雪水浇灌，所以树莓红色素和可溶性固形物含量大，单位面积产量高，而且病虫害少，霉菌少，是无污染的纯绿色食品。境内217国道南北穿境而过，又有精（精河）伊（伊宁）霍（霍尔果斯）铁路，且毗邻欧亚大陆桥，树莓产品可便捷运往国内外市场。本区不利因素是大面积栽培会造成劳动力紧张，应选择成熟期集中、高产的夏果型品种为主栽品种，如托拉蜜（Tulameen）、维拉米（Willamette）、菲尔杜德（Fortodi）等，秋果型品种可选择波鲁德（Prelude）等。

（四）西南地区

西南地区地形复杂，有“十里不同天”之说。经在四川北川、茂县海拔1 500～2 000m的广大地区试种红树莓，均表现出很强的适应性。2 000m以下地区气候温和，四季分明，雨量充沛，年平均气温15.6℃，无霜期125～128d，降水量1 399mm，平均日照时数为931.1～1 111.5h。境内的土壤酸碱度适中，有机质含量较高。森林覆盖率达46.93%，污染小，空气质量和水质量均达到国家一级标准。在四川阿坝藏族自治州境内江河纵横，蕴藏着丰富的水能资源。而且该区冬季空气湿度在50%以上，种植夏果型红树莓可不必埋土防寒。四川绵阳市的北川羌族自治县位于四川盆地西北部，东接江油市，南邻安县，西靠茂县，北抵松潘、平武县。县城距绵阳市区60km，距成都160km，具有相对较好的区位优势，交通相对便利。不利因素是夏季雨量集中，易引发病害，这也是我国其他红树莓种植区普遍存在的难题，可通过栽培技术和选择品种来缓解。夏果型红树莓宜选择结果早的品种如来味里（Reveille），该品种在本区5月中下旬结果，可在雨季到来之前采收完毕；秋果型品种选择海尔特兹（Heritage）和波鲁德（Prelude），这2个品种在8月中旬结果，可避开雨季。

黑莓原产于美国和欧洲的暖温带到亚热带地区，相对于树莓而言，比较适应夏季炎热的环境，对空气湿度和土壤湿度的适应性相对强于树莓，较能适应暖冬气候。从气候、土壤等因子看，目前引进的黑莓品种基本适应在西南地区种植，但各地的适宜发展品种也有一个选择过程。黑莓品种冬季的需冷量300～750h，因此在偏南的低纬度和海拔较低的地区，需要选择需冷量低的品种，以利于花芽分化。四川等地夏季雨量集中，不仅易引发病害，对在夏季采收的品种采后果实的保鲜贮藏也有很大影响。因此，也需要通过引种试验，选择适宜品种。四川农业大学于2004年开始引种试验，初步认为阿拉好和宝森可在四川亚热带湿热寡日照生态区及气候相似的地区推广栽培。另外，贵州等地引种了少量“切斯特”和“赫尔”，目前表现良好。

（五）华中地区

本地区为北亚热带季风气候区，大部分属于中亚热带和北亚热带。年平均气温15～20℃，年降水量1 000mm以上，其中大别山区可达1 300mm，武夷山一带最高达2 200mm。梅雨是本区气候的一个重要特征。夏季台风易引起该区东南部作物倒伏减产。季风气候也带来降水季节和年际的不稳定性。与美国黑莓原产地的生态条件相比较，我国中部地区虽然存在夏季温度偏高，同时夏季降雨量和雨日数太多等不利因素，但总体而言，水热因子比较接近北美的主产区，因此江苏省中国科学院植物研究所在20世纪80年代开始了黑莓的引种筛选，并于20世纪90年代开始，首先在江苏溧水推广其中表现较好的2个品种赫尔和切斯特。近几年这2个品种在苏北、山东等地推广发展较快，由于日照率高和昼夜温差大等有利因素，这些后发展地区栽培树莓的产量和品质甚至优于溧水。浙江、江西、湖南等地也开始引种试栽。

第四节 育苗与建园

一、育 苗

树莓的繁殖在原产地美国和加拿大仍以自根营养繁殖为主，营养繁殖的苗木占85%。对某些易感病的品种，例如黑树莓的个别品种，为了获得无病毒苗木，采用微体繁殖技术。我国引种树莓的时间短，尚未发现有严重病害的品种。采用常规的营养繁殖方法，既适合目前种植者的情况，又能获得大量的合格苗木，是快、好、省的简单方法。

（一）苗圃地选择和整地

1. 苗圃地选择 选择交通方便、地势平坦、背风向阳、不易遭受风害和霜害的沙壤土作苗圃。地下水位在1.5m以下，有充分的水源可供灌溉。应避免利用种过茄科植物和草莓的地块，换茬或休耕3年的土地才可作树莓苗圃。如果是弃耕荒地，其他条件适合，也要经过1～2年土壤改良，彻底清除杂草和土壤病虫害，培肥土壤后再作苗圃，否则会带来无尽的麻烦。

2. 整地和施肥 使用深耕犁全面翻耕一遍，再耙平。依运输和操作管理的需要，设置主道和支道，将苗圃划分为若干小区，便于经营和管理，并能提高土地利用率。育苗床长短、宽窄依据地势高低和灌溉方式制定。

苗床作好后立即施肥，每667m^2 施用优质有机肥（家畜粪或鸡粪）2 000～2 500kg，磷酸二铵20～25kg，全面均匀撒施于苗床，再进行一次翻耕，使肥料和土壤混合均匀。整平苗床，灌透底水，以备育苗。

（二）繁殖方法

美国和加拿大是世界上主要的树莓生产国，年生产苗木700万株以上。所用的繁殖方法主要有3种：根蘖繁殖、茎尖压条（简称压顶）繁殖和组培繁殖（图4-18）。

1. 根蘖繁殖 根蘖繁殖是利用休眠根的不定芽萌发成根蘖苗，培育成为新植株。红树莓类品种一般都采用根蘖繁殖，因为这些品种的茎难生根或不生根，而其根系产生许多不定芽，不定芽不断萌发形成根蘖苗，并具有容易成活、成苗较快、繁殖简便的特点。根蘖苗的繁殖通常用水平压根法。首先在树莓的休眠期土壤结冻前或在早春土壤解冻后芽萌发前，从种植园或品种园里刨出根系。刨根时注意防止根系风干失水，并及时包装贮藏。若在土壤结冻前刨出根系，需要经过较长的贮藏期，根系宜在0～2℃冷库里贮藏。入库前洗净根系上的泥土，喷万霉灵65%超微可湿性粉剂1 000～1 500倍液进行消毒，塑料布包裹后装入纸箱，再放入冷库贮藏到春天育苗或出售。育苗量不大或就地育苗可在春季育苗季节随刨根苗随育，但苗圃地必须提前整地、施肥，做好准备工作。

通常用两种方法压根育苗。第一种：在已准备好的苗床上用平板锹起一层厚3～4cm

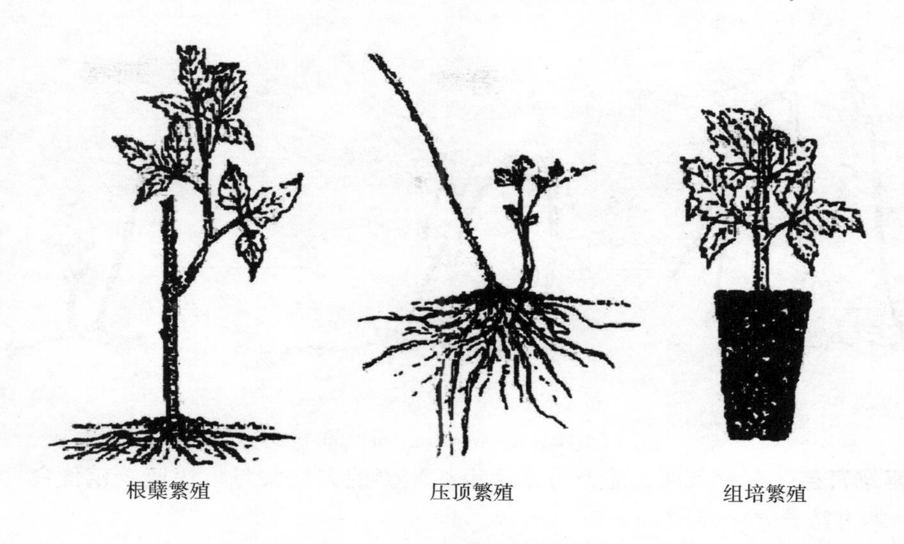

图 4-18　树莓繁殖方法
（引自 Bramble Production Guide）

的土，有序地堆放在苗床的两侧备用，起土后苗床仍保持水平，并用平耙平整床面。从包装箱取出根系，不要分开粗细根，也不要剪断根系，按 20～25cm 的行距，将 1～3 条根系并列成条状平放在苗床上，然后将备用的土均匀地撒在苗床上，全面盖住根系。覆土厚度 3～4cm，覆土必须均匀、不露根。这种方法出苗快，出苗整齐，生长均匀，当年可出圃合格苗木 50%左右。但因质量要求较高，较费工，还需要具有经验和操作技能较熟练的工人。第二种：在已备好的苗床上用三角锄开沟，沟距 30～35cm，深 7～8cm。将根系平放入沟里，覆土盖严，覆土不要过厚，以 3～4cm 为宜。这种方法较省工，也不需要技能很熟练的工人。因盖土厚薄不一，出苗不整齐，当年出圃合格苗 30%左右。

在苗木生长期必须重视水、肥管理。依土壤墒情及时补充水分。除育苗前施足底肥以外，生长期内根据土壤肥力和苗木生长状况确定追肥次数和数量。一般需要追肥 1～2 次，每 667m^2 用肥料（尿素）10～15kg。根蘖苗前期生长缓慢，应及时清除杂草。要避免苗木感病后落叶枯萎。

苗木出圃后，苗圃地里仍遗留足量的根系，翌年又可自然地萌发出根蘖苗。管理精细的苗圃可连续生产苗木多年。

2. 压顶繁殖　黑莓具有茎尖（生长点）入土生根的特性。初生茎生长到夏末或秋初，其顶尖变成“鼠尾巴”状态，新形成很小的叶片紧贴在茎尖上。此时期茎尖最容易触地生根，并抽生新梢，长成新植株。将茎尖压在土壤里并用湿土覆盖，为生根创造条件，此过程即称为压顶繁殖（图 4-19）。

生产上利用茎尖容易生根的特性，直接在黑莓果园或专用苗圃利用株间和行间空地压顶。茎顶被压入土后，很快产生许多不定根，并生长出新植株。新植株生长到休眠期，从老茎（母茎）上分离出来，贮藏越冬后春季栽植。压顶是黑莓、紫莓和黑树莓的传统繁殖方法。

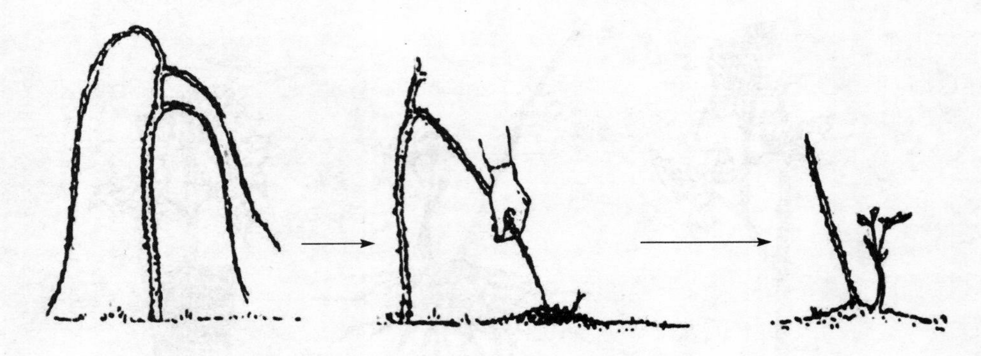

图 4-19　黑莓压顶繁殖方法

（引自 Bramble Production Guide）

3. 组培育苗　在有条件的地方可采用组织培养的方法大量、快速繁殖优良树莓品种和苗木。本方法分 4 个步骤。

（1）无菌苗的建立　取枝条茎段，去掉叶片后分小段用流水冲洗干净，用酒精杀菌 30s，再换用升汞灭菌 10min，最后用无菌水冲洗 3～5 次。在超净工作台上剥离出树莓小茎尖接种到培养基上进行培养。

（2）扩大繁殖　根据不同品种筛选适合的增殖培养基，约 30d 继代 1 次，可获得大量无性繁殖的树莓组培苗。

（3）生根培养　树莓在扩繁培养基中不易形成根，因此必须转入专门的生根培养基进行生根培养。生根培养基一般采用半量的扩繁培养基的矿质元素并加入适当生长素。

（4）移栽锻炼　当试管苗长出根后即可移到温室河沙苗床进行锻炼，40～50d 后再移到田间定植成苗。

通过组织培养方法获得的树莓苗根系发达，田间定植成活率高；植株健壮，生长势强；分蘖能力强，进入丰产期快。该种方法的应用将有效提高树莓种植效益，是值得推荐的树莓优质种苗繁殖方法。

（三）苗木出圃和贮藏

1. 苗木出圃　冬季气候干燥寒冷的地区，树莓苗木露地越冬容易枯死。因此，在越冬前要将苗木出圃进行贮藏。

起苗前将苗木的茎剪短，剪留长度 20～30cm。苗木地际直径＜0.5cm 的苗木留在圃地露地越冬，翌年再培养一年方可出圃。起苗后，随即将苗床裸露的根系用土覆盖严并灌水，来年又可发出小苗。起苗时注意少伤根系，随起苗随捆扎，50 或 100 根 1 捆，及时运到假植沟假植。假植沟要在起苗前 1 个月挖好备用。有条件的地区可用 2～5℃的冷库贮存苗木。

2. 苗木假植　当年不栽种的苗木在土壤封冻前要假植。选择背风、平坦的地方挖假植沟。沟的宽度和深度要根据当地的气候条件而定，长度要根据苗木的数量和地块来定。在北京地区，宽度 80cm、深度 60cm 可保持沟内适宜的温度和湿度，在更寒冷的地区可加大深度。假植时将捆扎好的苗木 5～10 把并列成一排置于沟内，用疏松的沙壤土埋住根系，埋土厚度要高出苗木地颈 10cm 左右。照此方法一排接一排地假植苗木。假植完要及时灌透水，沟口上用苇帘或玉米秸秆覆盖，防冻保墒。

需外运的苗木要进行包装运输。做好品种标记，放入纸箱中。用湿锯末撒满根部，用塑料薄膜包严，再进行运输

二、果园的建立

（一）经营目标

没有适宜的市场，即使有非常好的生产条件和技术，也不能使树莓产生较高的经济效益。创立一个商业性树莓产业，每一个环节上都要考虑质量。在建立和维持一个有效益的树莓企业时，最重要的因素也是质量，只有产品和企业的质量才能够带来最高的效益。同时，产品质量也是最好的口头宣传促销员。

选择好经营目标很重要，在大城市周围，主要选择口感好、果实大、质硬的鲜食品种，注意早、中、晚熟品种搭配销售鲜果，也可现场压果汁、制作冰激凌、开展自采活动。在以出口为目的时，更要考虑国际市场上对果实质量的要求。在国际市场上，对冷冻果加工一般要求果实中型，果实紧凑，质地较硬，含酸量低，含糖量高。有些果实很大，如克优娃（Kilwa）果实可大于小鸡蛋，但含酸量太高，在国际市场上不受欢迎。作加工用树莓则宜选择果实成熟期较为集中、出汁率高的品种。

（二）园地选择

选择阳光充足、地势平缓、土层深厚、土质疏松、自然肥力高、水源充足、交通便利的地块建园。在山地，应修建梯田栽植。采用增加植被等措施，既可防止水土流失，又能减轻风害和寒害。峡谷陡坡地带不适宜建树莓园。依据地形、地势，进行果园区划，设计道路、作业小区和灌水、排水系统。树莓园不宜选择在3～4年前一直种植蔬菜或草莓的地块上，因为这些地块容易残留大量的病原菌，建树莓园后容易滋生病虫害。前茬是草皮的地块，土壤中会残留一些地下害虫如蛴螬等，使用过除草剂的地块也要过了有害残留期限方能选用。

发展树莓需选择距离销售市场较近或有加工设备的地方，规模化生产的园地附近要有冷冻设备。在建园规划上，最好选择集中连片的平地，这样有利于经营管理。可根据企业加工能力和市场需求确定发展规模。

（三）果园类型

1. 平原良田建园　此种地带是最好的树莓园地，其土层深厚，有机质含量高，地势平坦，水利设施配套，有利于树莓园的各项栽培管理，生产成本也较低。此类园要注意土地物理性质、土壤pH以及地下水位的高低，应符合种植树莓要求。

2. 沙荒地建园　我国北方沙荒地面积较大，发展树莓的潜力很大。此类土地不利的因素是土层较薄，土壤物理性质较差，肥力低，土壤导热快，保水力差，有时也有积水。但沙荒地土壤疏松，排水和通气良好，对树莓生长有利，而且沙荒地光照好，地价低廉，只要对其采取相应的改造措施，有水灌溉，也可以建成树莓的高产园。

可采取的改造措施有：①掺土施肥。先掺土，按2份沙土、1份黏土的比例混匀，然后开沟，在沟内再进行客土施肥，将适量的厩肥与土掺和均匀，填入定植沟内，将定植沟

的土壤改造成沙壤土，为树莓种植奠定良好基础。②种植绿肥植物。土地平整后，种植绿肥植物如沙打旺、苜蓿、三叶草等。在花期压绿改土培肥，增加土壤有机质。还可以刈青覆盖地面，减少地面辐射，防止风蚀，固定流沙，提高土壤肥力。③防风固沙。沙荒地风力较大，防风固沙是建立树莓园的先行措施。在迎风面营造防护林带，既防风固沙，又可调节湿度。④引洪放淤。在有条件的地方可截流放淤，以改善沙地的理化性状，增加土壤团粒结构，提高土壤肥力。

3. 丘陵山地建园 我国丘陵山地面积也很大。在坡度不大的浅丘，选择条件适宜的坡地建立树莓园。丘陵山坡上部光照条件好，空气流通快，温度变化剧烈，蒸发量大，土壤易干旱缺水。因此，应有灌溉条件才可建园。坡地树莓园最好选择在山坡中下部的东坡或东南坡。面向南坡的树莓果实，通常成熟要比北坡早，但也增加了冻害的危险性。因此，在气候较寒冷地区树莓宜种植在北坡或东北坡向。要防止地表径流，做好水土保持工作。丘陵山地一般在5°～8°的坡上沿水平带状建园，在每条水平栽植带间修筑一条高30cm、上宽20cm、下宽50cm的梯形水平环形土埂，以保持水土。如果坡度在8°～20°，则要修筑水平带状梯田，梯田宽度2～8m，宽度<2m的梯田不宜作为树莓园。

（四）苗木栽植

1. 整地 高标准整地是树莓高产、稳产、优质的保证。在原产地美国，为了提高土壤有机质（一般要求土壤有机质达到3%）、增加土壤肥力，至少在种植树莓前1～2年整地，全面深耕改土，清除杂草，种植豆科绿肥（如苕子、苜蓿）等，以提高土壤有机质含量和改善土壤理化性状。

种植树莓前，土壤消毒是非常重要的一项措施，特别是新开垦荒地（包括撂荒果园）种树莓，病虫害更为突出，尤其是根癌病和线虫对红树莓为害更严重。线虫不仅存活在根系内部，还能将土壤中的根癌病、根腐病等传播给树莓。目前，无论对土壤使用农药拌土或熏蒸消毒效果都不是很理想。据试验，种植树莓前1～2年进行细致整地，包括深翻和播种绿肥，彻底消灭杂草和压绿培肥等，要比用农药进行土壤消毒更有效。

2. 挖穴或定植沟栽植 栽植前全面深翻整治土地，栽植时挖穴定植。定植穴大小根据苗木的根系大小而定，一般30cm×30cm。没有经过深翻耕作或土壤比较坚硬的地块栽植时应挖定植沟，定植沟宽60～70cm、深50～60cm，为南北走向。挖沟时将表层土壤与底层土分开堆放。回填时，先将表土回填到沟底10cm厚，再将表土与厩肥混合均匀填入沟内，至肥土层离地面（沟口）15～20cm，然后再用行间熟化的表土填平定植沟。在定植沟两侧用底土做土埂，便于灌水，剩余的底土回填至行间。土质黏、雨水多的地区，需改良土壤，采用高垄栽植，垄间设置排灌系统。

3. 栽植方式与密度 树莓是单株栽植，生长1～2年后，株数增多可成为带状。所以树莓栽植的最佳间距要根据使用机具或棚架类型、种植形式和品种类型而定。

在原产地美国，种植行宽为90～120cm，行距主要依据使用的机具宽度而定，如使用的割草机或采收机宽为244cm，行间距最少需要335cm。棚架的类型不同，栽植行宽也不同，如果用T形或V形架，行间的距离必须比I形架要大。品种类型不同，栽植方式和密度也不一致。夏果型红莓株距60～90cm，秋果型红莓株距常用30cm。黑树莓和有刺黑莓主要靠分枝（二次枝）结果，株距为90～120cm。紫树莓生长繁茂，株距常用90～

150cm。无刺黑莓株茎粗大、强壮、分枝生长旺盛，栽植株距在 90～180cm。

在国内，由于是手工采摘，树莓栽植方式要尽量均匀。根据试验表明，窄行距产量高；种植行宽不要太大，因为太大时株间光照不足、通风不良，平均单株产量低，果小质差，易遭花腐病和灰霉病为害。对于夏果型红莓，建议行距 200～250cm、带宽 60～80cm，三角形定植；红莓的株距为 50cm，紫树莓和黑树莓的株距为 80～120cm，则红莓每 667m^2 栽植株数 500～600 株，紫树莓和黑树莓每 667m^2 栽植株数 300～400 株，进入结果期后，每 667m^2 结果株数 1 800～2 000 株。对于秋果型红莓，建议带宽 40～50cm、株距 60～70cm、行距 180～200cm，则每 667m^2 定植株数 500～600 株；进入结果期后，每 667m^2 结果株数 2 500～3 000 株。

4. 栽植时间　主要在春季和秋季栽植，北京地区为 3 月中旬至 4 月上旬、9 月上旬至 10 月上旬。春季栽植比秋季栽植的成活率高。其他地区可依照当地气候确定具体栽植时期。

5. 栽后管理　栽后管理是为了缩短栽后缓苗期，提高成活率。树苗栽植后的第一年要加强以下几项田间管理。

（1）保持土壤湿润　栽后要经常检查土壤水分，保持土壤水分稳定。当水分不足时，应及时灌水。灌水量不宜过多，润透根系分布层即可。在旱季，果园为沙壤土的每隔 3～5d 灌一次水。雨季要防止栽植沟内积水，避免影响土壤通气，发生烂根现象。如果是夏季高温，土壤积水十几分钟就可致使树莓幼嫩的吸收根窒息而死亡。另外，要防止土壤板结、杂草丛生。根据土壤和杂草生长情况，进行中耕除草。中耕除草宜浅不宜深，以免伤害根系和不定芽。保持土壤疏松通气，可预防根腐病和根癌病发生。

（2）绑缚和追肥　初生茎生长约 60cm 后易弯曲伏地，要立架绑缚。土壤肥力低，初生茎生长缓慢，不能形成强壮的植株，影响来年结果。要在 5 月和 6 月各施 1 次肥，每株施尿素 20～30g。在距树干 20cm 以外开环形沟施入根系分布区，施肥后及时浇水，进行松土保墒。

（3）越冬防寒　入冬前，北京地区在 11 月中旬前后对夏果型红莓和黑莓的当年生茎埋土防寒。埋土前灌 1 次透水。要将整个植株向地面平放在浅沟内，弯倒植株时要小心，不要使植株折断或劈裂，堆土埋严，避免透风。翌年春季撤土不宜过早，也不宜太迟，待晚霜过后即可撤土上架。其他地区根据当地气候条件，采取相应的越冬防寒措施。

第五节　栽培管理技术

一、土壤管理

树莓根系需氧量大，最忌土壤板结不透气。树莓生长期操作管理内容多，人工活动频繁，土壤肥力消耗多，容易造成土壤板结，肥力不足。若忽视果园的土壤管理和改良，树莓不能正常生长发育，失去经济意义。采用行间播种绿肥或永久性的种草覆盖，行内松土除草保墒等措施，对增加土壤有机质，改善土壤结构和提高肥力十分有效。一年中主要需要进行以下几项管理工作。

(一) 松土

灌水后应浅松土，改良土壤结构。松土能使土壤表层疏松，改善土壤的通气条件，促进土壤微生物的活动和有机物的分解，有利于幼树的生长，也有利于水分的渗透和减少蒸发，使土壤在幼树的生长时期内，均能保持一定的湿润状态。

(二) 除草

树莓园内的最大敌害是杂草。杂草可从土壤中与树莓争夺吸收大量的水分和养分，使土壤干燥，养分不足，同时繁茂的杂草特别是禾本科植物由于根系交错使土壤变得十分板结，严重影响树莓的生长发育。杂草在与树莓争夺水分、养分和光照的过程中，凭借其对环境的特殊适应能力、对恶劣条件的抵抗力和迅速繁殖的特性，占有很大优势。因此，除草是树莓园的一项经常性工作，是保证树莓生长的重要手段。要坚持“除早，除小，除了”的原则，不要等杂草长大了再除。除草是一项费时费工的管理工作，但若忽视这一工序，将会降低树莓的产量和质量。

树莓园建立的当年必须全面除草，而且要连根拔掉，及时将杂草清除运出园外，如能粉碎沤肥更好。由于杂草的长势相当旺盛，必须及时铲除，以免消耗更多养分。杂草萌发和旺长期、开花结籽期是一年中除草的关键时期。

应用化学药剂除草，可以省工和迅速消灭杂草。但是，化学除草剂的使用效果和对树莓有无药害，均受使用时期、方法、种类、用量、气候及土壤等因素的影响，所以要严格掌握使用条件，要经过试验后再在生产上施用，避免造成环境污染和农药残留。

(三) 中耕

树莓植株有随着年龄增长根系上移的特性，建园初期植株根系上移不明显，此期对树莓的沟畦在春秋进行中耕（刨地）。中耕深度以 8～12cm 为宜，在不伤根的前提下可以适当深耕。中耕可以疏松土壤，提高土壤通气性，加速土壤内铵态氮的硝化作用，可以蓄水保墒，同时也有利于以后的松土除草。

树莓生长 5～6 年后，须根会露出地面而逐年上移，这样应逐年培土覆盖裸露的根系。在冬季埋土防寒地区，可在春季撤防寒土时结合进行中耕刨地。

二、施肥管理

肥力不足将影响树莓的产量、果实品质、果实成熟期和初生茎的生长发育。施肥的目的是在树莓需肥前补充土壤中某些营养元素的不足，消除养分缺乏对产量和果实品质的影响。因此，施肥是树莓的重要栽培管理措施之一。

合理的施肥是在对土壤和植物组织样品进行采集与分析的基础上确定的。但是，对于树莓这样多年生的小浆果树，根据施肥后 1～2 年的植物组织养分的变化，也不能够完全正确地指示是否应该施肥和施多少肥，特别是在土壤浅层追施了难移动的养分（磷和钙等）的情况下尤为如此。在进行土壤与植物组织分析监测的同时，应对气候、产量、果实品质、病虫害发生状况、灌溉、施肥量和施肥时间进行系统的观测记录与分析，这些指标的考核是提高施肥效果的科学依据。有经验的栽培者应将营养诊断指标与树相表型观察资料综合考虑，有助于确定树莓合理的施肥方案。

(一) 氮肥

树莓对氮素需求随栽培的密度、初生茎生长势、植株年龄、土壤类型、灌溉方式、降雨量以及栽培品种而变化。一些生长很旺盛的树莓品种，施少量的氮肥就能满足初生茎的生长发育。此外，栽植当年的幼树对氮肥的需要量是很少的。相反，过量的氮肥对植株生长和产量还会造成伤害。

根据营养诊断指标、初生茎的长势、灌溉和产量等，确定氮肥的施用量。7 月下旬至 8 月上旬，花茎结果型红莓（floricane）进入花芽分化期，叶片中氮的营养量 2.3%～3.0%为正常值。如果叶片中氮的含量高于正常值，并且生长势很旺，则表明氮肥施用过量；氮含量低于正常值并长势不佳，则表示需要施入氮肥。氮含量高于正常值且长势不佳，表明存在其他生长限制因子。含氮量低于正常值而生长势很旺的现象则很少出现。

另外，树相诊断可更为直观地判断植物的营养状况，但只有具有丰富栽培经验的种植者才能正确地运用它。

初生茎的长势和叶片数（或节数）、叶片颜色和大小，也是判断氮素营养丰缺的指标之一。夏果型品种理想的初生茎高生长和茎粗分别是 200～220cm 和 1.2～1.4cm，秋果型品种的初生茎生长到 38～45 片叶（或节数），即形成花芽开花结果，属正常范围。

1. 夏果型品种的施肥量和施肥时期　在春季每 667m^2 施 13～15kg 尿素（含 N 46%），分 2 次施入。其中 2/3 在花茎萌芽期施入，其余 1/3 在结果枝生长和花序出现期施入。沿根际区开施肥沟，深 6～10cm、宽 15～20cm，施后覆土、灌水。

2. 秋果型品种的施肥量和施肥时期　每 667m^2 施肥量 12～15kg。其中 2/3 于春季在初生茎生长 10cm 左右施入，其余 1/3 在开花前 1 周施入。撒施后立即灌水。

3. 树莓幼树生长期施肥　从栽植当年到进入盛果期阶段，需要 1～3 年，为生长期。在栽植当年树莓缓苗成活后，平均每株施 20g 尿素，施肥沟距树干 10～15cm。开沟施肥时应避免伤害刚产生新根的树苗。第二年，在春季生长开始时施肥，每株 25～35g 尿素，施在根系生长范围内，同样要避免损伤根系。第三年，树莓进入结果期，可根据土壤肥力、生长和结果情况按照上述成年果树施肥标准确定施肥量。

应当注意的是，树莓对氮肥种类的利用是有区别的。与铵态氮相比，树莓更容易吸收硝态氮。硝态氮易溶于水，在土壤和植物体内移动迅速。但它也容易在土壤中淋失，价格又比其他氮肥高。试验表明，在 pH 6.0 的土壤中，尿素和硝酸铵的硝化作用基本相似，只有在 pH 5.5 的土壤中才有差异。但所有的氮肥在 pH 6.0 时硝化作用强于 pH 5.5 时的硝化作用。所以，在 pH 6.0 或略＞6.0 的土壤中使用尿素对树莓是有利的。

(二) 磷肥

在树莓引种试验中，我们还没有来得及完成树莓生长和产量对磷肥施用量反应的研究定论。对于不同的土壤怎样确定合适的磷肥施用量，只有参照原产地美国 BROY 制定的施肥指标（表 4－5）。

由于磷素在土壤中不易移动，施肥方法不当则达不到施肥效果。在根系集中分布区开施肥沟，深 18～20cm、宽 15～20cm，施肥沟距树莓两侧 15～20cm。使肥料均匀地分布在土层内，若能够做到一半肥料施在施肥沟底层，另一半施放在中层，使根系与肥料的接触面更大，其效果则更佳。

表 4-5　树莓磷肥施用量（P_2O_5）

土壤含磷量（mg/kg）	叶片含磷量（%）	$667m^2$ 施用 P_2O_5（kg）
0～20	<0.16	4.6～6.0
21～40	0.16～0.18	0～4.5
>40	>0.18	0

注：磷肥的施肥量按商品肥料 P_2O_5 的有效成分计算。

（三）钾肥

钾是树莓生长的必需元素，小浆果的坚实度得益于组织中有足够的钾元素。尽管如此，树莓的钾肥用量还没有理论性的依据。

通过土壤测试，可以帮助确定栽植前钾肥的用量。栽植后进行植物分析，是确定施用钾肥数量的最好指标（表 4-6）。

表 4-6　树莓的钾肥施用量（K_2O）

土壤中钾（mg/kg）	叶片中钾（%）	$667m^2$ 施用 K_2O（kg）
<150	<1.0	4.5
250～350	1.00～1.25	3.0～4.5
>350	>2.00	0

注：钾肥的施肥量按商品肥料 K_2O 的有效成分计算。

磷和钾肥的施肥时期是秋季 9 月下旬至 10 月上旬，或者在第二年春季撤除防寒土（北方）时立即施肥。

（四）有机肥

树莓种植园最好以施有机肥为主，补充施用化肥。有机肥料是一种优质肥源，也是土壤物理性状改良剂。有机肥对土壤肥力（水、肥、气、热）的综合作用优于化学肥料，不仅使树莓得到良好的生长发育条件，也能提高产量和果实的品质。但是，种植者必须了解有机肥料的性质和特点，才能充分发挥其肥效。

与化学肥料相比，有机肥的养分含量变化大且不稳定，增加了施肥难度。有机肥的养分释放特性也要求树莓种植者具有丰富的经验和更高的用肥技巧。常用的几种有机肥料养分和水分平均含量见表 4-7。

表 4-7　有机肥养分和水分平均含量（%）

有机肥种类	水	N*	P_2O_5	K_2O
牛粪	82	0.65	0.43	0.53
禽粪	73	1.30	1.02	0.50
猪圈肥	84	0.45	0.27	0.40
羊粪	73	1.00	0.36	1.00
马粪	60	0.70	0.25	0.60

* 大约 50%的 N 在第一年有效。

由表 4-7 可知，使用有机肥的施肥量大。如用尿素（46% N）每 $667m^2$ 施入 5kg N

素，施入同样N量的有机肥（假设有机肥含N 1%），就需要有机肥500kg。由于有机肥所有的N不能在第一年全部释放进入土壤，因此，还要另外增施500～600kg的有机肥，才能满足营养需要。

有机肥的另一个特点是无效N向有效形态N的转化是在植物生长季节中进行的，这时如果树莓对养分的需求超过养分的转化速度，将会出现营养缺乏。相反，到生长季节末期常常出现高的有效养分释放量，使末期生长过量而出现越冬抽条现象。所以，掌握好有机肥的养分转化过程是有效使用有机肥的主要技巧。用完全腐熟的优质肥，在植物休眠期结束前均匀地深施于土壤中，是提高有机肥效果的基本措施。

三、水分管理

水是生产优质树莓的关键因素。如要合理管理水分，需要了解种植地区的年降水量以及在季节内的分布模式和频率。水分过多的立地条件，树莓都不能忍耐，特别是红树莓相当敏感。积水或土壤通气不良会使植株衰弱，引起病害，还能产生有毒物质破坏根细胞。水分过量应及时采取人工排水措施。

（一）适时灌溉

在炎热、干旱气候条件下，灌溉可使树莓产量更高、果实更大，市场销售价格更好。树莓园土壤是否需要灌溉取决于以下几个因素：①树莓生长阶段的干旱期频率和持续时间。②栽培品种的抗旱性能。③园地土壤的持水能力。④可提供水源的供水能力。

树莓栽培后应及时灌水，特别是在西北、华北及春季干旱少雨的地区。此时由于土壤含水量很低，幼树的根系无法吸收土壤中的水分和养分。因此，栽植后必须灌水，这是提高成活率的主要措施之一。栽植后的灌水称为定根水，通过灌水使幼树的根系与土壤紧密结合，根系的萌动生长使幼树得以固定。树莓生长期对表层土壤水分的变化非常敏感，当土壤表层出现干燥时，苗木根系已受到伤害，因此经常保持土壤表层湿润是十分必要的。当树莓萌发并开始放叶时，应根据土壤水分状况合理确定灌水时期和灌水量，此时的灌水称为生长水。到树莓开花结果时，耗水量就更大，要及时灌水，保持土壤含水量达到田间持水量的60%～80%。

也可凭经验用手测法判断土壤水分含量，作为是否需要灌水的参考指标。如壤土和沙壤土，用手紧握形成土团，再挤压时土团不易破裂，这表明土壤湿度在田间持水量的50%以上。如果手指松开后不能成团，则表明土壤湿度太低，需要灌水。如果树莓园地为黏壤土，手握土时能结合，但轻轻挤压容易发生裂缝，这表明土壤湿度较低，说明需要灌水。灌水时，应在一次灌水中使水分到达主要根系分布层。尤其是在春季温度低而土壤又干旱时，更应注意一次灌透，以免因多次灌水引起土壤板结和降低土温。

根据树莓需水量的特点确定灌水时期，一般一年需灌4次水。灌水时期主要为：①返青水。在春季土壤解冻后树体开始萌动，此时灌水尤为重要。②开花水。可促进树莓开花和增加花量，为开花坐果创造良好的条件，为第二年有足够的枝芽量打下良好的基础。③丰收水。当6月份果实迅速膨大时灌溉。在以后的雨季，降水基本能满足树体对水分的需求。④封冻水。入冬落叶之后，在越冬埋土防寒之前灌封冻水可提高树体越冬能力。

(二)注意灌溉水的水质

灌溉水的物理成分、化学成分和生物成分决定着灌溉水的水质。水质污染会抑制树莓的生长或影响果品质量，有的还会影响灌溉设备的安全使用。

1. 物理成分 指沙质、淤泥、水中悬浮物，这些物质可引起灌溉系统磨损。

2. 化学成分 指pH、分解物含量、可溶性离子以及有机化合物，此类物质可影响树体生长发育进而影响果实品质，很多树莓品种对氯化物、钠和硼等化学成分很敏感。有机溶剂或滑润剂也能危害树莓生长发育。

3. 生物成分 细菌和藻类大多在地表水中生存，这些成分对果树本身不造成危害，但可影响灌溉操作。

(三)灌溉系统的选择

喷灌、滴灌、地表灌溉和地下灌溉是4种基本灌水方法。根据土地坡度、土壤水分吸入率和持水能力、植物的耐水性以及风的影响，选择适合立地条件的灌溉方法。树莓是一种对积水敏感的果树，采用地表灌溉时要严格控制灌水量。此外，树莓对真菌病害敏感，喷灌能使叶面湿透，可促使真菌滋生。

地形和土壤的物理特性，在选择灌溉方式上也起着重要作用。如坡度>10°，可妨碍一些喷灌的使用。吸收水分慢的土壤，可形成地表板结不透气或呈侵蚀状。

四、修剪与支架

栽培树莓除土、肥、水管理和病虫害防治外，还要对植株茎、枝（蔓或藤）生长势及株形进行管理。树莓属于弱势树种，干和枝（茎或藤）支持力差，但营养生长繁茂，植株自然生长状态下不能成形，并严重影响生长发育和开花结果。因此，需要修剪和采用支架（引蔓和绑缚）对植株生长进行有效控制，调整营养生长，促进整体生长发育，改善植株（群体或栽植行内）光照状况，提高叶片光合效率。

修剪和棚架可以改善树莓生长、果实质量和大小、可溶性固形物含量、病害感染性、收获的难易性以及灌溉的有效性等。因此，修剪和支架已成为现代树莓栽培管理的重要技术之一。

下面分别论述支架类型与功能，以及不同类型树莓的修剪。

(一)棚架类型及其功能

1. 支架类型 支架的形式多种多样，有T形、V形、圆柱形和篱壁形等。T形和V形棚架常用于商业化树莓生产园。而圆柱形和篱壁形用于家庭式园艺性栽培，具有果用和观赏的双重作用。以下主要介绍商业生产园常用的T形和V形支架。

(1) T形支架 用木柱或水泥钢筋柱架设。木柱径粗9～11cm、长2～3m，选用坚硬耐腐的树木作支柱，置于土中一端的约0.5m蘸沥青防腐。水泥柱可以自制，长同木柱，厚9.5cm，宽11cm，由水泥、石砾、粗沙和钢筋灌注而成。支柱的上端用宽5cm、厚3～3.5cm、长90cm的方木条作横杆。横杆在支柱上端用U形钉或铁丝固定，使横杆与支柱构成T形。横杆离地面高度根据不同品种的茎长度和修剪留枝长度而定。一般每年需调整高度一次，使之与整形修剪高度一致。在横杆两端用14号铁丝作架线，也可选用经济耐用的麻绳或选用强度如铁丝一样的单根塑料线作支架线。

（2）V形支架　用水泥柱、木柱或角钢架设。一列2根支柱，下端埋入地下45～50cm，两柱间距离下端45cm、上端110cm，两柱并立向外侧倾斜形成V形结构。两柱的外侧以等距离安装带环的螺钉，使架线穿过螺钉的环中予以固定。根据品种生长强弱和整形要求，可以在V形垂直斜面上布设多条架线，以便能最大限度地满足各品种类型和整形修剪方法的需要。

2. 支架的功能　支架功能与整形修剪方法相关，作用也相似。适宜的支架可以减少初生茎与结果茎相互干扰，改善光照，增加产量。某些栽培品种只要做到修剪适宜也可以不设支架，例如干性较强的直立型品种。但是，必须在休眠期对花茎进行适度剪短，以增强花茎（结果母枝）的支持力，以防止结果后头顶沉重弯曲着地或折断。短截的程度要根据芽的质量而定，因为花茎上芽的质量上下有差异，发育充实的饱满芽多在花茎的上半部，若短截过重则会降低产量。一般规律是短截的量不多于花茎长的25%～30%。

适于花茎结果型最好的支架是V形架。无论采用哪种整形修剪方法，这种支架均可将初生茎（当年生新梢）与花茎分开，避免了彼此之间的干扰，而且能使阳光照射到植株下部，减轻了病害发生，提高了冠内果实的产量和质量。使用这种支架可将花茎捆扎在V形架两侧壁上，或者捆扎在一侧壁面上，而将初生茎置于另一侧，使生长和结果互不干扰，并使栽培管理如喷洒、施肥和采收等操作更为方便。

树莓的修剪和支架十分重要。但是，这些措施通常成本高且耗费时间多，当选择修剪和支架方式方法时，一定要多方面综合考虑。支架支柱可就地取材，其寿命应与树莓的寿命一致，一般应达15年以上。

（二）不同类型树莓的修剪和支架

1. 夏果型红莓的修剪和支架　夏果型红莓的初生茎在当年只能营养生长发育，不能结果。完整地保留茎枝越冬，完成花芽分化形成花茎（其他果树称结果母枝）。第二年抽生花茎，开花结果。但是，在初生茎的旺盛生长期又与同根生的花茎开花结果同季，争夺养分和水分，影响结果枝开花结果。修剪的目的是将这种相互干扰减少到最低程度，以保持每年高产稳产。

栽植当年，二年生茎下部通常可以抽生1～2个结果枝，但花序少，坐果率低，结果少。此时，沿结果枝旁立一根竹竿把结果枝绑缚扶直即可。另外，在根颈上的主芽（侧芽）还可萌发形成1～2株初生茎，让初生茎自然生长不加干预。品种不同，初生茎长势强弱有差异，托拉蜜品种的初生茎较强壮，直立，分枝少；米克品种的初生茎较软，有分枝，易弯曲。不管是直立性强或弱的品种，都不要在生长期短截（或摘心）初生茎。虽然短截初生茎可控制高生长和增加分枝量，但是夏果型红莓的花芽主要形成于初生茎上，而不是在分枝上，分枝越多，花芽就越少。另外，夏季湿度大、气温高，病菌易从伤口侵入，特别是茎腐病感染率很高，因此，摘心会带来一定程度的病害发生。

果实采收后，立即将结果后的衰老枝连同老花茎紧贴地面剪除，促进初生茎生长。从栽培的角度考虑，栽植第一年不应当留结果枝，使初生茎得到充分的生长。到秋季气温凉爽，初生茎生长缓慢，为了提高花芽的质量，对初生茎轻短截，剪留长度约为初生茎总长的5/6。如初生茎总长约200cm，短截后保留的长度为160cm左右。

第二年生长特点是花茎结果量增加，同时初生茎数量也增加。但到盛果期前植株的生长空间大，花茎与初生茎生长之间的矛盾不很突出。修剪方法与第一年相同。

在盛果期（第三年）以后，一年内需要数次修剪。在春季生长开始后进行首次修剪，即对经过越冬休眠的花茎（二年茎）进行回缩。花茎剪留长度根据不同品种的生长势或同一品种的花茎长短强弱而定。因为处在花茎中上部的芽一般比较饱满，花芽分化率高，抽生结果枝强壮，是结果的主要部位，如果识别有误而剪截过重，就会降低产量。一般的规律是花茎长而粗壮者长留，弱者短留，剪截的量为花茎长的25%～30%。

第二次修剪是在萌芽后，结果枝和花序生长发育期。当幼嫩的结果枝新梢生长3～4cm时进行疏剪，定留结果枝。原则上是留结果枝部位高的，剪去部位低的，留强去弱，留稀去密。另外，花茎粗壮的多留结果枝，细而弱的少留，或贴地面剪去使其重发新枝。将花茎下部离地面50～60cm高的萌芽或分枝全部清除。处在花茎下部的萌生枝，因为光照和通风不良，营养消耗大，果实个小质量低，且容易感病霉烂。修剪后使花茎上的结果枝数量适当、分布均匀，然后再把花茎和结果枝均匀地绑缚在支架线上。

第三次修剪是在结果枝生长期。此时期是初生茎和结果枝萌发和生长最快的时期，也是开花和坐果需要养分、水分供给充足的时期。修剪的重点是选定初生茎，通过对初生茎疏剪，减少初生茎对花茎结果枝的干扰，改善栽植行内通风透光条件，减少病害感染，对提高果实的产量和质量有益（图4-20）。

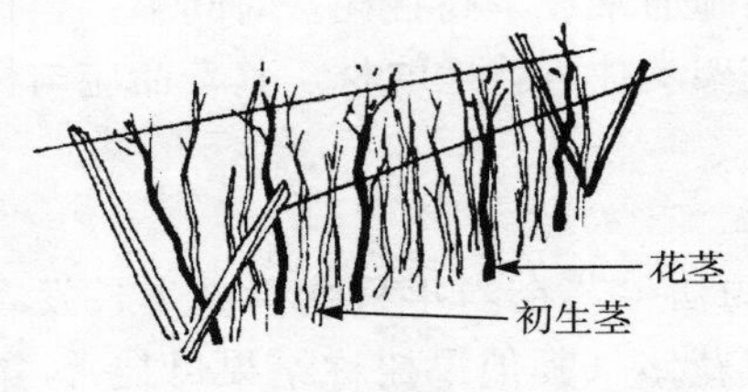

初生茎疏剪前

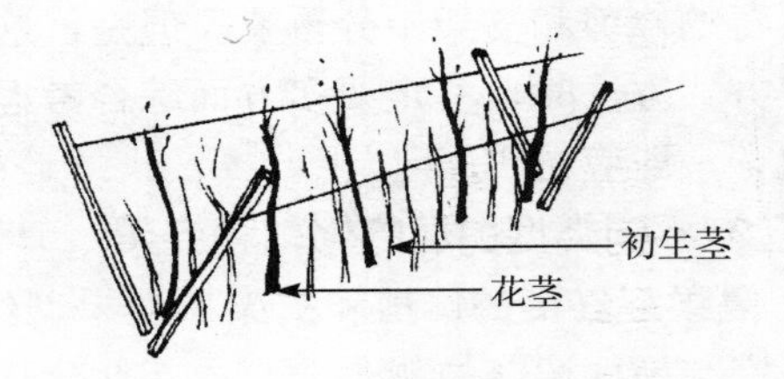

初生茎疏剪后

图4-20 夏果型红莓开花坐果期修剪

第四次修剪，是清除结果后的花茎，培育初生茎生长。花茎结果后自然衰老枯萎，留在园里会影响初生茎生长，而初生茎将发育成下一年的花茎（果茎），其生长强弱将直接影响来年的产量和果实质量。因此，果实采收后应立即将结果后的花茎紧贴地面剪去，增加初生茎的生长空间，充分利用夏末和秋季有利的自然条件促进初生茎生长发育。同时，也要适当地疏剪去一部分初生茎，留强去弱，一般应在每1m^{2}的栽植行选留初生茎9～12枝（图4-21）。

2. 秋果型红莓的修剪和支架

（1）修剪　秋果型树莓的修剪是依据其结果习性和产量而定。秋果型红莓每年春季生长开始时，由地下主芽和根芽萌发生长发育成初生茎。初生茎生长到夏末期间，单株具有35片叶（或茎节）以上，从茎的中上部到顶端形成花芽，当年秋季结果，因此又称初生茎结果型红莓（primocane bruiting raspberry）。如果这种已结过果的茎保留下来越冬，到第二年夏初，在二年生茎的中下部的芽将抽生结果枝结果。故将秋果型红莓又称为“连续结果型树莓”，国内报道的“双季莓”即此种类型。但是，这种“二次果”的质量和产量

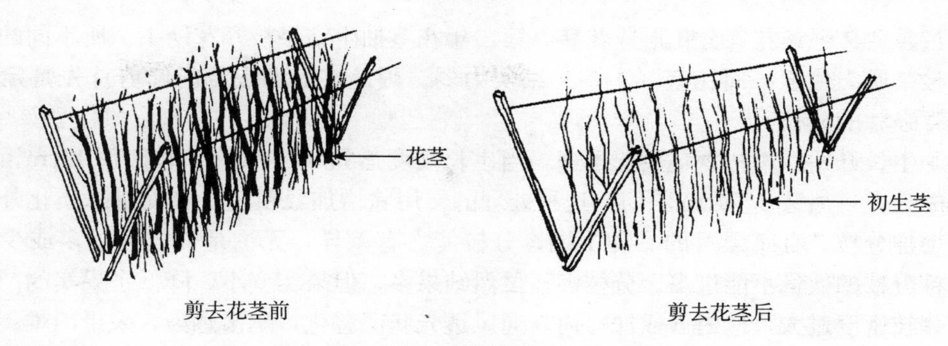

图 4-21　夏果型红莓结果后的修剪

不如头年秋果好，这是因为受当年初生茎生长的干扰，果实发育时养分不足。另外，采收二次果也极为困难。同样，当二年生茎的结果枝生长结果时也影响初生茎生长和结果。所以，在美国、加拿大多数树莓种植者都不要夏季果，而只单收 1 次秋果。而将这种具有连续结果习性的红莓改为每年只结 1 次果的措施，就是通过修剪来实现的。

秋果型树莓的修剪操作基本方法是每年在休眠期进行一次性的平茬。果实采收后，果茎并不很快衰老死亡，在 9～10 月份还有一段缓慢的生长恢复期，待休眠到来之前，植株的养分已由叶片和茎转移到基部根颈和根系中贮存。因此，修剪的适宜时期应在养分全部回流之后的休眠期至翌年 2 月份开始生长前进行。剪刀紧贴地面不留残桩，全部剪除结果老茎，促使主芽和根系抽生强壮的初生茎，并在夏末结果。

另外，影响初生茎生长和产量的主要因素是单位面积内初生茎株数和花序坐果数，而单位面积内株数和花序坐果数又与栽植行的宽度和密度有关。植株密度过大，栽植行过宽，则影响光照和通风，易遭病害侵染，并降低产量。在生长期通过疏剪维持合理的密度和宽度是保证丰产稳产的主要措施。通常栽植行宽和株数保持在 40～50cm 和 20～25 株/m^2。田间试验表明，初生茎结果型红莓栽植模式以窄行（35～40cm 宽）、小行距（180～200cm）的产量最高。

（2）支架　初生茎结果时顶端过重易倒伏，影响产量。因为所有的果都着生在初生茎的上部，果实重超过了茎的承受力就出现倾斜或倒伏，在高温阴湿条件下果实很快霉烂。为此，在结果期搭架扶干是必不可少的栽培措施。T 形架较适合于秋果型树莓使用。按照植株高度，固定 T 形架横杆的相应高度，横杆两端装上 14 号或 16 号铁丝，拉紧架线，将植株围在架线中，可有效地防止倒伏（图 4-22）。

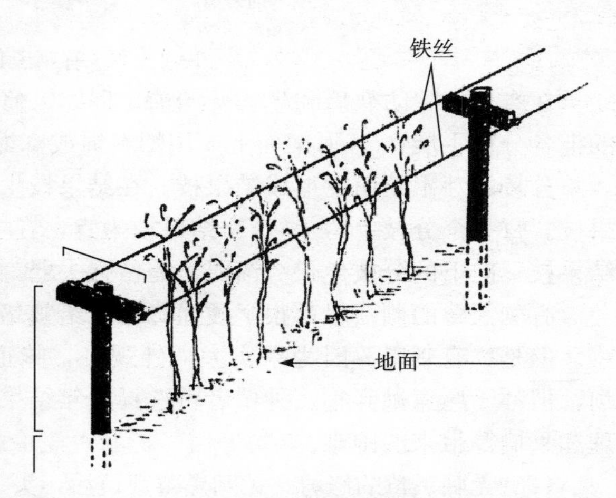

图 4-22　适用于秋果型红莓的 T 形棚架

3. 黑莓的修剪

（1）有刺黑莓的修剪　有刺黑莓的结果习性与夏果型红莓相似，初生茎在当年营养生长，经过越冬休眠，花芽分化形成花茎，第二年花茎抽生结果枝开花结果。所不同的是黑莓以分枝结实力最强，而花茎（主茎）结实力弱。因此，有刺黑莓的修剪首先是定干修剪，培育强壮的分枝。

春季生长开始后，初生茎生长迅速，当生长高度达到 90～120cm 时截顶 10cm，剪口留在芽的上方，离芽 3～4cm 斜切。这种处理的作用除增加径粗生长和促进木质化外，可使主茎增加分枝。有刺黑莓的品种不同，分枝能力有差异，无论是分枝数量多或少的品种，单株分枝的数量不能过多。分枝多，虽然结果多，但果实变小，降低了果实的产量和品质。分枝密度过大，株内（或株冠内）通风透光状况恶化，病菌感染，采果困难。一般每株选留 2～4 个分枝较好，每米栽植行留初生茎 7～9 株。进行修剪时将多余的初生茎和分枝一并剪去。芽萌发和初生茎的生长速率不一致，应注意多次修剪，使株间、分枝间以及分枝与株间不重叠挤压，保持整个生长群体或绿叶层的通风好、光照充足。修剪只有达到一定的标准，才能起到作用。

越冬防寒前短截分枝，同时将生长弱的初生茎、病枝、过密株清除。分枝剪去其长度的 30%～40%（图 4-23），病株、过密株等从基部切除。

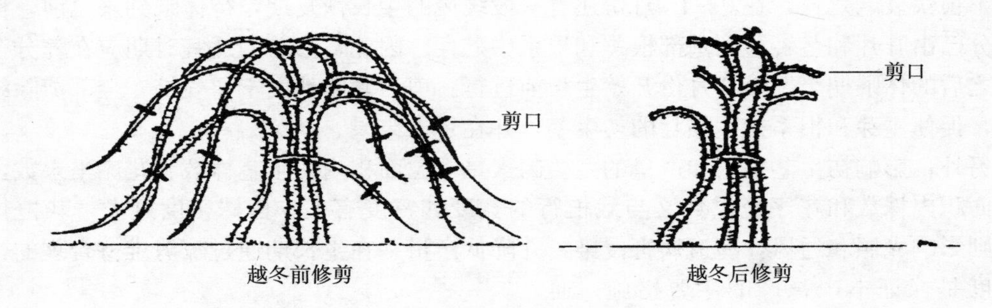

图 4-23　有刺黑莓定形修剪

在春季解除防寒后和生长开始前，回缩、修剪分枝，留长 35～40cm。采用 V 形支架的把各分枝平展在 V 形架面上，用塑料绳或麻绳等捆扎固定。

分枝的芽不断萌发形成结果枝。在结果枝生长期花序出现前，通过抹芽或疏枝选留结果枝。每一个分枝上留 1～3 个结果枝为宜，在主茎上部靠近剪口的分枝生长势强，多留结果枝；向下的分枝生长势渐弱，需留强去弱，少留结果枝。

有刺黑莓的刺一般都很坚硬而锋利，给栽培管理特别是修剪、上架和采收带来极大困难。但是，有刺黑莓因为果实大，外观美，味道香，颇受消费者欢迎。虽然栽培上很麻烦，但都不愿意抛弃它。种植者可选择隔年结果整形修剪方法，以减少有刺树体给栽培管理和采摘等带来的困难。

（2）无刺黑莓的修剪　无刺黑莓栽植后，头 1～2 年初生茎像藤本植物一样匍匐生长。3 年以后，初生茎半直立或直立生长，分枝数量增加，分枝弯曲成拱形向下水平延长生长。

无刺黑莓的初生茎及其分枝都能形成花茎，在第二年生长开始后抽生结果枝开花结果，一般是单株的分枝产量最高。因此，无刺黑莓的整形修剪仍然是以培养粗壮的分枝为主，以提高果实的产量和质量。

无刺黑莓修剪定干高度与有刺黑莓一样，当初生茎高达 90～120cm 时，短截顶梢

10cm，剪口在茎节的中间，剪口斜切，以利伤口排水和愈合。修剪后可以促进剪口下的分枝生长，提高分枝的质量，为下一年结果打好基础。同时，对过密、生长弱和偏斜生长的初生茎从基部疏除。每一种植穴留初生茎 3～5 株，株与株之间都要有宽松的生长空间。春季生长开始前回缩分枝，分枝剪留长 45～60cm，同时将主茎上多余的分枝全部疏除，随即将保留的分枝绑缚于 V 形棚架上（图 4－24）。

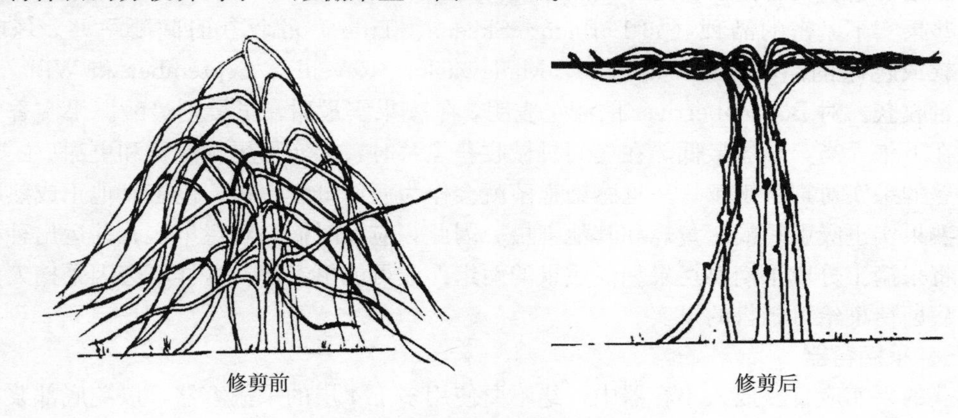

图 4－24　无刺黑莓定形修剪

第六节　果实采收与采后处理

一、采　收

树莓和黑莓的果实都容易腐烂，但采取一些措施后，仍可延长其货架期，满足市场消费。

（一）采前措施

环境不良可造成果实的腐烂和病害。如果选择空气流通的地点栽植，并让栽植行方向与夏季盛行风平行，益于改善果实质量。适宜的修剪和搭架，也可改进空气流通和冠部光照条件，使雨水和露水较快蒸发，减轻湿度过大的侵害。滴灌不会弄湿果实，因而果实质量比喷灌时的要好。

适当施肥也可延长果实的货架期，因为健康植株的果实保鲜期比营养不足植株的果实的要长。因此，必须施足钾肥和钙，而且氮肥不能太多。

当花瓣脱落时施用杀虫剂会大大减少果实霉烂数量。灰霉病菌（*Botrytis cinerea*）很容易侵入枯萎花朵并在其中生长，在果实成熟前进入发育中的果实，但侵染病症直到收获时才表现。因此，及时在落花期喷药是必要的，特别是在低温高湿时。

某些害虫取食果实时会造成不太严重的物理性伤害，但是，伤口为真菌入侵创造了条件。有些害虫可以在果实间传播真菌和细菌病害。如果使用杀虫剂防治害虫，必须限制收获日期以保证食用安全。

（二）采收

供应鲜食市场的树莓大多手工采摘，用于加工的果实则可机械采收。树莓的成熟时间不一致，所以同一栽植区必须多次采收，一般要每2～3d采收1次。采收之前不要触摸果实，只采收未受伤害、外观完好的果实，采后放入包装袋或容器中，不要直接暴露在阳光下。

掌握合理采摘时间很重要。对于批发的鲜食树莓，最佳采收时期应在果实第一次完全变红并向暗红色转变之前。在充分成熟之前比充分成熟或过熟后采摘的果实货架期要长得多。某些果实不紧密的品种（如Latham、Skeena、Titan）的收获时间要早些。风味不佳、果软或色暗的品种，如Gatineau、Madawaska、Reveille、September和Willamette不宜大量收获。对Boysenberriesr的测定表明，午夜果实最甜，早晨则最酸。果实香气挥发速度在下午最高，早晨最低。在夜间机械收获黑莓时，果实可更耐贮藏和更甜。

过熟的果实对霉病敏感，一旦感染霉菌就会作为病源继续传播，侵害其他正成熟的果实。过熟果实也吸引蚂蚁、黄蜂和其他害虫。因此，应及时摘除腐烂果实，并运出种植区销毁。将采摘工分成采摘腐烂果和优质果的两组作业可能更经济，这样不会因采摘人员的操作将病菌传染给可销售的果实。

（三）采摘容器

收获的果实应直接放入小容器中，绝不要使用多于4层的采摘容器，以免底部浆果被压伤。种植者应与零售商协商确定，使用更受欢迎的采摘容器。

不同类型的容器各有优缺点，木质容器易脏且价高；坚固透明的塑料容器干净、价廉，消费者可从外边看到内装浆果。容器有盖可保持湿度，应避免容器底部积存破碎果实的汁液。有通气口的塑料容器可很快冷却而不积存汁液，但通气口太宽时浆果可能受损。在进行果实冷藏时，还要考虑冷藏的要求。

二、保　鲜

呼吸作用会导致采摘后的果实收缩和可溶性固形物降低。树莓和黑莓的呼吸比率较其他果类要高，收获后必须小心处理，以维持令人喜爱的果实外观、贮藏期和耐运输能力。采用严格的采收、冷藏、运输等操作程序，可成功地将鲜果送到鲜食市场。

低温、高CO_2和低O_2的贮存条件可以降低树莓果实的呼吸作用。然而，如果氧气太少，将在果实中形成乙醛和酒精，造成组织死亡。果实在无氧呼吸的状态下会发出明显异味。将温度控制在最佳状态是延长果实品质的重要方法，速冻和保持适当温度都是基本的果实保鲜措施。

（一）采摘果实的预冷处理

预冷是在果实收获后和贮存前的直接冷却措施。预冷可将果实的水分散失、真菌生长和果实破裂降到最小程度。及时预冷对树莓果实很关键，最好是采摘后1h内完成。批发商认为，预冷每延迟1h，货价期就减少1d。而且果实采收最好在清晨进行。

建议使用专用预冷器，通过冷空气（1.7℃）的对流形式快速降低果实温度。要避免果实预冷后继续暴露在快速移动的空气中造成果实失水。大规模种植者可安装一个专门预冷设备，例如，在可进人的小冷库里安装一个两侧开口的纸板盒冷却通道，内放装有新采果实的专用批发盒，将普通风扇放在一端开口用于吸取冷空气。待果实冷却后，取下批发专用果盒并包装在塑料盒中。用塑料盒可减少贮藏期间的水分丢失，并防止专用果盒从冷库中取出后的冷凝水形成。

（二）果实的贮存

温度、湿度、CO_2 和 O_2 含量是影响果实贮存期和质量的四大要素，其中温度或湿度的作用比大气组成更重要。树莓果实的腐败病在4.4℃时停止活动，灰霉菌在0℃时停止生长。贮存室本身温度应保持在－1.1℃，此时果实不会结冰。也可将贮存温度稍微提高到0℃，以留有温度波动余地。据观察，在4.4℃条件下贮存比在－1.1℃下降低货架期50%。

某些为贮存干商品而设计的可抽走湿气以维持低温干燥环境的冷冻设施，不适于冷冻或保存鲜食果品。空气应湿润以防果实缩水，应选择能在0℃时维持相对湿度在90%～95%的冷贮设备。

研究表明，树莓特别适于气调贮藏，较高的 CO_2 含量（14%～20%）可降低真菌生长和软果的呼吸比率。但高 CO_2 含量可造成树莓异味，异味通常在货架上几小时以后消失。黑莓可忍耐较高的 CO_2 浓度。低的 O_2 含量（2%～3%）也可造成果实异味。王贵禧的树莓气调贮藏研究结果（未发表）表明，适宜的气体成分为 O_2 1%～3%，CO_2 10%～15%，经3周贮藏后的好果率达75%～85%，可食率达90%～100%，而对照分别为28.3%和31.7%。张晓宇等人（2009）研究表明，树莓果实的最佳气调贮藏条件为 $CO_2 \leqslant 10\%$、$O_2 \geqslant 5\%$，这种气调环境下树莓果实贮藏20d后仍可保持较好的品质。

采用新型透明外包装材料，可保存果盒内部的 CO_2 和盒外侧的 O_2，对在短期内减少果实霉菌生长能起到很好的作用。王贵禧在0℃条件下对Ruby树莓进行了多种薄膜厚度的保藏效果试验（未发表），结果表明2周后好果率都在90%以上，其中以0.055mm厚度薄膜的贮藏效果最好，好果率达到97%。

（三）果实的速冻

鲜果可以速冻起来，用于以后出售。采摘后立即速冻其效果最佳，推迟仅几个小时就会导致香味明显挥发。大多数速冻果的一包装袋含有55～85g糖浆，加糖可减少冰晶量形成和微生物生长。烘烤食品用果最好用14kg的罐头，有糖或无糖均可。这种罐头果的贮存，要尽快在－18℃冷冻，以减少包装内的冰晶量、保持果实的完整和色泽、降低维生素C的丢失、维持果实的完美风味。速冻果的贮期为14个月。

三、运　输

从收获到餐桌的过程中，树莓果实损失率可高达40%左右，其中从种植者到批发商损耗14%，从批发商到零售商损耗6%，从零售商到消费者又损耗22%。这么高的损失率，几乎都是由于操作粗放和收获后果实冷藏不当造成的。如果能注意做好每个操作环节，则会大大减小损耗率，操作步骤包括：从田间运输到预冷地点、预冷后用薄膜覆盖放入专用果箱、将专用果箱装到冷藏车、将专用箱运到分类中心、卸下专用箱放入库中、再次将专用箱装入冷藏车、将专用果箱运到零售贮藏处、卸下专用果箱贮藏好、再将小包装果盒放入仓库、放入低温展示出售台。在这一系列的操作环节中，任何一点操作错误都会造成果实受害和不能出售。但如果收获和贮存技术适当，将高质量的鲜食果实保存10d是可能的。

应尽量减少从田间到柜台间的操作步骤，注意在运输中保持冷却和覆盖，4.4℃为装卸临界温度值。绝不能将果实放在没有冷藏设备的卸装码头。为了使果实专用箱周边的空气在各个方向能自由流通，运输车上的果实专用箱要相互隔开一点距离。如果专用箱接触地板或边壁，箱内温度可上升多达11℃，因此，一定不要直接把果箱放在车轮背面上方。应该选择震动影响小的冷藏车和装载方式。

大多数冷藏运输设备可保持温度，但缺乏空气流通和快速冷却能力，不能精确降低温度。若一次装载很多果箱，虽可节省运费，但运输中的果实冷却易受影响。

空运也是适宜的方法，但只有能及时处理转运的情况下才可空运。像树莓这样易于破碎的货物用货运方式效率太低，采用客机运载少量货物还是合算的。大多数波音747飞机可装运多达750个树莓专用箱，少数种植者还有自己的空运货物仓。空运的缺点是花费大，但对长距离运输这种易腐烂商品来说是必要的。使用专用的绝热容器保存树莓果实，可以保证果实的空运安全。铝制容器对预冷过的果实没有显著的绝热效果。保存在充满聚氨酯铝制容器的盒中或在用干冰包装的绝缘容器中，温度更适宜。专用空运隔热容器是最好的选择，而且容易操作、价格合理。

第七节　病虫害防治

随着树莓种植面积的扩大和种植年限的增加，病虫为害日趋严重。应按照“预防为主，综合防治”的植物保护工作方针，加强病虫害的预测预警和综合防治工作，强化绿色植保理念，严禁果实采收期用药，确保树莓产品安全。

一、病害及其防治

（一）树莓灰霉病

1. 病害症状　花和果实发育期最容易感染此病。由先开放的单花受害很快传播到所有的花蕾和花序上，花蕾和花序被一层灰色的细粉尘状物所覆盖，随后花、花托、花柄和整个花序变成黑色并枯萎，形态近似火疫病。果实感病后小浆果破裂流水，变成果浆状腐烂。湿度较小时，病果干缩呈灰褐色僵果，经久不落。

2. 病原种类　树莓灰霉病原菌为灰葡萄孢（*Botrytis cinerea* Pers.），属半知菌亚门、丝孢纲、丝孢目、淡色孢科、葡萄孢属真菌。分生孢子梗数根丛生，直立或稍弯，110～294μm×11～14μm，淡褐色，具隔膜，顶端呈1～2分枝，分枝末端膨大，呈棒头状，上密生小梗，聚生大量分生孢子。分生孢子卵圆形、椭圆形，无色至淡灰褐色，单胞，9～13μm×6～9μm。在PDA上培养后长出白色稀疏放射状菌丝体，菌丝体颜色逐渐加深，后期相互纠集形成球形或不规则形黑色菌核，大小为1.8～5.3mm×1.3～4.1mm。

3. 发病规律　病菌以菌核、分生孢子及菌丝体随病残组织在土壤中越冬。菌核和分生孢子抗逆性很强，越冬以后，翌年春天条件适宜时菌核即可萌发产生新的分生孢子。新老分生孢子通过气流传播到花序上，在有外渗物作营养的条件下，分生孢子很易萌发，通过伤口、自然孔口及幼嫩组织侵入寄主，实现初次侵染。侵染发病后又能产生大量的分生孢子进行再次和多次侵染。

4. 防治技术　选用抗病品种。秋冬落叶后彻底清除枯枝、落叶、病果等病残体，集中烧毁处理。发现菌核后应深埋或烧毁，在生长季节摘除病果、病蔓、病叶销毁，及时喷药保护，减少再侵染的机会。严格控制浇水，尤其在花期和果期应控制用水量和次数，避免阴雨天浇水。不偏施氮肥，增施磷、钾肥，培育壮苗，以提高植株自身的抗病力。注意农事操作卫生，预防冻害。加强通风排湿工作，使空气的相对湿度不超过65%，可有效防止和减轻灰霉病。可于开花前至见花期和谢花后喷50%速克灵1 500倍液或40%施佳乐800倍液，或用其他防灰霉病药剂。但果期禁止喷药，以免污染果实造成农药残留。

（二）树莓灰斑病

1. 病害症状　叶片均可被侵染，新叶发病较重，老叶抗病力较强。发病初期叶片产生淡褐色小斑，直径为2～3mm，后逐渐扩大成圆斑或不规则形病斑。病斑中央呈浅褐色、边缘颜色较深，有黄色晕圈，最终发展成为白心褐边的斑点，气候条件干燥时中央组织崩溃部易破碎形成穿孔。发病叶片后期病斑较多，2个或多个小病斑汇合成大型病斑，严重影响叶片的光合作用。由于6～8月为树莓的生长期，此时大量病叶的出现对植株的长势有一定的影响。

2. 病原种类　病菌为蔷薇色尾孢霉（*Cercospora rosicola* Pass.），属半知菌亚门、丛梗孢目、暗梗孢科、尾孢霉属真菌。分生孢子梗呈屈膝状，淡蓝色。分生孢子单生，淡蓝色，长条形，分隔，最多分4～5隔，孢身49.625μm×2.565μm，顶端稍膨大，尾部细长。

3. 发生规律　病菌以菌丝体和分生孢子在病残体上越冬，成为第二年的初侵染源，该病较适宜在温暖湿润和雾日较多的地区发生。而连年大面积种植感病品种，是该病大发生的重要条件之一。在辽宁省该病于6月中下旬开始发病，8月中旬到9月上旬为发病高峰期。

4. 防治技术　选择偏酸性肥力较高的土壤种植树莓；彻底清除病残体，减少田间初侵染源，是防治树莓灰斑病的关键。8月及时去除结果枝和进行一年生枝条的整形修剪，同时注意及时除草、排水、合理密植，降低田间湿度，降低病原菌侵染的可能性。发现病株后可用70%的甲基托布津或50%多菌灵可湿性粉剂500～800倍液隔7d喷1次，喷施2～3次，也可用20%三苯基醋酸锡可湿性粉剂400～500倍液隔10d喷1次，喷1～2次。

（三）树莓炭疽病

1. 病害症状　树莓炭疽病主要为害树莓枝干，发病初期在枝干上形成略带紫色褶皱或者稍微隆起的小病斑，之后病斑扩展，形成中心灰白色、边缘紫色的溃疡斑。病斑大小为2～3cm×8～10cm。后期病斑可连成片，严重时引起树皮开裂。此病影响枝条木质化，发病枝条在第一年受影响不大，但病枝越冬后枝条变细，抗性降低，抗风、抗倒伏能力下降。病原也可侵染叶片，形成白色略微突起的小病斑，病斑可导致穿孔。该病引起早期落叶。

2. 病原种类 病原系炭疽菌属真菌（*Colletotrichum* spp.），属于半知菌亚门、腔孢纲、黑盘孢目、黑盘孢科、炭疽菌属真菌。存在多种炭疽菌混合侵染的现象。

3. 发生规律 以菌丝和分生孢子盘在病残体上越冬。春季产生分生孢子，借风雨传播。在树莓上较其他叶斑类病害发生晚，辽宁地区始发于7月中下旬，8月下旬至9月为发病高峰。该病引起早期落叶，在10月中旬感病叶片脱落，成为翌年初侵染源。一般密植园、低洼黏土地、排水不良生长郁闭的树莓园发病较重。

4. 防治技术 加强田间通风透湿，降低冠层内湿度，可以降低病害的发生。合理使用肥料，避免植株徒长。避免种植过密，影响植株光合作用和冠层内空气流通。及时除草，加强空气流通。在收获后及时清除病残体。萌芽前喷3波美度石硫合剂。从果实始熟期，每隔10～15d喷1次0.1%代森锌或等量式200倍波尔多液，或75%百菌清液500～800倍，连喷3～5次。

（四）树莓斑枯病

1. 病害症状 主要为害叶片，6月下旬见叶部产生零星病斑，并逐渐扩大，病斑褐色，后期在病斑上可见小黑点，为该病原的分生孢子器，内有大量分生孢子随风雨传播，侵染其他叶片。发病严重时整个叶片上密布病斑，并且叶片褪绿、枯死。

2. 病原种类 属半知菌亚门、腔孢纲、球壳孢目、球壳孢科、壳针孢属真菌（*Septoria* sp.）。病原分生孢子针形，无色透明，微弯，基部圆形，顶端略尖。

3. 发生规律 病菌以分生孢子器在病叶上越冬，成为翌年发病的初侵染源。分生孢子借风雨传播。于6月中旬开始发病，6～8月较重，一直延至9～10月。高温多湿有利于发病。发病轻重还与土质、施肥情况、管理条件等因素有关。管理及时、肥力足、植株生长健壮，发病轻，反之则重。

4. 防治技术 认真清园，减少越冬菌源。发病初期喷洒75%百菌清可湿性粉剂600倍液，防治2～3次。

（五）树莓锈病

1. 病害症状 主要为害叶片，初期在叶背或叶面产生黄褐色或淡黄色小点，后期病斑中央突起呈暗褐色，即夏孢子堆，周围有黄色晕圈，表皮破裂后散发出红褐色粉末状夏孢子，严重时整个叶片布满锈褐色病斑。

2. 病原种类 *Phragmidium* sp.，属担子菌亚门、锈菌目、多胞锈菌属真菌。

3. 发生规律 6月下旬始见发病，仅见于野生树莓上。

4. 防治技术 发病初期用25%粉锈宁可湿性粉剂1 000～1 500倍液连喷2次，每次间隔5～7d。

（六）树莓根癌病

1. 病害症状 主要为害根部，主根、侧根染病部位产生小的突起，逐渐扩展为瘤状物。受害植株地上部分生长势弱。

2. 病原种类 *Agrobacterium tumefaciens*，根癌土壤杆菌。杆状，革兰氏染色阴性，不产生芽孢，依靠1～6个鞭毛运动，菌落一般为白色至奶油色，凸起，有光泽，全缘。

3. 发病规律 5月下旬发生较为严重，进入生长旺季之后随着植株的根系发育，根系抗性增加，根癌病发展减缓。但是该病病原在土壤中逐年累加，发生会呈逐年加重趋势。

4. 防治技术　实行轮作制，去除严重感染株，消灭杂草，防治咀嚼式口器昆虫及线虫，铲除树上大瘿、伤口进行消毒处理。

（七）树莓茎腐病

1. 病害症状　可以侵染茎干、叶片和果实。主要侵染树莓茎干，开始出现紫色斑点，继而扩大并转灰，并有一层红色晕圈，病部凹陷，病斑汇合，在茎上形成一个环状病斑；感染从上部叶片开始时，先出现黄白小斑点，病斑逐渐扩大后病部中央呈灰白色，并有紫红色晕圈，有时会形成穿孔。

2. 病原种类　病原菌为 *Diplodina parasitica*，属半知菌亚门、腔孢纲、球壳孢目、明二孢属。分生孢子器生于茎的病斑上，黑色，呈球形或者扁球形，有孔口。分生孢子长椭圆形，中部有横隔，无色透明。

3. 发病规律　在 6～8 月的多雨季节发生最重，病株率可达 80%～90%。感染从初生茎尚未愈合的剪口、茎之间的擦伤、茎的表皮受棚架铁丝磨伤和虫伤口等处发生。病原菌在被感染的枯死枝或者残桩、地面残落物上越冬，第二年雨季在高温高湿条件下病菌大量发生，随风、雨水传播到初生茎上。带伤口的初生茎在任何时期都能遭受茎腐病的侵染，被感染的病区和范围逐渐扩大，循环感染。

4. 防治技术　选用抗病品种。加强田间管理，及时清理田间病株落叶和杂草。防止初生茎受伤，避免在雨水季节修剪树莓。药剂防治：花初期喷 60%乙霉威超微可湿性粉剂 1 000～1 500 倍液，越冬前喷石硫合剂 1 次，春季发芽前再喷 3 次石硫合剂。

（八）树莓叶斑病

1. 病害症状　主要为害叶片，导致提前落叶。从植株下部叶片开始发病，叶片产生环状斑点，斑点内部组织坏死但不脱落，有红色、棕褐色晕圈或者无晕圈，最后整个叶片干枯脱落，严重者整株枯死。

2. 病原种类　病原为 *Sphaerulina rubi*，属子囊菌亚门、座囊菌目、亚球壳科、亚球壳属真菌。具有单个子囊腔的子囊座埋于寄主组织内。子囊束生，宽棍棒形或者圆筒形。子囊孢子长椭圆形，有 3 个横隔，淡黄色。

3. 发病规律　该病在 5 月份开始感染，在高温高湿条件下发病更为严重。只能感染红树莓，与黑莓叶斑病（*Septoria rubi*）不同。病菌在被感染的枯死枝和残片上越冬。随风、雨水传播到叶片下部。

4. 防治技术　选用抗病品种。合理密植，田间通风透光。加强管理，及时清理田间病株，降低田间湿度。化学药剂以 50%多菌灵可湿性粉剂或 65%代森锌可湿性粉剂 2 000 倍液，每隔 7～10d 喷 1 次药，连喷 2～3 次，效果较好。

（九）树莓日灼病

树莓多在我国北方栽培，其耐寒性较强，不易遭受晚霜及早霜的伤害，但在果实成熟的 7～8 月正是我国北方高温多雨季节，果实可遭受日灼变硬，一般顶花序的先端 1～2 个果易于受害。防治方法为基生枝剪留不要过长，调整好结果母枝密度，使果实不要直接暴露在阳光之下。

二、虫害及其防治

树莓上常见的虫害有金龟子类、叶甲类，鳞翅目夜蛾类、灯蛾类、螟蛾类，半翅目蝽类，双翅目蝇类，蜱螨目叶螨类等。

(一) 金龟子

金龟子害虫在树莓上为害严重，其幼虫在春季为害根部，造成根系损伤，受害后整个植株容易失水萎蔫。其成虫喜取食树莓嫩叶、花蕊和果实，树莓果实成熟的季节可见多头金龟子在一个植株上为害，吸取果实汁液，直接影响果实品质。

1. 常见种类 中华弧丽金龟（*Popillia quadriguttata*）、铜绿丽金龟（*Anomala corpulenta*）、白星花金龟（*Potosia brevitarsis*）。

2. 防治技术

(1) 药剂处理树盘 4月中旬于金龟子成虫出土高峰期用50%辛硫磷乳油或40%乐斯本乳油等有机磷农药200倍液喷洒树盘土壤，能杀死大量出土成虫，这是一项关键的防治措施。

(2) 撒毒饵杀成虫 于4月份成虫出土为害期，用4.5%高效氯氰菊酯乳油100倍液拌菠菜叶，撒于果树树冠下，每平方米3～4片，作为毒饵毒杀成虫，连续撒5～7d。

(3) 树上喷药防治 在金龟子为害盛期，用10%吡虫啉可湿性粉剂1 500倍液、40%乐斯本乳油1 000倍液于花前、花后树上喷药防治，喷药时间为16：00以后金龟子活动为害时。

(4) 人工捕杀成虫 利用金龟子有假死的习性，傍晚在树盘下铺一块塑料布，再摇动树枝，然后迅速将震落在塑料布上的金龟子收集起来，进行人工捕杀。

(5) 杨树把诱杀异地迁入成虫 用长约60cm的带叶杨树枝条，从一端捆成直径约10cm的小把，在50%辛硫磷乳油或4.5%高效氯氰菊酯乳油200倍液中浸泡2～3h，挂在1.5m长的木棍上，于傍晚分散安插在果园周围及果树行间，利用金龟子喜欢吃杨树叶的特性来诱杀异地迁入的成虫。

(6) 灯光诱杀 有一些金龟子具有较强的趋光性，在有条件的果园，可在园内安装黑光灯，在灯下放置水桶，使诱来的金龟子掉落在水中然后进行捕杀。

(7) 趋化诱杀 可在果园内设置糖醋液诱杀罐进行诱杀。取红糖5份、食醋20份、水80份配成糖醋液，装入空罐头瓶内，每隔25～30m挂一个糖醋罐。一些金龟子嗅到糖醋液气味时，便会自投罗网而葬身瓶中。

(8) 合理施肥 不施未腐熟的农家肥料，以防金龟子产卵。对未腐熟的肥料进行无害化处理，达到杀卵、杀蛹、杀虫的目的。这样经过2～3年的防治，可有效地减轻金龟子为害。

(二) 双斑长跗萤叶甲

双斑长跗萤叶甲（*Monolepta hieroglyphica*）属于鞘翅目、叶甲科。成虫为害叶片、嫩茎，常集中于一株植株自上而下取食。中下部叶片被害后，残留网状叶脉或表皮，远看呈小面积不规则白斑。每年发生1代，以散产卵在表土下越冬，翌年5月上中旬孵化，幼虫一直生活在土中，食害禾本科作物或杂草的根，经过30～40d在土中化蛹，蛹期7～10d。初羽化的成虫在地边杂草上活动，然后迁入大田、果园。7月上旬开始增多，7月中下旬进入成虫盛发期，此后一直持续为害到9月份。

防治方法：做好田园管理，及时清除杂草、枯枝。在成虫盛发期，应及时用菊酯类农药对全园及周边的杂草进行喷洒。可用50%辛硫磷乳油1 500倍液或20%速灭杀丁乳油2 000倍液，或用2.5%功夫2 000倍液。隔7d再防1次，可有效控制该虫对树莓的为害。

（三）红棕灰夜蛾

红棕灰夜蛾（*Polia illoba*）属鳞翅目、夜蛾科。在辽宁一年发生2代。以蛹在土壤中越冬，4月下旬至9月上旬是成虫发生期。1～2龄幼虫群聚在叶背食害叶肉，有的钻入花蕾中取食，3龄后开始分散，4龄时出现假死性，白天多栖息在叶背或心叶上，5～6龄进入暴食期，24h即可吃光1～2片叶子，末龄幼虫食毁树莓的嫩梢、花蕾、幼果等，影响树莓翌年产量。5月中、下旬至6月下旬及9月中旬为幼虫为害盛期，6月下旬至7月中旬及10月上旬为化蛹期。成虫有趋光性。幼虫白天隐居叶背，主要在夜间取食，受惊扰有卷缩落地习性。于植物叶片上产卵，每块卵有150粒左右。

防治技术：在成虫产卵盛期人工田间查卵，摘除虫卵，集中消灭。利用成虫的趋光性和趋化性，采用黑光灯或糖醋液诱杀成虫，但主要在成虫大量发生期使用，以减少虫口基数。在幼虫孵化盛期要及时用药，且宜在3龄前消灭。幼虫具昼伏夜出的特点，在防治上实行傍晚喷药，是提高防治效果的关键，一般在傍晚6时以后施药。常用的药剂有2.5%功夫乳油1 500倍液、2.5%天王星或20%灭扫利乳油1 500～2 000倍液，交替使用。

（四）美国白蛾

美国白蛾（*Hyphantria cunea*）属鳞翅目、灯蛾科。为害特点一是食性杂，幼虫进入5龄后食量骤然增大，进入暴食期，可将树叶全部吃光。二是繁殖力强，每头成虫的产卵量在500～800粒，最高可达2 000粒。每年发生2代，保守地估计，其数量要在前一年的基数上增加800倍。

防治技术：在美国白蛾幼虫3龄前，发现网幕用高枝剪将网幕连同小枝一起剪下。剪下的网幕必须立即集中烧毁或深埋，散落在地上的幼虫应立即杀死。利用诱虫灯在成虫羽化期诱杀成虫。诱虫灯应设在上一年美国白蛾发生比较严重、四周空旷的地块，可获得较理想的防治效果。在距灯中心点50～100m的范围内进行喷药毒杀灯诱成虫，可喷施2.5%溴氰菊酯2 000～3 000倍液。

（五）玉米紫野螟

玉米紫野螟又称款冬螟（*Ostrinia zealis varialis*），属鳞翅目、螟蛾科。越冬代为害不严重，一代幼虫于7月下旬严重为害，蛀食树莓茎干，形成隧道，破坏树莓植株内水分、养分的输送，使茎干倒折，折断上部枯死，结果株上果实损失。

防治技术：树莓园与周围玉米作物联防。人工摘除卵块。7月下旬为一代产卵盛期，8月中旬为二代产卵盛期。发现蛀洞时用棉花球蘸敌敌畏堵住洞口，有较好的防治效果。

（六）柳蝙蝠蛾

柳蝙蝠蛾（*Phassus excrescens* Butler）属鳞翅目、蝙蝠蛾科。该害虫是为害树莓的主要害虫之一，严重影响第二年产量。其幼虫7月上旬（部分地区5月底至6月）开始蛀入新梢为害，蛀入口距地面 40～60cm，多向下蛀食。柳蝙蝠蛾常出来啃食蛀孔外韧皮部，大多环食一周。咬碎的木屑与粪便用丝黏在一起，环树缀连一圈，经久不落，被害枝易折断而干枯死亡。

防治技术：成虫羽化前剪除被害枝集中烧毁。5 月中旬至 8 月上旬初龄幼虫活动期，可喷 2.5%溴氰菊酯 2 000～3 000 倍液，能达到较好的防治效果。

（七）树莓穿孔蛾

多为害树莓，秋天作茧在基生枝基部越冬，展叶期爬上新梢，蛀入芽内，吃光嫩芽后，再钻入新梢，致使新梢死亡。成虫羽化后，傍晚在花内产卵，幼虫最初咬食浆果，不久转移至基部越冬。

防治技术：秋末采果后清园。早春展叶期喷 80%敌敌畏 1 000 倍液或 2.5%溴氰菊酯 2 000 倍液，杀死幼虫。

（八）半翅目害虫

蝽类为害树莓的特点为成虫、若虫均刺吸植物汁液，一般多集中在嫩芽、嫩茎、花蕾上为害，叶片被害处有些凹陷，出现白斑，叶片枯黄，严重时抑制植株生长。

1. 常见种类 斑须蝽（*Dolycoris baccanum*）、横纹菜蝽（*Eurydema gebleri*）、茶翅蝽（*Halyomorpha halys*）。

2. 防治技术 成虫出蛰前彻底清除树莓园及附近田边的杂草、落叶。人工采摘卵块。在若虫 3 龄前用 98%巴丹可溶性粉剂 2 000 倍液、2.5%敌杀死（溴氰菊酯）乳油 3 000 倍液、2.5%功夫乳油 1 500 倍液、48%乐斯本乳油或 48%天达毒死蜱 1 500 倍液等进行防治，收获前 15d 停止用药。

（九）树莓果蝇

为害症状：果蝇（*Drosophila* sp.）幼虫在果实内蛀食，常造成树莓果实腐烂或者未成熟先黄而脱落，严重影响树莓的产量和质量，有的甚至完全失去了食用价值，且果蝇繁殖能力强，对空气湿度比较敏感，对晚熟品种为害较重。

发生规律：每年发生 3～5 代，全年均有成虫出现。在 6 月中旬至 8 月底 9 月初发生量最大，10 月以后，随着气温降低而逐渐减少，12 月至翌年 3 月数量最少。成虫一般在早晨或下午 3：00～4：00 后觅食、产卵。1 头雌虫可产卵 400～500 粒，产卵期长达 1 个月，孵化率可达 85%。果蝇从初生卵发育至新羽化的成虫为一个完整的发育周期大约 10d。

防治技术：在落果期及时清除果园落果，同时对树上的虫果也要经常摘除，要采取焚烧、深埋等措施处理这些受害果，切勿浅埋，以免果蝇继续羽化为害。诱杀成虫可采用红糖毒饵，在 90%敌百虫 1 000 倍液中加 3%香蕉制得毒饵置于果园中。5d 换 1 次，连续 3～4 次。将浸泡过甲基丁香酚（诱虫醚）加 3%马拉硫磷或二溴磷溶液的蔗渣纤维板小方块（甲基丁香酚引诱剂）悬挂树上，50 片/hm^2，在成虫期每月悬挂 2 次，可将雄虫基本消灭。

（十）苹果全爪螨

苹果全爪螨（*Panonychus ulmi* Koch）属蜱螨目、叶螨科。刺吸叶片汁液，造成叶片褪色、苍白，严重时使刚萌发的嫩芽枯死。一般不吐丝结网，营养条件差时雌成螨吐丝下垂，借风蔓延。辽宁一年发生6代左右。以滞育卵（冬卵）在枝条分杈等背阴面越冬。翌年4～5月卵孵化，孵化时间较集中，这是药剂防治的关键适期。6～7月是全年发生为害的高峰，世代重叠严重。8月中、下旬出现滞育卵，10月上旬是压低越冬卵基数的防治适期。

防治技术：加强树体养护工作。及时清除枯枝落叶、杂草等。保护天敌如植绥螨、钝绥螨、草蛉、塔六点蓟马、花蝽等。为害期喷施5%霸螨灵或10%浏阳霉素2 000倍液等杀螨剂，各种杀螨剂应交替使用，以减小螨类抗药性。

参 考 文 献

傅俊范，傅超，严雪瑞，等.2009. 辽宁树莓病虫害调查初报［J］. 吉林农业大学学报，31（5）：661-665.

傅俊范，韩霄，周如军，等.2009. 树莓灰斑病发生初报及病原鉴定［J］. 吉林农业大学学报，31（5）：666-668.

傅俊范，于舒怡，严雪瑞，等.2009. 辽宁树莓灰霉病发生危害及病原鉴定［J］. 北方园艺（6）：106-108.

黄庆文.1998. 树莓及其丰产栽培技术［M］. 北京：中国农业出版社.

谭余，桂明珠，王兵.1997. 红树莓花芽分化的初步研究［J］. 园艺学报，24（1）：29-34.

王文芝.2001. 树莓果实营养成分初报［J］. 北方园艺，25（2）：13-14.

王彦辉，张清华.2003. 树莓优良品种与栽培技术［M］. 北京：金盾出版社.

严雪瑞，傅俊范，于舒怡，等.2009. 辽宁树莓灰霉病流行调查及原因分析［J］. 吉林农业大学学报，31（5）：672-674.

杨燕林，和加卫，唐开学，等.2009. 云南树莓病虫害调查初报［J］. 植物保护，35（1）：129-131.

张晓宇，赵迎丽，闫根柱，等.2009. 树莓气调贮藏研究初报［J］. 保鲜与加工，9（4）：22-24.

赵宝军.1997. 树莓花芽分化的研究［J］. 北方园艺，21（4）：35-37.

周如军，韩霄，傅超，等.2009. 树莓灰斑病病原生物学研究［J］. 吉林农业大学学报，31（5）：669-671.

George W. Dickerson. 1999. Commercial everbearing red raspberry production for new Mexico extension［J］. Horticulture Specilalist. Guide H-318.

Marvin Pritts，David Handley. 1998. Bramble production guide［M］. Cooperative Extension，NRAES-35，New York：Northeast Regional Agricultural Engineering Service.

William P. A. Scheer and Ralph Garren. 1994. Commercial red raspherry production［M］. Washington State University，Cooperative Extension.

第五章

穗醋栗与醋栗

概　述

穗醋栗属于虎耳草科（Saxifragaceae）、茶藨子属（*Ribes*）、茶藨子亚属（Subgen *Ribes*），为多年生小灌木。株丛高1～1.5m，果实为浆果，成串着生在果枝上，故名穗醋栗。我国古书上称其为茶藨子，英文名加仑（Currant），又名黑豆果、黑果茶藨。在我国黑龙江老产区果农也有称其为司马劳金（俄文名Смородина的音译）。醋栗（*Ribes* spp.）也称灯笼果或茶藨子，属于虎耳草科、茶藨子属、醋栗亚属。穗醋栗和醋栗是适合于冷凉气候地区栽培的小浆果灌木果树，主要分布于北半球温带地区。

一、穗醋栗和醋栗的特点与经济价值

穗醋栗和醋栗是极具寒地特色的小浆果树种。近年来，随着风靡世界的“第三代果树”的兴起，穗醋栗和醋栗越来越受到国内外的高度重视，这主要是源于穗醋栗和醋栗具有较高的营养和经济价值。

（一）果实中内含物质丰富，营养价值极高

穗醋栗和醋栗果实中营养成分极其丰富。以黑穗醋栗为例，含糖7%～18%、柠檬酸及苹果酸1.8%～3.7%，还含有大量的维生素A、维生素B、维生素C、维生素P，其中以维生素C的含量最高，每100g鲜果中含100～400mg，在普遍含有较高维生素C的水果中，仅次于猕猴桃，高于大多数水果。黑穗醋栗果实中含有多种矿质营养元素和人体生长发育所需的氨基酸（表5-1、表5-2）。醋栗果实含糖5%～11%，有机酸0.9%～2.3%，每100g鲜果含维生素C 55mg、蛋白质0.8g、脂肪0.2g以及微量元素铁、磷、钾（170mg）、钙（22mg）、镁（9mg）等。

表5-1　黑穗醋栗果实中氨基酸的含量

（刘洪章，1998）

种　类	含量（%）	种　类	含量（%）
天门冬氨酸	0.694	苏氨酸	0.243
丝氨酸	0.269	谷氨酸	1.610
甘氨酸	0.400	丙氨酸	0.388
缬氨酸	0.276	蛋氨酸	0.074

（续）

种　类	含量（%）	种　类	含量（%）
异亮氨酸	0.356	亮氨酸	0.463
酪氨酸	0.139	苯丙氨酸	0.349
赖氨酸	0.218	组氨酸	0.103
精氨酸	0.445	脯氨酸	0.191
总计	6.218		

表 5-2　黑穗醋栗果实中无机元素含量（μg/g）

元素	Al	Fe	Ca	Mg	Cr	Cu	Mn	P	Sr	Zn
含量	22.3	267	2 387	1 182	7.5	5.9	11.4	3 029	8.5	16.1

黑穗醋栗果实和枝叶中含有非常丰富的生理活性物质。研究表明：黑穗醋栗果实中含有大量的花青素类成分，可以作为天然色素和抗氧化剂而广泛应用。Rune Slimestad 等从黑穗醋栗中分离出 15 种花青素成分，其中 3 种主要花青素（矢车菊素、花翠素的 3-O-葡萄糖苷和 3-O-芦丁糖苷）所占的比例大于 97%。从黑穗醋栗种子中还分离出了 4 种新的花青素成分（pyranoanthocyanins），分别命名为 pyanocyanin A、B 和 pyranodelphinin A、B。总花青素含量为每 100g 鲜果中含 350mg，是草莓的 8.8 倍。黑穗醋栗果实和叶片中还含有酚酸、黄酮醇、儿茶素和鞣质等酚类化合物，总酚类物质含量为每 100g 鲜果中含 1.18g，是草莓的 7.8 倍。

穗醋栗果实超凡的营养价值众所公认，这是穗醋栗果实及其加工产品备受青睐的根本原因。

（二）果实加工性能好，加工产品种类丰富

穗醋栗和醋栗果实少量用于鲜食，主要用于加工，一直是果汁生产的重要原料。醋栗不同成熟度的果实都可生食或加工。青熟的果实酸度高，生食开胃，也可做罐头；半成熟的果实最适于加工，加工产品主要有果汁、果酒、果酱、果冻、蜜饯等。黑穗醋栗的果汁色素含量高，深紫红色而透明，并具有独特的芳香，20 世纪 80 年代英国以其为原料生产的“利宾纳”饮料早已风靡世界，成为欧美、东南亚家喻户晓的健康饮品。黑穗醋栗果酒“紫莓酒”(黑穗醋栗在老产区黑龙江省尚志市等地又被称为紫莓)、“黑加仑软糖”品质优良、营养丰富、风味独特，在我国多次获得优质产品的殊荣；黑穗醋栗果酱色泽鲜美，风味纯正，晶莹剔透，已成为经典的传统美食在市场上销售经久不衰。新疆生产的“黑加仑果干”可以与葡萄干媲美，成为新疆旅游小食品的又一亮点。近年来除传统的加工品外，以穗醋栗为原料生产的冰点、蛋糕、乳制品等产品更是琳琅满目，丰富多彩，深受国内外消费者青睐。

穗醋栗可谓浑身是宝，除果实可以直接加工外，种子、枝、叶中同样含有丰富的营养物质，可从中提取花青素、类黄酮作为食品添加剂。李英俊等（1989）对黑穗醋栗叶片进行了分析。结果表明：黑穗醋栗叶片每 100g 鲜样中含维生素 C 150～250mg（高于果实中）；含粗蛋白质 5.7%左右；含有 15 种氨基酸，其中缬氨酸、苏氨酸、苯丙氨酸和赖氨酸为人体必需氨基酸，以谷氨酸和天门冬氨酸含量最高，达 120.7mg 和 101.8mg。可以将叶片烘烤制成独特的“黑穗醋栗茶”。此外，黑穗醋栗枝叶也是提取珍贵香料的原材料。

（三）具有特殊药用成分，医疗保健价值高

穗醋栗是一种重要的药用植物。早在400多年前人们就发现黑穗醋栗是治疗扁桃腺炎的良药。英国一直将黑穗醋栗果实及其产品列在药典内，成为唯一一种可以作为医疗使用进入医院的果实，为病人补充维生素C。目前随着科学技术的发展，穗醋栗的药用价值越来越受重视，药物开发和药理研究开展得越来越广泛，其药理作用主要表现在降血压、降血脂、抗肿瘤、提高免疫力等多个方面。

据研究，黑穗醋栗可以降低血脂、抑制血小板凝聚、减少血栓形成。有人采用预防性高血脂模型法对黑穗醋栗的降脂作用进行了研究。结果表明，黑穗醋栗原汁能预防高脂饲料引起的小鼠血清甘油三酯、总胆固醇、低密度脂蛋白胆固醇的升高，明显增高高密度脂蛋白胆固醇，具有降低实验性高血脂小鼠血脂的功效。推测黑穗醋栗原汁调节血脂的功效与维生素C、花青素、黄酮等组分有关。徐雅琴等研究认为，黑穗醋栗叶片黄酮提取物具有一定的抗氧化活性，且随着添加量的增加，抗氧化性呈上升趋势。

另有文献报道，黑穗醋栗种子油的主要成分是亚麻酸［LA，18：2（n-6）］，其次是γ-亚麻酸［GLA，18：3（n-6）］和α-亚麻酸［ALA，18：3（n-3）］，然后是油酸、棕榈酸、十八碳四烯酸［SDA，18：4（n-3）］和硬脂酸等多种不饱和脂肪酸。黑穗醋栗是少数几种GLA（γ-亚麻酸）、SDA（十八碳四烯酸）和ALA（α-亚麻酸）含量较高的植物。服用黑穗醋栗籽油可以提高γ亚麻酸在三酰甘油和胆固醇酯中的比例，且使血清中低密度脂蛋白胆固醇的浓度明显降低。黑穗醋栗中多酚性物质具有抗动脉粥样硬化的功能，其含量较多，能够降低受试者的心血管发病危险。富含黑穗醋栗籽油的食物可以抑制血小板凝集、增加13-OH亚油酸合成及抑制血管壁血栓形成。目前，国内已将黑穗醋栗的籽油制成软胶囊剂。

此外，少年儿童经常饮用黑穗醋栗果汁可减少牙龈出血，促进身体成长。黑穗醋栗果汁酿酒后加入少许糖，可以用于炎症导致的咽喉痛；黑穗醋栗叶的浸液有清肠和利尿的作用；幼根的浸液用于牛的发疹热和痢疾性发热；鲜果汁可以利尿和发汗，是治疗伤寒病的极好饮品；黑穗醋栗根皮的煎剂亦可用于结石、水肿和痔疮的治疗。

（四）结果早、产量高、效益好

穗醋栗和醋栗繁殖容易，成园较快，定植后第二年即可结果，第三年进入丰产期，产量高，每公顷7t左右，高产的达到10～15t。按近几年国内鲜果平均收购价格每千克4～6元计算，667m^{2}纯收入3 000～4 000元。穗醋栗和醋栗管理容易，病虫害少，生产成本低，果农的纯收入将超过大田作物及其他树种。对于加工企业来讲，如每公顷年产果8～10t，可生产浓缩果汁3 500～5 250t，可出种子350～525t，可提取种子油75～112.6t。如果制成果汁、果酒、果酱等加工产品，加上提取色素、种子油、开发保健功能性系列产品投向市场，其经济效益更为可观。

二、生产现状

（一）国外栽培历史与现状

穗醋栗和醋栗是世界上最重要的小浆果类果树之一，也是近年来发展较快的果树树种

之一。

穗醋栗主要分布在北半球气候冷凉的地方，以北纬45°左右为适宜地区。全球主要栽培穗醋栗地区是欧洲、北美、中国的东北和新疆。世界上栽培穗醋栗的国家约40个，主要集中在欧洲，其中北欧的丹麦和瑞典以红穗醋栗栽培为主，东欧的波兰以黑穗醋栗栽培为主。种植面积和产量居前列的依次是波兰、前苏联、德国、英国、瑞典。据联合国粮农组织的最新统计数字，以上几个国家的栽培面积和产量约占世界总量的80%。

波兰素有"小浆果超级大国"之称，黑穗醋栗栽培面积大。随着新品种的引入、栽培技术和果实采收技术的进步，其黑穗醋栗的生产增长速度非常快。到目前为止，奥依宾(öjebyn)、Roodknop、Titania和黑珍珠（Ben Lomond）等品种在波兰全国所有商业种植区内普遍栽培。1996年总产18.4万t，平均单产8 000kg/hm^2。近3年栽种面积增加到4万hm^2，产量近20万t，以小型家庭农场生产为主，加工业和种植业密切配合。加工品和速冻果的60%出口到德国、法国、瑞典等国。

据记载早在11世纪黑穗醋栗的栽培在俄罗斯老果树栽培区已很普遍了，20世纪初特别是在十月社会主义革命之后，黑穗醋栗栽培得到较快发展，除了欧洲部分非黑钙土地带，在阿尔泰边区、乌拉尔、西伯利亚以及远东等地大面积发展，近几年栽培面积稳定在3.5hm^2，产量22t左右，产品都在本国销售。

德国在黑穗醋栗果实加工业开始以后，特别是使用机械采收之后，栽培面积大幅度增加，近年稳定在2万hm^2，产量稳定在14.8万t。

英国是栽培黑穗醋栗较早的国家之一，2000年种植面积达2 000hm^2，产量达1.23万t。黑穗醋栗种植面积分别占小浆果（包括黑穗醋栗、红穗醋栗、醋栗、树莓、黑莓、草莓等）和果树总种植面积的19.4%～25.4%和4.1%～7.7%，其年产量分别占小浆果和果树总产量的12.4%～27.0%和2.4%～6.0%。因此，黑穗醋栗栽培在英国果树生产中占有重要地位，单位面积产量为5.2～9.3t/hm^2。1998年英国黑穗醋栗总产量为1.94万t，占全世界产量（60.15万t）的3.2%，仅次于俄联邦（18万t）、波兰（16.5万t）、德国（12.12万t）和捷克共和国（2.1万t），位居第5位。在英国有75%的果实用于果汁生产，其余部分用于鲜果、冷冻果、果酱和糖果等。

其他北欧国家的土地面积虽都较小，但相比之下，其栽培黑穗醋栗的面积较大。瑞典、芬兰、法国、奥地利等国家是黑穗醋栗的主要栽种国。另外，南半球的新西兰和澳大利亚也有少量种植，尤其是新西兰，在最近5年内种植面积比1998年增加了2倍。

黑穗醋栗在国外主要用于果汁饮料生产，其次是加工成果酱、果糖、果酒等。主要加工国为欧美一些发达国家，近些年东南亚一些国家也开始进口果汁进行加工。德国和英国是最大的加工国，尤以英国最著名，英国的黑穗醋栗加工品如黑穗醋栗糖、利宾纳饮料很早就已销售香港和东南亚各国。尤其利宾纳饮料风靡欧洲市场，成为个别国家医院必备的保健饮料。据统计，英国黑穗醋栗加工品在2003年的市场销售产值达到了2.63亿英镑。英国最大的黑穗醋栗生产企业为Glaxo Smith Kli（GSK）公司，该公司拥有自己的专利品种，并通过合同对原料进行严格控制。该公司收购了本国95%的果实，加工的利宾纳饮料等销往全国各地，并出资赞助科研单位培育加工所需品种，然后推荐给种植户，最后统一收购。在俄罗斯主要是家庭自己加工。另外，欧美一些发达国家还生产种子油及以其为原料的保健品，还有企业用其色素生产化妆品，用叶片生产茶。

从联合国粮农组织提供的统计数据来看，世界黑穗醋栗的栽培面积和产量总体看略有增长。其原因有三：第一是采收机械的应用降低了生产成本；第二是新品种的育成推动了种植的发展；第三是果品加工业的兴起带动了种植业的发展。但从今后的发展趋势上看，未来在这些主要种植国家的种植面积和产量上升的空间很小，一段较长的时间内会稳定在现有的水平上。

醋栗的栽培和利用已有400多年的历史，最早是在法国、英国等西欧国家开始的，而后传遍世界各地。目前世界醋栗主要栽培于气候冷凉地区。前苏联集中在莫斯科、列宁格勒和高尔基等地。法国、英国、波兰、荷兰、保加利亚、比利时等国家都有较多的栽培。在美国、新西兰和澳大利亚仅有少量栽培。

（二）我国穗醋栗和醋栗栽培历史与现状

我国是茶藨原产地之一，人们久已习惯采果鲜食，并作为药材加以利用，但并未引入栽培。1917年前后，俄国侨民迁入我国时带来穗醋栗和醋栗，在黑龙江省滨绥铁路（哈尔滨至绥芬河）沿线落户，集中在尚志、阿城、海林。当时只是私人小面积栽培，消费及加工量很少。新中国成立以后得到党和政府的重视，特别是在党的十一届三中全会以后，穗醋栗和醋栗生产迅速发展起来，生产上主要以黑穗醋栗为主。我国黑加仑产业发展情况可分下列几个阶段。

1. 1958—1980年计划经济发展期　此期间在轻工业部的领导下，先后在黑龙江省的一面坡、横道河子、密山、阿城等地建立了一批果酒厂、糖果厂，开发生产的主要产品有黑豆蜜（黑穗醋栗果酒）、紫梅酒（黑穗醋栗原料）、黑穗醋栗卷糖、黑穗醋栗果酱等。这些产品不仅受到国内市场的欢迎，紫梅酒、黑加仑卷糖还是当时出口的主要产品，销往东南亚各地换取外汇，对支援国家建设起到了一定的作用。由于当时加工业的发展，少量的种植面积和有限的加工原料越来越满足不了加工的需要，各加工厂先后建立了自己的原料生产基地。据调查：截至1980年，在全国范围内只有黑龙江省有穗醋栗种植和加工业，包括穗醋栗、树莓、草莓、醋栗等小浆果在内，全国栽培面积不足500hm^2。

2. 1980—1989年快速发展期　20世纪80年代末期，我国进入了经济发展的快速阶段，果树生产也得到了国家和政府的高度重视。当时号称世界小浆果超级大国的波兰年产穗醋栗15万t，生产的各种产品不仅满足本国人民生活需要，而且出口换汇，对国家的经济实力起到了很大的作用。我国黑龙江省土地面积不比波兰小，纬度、温度、气候条件与波兰相似，具有发展穗醋栗等小浆果得天独厚的有利条件，因此黑龙江省将开发小浆果作为发展经济的战略措施，并确立黑龙江省果树生产以小浆果为主的方针。1981年黑龙江省政府下发文件确定阿城、尚志、海林为“三莓”生产基地，“三莓”即草莓、树莓、紫莓（黑穗醋栗），并明确规定到1985年三县共上“三莓”2 000hm^2，并开发牡丹江、合江、黑河三大片浆果资源。经过这一条线三大片的开发，“三莓”（主要是黑穗醋栗）迅速发展。

与此同时，科研院所、加工企业共同开展了“黑穗醋栗果实加工工艺、设备选型、产品配方、工艺”、“利用果渣提取黑穗醋栗色素——生物类黄酮”以及“利用黑穗醋栗果籽提取黑加仑籽油亚麻酸”的研究，为提高黑穗醋栗加工的综合效益、开发名牌产品打下了基础。1984年黑龙江省生产的黑穗醋栗卷糖被评为国家银牌产品，紫梅酒被评为轻工部金杯奖、国家银牌产品；1985年黑穗醋栗汽水又被选为中南海紫光阁国家领导人接待外宾使用的饮料，其产品也享誉全国。与之相应地种植面积迅猛发展，在黑龙江仅黑穗醋栗到1985年发展为8 500hm^2，1987年达到19 400hm^2。与此同时，吉林省种植面积达2 000hm^2，辽宁、内蒙古东部也开始了大面积种植。最高峰时国内各类浆果加工厂发展到65个，基本实现种植、加工、销售一条龙，果汁、果酒、果酱等加工品畅销国内各地，并出口东南亚、日本，外商也前来订货，呈现短时的产销两旺。

在此期间，东北农业大学、吉林农业大学、黑龙江省农业科学院等大专院校、科研单位开展了黑穗醋栗的相关科研工作。在育种方面，对小浆果进行资源调查，整理了黑穗醋栗的固有品种，选出优良的主栽品种。1986年以后，陆续从波兰、瑞典、前苏联等国家引进了一批高产、抗病、适于机械化采收的品种，开展了品种选育工作。最终选育出奥依宾、利桑佳、布劳德、黑丰等几个优良品种，产量均在1.5t/hm^2以上，为种植业发展打下了坚实的基础。

3. 1989—1999年产业发展走入低谷期　20世纪80年代末期，就在黑穗醋栗迅猛发展之时，由于过热的发展带来的潜在危机日益突出，种植、加工、销售均暴露出严峻的问题。在种植方面，由于种植面积猛增，优质苗木供不应求，造成实生苗泛滥，品种混杂，树势衰弱，病害严重，产量下降。在加工方面，企业发展滞后，加工企业虽然有65个，但加工能力却只有几千吨，加工产品质量差，再加上无冷藏设备，出现了第一次果农的卖果难，造成生产中大面积拔树毁园。在市场方面，1992—1995年，国际市场行情不好，一些黑穗醋栗加工企业纷纷下马；通过国家投资、国外长期无息贷款以及补偿贸易等各种渠道引进的7条浓缩果汁生产线（黑龙江5条、吉林2条，每条线的生产能力可达处理鲜果100t左右）由于浓缩果汁销路不畅、出口困难、国内深加工跟不上，造成产品积压而被迫停工停产，出现第二次卖果难，生产中又一次造成大面积毁园，剩下的栽培面积年产果不足1 000t。

4. 1999—2009年产业稳步发展阶段　1999年以后黑穗醋栗浓缩汁在国际市场上出现回暖，国内不仅将积压的浓缩汁全部出口，还出现了原料紧缺。此时正值国家为了增加农民收入和保护环境，制定了种植业结构调整、发展生态农业、退耕还林等政策，很多农户、林场职工又开始种植黑穗醋栗，使其产业得到再次发展。此次发展从种植上看，彻底淘汰了原来低产感病的品种，推广了高产、优质、抗病、抗寒的新品种。由于生产中不施农药、越冬不需埋土防寒（部分品种），大大降低了生产成本，提高了果农的经济收入。我国黑穗醋栗主产区黑龙江省以尚志、海林、桦川为核心，面积重新扩大，吉林、辽宁、陕西等省都有黑穗醋栗的栽培，以新疆发展最为迅速，山东、大连也有公司开始了黑穗醋栗的种植。从种类上，由原来的单一种植黑穗醋栗发展到增加红穗醋栗的种植与开发。据不完全统计，截至2009年，全国黑穗醋栗种植面积约1 730hm^2，年产果1.3万t。从加工上看，黑穗醋栗产业经近20年曲折的发展，加工企业日趋成熟，加工产品种类由原来的果汁、果酒、果酱等发展到色素提取、生物制药、果实制干、烘制茶叶等综合开发，产品质量大大提高。企业的市场竞争与开拓能力进一步增强。目前，80%的鲜果以速冻果形式供应国内外市场，浓缩果汁也有相对稳定的国内外市场，我国黑穗醋栗产业的发展开始步入稳定的良好时期。

三、我国穗醋栗和醋栗生产存在的问题及发展方向

（一）存在的问题

目前我国的黑穗醋栗和醋栗生产在品种上仍然存在问题。例如没有生产上急需的真正越冬不需埋土且又丰产、抗病的优良品种；虽然都抗白粉病，但不抗叶斑病。

在栽培技术上国内黑穗醋栗和醋栗老产区栽培历史虽然较长，但生产中栽培技术仍很粗放，绝大多数农民都是采用传统的栽培方式，致使产量低、果实成熟期不一致、大小不整齐，营养成分含量低，严重影响了经济效益。另外生产中缺少简易采收和埋土的机械设备，制约着面积的增加。

黑穗醋栗和醋栗鲜食用量很少，主要用于加工。目前国内的黑穗醋栗和醋栗加工企业大都规模小、技术水平低，多以出口原料为主。国外黑穗醋栗和醋栗可被加工成数十种产品，涉及食品、保健品、药品、化妆品等各领域，具有很长的产业链。我国的加工品目前绝大多数为速冻果实，有少量的低档饮料和果酒。产品结构单一，缺少精深加工产品。

在科研方面，目前国内栽培的黑穗醋栗和醋栗几乎都是从波兰、俄罗斯等引进的品种。国内目前育种手段主要依靠引种，具有自主知识产权的品种较少，缺乏对资源评价和遗传规律等方面的研究，育种技术手段落后。对栽培技术的研究还很肤浅，修剪、施肥、病害防治、越冬防寒技术等方面还有相当多的问题需要研究。国内目前急需简单、经济、实用的黑穗醋栗和醋栗采收、修剪、防寒等机械。

（二）今后发展的方向

黑穗醋栗和醋栗产业经济效益突出，区域特色鲜明，适应现代健康消费，符合可持续发展原则。通过规模种植、多层次加工及国际性营销，必然能促进区域经济发展、优化产业结构、保持经济的高效可持续发展，具有重要的战略意义。

黑穗醋栗和醋栗生产集高效益、劳动密集和可利用山地资源特点于一体。通过发展黑穗醋栗和醋栗生产，可以有效地提高农业单位面积生产的就业量和生产效益；可以通过对山地资源的开发利用，实现农业的外延扩张，创造新的就业空间；可以在黑穗醋栗和醋栗加工、贮运及社会化服务等二、三产业方面吸纳农村劳动力就业，最大化地促进社会的和谐与稳定，社会效益极其显著。

在今后的产业发展中，科研工作一定要走在产业开发的前头，采用多学科多层次的途径，以植物学、生态学、遗传育种学、生物化学等基础学科为理论依据，联合食品加工、化学、农机、医药等专业组织创新团队，坚持高起点，坚持技术创新，共同攻关，搞好新树（品）种、新项目的开发，把黑穗醋栗和醋栗的开发利用提高到一个新的水平。首先要获得一批新的科研成果，然后才能转化为现实生产力。

另外，加工企业是带动产业良性发展的重要环节。有关部门应互相配合，以市场为导向，重点扶持或引进几个大型、经济实力强的龙头企业，从而真正形成市场牵龙头、龙头带基地、基地连农户的产业化开发格局，走向订单农业的良性循环。

总之，发展黑穗醋栗和醋栗产业对于促进我国农业产业结构调整、增加农民收入、建

设生态效益型经济都具有十分重要的现实意义和长远的战略意义。为此我们要紧紧抓住小浆果产业发展的关键时期，科学谋划，务实操作，稳中前进。我们坚信，小果也能成为大产业！

第一节　种类和品种

一、主要种类

（一）种质资源概述

穗醋栗属于虎耳草科（Saxifragaceae）、茶藨子属（*Ribes*）、茶藨子亚属（Subgen *Ribes*）。醋栗属于虎耳草科、茶藨子属、醋栗亚属。茶藨子属植物全世界约有 150 种以上，广泛分布在北半球和南美，我国已记载的约 50 余种。本属分类各书不一。有的书（如果树栽培学）将本属分为 2 个独立的属，即茶藨子属（包括各种穗醋栗）和醋栗属（包括各种醋栗）；有的书（中国果树分类学）只划为 1 属即醋栗属和 2 个亚属——茶藨子亚属和醋栗亚属，总共包括 51 个种，基本是我国原产的野生种；有的书（中国树木学）将茶藨子属划分成 3 个亚属，即单性花亚属（Subgen *Berisia*）、两性花亚属（Subgen *Risia*）和醋栗亚属（Subgen *Grossularia*），每一亚属中又分为许多组（Section），基本上都是我国原产的野生种。前苏联的分类基本上是划分成 2 个独立的属——茶藨子属和醋栗属，在茶藨子属中又分成 2 个亚属——黑穗醋栗亚属和红穗醋栗亚属（其中包括白穗醋栗）。前苏联比较新的资料则划分得更详细些，共分成 3 个亚属：红穗醋栗亚属（*Ribesia* Jancz）、黑穗醋栗亚属（*Eucoreosm* Jancz）、单性花亚属（*Berisia* Spach），前 2 个属系两性花类型。各亚属中也分为许多组，如红穗醋栗亚属中包括普通红穗醋栗组（*Valgaria* A. Pojark）、红果茶藨组（*Rubra* A. Pojark）、石生茶藨组（*Petraea* A. Pojark）等；黑果茶藨中包括黑茶藨组（*Nigra* A. Pojark）、阿尔丹茶藨组（*Dikuschae* A. Pojark）、水葡萄茶藨组（*Procumbentia* A. Pojark）、芳香茶藨组（*Fregrantia* A. Pojark）等。每个组内包括许多种，基本原产欧亚大陆。从栽培学角度来看，醋栗及穗醋栗皆为小灌木，其植物学性状和生物学特性相近，栽培管理、利用等方面基本相同；在遗传学方面，它们表现出高度的杂交亲和性，因此划分成一个属的 2 个亚属是比较适宜的。从丁晓东（1993，1994，1995）对这些材料过氧化物酶同工酶的分析结果看，刺李和欧洲醋栗的 POD 酶谱与其他种的酶谱不仅表现为公共带少，而且各自的特征带也有很大差异，刺李和欧洲醋栗的特征带偏向阴极（Rf 值较小），别的种包括 6 个栽培品种的特征带偏向阳极（Rf 值较大），但在杂交试验中黑穗醋栗和醋栗表现出高度的杂交亲和性。综合这两方面进行分析，醋栗和穗醋栗虽然在我们所做的 POD 酶谱和形态上都表现出较大的距离和差异，但却不存在生殖隔离现象，所以我们认为将它们分别列入茶藨子属下的 2 个亚属是比较合适的。

茶藨子亚属植物主要分布在北半球的寒带及温带。在欧亚大陆，西自英、法、荷兰、比利时等国，北到冰岛、斯堪的纳维亚半岛乃至北极圈，向东经过中欧、东欧，通过乌拉尔山到西伯利亚、远东海边；向南从中国的东北、西北、西南再伸延到尼泊尔、不丹到达印度、斯里兰卡、巴基斯坦等地，都有野生茶藨子分布。此外，北美洲和北非也有。茶藨子亚属植物生长于高山疏林下、灌木丛中、河谷旁、泛湿草甸地等潮湿地方。

(二)主要种类及其特点

1. 黑穗醋栗(*R. nigrum* Linn.) 又叫黑果茶藨。灌木,高达2m,粗壮枝多。幼枝具有腺点和短柔毛或近无毛。叶片近圆形,基部心形,宽5~10cm,具3~5裂片,裂片宽卵形,不规则锯齿,先端锐尖,下面有稀疏柔毛及芳香腺点。叶柄被短柔毛。总状花序下垂,具4~10朵花;萼片长圆形,反曲,比钟状萼筒稍长,花瓣白色与萼筒等长。子房及花托外被柔毛及腺点。果实黑色,近球形,2n=16(32)。广泛分布于欧、亚大陆,我国的新疆阿尔泰、黑龙江大兴安岭北部有分布。

该种又划分为3个亚种,即西伯利亚亚种(*R. nigrum* ssp. *sibircum*)、欧洲亚种(*R. nigrum* ssp. *europaeum*)和斯堪的纳维亚亚种(*R. nigrum* ssp. *scandinavicum*)。其主要特点是:

(1)西伯利亚亚种 主要分布在亚洲北部和西伯利亚西部,株丛较低矮开张,越冬性较强,抗瘿螨,抗白粉病和叶斑病,但自交结实率低,果实成熟不一致。

(2)欧洲亚种 主要分布在西欧,株丛直立,自交结实率高,浆果整齐,不易落果,维生素C含量高,但抗病、抗虫、抗寒能力均较差。

(3)斯堪的纳维亚亚种 主要分布在斯堪的纳维亚半岛,株丛较矮,果实较大,自花结实率高,抗病能力强,有一定的抗寒力。

在黑穗醋栗西伯利亚亚种分布的西边边界,广泛分布有兴安茶藨(*Ribes paaciflorum* Turcz.),又名少花穗醋栗,特点是株丛矮小、具有较强的发生基生枝的能力,以致形成宽阔的株丛。小枝纤细,叶小,通常3裂,花序短(有3~6朵花),浆果暗红或黑色。非常抗寒。

此外,在远东和东部西伯利亚直到北极圈,还分布着比少花穗醋栗更远缘的吉库莎,又名阿尔丹茶藨(*R. dikuscha* Fisch)。其特点是有突出的抗寒性、丰产性、速果性。果实蓝黑色、萼片很小。株丛高1~1.1m,新梢灰褐色,无茸毛。叶片长13cm,带有3~5个大而圆的铲形分裂,呈带白霜的绿色,有腺体。花序长8cm,有花8~15朵,花朵松散,萼筒浅,萼片小。浆果直径1~1.3cm,蓝黑色,有蜡被,皮薄而韧,味酸多汁,无特殊气味。

在我国境内,从东北的大、小兴安岭到西北的阿尔泰山、天山,普遍分布着茶藨子属植物,其中也包括黑穗醋栗的欧洲亚种和西伯利亚亚种,以及阿尔丹茶藨、兴安茶藨。此外,分布于我国各地比较有价值的种略举如下:

①水葡萄茶藨(*R. procumbens* Pall),产于大兴安岭,前苏联远东也有分布。果褐色、直径约1cm。味甜、芳香。抗寒。②乌苏里茶藨(*R. ussuriense* Jancz),分布在黑龙江省东部,朝鲜也有分布。果实灰蓝色,直径约8mm,无香味。抗寒。③臭茶藨(*R. graveolens* Bge),分布在新疆阿尔泰山西北部,蒙古、前苏联阿尔泰及西伯利亚也有分布。生于石缝之中,匍匐形灌木,被腺体,果褐色。从我国的北方到南方如湖北、四川、云南等地分布有多花茶藨(*R. mutiflorum* Kit)和长串茶藨(*R. longeracemosum* Pranch)、四川蔓茶藨(*R. ambiguum* Maxim)。四川蔓茶藨为蔓性灌木,果绿色,种子药用(治水肿、利尿通经)。产于天山及昆仑山的有天山茶藨,即麦粒茶藨(*R. meyeri*

Maxim）等。总之，我国黑穗醋栗资源十分丰富，尚待调查研究和开发利用。

2. 红穗醋栗　欧、亚大陆栽培的红穗醋栗品种来自 3 个种，即普通红茶藨（*R. vulgare* L.）、红果茶藨（*R. rubrum* L，别名欧洲红穗醋栗）、石生茶藨（*R. petraeum* Wulf.）。红果茶藨在北欧、西伯利亚、哈萨克斯坦等国家和地区都有分布。红穗醋栗栽培历史比黑穗醋栗晚，但欧洲大陆的每一个国家都有栽培。红穗醋栗的特点是树体不具腺体，因此没有特殊的气味；浆果为红色、玫瑰色、白色或带有条纹；自花结实率高、抗逆性强。普通红茶藨原产西欧，不抗寒，抗病力也差。红果茶藨、石生茶藨原产我国东北、华北，广布欧、亚两洲。石生茶藨的叶肥厚、革质，非常抗病、抗虫及抗寒，来自石生茶藨的后代也保留了这些特性。这 3 个红茶藨可以互相杂交，因此红穗醋栗品种的特性往往是这 3 个种特性的不同组合。黑龙江省栽培的红穗醋栗属于红果茶藨，近年来红穗醋栗的种植已得到重视，已从俄罗斯等国家引进多个品种，种植面积也开始扩大。

古丽江·许库尔汗 2009 年分析了红穗醋栗果实及叶片中的营养成分。结果表明：红穗醋栗果实中还原糖和维生素 C 的含量均低于黑穗醋栗；但是果实中 Fe 元素的含量比黑穗醋栗高，100g 鲜果中含 Fe 5.68mg（黑穗醋栗每 100g 鲜果中只有 1.5mg）。红穗醋栗果实中含有 17 种氨基酸，其中谷氨酸含量最高，而黑穗醋栗果实含有 16 种氨基酸，比红穗醋栗少 1 种。红穗醋栗果实中具有 9 种必需氨基酸，即苏氨酸、缬氨酸、胱氨酸、蛋氨酸、异亮氨酸、亮氨酸、赖氨酸、组氨酸、苯丙氨酸，占其氨基酸总量的 50.8%，黑穗醋栗果实中只有 7 种必需氨基酸，比红穗醋栗少 2 种。

由此可见，红穗醋栗果酱和果汁更有利于糖尿病患者的食用，尤其是所含有的 Fe 元素高，经常食用可预防缺铁性贫血。

我国野生的红穗醋栗种类很多。如东北茶藨（*R. mandschricum* Kom）、矮茶藨（*R. trisle* Pall）、英古里茶藨［*R. palczewskii*（Jancz）A. Pojark］、伏生茶藨（*R. repens* Baranov.）、毛茶藨｛*R. spicatum* Robgon［*R. pubescens*（C. Hartm.）Hedl］｝、密穗茶藨［*R. liouii* C. Wang et Ch. Y. Yang（*R. densiflorum* Liou.）］。以上这些种在西伯利亚、远东以及欧洲也有分布。分布在西北各地的有高茶藨（*R. altissimum* Turcz. et A. Pojark）、糖茶藨（*R. emodense* Rehd）、细穗茶藨［*R. haoii* Ch. Y. Yang et Han.（*R. gracillimum* Hao），该种花序长 35cm］等，这些红穗醋栗尚未被开发利用。

在我国西南、华中、华北和西北尚有许多单性花的红茶藨，如华茶藨（*R. fascicufatum* Maxim S. Z. var. *chinese* Maxim）、亨利茶藨（*R. henryi* Franch，常绿）、美丽茶藨（*R. pulchellum* Turcz）、二刺茶藨（*R. diacanthum* Pall）、冰川茶藨（*R. glaciale* Wall）等。以上茶藨还可以作为观赏植物，尚未被开发利用。

红穗醋栗也是穗醋栗育种的宝贵材料之一，在俄罗斯用红穗醋栗和黑穗醋栗进行杂交，培育出抗白粉病的穗醋栗育种材料。

白穗醋栗被认为是红穗醋栗的一种色素变异型。

3. 黄穗醋栗（金穗醋栗）　原产北美洲的黄花茶藨（*R. aureum* Pursh.）和芳香茶藨（*R. odoratum* Wendl.）一直被重视。这 2 个种的共同特点是叶像醋栗，叶柄几乎与叶片等长；花大、金黄色，萼片长度约为萼筒之半；果实有黑色、黄色、橘黄、紫褐色等，可供鲜食及加工；具有广泛而较高的抗逆性，如抗寒、抗旱、抗热，以及抵抗其他种穗醋栗易感染的主要病虫害（白粉病、蚜螨）。我国有栽培，主要供观赏用，黄穗醋栗的俄文名称叫做金穗醋栗（Золотистаясмородина）。米丘林（1908）用黄花茶藨的大果类型可兰达里（Крандалъ）的自然授粉的种子育出可兰达里实生（Сеянец Крандя）。当今育种家们推荐黄穗醋栗作为抵御蚜螨、抗白粉病的优良品种。

4. 欧洲醋栗（*R. grossularia* L.） 灌木，高1m。小枝具刺毛和三叉刺，刺长1cm。叶片3～5裂，宽2～6cm，裂片先端圆钝并具有波状锯齿，基部心形至宽楔形，无毛或有短柔毛，质地厚。花1～2朵，带绿色。果实球至卵球形，被短柔毛和腺毛或无毛，红色、黄色或绿色。2n=16。

原产于欧洲和北非，栽培历史很久，有数百个栽培品种，果实大小、颜色和茸毛变异很大，欧洲大陆绝大部分品种均系来源于此种，我国的东北地区有一定规模的栽培。此种自花结实力强，抗寒力不如穗醋栗，易感染白粉病。常见的品种有大醋栗、小醋栗、白葡萄醋栗等。

5. 美洲醋栗（*R. hirtellum* Michx.） 灌木，高1m。小枝细，具刺毛，老时暗褐色，针刺小或无。叶片卵状圆形或肾状圆形，基部宽楔形，宽2～6cm，3～5裂，裂片先端极尖，边有缺刻，无毛或微具短柔毛，叶柄细，常被柔毛。雄蕊约与萼片等长，花瓣长约为萼片之半，子房无毛稀有短柔毛及腺毛。果实紫色或黑色，直径8～10mm，无毛。原产于北美，栽培已久，品种很多。此种抗寒、抗白粉病。

6. 醋栗（*R. burejense* Fr.） 灌木，高达1m。小枝密被刺毛和短刺。叶片心形至亚心形，宽2～6cm，3～5深裂，裂片先端圆钝，边有缺刻，被短柔毛和腺点。花1～2朵，淡红褐色，花梗长3～6mm，萼片长圆形，比宽钟状萼筒稍长，花瓣菱形，先端圆钝，雄蕊长于花瓣，花柱无毛，先端两歧。果近球形，直径10mm，绿色，有刺，可食。产于我国东北长白山及小兴安岭一带及河北、山西等地。

7. 刺果茶藨（*Grossularia purejensis* Ber.） 别名刺李儿，为1m高的小灌木。老枝平滑，小枝黄灰色，多刺，叶基部集生有7个刺，长1cm。叶柄疏生腺毛，叶掌状3～5裂，裂刻深，叶基部心脏形，叶缘有圆锯齿。花两性，单生，萼片5，花瓣5，雄蕊5，花冠钟形，子房有刺毛，花柱单一。花期5～6月。浆果圆形，直径1cm，带有硬毛，萼片宿存。果熟期7～8月。分布于长白山、小兴安岭一带以及华北。

二、主要优良品种

目前我国主产区的黑穗醋栗主栽品种有近20个，主要有3个来源。一是20世纪初由白俄罗斯带入我国的厚皮亮叶、薄皮丰产2个类型；二是20世纪80年代中期东北农业大学、吉林农业大学等从波兰等国引入品系中选育的品种；三是我国育种工作者通过有性杂交、实生选种等育种途径培育的自主创新品种。早期种植的固有品种厚皮亮叶、丰产薄皮等因产量低、品质差、易感白粉病等缺点已在生产中逐步淘汰。现将醋栗、穗醋栗主要推广品种介绍如下。

（一）固有品种

1. 丰产薄皮 该品种株丛开张半圆形，高1～1.3m。萌芽力强、成枝力中等，基生枝多。老熟新梢灰白色、稍弯曲、节间长 7cm。三年生以上老枝暗紫色，皮孔散生成排成短行。芽较圆。顶芽 3 个并生，枝条中部侧芽也是 3 芽并生，可以抽出 9 个果穗。果穗长 6～8cm，平均坐果 12～16 个。自花结实率高。单果重 0.7～0.8g，果粒大小整齐，萼片宿存或干瘪脱落。果皮薄、果粉厚。种子长梭子形。浆果含总糖 5%～6%、总酸 2.5%，每 100g 鲜样中含维生素 C 120mg。盛果期平均单株产果 3～4kg，物候期比亮叶厚皮黑豆果早 5～7d，果熟期 7 月初，成熟期集中而不脱落。

该品种即前苏联西伯利亚的著名老主栽品种滨海冠军（приморяский цемпион，里亚丰产×吉库莎），在其产地滨海边州表现抗寒、丰产，是培育抗寒、丰产品种的重要亲本之一。在黑龙江省牡丹江地区，一至三年生树冬季不埋土防寒可以正常生长和结果，三年生以后不埋土则有枯梢现象。丰产，产期集中，可一次采收。不抗白粉病及蚜螨，不耐高温、干旱。

该品种为 20 世纪 80 年代黑龙江省主栽品种，后因产量偏低、感染白粉病严重、不抗蚜螨等原因在生产中逐渐淘汰。

2. 小醋栗　别名小灯笼果。株丛高 1.2～1.4m，株丛内主枝数目多，可达 50 多个，茎上有短而尖的刺，叶柄基部有 2～3 根与茎垂直的硬枝。老茎光滑。叶近革质有光泽，叶面有密茸毛，叶缘锯齿波状。2～3 个浆果着生在短果枝上，浆果直径 1cm，绿色，近圆形，成熟时被有白色果粉，味较酸，种子小。熟透的浆果呈紫红色，糖分增高，果肉变绵，适于生食及加工。果实 6 月中、下旬开始采收，耐贮运。基生枝多，产量高，是生产中主要栽培的品种。

3. 大醋栗　别名大灯笼果。株丛矮于小灯笼果，株丛内枝条数目较少，株丛高约 1m，宽 1.5～2m。新梢叶柄基部有 2～3 根长而坚硬的刺与茎垂直，刺带紫红色，多年生枝刺脱落，发枝力次于小灯笼果。叶暗绿色有光泽，裂刻较深，叶背疏生白色茸毛。浆果大，椭圆形，纵径可达 2.5cm，成熟时果皮呈乳黄色，脉纹白色，光亮透明，甚美观。浆果 6 月末至 7 月初成熟。果实的产量、品质及抗病能力不如小灯笼果，生产中栽培的不多。

（二）引进品种

1. 奥依宾（Ojebyn）　原产瑞典，1986 年由东北农业大学、哈尔滨市蔬菜研究所从波兰引入，1991 年通过黑龙江省作物品种委员会审定。

株丛生长强健，树体较矮小，枝条直立，适合密植和机械化采收。三年生株高 63cm，冠径 77cm，新梢节间短，间距 1.76cm，枝粗而硬。每个花芽着生 2 个花序，每个花序上着生 5～7 朵花。自花结实率 52%。果实基本呈圆形，萼片宿存，果皮厚、黑色，果点明显，纵径 1.3cm，横径 1.25cm，平均单果重 1.08g。可溶性固形物 14%，总糖 7.01%，总酸 2.95%，每 100g 鲜样中含维生素 C 107.51mg。5 月中旬开花，7 月上旬果实成熟。成熟期一致，可一次采收。抗白粉病，越冬性较强，在黑龙江省冬季雪大、小气候条件好的地方可露地越冬，但在绝大多数地区最好埋土防寒越冬。

2. 黑珍珠（Ben Lomond）　系苏格兰国家作物研究所于 1971 年杂交选育出的优良品种，亲本为乌苏里黑穗醋栗（*Ribes ussuriense*）中的 Consort，Kerry，Magus，Brotorph 和 Janslunda。1985 年从波兰引入我国，1993 年通过吉林省农作物品种审定委员会审定。

该品种株丛丰满，树势中等开张，花期比其他品种晚5～7d，从而有效避开了晚霜危害，克服了其他品种因霜害造成的产量不稳定的问题。果实较大，平均单果重1.33g，鲜食风味佳，可溶性固形物含量14%，在辽南地区可达17%。果面光洁明亮，形似珍珠。晚熟，在长春7月25日前后可采收，成熟期整齐。丰产期每公顷产量13 500kg。果实中色素含量高达1.55g/kg。适宜加工果汁。高抗白粉病。沈阳以北地区栽培时需要冬季埋土防寒。

3. 利桑佳（Risager） 1981年、1985年分别由吉林农业大学、东北农业大学从波兰引进，1993年通过吉林省农作物品种审定委员会审定，定名为密穗。1996年由黑龙江省农作物品种审定委员会审定，定名为利桑佳。

该品种生长势中庸，树冠半开张，皮孔明显，呈黄褐色，较稀。叶片呈掌状，叶片小，较平展，叶色浓绿。该品种具有明显的早实性，绿枝扦插（6月下旬扦插嫩枝）幼苗在翌年定植后有87%的植株可以开花结果。每个花芽平均着生2～3个花序，每个花序平均着生13朵花，自然授粉坐果率达78%，结果枝连续结果能力强。果实7月中旬成熟。果实纵径1.25cm，横径1.15cm，平均单果重0.96g；萼片宿存，直立；果皮较厚，黑色。可溶性固形物14.4%，总糖7.11%，总酸2.73%，每100g鲜样中含维生素C 130.72mg。四年生树每667m^{2}平均产量830.3kg。该品种极抗白粉病，在不施药的情况下发病率为零。冬季需埋土防寒方可安全越冬。

4. 黑丰 黑龙江省农业科学院牡丹江农业科学研究所引入的波兰品种，1996年2月通过黑龙江省农作物品种审定委员会审定。

该品种树势较强，枝条粗壮、节间短，株丛矮小。进入结果期早，丰产。高抗白粉病。该品种果实近圆形、黑色，果实大小整齐，平均单果重0.9g。可溶性固形物含量14.5%，果实成熟期一致，可一次性采收。丰产性好，进入盛果期早，二年生平均每667m^{2}产量230kg，五年生1 183kg，盛果期产量达17 750kg/hm^2。无采前落果。在黑龙江省4月中旬萌芽，5月中旬开花，7月20日左右果实成熟，10月中下旬落叶。抗寒性较差，需埋土越冬。该品种植株较矮，适合于密植。

5. 布劳德（Brodrop） 该品种原产芬兰，1986年由东北农业大学从波兰引入，2001年通过黑龙江省农作物品种审定委员会审定。

该品种生长势中庸，树冠开张，枝条较软，结果后易下垂。栽后2年开始结果，果穗长而密，自然授粉坐果率75%。7月中旬果实成熟，成熟期一致，可一次采收。果实纵径1.45cm，横径1.4cm；平均单果重2.3g，最大果重3.6g，以大果粒著称。萼片残存，果形整齐一致，果皮厚。可溶性固形物11.3%，总糖6.51%，总酸2.49%，每100g鲜样中含维生素C 49.84mg。一般管理水平条件下，二年生每667m^{2}平均产量262.36kg，三年生754.85kg，四年生924.33kg。抗白粉病。越冬性较强，冬季在黑龙江省大部分地区越冬需埋土防寒，个别地区不埋土或少量埋土即可安全越冬。

6. 大粒甜（Bona） 吉林农业大学1985年从波兰科学院果树花卉研究所引进的大果、鲜食与加工兼用的中熟品种，2005年1月通过吉林省品种审定委员会审定。

该品种树冠开张，长势中庸，五年生株高1.0m、冠幅1.1m。叶片3～5裂，平展，绿色有光泽。浆果黑色，有光泽，圆球形。果粒大，平均单果重1.62g，最大2.73g。果穗长7cm。基生枝发生数量较多。定植第一年基部可抽生3～5个基生枝。定植第二年即可结果，结果能力强。果实含可溶性固形物12%、可溶性糖10.6%、有机酸3.8%，每100g鲜样中含维生素C 168mg，出汁率72%，甜酸可口，鲜食口味佳。

该品种在长春地区4月上中旬萌芽，4月下旬现蕾，4月下旬至5月上旬开花，6月中下旬果实开始着色，7月中旬成熟，为中熟品种。第五年进入盛果期，产量达到10 100 kg/hm^2。无白粉病、斑枯病发生，干旱年份有红蜘蛛、蚜虫发生。

7. 甜蜜（Kanta-ta）　吉林农业大学1985年从波兰引进，2005年1月通过吉林省品种审定委员会审定并定名。

株丛半开张，生长势强。五年生株高1.5m，冠幅1.5m。枝条粗壮。叶片大，3～5裂。果穗长10cm左右。浆果圆球形，成熟时黑色。平均单果重1.47g，最大2.25g。果实含可溶性固形物14%、可溶性糖11.6%、有机酸3.0%，每100g鲜样中含维生素C 16mg。果实出汁率70%。风味酸甜，鲜食口味佳。在长春4月中旬萌芽，7月中下旬成熟，晚熟。第二年结果，自然坐果率30%～40%；第五年进入盛果期，产量为10 300 kg/hm^2。

8. 红瑞（Cherry）　吉林农业大学于1985年从波兰引进，2006年1月通过吉林省农作物品种审定委员会审定并定名，是目前我国第一个通过审定的红穗醋栗品种。

该品种五年生株高1.2m，冠幅1.2～1.5m。浆果为亮红色，圆球形，呈半透明状。百果重42g，最大单果重0.67g，直径0.9～1cm。果穗长7～13cm，每穗着果10～22粒。果实含可溶性固形物9.0%、可溶性糖7.6%、有机酸3.0%，维生素C 180mg/kg。味甜酸。果实出汁率63%，果汁鲜红色，风味品质佳。可鲜食或加工果汁等。

在长春地区4月上中旬萌芽，4月下旬至5月上旬开花，花期持续大约10d，7月上旬成熟，从开花到浆果成熟需要65～70d。成熟期较一致，可一次性采收。自然坐果率90%以上。6月下旬新梢停止生长，7月上中旬开始二次生长。10月中旬落叶。枝条扦插容易生根。多年生结果枝组易下垂。定植第二年即可结果，第五年进入盛果期，产量达6 150kg/hm^2。

9. 亚德列娜娅（Ядреная）　东北农业大学1999年由俄罗斯西伯利亚李沙文科园艺研究所引进的品系，2008年通过黑龙江省农作物品种审定委员会审定。

该品种树姿开张，生长势中庸，四年生株高90cm，株径110cm。基生枝发枝能力较弱，多年生枝深褐色，一年生枝褐色。叶片中等大小，略狭长，叶面褶皱明显。每花芽着生花穗1个，每穗花数9～15朵。自交结实率44.55%，自然坐果率64.47%。果实黑色，个大整齐，最大果纵径2.2cm，横径2.0cm，最大单果重4.9g，果实中可溶性固形物含量13.6%，每100g鲜样含维生素C 118mg。成熟期比较一致。

该品系具有明显的早果性，绿枝扦插苗定植当年结果植株达100%，且单株产量高(第一年结果平均株产1.5kg以上)。

在哈尔滨地区4月23日萌芽，5月4日初花，6月17日果实开始着色，7月1日可采收。10月下旬进入休眠期，为早熟品种。不感染白粉病。该品种喜冷凉，持续高温干旱叶片及果实有灼伤现象，适于在山区及黑龙江省北部地区栽培；在黑龙江省冬季越冬需埋土防寒。

10. 坠玉（Pixwell） 该品种原产美国，1986年由吉林农业大学引入我国。母本为欧美杂交种（Oregon），父本为美洲种（*Ribes missouriensis*），1932年选出。其果实以长梗悬坠于枝条上，如玉珠而译名为坠玉。该品种生长势强，多年生枝灰褐色，针刺渐消失，一年生枝黄绿色，5～7年生株丛高1.2m左右。果实圆球形，直径1.5～2.0cm，平均单果重3.2g，最大果重可达5.0g；近成熟时果实为黄绿色，充分成熟后为紫红色，果面光亮半透明。含可溶性固形物13%。果皮薄，果肉软而汁较多，风味甜酸，鲜食品质好并适用于加工果汁、果酱、果糕等。自花结实率高，丰产性好。在长春地区6月中旬果实即达到可采时期，7月下旬果实着色。该品种品质较好，生长势强，单株产量高，抗白粉病能力很强，醋栗叶斑病很轻。浅覆土越冬安全，连年丰产。被推荐为东北地区优良品种。

11. 白葡萄醋栗 别名白葡萄灯笼果。株丛比较大，灯笼果小，1～2年生枝上有刺，叶革质有光泽，果大近长圆形，味酸甜，品质好，但产量较低，生产中栽培的很少。

12. 红醋栗 别名红灯笼果。红醋栗株高1～1.15m，果实成串着生在果枝上，红色，故名红醋栗。红醋栗是重要的经济树种之一，果实香甜，除可生食外，可做罐头、果酱、酿酒、饮料等。红醋栗还可作为观赏树种。

（三）自主创新品种

1. 寒丰（原代号83-11-2） 黑龙江省农业科学院牡丹江农业科学研究所以亮叶厚皮和野生兴安茶藨为亲本杂交选育，2006年2月通过黑龙江省农作物品种审定委员会审定。

该品种树势强健、基生枝多。果实近圆形，大小整齐。纵径1.1cm，横径1.2cm，黑色。果穗长3～5cm，每穗着生7～15粒，果柄长3～4cm，果皮较薄，皮紧。果实出汁率82%；平均单果重0.90g。可溶性固形物含量16%，每100g鲜样中含维生素C为151mg。无采前落果现象。在黑龙江中部和东部地区，4月中旬芽开始膨大，5月15日左右开花，7月20日左右浆果成熟，10月中旬落叶，果实发育期65d，营养生长期180d。抗白粉病，整个生育期不用施药。抗寒性强，在我国任何地区越冬均不用埋土防寒。

2. 晚丰（原代号牡育96-16） 1990年以寒丰为母本、黑丰为父本进行杂交，2002年通过黑龙江省农作物品种审定委员会审定。

该品种树姿较开张，多年生枝灰褐色，皮孔圆块状纵向排列，一年生枝黄褐色。株高114.2cm，冠径114cm，叶面光滑，叶片长8.75cm、宽9.75cm。初花期花紫红色，盛花期粉白色。果实圆形，纵径1.18cm，横径1.25cm，平均单果重0.91g，果皮黑色，果肉淡绿色，种子褐色，可溶性固形物含量14.6%，每100g鲜样中含维生素C 142mg。以2～3年生枝结果为主。自花结实率及自然授粉率均较高，无需配置授粉品种。

在黑龙江省牡丹江地区，4月中旬萌芽，5月初展叶，5月上旬现蕾，5月中旬初花期，5月20日盛花期，7月下旬果实成熟，10月中旬落叶。在黑龙江省越冬不用埋土防寒。抗白粉病。

3. 岱莎（原代号17-29） 东北农业大学于1986年由波兰引进黑穗醋栗种子实生选育，2005年通过黑龙江省农作物品种审定委员会审定登记并命名。20世纪80年代末，新疆从东北农业大学引入该品种，命名为世纪星。

该品种枝条较直立，树姿半开张，生长势中庸。四年生株高 90cm 左右，冠径 115cm。多年生枝灰褐色，一年生枝黄褐色，皮色较浅。叶片中等大小，鲜绿色；穗状花序横生，每花芽着生花穗 1 个，每穗花数 12～17 朵，花萼紫红色，自交结实率 40.07%，自然坐果率 78.4%。果实近圆形，平均单果重 1.23g，果肉浅绿色，果实中可溶性固形物含量 14.6%，每 100g 鲜果中含维生素 C127mg。果实成熟期比较一致，果穗较长，适合机械化采收。果实较硬，耐贮运。成熟期较晚，属晚熟品种。

该品种在哈尔滨地区正常年份 4 月 10 日萌芽，4 月 23 日展叶，5 月 6 日开花，6 月 27 日果实开始着色，7 月 12 日果实开始成熟，10 月末落叶休眠。抗白粉病能力强，经多年观察不感染白粉病。冬季需埋土防寒。

4. 绥研 1 号（原代号 Y96－9－4） 绥棱浆果研究所从引进的俄罗斯黑穗醋栗品种波列特玛丽（Бредмори）的自然授粉种子后代中选育，2008 年通过黑龙江省农作物品种审定委员会审定登记并命名。

树势较强，株丛半开张。叶片淡绿色、平展，叶缘向下，较薄，叶表光亮。一个花芽内有 3～5 个花序，每个花序能开 15～22 朵花，盛花期花粉白色。自交花朵坐果率高达 53.2%，自然授粉花朵坐果率 70.5%，无需配置授粉树。

果实近圆形，平均单果重 1.62g，最大单果重 5.2g，果实较整齐。果面无果粉，果皮腺点少、黑色，厚度中等。果实香气浓，风味酸甜。果肉淡绿色，种子褐色。可溶性固形物 12.3%，可溶性糖 5.97%，可滴定酸 3.16%，每 100g 鲜样中含维生素 C 408mg。

在黑龙江省绥棱地区果实成熟期 7 月 18 日左右，成熟期一致，可一次性采收。熟期较对照品种奥依宾早 3～5d，属于中早熟品种。抗白粉病。越冬需埋土防寒。

三、品种选择与栽培区域化

（一）品种选择

品种选择是栽培的关键。选择品种时首先应考虑以下原则：以鲜食为主的品种应选择大果型、果实糖含量高、有机酸含量低、酸甜适度口感佳、耐贮运的品种，如布劳德、大粒甜、甜蜜、绥研 1 号等；以加工为主的品种，对果实大小没有严格要求，但要求果实成熟度好，糖分、有机酸含量高，果实质地较软、出汁率高，成熟期一致，便于机械采收，如利桑佳、亚德、寒丰等；以速冻出口为目的的，应选择果皮厚、冻后不破裂、耐贮运的品种，如黑丰、岱莎、黑珍珠等。

为了延长采收期，以缓解因成熟期相对集中给加工企业带来的压力，选择品种应注意早、中、晚熟品种的搭配。早熟品种亚德、绥研 1 号等，中熟品种布劳德、黑丰、寒丰、大粒甜、甜蜜等，晚熟品种岱莎、黑珍珠、黑金星等。

（二）关于我国黑穗醋栗和醋栗区域化

黑穗醋栗和醋栗冬季耐低温、夏季喜冷凉，最适于纬度 45°地区生长，处于同一纬度的俄罗斯、波兰、德国、英国、法国都是世界上黑穗醋栗和醋栗生产大国。我国的种植区域为东北、新疆、华北北部、西北部分地区。但在该区域中，冬季漫长、严寒少雪，春季干旱、温度变化大的地区，绝大多数黑穗醋栗品种越冬需埋土防寒，否则枝条因冻旱而干枯致死或影响产量。

在胶东半岛、辽东半岛、华北北部的沿海地区以及新疆北疆、东北部分山区半山区特殊小气候条件下，冬季雪大、空气湿润，黑穗醋栗越冬则不需要埋土防寒。

第二节　生物学特性

一、株丛特点

穗醋栗和醋栗是典型的多年生小灌木，其地上部分由许多不同年龄的骨干枝构成株丛，地下部分为须根众多的根系。株丛形状依种类、品种特性而不同，有直立紧凑形、半开张或开张形等。株丛的高度也依种类、品种不同而有差异，黑穗醋栗株高多数集中在80～120cm，据报道红穗醋栗和黄穗醋栗能达到2m。穗醋栗株丛的骨干枝是逐年形成的。从定植开始每年从枝条基部的基生芽中发出强壮的基生枝，使株丛增大；同时在基生枝靠近地面的部分发生不定根，使株丛的根系部分扩大。如此3～4年之后，形成有5～20个不同年龄基生枝或称为骨干枝的株丛，其中一年生骨干枝各有3～4个。这时，二至四年生骨干枝已经结果，株丛进入盛果期，最早结果的大骨干枝顶端的延长生长逐渐缓慢，再过1～2年，其延长生长完全停止，顶端衰亡，枝条生长势减弱，产量下降，以新的基生枝来更新。不同种类骨干枝寿命长短不一，一般黑穗醋栗为5～6年，红、黄穗醋栗为6～8年，株丛寿命一般为15～20年。

醋栗的株丛较穗醋栗矮小，平均株高1.5～2m，株丛开张，但欧洲醋栗的品种中有的株丛高达2m以上并且枝条近于直立。枝条的寿命一般为7～8年，如果及时缩剪并除去不必要的基生枝，枝条寿命可达20年以上。基生枝以及骨干枝下部的大侧枝一般在第二年很少结果，它们发出分枝，形成骨干，第3～4年才在其上形成大量短果枝。栽植后最初几年基生枝发生的较多，几年后株丛内形成了一定数目不同年龄、不同级次的骨干枝后，基生枝发生的数目始渐减少，株丛的增长也减少。在生产园中，醋栗的经济效益较高的年龄为8～10年，在管理好的条件下可延长至15年，在不断更新的情况下株丛的寿命达30～40年时，仍有一定的产量。株丛的另一个特点是枝条上多刺，给田间管理工作带来困难，尤其是修剪和采收，比较费工。

二、根

黑穗醋栗和醋栗的根可分为主根、侧根和须根（图5-1）。种子萌发后，实生苗有主根和侧根，形成发达的根系，属直根系。而通过无性繁殖的苗木可产生大量的不定根，没有明显的主根，逐年从基生枝的基部发生不定根，有的不定根发育成骨干根，扩大根系分布范围。据李国英等（1985）观察：穗醋栗根系活动范围主要集中在0～60cm深的土层内。根系在一年中的生长动态因季节及土层深浅而有不同，新根生长量以20～40cm深土层为最大，其次为0～20cm、40～60cm，80～100cm深处根最少。从行间观察，三年生株丛的水平骨干根扩展到株丛外30～40cm处，五年生株丛扩展到70～80cm。在黑龙江省，根系开始生长比萌芽期约晚 10d，在整个生长季节，根系出现 2 次生长高峰。4 月中、下旬，根系首先在 0～40cm 土层（上层）中开始活动，当土温上升到 12～13℃时（5 月下旬至 6 月上旬）进入发根高峰，而分布在下层（40～100cm）土壤中的根系在 5 月中、下旬才开始活动，约在 6 月下旬至 7 月中、下旬才出现生长高峰，这个高峰比上层土中的小，但是到 8 月中、下旬则出现第 2 个比较明显的高峰。9 月中旬，当土温降到 18℃以下时，上层土壤中的根系进入第 2 个生长高峰，这个高峰的出现主要是由于根系在上层土壤中又长出大量吸收根，特别是一级吸收根上又长出二级根，增加了根系的活动。10 月末以后深土层中根系仍继续生长，到 11 月中旬土温下降到 4～0℃时，根系才被迫停止生长。

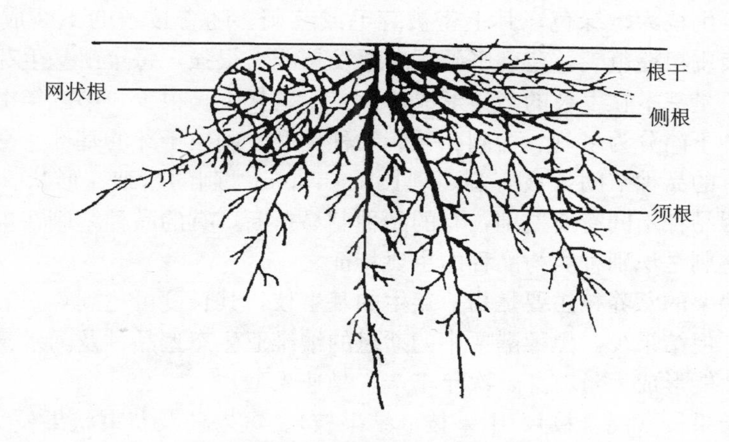

图 5-1　穗醋栗根系的组成

穗醋栗根系与地上部的生长有着互相依存和制约的关系。黑穗醋栗地上部枝条的生长高峰是在 5 月至 6 月上旬，枝条生长高峰之后立即出现根系的第一次生长高峰，避免了二者对养分竞争。新梢旺长利用一部分根系贮存的营养物质，叶片制造的光合产物又大量输入根系，有助发根高峰来临。根系大量生长时又将营养供给果实发育、花芽分化以及枝条加粗生长。根系第二个生长高峰有利于营养吸收供给全株的营养贮备及越冬。

黑穗醋栗的吸收根相当抗寒，土温降到－3.1～－3.6℃时，稍有受伤，降到－3.6～－4.7℃时严重受冻，低于－4.7℃时根系死亡。醋栗根系活动最适温度为 20～25℃，超过 25℃根系活动缓慢以至停止。醋栗根系具一定的抗寒能力，据观察，－1.9℃时根系轻微受冻，－2.5℃时严重受冻，－3.2℃时死亡（И. А. Муромлев，1985）。

三、茎（枝）

穗醋栗嫩枝的茎由表皮、皮层、维管束、髓部组成。株丛直立的品种其角质膜较厚，皮层和髓部的细胞较小；株丛开张的品种多为角质膜较薄，皮层和髓部的细胞较大，髓部较大，故茎较柔软而易下垂。黑穗醋栗幼茎表皮上分布有表皮毛及腺体。表皮毛为单细胞。腺体是由 2 层细胞组成的短柄和由 3～4 层分泌细胞组成的圆形头部所构成，其形状如碟，在其细胞壁和角质膜之间充满黄色挥发性液体，当角质膜破裂时，散发出特殊的气味。黑穗醋栗的叶、幼果、花萼等部分都分布有这种腺体，花萼外侧碟状突起。此外，乌苏里茶藨、水葡萄茶藨、臭茶藨等也有这种腺体。

穗醋栗幼茎老熟时，茎上的气孔变成皮孔，其排列呈线形，散生。皮孔的排列在3～4年生老枝上尤为明显。形成层带由6～7层细胞组成。茎中央为髓部，髓射线与形成层带交接部位常有不定根原基存在。不定根原基为一团排列紧密的薄壁细胞，其体积小、胞核明显，与其周围细胞有明显的区别。

成熟的一年生枝，顶芽形成早的品种（奥依宾等）枝条上下部位粗度几乎相同，有2次生长高峰的品种，其枝条下粗上细，顶芽形成晚。成熟枝条有的直、有的稍弯曲，色泽也不一，有灰褐、灰黄、灰绿等，依种类、品种而不同。

醋栗的当年生枝为嫩绿色，其上密被茸毛或茎刺，随着枝条的不断成熟颜色转为褐色。多年生枝表皮粗糙龟裂，茎刺坚硬。醋栗发枝能力很强，每年由基生芽发出大量基生枝。枝条的生长量基本在发枝的当年形成，第二年延长生长很少，第三年更少。醋栗枝条上的茎刺因品种不同分为多刺、稀刺、无刺几种类型。刺位于芽的基部，一般为2～3个，多者达4个，有的品种节间也被有刺。刺长4～18mm。刺的粗细、形状、色泽以及与枝所呈的角度也因品种不同有所差别，有的品种刺易折断，有的品种茎刺在生长过程中退化或完全脱落。茎刺是识别种类与品种的主要特征之一。

穗醋栗和醋栗的营养枝主要是指一年生的基生枝，其长度可达到0.5～1m。二年生基生枝可以结果，但结果少。黑穗醋栗中的斯堪的纳维亚生态型品种及阿尔泰生态型品种的一年生基生枝上能形成大量花芽，次年丰产，是速果型。

结果枝有长果枝（混合枝）、中果枝（结果枝）、短果枝及花束状果枝（图5-2）。长果枝的长度为15～35cm或更长，确切地说，长果枝为混合枝，其顶芽及侧芽可能是叶芽，也可能是花芽，这种枝为基生枝或大侧枝转变而来。中果枝的长度为10～15cm，几乎所有的芽皆为花芽，其顶芽可能是花芽或叶芽，所以称这种枝为结果枝。花束状结果枝即长为5cm以内的短枝，其上紧密地排列着花芽，顶芽是叶芽，可以发出0.5～20cm长的延长枝，白穗醋栗的这类果枝多。短果枝是长3cm以内的结果枝，其上外部年轮及叶痕密集，仅着生1～3个芽。2～3年之后形成短果枝群。黑穗醋栗的短果枝寿命短，红、

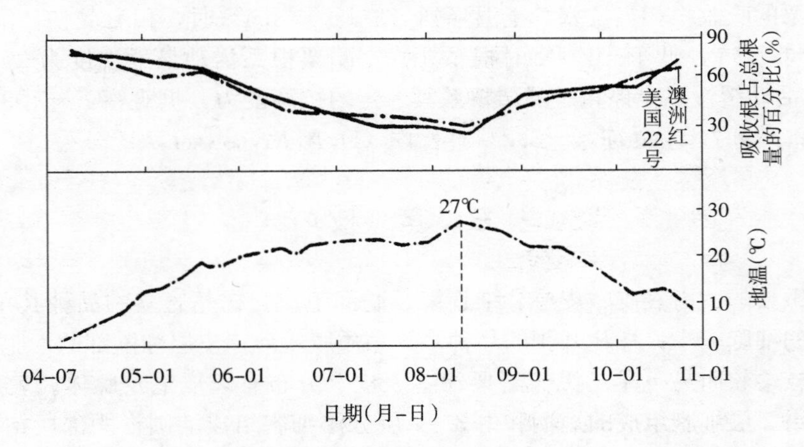

图5-2　穗醋栗地上部分

白、黄穗醋栗的短果枝可以连续结果4～5年或更长。黑穗醋栗的产量主要集中在二至四年生骨干枝，以及1～2级大侧枝上，五年生枝产量明显下降；红、黄穗醋栗的最高产量集中在四至六年生骨干枝上。

穗醋栗和醋栗新梢年周期活动状况根据各地的温度及湿度条件而不同。在哈尔滨观察，黑穗醋栗于4月中旬萌芽，5月初枝条开始生长，5月中旬开花。新梢一年中只有1次生长高峰。一进入5月，新梢就开始生长，经6～7d的缓慢生长后，于5月8日前后出现生长高峰，每天生长量最高可达1.3cm。到6月上旬，生长即开始减缓，生长高峰从5月上旬到6月上旬持续1个月的时间。这个时期新梢生长迅速，其生长量占全年生长量的1/2以上。从6月上旬至8月中旬为枝条缓慢生长期，每天生长量只有1～3mm。8月中旬后枝条即逐渐停止加长生长。此时，新梢生长减缓，叶片增厚，枝条开始半木质化。4月上、中旬叶芽萌动后，4月中下旬鳞片开始脱落，露出幼叶，于5月初开始展开，先展开的形成小叶，5月上旬初期叶幕形成，此时叶面积较小，以后随着枝条进入生长高峰，叶面积迅速扩大，随着枝条生长减缓，叶片开始增厚，增强了光合能力。

四、叶及叶幕

穗醋栗叶片为掌状三裂或不明显的五裂，为单叶、互生（图5-3)。边缘锯齿或大、或小，或尖、或钝，叶柄基部平或带有不同深度的柄洼。叶面对称或不对称，叶片颜色有淡绿、绿、深绿、暗绿、灰黄等。叶表面光泽或暗，有不同程度皱褶，叶身平或有凸凹，叶质软或硬，以及带有不同程度的腺体和茸毛。红穗醋栗叶片具有3个大裂片，其下部2裂片很不明显。叶背被茸毛，无腺体。黄穗醋栗叶片貌似醋栗，通常为绿色，秋天变成红黄色。醋栗的叶片比黑穗醋栗小，单叶、互生，3～5裂片，裂片先端圆，边缘有波状齿，叶片无毛，无腺体，或有茸毛，革质，叶色浓绿，秋天遇低温后变为红黄色。新梢上的叶片一般大于结果枝上的叶片。

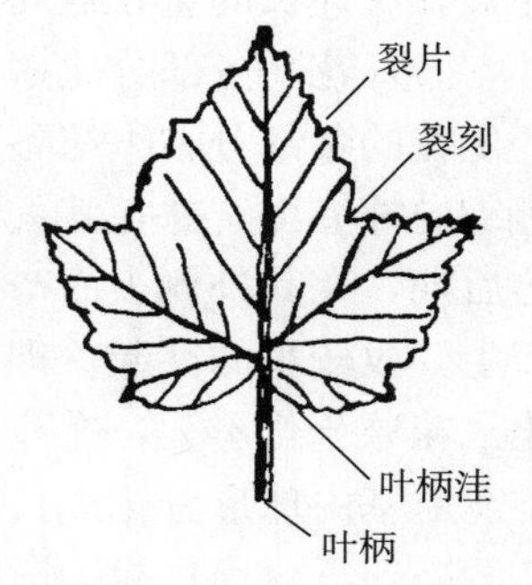

图5-3 黑穗醋栗叶片

穗醋栗和醋栗在定植的第二年开始形成叶幕，到第3～4年形成半圆形或扇形叶幕。种类、品种、栽培技术不同，叶幕形成的速度及强度不同。黑穗醋栗同一品种在不同栽植密度（1.5m×2m、1m×2m、0.5m×2m）下，树冠上各层次叶幕的厚薄不同，叶面积指数以株、行距为1m×2m的最大，全树冠上、中、下各层叶面积指数的差异也小，各层次叶面积分布均匀，产量也较高。株、行距为0.5m×2m的，叶集中在树冠中、上部，形成上强下弱树冠，不利于通风透光，产量低。因此，必须选择合理的栽植密度，保持合理的叶面积，才能达到高产。

五、芽及花芽分化

穗醋栗和醋栗枝上芽的排列及形状因种类、品种而不同。黑穗醋栗长果枝上芽排列稀疏而均匀，红、白穗醋栗的芽排列不均匀，枝上部的芽密集。枝上有花芽、叶芽之分。醋栗的叶芽及花芽都比穗醋栗小，一至二年生枝上叶芽较多，三至四年生枝上花芽数目多，四年生枝上花芽占2/3。株丛基部的叶芽可发育成强壮的基生枝，一年里的基生枝可长达80～100cm。成龄树每丛一年可发出15～50个基生枝，基生枝当年可形成花芽，第二年见果，第三年丰产，第四、五年开始衰老，一般枝条寿命为6～8年。

花芽为混合芽，一般位于枝条中、上部。从混合芽能发出带有几个叶片的短枝，其顶端为花穗。东北农业大学谭余等（1987）对小灯笼果花芽进行了解剖观察，结果表明醋栗花芽分化过程基本与穗醋栗相同。

桂明珠等（1982—1984）在哈尔滨的观察，黑穗醋栗花芽分化大体历经4个时期。

（1）叶芽期　萌芽之后（4月中旬），很快抽出新梢（5月初），在新梢叶腋中腋芽随之分化、长大，在生长点外围先分化出鳞片叶、过渡叶，而后分化出3裂突起叶原基。此时期的芽，处于叶芽阶段。

（2）花序原基分化期　6月中旬叶芽通过生理分化期，转入生殖分化时期。穗醋栗为总状花序，进入生殖分化阶段首先是分化花序轴原基。此时叶芽的原生长点变大、高起、伸长，在伸长的生长点周围自下向上分化成苞叶原基和花原基，形成花序原基。

（3）花的各部分化期　花序原基分化的同时，位于基部的花原基开始分化，自外向内产生花的各部分：①花萼分化。花原基开始伸长，其顶端逐渐膨大，而后中间开始下陷，边缘向外突出，并在其上形成5个小突起，即花萼原基，以后深入分化成萼筒。花萼发育的后期，在其外侧表面产生表皮毛和碟状腺体。②花瓣分化。在萼筒内侧与萼片相间部位产生5枚较小的突起，即花瓣原基。此原基在分化前期其形体一直很小。③雄蕊原基分化。花萼分化不久，在萼筒内侧与萼片相对部位产生5枚较大的突起，即雄蕊原基。而后雄蕊原基由球形分化成长椭圆形的花药及短柄的花丝。④雌蕊原基分化。在花原基中心逐渐凹陷，近萼筒边缘逐渐隆起，产生心皮原基，并彼此相互愈合。在心皮内壁两侧产生多数突起，即胚珠原基，心皮轴上端与花萼筒连成一体，形成子房下位。

每一花序上，花的分化顺序是自基部依次向上分化，数目不等（3～20朵），依种类、品种而不同。入冬之前花的各部形态分化基本完成，而后越冬，处于休眠状态。

（4）性细胞形成期　黑穗醋栗的性细胞形成期是自翌春萌动至开花之前的一段时间里进行的。该期的特点是花芽快速生长，花序不断伸长，每朵小花的各个部分也迅速生长。与此同时，雌、雄蕊内部的性细胞不断分化。据观察，在黑龙江1月、2月、3月甚至4月11日以前的花芽，基部小花的花萼高度仅为雄蕊高度的2/5～1/2。4月中旬花芽开始生长，到4月19日时花萼的高度为雄蕊3/4～4/5，说明花芽已开始活动。4月27日花萼已全部包住花的各个部分。当芽的一片真叶露出花芽时（5月2日），花药内部花粉母细胞正处于减数分裂，形成四分体，接着开始小孢子形成，开花前花粉成熟。在雄蕊发育的同时，雌蕊也开始发育。花柱逐渐伸长，柱头分化成二裂。子房内部胚珠原基开始形成内、外珠被，珠心内大孢子母细胞减数分裂形成大孢子，进而产生成熟胚珠。性细胞分化期较短，一般只有20～30d。

黑穗醋栗花芽分化临界期为6月中旬，7～8月份为分化盛期。花芽分化先后历经11个月，其中有2个明显阶段：越冬前为花芽分化的形态建成阶段和翌年春花芽分化的性细胞形成阶段。在实践中必须注意加强肥水管理，早春时期肥、水不足，特别是干旱，不但影响性细胞分化，还会导致严重的落花、落果，致使当年得不到收成；春夏期间肥、水不足则不能顺利通过花芽分化的临界期。果实采收之后施肥对入冬前花芽形态建成及越冬有特殊重要意义。

六、花和果实

穗醋栗和醋栗不同种类及品种的花略有区别（图5-4）。花为钟形、杯形或浅杯形，有双层花被，萼为筒形、薄片向外翻转，萼部为紫色、红色、浅绿色，花瓣比萼片短、5枚，白色、淡黄色、淡绿色或粉红色，雄蕊5，雌蕊花柱2，黏合在一起，柱头分离。子房下位，雌蕊可能与雄蕊等长、稍短或超过。黄穗醋栗的花朵大，萼筒细而长，达到花的一半，萼片先端细而尖，向外翻，花黄色至金黄色。

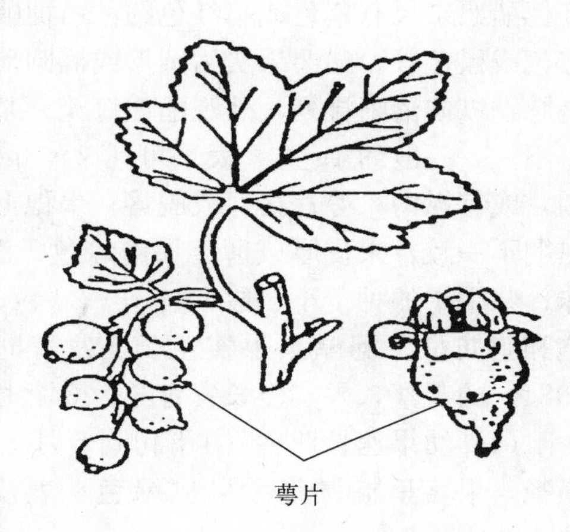

图5-4　花和果实

花序为总状。一个花芽内花序单生或簇生（2～5个）。一个花序上有3～20朵花、排列紧密或疏松，花序与茎呈放射形或下垂。

开花物候期因种类、品种及当地气候条件而迟早不一。黑龙江省中部花期在5月中旬，平均日温12℃左右，活动积温130～170℃，从蕾期到开花相隔11～14d。花期最易遭受晚霜危害，山区尤甚。黑穗醋栗花期耐低温的极限在－2～－4℃。在同一低温条件下，随着冷冻时间的延长，组织褐变率及相对电导率随之增加，当温度降到－4℃并持续6h以后，花器官全部受冻。早春花蕾不同发育时期其抗冻能力不同，小蕾期抗冻性最强，含苞待放期略低，开花期最差。就一朵花而言，雄蕊抗冻性较强，雌蕊抗冻性略低，而萼片抗冻性最低。不同品种花期的抗冻能力存在较大差异。

黑穗醋栗开花后，花药即可开裂，放出芳香气味，引诱大量的蜜蜂、野蜂和蝴蝶等为其授粉。观察表明，授粉后6h左右花粉在柱头上萌发，产生花粉管，并沿着引导组织向下伸长。在花粉管向下生长过程中，花粉粒中的内容物进入花粉管，生殖核进行一次分裂，产生2个精子，精子的形状多为圆形、椭圆形。花粉管伸长速度比较缓慢，在花柱中常常看到花粉管先端有畸变现象，如花粉管顶端膨大及花粉管发生螺旋状扭曲等。不同年份由于气温等条件差异，授粉后由萌发到花粉管进入子房上部需2～4d。当花粉管伸长到花柱基部时，大量花粉管从花柱道进入子房，沿子房内壁表面和胎座向下生长，并通过珠孔进入胚囊，完成双受精过程。

霍俊伟等（2008）的授粉试验结果表明：奥依宾、利桑佳、布劳德、寒丰、黑丰均可互作授粉树，其中用布劳德和奥依宾作其他3个品种的授粉树坐果率较高；除布劳德×寒丰组合外，其他3个品种作布劳德和奥依宾的授粉树坐果率均较高。初步认为布劳德和奥依宾是利桑佳、寒丰、黑丰的适宜授粉品种。

穗醋栗果实是由萼筒和子房愈合而成的假果。果实分为果壁及果肉两部分。果壁分外果壁、内果壁和中层。外壁包有一层角质层，其下有2～3层表皮细胞，排列紧密、规整，果熟时含有大量色素。内壁由3～4层细胞构成，细胞形状比较小，排列规整，在果实发育后期最内一层细胞解体成为果汁。果壁中层细胞有12～14层，为薄壁细胞，对果实体积、重量增加起重要作用。果心包括胎座和胚珠两部分，胎座有2个，胚珠多数。胚座随果实发育逐渐软化而成汁囊状。未受精的胚珠退化消失逐渐发育成为果汁部分。果心是浆果的重要组成部分，其内含有丰富的营养物质。

浆果的色泽不一定是分类的唯一依据，例如黑穗醋栗中也有带红褐色或绿色的品种，红穗醋栗浆果有紫色或暗红色的，白穗醋栗有淡黄色的，黄穗醋栗的浆果可能呈现金黄、红色或黑色等。醋栗果实为圆形或椭圆形，果皮多为绿色，充分成熟时为淡粉红色，果皮上脉纹纵向清晰排列，外观酷似灯笼；浆果单果重1～1.2g，最大可达5g。穗醋栗浆果大小不一，一般约1g重，大果可达2～3g重，最大的可达3g以上；形状有圆、椭圆、扁圆，或有纵沟；萼片宿存或脱落；果穗上的浆果或大小均匀、成熟期一致，或不均匀、成熟期不一致，果皮厚或薄，果肉绿色、淡红色或淡黄色；风味酸甜、甜以及具有特殊气味；浆果中的种子小、梭形，10～20粒；种子内有胚及胚乳，种子含有油脂，为多种不饱和脂肪酸。穗醋栗果实生长、发育时期约50d。根据东北农业大学谭余等（1983—1984）的观察，果实生长发育分为3个时期。

（1）幼果速长期　5月下旬到6月上旬，持续15d左右。果实发育快，纵径生长超过横径，果略呈椭圆形。果皮绿色，表皮着生腺体及表皮毛。果重增加快，千粒果重达144g。

（2）缓慢生长期　6月上旬至6月中旬，约2周左右。此时种子发育，纵径及横径都增长缓慢，果形略变圆，果皮仍为绿色。浆果达到成熟浆果的1/3大小，千粒果重212g。

（3）采前速长期（成熟期）　6月下旬至7月上旬，约2周左右。浆果恢复迅速生长，果呈圆形，并现出品种固有的颜色。果皮上出现果点及果粉。种子成熟，浆果千粒重716.0g。

浆果生长变化曲线呈双S形。浆果生长、发育的整个过程中，浆果内部的营养成分变化规律与浆果体积、质量变化规律并不相吻合。据东北农业大学杨咏丽测定（1988—1989）：黑穗醋栗浆果中维生素C的含量随果实生长发育逐渐减少，下降速度最快的时期是果实缓慢生长的中、后期到浆果成熟初期。黑穗醋栗的薄皮品种在坐果后的30d内，维生素C含量从每100g鲜样中含32.1mg降到12.5mg；厚皮品种在坐果后的22d内，维生素C从100g鲜样中含288.0mg降到84.0mg。这种维生素C含量随果实成熟的进程下降的趋势在果品中是比较特殊的。有机酸的含量在果实发育的全过程中一直呈直线上升，致使果实酸性较大。游离氨基酸总含量在果实发育前期高，到果实采收成熟度时达到最低，而后到果实完全成熟期又有所回升。可溶性固形物的变化有起有落，总的趋势是果实发育前期低、后期高。

七、光合产物的运转及分配特点

东北农业大学祖容、刘洪家等（1988—1989）用^{14}C对黑穗醋栗一年生幼树及二年生结果树进行测试，结果表明，幼树大枝（基生枝、大侧枝）上不同节位叶片、二年生结果树各类枝叶片其光合产物都有不同的输出能力和运转、分配的特点。

幼树大枝不同节位的叶片在年周期中有不同的输出能力。下部叶片是在早春形成的，其生长除依靠母体贮藏的营养之外，也靠其自身合成的光合产物。在生长前期下部叶有较强的输出能力，一半的光合产物输送给枝上部正在生长的部分；生长后期，光合产物主要运往根系。中部叶片是在营养条件较好的情况下形成的，其光合产物的输出比较稳定，生长前期基本供给地上部分，生长后期主要运往根系。上部叶片形成较晚，生长前期其光合产物明显供给自身建造，只有少量输出，但是到了生长后期，其输出能力加强，超过中、下部叶片的水平，有60%以上的光合产物运往根系。新梢叶片光合产物是逐渐向外输出的，一日之中有个高峰，即下午2：30之前及5：30之后，输出时呈双向（向上、向下）同侧运输。

结果树各类枝叶片光合产物的输出、运转和分配在不同的物候期有不同的表现。现蕾期是新梢开始迅速生长之时，这时树体由营养的贮藏代谢过程逐渐过渡到依靠当年光合产物的代谢过程。到了开花期，正值新梢生长高峰，全株各部分的光合产物供给新生器官生长、发育的需要。顶梢的光合产物主要供给自身建造，输出的光合产物之中1/2供给临近的花穗、1/2供给根系，表现出顶梢与根系有很强的营养调节能力。中部果枝及下部枝叶片的光合产物基本供本枝需要，表现出很强的局限性，下部枝叶片有1/2光合产物供给基生枝和根系。这时期基生枝的竞争能力最强，所得的光合产物最多，超过短果枝及绿叶枝。结果期地上部各器官之间仍有很强的竞争，其中顶梢的输出能力增强，有1/2光合产物输送果穗、1/4输往根系、少量供给基生芽，说明这时期基生芽已形成，并且已发育，输送给基生枝的极少；中部结果枝叶片光合产物输出具有很强的局限性，其光合产物80%左右留给本枝；下部枝的下部叶片，其光合产物1/2左右输给根系，有1/4以上输送二年生茎的下端。这一时期基生枝表现出卓越的贡献力，它在满足自身前提下，将光合产物的绝大部分运往根系作为贮藏营养，其余部分供给母体，满足果实成熟的需要。果实采收之后，秋季树体停长时期最活跃的部分是基生枝，其下部叶片的光合产物主要留给本枝，为越冬作准备，部分输入根系。落叶之前的树体营养贮备时期，基生枝仍很活跃，其光合产物基本输往根系以及贮藏在本枝的中、下部，供来年早春器官活动所需要营养的一部分。

第三节　对环境条件的要求

一、温　　度

穗醋栗和醋栗属于耐寒的浆果植物，生长最适宜的温度比较低，平均气温为17～

18℃。高温对它有不良的影响，夏季气温超过32～33℃时，叶片光合速率在13：00左右出现“午休”现象，超过35℃时，叶片光合速率出现负值，叶色变淡，大枝及果实上出现灼烧。穗醋栗和醋栗在其生长、结果时期需要温凉气候，但是冬季严寒会导致冻害的发生。

黑穗醋栗和醋栗的抗寒性包括抵御越冬期间冻害和春季霜害的能力。据观察：黑穗醋栗的冻害发展有一个累积加重的过程。在深冬季节抗寒品种无冻害表现，不抗寒品种有轻微的冻害。春季由于植株抗性下降，冻融交替导致冻害进一步发展是引起死亡率增高的一个主要原因。

穗醋栗和醋栗不同种类和品种的抗寒性不同。起源于西伯利亚、阿尔泰、斯堪的纳维亚半岛的品种抗寒力较强，起源于西欧的品种抗寒力较差。欧洲醋栗抗寒力稍差，冬季需埋土防寒越冬，否则地上部易受冻害，而且不能恢复生长。美洲醋栗及其与欧洲醋栗的杂种则较抗寒，地上部受冻后隔2～3年可完全恢复，仍能达到高产。我国现有的栽培品种中，寒丰、布劳德抗寒能力较强。红穗醋栗中来自红果茶藨及石生茶藨的品种抗寒力超过黑穗醋栗。红穗醋栗对高温的反应也没有黑穗醋栗那样强烈。在炎热的夏天，红穗醋栗叶子一直保持青翠的绿色。黄穗醋栗最抗寒。

二、水　分

穗醋栗和醋栗是喜湿作物，但有的种类也相当抗旱，这种特性的形成与其原产地的立地条件有关。黑穗醋栗生长在河岸边、林间旷地，形成对水分要求高的特性。红、白穗醋栗生长在山坡上或与高大草本植物群生，在竞争的条件下形成伸入土层较深的根系，因而它的抗旱力高于黑穗醋栗。黄穗醋栗原产美国西部山地，革质的叶片和伸入土中2m深的根系使得它在干旱的地方可以丰产，而红、黑穗醋栗则不能。醋栗比穗醋栗耐旱。

对黑穗醋栗来说，年降水量450～550mm即可以满足其生长和结果的需要。干旱会明显地影响黑穗醋栗生长，致使产量下降。冬春季节干旱是造成穗醋栗越冬死亡的主要原因之一。黑穗醋栗髓部发达，髓部细胞排列疏松，细胞间隙较大；薄壁细胞呈立体网状排列，其中颜色较深的含单宁细胞较多。木质部射线发达且宽，韧皮部射线呈喇叭状，水分疏导能力强，其一年生枝条容易失水。在春季，欧洲品种枝条木质部内导管开始破裂，大量水分和离子外溢，造成不可逆伤害。在春季枝条失水表现最明显，导致抽条死亡。越冬能力弱的利桑佳的一年生枝条皮孔和导管相对面积较兴安茶藨和奥依宾大。皮孔相对面积大易失水，导管相对面积大造成可冻水体积大，不利于水分输送，芽膨大期导致蒸腾失水过多，而水分补充不足，芽过量失水而死亡。

黑穗醋栗比较抗涝，其根部在积水中1周左右，叶片仍为绿色，超过10d后才变黄。但是夏季若长时期冷凉、潮湿，也会使浆果丧失固有的好风味。

三、光　照

穗醋栗和醋栗是比较喜光的浆果植物。从穗醋栗和醋栗原产地的生态条件来看，黑穗醋栗生长在林缘、林间旷地，在枝条生长、开花、结果时期基本不被遮光，生长后期才被遮光，主要是上部光被遮。为了获得较好的光照，其株丛向四周扩张，而至开张的树形。在栽培实践中，黑穗醋栗各物候期所需的光照强度是比较高的，但也合乎野生条件下对光需求的规律，即生长前期所需光强，后期所需的光强较小。

红穗醋栗生长在山坡上，群居于高秆草本之中，也是夏季的后半期被遮光，而且被遮的是旁侧光。为了抢光，其株丛形成较直立而紧凑的形状。它比黑穗醋栗更喜光。白穗醋栗对光的要求严格，若将其栽在果树行间不如黑、红穗醋栗长得好，并且产量也低。

四、土　　壤

黑穗醋栗和醋栗对土壤的要求不严格，水分充足、肥沃而疏松的壤土、黏壤土、沙壤土等皆可。盐碱土、白浆土以及有严重病、虫害的土壤都不适宜。红、白穗醋栗对土壤的要求更广泛，它们可以在黏质土和比较干旱的沙质土壤中生长和结果。红穗醋栗比较耐盐渍土。

第四节　育苗与建园

一、育　　苗

穗醋栗和醋栗育苗主要采用无性繁殖的方法。穗醋栗的枝条（茎）易发生不定根，适宜扦插和压条繁殖，同时由于其株丛的枝条数目多，可以进行分株繁殖；也可以通过组织培养的方法进行快速繁殖。生产上穗醋栗以扦插繁殖最为普遍，而醋栗主要采用压条繁殖。

（一）穗醋栗扦插繁殖

1. 硬枝扦插　在春季萌芽前利用一年生健壮的木质化枝条作插段进行扦插，苗木成苗率高，成熟度好，管理方便，是主要的扦插繁殖方法。

（1）枝条的采集和贮存　枝条的剪取在秋季穗醋栗落叶后埋土防寒以前进行，剪取当年生基生枝。剪下的插条去掉未落尽的叶片，每 50 或 100 根为一捆立即进行贮存。贮藏的方法主要有 2 种：一种是沟藏。在露地选择高燥向阳处，挖深 50～60cm、宽 1～2m 的沟，沟长可根据插条的多少而定。然后将捆成捆的枝条摆放在沟内，每摆放一层填一层土，尽量使土填满枝条间的空隙。一般摆放 2～3 层，然后浇足水，最后盖上 15cm 左右的碎土，待大冻以后再用土将沟全部封严，这样即可安全越冬。第二种是窖藏。事先准备好干净的河沙。枝条入窖时，先在窖底铺一层湿沙，再把成捆的枝条横卧摆放至窖中，一层湿沙一层枝条，使湿沙进入捆内枝间空隙。堆放枝条不能太高，1～2 层即可，否则透气不良易引起霉烂。控制窖温在 0℃左右。要定期检查，防止干燥或发霉。

（2）扦插时期　根据当地的气候特点选择扦插的时间，在哈尔滨地区一般在 4 月中、下旬为宜。当地土壤化冻 15cm 以上就可以扦插。

(3) 整地做畦（床） 育苗地应选择在土壤肥沃、土层深、地势平坦、灌水方便的地块。选好地后，每 667m^2 先施入 2 500～3 000kg 腐熟的有机肥，然后深翻 20cm 左右。这项工作最好在扦插前一年的秋季进行。春季土壤解冻后即可做扦插床。在地势较低洼、地下水位高的园地宜做高床；畦（低床）浇水方便，适于地势高和春季干旱的园地。畦（或床）的宽度为 1～1.2m，长度应根据地面平整情况而定，一般 10～20m，沟或埂（作业道）宽 30cm 左右。畦（或床）要南北向延长。床面要搂平，插前灌足底水。

(4) 插条的处理 在扦插前一天将枝条从贮藏沟中取出，放在水池中浸泡 12～24h，使其充分吸水，然后剪成插段。插段长 10～15cm，保留 2～3 个饱满芽，上端剪口要平，下端剪口斜下，呈马蹄形，便于插入土中，并增加生根的面积。剪后立即扦插，避免风干。

(5) 扦插方法 扦插的株行距为 10cm×（10～15）cm。插条与地面呈 45°角斜插，使插条基部处于温度高水分多的地方，以利于发生新根。扦插的深度以剪口芽与地面相平、覆细土后剪口微露为宜。扦插后立即浇水。水渗下后要在畦或床面上盖一层细土，以防土壤干裂。

为了减少灌水次数，提高地温、提高成活率，还可以采用地膜覆盖的扦插方法。即扦插前先将地膜展开平铺在床（或畦）面上，在地膜上直接扦插，扦插后立即灌透水。

(6) 扦插后的管理 扦插后 1 周即可萌芽，2～3 周后开始生根。要经常检查土壤湿度情况，及时灌水、除杂草和松土。苗高 20cm 左右时应追肥 1 次，每 667m^2 施入硝酸铵或尿素 15～20kg。

2. 绿枝扦插 在生长季节利用当年生半木质化新梢作插段进行绿枝扦插。

(1) 插床的准备 绿枝扦插床的基质要求在 10～18cm 厚的筛过的细壤土（或腐熟的草炭土）上铺 5～10cm 厚的细河沙，或用泥炭土与蛭石、珍珠岩的混合物做床土，床面要平整。插床上要有遮阴条件，可采用简易的塑料棚，棚不必过高，30～50cm 即可，也可用较密的竹帘在距床面 30～40cm 高处搭遮阴棚。

(2) 枝条的剪截与扦插 扦插时期一般在基生枝半木质化时，在哈尔滨地区为 6 月中、下旬。枝条应采自品种纯正、生长健壮的母株，也可以结合夏季修剪采集。将枝条截成插条，每个插段 2～3 节，并保留 1～2 个叶片。剪好的插条也要立即浸入水中。扦插的株行距为 10cm×15cm。将带叶的插段斜插入基质中，深度要插到叶柄基部，露出叶面，随插随喷水，立即遮阴，防止叶片萎蔫。

(3) 扦插后管理 扦插后管理的关键环节是采用喷水、遮阴等方法来调节湿度与温度。对扦插苗的管理还应该注意光照，早晚或白天天气不太热的时候，可以除去遮阴物，以便叶片充分利用光能进行光合作用。扦插后 5～8d 就可以形成愈伤组织，2 周左右便可生根。生根以后可以减少浇水的次数，当新梢长到 2～3cm 时，便可停止遮阴，进行正常的管理。

利用全光照弥雾扦插设备进行扦插，用控制器控制湿度，自动调整喷水的次数及时间，省工、省水效果好。

（二）压条繁殖

1. 水平压条 醋栗和穗醋栗在春季解除防寒以后（哈尔滨地区在 4 月中旬至 5 月上

旬），在紧靠株丛处挖放射状沟，沟深5～6cm，将株丛外围的基生枝剪去顶端细弱部分后引入沟中，并用木钩或铁丝钩加以固定，然后用细土填平。萌芽后新梢出土，当新梢长至20cm以上时再向基部培一次湿土，土堆高出地面10cm左右，土下即可生根。秋季落叶后将每株带根的小株分开，即成一新株。

2. 垂直压条　醋栗和穗醋栗供垂直压条的株丛于春季时对基生枝要进行重剪，只留下5～6cm，以促使接近地表处发生新的大量的基生枝。当新梢达到20cm时再培一次湿土，土堆不要超过新梢的1/2，过3周左右再培一次土，使土堆高最后达到40cm以上。到秋末，每一个枝条的基部都生有良好的根系，可与母株分离，成为独立植株。

（三）分株繁殖

醋栗和穗醋栗于落叶后或萌芽前在株丛的外围挖取带根的基生枝或多年生枝，重新栽植到另一处，成为一个新的株丛。此法繁殖系数低，但形成株丛快，方法简单，容易成活。

（四）组织培养繁殖

目前生产上用得较多的是采用穗醋栗的茎尖作外植体进行茎尖培养。

1. 外植体的灭菌　取穗醋栗生长健壮的基生枝于清水中冲洗2～3h，然后剪成每节带1个饱满芽的茎段。用滤纸吸干茎段表面水分后，用70%酒精浸泡15～30s，再用无菌水冲洗3次，然后用0.1%的氯化汞溶液浸泡8min。

2. 茎尖的接种　取一茎段，用镊子轻轻剥掉芽生长点外包被的鳞片，直至露出生长点。打开三角瓶，在酒精灯周围转动瓶口，使瓶口全部烧灼到足够的热度，杀死病菌。用手术刀将生长点切下，置入三角瓶中的培养基上。50ml的三角瓶中可接种5～6个茎尖。接种后用封口膜封严瓶口，转入培养室。

3. 起始培养及继代增殖　接种后的茎尖在培养室中开始生长与分化。分化培养基为MS+6-BA 2～3mg/L+GA_3 1～1.5mg/L。接种2～3周后外植体开始长大、转绿，5～6周出现腋芽突起，8～9周大量腋芽出现并生长出小植株，呈丛生状。每隔2～3周可继代1次，继代培养基可采用MS+6-BA 1～1.5mg/L+GA_3 2～3mg/L。将丛生苗切分成单株接种在新鲜培养基上，1株可繁殖15～20株，然后新生苗再按1∶15～20的比例增长。当扩繁到一定数量时，可转入生根培养基。

4. 根的诱导　外植体大量增殖后多数情况下是无根的芽苗，所以需要将分化的植株转移到生根培养基中诱导生根。试验表明降低MS的无机盐浓度、添加生长素有利于根的分化；常用的培养基为1/2MS+IAA 0.3～0.7mg/L。为了使生根整齐，可将健壮的植株转入生根培养基中，其植株移入新鲜的继代培养基中扩大繁殖。

5. 小苗移植驯化　小苗生根后在移栽之前要将三角瓶放在光照好的温室内，打开瓶口，锻炼1周后开始移栽。移栽时首先必须把附着在组培苗根部的培养基冲洗干净。用泥炭土、珍珠岩、蛭石按体积比2∶1∶1混合的营养土有利于穗醋栗的生根。移植后的小苗易干枯，必须用保湿罩或间歇喷雾的方法来保持湿度，同时要严格控制温度，注意光强和光照时间，使驯化移植的小苗逐渐适应外界环境条件。

（五）苗木出圃

1. 起苗时间　穗醋栗和醋栗的苗木宜在秋末冬初落叶后起苗，黑龙江省一般在10月中旬进行。起苗的先后可根据苗木停止生长早晚而定，停止生长早的品种可先起苗，停止生长晚的品种可晚起苗。

2. 起苗方法 起苗前在田间做好品种标记，以防止苗木混杂。如果土壤干燥应先灌水，这样容易起苗，并且可以减少根系损伤。起苗时因穗醋栗和醋栗已经进入休眠，根系可以不带土，如果马上定植，稍带些泥土更好。起苗时先捋净植株上未落的叶片，然后从苗床或垄的一端开始，用快锹距苗木 20cm 处下锹，四周各一锹即可挖出，尽量不伤根和苗干。将根系中挖伤及劈裂的部分剪掉，按苗木不同质量进行分级（表 5-3）。优质的苗木标准是：品种纯正，根系发达，须根多，断根少，地上部枝条健壮充实并有一定的高度和粗度，芽眼饱满，无严重的病虫害和机械损伤。

3. 苗木假植 秋天挖出或由外地运进的苗木，如果不进行秋季栽植时需假植。假植地应选择地势平坦、避风、高燥不积水的地方。假植沟最好南北延长，沟宽 1m、深 50cm 左右，沟长由苗木数量多少而定。假植时，苗向南倾斜放入，苗间根部要充分填以湿土，以防漏风。一层苗木一层土，培土厚度至露出苗高 1/3～1/2，上大冻前用土将苗全部埋严，整个埋土厚度 15～20cm。土干时应浇水防止苗木风干。不同品种苗木要分区假植，详加标记，严防混杂。

4. 苗木的运输与包装 外运的苗木，为防止途中损失必须包装。包装材料就地取材，最好用草袋或蒲包，并在根部加填充物——湿锯末或浸湿的碎稻草以保持根部湿润，外边用绳捆紧把根部包严。一般 50 或 100 株捆 1 包，挂上标签，注明品种名称、收苗单位即可发运。如果远途运输，在途中还应浇水，以防苗木抽干影响成活率。

表 5-3 黑龙江省穗醋栗苗木分级标准

部位	项目	苗木等级	
		一级	二级
根	不定根数	12	18
	不定根长（cm）	>12	>10
	不定根基部粗度（cm）	>0.3	>0.25
	不定根分布	均匀分布，舒展	均匀分布
茎	茎高（cm）	>50	>40
	茎粗（cm）	>0.6	>0.5
	茎颜色	褐色，全木质化	淡褐色，木质化
芽	饱满程度	饱满	饱满
苗木	机械损伤	无	无
	白粉病	无	轻度
	茶（藨）瘿螨	无	无

注：不定根数指长度 12cm 以上、基部直径 0.2cm 以上的不定根数；不定根基部粗度指根基部 2cm 处的粗度；茎高指从插段发芽处到茎顶端的高度；茎粗指插段抽枝 10cm 处的粗度；芽饱满程度指苗中部芽和下部基生芽饱满、新鲜、无病虫害。

二、果园的建立

（一）园地的选择

穗醋栗和醋栗是多年生果树作物，在建园之初必须对园址依地形、土质、水分等影响生长发育的重要条件加以选择。本着因地制宜的原则选择地块，发挥生产潜力，提高产量，获得最大的经济效益。

穗醋栗和醋栗喜欢生长在中性或微酸性黑土层较厚、腐殖质较多、疏松而肥沃的土壤上。油沙土、草甸土和沙壤土都很适宜，土壤黏重或盐碱含量过高不适于穗醋栗和醋栗的生长。建园最好选择平地，因平地灌水条件好，便于管理及机械化作业。但要注意地下水位高的地方不宜建园，应在1.5m以下，否则土壤湿度大、地温低，不利于生长，同时夏秋多雨季节排水困难易形成内涝，使树体贪青徒长，枝条成熟度差，营养积累不好，抗寒力下降。

园地也可以选择山地与丘陵地。这些地方地势高燥，空气流通，光照充足，排水良好。山地的地势、地形、坡度、坡向等都十分复杂，因此存在着山间局部小气候的差异。选地最好选择在山腰地带，坡向最好是朝南或西南。山脊土层薄，风也较大。山麓虽然沃土层较深，灌水方便，管理也方便，但往往土壤水分和空气湿度过大，光照不良，不适合穗醋栗和醋栗的生长。山间谷地和山间平地下沉的冷空气难以排出的地带易遭受早霜和晚霜危害，尤其是穗醋栗和醋栗花期早，最易受晚霜的危害，因此这样的地带不适于建园。丘陵地的土质、水利和管理条件等介于平地和山地之间，其顶部土层薄，风蚀水蚀严重，肥力差。丘陵下部土质较厚、肥沃，在丘陵地区选择园地时要根据土壤肥力、水源条件、交通运输条件等综合考虑，择优选用。

选地时还要注意利用园地周围自然屏障如高山、森林等或栽植人工防风林来减轻风害，有利于冬季积雪，保持土壤水分和空气湿度。

（二）定植

1. 定植时期　穗醋栗和醋栗的定植可在春秋两季进行。

春栽利用假植越冬的苗木于4月上旬土壤化冻而芽未萌发时进行，此期墒情好，有利于成活。但春栽由于苗木在贮藏中根系和枝条受到一些损伤，栽后缓苗期长，不如秋栽的旺盛。另外，春季时间较短促，一旦栽得过晚，苗木芽已萌动，影响成活。

秋栽在10月上中旬进行。起苗后立即定植，栽后灌透水而后埋土防寒。秋栽优于春栽，由于苗木省去贮存过程，起苗后直接栽到地里，苗木不受损伤，枝芽活力好。当年秋季一部分根系能恢复生长，第二年春返浆期根系就可以开始活动，化冻后就可萌发生长，生长整齐旺盛。秋栽还可避免因假植不当而引起的苗木发霉或抽干而造成的损失。

2. 定植株行距　株行距大小主要受品种和机械化作业程度的影响，应以密植和便于行间取土防寒为原则。目前生产上多采用小冠密植，株行距为1m×2m、1.5m×2m或1.5m×2.5m，每公顷5 000丛、3 000丛或2 600丛。为了早期丰产，近年来国内外趋向合理密植，行距为2～2.5m，株距0.4～0.7m，每穴栽苗1株，每公顷需苗10 000～12 000株，单行排列，定植2年后株丛相接连成带状。这种结构更能合理利用光源和土地，通风好，便于防寒取土、机械化采收和田间管理。

3. 定植方法 先按株行距测好定植点，做好标记，然后挖深度和直径各50cm的定植穴。挖穴时将表土和底土分开放置，表土与肥料（每穴7.5～10kg有机肥或100g过磷酸钙）混拌后填入穴内，接近穴深1/2时就可栽苗。带状栽植可利用大犁开沟，沟深40cm，沟底宽50cm，沟面宽80cm。将基肥与沟土混合，填到沟深1/2时拉上测绳，按株距栽苗。

定植前要剪枝，即在根颈以上留10cm左右剪下，经过剪枝的苗木不但成活率高还可以发出2～4个壮条。定植时每穴1株的将苗定植于穴中央，2株的要顺着行、2株相距20cm，3株的成等腰三角形栽植。根系要尽量舒展开，接触根系的土尽量用细土，当填平定植穴时要轻轻提苗，避免窝根，然后踩实。以定植穴为直径做灌水盘，灌透水。栽植后根颈低于地表3～4cm为宜。

4. 定植后的管理 秋季定植的苗木灌水后用土将苗埋严越冬，翌年4月中旬撤土，接着灌一次催芽水。春季定植的苗木灌水1～2d后要松土保墒。不论是秋栽还是春栽，都要根据土壤水分状况随时灌水，确保成活。定植的苗木春季萌芽展叶后要进行成活率检查并及时补栽缺株。以后进行正常的田间管理。

第五节 栽培管理技术

一、土壤管理

幼龄果园行间较大，可进行间作。间作物应选择生长期短的矮棵作物，如小豆、绿豆、马铃薯、萝卜、大葱等。间作物要与穗醋栗和醋栗无共同的病虫害。不宜种高棵、爬蔓作物，以防遮阴影响生长。间作物要距离株丛0.3m以上，株丛周围要松土除草。

成龄果园由于穗醋栗和醋栗树冠不断扩大，行间变小，根系吸收范围加大，不宜再进行行间间作。此期土壤管理的任务是提高肥力，满足生长与结果需要的营养物质。除正常的肥水管理外，还应注意铲地或中耕，清除杂草。灭草的方法除勤铲勤耕外，还可采用除草剂。施用除草剂应在秋季落叶或春季萌芽前进行，既能抑制杂草，又不影响枝条的生长。

二、水分管理

穗醋栗和醋栗喜湿但也怕长期水涝，水分管理主要是做好灌水和排水工作。

根据穗醋栗和醋栗一年中对水分的要求，应重点满足以下4个比较关键需水期的水分供给。

1. 催芽水 要在4月中旬解除防寒后马上浇灌，目的是促进基生枝和新梢的生长，促进根系的旺盛生长和花芽的进一步分化充实，满足开花期对水分的需要。

2. 坐果水 要在落花后的5月下旬浇灌。此期基生枝和新梢生长迅速，果实刚刚开始膨大，是需水的高峰期，缺水会引起落果。

3. 催果水 于6月中旬浇灌。此期气温高，植株蒸腾量大，应根据果园的土壤含水情况进行灌水，以保证果实迅速膨大。

4. 封冻水 在10月下旬埋土防寒前灌封冻水，可以满足冬春季节对水分的要求，同时具有防止土壤干裂，提高地温的作用，对减轻越冬抽条、安全越冬十分重要。

几次灌水不能机械照搬，要根据植株生长状况、土壤湿度和天气情况灵活运用。灌水方法除盘灌和沟灌外，最好采用滴灌。灌水可以配合施肥进行。灌水时必须将根系分布的土壤灌透。灌水后覆盖浮土以利保墒。

在雨季、积水的地方需设排水沟排水，或通过种植绿肥来减少水分，以后再将绿肥翻到地里增加土壤肥力。

三、施肥管理

施肥对穗醋栗和醋栗增产有显著的效果。施基肥在秋季和早春进行。成龄园每公顷施厩肥50 000～60 000kg，幼龄园施30 000～40 000kg。一般采用开沟施，在距根系30cm处开沟，深10～20cm、宽10～15cm，施肥于沟内，而后盖土。施肥沟的位置应逐年向外移，沟也要随之加深、加宽，直到全行间都施过肥。追肥可分为土壤追肥和叶面追肥。落花后，新梢速长、果实开始膨大，是最需肥时期。此期进行1次土壤追肥，每株丛施入尿素50～75g，硝酸铵75～100g，可促进新梢生长、提高坐果率。叶面追肥一般在6～7月进行，用0.3%尿素补充氮肥、30%过磷酸钙浸出液补充磷肥、40%草木灰浸出液补充钾肥，每10d左右叶面喷施1次。

针对东北地区穗醋栗和醋栗普遍缺钾的问题，在栽培中应重视钾肥的施用，克服目前生产中单纯施氮肥的现象。国内外许多研究证明：黑穗醋栗喷施钾肥可以增加枝条长度和粗度以及百叶干重，提高百果重和产量。李亚东等（1996）的研究认为土壤施钾肥百果重增加幅度为7～17.33g，产量增加幅度为每株0.321～0.694kg；叶面喷施钾肥，百果重增加幅度为0.33～8.33g，但产量增加幅度为每株0.468～0.755kg，比土壤施肥增加幅度略高；果实可溶性固形物含量土壤施肥增加幅度为3.4%～4.8%，叶面喷肥为2.6%～2.8%。所以要以土壤施钾为主，配合叶面喷钾。土壤施钾宜早，在萌芽前施入为佳，每株施 K_2SO_4 0.15～0.3kg，折合 K_2O 250～500kg/hm^2。叶面喷 K_2SO_4 的适宜浓度为0.5%～1%（折合 K_2O 0.25%～0.5%），于果实膨大前连续3次，约15d喷1次。

施入氮、磷、钾等肥料，应根据当地土壤、气候、栽培管理条件等科学地进行。近年来，国内外学者对叶片进行分析后确定出标准值，作为合理施肥的参考依据。李亚东等（1996）分析了吉林、黑龙江省5个地区的黑穗醋栗叶片，并与国外文献进行比较，提出适合我国东北地区的黑穗醋栗叶分析标准值为氮（N）2.8%～3.0%、磷（P_2O_5）0.3%～0.4%、钾（K_2O）1.0%～1.5%。

在栽培管理中还可以通过施用植物生长调节剂来促进果实生长发育。刘洪章等（1995）应用不同浓度的多效唑（PP_{333}，植物生长延缓剂）进行了叶面喷肥试验。结果表明：多效唑叶面处理后果实含糖量明显增加，低浓度处理能提高果实中维生素C含量，降低酸度，糖酸比增大，色素含量提高，喷施浓度为250mg/L和500mg/L时对改善果实品质效果好。

四、修剪技术

(一) 整形修剪的作用和原则

穗醋栗和醋栗寿命很长，如果任其自然生长其结果必然是枝条纵横交错，株丛中强、弱、新、老、死枝并存，树冠郁密，结果部位外移，产量下降。通过修剪可以人为地控制株丛的留枝量，使株丛内有一定数量、一定比例的不同年龄的枝条，并使其合理分布，形成良好的株丛结构，调节营养生长和生殖生长的矛盾。

穗醋栗和醋栗是喜光的作物，要求株丛通风透光。自然生长的情况下无法实现合理利用光能和改变通风条件，而整形修剪可以合理控制枝量及分布，创造通风透光条件，尤其是带状密植修剪更为重要。修剪还有利于田间管理，如打药、中耕除草、灌水施肥、果实采收、秋季埋土防寒等。

整形修剪的原则是根据定植密度，使株丛有一个比较固定的留枝总量。一般为20～25个，其中一年生、二年生、三年生和四年生枝各占1/4左右，即每年株丛中都有一至四年生枝各5～6个，五年生以上枝条因产量下降全部疏除。

(二) 整形修剪方法

1. 短截 即剪去枝条的一部分。对基生枝进行适度的短截后，可以促使其当年长出长短不同的结果枝，这些结果枝来年成为最能丰产的二年生骨干枝。短截一般在基生枝的1/3或1/4处进行。

2. 疏枝 即将枝条从基部剪去，这是黑穗醋栗修剪中应用最多的方法。主要用于结果3～4年以上的老枝、过密枝、纤细瘦弱枝、下垂贴地枝以及受到机械损伤、病虫为害等的枝条，将其从基部疏去，以健壮枝代替。

(三) 整形修剪时期

分夏季修剪和春季（休眠期）修剪2个时期。

1. 夏季修剪 5月下旬至7月份以前都可进行。5月下旬，当基生枝长到20cm左右时，大量的基生枝使树冠郁密，消耗营养，要通过修剪合理留枝。每丛选留7～8个健壮的基生枝，均匀分布在株丛中，其余的基生枝全部疏除，但欲进行绿枝扦插或秋季剪插条的株丛应适当多留一些。夏季修剪主要是疏去幼嫩的基生枝，使保留下来的骨干枝生长健壮，花芽分化好，为来年丰产奠定基础。

2. 春季（休眠期）修剪 春季修剪应在4月解除防寒后萌芽前进行。主要疏除病虫枝、衰弱枝和因埋土防寒受到伤害的枝条。对留定后的枝条顶部细弱部分或有病虫害的部分进行短截，对多年生枝上的结果枝及结果枝群也要进行疏剪和回缩。

(四) 整形修剪的具体过程

现以黑穗醋栗每穴定植2株为例来说明整形修剪的具体过程：

第一年（即定植当年)：苗木定植时已在根颈10cm处短截，当年6月就可以发出2～3个新枝，2株苗共4～6个。

第二年：春季株丛中有4～6个二年生枝，在其中选留3个较粗壮的枝条短截1/4左右，为下一年培养结果枝，其余的枝不短截，可以少量结果。在它们的基部又发出十几个基生枝，在夏剪时，剪去过弱的基生枝，其余大部分留下，大约10个左右。

第三年：株丛有4～6个三年生枝，开始大量结果；有10个左右二年生枝，春剪时选留7～8个，并在二年生枝中留3～5个在1/4处短截，其余疏除。夏季修剪时再从大量基生枝中选留10个。

第四年：株丛中有4～6个四年生枝，相继大量结果；7～8个三年生枝也开始大量结果。春剪时对上年留下的10个左右基生枝中选留6～7个。此时已形成具有丰产能力的株丛，正常情况下结果2.5～5kg。夏季修剪又重复第三年的做法。

第五年：株丛进入盛果期，除了春季将五年生枝疏除外，其余剪法与第四年完全相同，以后每年剪法皆同第五年。如此年复一年，株丛的枝量、不同枝龄枝条的比例和结构自然被固定下来，在此基础上再处理好病虫枝、衰弱枝、结果枝和结果枝群，整形修剪的目的就能实现。

五、果园的其他管理

我国北方地区冬季气候严寒、干旱，由于穗醋栗和醋栗的大部分品种越冬能力差，冬季经常发生枝条受冻及抽条干枯现象，使株丛部分枝条甚至大部分枝条死亡，严重影响长势和产量。不同品种抽条现象发生程度不同，薄皮、奥依宾等品种在山区可自然越冬，但积雪少的年份也有部分枝条顶部干枯，多年生枝上较弱的结果枝也有抽干现象；亮叶厚皮等其他品种自然越冬后枝条抽干枯死，个别年份可达90%～100%，在背风面或近地处幸存的枝条，其萌芽晚，长势弱，坐果率极低。

关于黑穗醋栗越冬后发生抽条死亡的原因，张永和、杨国慧等（1991，1993，1995）认为主要有3点：一是生理干旱。研究表明，枝条枯死与其自身的含水量有关，初冬时枝条含水量达50%以上，第二年3～4月枝条含水量降至24%～21%，枯死率达100%。生理干旱发生在整个冬春季节但突出表现在春季，即3月末至4月初，这期间由于冻融交替的气候条件和植株状态的变化，枝条蒸腾明显加大，枝芽很快枯死。二是冻害。冻害发生在深冬季节，发生的部位在距地表之上5～20cm，受冻器官主要是芽和枝条的髓部、芽和枝条向阳面的皮层和韧皮部，冻害的程度随着冬季的进程不断发展，日趋严重，初春（3月末至4月初）冻融交替期冻害达到极重程度，加上此期又遇到天气转暖，芽膨大，所以枝条水分由蒸腾和冻害引起的枝条干枯致死。可见引起黑穗醋栗抽干致死主要是生理干旱与冻害共同作用的结果。另外，一部分枝条抽干是由于茶藨透羽蛾蛀入枝条髓部形成失水通道而引起。

抽条干枯致死的原因除生理干旱、冻害、虫害之外，还有一个最根本的问题即品种的问题。越冬能力强的薄皮和奥依宾秋季落叶早，枝芽成熟度好，自身保护能力强；越冬能力差的厚皮亮叶等品种秋季落叶晚，自身保护能力差。

目前黑龙江省的主栽品种越冬性差是一个主要缺点，培育不防寒即可安全越冬的品种是穗醋栗和醋栗生产中亟待解决的问题。黑龙江省野生兴安茶藨长期适应当地气候条件，越冬性强，是一个很有希望的抗寒育种亲本。此外，薄皮在黑龙江省抗寒力较强，也是一个较好的亲本，要充分利用黑龙江省的抗寒资源，并且积极引进国外抗寒的优良品种，尽快培育出抗寒新品种应用于生产中。

在解决上述问题的同时，要积极采取栽培措施，预防冻害和减少蒸腾，减少枝条抽干死亡。

1. 注意防风 建园时应栽植防护林或有天然屏障，以防风和积雪。

2. 加强综合管理，提高果树越冬能力 做到合理施肥灌水，加强田间管理，使植株生长发育正常，保证枝梢秋季正常停止生长，增加营养积累。浆果采收后要减少氮肥和水分的供给量，雨水过多时要及时排水，越冬前灌封冻水。

3. 注意树体保护 及时防治病虫害，尤其是茶藨透羽蛾、大青叶蝉等。

4. 越冬时埋土防寒 埋土防寒应在秋末大地封冻前进行，一般在10月中下旬。防寒以前要将果园的枯枝落叶先打扫干净，集中起来埋入土中或烧掉，然后灌透封冻水。埋土时应在行间取土，避免根系受伤和受冻。先向株丛基部填少量土，以免在按倒枝条时将其折断，然后将枝条顺着行间按倒，捋在一起，盖上草帘或单层草袋片，再盖土。土不必过厚，以不透风不外露枝条为原则，一般15～20cm。可先用大块压住，然后再填碎土，最后形成一条“土龙”。如资金困难，也可以不盖草帘直接埋土，但用土量大、费工、解除防寒时易碰伤枝条。冬季要经常检查，将外露的枝条或缝隙处用土盖严，勿使透风。

解除防寒一般在4月中旬进行。盖有草帘的撤土时简单省力，没盖草帘的要先撤株丛外围的土，当枝条露出后小心扶起，再将株丛基部的土撤净，保持与地面平行，不能留有残土，否则株丛基部土堆升高，根系也随之上移，容易受旱和受冻，并且给以后的防寒带来不便。结合撤防寒土时最好直接做出树盘，以便灌水。

撤土时尽量注意要少伤枝芽，撤土后要根据土壤墒情及时灌水，促进萌芽开花与抽枝。撤下的土填回原处，使行间保持平整，用过的草帘临时放在田间，霜冻过后（用于遮盖树体防晚霜危害）保存起来，草帘可连用3年。

第六节 果实采收与采后处理

一、采 收

穗醋栗浆果于7月中、下旬成熟，不同品种果实采收期不同。目前黑龙江省生产上应用的品种采收期相差10～15d，因此浆果成熟期相对集中，给采收和加工带来一定的压力。

果实的品质主要决定于其风味和营养，两者除受品种特性的影响外，对于同一品种的果实来讲成熟度是其决定因素。穗醋栗果实的成熟正值夏季，收获后果实中的各种成分变化相对较快，所以采收期是否适宜直接关系到采后贮藏及加工效果。目前生产上多将果实充分成熟定为最佳采收期，但缺点是充分成熟的果实不能贮放，运输中易破碎，在进行加工之前损失大。对穗醋栗果实在成熟过程中的可溶性固形物、糖、可滴定酸、氨基酸、维生素C等的变化进行了分析，发现果实基本着色时各种营养达到最高值，因此从营养学角度来讲此时应为最佳采收期，而且此时采收的果实比充分成熟的果实耐贮运。

二、采后处理

采收后的穗醋栗果实应保持新鲜完整。因穗醋栗品种大部分采收期比较集中，加之采收期正值7月份的炎热高温天气，果实呼吸旺盛，放出大量的热，极易感染病菌而引起腐烂，或因堆放后“发烧”而引起发霉。所以采收后的果实应该马上放于低温通风处，散去田间热，降低果实表面的温度，然后送往加工厂及时加工。

如不能立即加工，有条件的地方应将浆果贮放在2～4℃的冷库中贮存。采用浅型塑料箱包装，也可在箱垛外围加盖一层塑料薄膜，以减少水分蒸腾，可贮放15～28d。

如果果园距加工厂较远，当日无法运往加工厂冷冻或加工，也可以在自家院中搭一简易遮阴棚。遮阴棚要选择通风、高燥、背阴处，棚高2.5～3m，棚上覆凉席或稻草。果实采收后，先剔除破碎溢汁的果粒，然后在地上铺上麻袋、塑料布、厚牛皮纸等，将果轻轻倒在地上，铺开摊平，厚度不超过5cm。棚内要保持通风、干燥，这样可以贮放3～4d。待运输时，将果实轻轻收入容器中。运输途中注意容器堆码高度不要过高，尽量避免机械挤压，以保持浆果的商品价值，减少损失。目前果实采收主要靠手工，浆果成熟前要组织好人力和用具等，沟通好产销关系，做到丰产丰收。

第七节　病虫害防治

穗醋栗和醋栗主要病害有白粉病、叶斑病、烂根病等。主要虫害有茶藨透羽蛾、蚜虫、螨类。

一、主要病害及其防治

穗醋栗白粉病是由醋栗单丝壳菌［*Sphaerotheca morsuvae*（Schwein）Berrt. et Curt.］引起的茎叶病害，是造成穗醋栗减产并影响其树体生长发育的主要病害。

1. 症状特征　穗醋栗白粉病主要为害叶片，一般下部叶片病斑多，严重时为害全株。植株感病后叶片皱面覆有一层白粉。枝条感病后布满白粉，后期呈现褐色，严重时新梢枯死。果实感病后，发病早的果实大部分脱落，后期果面出现褐色病斑，失去商品价值。

2. 病原形态　无性阶段分生孢子梗与菌丝垂直着生，基部产生隔膜与菌丝分离，圆柱形，透明，大小为4 619～7 912μm×616～1 012μm。分生孢子产生于孢子梗顶端，长串珠状，离心式成熟脱落，椭圆形至长椭圆形，两极平截或弧形，无色，表面光洁，大小为1 615～2 514μm×912～1 012μm。有性阶段闭囊壳球形，深褐色，其直径8 818～10 519μm（平均为9 700 μm）。附属丝呈菌丝状，不分枝或少分枝，淡色有隔膜。闭囊壳含子囊1枚。子囊长椭圆形，无脚胞或不明显，大小为7 216～11 515μm×5 315～8 515 μm；子囊内含子囊孢子8枚，长椭圆形，淡色，大小为1 918～2 614μm×919～1 615μm。

3. 发病规律　从5月末到6月初开始发病，延续到7月中旬。7月中旬为发病高峰期，随后趋于稳定。穗醋栗白粉病的发生与气候条件、修剪、品种有密切关系。随着温度上升、湿度增大，尤其是在雨后病情加重。病菌在16～29℃均可生存。黑穗醋栗白粉病与修剪有直接关系，薄皮黑豆品种修剪的越轻，病害发生越明显。据调查，不修剪的病情指数比修剪的高15%以上。野生类型均抗病，栽培品种中产量越高的病害越重。

4. 防治方法 选育高抗品种，加强果园管理，以增强树势。发病初期将有白色霉层的叶片清至园外销毁，消灭侵染源。合理修剪，使树体内通风透光。使用化学药剂进行防治。白粉病发病初期喷药2次，第1次与第2次喷药间隔20d左右，采收后第3次喷药，共喷3次药。使用药剂为20%粉锈宁800～1 000倍液。为防止产生抗药性，提高防效，可交替使用甲基托布津、复方多菌灵、退菌特、白粉净等，使用浓度为500倍液。

二、主要病虫害及其防治

(一) 茶藨瘿螨

茶藨瘿螨（*Cecidophyopsis ribis* Westw.）又名茶藨芽壁虱，属蛛形纲、蜱螨目、瘿螨科，为黑穗醋栗世界范围内重要的害虫之一。黑龙江省的老产区（如海林、尚志等）发生较多。由于受害后芽明显增大，也有称之为“大芽子病”的。我国最早发现于黑龙江省尚志县，现已逐渐扩大到其他地区。

1. 形态特征 瘿螨虫体极小，肉眼看不见，呈龙虾形，只有在放大镜或解剖镜下才能看清。其发育分为卵、1龄老虫、2龄老虫及成虫4个阶段。成虫螨虫状，乳白色，雌螨体长0.3mm，雄螨体长0.15mm；口器为变相的刺吸口器，由5个小针组成；头胸板三角形，背甲无刚毛和刚毛突；中躯有5条纵线；从背部到腹部由70个单独的环组成生殖环，其上有生殖孔；体内背部有前肠、中肠、后肠；腹部有很大的生殖囊。若虫外形与成虫相似，体形较小，缺少外生殖器。卵白色，椭圆形，长约0.055mm。受精卵孵化为雌虫，未受精卵孵化成雄虫。雌、雄螨不交配，雄虫将精子球产在寄主表面，雌螨爬过时将精子挤入其受精囊之中。雌虫有两型：一种为夏雌虫型，整个夏季产卵；另一种为冬雌虫型，在夏末、秋初摄取精子球中的精子，在芽内越冬。翌年春季产卵，产生雌虫及雄虫。

2. 生活习性 受精的雌螨在芽内越冬，翌年4月中旬（黑龙江）芽萌动时在芽内开始产卵，5月上中旬为产卵高峰，6月下旬停止，此时被害芽干枯，雌虫死亡。卵经6～12d孵化成若虫。在盛花期若虫蜕皮2次，长成雄螨及雌螨。其中一部分从芽中爬出，转移到新芽上去，另一部分留在原处继续为害，并且再繁殖1代。瘿螨转移时期有1个月之久，这是它生命中最脆弱的时期，此时打药防治最有效。瘿螨离开老芽，沿枝爬向新芽，钻入尚未分化的芽内（6月上旬），在雏梢原基生长点上方的空腔部分吸食、繁衍。6月中旬开始进入产卵期，8月为产卵盛期，受害芽随之膨大。9月下旬降温之后停止产卵。10月下旬以若虫、成虫状态进入越冬休眠期。

3. 为害症状 瘿螨钻入嫩芽内吸食为害。芽内螨数平均为1～10个时，芽形态不变，春季尚能正常开放；芽内有10～3 000个螨虫时，芽稍变大变圆，春季芽的一部分开放，另一部分芽呈松散状态并死亡，开放的枝叶变形、花不结实；芽内含3 000～8 000个以上螨虫时，从秋天起芽特别膨大、变圆，春季继续膨大，芽鳞开裂，干枯死亡。

4. 防治方法　秋季采果以后用1～1.5波美度石硫合剂防治1次。当春梢萌发后，嫩叶长到0.5cm时，可用以下药剂进行防治：20%三氯杀螨醇1 000～1 500倍液，50%敌螨丹1 000～1 500倍液，40%氧化乐果1 000～1 500倍液，40%水胺磷硫1 000倍液，8%敌敌畏1 000～1 500倍液，75%辛硫磷1 000倍液，石硫合剂0.3～0.5波美度。另外，茶藨瘿螨天敌很多，如小黑瓢甲、六点蓟马、捕食螨、草蛉等，在瘿螨发生期均有一定的控制作用，应加以保护和利用。

（二）茶藨透翅蛾

茶藨透羽蛾（*Synanthedon tipuliformis* Cl.）属鳞翅目、透羽蛾科，是为害黑穗醋栗、红穗醋栗、醋栗的主要害虫。

1. 形态特征　成虫虫体被有蓝黑色鳞片，细长的腹部具有黄色的环带，雄虫腹部4条，雌虫3条，腹部末端具有黑色毛丛；前翅外缘具深黄色鳞片，中间明显地具有蓝色鳞片的横带；后翅透明，具银灰色的缨毛；翅展20～28mm。老龄幼虫体长20～30mm，白色，头及前胸背板棕褐色，3对胸足、4对腹足、1对臀足；腹足趾钩为二列横带单序，尾足仅有趾钩一列；成长期幼虫有呈淡青色的。蛹棕黄色。卵椭圆形，黄白色。

2. 生活习性　一年发生1代。幼虫在茎内越冬，翌年春仍在髓部蛀食，5月中旬开始化蛹，6月初为化蛹高峰，蛹期延到7月中旬。蛹期2周左右羽化。6月初始见成虫，6月中下旬羽化达到高峰。成虫从羽化孔钻出，并将蛹壳带出一部分。成虫白天活动，平均寿命12d。6月下旬是产卵高峰，每一雌虫产卵40～100粒。产卵部位为芽基部、芽两侧缝隙、叶腋或伤口、裂缝等处。卵孵化期平均11d。之后幼虫在枝干表面爬行一段时间，咬破皮层钻到木质部内，再钻入髓中蛀食。9～10月是为害盛期，11月上旬之后幼虫进入休眠期越冬。

3. 为害症状　刚孵化的幼虫钻入枝条之前先为害叶片和芽，然后顺着芽髓钻入枝条内部。这是主要的钻入方式，约占总钻入量的80%。有一小部分是从机械伤等处钻入，还有一小部分幼虫是先食靠近芽上部和下部的嫩皮，环食半周至一周，然后将木质部蛀穿钻入内部。后2种钻入方式各占15%和5%。蛀入茎内的幼虫在髓部串食形成虫道，长约10cm。茎上蛀入孔处有红色粪便。粗枝的蛀入孔下有时由粪便细丝联结木屑形成圆形片状堆积物。被害枝生长衰弱，夏末叶片变成红色，严重时枝枯、果萎、叶落。有虫孔的枝条在防寒埋土时容易折断。

4. 防治方法　在成虫羽化初期及产卵高峰期，田间喷杀虫剂。可使用50%敌敌畏乳剂，每公顷用药2.5～3kg对水喷雾，2周以后再喷1次。采果前10d不宜喷药。其他药剂如2.5%敌杀死乳油、20%速灭杀丁乳油可每公顷用药300ml对水450～700kg喷雾；50%辛硫磷乳油、40%西维因胶悬剂1 000倍液喷雾。生物防治可采用茧蜂科昆虫 *Macrocentrus* sp. 寄生，也可用寄生性线虫（*Neoaplotanabibionis* Bovien）悬浮液防治。

（三）蚜虫

蚜虫俗称腻虫或蜜虫等，属于半翅目。可用0.36%苦参碱水剂1 000倍液、10%吡虫啉可湿性粉剂2 000倍液、3%莫比朗乳油1 500倍液或1.3%阿维菌素乳油2 000倍液喷雾防治。喷药时必须将叶背、叶面喷布均匀。可每隔5～7d喷药1次。

（四）螨类

螨类俗称红蜘蛛，是蛛形纲害虫。常见的害螨多属于真螨目和蜱螨目，是为害多种农作物的重要害虫。在开花前使用的药剂有20%速螨酮（哒螨酮、牵牛星）可湿性粉剂4 000～5 000倍液、5%尼索朗乳油2 500～3 500倍液、晶体石硫合剂1 000倍液、螨绝代（0.35%增效阿维菌素）1 500～2 000倍液等。开花后可选用73%克螨特乳油3 000倍液、0.36%苦参碱水剂1 000倍液。秋季可喷0.5波美度石硫合剂，对抑制翌年发生率有显著效果。由于螨类虫体小而多，喷药时必须将叶背、叶面喷布均匀，可每隔5～7d喷1次。果实采收前15d停止用药。

参考文献

丁晓东，李广裕．1994．利用POD同工酶对黑穗醋栗及有关种亲缘关系的研究［J］．东北农业大学学报，25（3）：234-238.

古丽江·许库尔汗，管文柯，刘晓芳，等．2009．俄罗斯红加仑果实及叶片营养成分分析［J］．新疆林业（3）：41-42.

霍俊伟，睢薇．2008．黑穗醋栗主栽品种授粉组合筛选试验［J］．中国果树（5）：37-38.

贾丽丽，路金才．2008．黑加仑的药用研究进展［J］．中国中医药信息杂志，15（S1）：110-114.

李国英．1985．黑穗醋栗根系生长与地上部生长的相互关系［J］．东北农学院学报（4）：79-81.

李英俊，睢薇．1989．黑穗醋栗叶片利用初探［J］．东北农学院学报，20（2）：124-129.

林金莲，王馥兰．1990．黑穗醋栗（*Ribes nigrum* L.）茎的解剖结构与不定根形成的研究［J］．东北农业大学学报，21（3）：284-294.

刘洪家，王立志．1991．黑穗醋栗碳素同化物日输出分配动态［J］．北方园艺，11（2）：24-26.

刘洪家，邢如义．2002．黑穗醋栗整形、修剪及其周年生产管理技术［J］．农机化研究（4）：178.

刘洪章，文连奎，郝瑞，等．1998．黑穗醋栗果实营养成分研究［J］．吉林农业大学学报，20（3）：1-4.

睢薇，代志国．2004．黑豆果高效栽培技术［M］．哈尔滨：黑龙江科学技术出版社．

王德全．1983．醋栗［J］．北方果树（3）：42-43.

吴佐祺．1990．保土经济灌木——醋栗资源的开发［J］．中国水土保持（10）：34-36.

徐雅琴，邵铁华，付红．2003．黑穗醋栗（布劳德）叶片中黄酮类物质抗氧化性研究［J］．东北农业大学学报，34（2）：196-198.

杨国慧，龚束芳，睢薇．2001．黑穗醋栗越冬死亡与其形态组织解剖构造关系的研究［J］．东北农业大学学报，32（4）：313-319.

杨咏丽，崔成东．1994．黑穗醋栗果实成熟过程主要营养成分变化规律［J］．园艺学报，21（1）：21-25.

杨玉平，闫玲，佐小华．2006．黑加仑调节血脂的功效研究［J］．食品与药品，8（2）：51-53.

张军．1990．如何解决当前醋栗栽培中存在的问题［J］．江宁林业科技（1）：50-51.

赵英琪，张纯莉，陈铁山．1997．欧洲醋栗引种观察初报［J］．陕西林业科技（2）：4-5.

朱映安，和加卫，和秀云，等．2007．黑穗醋栗的扦插繁殖技术研究［J］．现代农业科技（15）：6-7.

祖容．1996．浆果学［M］．北京：中国农业出版社．

Ater J Brennan，M. Wisniewski. 1999. Low temperaturetolerance of blackcurrant flowers［J］. HortSci，34（5）：855-859.

Ayong Wu, Mohsen Meydani, Lynette S Leka. 1999. Effect of dietary supplementation with black currant seed oil on the immune responseof healthyelderly subjects [J]. American Journal of ClinicalNutrition, 70 (4): 536-543.

Rune Slimestad, Haavard Solheim. 2002. Anthocyanins from black currants (*Ribes nigrum* L.) [J]. Agric Food Chem, 50 (11): 3228-3231.

Sven Olande，王乔春. 1992. 北欧及世界醋栗生产概况 [J]. 北方果树 (3): 5.

Takata Ryoji, Yamamoto Reiko, Yanai T. 2005. Immunostimulatory effects of a polysaccharide rich substance with antitumor activityisolated from black currant (*Ribes nigrum* L.) [J]. Biochemistry, 69 (11): 2042-2050.

Tiina P, Mikkonen, Kaisu R, et al. 2001. Flavonol contentvaries among black currant cultivars [J]. Agric Food Chem, 49 (7): 3274-3277.

第六章 沙棘

概述

一、特点与经济价值

沙棘，英文名 Sea Buckthorn，又名醋柳、酸刺、酸溜溜、黑刺、戚阿艾等，为落叶灌木或小乔木。

沙棘是一种珍贵的资源植物，从沙棘的根、茎、叶、果实已检测出有生物活性的物质200多种，包括蛋白质、氨基酸、油、脂肪酸、维生素、磷脂、有机酸等，特别是黄酮类物质，有防癌、治癌的作用。此外有些物质对心脑血管疾病、胃溃疡、皮肤疾病、烫伤烧伤等都有明显疗效，也是优良的皮肤营养剂。因此，沙棘是加工保健饮料、食品以及医药工业的重要原料，具有很高的经济价值。

据中华预防医学会副会长黄永昌教授撰文介绍，沙棘果实的主要营养成分是：①维生素类。沙棘果实含有丰富的维生素C，每100g果实的含量为580～800mg，大约是山楂的20倍、番茄的80倍。含有较丰富的维生素E、维生素A、维生素B等，类胡萝卜素含量约为100g果实中4.5mg。②蛋白质和氨基酸。沙棘果、果汁、种子汁的蛋白质含量分别为2.89%、0.9%～12%、24.38%，沙棘果的果肉、果汁、种子都含7～8种人体必需的氨基酸。③黄酮类。沙棘叶中黄酮类化合物含量最多，如槲皮素、异鼠李素、山柰酚、儿茶素、黄芪苷等。④脂肪酸和油类。沙棘果实特别是种子中含有丰富的脂肪酸，包括豆蔻酸、月桂酸、棕榈酸、硬脂酸、亚油酸、亚麻油酸、花生烯酸等。⑤有机酸。沙棘果总含酸量约为3.86%～4.52%，主要为苹果酸、柠檬酸、草酸、琥珀酸、五倍子酸等。⑥微量元素。从沙棘果汁或油中检出钾、钙、钠、镁、铜、铁、锰、硒、磷、氮等常量元素或微量元素。⑦沙棘叶和果实中还含有多种三萜烯类、甾醇类、生物碱、糖类以及挥发性成分。

据陈星等研究，中国沙棘鲜果实中果汁占全果的73%，果肉占8.1%，果皮渣占11.5%，种子占7.4%。他们还对沙棘果加工分离物营养成分进行了分析（表6-1）。

表6-1 沙棘果各部分营养成分

果实部位	总酸（%）（以苹果酸计）	可溶性总糖（%）	蛋白质（%）	脂肪（%）	百克果中维生素C（mg）	百克果中总黄酮（μg）	百克果中胡萝卜素（mg）	果胶（%）
果汁	3.25	2.59	0.57	2.50	128.00	365.00	24.20	0.23
果肉	3.14	3.04	8.65	8.05	78.20	354.00	188.40	0.43

（续）

果实部位	总酸（%）（以苹果酸计）	可溶性总糖（%）	蛋白质（%）	脂肪（%）	百克果中维生素C（mg）	百克果中总黄酮（μg）	百克果中胡萝卜素（mg）	果胶（%）
果皮渣	3.02	20.00	16.20	10.06	44.80	490.00	215.00	0.72
种子	1.34	9.25	21.80	10.35	1.62	137.60	3.05	0.18

注：引自：胡建忠主编，《沙棘的生态经济价值及综合开发利用技术》2000年。

前苏联和前捷克斯洛伐克等国的学者用紫外光谱鉴定发现的沙棘中黄酮类化合物种类见表6-2。

表6-2　沙棘中黄酮类化合物

序号	化学结构式	序号	化学结构式
1	异鼠李素-3-o-鼠李半乳糖苷	10	槲皮素-3-o-芦丁
2	异鼠李素-3-o-葡萄糖苷	11	2’，4’-二羟基查耳酮-2’-o-葡萄糖苷
3	异鼠李素-3-o-鼠李葡萄糖苷	12	槲皮素
4	异鼠李素-3-o-阿拉伯葡萄糖苷	13	异鼠李素-3-o-半乳糖苷
5	异鼠李素-3-o-葡萄糖葡萄糖苷	14	异鼠李素-3-o-葡萄糖基-（1→6）葡萄糖苷
6	异鼠李素-7-o-鼠李糖苷	15	槲皮素-3-o-葡萄糖苷
7	异鼠李素	16	槲皮素-7-o-鼠李糖苷
8	异鼠李素-3-o-葡萄糖基-7-o-鼠李糖苷	17	槲皮素-3-甲基醚
9	杨梅素	18	山柰酚

沙棘属植物中黄酮类化合物的含量以叶中最为丰富。据测定，同样是100g样品，鲜果汁中含黄酮类物质365mg，干浆果中885mg，鲜浆果中354mg，果渣中502mg，叶中876mg。不同类群相互比较，似乎严酷的生境更有利于黄酮类化合物的累积。据刘多花等人研究，陕西黄龙的中国沙棘不同采收期雌雄株叶中总黄酮含量以6～7月份较高、5月与9月较低，雌性株叶中黄酮含量普遍高于雄性株叶。

沙棘黄酮含量随株龄而增减。日照时数多、气温高、年降水量相对少、空气相对湿度小有助于沙棘中黄酮醇等活性成分的积累和生物合成。

种植沙棘具有明显的生态效益，对加速山区及半沙漠区的地表覆盖、防止水土流失、固氮改良土壤有明显作用。我国“三北”地区由于干旱少雨，土地瘠薄，大部分地区种植乔木树种成活率低或长成“小老树”，植被恢复难度很大。而沙棘具有耐旱、耐瘠薄的特点，适合在干旱半干旱地区生长。据报道，每667m^{2}荒地只需栽种120～150株沙棘，4～5年即可郁闭成林。由于沙棘的苗木较小，便于进行大规模种植，快速恢复植被。

沙棘对改善黄土高原生态环境最大的贡献就是它的防风固沙能力——即快速有效地减少水土流失。黄土高原地区水土流失严重，大量泥沙淤积在黄河下游河道，使河床高出地面4～6m，最高处达14m，而且每年仍在继续抬高。泥沙问题是黄河水患的根源。黄土高原水土流失最严重的一是沟道，二是陡坡。沙棘的灌丛茂密，根系发达，在一些陡险坡面上，沙棘利用其串根萌蘖的特性，可将这些人不可及的地段绿化。特别是沙棘在沟底成林后，抗冲刷性强，而且它不怕沙埋，根蘖性强，能够阻拦洪水下泄、拦截泥沙，提高沟道侵蚀基准面。准格尔旗德胜西乡黑毛兔沟种植沙棘 7 年后，植被覆盖度达 61%，侵蚀模数由每年 4 万 t/km^2 减少为 0.5 万 t/km^2。

沙棘不但自身能够适应恶劣的自然环境，而且由于它的固氮能力很强，能够为其他植物的生长提供养分，创造适宜生存的环境，是优良的先锋树种和混交树种。据调查，人工种植 4～5 年后的沙棘林内，杂草丛生，还有一些次生的杨树、榆树等树种，自然形成植物的多样性。试验研究成果表明，混交于沙棘林地的杨树、榆树、刺槐等比在荒坡栽植的生长量分别提高 129.7%、110.5%、130%。据山西右玉县测定，6 年生的沙棘林土壤有机质含量为 2.13%，含氮量为 0.11%，两项指标均比耕地高出 1 倍以上。生长沙棘后的荒地不施任何肥料种植农作物，当年产量比一般农田高 1 倍以上，而且连种 3 年地力不衰。内蒙古鄂尔多斯市在砒砂岩地区成功种植沙棘超过 10 万 hm^2，使不毛之地披上了绿装，许多侵蚀剧烈的沟道、河川被沙棘固定，区域生态环境明显改善，野生动植物种类和数量也有了大幅度增加。准格尔旗的黑毛兔沟流域种植沙棘 7 年后，植被覆盖率达到 61%。陕北榆林地区营造以沙棘、柠条为主的水保防风固沙林 9 700km^2，林草覆盖率达到 38.9%，年沙尘暴日数由 66d 减为 24d，出现了“人进沙退”的可喜局面。

沙棘在我国原为野生，过去因重视不够，在 20 世纪 50～70 年代只是作为一种水土保持和薪炭林树种，在华北、西北黄土高原区和风沙区种植。20 世纪 80 年代初开始注意到沙棘的全面开发利用，特别是 1985 年时任全国政协副主席钱正英同志提出“以开发沙棘资源作为加速黄土高原治理的一个突破口”以来，黄河水利委员会和黄河流域各省（自治区）对沙棘开发工作十分重视，在资源建设、科学研究以及加工利用各方面做了大量工作，沙棘的开发利用兴起了一个热潮。据初步统计，1987 年全国共有各种沙棘加工厂约 150 余家，先后开发了饮料、化妆品、保健品、医药品等 6 个系列 200 多个品种，年产沙棘制品超 2 万 t，总产值上亿元。沙棘独具特点的天然性、营养性、保健性及色、香、味，不仅受到国内市场的欢迎，也引起了国际市场的瞩目。与此同时，科研工作也取得了长足进展，原航天工业部三院三十一所研制成功沙棘原料清洗系统；原西北林学院与轻工部日化所联合研制出沙棘油的全套提取工艺和设备并应用于生产；沙棘的实生育苗技术、无性繁殖技术、飞播造林技术已成熟，一些基础理论方面的研究也取得了可喜的成果。但是，从经济开发的需要出发，我们在沙棘资源建设的发展规模、发展形式，沙棘的良种选育及加工的综合利用等方面尚存在许多问题，有待认真解决。

总之，沙棘在我国的发展潜力很大，特别在黄土高原水土流失治理和人民脱贫致富中具重要作用。

二、研究与生产现状

（一）世界沙棘发展概况

沙棘分布广泛，欧洲、亚洲的温带均有分布。由于具有较高的营养保健价值、良好的生态价值和较高的经济价值，其研究和开发利用受到世界上很多国家的重视。在沙棘资源与开发利用方面，俄罗斯已有70多年的历史，处于世界领先地位。1933年里萨文科院士开始了沙棘新品种选育，经过多年的努力，已选育出了100多个大果沙棘优良品种。蒙古的沙棘研究始于20世纪60年代初。1964年布·拉根开始了本国的沙棘良种选育，1979年选育出乌兰格木、泰勒和强格曼等优良品种。芬兰重视沙棘资源的保护，在沙棘生态学、分类学、食品化学及加工等方面都有较深入的研究。Arne Rousi对沙棘属植物的分类学研究作出了重要贡献。

20世纪50年代，国外就开始了沙棘固氮生物学研究；20世纪60年代以来，苏联在沙棘的良种选育和果实加工利用方面得到了迅速发展；20世纪70年代以来，蒙古、波兰、德国、芬兰、意大利、罗马尼亚、加拿大、美国等对沙棘的生物学特性、保水保土、提高土壤肥力、维持生态平衡等方面做了大量研究。

（二）我国沙棘发展概况

我国是世界上沙棘资源最多的国家，沙棘广泛分布于西北、西南、华北、东北等地区的山西、陕西、内蒙古、河北、甘肃、宁夏、辽宁、吉林、黑龙江、青海、四川、云南、贵州、新疆、西藏等近20个省（自治区、直辖市）。我国沙棘利用的历史悠久，远在8世纪的末成书的藏医学典籍《四部医典》和清代出版的藏医药典籍《晶珠本草》中均收集和记述了许多沙棘在医疗和医药方面的应用资料。直到20世纪初，俄国人开始研究《四部医典》并探讨沙棘在藏药合剂中的协调机理和单一成分的特殊药性，才逐渐将沙棘的丰富实用性开发利用之重点转向医用性研究和更进一步的开发利用。

我国现代沙棘研究及开发的兴起虽然在20世纪80年代后期，但发展速度极快。据统计，1993年资源保存总面积为113.3万hm^2。1985年以来，全国共营造人工沙棘林133万hm^2，平均每年营造人工沙棘林8万hm^2。截至2001年，全国沙棘总面积达到200多万hm^2，占世界沙棘种植面积的90%以上，我国已经成为世界沙棘种植大国。

1985年，国家在全国水土保持领导小组下设了全国沙棘协调办公室，联合发改委及农业、水利、林业等部门和多学科的专家，系统地开展沙棘综合利用，已开发出了食品饮料、医药保健、日化、饲料、饵料等八大类约200多种产品，年产值3亿～5亿元；初步建立了与苏联、蒙古、芬兰、瑞典、匈牙利、日本、印度、尼泊尔、不丹、加拿大、美国、玻利维亚、南非、东南亚等国家和地区以及世界银行（World bank，WB）、联合国开发计划署（United nations development program，UNDP）、国际山地综合发展中心（International center for integrated mountain development，ICIMOD）等国际组织的交流与合作联系；重点组织了全国多行业的专家进行沙棘良种选育、旱地育苗、高产栽培、飞播造林、沙棘油提取及其标准制订、医药保健等领域的深入研究，并逐步应用于生产生活之中。

但我国野生及种植的沙棘多数果粒太小、枝刺太多、产量偏低，采摘困难，经济价值较低。分布于新疆阿勒泰地区的蒙古沙棘虽然果粒较大、枝刺较少，但由于未经人工选育，利用受到限制。20世纪中期，我国开始从苏联引种，特别是引进大果、无刺、高产沙棘品种，并在黑龙江、吉林、辽宁、新疆、宁夏、甘肃、山东等地试栽，并陆续选育出一些沙棘优良栽培品种，进一步推动了我国沙棘种植业的发展（表6-3）。

表 6-3 中国主要沙棘分布区县名录

省（自治区）	县名	个数
四川	木里、九龙、康定、雅江、宝兴、乾宁、丹巴、都江堰、色达、石渠、理县、小金、金川、道孚、炉霍、白玉、德格、甘孜、壤塘、马尔康、黑水、茂县、汶川、松潘、红原、阿坝、若尔盖、九寨沟、新龙、巴塘、稻城、得荣、乡成	33
青海	玉树、班玛、久治、河南、大通、门源、祁连、柴达木、祁连、囊谦、治多、玛沁、兴海、尖扎、扎多、贵南、大同、互助、湟中、刚察、玛多、格尔木	22
甘肃	玛曲、碌曲、夏河、临潭、卓尼、迭部、舟曲、岷县、宕昌、武都、文县、成县、西和、礼县、天水、武山、漳县、甘谷、秦安、清水、张家川、陇西、渭源、定西、会宁、临洮、广河、康乐、和政、临夏、东乡、永靖、榆中、兰州、皋兰、永登、天祝、古浪、民乐、肃南、山丹、临泽、静宁、庄浪、华亭、崇信、灵台、泾川、平凉、镇原、宁县、正宁、合水、庆阳、酒泉	65
陕西	韩城、白水、陇县、千阳、麟游、凤翔、岐山、扶风、太白、凤县、永寿、彬县、旬邑、淳化、耀县、铜川、宜君、黄龙、黄陵、洛川、宜川、富县、甘泉、延安、延川、延长、安塞、志丹、子长、靖边、定边、横山、佳县、榆林、神木、府谷、吴堡、绥德、米脂、清涧、吴起	41
宁夏	泾源、陇德、西吉、固原、海原、彭阳、银川、石嘴山	8
内蒙古	清水河、和林格尔、凉城、丰镇、兴和、卓资、呼和浩特、正蓝旗、多伦、东胜、达拉特旗、准格尔旗、伊金霍洛旗、赤峰、克什克腾旗、林西、翁牛特旗、敖汉旗、库伦旗、杭锦旗	20
山西	右玉、左云、山阴、平鲁、朔州、怀仁、应县、浑源、广灵、灵丘、繁寺、五台、定襄、忻州、原平、代县、宁武、静乐、岢岚、五寨、神池、偏关、河曲、保德、兴县、岚县、临县、方山、离石、柳林、中阳、交口、和顺、榆社	34
河北	蔚县、涿鹿、阳原、张北、丰宁、围场	6
辽宁	建平、阜新、朝阳	3
西藏	错那、亚东、吉隆、察隅、左贡、芒康、波密、林芝、米林、隆子、江达、札达、八宿、拉萨、江孜、拉孜、泽当、类乌齐、巴青、申札、改则、日土、双湖、吉隆、定日、普兰、班戈、嘉黎	28
云南	丽江、宁蒗、维西、中甸、贡山、德钦	6
新疆	和田、民丰、策乐、洛浦、墨玉、皮山、叶城、塔什库尔干、莎车、喀什、阿克苏、库尔勒、乌鲁木齐、特克斯、昭苏、巩留、察布查尔、伊宁、尼勒克、霍城、温泉、博乐、精河、塔城、新原、和静、吉木乃、哈巴河、布尔津、福海、吐鲁番、哈密、青河、阿勒泰	34
黑龙江	孙吴、嫩江、齐齐哈尔、泰来、绥棱、清河、宾县、甘南、逊克、七台河、勃利、林口、穆棱、海林、鸡东、鸡西、五常	17
合计		317

三、我国沙棘生产存在的问题及发展方向

目前，我国沙棘栽培存在的主要问题是栽培技术落后，如仍以实生方式繁育苗木、定植时雌雄株比例配置不合理、定植后管理粗放、采收方法原始等。

种植类型和品种单一，不能根据栽培目标选择具有不同用途的优良品种。种植的种类仅为中国沙棘亚种和中亚沙棘（主要在新疆）亚种。而这 2 个亚种都存在着棘刺多、果型小、果柄短、难采摘等缺点。单一的种植类型和品种与落后的栽培技术组合，很难取得理想的效果。

病虫害严重。近年来，部分沙棘分布区暴发的大面积沙棘木蠹蛾灾害，造成16 万 hm^2 的沙棘林受害，成为沙棘开发利用的主要限制性因素之一，对沙棘开发利用事业造成巨大损失。

科学的科研体系框架没有形成。基础研究十分薄弱，科技含量相对较低，产业发展后劲不足。实质性国际合作有待提高。

产品加工的高科技含量低。由于科研滞后，使加工业生产的产品水平和档次低，市场份额小，沙棘资源开发利用的程度低。市场培育较薄弱。由于从业者市场经验不足，市场营销策略和战略设计与实际相差较大，市场认可度较低。

第一节　种类和品种

一、主要种类

沙棘（*Hippophae rhamnoides* L.）属于胡颓子科（Elaeagnaceae）沙棘属（*Hippophae*）植物。

沙棘广泛分布于欧亚大陆温带地区，南起喜马拉雅山脉南坡的尼泊尔和锡金，北至斯堪的纳维亚半岛大西洋沿岸的挪威，东抵我国内蒙古哲里木盟库伦旗以东地区，西到地中海沿岸的西班牙，跨东经 2°～123°，北纬 27°～69°。其垂直分布从北欧及西欧海滨到海拔 3 000m 的高加索山脉，直到青藏高原地区及海拔 5 200m 的喜马拉雅山区。在欧洲，只有鼠李沙棘 1 个种内的 4 个亚种：高加索沙棘分布于高加索地区，喀尔巴千山沙棘和溪生沙棘分布于阿尔卑斯山地区，鼠李沙棘（海滨沙棘）分布于波罗的海、北海海滨及大西洋挪威海岸。它们的果皮与种皮分离，均属无皮组。在亚洲，沙棘属植物的类群最多、面积最大。蒙古沙棘（*H. rhamnoides* subsp. *mongolica*）分布于阿尔泰至西伯利亚和蒙古，中亚沙棘（*H. rhamnoides* subsp. *turkestanica*）分布于中亚地区，柳叶沙棘（*H. salicifolia*）分布于喜马拉雅地区，云南沙棘（*H. rhamnoides* subsp. *yunnanensis*）、密毛肋果沙棘（*H. neurocarpa* subsp. *stellatopilosa*）和理塘沙棘（*H. goniocarpa* subsp. *litangensis*）分布于横断山地区，中国沙棘（*H. rhamnoides* L. subsp. *sinensis* Rousi）分布于我国横断山至西北、华北地区，肋果沙棘（*H. neurocarpa*）和棱果沙棘（*H. goniocarpa*）分布于横断山和青藏高原地区，江孜沙棘（*H. gyantsensis*）分布于横断山和喜马拉雅地区，西藏沙棘（*H. thibetana*）分布于青藏高原和喜马拉雅地区。可见，横断山至青藏高原及其边缘地区是沙棘属植物类群最富集的地区。

关于沙棘属植物的起源问题，我国著名植物学家吴征益把沙棘属归为旧大陆温带分布区类型，并认为这一分布类型兼有地中海和中亚的植物区系特征，说明旧大陆温带和地中海—中亚植物区系有一个共同的起源，即发生在古地中海沿岸。廉永善等根据对沙棘属原始类群三维空间地理分布的研究、生态因子最适量图的分析以及果实中维生素 C 含量的比较结果，认为沙棘属植物的起源地在东喜马拉雅山至横断山之间，这里不仅包括原始类群中国沙棘和柳叶沙棘，而且含有较进化的有皮组类群如西藏沙棘，说明该地区既是沙棘属植物的类群分布中心，又是沙棘属植物的类群分化中心和原始类群中心。他指出，中国沙棘是沙棘属中最原始的类群。由此可见，对沙棘属植物起源问题国内外学者之间存在较大分歧，有关这一论题还有待进一步深入研究。

沙棘属（*Hippophae*）系林奈于 1753 年以沙棘（*H. rhamnoides*）为模式建立的。Don. D. 和 Von schlechtendal D. F. L. 分别于 1825 年、1863 年发现了柳叶沙棘（*H. salicifolia*）和西藏沙棘（*H. thibetana*），但在分类上仍存在不少争议。直到 1971 年，芬兰著名的沙棘专家 Rousi 对本属进行了详细研究，将该属分为 3 种（*H. salicifolia*，*H. thibetana* 和 *H. rhamnoides*），特别对 *H. rhamnoides* 进行了考证，将此种分为 9 个亚种。其中我国有 5 个：中国沙棘（*H. rhamnoides* subsp. *sinensis*）、云南沙棘（*H. rhamnoides* subsp. *yunnanensis*）、蒙古沙棘（*H. rhamnoides* subsp. *mongolia*）、中亚沙棘（*H. rhamnoides* subsp. *turkestanica*）和江孜沙棘（*H. rhamnoides* subsp. *gyantsensis*）。1978 年，中国学者刘尚武和何建农在对青藏高原植物的广泛调查过程中又发现了新种肋果沙棘（*H. nerocarpa*）。1983 年出版的《中国植物》采纳了上述分类方案，共收录国产沙棘 4 种 5 个亚种。1988 年廉永善以系统演化为背景、以形态特征为标志建立了该属植物新的分类方案，研究发现：沙棘属植物的果皮与种皮黏合或分离及雌雄花芽在冬季的形态结构对其分类系统和进化具有特别重要的意义，并在种上建立了无皮组和有皮组，将江孜沙棘升级为独立种而置于有皮组之中。新分类方案将沙棘属由原来的 4 个种 9 个亚种变为 5 个种 8 个亚种。

（一）柳叶沙棘（*H. salicifolia* D. Don）

分布在西藏南部，树高 5m，近无刺。果实橙色，圆形，百果重 19.0g，出汁率 76.6%，含糖量高。

（二）西藏沙棘（*H. thibetana* Schlechtend）

产于青海、西藏、甘肃、四川。树高仅 8～60cm，枝无刺，果大，百果重为 40.0g，出汁率高达 82.5%，含糖量高。种子不饱和脂肪酸含量为 88.2%。为中国特有的珍贵资源。

（三）肋果沙棘（*H. neurocarpa* S. W. Liu et T. N. He）

产于青海、甘肃、四川和西藏。树高 0.5～5m，抗寒、抗风力极强，果实极小，百果重 4.5g，果汁极少，含糖量低。

（四）沙棘（*H. rhamnoides* L.）

又称鼠李沙棘，有 4 个亚种。

1. 中国沙棘（subsp. *sinensis* Rousi）　我国 19 个省（自治区）有分布，适应性强。树高 1～5m。果实圆形、扁圆或椭圆形，橙黄、黄色、橘红或红色。果实大小和颜色变异较多。百果重 18.3g，出汁率 79.1%，含糖量中等。

2. 中亚沙棘（subsp. *turkestanica* Rousi）　主要分布在新疆西部和甘肃西北部。适应干旱气候。树高可达 6m。果实椭圆或倒卵圆形，百果重 19.5g，栽培品种果实较大。出汁率 80%，含糖量中等。变异类型较多。前苏联从本种中选育出许多大果、无刺和高产品种。

3. 蒙古沙棘（subsp. *mongolia* Rousi）　主要分布在新疆北部。能适应干旱气候，抗寒。树高2～6m。果实圆形或近圆形，百果重20.8g，出汁率78.2%，含糖量中等。

4. 云南沙棘（subsp. *yunnanensis* Rousi）　主要分布在云南西北部、四川西南部和西藏东部。树高3.5～6m。果实圆形，百果重16.5g，出汁率78.1%，含糖量中等。种子不饱和脂肪酸含量为83%。

（五）江孜沙棘（*H.* subsp. *gyantsensis* Rousi）

产于西藏雅鲁藏布江河谷滩地。树高5～8m。果实椭圆形，具6棱，百果重6.5g。出汁率低，为33.5%。含糖量低。

中国是世界上沙棘属植物类群分布最多的国家，目前在山西、陕西、内蒙古、河北、宁夏、甘肃、辽宁、青海、四川、云南、贵州、新疆、西藏、黑龙江等19个省（自治区）都有分布，总面积达200万 hm^2（表6-4）。

表6-4　中国各省（自治区）沙棘种及面积（hm^2）

省（自治区）	种/亚种数	天然林	人工林	合计
云　南	1/1	100	0	100
西　藏	4/4	55	20	75
四　川	4/4	267	50	317
青　海	4/1	498	700	1 198
甘　肃	3/2	1 221	810	2 031
宁　夏	1/1	40	230	270
陕　西	1/1	1 334	1 550	2 884
山　西	1/1	2 640	2 100	4 740
河　北	1/1	266	560	826
内蒙古	1/1	144	4 090	4 234
辽　宁	1/1	0	2 030	2 030
新　疆	1/2	289	206	495
其　他		0	800	800
总　计	6/7	6 854	13 146	20 000

二、主要优良品种

我国是世界上沙棘种质资源丰富、优良类型众多的国家，但开展沙棘良种选育工作较晚，目前选育出的适于不同用途、可在人工种植中推广的优良品种还较少。

近年来，为了弥补这一缺陷，我国从俄罗斯和蒙古等国家引进了一些果型较大、果柄较长、无刺、适于栽培管理和加工的优良品种，并在黑龙江、内蒙古、甘肃、陕西等省（自治区）试栽成功，已逐步在国内推广。

(一) 国外引进品种

前苏联是最早进行沙棘育种的国家，其研究成果一直处于世界领先的地位。俄罗斯的沙棘育种经历了两个阶段。第一阶段是由被称为沙棘之父的里萨文科院士从1933年开始的沙棘分析育种阶段（即选择育种），从大量的样本中选择出第一批栽培品种阿尔泰新闻、卡图尼礼品等；第二阶段是从1959年开始的沙棘合成育种阶段（即杂交育种），由著名育种家潘杰列也娃等采用不同地理生态型的沙棘进行地理远缘杂交，于1977年培育出巨人、金色、丰产、鄂毕、橙黄、优胜、浑金、西伯利亚、楚伊、琥珀、阿列依等品种推广于生产。俄罗斯沙棘育种迄今已历时70余年，总共育出了50多个新品种，其特点是果粒大、果穗长、结果多、无棘刺或少刺、果柄长便于采摘，产量高（8～10t/hm^2，在优良的栽培条件下，产果量更高）。

俄罗斯沙棘育种目标：高产、矮化、无刺、高生化物质含量、便于机械化采果等综合的优良经济性状。

新品种共同的指标：抗病虫害及不良的土壤气候条件；单丛果产量不少于10kg；果肉密度大、果皮坚韧、采收不易破浆；枝条无棘刺；发枝能力强，但不徒长，矮生性好，植株高度不超过2m；扦插易生根。

食用品种要求达到的生化指标：果肉含油量不小于鲜果重的5%；每100g果中维生素C含量不小于120mg，胡萝卜素含量不小于5mg，黄酮含量不小于100mg；含糖量不小于0.8%，酸度不大于1.3%；百果重达到95g以上，果色鲜亮美观。

油（药）用品种要求达到的生化指标：果肉含油量不小于鲜果重的8%；每100g果中胡萝卜素含量不小于50mg，类胡萝卜素含量不小于250mg，维生素E含量不小于115mg，甾醇含量不小于200mg。

从以上育种目标看，俄罗斯沙棘育种主要着眼于经济性状的改良和便于采摘、加工。对其抗逆性的要求重点在抗寒性和抗病虫害的能力上。

蒙古、芬兰、瑞典、德国、法国等国家也开展了沙棘的品种选育工作。

以下为我国从国外引进的主要品种。

1. 巨人 引自俄罗斯，为大果沙棘。四年生树高1.5～1.6m，树冠1.7m×1.5m，树势较强，枝条半开张，基本无刺，抗寒，属中熟品种。果实呈近圆柱形，金黄色，果柄4～5mm，平均单果重0.85g。四年生株产2.1kg。在吉林省栽培4月20日萌芽，5月3日开花，8月上旬果实成熟。

2. 向阳 引自俄罗斯，为大果沙棘。四年生树高1.8m，树冠1.9m×1.7m，树势较强，枝条微张，基本无刺，抗寒、抗病。果实圆柱形，橙黄色，果柄5～6mm，平均单果重0.92g。四年生株产2.4kg。在吉林省4月17日萌芽，5月4日开花，8月上旬果实成熟。

3. 楚伊（丘伊斯克） 俄罗斯大果沙棘。枝条无刺或少刺，为俄罗斯西伯利亚地区主栽品种之一。树体灌丛型，树高约2.0m。果实多卵圆形或椭圆形，橘黄色，果柄长3～5mm，果实横径0.7～0.9cm、纵径0.9～1.1cm。百果重40～50g，产量10t/hm^2。

4. 丰产 引自俄罗斯，为大果沙棘。俄罗斯西伯利亚里萨文科园艺科学研究所育成，亲本为谢尔宾卡1号×卡通。四年生树高1.8m，树冠1.9m×1.7m，树势较强，枝条微张，基本无刺，抗寒、抗病。枝条中粗，浅褐色；棘刺少。叶片深绿，微凹，尖端卷曲，叶脉被有黄色茸毛。果实椭圆柱形，深橘黄色，果柄5～6mm。百粒重86g，四年生株产2.5kg。盛果期产量17～20t/hm^2。果实含糖6.9%、酸1.18%、油4.9%，100g果中含胡萝卜素2.9mg、维生素C 142mg。8月底成熟。味酸，适于鲜食或加工果汁、果酱和甜煮。在吉林省4月17日萌芽，5月4日开花，7月末果实成熟。

5. 琥珀　引自俄罗斯，为大果沙棘。俄罗斯西伯利亚里萨文科园艺科学研究所育成，亲本为谢尔宾卡1号×卡通。四年生树高1.6m，树冠1.7m×1.5m，树势较强，枝条微张，基本无刺，抗寒、抗病。果实圆柱形，橘黄色，果实横径0.8～1.1cm，纵径1.0～1.2cm，果柄4～5mm；百粒重68g，四年生株产2.3kg。果实含糖7%、酸1.6%、油6.6%，100g果中含胡萝卜素6.4mg、维生素C189mg。味甜。8月底至9月初成熟。适于鲜食，可加工果汁、果酱和甜煮。树长势中庸，树冠椭圆，中等密度。一年生枝条浅绿色，顶部有茸毛。枝条中粗，深褐色被稀疏茸毛，结果后开张，无棘刺。叶片微凹，浅灰色，长7cm，宽0.7cm。在吉林省4月17日萌芽，5月4日开花，8月上旬果实成熟。

6. 卡图尼礼品　引自俄罗斯，为大果沙棘。俄罗斯西伯利亚里萨文科园艺科学研究所育成。树高1.6m，树冠1.8m×1.7m，树势中庸，枝条微张，基本无刺，抗寒、抗病。叶片绿色，略呈灰色，长0.8cm。果实卵圆至椭圆形，淡黄色。果柄4～5mm，在萼片和果柄基部有少量红晕。果百粒重40g，每公顷产量可达10～12t。果实含糖5%、酸1.6%、油6.8%，100g果中胡萝卜素3mg、维生素C 66mg。酸味适中。8月底成熟，适于加工果汁和果酱。在吉林省4月中旬萌芽，5月上旬开花，8月上旬果实成熟。

7. 优胜　引自俄罗斯，为大果沙棘。俄罗斯西伯利亚里萨文科园艺科学研究所育成，亲本为谢尔宾卡1号×卡通。树高2m，树冠1.7m×1.5m，树势中庸，树丛紧凑，树冠开张。抗干缩病。枝条褐色，中粗，无刺。叶片长，绿色，对摺呈龙骨状突起。果实圆柱形，橘黄色。果百粒重76g。每公顷产量可达12～15t。果实含糖6%、酸2.0%、油5.6%，每100g果中含胡萝卜素2.5mg、维生素C 131mg。8月底至9月初成熟，可鲜食或加工果汁、甜煮、果酱。在吉林省4月中旬萌芽，5月上旬开花，8月上旬果实成熟。

8. 橘黄色沙棘　俄罗斯西伯利亚里萨文科园艺科学研究所育成。亲本为卡图尼礼品×萨彦岭。果实椭圆形，橘黄偏红。百粒重66.6g。果实含糖5%、酸1.2%、油6%，100g果中含胡萝卜素4.3mg、维生素C 330mg。味酸甜。果柄长，易采收，其劳动效率较对照品种提高1.9倍。9月中旬成熟。适于加工果汁、果酱、甜煮。株丛中密，椭圆形树冠，棘刺数量中等。叶色深绿，叶面平，侧面略呈弯曲；叶片平均长8cm、宽1cm。

9. 金色　俄罗斯西伯利亚里萨文科园艺科学研究所育成，亲本为谢尔宾卡1号×卡通。果实大，椭圆形，橘黄色。果实百粒重80g，含糖7%、酸1.7%、油6.4%，100g果中含胡萝卜素5.5mg、维生素C 165mg。9月初成熟。适于鲜食或加工果汁、甜煮、果酱。树势中庸，树冠中密。皮褐色，棘刺少。叶色深绿，叶片凹，宽而短，长6.5cm、宽0.7cm。

10. 巨大　俄罗斯西伯利亚里萨文科园艺科学研究所育成。亲本为谢尔宾卡1号×卡通。果实圆柱形，橘黄色，百粒重83g。果实含糖6.5%、酸1.7%、油6.6%，100g果中含胡萝卜素3.1mg、维生素C 157mg。9月中旬成熟，适于鲜食或加工果汁、果酱、甜煮。植株具中央领导干，圆锥形树冠，中等密度。皮灰褐色。枝条发育很好，基部浅绿色，上部深绿，有茸毛。叶子长，狭窄，深绿色；叶片对摺呈龙骨状突起，所以从下面很容易看到。

11. 丘亚 俄罗斯西伯利亚里萨文科园艺科学研究所由丘亚实生苗中选育而成。果实椭圆至圆柱形，橘黄色，百粒重90g。果实含糖6%、酸1.3%、油6.2%，100g果中含胡萝卜素3.7mg、维生素C 134mg。味甜酸。8月下旬成熟。宜于鲜食或加工甜煮、果汁、果酱。植株生长较弱，树冠开张，不密。枝条中粗，开张角度60°～90°，皮褐色，基部有茸毛，末端浅绿色，棘刺少。叶片浅绿，对摺呈龙骨状突起。

12. 金黄色果穗 俄罗斯西伯利亚里萨文科园艺科学研究所由野生沙棘自然授粉后代中选育而成。果实中大，椭圆形，浅橙黄色，两端几乎都有红晕，百粒重为50～60g。果实含糖3.5%、酸2.66%，100g果中含胡萝卜素50.2mg、维生素C 33.7mg。是一个抗凋萎病的品种。树冠紧密，小枝短，分枝性强。叶片黑绿色，具浅白色霜，平均长7.4cm、宽0.8cm。

13. 谢尔宾卡1号 俄罗斯高尔基农学院由萨彦岭沙棘实生苗中选育而成，属于通金种群。果实圆柱形，黄褐至橘黄色，顶端和果柄带红色小斑点。果型大，长达15mm，宽9～10mm，百粒重70.4～78g。果皮和果肉较致密。具芳香味。果实含干物质15.4%、糖7.38%、酸1.38%，100g果中含胡萝卜素0.7mg、维生素C 95.4mg。果实9月上旬成熟。适于鲜食或加工为甜煮水果。植株不高，一般2～2.5m。无刺，一年生枝条直径中等长，因果实重而往往下垂。叶较大，长7.8～8.5cm、宽0.9cm。

14. 乌兰格木 蒙古最优良的主栽品种。枝条无刺或少刺，树体灌丛型，生长旺盛，萌蘖力强。树高约1.5～2.0m。果实多卵圆形，橘黄色，顶端有红晕。果柄长4mm，果实横径0.8～1.1cm，纵径1.0～1.3cm。百果重60g，每公顷产量10～15t。

15. 乌兰沙林 蒙古乌兰格木沙棘的实生后代。抗性强。枝条无刺或少刺，树体灌丛型，树高1.5～2.0m，生长旺盛，萌蘖力强。果实多卵圆形，橘黄色，顶端有红晕；果柄长4～5mm，果实横径0.8～1.1cm、纵径1.0～1.3cm，百果重60g，每公顷产量15～18t。

16. 阿列依 俄罗斯沙棘中最优良的授粉品种。树高3m以上，树冠3.1m×3.4m，树势较强，枝条较开张，基本无刺，树枝粗大，绿褐色。抗寒、抗病，花芽大，花粉量大，花粉具有很高的生活力。可采用1∶8（雌株）的方式配置。

17. 阿亚甘卡 引自俄罗斯，为大果沙棘。树高2m，树冠1.7m×1.5m，树势中庸，枝条开张，刺中等多。抗寒、抗病。果实圆柱形，橙黄色，果柄4～5mm。平均单果重0.6g，每公顷产量可达6～10t。在吉林省4月中旬萌芽，5月上旬开花，9月上旬果实成熟。风味好，不落果。观赏型品种。

18. 金西伯利亚 引自俄罗斯，为大果沙棘。树势旺盛，刺极少而弱，抗干缩病。果实长圆柱形，橙黄色，果柄4～5mm。平均单果重0.8g，每公顷产量可达10～12t。成熟期晚，营养成分丰富，萌蘖力强，生态效益好。

（二）我国培育的品种

中国沙棘遗传改良研究起步较晚。鉴于沙棘在我国生态林业建设中的特殊功能，群体遗传改良从一开始就受到重视。1985 年由联合国粮农组织资助、中国林业科学院林业研究所牵头组织了全国沙棘种源试验协作组，开始了我国的沙棘地理种源试验。1987 年由中国林业科学院主持组织了全国沙棘选优协作组。1992 年，集中在优良小群体内进行选优，选出 91 株，总计 368 株。选优标准主要根据果实直径、百粒鲜果重、结实量等经济指标，结合果柄长度、棘刺数以及生长状况和适应性等进行综合评价、目测比较，选其最优者。雄株的选择主要考虑树体健壮、树冠匀称、枝条饱满、花芽多而发育充实。1987 年林业部组团赴前苏联考察沙棘，首次引进苏联沙棘品种的种子。1989 年中国林业科学院赴蒙古沙棘考察组又引入乌兰格水等 3 个栽培品种的种子。这两批种子分别于 1988 年和 1990 年在内蒙古蹬口、青海西宁、陕西永寿、辽宁阜新、甘肃天水、黑龙江绥棱等地试点育苗造林。我国第一代自选的无刺、大果、丰产良种多数出自这两批材料，已通过鉴定并推广于生产的品种有辽阜 1 号、辽阜 2 号、乌兰沙林等。20 世纪 90 年代初期，东北农业大学、黑龙江绥棱浆果研究所、齐齐哈尔市园艺研究所等单位从俄罗斯引进丰产、巨人等沙棘品种的扦插苗进行选优。1996 年左右开始引进沙棘品种与中国沙棘的杂交育种试验研究，沙棘杂交种后代表现优秀，有着广阔的推广前景。

单金友提出今后沙棘育种方向：选育抗逆性强尤其是抗寒、抗病能力强的品种，延长树体的生命周期；选育晚熟品种，在东北冬闲时采摘，减少采摘压力，降低采摘费用，为加工贮藏减少成本；选育含糖量高的品种，为人们鲜食和家庭加工提供新的浆果品种；选育高油、高维生素 C 等单一特殊加工品种，增强沙棘的医疗保健功能；随着沙棘采收机械化的研究发展，选育果皮厚、易脱落的品种及观赏品种。

1. 金阳　吉林农业大学从俄罗斯大果沙棘的实生后代中选育。生长势强，枝条基本无刺，抗寒、抗旱、抗盐碱，早熟。四年生树高 1.55～1.65m，冠径 1.6m×1.5m。果实圆柱形，橙黄色，果柄 5～6mm，平均单果重 0.81g，四年生株产 2.2kg。在吉林省 4 月 18 日萌芽，5 月 2 日开花，8 月上旬果实成熟。

2. 秋阳　吉林农业大学从蒙古大果沙棘实生后代中选育。枝条生长势强，基本无刺，抗寒、抗旱、抗盐碱，早熟。四年生树高 1.65～1.75m，冠径 1.7m×1.6m。果实圆柱形，橙黄色，果柄 5～6mm，平均单果重 0.75g，四年生株产 2.4kg。在吉林省 4 月 18 日萌芽，5 月 2 日开花，8 月上旬果实成熟。

3. 辽阜 1 号　俄罗斯大果沙棘楚伊的后代。枝条无刺或少刺，树体灌丛型，较开张，生长旺盛，萌蘖力强，树高约 1.5～2.0m。果实多卵圆形，橘黄色，顶端有红晕，果柄长 4～5mm。果实略小，果实横径 0.7～1.0cm、纵径 0.9～1.1cm，百果重 40～60g，每公顷产量 10～15t。成熟期在 7 月底至 8 月初。

4. 辽阜 2 号　俄罗斯大果沙棘楚伊的后代。树高约 1.5～2.0m，枝条无刺或少刺，树体较紧凑，分枝角度小，顶端优势明显，生长旺盛，萌蘖力强。果实多卵圆形，橘黄色，顶端有红晕；果柄长 4～5mm；果实略小，果实横径 0.7～1.0cm。纵径 0.9～1.1cm。百果重 40～60g，每公顷产量 10～15t。成熟期在 8 月中旬。

5. 橘丰　在中国沙棘中选出的大果、丰产型品种。树体主干型，树高约 4m。果实近球形或扁圆形，橘黄色，果柄长 2.5mm，果实横径 0.8～0.9cm、纵径 0.5～0.7cm。百果重 25～35g，单株产量 20kg，每公顷产量可达 15～18t。缺点是枝条有刺。

6. 橘大 在中国沙棘中选出的大果、丰产型品种。树体主干型，树高约4m。果实近球形或扁圆形，橘黄色，果柄长2mm。果实横径1.0cm，纵径0.8cm。百果重40g，单株产量20kg，每公顷产量可达10～13t。缺点是枝条有刺。

7. 绥棘3号 黑龙江省浆果研究所育成。树势强，开张，树冠椭圆形，枝条直立，近无刺，丰产。果实橘红色，平均百粒重69.3g，最大单果重1.1g，果柄长3.5cm。一年生枝棘刺每10厘米0.3个，二年生枝1.0个。结实密度为极密，每10厘米60～65个果，果实较整齐。每公顷产量可达12～18t，在当地果实成熟期为8月15日至8月20日。

8. 绿洲1号 辽宁省阜新市绿洲沙棘良种选育推广中心育成。植株生长强旺，枝条粗壮、紧凑，叶片宽大、厚，生物量大，果实密集；果皮橘红色，鲜果百粒重67.5～80g，最大单果重1.1g，果味较酸。在当地9月上旬果实成熟。

9. 绿洲2号 辽宁省阜新市绿洲沙棘良种选育推广中心育成。植株生长健壮，树形类似整形后的苹果树。果皮暗橘红色，倒纺锤形，鲜果百粒重75g，果实密集。在当地8月中旬果实成熟。

10. 绿洲3号 辽宁省阜新市绿洲沙棘良种选育推广中心育成。植株生长健壮，枝条较长，略下垂，果实密集。果皮橘黄色，鲜果百粒重80～96g，最大单果重1.2g。果味较酸。在当地8月中旬果实成熟。

11. 绿洲4号 辽宁省阜新市绿洲沙棘良种选育推广中心育成。植株生长健壮，叶片窄而密集。果皮橘黄色，外观美，果实纺锤形。鲜果百粒重67.5～80g，最大单果重1.3g。有特殊香味。在当地8月下旬果实成熟。

12. 草新1号 从中国沙棘中选出的无刺或少刺型雄株无性系品种，为饲料型品种。生长旺盛，适应性强，适口性好。

13. 草新2号 从引进的大果沙棘中选出的实生雄性后代，为饲料型品种。生长旺盛，适应性强，萌蘖力强，适口性好，牛羊啃食后可再发新梢，很快恢复树势。

14. 红霞 从中国沙棘中选出的无性系观赏品种。树体主干型，特征与中国沙棘无差异。果实近球形或扁圆形，橘红色，果柄长2mm，果实横径0.7cm、纵径0.6cm。百果重20～25g，果实极密，单株产量15～20kg。果实9月下旬成熟，落叶后，橘红色的果实依然挂满枝头，极为美观，观赏期可达3个月以上。枝刺较多，容易保存。

15. 乌兰蒙沙 从中亚沙棘中选出的无性系观赏品种。树体主干型，特征与中亚沙棘无差异。果实卵圆形或长圆形，橘红色，果色艳丽。果柄长3.5mm，果实横径0.6～0.7cm、纵径0.8～1.0cm。百果重20～25g。结实量大，单株产量15～20kg。果实8月成熟，果实和种子含油量高。观赏期可达4个月以上，从果实成熟至第二年春浆果不落。

（三）品种选择与栽培区域化

黑龙江截至2008年栽培大果沙棘1万hm^2，其中1/3以果实生产为目的。主要栽培品种有俄罗斯的丘伊斯克、亚塔尔娜亚、契利亚、捷尼卡、伊尼亚、阿列伊和国内的辽阜1号、辽阜2号以及绥棘1～4号。此外，向阳、浑金、丰产、阿尔泰、优胜等品种也有少量栽培。

汪源等2004年在甘肃张掖引进齐棘1号、浑金、橙色、闪光、优胜、辽阜1号和雄性授粉品种阿列伊等大果沙棘二年生苗，经试验初步确定齐棘1号、橙色、辽阜1号和阿列伊为近期推广品种。

第二节　生物学特性

一、植物学特征

沙棘灌木状，一般高2～4m，但在条件较好的山涧河谷一般能长成高达5～8m的乔木，有个别植株甚至能够超过15m。沙棘速生期为3～7年，寿命长达60～70年，在四川省和云南省都发现有300多年的沙棘乔木。

中国沙棘3～4年为初果期，5～16年为盛果期，17年之后进入衰果期。种子千粒重一般为5～8g。

(一) 根系

沙棘实生苗的根系是由种子胚根发育而成，分为主根、侧根和须根。水平方向生长的根较发达，随着树龄的增长根系不断向四周延伸扩展，水平扩展幅度可达6～12m，集中分布在20～40cm深的土层内，特别是细根和吸收根均分布在这一区域。因此，沙棘属于浅根系树种。

人工栽培的大果沙棘均为扦插苗，垂直根系不发达，多是水平分布生长，至四年生时，水平分布于干周1.5～3m，垂直分布深度集中在0～0.4m的表土层中。根系易形成根瘤，大小为0.5～1.5cm，为弗兰克氏内生菌对根系侵染形成，不同于豆科植物的根瘤菌，具有较高的固氮能力和改土培肥作用，对增加土壤有机质及氮含量、改善土壤结构、提高林地生产力等具有极其重要意义。13～16年生的沙棘每公顷可固氮179kg，固氮能力超过大豆根瘤菌。大果沙棘根瘤较大，中国沙棘根瘤小。

在沙棘林地土壤中，由于土壤温度、通气状况等特点，10～30cm土层内的内生菌数量较多，从而造成了根瘤的集中表层分布。内生菌对沙棘根系的侵染，虽然在老根原结瘤部位会形成根瘤簇，但单个根瘤多发生在幼嫩根组织上。因此，适当的断根有利于新根的大量发生，从而促进植株的结瘤。

李晓艳等对4个种类不同立地条件沙棘的根瘤结构进行了显微观察，结果表明：生长在同一生境下的中国沙棘、俄罗斯沙棘的根瘤形态解剖结构差异很大。中国沙棘的皮层比俄罗斯沙棘相对要厚，维管束直径大，维管束内、外细胞均小，泡囊及泡囊密度均大，这与其原产地域密切相关。在立地条件不同的山地、滩地、人工林，同是中国沙棘根瘤组织结构也有明显差异，人工林中国沙棘皮层比滩地及山地的要厚，维管束直径也大。随着立地条件的不同，人工林、滩地及山地的土壤水分逐渐减少、土壤肥力逐渐减弱，维管束内、外细胞明显变小；泡囊大小、泡囊密度则为山地最大，且数量最多。中国沙棘根瘤解剖结构与其生态适应性密切相关，长期的自然选择形成了中国沙棘根瘤结构适应其严酷的立地条件变化的特征。

通过对根的解剖结构观察，沙棘的次生皮层类似水生植物皮层结构，但木质部具旱生型特点，因此根系较耐涝，同时也具抗旱能力。

沙棘的水平根上产生不定芽的能力较强。正常情况下，二年生的植株其直径0.1～

1cm 粗的根上即可产生不定芽，萌发后形成根蘖苗。当受到修剪等刺激后，能发生大量萌蘖，有利于沙棘灌丛迅速扩展和覆盖地面。到七至八年生时，根蘖苗即可封住行间，形成单一的沙棘群落。

（二）枝条

沙棘的枝呈单轴生长特性，由于二年生或多年生枝尖端约 10cm 常发生枯死现象（也称自剪），多由下部的叶芽发枝，因而多年生枝多为假轴分枝。沙棘一年生枝条呈分枝生长的特点，能形成二次枝、三次枝，其分枝能力随着树龄的增加逐渐减弱。

1. 枝序 大果沙棘枝条的枝序为对生、近对生、轮生、近轮生、互生等多种。当年生枝均呈绿色，微带黄色，枝条被灰色蜡质。二年生以上枝条均表现为棕色，其中俄罗斯品种为浅棕色，蒙古品种为暗棕色，枝条表面被一层银灰色或暗灰色蜡质。

2. 枝条棘刺 大果沙棘枝条无刺或少刺。少刺品种一般每个二年生成龄枝条上具 1～3 个短刺，多数品种当年生枝条顶端为尖刺（刺枝），转年干枯。中国沙棘刺较多，多级枝条顶端多为尖刺，二次枝等短枝也常称为刺枝，湿润条件下，刺着生较少，枝刺具自剪现象。沙棘骨干枝一般在 8～12 年后即开始衰老，以后逐渐枯死。

3. 枝条性质 分为营养枝和结果枝两类。营养枝着生叶芽，结果枝着生花芽开花结果同时也着生叶芽，作为更新生长的基础。营养枝和结果枝之间可以相互转化。

4. 枝条生长规律 大果沙棘新梢自萌芽展叶后开始生长，至 8 月上中旬果实成熟后基本停止生长，采果后只有微量生长。新梢快速生长期为 5 月下旬至 6 月上旬和 6 月下旬至 7 月上旬 2 个时期，7 月中旬后进入缓慢生长期，8 月中旬基本停止。阿列伊雄株进入缓慢生长及停长稍晚。中国沙棘的新梢生长高峰期为 5 月下旬至 6 月中旬、7 月中旬至下旬、8 月中旬至下旬 3 个高峰期，9 月中旬基本停长。

5. 生长量 与中国沙棘比较，大果沙棘新梢生长量小，成枝率较低，当年生枝条产生二次枝较少，只有卡图尼、金阳等的当年枝平均有 1～2 个二次枝，其他品种几乎没有二次枝。新梢的生长表现出明显的顶端优势。

6. 解剖结构 沙棘茎的初生结构由外向内可分为表皮、皮层、初生韧皮部、形成层、初生木质部和髓部。沙棘茎的横切面上可观察到表皮是由大小相似、外覆角质层、排列紧密的一层近圆形细胞构成，细胞壁加厚，外覆多细胞盾状毛。中国沙棘角质层较厚。靠近表皮内侧有 3～5 层近砖形细胞，排列紧密且多厚角化。木质部导管孔径较大，分布均匀，输导能力强。韧皮部中有很多被染成深红色的物质，有机物含量较为丰富。沙棘髓部特别发达，由大型薄壁组织细胞组成，形状圆形或不很规则，排列较为疏松，有较明显的胞间隙，而且其中有圆形或椭圆形的内含物，沙棘产生的有机物质多在髓部贮藏。

沙棘茎的次生结构由周皮、次生韧皮部、形成层、次生木质部和髓部组成。由沙棘茎次生结构横切面可见，木栓形成层的细胞向外形成了木栓，代替了表皮细胞的保护作用，向内分裂少量细胞形成栓内层，木栓、木栓形成层和栓内层组成周皮。

据研究，厚壁组织或厚角组织以及较厚的角质层对幼茎起到保护作用，而发达的维管组织则对水分运输具有重要意义。髓的结构越发达，抗旱、耐寒、贮水性能越强。

李晓艳等研究表明，生长在同一生境下的中国沙棘、俄罗斯沙棘的茎解剖结构差异很大。导管直径、木细胞面积、韧细胞面积以俄罗斯沙棘茎最大，髓部面积占茎截面积的百分比和导管密度则以中国沙棘最大，表现出中国沙棘适应干旱地区生态条件的结构特征。

（三）叶

沙棘的叶较小，叶序与枝序相同。当年生枝上多互生，其他多为对生、近对生、轮生、近轮生。叶形有披针形、狭披针形、弯镰形、狭条形多种，形似柳叶，但较小，叶较厚，具角质层，正面灰绿色，背面银白色（图 6-1）。叶大小与生活环境有关，干旱条件下叶小而狭长。

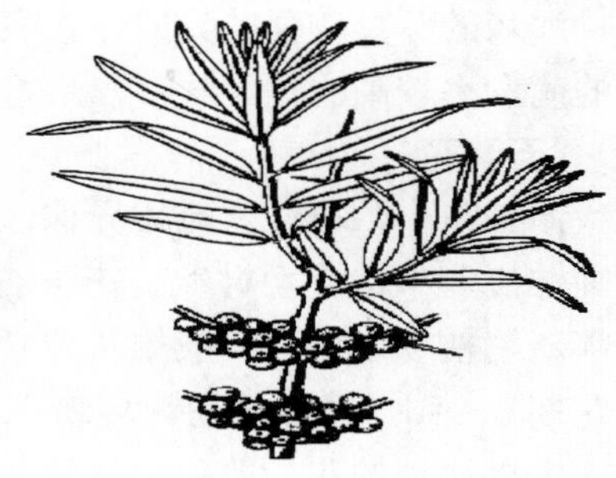

图 6-1　中国沙棘

大果沙棘的叶着生与枝序相同，多为对生、近对生、轮生、近轮生、互生。自萌芽后展叶生长，至 7 月下旬基本停止生长。叶细长，多为线状披针形。从叶的解剖结构上看，大果沙棘的叶具较厚的角质层和栅栏组织，表皮毛密集，因而具较好的抗旱能力。其中俄罗斯沙棘叶偏长，中国沙棘的叶则较短。叶片色泽各种间和品种间无大变化。

张建国等调查了内蒙古磴口地区不同品种 10cm 枝条上的平均叶片数，中国沙棘为 26.43 个，引进大果型品种为 11.71～24.86 个，中国沙棘高于引进品种，表现为生长量也大。但不同地区表现有差异，黑龙江绥棱地区研究同样引进品种，发现平均叶片数为 14.99～18.83 个。同时同一地区不同品种的叶片大小也有差异，同一品种在不同地区同样表现差异。

对中国沙棘、俄罗斯大果沙棘及其杂交种进行形态解剖结构指标的综合分析，中国沙棘叶片角质层厚，气孔密度大，栅栏组织发达，叶片组织结构紧密度大，叶片表皮毛密集而且层数多，茎射线薄壁细胞体积小而且排列整齐，机械组织发达。这些旱生结构特点，使沙棘抗旱、抗寒、耐高温，尤其中国沙棘抗旱能力更强。

吴林等研究发现，从外观形态上看，沙棘叶片细小。叶片的大小与植物抗旱性呈一定的负相关。张吉科等研究发现，沙棘表皮毛的演化关系是星状毛经过星盾毛演化为盾状毛。因此，可以从表皮毛的数量、类型和层次的差异来比较不同品种间的进化和适应干旱的能力。

王国富等观察比较了中国沙棘、俄罗斯大果沙棘和二者正、反交的 2 个杂交品种共 4 个沙棘品种的叶片大小、表皮毛和气孔的形态特征，发现抗旱性强的中国沙棘的叶片小，表皮毛层数多，气孔小、气孔密度大；抗旱性差的俄罗斯大果沙棘叶片大，叶片表皮毛层数少，气孔大，气孔密度小；2 个杂交品种介于两者之间，更趋近于母本。说明叶片大小、叶片表皮毛层数和气孔大小、气孔密度等指标与沙棘抗旱性密切相关。

（四）芽

沙棘的芽分为叶芽和花芽。叶芽为单芽，着生于当年生及多年生枝条叶腋。花芽为混合花芽，由于沙棘雌雄异株，分雌花芽和雄花芽。雌花芽形成于当年生短丛生枝及当年生枝的叶腋，以二次短枝的基部着生最多；雄花芽除形成于当年生枝上外，也形成于二年生以上枝条的叶腋。花芽在一短缩的枝条上呈螺旋状排列，外由鳞片保护，呈闭合状态。叶芽具早熟性，当年萌发形成分枝枝条，花芽则不萌发。一般雄花芽比雌花芽大2～3倍，雌芽仅2～3个鳞片，雄芽则6～8个，依此可判别雌雄株。大果沙棘的叶芽当年很少萌发形成二次枝，叶芽多由2～3片鳞片包被，黄棕色；雌花芽也多由3片鳞片包被，黄棕色；雄花芽则由6～8片鳞片包被，棕色，被浅黄色蜡质。雌花芽明显大于雄花芽。

沙棘的芽具较强的异质性，表现为枝条上部的芽最强壮，中部芽次之，下部芽最弱。芽的萌发率较高。

（五）花

沙棘花小，单性，雌雄异株，每花芽具4～24朵小花。枝条中上部的花芽萌发后，花序轴伸长，小花交互对生于花序轴上，花开时，顶部抽生绿色新梢。枝条基部花芽花开后顶部新梢枯萎成刺。一般雄花先开2～3d，花期6～12d，整片园地可延续半个月以上，单花花期3～5d。风媒传粉，传粉距离10m左右。

大果沙棘的花一般一个叶腋上着生1花芽，花芽在枝条上呈螺旋状排列，芽闭合；每个花芽具3～12朵小花，多为5～9朵。花芽萌发后花序轴伸长，小花交互对生于花序轴上，顶端抽生枝叶。雌雄花均无花瓣，雄花可见2近圆形萼片（萼片2裂），内中包被4个花药（雄蕊4枚）；雌花为钟状花柱管，上端可见两裂，花均为淡黄色。风媒传粉，花期5～7d。

大果沙棘的花芽分化在每年的8～10月，雄花在8月上旬出现，雌花则在8月中下旬开始出现。雌花与雄花原基在芽鳞腋上开始形成，在腋生花芽未来的枝条生长点上，形成叶原基，叶原基腋上为单个的小花，至9月中下旬，花芽分化基本结束，从外形上可区别雌芽与雄芽。

（六）果实

沙棘实生苗一般定植4～5年开始结果，而无性繁殖的扦插苗一般定植第三年即可开花结果，6～7年进入盛果期。

沙棘传粉受精后，果实开始发育。中国沙棘从终花到果实成熟约需110～120d，结实率60%左右。果实是由萼筒肥大发育成的浆果，红或黄色，圆或椭圆形，果实大小10～15mm×7～10mm。大果沙棘果实多着生于二年生枝条的中上部、每花芽着生2～5粒，多呈棒状结果状。从终花到果实成熟约需80～90d，果实橙红或橙黄色，椭圆或圆柱形，果较大，果柄长。果实汁多柔软，较酸或酸甜。

张建国等根据果实长宽比，提出对果实性状的划分标准，即长宽比＜0.90为扁圆形，0.91～1.10为圆形，1.11～1.40为卵圆形，＞1.41为圆柱形。根据这一标准对部分沙棘种类（品种）进行了归类：中国沙棘为扁圆形，卡图尼礼品为圆形或卵圆形，丰产、浑金、橙色、乌兰格木为卵圆形，优胜、阿尔泰新闻、金色为卵圆形或圆柱形，巨人、楚伊、绥棘1号、向阳为圆柱形。

（七）种子

沙棘果实只含1粒种子。种子形状为倒卵形，深褐色、淡褐色或棕褐色，顶端平截、斜截或圆，具突尖或无突尖，具凹沟或凹沟不明显，基部偏斜；种皮坚硬，无休眠期。沙棘果实的大小与种子呈正相关关系，果实越大其种子越大，千粒重也越大。张建国等在黑龙江绥棱和内蒙古磴口测定部分引进大果沙棘品种种子千粒重，结果表明：供试11个品种绥棱试验点千粒重为14.48～18.95g，磴口试验点为12.40～18.11g。而中国沙棘种子千粒重为7.14g，明显低于引进大果沙棘品种。

张建国等2003年对巨人、绥棘1号、楚伊、卡图尼礼品、浑金、丰产、乌兰格木等品种的种子进行发芽试验，并选取中国沙棘为对照。结果表明：发芽第六天，发芽率最高的2个品种是中国沙棘和绥棘1号，其他品种的发芽率只有1%～5%；发芽第十天，引进品种乌兰格木、绥棘1号、丰产发芽率大幅度上升，特别是乌兰格木和绥棘1号，相比而言，巨人、浑金、卡图尼礼品、楚伊4个品种发芽率较低，其中楚伊最低；发芽第十四天，所有供试品种发芽结束，达到了每个品种最大发芽率，发芽率最高的品种有乌兰格木、丰产、巨人、绥棘1号、卡图尼礼品，发芽率≥67%，其次为中国沙棘、浑金，发芽率为58%和54%，楚伊的发芽率最低，仅为16%。

二、生长结果习性

（一）物候期

无刺大果沙棘与中国沙棘一样基本可分为4个物候期，即萌芽生长期、开花坐果与果实发育期、花芽分化期及休眠期。

1. 萌芽生长期 东北地区一般在4月中旬根系活动后，芽开始膨大，4月末5月初芽萌发。鳞片展开后，叶腋枝条开始伸出生长。新梢旺盛生长期在6月及8月份。山西沙棘萌芽时间为3月下旬到4月上旬，展叶期为4月下旬。甘肃张掖大果沙棘芽萌动时间4月初，展叶期4月中旬。

2. 开花坐果与果实发育期 东北地区一般在5月中旬到9月。5月初芽萌发后，花芽露出。随着花序轴的伸长，5月中旬小花逐渐开放。授粉后7～10d受精，5月下旬果实开始发育、胚膨大，7月果实迅速膨大，8月生长缓慢，进入成熟阶段，9月初即可成熟。大果沙棘6月果实迅速膨大，7月下旬着色，8月上中旬成熟。山西沙棘初花期4月上旬，盛花期4月下旬，果实成熟期8月下旬到9月上旬。甘肃张掖大果沙棘花期4月中旬，果实成熟期8月。

3. 花芽分化期 一般在7～10月。7月中旬，在新梢生长变缓时花芽开始分化。雄花芽先分化，约8月雌花芽才进行分化。9月末至10月初花芽分化的形态分化阶段结束，入冬温度下降到0℃前，雌雄花芽达到应有的标准。

4. 休眠期 10月末，叶片开始脱落，随后进入休眠阶段，直到次年的4月中旬气温回升到0℃以上根系开始活动为止。大果沙棘在甘肃张掖10月中旬开始落叶。

（二）树体年龄时期

中国沙棘的结实规律是：Ⅰ龄级（1～2年）为营养生长阶段，Ⅱ龄级（3～4年）为初果期，Ⅲ龄级（5～6年）到Ⅷ龄级（15～16年）为盛果期，Ⅸ龄级（17～18年）以后可能进入衰果期。中国沙棘初果期的果实较小，盛果期的果实最大，衰果期的果实有减小的趋势。所以兼顾果实的中国沙棘能源林的轮伐期应在20年前后。

第三节　对环境条件的要求

一、温　　度

沙棘多分布于寒温带地区。在积温为 2 500℃以上地区生长良好。但冬季严寒或霜冻会造成物候期晚的种类（品种）的枝条死亡。

沙棘种子发芽要求温度 10～12℃，比一般果树高约 8℃，但生长期温度不要求太高，花期适宜温度为 10～12℃，枝条生长适宜温度为 17～20℃，果实成熟需 22～25℃即可。沙棘可耐 35℃以上高温，但也具有较强的抗寒性，可忍受海拔 5 000m 的高寒气候，并可忍耐－40℃低温。沙棘在日平均温度 0℃时即开始生长，因此早春低温会使沙棘生长受到影响。

根据吉林农业大学在吉林省中部和西部 2 个试验园沙棘生长情况的调查，大果沙棘为喜温树种，生长期高温可促进其生长发育进程，1997 年中部地区持续的高温气候使果实提前成熟，7 月下旬即基本着色完毕，进入成熟阶段。其他物候期也有提前现象。

二、光　　照

沙棘是最喜光的树种之一，正常情况下，温度适宜、光照良好可促进果实着色。沙棘不耐荫蔽，当沙棘纯林盖度≥80%时，植株的冠幅变小，下部枝条枯死严重，使开花结果部位上移。草本覆盖物可使根蘖生长不良。生长在乔木林下的沙棘，由于光照不足，一般都生长不良或最终导致死亡。夏季光照可提高沙棘果实的含油量，有利于沙棘团状林的形成。

每年的适度修剪有助于改善植株光照条件，增加产量。

三、水　　分

土壤水分不足容易造成沙棘叶片枯萎、变黄直至脱落，特别是在早春开花和幼果形成时期，长期干旱状态下会导致幼果脱水、脱落。但太多的水分或高地下水位常会引起生长不良和根系腐烂。沙棘在年降雨量 350mm 以上地区即能满足其生长对水分的要求，但建立人工沙棘园则降雨量应不少于 400mm。

研究证明，沙棘是一种典型的兼有双重生态特性的中旱生植物，这是由沙棘长期生长在山地河谷和沿海岸地带而形成。沙棘肉质根系在湿润的土壤里，供给地上部分水分，土壤干旱可造成生长不良和减产。沙棘同时又具有较明显的旱生形态结构，即枝条具刺及刺枝，叶片小而窄，角质厚，灰绿色有光泽，根系较深，因而使水分蒸发减弱，形成较耐大气干旱的特性。

根据刘洪章等对吉林省西部前郭县深井子试验园的调查，大果沙棘较耐涝，栽后第二年遇低温多雨，积水较严重，附近其他果树均因淹水造成不同程度伤害，如杏树等大面积死亡，而沙棘生长较好；大果沙棘亦有较好的抗旱力，在春季的干旱及生长期干旱中表现良好，特别是栽后第三年高温少雨，试验园沙棘生长良好并正常结果，以金阳、向阳等表现较好，从1998年以来的生长情况看也证明了这一点。

四、土 壤

沙棘对土壤的适应性较强，适宜在肥沃、疏松、湿润、中性的土壤上生长，微酸性、盐碱性及黏性土壤上也能生长良好，但平原地区的重黏土地、持水性差的砂石地不宜栽植沙棘。沙棘喜肥沃土壤，在干旱、盐碱的贫瘠地也能生长，使其成为盐碱地改良的重要树种。

周丽君等研究发现，供试的沙棘无性系HF-14、HF-4和楚伊品种，在碳酸盐为主的土壤条件下，全盐含量＜0.22％时生长量差异不显著，全盐量0.22％～0.36％为忍耐含盐量；pH 9.6、全盐量3.6％以上时生长量明显下降，pH 9.8、全盐量＞0.36％时苗木不同程度受害或死亡。

第四节 育苗与建园

一、育 苗

沙棘的繁殖方法很多，有种子繁殖、扦插、压条、根蘖和嫁接等。除营林、良种选育、水土保持及观赏园艺中采用实生繁殖外，其余均应采用无性繁殖。中国沙棘造林以实生育苗为主。种子繁殖的实生苗，不仅品种形状不能保持，而且雄株所占的比例很大。根蘖繁殖又因其速度慢、繁殖系数低，在生产中也只能作为一种辅助方法应用。因此，沙棘作为药用植物和果树树种栽培时最理想的集约化育苗方法是扦插。

近年来，沙棘组织培养育苗技术的研究不断深入，并在生产上开始应用。

(一) 扦插繁殖

1. 绿枝扦插

(1) 建立母本园　母本植物园的建立对地理位置、土壤要求同其他果树。其栽植的品种要经过严格鉴定并确认是纯正的、生长发育健壮的自根苗木。母株栽植的行距为2.5m，株距0.5m，每公顷栽植8 000株。其中，雄株按低于15％的比例配置。母本植物园面积的大小应视扦插繁殖苗木的数量而定。一般从一株发育中等的母株上可采50根枝条。若扦插10万株嫩枝插条，则至少应该有2 000株沙棘母株。

(2) 嫩枝插条的采集和处理　插条应选自树冠外围生长势中等的半木质化的生长枝和一次分枝。以清晨采集为宜。采后将插条剪成7～10cm长（10～15个芽），下切面距最下一芽3～4mm，上切口距上芽2～3mm。剪截后，去掉下部5～6片叶，每50条一捆。注意保湿防止过多失水。

为促进插条迅速生根，扦插前可用萘乙酸、ABT生根粉、吲哚乙酸和吲哚丁酸进行处理，其中以吲哚丁酸处理效果最好。通常不成熟的插条使用10～25mg/L吲哚丁酸溶液，较成熟的插条用25～50mg/L溶液处理，充分成熟的插条用50～100mg/L溶液处理。处理插条的水溶液温度保持在20～25℃，处理时间14～16h，浸泡时插条浸入溶液的深度宜为1.5～3.5cm。

（3）扦插基质　扦插的最佳基质为纯粗沙或沙与泥炭土混合物，体积比为3：1。应对基质进行杀菌消毒，保证扦插基质疏松、透气、保湿、无病毒菌。并且应根据插穗的粗细和发根难易，选择适当粒度的基质，粗壮和易发根的品种插穗可用相对粗糙的基质以增大孔隙度，较细弱和不易生根的插穗底层可选用较粗糙基质，上面再铺一层细小的基质。

（4）扦插　东北地区沙棘绿枝扦插适宜时间为6月下旬至7月上旬，华北地区可在6月下旬至8月上旬。此时插条处于半木质化状态，有利扦插成活。扦插密度为7cm×3cm。扦插过密，通风和光照不良，易引起树叶凋落、插条霉烂和影响生根。

扦插深度根据插穗粗细和发根难易确定。粗壮易生根的插穗，扦插深度可略深些，约5cm，细弱和不易生根的插穗扦插深度以3～3.5cm为宜。

（5）水分管理　扦插后，与葡萄等果树一样，要注意控制插床的大气和土壤湿度，及时灌水。在插穗愈伤组织形成期喷水的要求是少喷勤喷，即每次喷水量以叶片表面刚产生径流现象为标准。缩短每次喷水间隔时间，即第一次喷水后到发现插穗顶端第一、第二个叶片边缘稍有下垂萎蔫时即刻进行第二次喷水。在生根期喷水的间隔时间应逐渐加大。到成活稳定期每次喷水量应逐渐加大，喷水间隔期逐渐拉长。临近秋季，要逐步减少灌水，使插条得到锻炼，发育充实。秋末落叶后，将苗挖起入窖。此外，及时做好除草等田间管理工作。

（6）温度的调控　沙棘插穗生根对温度的要求大体可以分为3个阶段。

根原基形成期：气温要求较高，应保证25～35℃，土壤温度25℃较好。白天控制在30℃左右，温度低时增加光照。此期主要是穗下端愈伤组织形成和分化不定根，需要相对较高的温度。

根形成期：此期气温宜控制在28～30℃，土壤温度20℃以上较好。因该期主要是根的生长，温度过高会抑制或减缓生根。

炼苗期：此期温度宜控制在20～30℃，因此时根系已经形成，适当降温有利于根系生长和组织充分成熟。

（7）光照的调控　在不同阶段对光照要求不同。

根原基形成前期：不宜强光直射，尤其扦插后的前3～4d，应半遮阴以防止接穗脱水萎蔫。

根原基形成后期：此时接穗已经度过缓苗期，应提高光照以增加叶片光合能力。

根成熟期：增加光照，逐渐使苗适应全光照。

（8）全光照弥雾扦插法　为提高扦插成活率和成苗率，沙棘绿枝扦插也可采用全光照弥雾扦插法。基本原理是：弥雾扦插在全光照条件下，采用定时间歇喷雾，提高苗床的相对湿度，使插穗叶面经常保持一层水膜，通过水膜蒸发和吸热，降低叶面温度，光合作用不间断，使插穗在生根前始终保持较高湿度，促进其迅速生根。

建苗床：苗床建在距电源、水源近的避风向阳地上。苗床为圆形，直径根据扦插量大小而定。四周用砖砌成20cm高的围台，每隔1m留一个排水孔，中心固定喷管底座。苗床铺20cm厚的洁净河沙作基质，床面中间略高，外缘略低。最后在基质上用砖铺设4～5个同心圆形步道。

建水箱：水箱底部距地面2m左右，水容积3～5m^3，经常蓄满水，用自动控制仪器控制电磁阀实现自动间歇喷雾。

扦插：扦插前将插床喷透水。扦插密度为每平方米约为400根插穗，扦插深度4～5cm。插时要使插穗基部与基质紧密相接，不留空隙。插完立即用多菌灵800倍液喷洒消毒。

扦插时间：一般在6月上旬开始进行，插后1～3周开始生根，插床基质温度以25℃左右对生根有利，40d左右即可移栽。每年可生产2～3批苗木，苗木根系发达，生长旺盛。采用这种方法不仅育苗周期短、生根率和成活率高，而且插条源丰富，是进行沙棘无性繁殖的最有效途径之一。

也可采用大棚弥雾扦插，即在大棚中用砖砌成高20cm、宽1m、长3～3.5m的2排插床，在空中用胶管进行定时人工控制间歇定时喷雾，其他同前。

2. 硬枝扦插

(1) 采集插条 东北等寒冷地区采集插条时间一般在早春树液未流动时，约为3月下旬为宜。方法是从母本园选好的雌、雄株，剪取直径0.6～1.5cm的一或二年生枝条，雌、雄株分开放置，防止混乱。将采下的枝条50根打成一捆并挂牌标记，插条基部插入湿沙中，保存在1～3℃的冷窖中或放在阴凉处用湿麻袋盖好备用。存放期间要经常使麻袋保持湿润。

华北等地区主要在冬季采接穗。将接穗用清水洗净，用0.2%的多菌灵浸泡灭菌3～6h后，洗净阴干，假植。注意保持水分。

(2) 扦插时间 东北地区在4月下旬至5月上旬扦插，华北地区在3月下旬至4月上旬进行扦插。

(3) 插条处理 扦插时将插条剪成15cm长段，下端剪成斜面，上端剪成平面，剪口下留一饱满芽。

把剪好的插条每50根捆成一捆，作好雌、雄标记，先用清水洗净，再用NAA（萘乙酸）1 000mg/L溶液速蘸插条基部2～3min，或用ABT生根粉400mg/L浸泡插条基部2～3h，然后再扦插。

(4) 苗圃整地 选择有灌溉条件、交通方便、距造林或种植园较近的肥沃土地作为苗圃。先施足基肥（农家肥），深翻耙平，做畦。畦宽1～2m、长10m左右。畦上做垄，宽25～30cm、高10～15cm，修好灌溉渠道。

(5) 扦插育苗 将处理好的插条按类别、雌雄分开后，垂直插入垄中，插条上端露出2～3cm。扦插行距20～25cm，株距10cm，每公顷插20万～30万根插条。插后插条周围要踏实，然后立即灌水，渗水后用地膜进行覆盖。

当新梢长到10cm左右时，只保留1个健壮新梢，其余去掉。苗圃要及时松土、除草，适时灌水，并注意防止土壤板结。到秋末即可出圃。

(二) 压条繁殖

主要有水平压条、弓形折裂压条和直立堆土压条。

1. 水平压条 早春芽未萌动时剪取二年生枝条，去掉顶部未木质化部分，剪成15cm的段，每2～3条一束埋入湿锯末中，10～15℃保温。10d后愈伤组织长出，取出枝条埋入苗圃。苗圃浇水后挖5cm浅沟，放入枝条，埋土3cm，再覆2cm湿锯末，2周后可萌出新梢。

2. 弓形折裂压条 春季在株丛四周松土后，挖浅坑，将枝条弯向地面，放入坑中，将入土部位折断，梢部露出，以利愈伤组织形成。秋季生根后，扒出剪离母体即可。

3. 直立堆土压条 春季在株丛每一分枝的基部树皮上做一切口，以利生根。切口用纱布包好后，用湿土将整个株丛基部埋住，顶部露出，上面再盖一层锯末，周围挖沟，经常浇水。秋季挖开土堆，每一生根分枝即为一新苗。

（三）嫁接繁殖

嫁接繁殖的方法主要有枝接和芽接。

枝接多采用劈接，可在砧苗上低接或在成龄树上高接。嫁接在春季树体萌动前进行，一般在3月份。先剪接穗，以2～3年生条为好，剪成5cm长的段，下口斜剪以区分上下端，挂蜡保湿，接前将下部削成楔形。将砧木苗或高接条剪断，用刀从中间劈开，插入接穗，接穗应与砧木同粗或比砧木细，对齐一侧形成层（皮层），用塑料条绑好。枝条成活率因砧穗间组合不同有很大差异。

芽接多采用T形芽接，嫁接时期在枝条离皮时进行，北方约在6月。方法是：先削接芽。在树冠外围和中部剪取芽体饱满的粗壮枝条，用芽接刀从距芽下1cm处往上斜削入枝条，深达木质部，再在芽上0.5cm处横切一刀至第一刀口处，轻轻掰下接芽，保湿。然后再削砧木，在砧木枝条上切一T形切口，用竹签离皮，插入接芽，上部接齐，用塑料条绑缚好，芽可露出。一般情况下，以一年生枝为砧木低位芽接成活率高。

（四）枝条繁殖

每年4～5月间，将沙棘嫩根刨出，剪成10～20cm的段，埋入圃地5～7cm深的沟里，随刨随埋，踏实浇水。新梢萌出后再浇水，秋季可成苗。

（五）根蘖繁殖

沙棘定植3～4年后，水平根上即开始萌发根蘖苗，也叫串根苗。一般在5月中旬会发生大量的根蘖苗，4～5龄的株丛发生根蘖苗最多，质量也最好。为了得到高质量的根蘖，必须对母株加强管理，保持土壤湿润、疏松和营养充足，疏去过密的而选留发育良好的根蘖苗，使它们之间的距离在10～15cm。待根蘖苗长至2年后，秋季或第三年春季4月上旬挖出栽植。最好在雨天挖苗，趁雨天栽植。带根深挖移栽成活率高。需要远途运输的苗木也可以秋季栽植，或秋季取苗，假植在有防风林设施而且不积水的地方，第二年春定植。

（六）实生繁殖

实生选种或用中国沙棘人工造林时用此法。一般中国沙棘种子颗粒小，顶土力弱，种皮坚硬，表面附有油脂状胶膜，吸水膨胀困难，刚出土的幼苗非常脆弱，遇到干旱或地表板结就会死亡。这是目前播种育苗和直接造林失败的主要原因。另外，幼苗出土期间还要防止鸟害。

播种前1周对种子进行处理，可用50℃温水浸种1～2d，捞出播种；或清水泡1～

2d，捞出摊放，在24～30℃温度下2～3d出芽后即可播种。一般在早春地表5cm处10℃时播种，可垄播或床播。每公顷播种量90kg，行距25cm，沟深4～5cm，覆土5cm，镇压后覆盖，半个月可出苗。以株距5～6cm定苗，松土，除草，灌水，追肥，防病虫害。秋季可成苗。

1. 采种 播种育苗的种子应从当地现有的沙棘林中采种。选择无刺或少刺、结果多、果形大、生长健壮、无病虫害的优良单株或株系，于9～10月果实完全成熟后采收；或者在冬季震落冻果采集并及时进行碌碾，清水淘洗，除去杂质，阴干后保存在干燥的房间内。如果当地资源少，采种困难，现有林质量低、缺乏优良单株时，可引进外地良种，但育苗前必须进行发芽试验。

2. 苗圃地的选择 苗圃地要选在交通方便、水源充足并距造林地较近的地方，土壤以沙壤土或轻黏壤土为宜。要求地势平坦、肥沃，不积水。育苗前进行深翻整地，蓄水保墒，施足基肥，以有机肥和磷肥为主，做好苗床或打垄，在播种前3～4d灌1次透水。

3. 种子处理 常用的方法有2种。一种是用45～50℃温水浸种后，放置一昼夜，然后捞出，掺入种子体积2倍的洁净湿河沙拌匀，堆放在背风向阳处，或放入深约0.5m的催芽坑内，上面覆盖草袋，每天上下翻动2次，保持经常湿润，4～5d后种子即开始裂口，待30%种子裂口时进行播种。另一种方法是用45℃温水浸种24h，然后进行层积处理（沙藏或冷藏），种子与湿河沙1∶3混合，湿度以手捏成团不滴水为度。温度控制在0～5℃，放置15～20d。

4. 播种时期和播种量 播种时期以春季为宜，一般当地表5cm深土层地温达15℃时即可开始播种。播种量每公顷50～75kg为宜，出苗30万～45万株。

5. 播种方法 常用畦播和垄播2种方法。少量播种时用畦播，方法是横过畦面作沟，沟深5cm左右，沟距离8～20cm，种子之间在沟中相距1.5～2cm，种子覆上一层1～1.5cm厚的松散基质（腐殖质与沙1∶1混合）。大量播种采用垄播，行距20～30cm，沟深4～5cm，覆土3cm。播后适当镇压，浇透水，并用草覆盖以保墒。

6. 苗期管理 沙棘播种后15～20d开始出苗，出苗期间一定要保持地表湿润。以后要及时中耕除草，定期浇水，使田间持水量不低于80%。雨季要及时排水，防止地面积水。

7. 苗木出圃 沙棘苗木一般要求根颈粗度0.35cm以上、苗高30～40cm、侧根长18cm为合格苗木（实生苗）。允许有少量机械损伤，无树皮皱褶、木质干枯及韧皮部、形成层、木质部变褐现象。不合格苗木不能出圃。为了形成分枝根系，多发侧根，应在7～8月用小刀在土深15～18cm处将直根切断。

苗木起出后可包装好运往栽植地进行假植。方法是挖一东西向的沟，沟深40cm左右，将苗向南倾斜约45°角均匀放入沟内，用湿土埋至苗尖。

（七）组织培养育苗

沙棘雌雄异株，靠种子繁殖难以保持优良品种的特性；根蘖繁殖繁殖系数低；目前生产上采用的扦插繁殖成活率也不高，还容易传染病害。通过组织培养工厂化繁育种苗可以大大提高繁殖系数。

杨丽萍等研究发现，沙棘组织培养外植体消毒效果以0.1%升汞与20%的酒精混合液为佳；用 200mg/kg 维生素 C 浸泡材料 5h 是抑制沙棘外植体褐化的有效方法；芽增殖过程效果最好的培养基是 1/2 B_5 ＋IAA 0.3～0.5mg/L。

周洁等研究发现，以春秋季节休眠芽为外植体获得沙棘组培苗效果最好，好于当年生嫩枝；B_5＋6-BA 0.5mg/L＋NAA 0.5～1.0mg/L 为适宜的启动培养基，对休眠芽的诱导率为 100%；1/2 B_5＋6-BA 0.5mg/L＋NAA 0.5mg/L 为最佳继代增殖培养基；1/2 B_5＋6-BA 0.5mg/L＋NAA 1.0mg/L 为最佳生根培养基，生根率达到 85%；试管苗经过驯化移栽成活率达 50%以上。驯化移栽的具体做法：先于温度 20～25℃、湿度 60%～70%的温室中打开瓶口驯化 1 周。用镊子取出试管苗，自来水冲净根部培养基，栽于洗净的河沙中，并用塑料膜罩住以保持湿度。待小苗长到 10cm 左右根系较为发达时加大通风量，去掉覆盖的塑料膜，定期浇水和稀释的营养液，1 个月可以移栽到土壤中。

其他研究也发现，以嫩枝为外植体的繁殖方式受条件影响大，繁殖系数低，而且不同品种的离体培养和再生能力差异很大。

（八）雌雄株鉴别

沙棘为雌雄异株，在幼龄时期从形态上很难辨别，需待形成花后才易分清，其方法有：①看树形。一般雌树成龄株树冠开张呈宝塔形、伞形或丛生，枝条较平展，开展角度大，而雄树枝条较直立向上，开展角度小。②看花形。沙棘雌花较雄花晚开放（雌雄花均为腋生，混合芽总状花序），雌花呈小瓶状柱头二裂，下面由 2 片肉质花被包围。而每个雄花为 2 萼片和 4 条花蕊。③看叶位。沙棘的叶片有互生、对生或三叶轮生。在同一植株上三者兼而有之。雄株的叶片多数为互生或近互生，对生者明显减少。而雌株的叶片相反，多数为对生或近对生，互生者多在营养枝上。

二、果园建立

野生中国沙棘和实生播种的大果沙棘种子其后代雄株比例接近 70%，雌株进入结果期较迟，一般播种后第四年才开始结果，且产量低，采摘困难。前苏联采用优良大果沙棘品种建园，每公顷产量可达 18.2～21.4t。这说明要发展沙棘产业必须建立人工大果沙棘园，才能提供大量加工用果实，使其成为不发达地区的经济支柱产业。

（一）园地选择和规划

沙棘在山地、丘陵、高原、风沙地、平地都能生长，阴坡、阳坡、山顶也能栽培，但以阳坡山地最为适宜。沙棘对土壤要求不严格，但以中性和弱碱性沙土为好。野生沙棘生长在栗钙土、灰钙土、棕钙土、草甸土等土壤上，耐盐碱、耐水湿、更耐干旱瘠薄，能在地表土壤只有 5cm 深、含水率 3%～7%、贫磷缺氮的栗钙土上生长，可以在 pH 7.0～9.5 的碱土或含盐量达 1.1%盐地上生存，但产量不高。不喜过于黏重的土壤，在黏重土壤上生长较差。河滩沙地建园应尽量引洪淤灌、改良土壤。年平均气温 4.7～15.6℃、年均 10℃以上活动积温为 2 500～5 000℃的地区都适宜沙棘的生长。

地下水位在 1.0m 以下，园地排灌方便。沙棘耐旱，对降水要求不严，在年降水量 250～800mm 的地区都可生长。年日照时数以 1 900～3 400h 为宜。最适海拔高度为700～3 500m。

选好园址后，进行园地作业小区、道路、防护林配置和排灌系统的规划。作业区一般不宜超过 10hm^2（200m×500m），长边南北向较好，园地边围栏并栽植防护林。

整地在栽植前一年进行，先深翻 30～50cm，并施入腐熟厩肥 50～100t/hm^2，休闲一年。结合机耕整地可施入除草剂，彻底熟化土壤。坡地应修鱼鳞坑或矮梯田保持水土。最好种植一年绿肥作物或豆科作物，秋季深翻入土中以培肥地力，耕翻深度 30～40cm。然后挖好栽植坑，坑为直径 60cm、深度 60cm 的圆形坑，每坑施入农家肥 10kg，磷酸二铵 0.2kg，覆土 50cm，与肥料拌匀。吉林省东部长白山区和黑龙江北部大小兴安岭地区土壤微酸性，整地时应施入石灰 1t/hm^2 即可。

（二）定植

1. 栽植时期 沙棘春栽或秋栽均可。在东北地区，因冬季寒冷，有的地方积雪少，多采用春栽。一般在早春 4 月中旬，土壤解冻 50cm 深时即可栽植。

2. 苗木选择 选无性繁殖的大苗和壮苗栽植。

3. 栽植密度及品种配置 栽培密度视品种树势强弱而定，一般株高 2～3m 的株行距采用 2m×2.5m 或 2m×3m，株高 4～5m 的以 3m×4m 为宜，也有采用株行距为 2m×4m 的。沙棘雌雄异株，风媒传粉，因而需要雌、雄搭配栽植，授粉树的数量和配置方式直接影响到产量和品质。一般情况下沙棘传粉的有效距离为 70～80m，超过 80m 授粉效果不佳。一般每 5～8 株雌株配置 1 株雄株，作业区边行只栽雄株，园内雄株栽植时呈行状或隔行呈三角形均匀配置。如雌雄株比例为 8∶1，为使雄株均匀分布，可采用每 3 行为一组、每组中间一行每隔 2 株定植 1 株雄株的栽植方式。授粉品种首选俄罗斯沙棘雄株阿列依。

4. 栽植方法 栽苗采用穴栽，做到大坑、大肥、大水，树坑深宽各 60cm，坑底要平，上下通直。每坑施入基肥 10～15kg，混入表土拌匀，后取出一半。坑内混合土堆成小丘，苗木垂直放入坑中，根系舒展开，根颈略高于坑边，然后将坑外混合土填入，最后再填底土至满坑。做树盘，浇透水，待水渗入后再覆一层细土。如春旱，也可以在坑上覆盖地膜保湿以提高成活率。远途运输的苗木在运输过程中均有失水现象，栽前将根系在清水中浸泡 24h 后再栽植，成活率高。当地苗木或在当地假植的未失水的苗木，一年生苗根系在清水中浸泡 6～12h 成活率高，二年生苗木特别是二年生根蘖苗根系在清水中浸泡 24h 成活率高。

（三）天然林及人工林抚育成园

作为果树栽植的沙棘一般应考虑在沙棘林区和特定地点新建园，并栽植无刺大果优良品种。但在目前优良品种较少、耕地紧张的情况下，可以利用当地的天然林或人工林抚育改造成园，既减少投资，又对现有沙棘林进行了维护和管理。

东北地区除辽宁西部林区有部分天然沙棘林外，吉林省及黑龙江省多为人工林，一般分为防护林、薪炭林及经济林。吉林省的人工沙棘林属“三北”防护林的一部分，但也兼有经济林的作用，现每年有近 200t 的产量。因管理粗放，呈自然生长状态，群落自然扩大，植株新老混生，雌、雄株比例不当，也有的因采果方法不当将树毁坏或人为毁林，产量极不稳定。人工抚育应从以下几个方面进行。

1. 林地更新 将林地内生长 12 年以上开始衰老的老树及病弱树进行平茬更新，有条件的也可以将根刨出。清除林内地表的杂草、小灌木等其他混生植物。

2. 调整雌、雄株比例 人工林多播种营造，自然生长后雌、雄株比例不当，一般是雄株多，可占60%以上。老树更新后应按雌、雄株比5∶1或8∶1留雌雄株，多余的雄株除掉或栽到边上用来围园或做防风林。雌、雄株的鉴别方法是看树形、花形和叶位，雌树树形开张，花芽小，开花略晚，叶对生或近对生；雄株则树直立，花芽大，早开放，叶多互生轮生。

3. 匀苗 将过密的株丛挖出补栽到过稀的地方，以挖小的根蘖苗为好。匀苗后的株行距可比建园时密一些，达到1.5m×2～2.5m即可。

4. 改劣换优 基本成园后，逐渐平茬更新改换成无刺大果优良品种，或通过嫁接改劣换优，改造成丰产的沙棘园。

(四) 其他沙棘林的营造

1. 防风固沙林 选择水分条件较好的平缓沙滩地和湿润的丘间低地及沙丘迎风坡下部，按1～2m×3～4m的株行距挖栽植坑。栽植坑挖成直径40cm、深度为40cm的圆形坑，埋土前将根系舒展开，先填湿土和熟土，后填干土。埋土深度略高于根颈。干旱地适当深埋5cm，然后灌透水。沙棘苗要选二年生以上的实生苗。栽植时期为4月中下旬。

2. 水土保持林 选择水土流失较重的坡面中下部营造沙棘林护坡，还可利用撂荒地、退耕地及矿区开采过的地段营造沙棘林，并结合小流域治理。按1m×2～3m的株行距栽植。沙棘苗要选二年生以上的实生苗。栽植时期为4月中下旬。

3. 围栏 围栏可包括草原围栏、果园围栏、公路围栏、防护林围栏和封山围栏等，均可选用中国沙棘。按1m×1～2m的株行距栽植5～10行，株间错落0.5m，3年后即可全封闭。沙棘苗要选二年生以上的实生苗。栽植时期为4月中下旬。

草原土壤盐碱化较重，在建设草原围栏时要进行改良，每穴掺入1/3轻沙壤土。穴深和直径均为50cm，栽后灌透水。生长期至少要除草2次。栽后第一年要有人看护，防止人畜破坏。

4. 薪炭林 应结合小流域治理进行，在缺少烧柴的西部地区，利用沙荒地每人栽植0.5hm^{2}即可解决烧柴问题。注意对四年生以上沙棘林的合理平茬问题。实践证明，六至七年生为一个平茬周期较为适宜。

第五节　栽培管理技术

一、土壤管理

(一) 幼年园的间作及管理

幼年树未结果前，可充分利用行间间作一些蔬菜类作物或绿肥作物，也可育苗。如可间作一些茄果类蔬菜，但不要间作白菜和萝卜。绿肥作物可选豆科作物紫苜蓿、三叶草等，既能改良土壤又能增加收入。

(二) 中耕除草

在杂草再生、灌水或雨后及时进行中耕除草，每个生长季节进行4～6次。幼龄园深耕，耕翻深度15cm；成龄园浅耕，耕翻深度不超过10cm；靠近树干处不宜超过5cm。

（三）树盘覆盖

夏季耕作后，在树盘（树干周围、树冠投影下）覆盖绿草，厚度10～15cm，一是保墒，二是草腐烂后可增加土壤有机质。土壤覆盖只在树盘下进行，有利于保湿及增加土壤肥力。

（四）根颈培土

冬季来临之前，从行间取土培在树干基部，高度10cm左右，既可防寒又能防止冻旱。

（五）根蘖苗移栽

沙棘生长2～3年后，根系发生萌蘖，一是在中耕除草时清除，二是可在秋季落叶后选二年生的挖出进行移栽补苗。

二、水分管理

沙棘多栽植在较干旱的地区。在沙棘生长期内，如果降雨量较小不能保证沙棘正常生长发育时，要进行必要的灌溉，特别是在开花期和结果期。

有浇灌条件的人工沙棘园施肥后应立即灌水，采用滴灌方式最节水且效果也最好。虽然沙棘耐瘠薄和耐干旱，可以不施肥灌水，但要想获得高产稳产和优质高效益，必须进行施肥和灌水。

一般在植株需水临界期或干旱季节灌水2～3次。沙棘抗旱，但灌溉可加速其生长。在有灌水条件的地方应在萌芽开花期灌水1次，提高土壤持水量，促进根系生长。其他时期如天气干旱也应灌水。

来自河流、湖泊、水库等的地表水，由于水温较高并含有少量溶质，通常比地下水的灌溉效果好。适宜的沙棘土壤含水量应为70%左右，土壤水分不足会造成叶片面积缩小，产量降低。

周丽君研究发现，长期缺水条件下，沙棘植株生长量下降，生长势衰弱，增加感病机会。因此，在长期干旱情况下，当土壤含水量降至15%时，应给予灌溉。Li（1990）报道，与无灌溉、土壤含水量50%～60%的小区相比，土壤含水量达到70%以上的灌溉小区其树冠和果实产量分别较对照增加56%和47%。

三、除　　草

每年在6月、8月、10月进行3次除草，也可用除草剂如阿特拉津或西玛津200倍液喷洒，用药量为4.5～7.5kg/hm^2。

王德林等研究沙棘实生苗化学除草时发现，乙氧氟草醚是较好的除草剂，喷施剂量每667m^2 40～50mL，时间为播后出苗前。在药效结束前进行2次喷施。通过2次喷药，可确保播种后至少60d内无草害发生。若3次喷施，可确保全苗期无草害。

四、施肥管理

(一) 施肥

沙棘需要充足的土壤养分，但相对于苹果、梨等果树，其对氮、磷、钾的需求量要少。研究表明，在缺磷的土壤中，沙棘对土壤磷含量具有很强的反应，可通过将过磷酸钙深翻埋进土壤中解决。

1. 基肥和追肥 根据沙棘的生长发育规律和需肥特点，在秋季施基肥，即有机肥（农家肥）每株15～20kg，磷肥（过磷酸钙）每株0.5kg；在8月份花芽分化前增施磷、钾肥，以促进花芽分化，确保来年产量；在春季萌芽后、坐果期和果实膨大期追施速效性化肥，主要施尿素、磷酸二铵、磷酸二氢钾、过磷酸钙和硫酸钾等，氮、磷、钾的比例是1∶2∶1，每次施入量为每株0.1～0.2kg。

在西伯利亚，N、P_2O_5 和 K_2O 质量比1∶1∶1的比例（每年各60kg/hm^2）在黑钙土中连续施肥5年后，果实产量增加了23%。

张晓鹏等研究发现：氮、磷、钾对俄罗斯大果沙棘苗木生长具有明显影响。其中，苗高影响效应为氮＞磷＞钾，地径为氮＞钾＞磷。磷、氮、钾对俄罗斯大果沙棘苗高具有较为明显的交互影响，磷、钾交互作用不显著。在土壤肥力为全氮0.066%、全磷0.058%、全钾0.043%时，俄罗斯大果沙棘嫩枝扦插苗的最适施肥范围为N 253.8～303.17kg/hm^2，P_2O_5 153.23～194.57kg/hm^2，K_2O 140.13～144.28kg/hm^2，苗高可达85.88cm，地径可达7.01mm，可显著提高苗木质量。

2. 根外追肥 在沙棘生长期急需氮肥时，可进行根外追肥（叶面喷肥）。尿素可用3～5g/L，不能超过5g/L（临界值），超过则叶面发生药害。急需磷钾肥时，可喷3～5g/L的磷酸二氢钾和硫酸钾。缺铁时可喷1～4g/L的硫酸亚铁。据Mishulina（1976）报道，叶面喷施铜、钼、锰、碘、硼、钴和锌等微量元素，可以使果重增加34.5%。

3. 种植绿肥 沙棘多生长在土壤较瘠薄的地方，种植绿肥可增加土壤有机质，改良土壤理化性状，增强沙地的保肥保水能力，使黏重土壤疏松通气。常见的绿肥作物有紫穗槐、沙打旺、草木樨、田菁和豆科作物如绿豆、大豆、豌豆、三叶草等。

(二) 元素缺乏症

1. 主要元素缺乏症

（1）氮缺乏 主要症状为叶片由绿变白或微黄色，继而衰老、裂开；植株较正常情况下偏小、叶面积减小。措施：在早春施入硝酸铵20g/m^2，或在秋季施入过磷酸盐20～30g/m^2。

（2）钾缺乏 主要症状为叶片色泽变白，边缘萎黄，烧焦状，茎节缩短，顶芽死亡。措施：施入氯化钾20～25g/m^2。

2. 微量元素缺乏症 顶端叶片正常，基部叶片呈V形边缘萎黄症，常发生于镁含量少、钾含量高或者酸性土壤。特别容易在幼年旺盛树上发现，叶片常自枝条基部脱落，逐渐向上扩展。

锌缺乏症可推迟花的开放时间及春季叶芽的开放，出现小的、萎黄的叶片，节间缩短，枝条上小叶片减少了生长及果实产量。

铁缺乏症的起因是土壤中含有较少的铁元素，或者铁元素充足但难以吸收，或者铁元素充足又可吸收但不能被植物利用。其症状包括叶绿素缺乏、叶片萎黄、叶脉虽绿但脉间变黄。症状首先发生于幼叶。

五、整形修剪技术

许多人误认为沙棘原为野生，适应性强，人工栽培也可粗放管理，甚至不需整形修剪。其实沙棘作为一种果树栽培，是否整形修剪或修剪是否合理，同样会影响其产量和质量。因此应该根据树形、树势、立地条件等灵活运用各项修剪技术。

沙棘的整形是为了保持生长势平衡，改善通风透光条件，培育稳产优质高效树形。生产上常用树形为灌丛形和主干分层形。

沙棘修剪分为冬季修剪和夏季修剪。冬季修剪在休眠期进行，东北一般在早春3月进行。夏季修剪在生长季进行。修剪的方法有：①疏枝。将过密弱枝、衰老下垂枝、干枯枝、病虫枝、无用的徒长枝、交叉枝从基部剪除称为疏枝。作用是促进营养积累，改善通风透光条件。②短截。剪去一年生枝的一部分称为短截，分为轻、中、重短截。只剪去一年生枝条先端的部分称为轻短截，从一年生枝的中上部截去称为中短截，从一年生枝基部短截称为重短截。作用是促进分枝和发枝，扩大树冠，为早结果打基础。③缩剪（回缩、压缩）。剪去多年生枝条的一部分称为缩剪。作用是使树体健壮，缩短枝轴，增强树势。④拉枝。将旺长枝、直立枝拉成近水平状称为拉枝。作用是缓和树势，促进花芽形成。⑤摘心。掐去新梢顶端生长点部分称为摘心。作用是抑制营养生长，促进养分积累，促进分枝和坐果。⑥缓放。对水平枝或斜生枝不剪称为缓放。作用是积累营养，促进结果。

（一）幼树整形修剪

1. 灌丛状整形　如沙棘的自然半圆形树形、自然开心形树形。无主干，如定植苗只有1个主干应在15～20cm处短截定干，促进萌发侧枝。一般在地上部10～15cm以上留3～5个骨干枝，每个骨干枝留3～4个侧枝，形成灌丛。头两年只剪枯枝，第三、四年疏除重叠枝、过密枝、下垂枝，短截细长枝和单轴延长枝。树高控制在2～2.5m。主要适用于土壤贫瘠地块沙棘植株整形。

2. 主干形整枝　以低干主干疏层形较好。通常于苗木定植后，距地面高约40～60cm处定干。从剪口下10～20cm选3～4个分布均匀的新稍，留作第一层主枝。当年秋季各主枝留10～20cm长短截；第二年春，对各主枝上发出生长旺的枝条可于夏秋季留20～30cm短截，适当疏剪弱枝；第三年，对新发侧枝一般不短截，只对生长旺的长枝打梢，并疏剪过密枝，逐渐扩大，充实第一层树冠。从主干上部发出的直立枝中，选留1个作为延伸的主干，在距地面约150cm高处剪顶。在顶部发出的侧枝中，选留3～4个作第二层主枝。第三层树冠的培育是在栽后的第三年，从第二层树冠中心发出的直立枝中，再选留1个作主干，并在距地面高约200cm处剪截，顶部附近发出的新枝中选留4～5个作为第三层主枝。主枝在中央领导干上呈3层分布，层间留有一定的层间距。在栽后3～5年里，主要是扩大树冠，为进入大量结果作准备。树高一般2～2.5m，冠径1.5～2m。

（二）成龄树修剪

当定植4～6年开始大量结果后，主要是调节生长与结果的关系。可采取疏剪、短截和摘心等方法进行调节。

成年树修剪应做到“打横不打顺，去旧要留新，密枝要疏剪，旺枝留空间，清膛要截底，树冠要圆满”。即冬季修剪时主要是疏去徒长枝、下垂枝、三次枝、干枯枝、病弱枝、内膛过密枝、外围弱结果枝，对外围1年生枝进行轻短截，稳定树冠。

夏季修剪主要是疏除过密枝，并对留作更新的徒长枝摘心。

（三）老树更新修剪

沙棘寿命短，一般在结果3年后即七年生时考虑小更新，适当回缩老结果枝，甩放或重剪结果枝下部的徒长枝使其成为结果枝。十年生时应考虑大更新，丛状整枝的可留1个从60cm处短截，其余从基部截去，从当年发出的新枝中选留主枝，形成主干形新冠；主干形整形的可在春季从根颈处锯断，促发枝条后可按丛状整枝，第三年即可结果。

六、果园其他管理

清除根蘖。沙棘栽植3年后行间开始萌出根蘖，应将其除掉。一般在秋季取出，挖时不要损伤母株根系。根蘖可作为苗木使用，雄株可用来围栏。如不用根蘖苗，可在春季在根蘖苗基部刨开土壤，将其剪断。

第六节　果实采收与采后处理

一、采　收

沙棘长有许多棘刺，果实小而多，皮薄易破，果柄短，果实成熟时不形成离层，不能自然脱落，给采收带来许多困难，所以采收所用的劳动几乎占栽培沙棘劳动的90%。在加拿大萨斯喀彻温省，收获一个$4hm^2$的沙棘果园所需劳动力成本大约为产品总价值的58%。因此，如何提高采收效率具有重要意义。

（一）采收时期

适时采摘是丰产优质和综合加工利用的关键。采摘的时间与果实品质、耐贮性有关。采摘过早，风味淡，酸度高，品质差；采摘过迟，果实变软，品质也不佳。适时采摘的果实色鲜、汁多、风味浓，有利于加工。大果沙棘果实成熟即可采摘，过熟则很快萎缩脱落。中国沙棘果实成熟后不脱落，可根据用途确定采收期，分期采收。适时采摘的标准是果实丰满而未软化，种子呈黑褐色。

沙棘果实的成熟期一般在8月中下旬至9月上旬。中国沙棘的成熟期比较晚，黄土高原地区采收期为9月下旬至10月中旬；中亚沙棘、蒙古沙棘等成熟期比较早，在新疆南部喀什地区成熟采收期在8月中旬至下旬；引进的俄罗斯、蒙古国的大果沙棘品种有早熟的特点，黑龙江、内蒙古、辽宁等地区的大果沙棘成熟采收期在8月上旬至中旬。

沙棘果实品质受多种因素的影响，生长环境、气候、阳光、降水等环境因素对沙棘果实品质的影响较大。不同的沙棘分布区要根据本地区的环境因素、沙棘果实的理化指标、市场远近、加工和贮藏条件等，确定合理的采收期。

田景民等在研究内蒙古和林格尔地区野生沙棘时发现，果实自9月初至11月末，各项指标呈现不同的变化趋势。百粒果重、出汁率、可溶性固形物、果汁出油率随着生长期的延长呈增加趋势，但从11月中旬开始下降。而维生素C、果酸含量自9月初至11月末呈下降趋势。因此果实采收期的确定应综合考虑。研究表明，若以生产果汁、果油、药物等为目的，沙棘果实的采收期应在11月中旬；若以生产天然维生素C、高果酸补充剂为目的，结合产量与贮存方便，应该在10月中旬采收。

（二）采摘方法

1. 人工采摘　鲜食果大都在果实成熟期人工手采，采收时单个采摘，用大拇指和食指在果实基部轻轻一掐，连同果柄一起采下。不带果柄易弄破果实。沙棘因为果小、量大、皮薄、柄短、有刺而采摘困难。人工采果不仅劳动强度大、效率低，而且经常刺破双手，污染果实，影响产品质量。

2. 振动冻果　主要针对中国沙棘，当冬季气温降至－15℃后，中国沙棘果实会冻实。用木棒轻轻击打带果枝条，果实便会落在铺在地面的塑料膜上，或下面用浆果收集器接果。在有条件的地区，也可将带果的枝条剪下后运到冷库速冻，然后用木棒轻轻击打带果枝条使果实脱落。

3. 剪枝采摘　用剪枝剪人工剪下带果枝条。大果沙棘在8月上旬果实成熟时剪二年生结果枝，并按小区分区轮换，3年轮一个采收期限。中国沙棘既可在8月下旬果实成熟时剪，也可在冬季剪。连枝加工或振落冻果加工均可。此方法效率高，但易造成次年产量下降。

4. 机械采摘　以上3种方法均为手工采集，效率很低。为了提高采收效率，降低生产成本，加工果实也采用机械采收。俄罗斯、德国、瑞典和我国均研制了小型沙棘采摘机械。如俄罗斯专门研制的一种“液压传动惯性振动机”，采果比人工采摘速度提高4倍。俄罗斯和蒙古还使用一种“气动吸入装置”采果，这种真空装置开动后将果实吸入容器中，可明显提高劳动生产率，比人工采摘提高工效1.5～2倍，有效减少了果实的损失和枝条损伤。也有采用采前快速冷冻方法采收。我国西安市机械研究所研制的手轮式采果器自重0.5kg，每小时可采收3kg中国沙棘，能提高工效，但仅限于沙棘果刚成熟且坚硬时方可采用。

大部分采收机械根据剪果枝的原理设计，通过这种方法采收沙棘果需要大量劳动力剔除果枝，同时由于沙棘在二年生枝上结果，剪取果枝意味着对这些枝条每2年才能采收1次。可考虑轻采、轮换采的方式进行机械采收。

5. 化学采摘　除手工和机械采收外，还可用化学方法进行（处理）采收。其最大特点在于克服了沙棘果实不自然脱落的弊端，并能显著提高果实的完好率。

内蒙古农业科学院园艺研究所以中国沙棘为试材，在沙棘果实由绿变黄时（在呼和浩特地区8月10日至15日）喷布不同浓度的40%乙烯利进行催熟采收，试验结果表明，该方法成本低、效率高，适宜浓度为8～10g/L。此方法与振动或气动机械结合效果更佳。

Trushechkin等（1973）报道：在采收前7d，施用2g/L的乙烯利可使果实脱落时所需的外力减少30%，有利采收。

二、采后处理

（一）贮藏

1. 冷藏 采收后的沙棘果实应尽快运输到冷库或加工厂，快速冷却到4～6℃或更低，以控制微生物的繁殖。冷却时最好采用空气循环冷却，因为水冷容易使果实的水分增加。用空气冷却时，要采用带孔的容器存放沙棘果实，促进果实间的气体循环，以利于散热。

目前我国沙棘鲜果贮藏一般采用冷库，库内贮藏温度0～3℃，湿度90%～95%，保存时间较短。另外，提高空气中二氧化碳含量和降低氧气含量也能有效控制果实的呼吸作用，防止果实劣变，同时也能有效抑制病原菌的繁殖和生长。

2. 冷冻 也可采用直接冷冻，目前普遍采用单个快速冷冻（IQF），然后贮存。贮存冷库温度－18℃，长期保存。

（二）加工

沙棘除可加工成多种饮食品外，还可综合利用提取栲胶（其树皮、叶和果实含单宁10%以上）；提制维生素A油剂，每克油中含1 000国际单位的维生素A；沙棘果实和嫩叶、嫩枝分别可提取黄色染料和黑色染料；其花含芳香油，可提取香精和香料。还可从沙棘根、茎和皮内提取抗癌药物等。此外，也可利用加工后的沙棘枝叶、果渣、杂木屑等栽培食用菌。

第七节　病虫害防治

据资料记载，为害沙棘的病害有30多种，虫害约有50多种。现仅就为害严重的病虫害作一简介。

（一）主要病害

1. 沙棘干枯病（*Fusarium* sp.） 发病植株表现为树干或枝条树皮上出现许多细小橘色突起物和纵向黑色凹痕，叶片脱落，枝干枯死。防治方法：主要是加强管理，增施磷钾肥，增强植株抗病力；苗期发生时，喷布60%～70%可湿性代森锌500～1 000倍液，雨季前每隔10～15d喷1次，连续喷2～4次。或用50%多菌灵可湿性粉剂300～400倍液每隔10～15d喷1次，连续喷2～3次。

2. 沙棘叶斑病（*Alternaria* sp.） 沙棘苗期的一种病害。发病初期，叶片上有3～4圆形病斑，后病斑逐渐扩大，叶片干枯脱落。防治方法：一般用50%退菌特可湿性粉剂800～1 000倍液，每隔10～15d喷1次，连喷2～3次，效果显著。

（二）主要虫害

1. 沙棘木蠹蛾（*Holcocerus* sp.） 是沙棘最重要的害虫之一，以幼虫为害枝干和根部。据内蒙古林业科学院保护室1986年调查，乌兰察布盟部分天然沙棘林受该虫为害，平均受害率达23.8%，其中由此造成死亡率占26.7%。

一般4年发生1代，跨5个年度，龄期达13龄，虫体增长幅度大。每年6月老熟幼虫钻出虫道，在附近土壤内结茧化蛹。6月末7月初开始羽化，7月中旬达到盛期，在虫道口与树皮伤疤处产卵，卵成块状。10月上旬幼虫在沙棘树干或根部的虫道内越冬。到目前为止，该虫的防治尚无理想的方法。多数情况下结合砍取薪材，择伐感虫植株，或以平茬方法，除虫复壮。平茬时间应在11月至翌年3月进行。平茬在距地面0～5cm处进行。

2. 红缘天牛（*Asias halodendri* Pallas）　又称红缘亚天牛、红条天牛。以幼虫蛀食沙棘枝干，为害部位多在主干的中下部，对侧枝为害较少，严重时平均受害株率可达61%。

红缘天牛2年发生1代，跨3个年度，幼虫共5龄。世代发育整齐，每2年出现1次成虫。幼虫在树干的虫道中越冬。成虫5月中、下旬羽化交尾产卵，其卵多产在沙棘主干或粗度2cm以上的侧枝基部的树皮缝及伤疤处。红缘天牛对沙棘的为害有选择性，主要为害3年以上生长不良的沙棘。健壮的沙棘对该虫有一种自我保护反应，即在幼虫侵入韧皮部的同时，沙棘可在被入侵部位分泌一种胶性泡沫，粘住幼虫，使幼虫难以进入木质部。沙棘长势越旺，分泌物越多，越不易受害。其防治方法与沙棘木蠹蛾相同。

3. 沙棘实蝇（*Rhagoletis batava obseuriosa* Kol.）　为害沙棘果实，是种植园内最危险的害虫，大发生时可使果实减产90%。沙棘实蝇在我国被列为检疫害虫。

沙棘实蝇一年发生1代，以蛹在表土层越冬，翌年6～8月羽化。成虫黑色，体长4～5mm，头部黄色，有1对透明的腹翅。卵稍发黄色，成虫在果皮上产卵，卵期为1周。幼虫孵化后进入果实内，取食果肉。幼虫期20d左右，老熟后到土壤表层以被膜作假茧，以蛹越冬。沙棘实蝇在种植园内大发生时，可用乐果60%可湿性粉剂4 000～6 000倍液、50%对硫磷2 000～3 000倍液、90%晶体敌百虫1 000～2 000倍液防治幼虫及成虫。

此外，常见的害虫还有沙棘木虱、沙棘巢蛾、黄褐天幕毛虫、桑白介壳虫的等。

参　考　文　献

曹志丹．1993. 沙棘国内外研究状况的评述［J］．中国油脂（3）：3-8.

单金友．2008. 黑龙江沙棘栽培、品种选育现状及展望［J］．国际沙棘研究与开发，6（4）：30-32.

何士敏，袁小娟，汪建华．2008. 中国沙棘属植物资源及其开发利用现状［J］．现代农业科学，15（11）：87-92.

贺春梅．2007. 沙棘嫩枝扦插育苗环境因子的调控［J］．北方园艺（5）：106.

贺义才，周岑．1993. 沙棘物候期观察初报［J］．山西林业科技（1）：44-46.

胡建忠，等．沙棘的生态经济价值及综合开发利用技术［M］．郑州：黄河水利出版社．

黄铨．2006. 我国沙棘引种问题概述与研究［J］．沙棘，19（4）：1-6.

李代琼，梁一民，黄瑾．2004. 半干旱黄土区沙棘形态解剖学特性研究［J］．沙棘，17（3）：8-13.

李代琼．1999. 半干旱黄土区沙棘的水分生理生态与形态解剖学特性研究［J］．沙棘，12（3）：11-16.

李敏．2005. 中国沙棘开发利用20年主要成就［J］．沙棘，18（1）：1-6.

李晓艳，王林和，李连国，等．2008. 沙棘茎的形态解剖特征与其生态适应性研究［J］．干旱区资源与环境，22（3）：188-191.

李晓艳，王林和，李连国，等．2008. 中国沙棘和俄罗斯沙棘根瘤的形态解剖特征研究［J］．干旱区资源与环境，22（8）：192-195.

李晓艳，王林和，李连国．2006. 沙棘叶片组织解剖构造与其生态适应性研究［J］．干旱区资源与环境，20（5）：209－212.
廉永善，郑洪．1998. 沙棘属植物雌雄花性别的辨认［J］．沙棘（1）：15.
孟丽，冯振莹，张顺英，等．1994. 沙棘根次生结构与生态习性关系的研究［J］．河南农业大学学报，28（3）：278－281.
孙兰英．2004. 沙棘组织培养与植株再生研究［J］．国际沙棘研究与开发，2（2）：28－30.
田景民，王捷，张久红，等．2006. 沙棘果实最佳采收期实验研究初报［J］．沙棘，19（4）：10－11.
王德林，贾军．2004. 化学除草剂在沙棘实生苗生产中的应用研究［J］．国际沙棘研究与开发，2（1）：9－11.
王国富，李连国，李晓艳，等．2006. 沙棘叶片表面形态特征与抗旱性的关系［J］．园艺学报，33（6）：1 310－1 312.
王国礼，赵先贵，陈进福，等．1992. 沙棘结实规律及其应用的研究［J］．中国科学院、水利部西北水土保持研究所集刊，15（6）：131－136.
王和平．2005. 沙棘的采收保鲜与榨汁加工［J］．农产品加工（8）：38－39.
温源，魏治国，汪永洋，等．2008. 大果沙棘的良种筛选试验与栽培技术要点［J］．落叶果树（6）：39－40.
文连奎，等．1998. 小浆果栽培技术［M］．长春：吉林科学技术出版社．
吴林，霍焰，聂小兰，等．2003. 沙棘叶片组织结构观察及其与抗旱性关系的研究［J］．吉林农业大学学报，25（4）：390－393.
杨丽萍，张虎林，赵秀梅．2004. 沙棘离体快速繁育技术研究［J］．国际沙棘研究与开发，2（1）：12－16.
张吉科，张小民，张国伟，等．1995. 中国沙棘表皮毛的形态分布和类群研究［J］．林业科学，31（9）：408－413.
张建国．2006. 大果沙棘优良品种引进及适应性研究［M］．北京：科学出版社．
张晓鹏，赵忠，张博勇，等．2007. 氮磷钾对俄罗斯大果沙棘扦插苗生长效应的影响［J］．西北林学院学报，22（3）：96－99.
张秀荣，李堃，都桂芳，等．1991. 沙棘果实化学采收的研究［J］．华北农学报，6（1）：105－109.
周洁，岳冬梅，陈贵，等．2005. 沙棘组培快繁技术研究［J］．安徽农业科学，33（2）：236－237，249.
周丽君，温宝阳，耿丽英，等．2007. 几个沙棘品种抗逆性实验研究［J］．防护林科技（1）：7－10.
周自知．2001. 沙棘嫩枝扦插的水分管理［J］．沙棘，14（4）：12－13.
Thomas H. J. Beveridge. 2005. 沙棘果实采后处理与贮存［J］．国际沙棘研究与开发，3（4）：14－17.
Thomas S. C. Li，2006. 沙棘育种［J］．国际沙棘研究与开发，4（1）：23－24.
Thomas S. C. Li. 2006. 沙棘林地土壤肥力和水分［J］．国际沙棘研究与开发，4（2）：29－30.

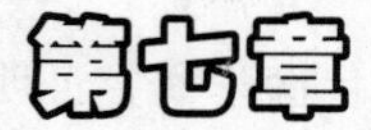

第七章 猕猴桃

概 述

一、猕猴桃与猕猴桃生产的特点

(一) 风味独特，营养丰富

猕猴桃果实甜酸适度，清凉爽口，香气诱人，营养丰富。其可食部分含可溶性固形物10%～19.5%，最高达25.5%，可溶性总糖8%～14%，果酸1.2%～2.4%；每100g鲜果含维生素C 100～400mg，蛋白质1.6g，脂肪0.3g，总氨基酸100～300mg，钙56.1mg，磷42.2mg，铁1.6mg，维生素B_1 0.01mg。另外，还含有其他多种矿物质和蛋白质水解酶、猕猴桃碱等，其主要营养成分含量位居各种水果前列（表7-1）。

表7-1 猕猴桃与其他果品中主要营养成分的比较

类别	树种	每百克果实含维生素C（mg）		可溶性固形物（%）	总糖（%）	可食率（%）
		鲜果	果汁			
栽培种	猕猴桃	100～420	35～180	13～18	6.3～13.9	85～95
	橘子	30	24	13	12	62
	广柑	49	42	10	9	56
	桃	6	1	1	7	73
	菠萝	24	3～9	11	8	53
	苹果	5	1	19	15	81
	葡萄	4	107	12	10	74
	梨	3		14	1.2	77
	枣	380		27	22	91
野生种	山楂	89		27	22	69
	野蔷薇果	42～1 666		27.5～35	12	45
	醋栗	58～800		28	3～5	
	山葡萄			10～24	10～24	
	刺梨	2 087.8				

注：据中国医学科学院《食物成分表》(1989年)。

（二）药用价值高

猕猴桃的药用价值和医疗保健作用在各种水果中名列前茅。近代医学研究证明，猕猴桃果汁对致癌物质亚硝胺的阻断率高达 98.5%，同时富含的半胱氨酸蛋白酶可使食入的动物蛋白得以完全分解成易消化吸收的形式，增加细胞的抗癌作用。日本科学家本桥登对猕猴桃的抗癌机理进行了研究，发现氧化型抗坏血酸可以与自由基发生反应，成为还原型抗坏血酸。另外，猕猴桃还含有大量抗衰老物质超氧化物歧化酶（SOD），被列入宇航员食谱。

（三）苗木繁殖容易

猕猴桃既可嫩枝、硬枝扦插繁殖，也可压条繁殖，又可嫁接和播种繁殖，其繁殖材料丰富，方法简单，成活率高，便于大量繁育苗木。

（四）需要架材，建园一次性投资较大

种植猕猴桃需要搭建篱架或棚架等，如建园后不能及时设架，则达不到早结果、早丰产的目的及获得良好的经济效益。一般每 667m^2 需投资 1 500～2 000 元的苗木、肥料和架材费。

（五）经济效益和社会效益显著

猕猴桃为新型水果，售价较高，而且生产中不使用农药、很少用化肥，属无污染的绿色食品。猕猴桃第一年定植，第二年始果，第三年进入丰产期。中国科学院武汉植物研究所在湖北省江汉平原进行的猕猴桃丰产示范结果显示，第三年每 667m^2 产量达 1 900kg，第四年每 667m^2 产量达 2 500kg，最高产值达 1.4 万元。许多果农靠种植猕猴桃达到脱贫致富，许多地方靠种植猕猴桃实现了经济腾飞。

二、猕猴桃栽培历史及概况

（一）世界猕猴桃栽培历史和概况

1899 年，英国一家著名花卉种苗公司派出的园艺学家威尔逊（E. H. Wilson）在我国湖北西部引种植物时，发现了花丛美丽、果实味美的猕猴桃，并迅速将其引种到英国和美国。在威尔逊等人的建议下，英国的一些公司开始栽植这种有前途的野果，并于 1911 年结果。他们也曾试图将猕猴桃发展成一种商业果品，但并未成功。美国农业部外国作物引种局也曾对猕猴桃进行培育驯化，但同样未能将其转化成商品。在这些国家，猕猴桃只是一种受欢迎的观赏植物。

1904 年美味猕猴桃（*Actinidia deliciosa* C. F. Liang）被引种到新西兰，当时称为“中国醋栗”（Chinese gooseberry）。后经繁殖育苗，进行了规模化栽培。1924 年成功培育了世界著名的猕猴桃品种海沃德，至 1940 年新西兰北岛的猕猴桃已有可观的产量。在新西兰，这种新型的水果逐渐走入了人们的视野。经过一段时间的栽培选育，又育出了大果品种，从而实现了猕猴桃人工栽培并使其成为商业果品。

1952 年，猕猴桃鲜果首次出口到英国伦敦，同时新西兰培育出来的猕猴桃品种也被逐渐引种到澳大利亚、美国、丹麦、德国、荷兰、南非、法国和日本等国。但由于气候等方面的原因，其他国家似乎并未形成大的产业。1959 年新西兰出于商业运作需要，将

“中国醋栗”改名为至今国际市场通称的“基维果”(Kiwifruit)。直到1970年，猕猴桃栽培仍局限在新西兰，且栽培面积也不大。此后，由于猕猴桃果实的独特风味得到消费者的认可和欢迎，猕猴桃生产在世界范围内得到迅速发展。除新西兰外，智利、意大利、法国、日本和中国都是猕猴桃生产大国。

至2007年底，全世界猕猴桃栽培总面积12万hm^2，其中中国6万hm^2、意大利2.1万hm^2、新西兰1.2万hm^2、智利0.8万hm^2。全世界猕猴桃总产量达150万t，其中中国45万t、意大利41万t、新西兰28万t、智利12万t、伊朗9万t。

(二) 中国猕猴桃栽培历史和现状

我国猕猴桃的栽培历史悠久，早在公元前11世纪的《诗经·桧风·隰有苌楚》中就有“隰有苌楚，猗傩其枝。…隰有苌楚，猗傩其华。…隰有苌楚，猗傩其实。”之诗句。据考证，苌楚即猕猴桃，当时在河南的密县一带已有猕猴桃种植。在《尔雅·释草》中也有苌(长)楚，东晋著名学者郭璞把它注作羊桃，现在湖北、川东及云南一些地方的百姓仍称其为羊桃。唐代诗人岑参的《宿太白东溪老舍寄弟侄》诗中有“中庭井栏上，一架猕猴桃”的句子，表明在当时猕猴桃已经被引入庭院进行棚架栽培了。宋代《开宝本草》记载它“一名藤梨，一名木子，一名猕猴梨。生山谷，藤生，着树，叶圆有毛，其形似鸡卵大，其皮褐色，经霜始甘美可食。”《本草衍义》记载：“猕猴桃，今永兴军(在今陕西)南山甚多，食之解实热，…十月烂熟，色淡绿，生则极酸，子繁细，其色如芥子，枝条柔弱，高二三丈，多附木而生，浅山傍道则有存者，深山则多为猴所食”。从有关史料来看，猕猴桃一直被山区人们利用，如在江西九江庐山的牯岭生长着大量的猕猴桃，每年7月底，当地山民采摘成熟的猕猴桃到城镇出售，但猕猴桃并未被驯化栽培。

我国规模较大的引种栽培是在1957年和1961年，中国科学院植物研究所分别由陕西省秦岭太白山和河南省伏牛山将美味猕猴桃和中华猕猴桃引种到北京植物园，在小区气候条件下生长结果正常。而后又引进软枣猕猴桃、狗枣猕猴桃和葛枣猕猴桃。1978年8月，成立全国猕猴桃科学研究协作组，开展了资源调查、品种选育、栽培技术、加工、贮藏保鲜、医疗等方面的研究，为中国猕猴桃商品化栽培奠定了基础。

经过20世纪80年代小规模生产栽培和20世纪90年代的大面积快速发展两个阶段，猕猴桃的栽培生产已由1996年的总产7.29万t(主要分布在四川、陕西、河南等省)发展到1998年的总面积4.27万hm^2、总产11.2万t。2001年猕猴桃栽培总面积达4.80万hm^2，总产24.172万t，666.7m^2产335.70kg。产量居前3名的省依次是陕西(16.04万t)、河南(1.76万t)、四川(1.49万t)(沈兆敏，2002)。到2007年猕猴桃栽培总面积达6万hm^2，总产达45万t，总面积和总产量均居世界第一位。

三、我国猕猴桃生产存在的问题及发展趋势

目前我国的国情是猕猴桃平均单位面积产量比较低，其主要原因除我国目前栽培猕猴桃约有30%为新开发的幼年果园外，我们的管理水平离高产、优质、高效的要求还有一定的差距。

根据我国猕猴桃生产现状，提出以下产业化发展方向。

（一）根据市场需求加快品种结构调整

不同产区应根据生态环境和优良品种的生态适宜性，同时考虑社会因素如交通状况、市场和消费者承受能力、管理人员业务素质、贮藏条件与加工能力等进行全面规划，合理配置猕猴桃品种资源，切忌盲目发展。如我国中西部地区有广阔的山地面积，在海拔600～1 400m的亚高山区具有“三低一高”（低温、低氧、低气压、高紫外线）的生态环境优势，宜优先发展果大、优质、丰产、耐贮的中华猕猴桃品种金桃、金艳、武植3号、金农1号、金丰以及美味猕猴桃耐贮优质品种金魁、米良1号、徐香等，可收到低成本、高产出、保护生态等多重效益。

（二）将提高果品质量放在首位

21世纪我国猕猴桃产业发展机遇与严峻挑战并存，竞争更加激烈，归根到底体现在果品质量的竞争上。具备一流的名牌产品、一流的包装水平、一流的营销管理水平才能占领市场的制高点，扩大产品在市场上的覆盖面。同时要生产出多样化、系列化、高质量的产品以适应不同消费层次的需求。

（三）建立灵敏高效的市场经营网络，拓展销售市场

我国加入WTO以后，全球经济贸易一体化的进程加快，果品的经营方式亦朝着信息网络方向迅速发展。为适应这一变化，要建立果品产业集团或采取“强强联合”、“股份制合作”、“公司加农户”等多种形式，形成能使生产和销售紧密衔接的市场体系。加强整个产业的产前、产中、产后的生产资料、技术、加工、销售一条龙的服务，完善市场体系的软件建设，提高全方位的社会化服务水平，以保障猕猴桃产业健康有序地发展。

（四）搞好贮藏设施建设，提高加工工艺水平

生产基地建设与加工厂原料保障相结合，以优质的加工原料生产出优质的加工产品，生产出多样化的精品，拓宽资源利用综合化的路子，延伸猕猴桃产业链。

（五）加大科技对产业支撑的力度

猕猴桃产业发展新的增长点重点在科技。要提高整个产业链中各环节的科技含量。如产前通过科学的市场预测，选择适宜的品种，确立种植方向及合理布局；产中应用高新技术提高果品外观与内在品质，实现优质、早果、丰产、耐贮；产后应用一系列商品化处理技术、贮藏保鲜技术和现代加工技术，提高果品的商品化程度和产业管理水平，实现增值高效。走科研支撑产业、产业服务市场、市场孕育科研之路，才能保证产业的可持续发展。

第一节　主要种类和品种

一、猕猴桃属及其主要种

猕猴桃在分类上属于猕猴桃科（Actinidiaceae），猕猴桃属（*Actinidia*）。猕猴桃属全世界有66个种，约118个变种、变型，原产在我国的有62个种，56个变种、变型。猕猴桃属植物的分布地域广泛，南到赤道附近，北到俄罗斯的远东地区，西至尼泊尔及印度东北部，东可达日本北方四岛和中国台湾。但猕猴桃属植物的集中分布区为我国的秦岭以

南及横断山脉以东地区，即中国的西南地区是猕猴桃的分布中心。栽培利用最广泛的是中华猕猴桃和美味猕猴桃2个种，软枣猕猴桃在东北地区得到局部利用。其他种多处于野生状态，果实被当地百姓采食、制汁、酿酒、制酱等。

原产国外的仅有日本的山梨猕猴桃［*A. rufa*（Sieb. et Zucc）Planch ex Miq］和白背叶猕猴桃（*A. hypoleuca* Nakai）、越南的沙巴猕猴桃（*A. petelottii* Diels）、尼泊尔的尼泊尔猕猴桃（*A. strigosa* Hook. f. & Thoms.）4个种。

（一）中华猕猴桃（*A. chinensis*）

中华猕猴桃分布最广，集中分布于秦岭和淮河流域以南，在河南、湖北、江西、湖南、陕西、安徽、浙江、福建、四川、云南、贵州、广西和广东北部都有分布，在湖北幕阜山区和神农架周围多分布于海拔100～800m处。各地近年选育出的代表品种如江西的庐山香、金丰，湖北的金桃、武植3号、通山5号，河南的华光2号，四川的红阳1号等都属此种。

一年生枝灰绿褐色，无毛，稀被白粉，易脱落；二年生枝深褐色，无毛。叶片纸质，近圆形或宽卵形，叶面暗绿色，无毛。聚伞花序，雌花多为单花，花初放时白色，后变为淡黄色，直径1.8～4.4cm。果实近球形至圆柱形，果面无毛而光滑，果皮黄褐色至棕褐色，果肉多为黄色，少数为绿色，果重20～120g。花期4月中下旬至5月上旬，果实成熟期8月下旬至10月上旬。

本种有3个变种：中华猕猴桃原变种、井冈山猕猴桃、红肉猕猴桃。

（二）美味猕猴桃（*A. deliciosa*）

目前美味猕猴桃是我国猕猴桃产业经济栽培面积最大、产量最高、发展速度最快的猕猴桃种类。分布于黄河以南的10多个省（自治区），集中分布于湖北神农架和武当山区、陕西秦巴山区、河南伏牛山区、湖南武陵山区等海拔700～1 800m的亚高山区。著名的栽培品种如湖北选育的金魁、陕西的秦美、河南的华美1号、江苏的徐香、湖南的米良1号以及新西兰选育出的海沃德等都属于此品种。

一年生嫩枝翠绿色，密被灰褐色糙毛，先端密被红褐色长糙毛。一年生枝条棕褐色，二年生枝条灰褐色，皮孔呈肾形或圆形。叶片纸质至厚纸质，近圆形、近长圆形，叶面深绿色，无毛。聚伞花序，雌花单生，花白色，直径5.5～6.3cm。果实有卵圆形、椭圆形、圆柱形、近圆形，被长而密的褐色茸毛，不易脱落。果皮绿色至棕褐色，果重30～200g。花期4月下旬至5月中旬，果实成熟9～10月。

本种有4个变种：美味猕猴桃原变种、长毛猕猴桃、绿果猕猴桃、彩色猕猴桃。

（三）毛花猕猴桃（*A. eriantha*）

毛花猕猴桃分布于长江以南各省（自治区），主要分布于福建、浙江、江西、广西、广东、湖南、贵州等省（自治区）。代表品种如浙江的华特、福建的沙农18，中国科学院武汉植物所以种间杂交（中华×毛花）培育出的超红、江山娇等观赏新品种亦属于毛花猕猴桃类型或具有毛花猕猴桃血统。

一年生枝条灰色，幼时密被灰白色或灰褐色极短的厚茸毛，髓部呈白色或白绿色，片层状。叶片厚纸质，倒卵形或近圆形，叶背密被灰白色或灰褐色星状茸毛。聚伞花序，1～3朵花，直径2～3cm，花瓣顶端和边缘橙黄，中央与基部桃红色，密被白色茸毛，雌雄异株。果实短柱形、近圆形或短椭圆形，果皮密生浅灰白色的长茸毛，宿存萼片反折。果重30～87g，果肉翠绿色。每100g鲜果维生素含量高达561～1 379mg。花期在5月上旬至6月上旬，果实成熟期9月中旬至11月。

本种有3个变种：毛花猕猴桃原变种、秃果毛花猕猴桃、棕毛毛花猕猴桃；有1个变型：白色毛花猕猴桃变型。

（四）软枣猕猴桃（*A. arguta*）

软枣猕猴桃主要分布在黑龙江、吉林、辽宁，河北、山西及黄河以南各省也有零星分布。主要特点是果面光滑无毛。代表品种如吉林选育的魁绿等。软枣猕猴桃是我国耐寒性最强、适应性广、利用价值较大的猕猴桃种类。如新西兰近年杂交育成的猕猴桃品种黄瓜就是用美味×软枣→F_1代×美味，即轮回群体选育得到，其果形似黄瓜，果皮绿色，平均果重100g左右，已投入商业化生产。

枝条无毛，灰褐色，髓片层状。髓部幼时白色，逐渐老化呈黄褐色。叶片纸质，椭圆形或宽卵形，叶面绿色，叶背浅绿色。聚伞花序，雌株1～3朵花，雄株多朵花，白色。果实长圆形或卵圆形。果重5～7.5g，最大果重25g，果面浅红至紫红色，光滑无毛，果肉绿色。还原糖，还原维生素C等成分高于中华猕猴桃。抗寒性强，既可生产栽培，又可作为抗寒、果面无毛品种的育种亲本。

本种有5个变种：软枣猕猴桃原变种、凸脉猕猴桃、紫果猕猴桃、陕西猕猴桃、心叶猕猴桃。

（五）阔叶猕猴桃（*A. latifolia*）

阔叶猕猴桃主要分布在广西、广东、云南、贵州、湖南、四川、湖北、江西、浙江、安徽、台湾等10余省、自治区、直辖市。阔叶猕猴桃以富含维生素C而闻名于世，最高含量每100g鲜果可达2 140mg，超过刺梨（2 087mg）、沙棘（883mg）、酸枣（830～1 170mg）而居各种水果之首。

结果母枝红褐色或黑褐色，结果枝暗黄褐色。新梢先端浅绿色，上有黄锈色斑块，副梢浅绿色。叶厚纸质，近卵形，基部近圆形；叶背呈不鲜艳的粉绿色。雌雄异株，雌花为二歧聚伞花序，有14朵花，直径1.4cm，呈玉白色。雄花为二歧聚伞花序，有8～70朵花，常达40～50朵。果实呈圆柱形或椭圆形，平均果重2.2～4.6g。果面褐绿色，无毛但具有明显的灰黄褐色斑点。果肉翠绿色，种子多，深褐色。花期5月下旬至6月中旬，采收期10月下旬至12月。

本种有2个变种：阔叶猕猴桃原变种、长茸猕猴桃。

二、主要优良品种（品系）

自1978年以来，在全国猕猴桃科学研究协作组的组织下，全国开展了主要产区的猕猴桃资源调查，基本查清了分布在云南、贵州、四川、广西、江西、湖南、湖北、河南、陕西、山东、浙江、福建、海南、内蒙古等27个省、自治区、直辖市的猕猴桃资源情况，结合资源调查，发现了一些优良的单株。从野生的中华猕猴桃（*A. chinensis*）、美味猕猴桃（*A. deliciosa*）、软枣猕猴桃（*A. arguta*）、毛花猕猴桃（*A. eriantha*）群体中初选出了1 400多个单株。经过复选、决选、人工栽培、系统观察、中间试验和区域试验，选出了60多个品种、200多个优良株系、9个授粉雄株。同时从国外也引进了一些优良品种。

(一) 国外引种的品种

1. 海沃德（Hayward） 海沃德是1904年新西兰人从我国湖北省宜昌引种美味猕猴桃果实进行实生选种育成的品种。它的果实较大，是第一个商业化生产的著名品种，栽培面积仍占全世界猕猴桃的47.5%。

平均单果重74g，最大单果重150g。果实广卵形或宽椭圆形，密被褐色硬毛，果形美观。果肉绿色，汁多甜酸，含可溶性固形物14.6%，总糖9.8%，总酸1.2%，总氨基酸4.49%，维生素C每100g鲜果50～80mg。味稍淡，但香气浓，耐贮藏且货架期长，室温下可贮藏30d左右。植株不耐干旱和渍涝，可在气候条件适宜、排灌水方便、林下避风的缓坡处栽培。

2. 香绿 由日本香川县猕猴桃育种家福井正夫选育而成。1992年3月由江苏省海门市三和猕猴桃服务中心引种，高接在4年生美味猕猴桃实生苗上，1994年开始结果。

果实整齐，果形倒圆柱形，果底稍大于果顶，果皮红褐色密生短茸毛且不易脱落。一般单果重85.5g，最大果重171.5g，果实纵径×横径×侧径为（9.3×5.3×4.2）cm。果肉翠绿色，汁液多，口感佳，香甜味浓。每100g鲜果含维生素C 250mg，含可溶性固形物17.5%。耐贮藏，常温下一般可存放45d左右，货架期25～30d左右。果实可延至11月上中旬采收，属晚熟品种。植株抗风力强，较耐瘠薄，对根线虫、叶斑病、果腐病等的抗性较强，适应性强，在丘陵、山区、长江中下游平原地区均可栽植。

3. Hort-16A Hort-16A别名园艺16A或早金。由新西兰于20世纪90年代从中华猕猴桃类群中选育出的继海沃德后的新一代特优品种，也是目前国际上公认的果实品质最佳的品种。

果实圆顶倒锥形或倒梯柱形，果实顶部凸起，果喙较长。平均单果重80～105g，果皮绿褐色，果肉金黄色，质细汁多，极香甜。可溶性固形物18%，每100g鲜果含维生素C120～150mg，是一个极好的鲜食、加工两用品种。新西兰生产的Hort-16A品种在日本市场上售价为海沃德果实单价的1.5倍以上。

(二) 我国培育的鲜食和加工品种（品系）

1. 金魁 原试验代号2-16-11，属美味猕猴桃雌性品种，由湖北省农业科学院果茶研究所从竹溪2号的实生苗中选育而成。由于其果实品质、单果重、丰产性、耐贮性等主要经济指标超过著名品种“海沃德”（表7-2），具世界领先水平，分别于1988年、1992年两获农业部“希望奖”第一名，1993年3月通过湖北省农作物品质审定委员会的品种审定并获国家科技成果登记，1995年6月荣获联合国技术信息促进系统颁发的科技发明与创新奖，现已在长江流域10省（直辖市）推广。

果实圆柱形，平均果重103g，最大果重172.5g。果面黄褐色，茸毛中等密，棕褐色；果顶平；果肉翠绿色，汁液多，风味浓甜微酸，具清香。果实横断面近圆形。果实品质极上，可溶性固形物18.5%～21.5%，最高达25%，可溶性总糖11.85%～13.24%，总酸1.64%；每100g鲜果含维生素C156.45mg，总氨基酸28.6mg。采收时的果实硬度平均14.04kg/cm^2。耐贮性强，室温（16～23℃）条件下可贮藏40d。适应性较广泛，在亚高山、丘陵及平原地区皆可种植。最适宜种植于深厚肥沃、透气性好、排灌方便、pH呈微酸性的沙质壤土。

表7-2　金魁与海沃德主要经济性状比较

项　目		品　种		项　目	品　种	
		金魁	海沃德		金魁	海沃德
果形		圆柱	宽椭圆	可溶性固形物（%）	18.5～21.5	13～16.5
果面颜色		黄褐	黄褐	可溶性总糖（%）	11.8～13.2	9.98
果实大小	最大（g）	172.5	84.2	总酸（%）	1.64	1.11
	平均（g）	103	62	100g果中维生素C（mg）	156.00	54.59
肉色		翠绿	绿	100g果中总氨基酸（mg）	268.8	46.62
汁液多少		多	多	单株产量（kg）	14.9	6.7
风味		浓甜微酸	甜酸	贮藏期（d）	40	30
香气		浓香	清香	果实硬度（kg/cm^2）	14.04	9.98
品质		极上	上	成熟期	10月下旬至11月初	10中月下旬

注：贮藏试验在室温下进行；果实硬度在采收时测定；单株产量指4年生树的株产，代表丰产性。

2. 华美1号　原代号79-5-1。由河南省西峡县林业科学研究所从美味猕猴桃的优良单株选育而成。1978年，从西峡县米坪乡河西村白家庄野生群体中初选并于次年秋季采取嫁接繁殖，1980年定植于西峡县林业科学研究所选种圃，1981年开花结果，当年8月在西峡县召开的全国猕猴桃优良单株选育会上被列为全国区试优系之一。是晚熟、生食和切片加工兼用的猕猴桃优良品种。

果实长圆柱形，果面黄褐色，密生刺状长硬毛，果顶微突。平均果重56g，最大果重100g。果肉绿色味酸甜微香，可溶性固形物11.8%～15%，总酸1.13%，每100g鲜果中含维生素C 148mg。果实在常温条件下可存放10～15d。果实待充分成熟后采收，或留在树上，以提高果品质量和延长加工时期。适应性较强，抗逆性中等，抗旱性中等，适应范围比较广。

3. 秦美　原代号为周至111，由陕西省果树研究所和周至县猕猴桃试验站联合选育而成。1980年在陕西省周至县就峪乡前就峪村发现美味猕猴桃实生变异植株。1982年嫁接繁殖后代，1986年通过省级鉴定为品种，1988年评为优良品种。

果实椭圆形，果实纵径6.0cm，横径4.7cm，平均单果重100g，最大单果重115g。果皮绿褐色，较粗糙。果肉淡绿色，质地细，汁多，味香，酸甜可口，含可溶性固形物14%～17%，总糖11.18%，有机酸1.6%，每100g果肉中含维生素C 190～242.9mg。耐贮性中等，常温条件下可存放15～20d。适应性和抗逆性均强，抗旱性中等，抗寒性较强，适宜在丘陵山区、黄河流域以北一带种植。

4. 三峡1号　原代号31-58。是1984年湖北省兴山县成人中等专业学校从野生美味猕猴桃资源中选出的优株，采用嫁接方法繁殖的优株无性系后代。1989年被湖北省品种鉴评委员会评为猕猴桃优良品系。为早熟的猕猴桃优良品系，可鲜食和加工兼用。

果实圆柱形，整齐美观。平均果重112g，最大果重154g。果皮薄易剥离，褐绿色，茸毛浅而柔软，果实成熟后完全脱落。果肉翠绿色，质地细，汁多，种子少，酸甜适度，香气浓，风味佳，含可溶性固形物15%～18.4%，总糖7.2%，有机酸1.15%，每100g果肉含维生素C 108.8mg。果实成熟期在9月下旬至10月上旬，室温条件下贮藏7～10d。适应性和抗逆性均强，适宜种植地区广泛，以海拔500～1 300m地带种植为宜。

5. 米粮1号　由吉首大学从美味猕猴桃的优株选育而成。1983年10月在湖南省湘西凤凰县米良乡发现的优株。吉首大学的研究人员于1985年2月采集优株枝条进行扦插、嫁接繁殖。1987年始花始果，1989年10月通过品系鉴定。

果实美观整齐，果形长圆柱形。果皮棕褐色，被长茸毛，果顶呈乳头状突起。果肉黄绿色，汁液多，酸甜适度，风味纯正具清香，品质上等。最大果重128g，平均果重74.5g，可溶性固形物15%，总糖7.4%，每100g果肉含维生素C 207mg，有机酸1.25%。果实在室温下可贮藏20d，耐贮性强。果实适于鲜销和加工，加工成切片可利用率高。植株抗旱力特强，病虫害少，适宜栽培地区广泛，已在全国大面积试种推广。

6. 徐香　原代号徐州75-4。徐州果园场1975年从由北京植物园引入的美味猕猴桃实生苗中选出。1985年进行无性繁殖，扩大试验。1988年10月在全国猕猴桃基地县果实鉴评会上获“希望奖”。1990年11月通过省级鉴定。

果实圆柱形，果形整齐，单果重70～110g，最大果重137g。果皮黄绿色，被黄褐色茸毛，梗洼平齐，果顶微突，果皮薄易剥离。果肉绿色，汁液多，肉质细致，具草莓等多种果香味，酸甜适口。含可溶性固形物13.3%～19.8%，总酸1.34%，总糖12.1%，每100g含维生素C 99.4～123mg。室温下可存放30d左右。适应性强，在碱性土壤条件下叶片黄化和叶缘焦枯较少，在江苏北部、上海郊县、山东、河南等黄淮地区引种栽培表现良好。

7. 川猕1号　原代号苍猕1号。1982年在四川省苍溪县从野生美味猕猴桃中选出，1987年命名。

果实整齐，椭圆形，果皮浅棕色，易剥离。平均果重75.9g，最大果重118g。果肉翠绿色，质细多汁，甜酸味浓，有清香。含可溶性固形物14.2%，有机酸1.37%，100g果肉含维生素C124.2mg，质优。果实在常温下可贮存15～20。果实成熟期9月下旬。果实以鲜食为主，又可作为加工原料。早果、丰产，适应性强，在高海拔山区和丘陵均可栽植。

8. 沁香　原代号东山峰7909，由湖南省东山峰农场和湖南农学院联合选出的优良品种。1979年9月在湖南省东山峰海拔840m东南山坡的美味猕猴桃野生资源中选育出优株，2001年通过湖南省农作物品种审定委员会的品种审定。

平均单果重80.3～93.8g，最大单果重158.7g。果实近圆形或阔卵圆形，果皮褐色，茸毛硬而长，棕色，密生，成熟时部分脱落，萼片留存或半留存。果肉绿色，果心中等大，汁液多，风味浓。果实可溶性固形物含量12.7%～17.24%，维生素C每100g果肉含98.7～213.4mg。23.8℃下果实贮藏期18d。有很强的适应性，耐高温干旱能力强，对气温土壤条件适应广泛。

9. 徐冠　原代号徐州80-1，由江苏省徐州果园从中国科学院植物研究所引入的海沃德实生苗中选育而成。

树势强健，以长果枝为主。果实长圆锥形，果皮黄褐色，皮薄易剥离。平均果重102g，最大果重180.5g。果肉绿色，质细汁多，酸甜适口，有香气，含可溶性固形物12%～15%，有机酸1.24%，100g鲜果肉中含维生素C107～120mg。丰产性超过海沃德，采收期和后熟期均比海沃德早。常温下可保存32d。果实成熟期9月底至10月中旬，采前有落果现象，注意适时采收。

10. 川猕2号 原代号82-7，由四川省苍溪县农业局从河南引入的野生美味猕猴桃中选出，1987年命名。

果实较整齐，短圆柱形，略扁，果顶基部凸起，果皮棕褐色，果毛长硬不易脱落。平均果重95.1g，最大果重183.7g。果肉翠绿色，质细多汁，味甜有香气。含可溶性固形物16.9%，有机酸1.33%，每100g果肉含维生素C 87mg，品质优良。果实在常温下可贮存15～20d。果实成熟期10月上旬。

11. 皖翠 原代号93-01，由安徽农学院园艺系自海沃德的芽变中选育而成。1985年起部分芽变优株在安徽农学院和岳西等地开始结果，1993年9月通过省内外同行专家鉴定。

果实扁圆柱形，平均单果重89g，最大单果重110g。果实较整齐，成熟时果皮淡褐色，被稀疏短茸毛。果肉淡绿黄色，质细，汁多，酸甜适口，香气浓郁，品质极上。含可溶性固形物16%，总糖13.5%，有机酸1.4%，每100g鲜果含维生素C 158.4mg。果实9月中旬成熟。果实采收后室温下可存放15d。

12. 金桃 由中国科学院武汉植物园从中华猕猴桃武植系列优良单株群体中选育而成，2005年1月通过湖北省林木品种审定委员会的品种审定。申请国际专利并以繁殖权方式专利转让进入国际市场以来，其品种繁殖和经营权由欧洲逐步扩大到南美洲、北美洲、非洲、大洋洲直至中国等亚洲市场，成为21世纪国际市场主导品种。累计拍卖收入达93.32万欧元，开创了国内果树新品种走向世界的先例。

果实长圆柱形，果形端正，果个均匀美观。平均果重85g，最大果重120g。果皮黄褐色，果面茸毛少，光洁。果肉金黄色，质脆，风味浓，酸甜适中。软熟后肉质细嫩、多汁，具清香。含可溶性固形物18%～21.5%，总糖9.1%～11.1%，有机酸2.1%，每100g鲜果含维生素C 147～197mg。耐贮藏，适栽范围广。果实不仅适宜鲜销，而且适合加工，是鲜食和加工兼用的优良品种。

13. 金艳 由中国科学院武汉植物园从中华猕猴桃实生驯化群体中经芽变选种的四倍体品种。2007年通过湖北省林木品种审定委员会品种审定，同年被四川中新农业公司以200万元买断其国内繁殖权和经营权，但后期开发为每667m^{2}需支付品种使用费150元人民币，开创了国内果树当年新品种审定、当年转让成功的范例。

果实外形美观，长圆柱形。果大而均匀，平均果重101g，最大果重141g。果皮黄褐色，果肉黄色，质细多汁，味香甜。每100g鲜果含维生素C 1 055mg/kg，总酸0.86%，总糖8.55%，可溶性固形物14.2%～16.0%，果实硬度大（18.5kg/m^2）。果实采收期以11月中下旬为宜。耐贮性好，在温度0～0.5℃＋乙烯吸收剂条件下贮藏166d好果率为100%，在常温下贮藏5个月好果率仍有50%。

14. 金早　原代号为武植80-2，由中国科学院武汉植物园从中华猕猴桃的野生单株选育而成。1987年10月通过湖北省品种鉴定，为早熟鲜食品种。在“猕猴桃种质资源保存及新品种培育、推广应用”项目中作为主推品种之一，该项目获1992年中国科学院科技进步二等奖。

平均单果重102g，最大果重159g，果实长卵圆形，果面被毛少光滑，果皮黄褐色，果点小。果顶突出，果底平，果实横切面近圆形或椭圆形，果肉黄色，质细汁多，香甜爽口，清香，风味佳美。含可溶性固形物13.3%，总糖8.5%，有机酸1.7%，每100g鲜果含维生素C 107～124mg，氨基酸含量0.696%，硬度14.8kg/cm^2，品质上等。维生素C含量优于新西兰的早金和海沃德品种。适于在丘陵山区种植，在平原地区要有良好的灌溉条件才能结果良好。

15. 金霞　原代号为武植81-9。由中国科学院武汉植物园从野生中华猕猴桃群体中的优良单株选育而成。2004年6月通过湖北省农作物品种审定委员会的审定，并于2005年12月获国家林业局林木品种审定委员会的品种审定。

果实大而均匀，长卵形。平均果重78g，最大果重134g。果面灰褐色，果顶部密被灰色短茸毛。果肉淡黄色，汁液多，味香甜，含可溶性固形物15%，总糖7.4%，有机酸0.95%，每100g鲜果含维生素C 90～110mg，总氨基酸6.03%。品质上等，抗逆性强，适应性广，是中华猕猴桃品种中比较耐贮藏的一个品种，常温下可贮藏2周左右。

16. 武植3号　原代号为武植81-36，由中国科学院武汉植物园从野生中华猕猴桃的优株选育而成。1983年推广到14个省、直辖市、自治区试种，现已推广面积约733hm^2。

果实大，平均单果重118g，最大单果重156g。果实椭圆形，果顶近平，果底平。果皮薄，暗绿色，果肉绿色，质细汁多。味浓而具清香，酸甜适中。维生素C含量特高，每100g鲜果含275～300mg。含可溶性固形物15.2%，总糖11.2%，有机酸0.9～1.5%，果肉硬度17.7kg/cm^2，品质上等。

17. 通山5号　原代号为武植80-21，由中国科学院武汉植物园、通山县科学技术委员会、华中农业大学联合从中华猕猴桃优良株系选育而成。

果实长圆柱形，平均果重70～80g，最大果重137g。果面光洁，深褐色，果皮较厚，果肉黄绿色，汁液多，风味甜微酸，具清香。含可溶性固形物15%、总糖10.16%、有机酸1.16%、每100g鲜果含维生素C 87mg、总氨基酸5.88%，品质上等。常温下可贮藏15～20d。适应性广，在低海拔地区生长发育正常，但以海拔500～1 000m的丘陵和山地最为适宜。

18. 红阳　原代号为苍猕1-3，由四川省自然资源研究所和苍溪县农业局从中华猕猴桃自然实生后代的优系选育而成。1997年通过四川省农作品种审定委员会审定。

果形长圆柱形兼倒卵形，平均单果重92.5g，最大单果重可达150g。果实整齐，果皮绿色，果毛柔软易脱落，皮薄。果肉黄绿色，果心白色，子房鲜红色呈放射性图案，果实横切面果肉呈红、黄、绿相间的图案，具有特殊的色泽，品质优良，肉质红嫩，口感鲜美有香味。含可溶性固形物高达19.6%，总糖13.45%，有机酸0.49%，每100g鲜果含维生素C 135.77mg。适应范围较广，一般在海拔1 300m以上、年均气温13～16℃、年降雨量1 000～1 500mm、土壤疏松透气排水良好含腐殖质的较寒冷地区栽培效果更好。

19. 建科1号 原代号为D-13，建宁县猕猴桃实验站从当地野生中华猕猴桃资源中经多年的驯化筛选培育出的优良新品种，1988年由福建省科学技术委员会组织通过品种鉴定及命名。

果实长卵形，平均单果重82.3g，最大单果重147g，果皮黄褐色，具棕褐色茸毛，果皮薄，易剥离。果肉黄褐色，肉质细，汁液多，甜酸适度，香气宜人。可溶性固形物14%～17%，总糖9.1%，有机酸1.05%，每100g鲜果含维生素C 234.39mg。果实9月下旬至10月上旬成熟，室温下可存放20d左右。植株适应性广，经福建省各地及云南、江西等地引种栽培均表现良好。

20. 怡香 原代号为X.L-79-11，由江西省农业科学院园艺研究所从野生中华猕猴桃群体中初选出的优良单株选育而成。1989年12月通过省级鉴定。

果实圆柱形，平均单果重70.1～100.9g，最大果重161g。果肉黄绿色或绿黄色，质细多汁，酸甜适口，香气甚浓，品质上等。含可溶性固形物13.5%～17%，总糖6.64%～11.84%，有机酸0.94%～1.38%，每100g鲜果含维生素C 62.1～81.5mg，采收后20～25℃室温下可存放10～15d。9月初至中旬果实成熟。

21. 桂海4号 由广西壮族自治区植物研究所从野生中华猕猴桃群体中的优株选育出来的优良品种，1992年通过省级鉴定。

果实中等大小，60g以上的果实约占65%，最大单果重达116g。果形阔卵圆形，果顶平，果底微凸，果皮较厚，果斑明显。成熟时果皮黄褐色，感观好。果肉绿黄色，细嫩，酸甜可口，味清香，风味佳。含可溶性固形物15%～19%，总糖9.3%，有机酸1.4%，每100g鲜果含维生素C 53～58mg。果实加工性能好，加工产品的品质稳定，风味好。果实9月上旬成熟。

22. 金阳1号 原代号为崇阳81-0，由湖北省农业科学院果树茶叶研究所从中华猕猴桃选出的单株选育而成，1987年通过省级鉴定。

果实长圆柱形，果面较光滑，果皮极薄，棕绿色，外形美观。最大果重135g，平均果重85.5g。果肉黄色，汁液多，含可溶性固形物15.5%，有机酸1.2%，每100g鲜果维生素C含量为93.36mg。果肉细嫩，具清香，酸甜可口，品质上等。果实9月上旬成熟，采收后经6～8d可完成后熟。

23. 金农1号 原代号为金水1-2-53，由湖北省农业科学院果树茶叶研究所从中华猕猴桃中获得的房县无毛大果，经多年实生驯化选育出的。1985年确定为优良品系。

果实卵圆形，最大果重120g，平均果重80g。果皮薄，绿褐色，果肉金黄色，汁液多，具芳香，酸甜适度，品质上等。可溶性固形物13.5%，总糖6.31%，有机酸1.25%，每100g鲜果维生素C含量为114.6mg，是一个鲜食和加工兼用型品系。果实9月中旬成熟。常温下仅可贮存10～15d，冷藏贮存可保存1个月以上。耐贮性差，可在市郊适当发展。

24. 华光2号 原代号为76-2-A，由河南省西峡县林业科学研究所从中华猕猴桃中选育而成，1982年鉴定为优良品系，1984年确定为优良品种，全国已有15个省引种栽培。

果实为广卵圆形，果顶乳头状，果基平齐，果面黄褐色到褐色，皮薄肉厚，果肉浅黄色。平均果重60g以上，最大果重114.5g，果实光滑整齐，匀称，果肉浅黄，质细，致密，汁多，味纯正，酸甜，富有浓香，品质上等。含可溶性固形物13%，有机酸1.24%，还原糖6.51%，每100g鲜果含维生素C116.77mg。成熟期为9月中旬，为中熟品种。适应性强，抗旱、抗寒性较强，但抗虫和抗叶斑病能力较弱。

25. 庐山香 原代号为79-2，1999年在赣北地区猕猴桃资源调查中，在江西武宁县罗溪乡坪源村海拔1 035m高处发现，经庐山植物园等单位选出。1985年通过省级鉴定，确定为鲜食和加工兼优的品种，目前已在云南、广西、四川、陕西、湖北、江苏、吉林等不同海拔高度、不同纬度地区广泛栽培。

果实长圆柱形，果皮浅黄至棕黄色，果形整齐，外观甚美。平均单果重75g，最大单果重140g。果肉淡黄色，肉质细嫩，多汁，味甜，有香气，品质上等。可溶性固形物9%～16.8%，有机酸1.03%～1.48%，总糖12.58%，每100g鲜果含维生素C159.4mg。果实成熟期9月中下旬。

26. 金丰 原代号为79-3，由江西省农业科学院园艺研究所从野生中华猕猴桃中选育而成，1985年11月通过省级品种鉴定。

果实椭圆形，平均果重81.8～107.3g，最大果重163g，果形端正，整齐一致。果肉黄色，质细，汁极多，酸甜适口，微有清香。含可溶性固形物10.5%～15%，总糖10.64%，有机酸1.06%～1.65%，每100g鲜果含维生素C50.6～89.5mg。品质中上，果心较小。果实在室温下可存放30d左右，冷藏120d后，硬果完果率98.8%，鲜果出库后在24℃下仍可存放14d以上。适于加工，制片利用率88%，制果汁利用率78%。

27. 早鲜 原代号为79-5，由江西省农业科学院园艺研究所从野生中华猕猴桃中选育而成，1985年通过省级品种鉴定。

果实长圆柱形，平均果重75.1～94.4g，最大果重150.5g，果形端正，整齐一致。果肉深绿或黄色，质细多汁，酸甜适口，风味较浓，微清香。含可溶性固形物12%～16.5%，总糖7.02%～10.78%，有机酸0.91%～1.25%，每100g鲜果含维生素C 73.5～128.8mg。品质优，果心小。果实在室温下可存放7～10d，冷藏120d后硬果完好率达87.2%，维生素保存率81.5%。

28. 魁蜜 原代号为79-1，由江西省农业科学院园艺所从野生中华猕猴桃中选育而成，1985年11月通过省级品种鉴定。

果实扁圆形，平均果重92.2～106.2g，最大果重达183.3g。果肉黄或黄绿，质细多汁，酸甜或甜，具清香或微香。含可溶性固形物12.4%～16.7%，总糖6.09%～12.08%，有机酸0.77%～1.49%，每100g鲜果含维生素C 93.7～147.6mg。果实在室温下可存放12～15d。9月上中旬果实成熟。

29. 江园1号 原代号为素香、赣猕4号，由江西省农业科学院园艺研究所从野生中华猕猴桃资源中选育而成的优良品种，经全国20余个省自治区、直辖市推广，并通过省级鉴定。

果实长椭圆形，端正整齐，平均单果重98.2～110g，最大果重180g。果肉绿黄色，肉质细，汁多，酸甜适口，风味浓，清香，品质上等。果实可溶性固形物含量14%～17%，每100g鲜果维生素C含量为206.5～298.4mg。果实9月上中旬成熟。该品种树体较强健，丰产稳产性好，抗逆性较强，适应性广，无采前落果。在室温下（20～25℃）果实可保存5～20d。

30. 琼露　原代号为78一陈阳4号，由中国农业科学院郑州果树研究所从中华猕猴桃的优良单株选育而成。

最大果重130g。果实短圆柱形，果皮黄褐色，光滑，果实近梗端处大些，稍有梗洼，萼片残存，果顶稍凹陷或平截，茸毛较多，果肉浅绿黄色，汁多有微香，果皮薄不易剥离。每100g鲜果含维生素C 241～319mg，总糖6.7～11.7%，有机酸2%。果实9月中旬成熟，适于加工。

31. 翠玉　由湖南省农业科学院园艺研究所从野生猕猴桃资源中选育出的中华猕猴桃新品种，2001年9月通过湖南省农作物品种审定委员会审定。

果实圆锥形，果喙突起，果皮绿褐色，果面光滑无毛。平均果重85～95g，最大果重129g。果肉绿色，肉质致密，细嫩多汁，风味香甜。可溶性固形物含量14.5%～17.3%，最高可达19.5%；富含维生素C，每100g果肉含维生素C 93～143mg，品质上等。耐贮藏，常温下可贮藏30d左右，低温冷藏条件下可贮藏5个月以上。

32. 丰悦　由湖南省农业科学院园艺研究所从野生猕猴桃资源中选育出的中华猕猴桃新品种，2001年2月通过湖南省农作物品种审定委员会审定。

果实椭圆形或近圆形，果皮绿褐色，果面光滑无毛。平均果重83.0～92.5g，最大果重128g。果肉金黄色，肉质细嫩多汁，风味浓甜。可溶性固形物含量13.5%～15.8%，最高可达19.0%；每100g果肉含维生素C 84～163mg，品质上等。较耐贮藏，常温下可贮藏15d左右，低温冷藏条件下可贮藏4个月以上。

33. 楚红　由湖南省农业科学院园艺研究所从野生红肉猕猴桃变种中选育出的红心早熟猕猴桃新品种，2004年9月通过湖南省农作物品种审定委员会审定。

果实长椭圆形或扁圆形，果皮深绿色，果面光滑无毛。平均单果重80g，最大果重121g。果肉近中央部分中轴周围呈艳丽的红色，果肉细嫩多汁，风味浓甜可口。可溶性固形物含量16%，最高可达21%；含酸量1.47%；可溶性固形物与酸的比值为11.2，品质上等，果实早熟。在高海拔地区果肉红色鲜艳，而在低海拔地区果肉红色变淡，但风味更浓。

34. 中华雄株磨山4号　由中国科学院武汉植物园1984年选出的优良中华猕猴桃雄株。多年的选育雄性品种试验表明，以磨山4号表现最好：花期长，花粉量大，发芽率高，可育花粉量多。通过多年的观察、分析、区试，其无性系后代遗传性状稳定。2005年10月该品种通过湖北省林木品种审定委员会审定，并于2006年7月与意大利金色猕猴桃公司签订了以每繁殖1株磨山4号商品苗木支付给武汉植物园0.4欧元的品种使用费、使用年限为28年的繁殖权全球转让合同，成为国内猕猴桃雄性品种走向国际市场的例证。

株形紧凑，节间短，长度仅1～5cm，长势中等，多为多聚伞花序，表现出比其他雄性品种花期长的特点。花萼6片，花瓣6～10片，花径较大为4～4.3cm，花药黄色，平均每朵花的花药数59.5，每花药的平均花粉量40 100，可育花粉量189.3万，发芽率75%。在武汉花期为4月25日至5月15日，落叶期为12月中旬。抗病虫能力强。

磨山4号的萌芽率、花枝率均高，花量大，树形紧凑，减少了不能结果的空间面积。它比一般雄株的花期长2周，能与中华猕猴桃所有品种花期相遇，与花期早的美味猕猴桃花期也能相遇，因此便于在生产中推广。而且用它作授粉树的果实维生素C含量提高、果实增大、果色美观、种子数减少，提高了果实的商品性状。

35. 软枣猕猴桃品种“魁绿” 原代号为8025，由中国农业科学院特产研究所选出的栽培品种。从野生软枣猕猴桃经扦插扩大繁殖成无性系，1993年通过吉林省农作品种委员会审定。

单果平均重18.1g，最大果重32g。果实扁卵圆形，果皮绿色光滑。果肉绿色，多汁，细腻，酸甜适度。含可溶性固形物15%左右，总糖8.8%，有机酸1.5%，每100g鲜果含维生素C 430mg。含种子180粒左右。果实9月成熟。

（三）观赏猕猴桃新品种及其他种类栽培品种

1. 金铃 原代号为6-2-2-1，由中国科学院武汉植物园从大籽猕猴桃*Actinidia macrosperma*的群体中通过实生驯化选育出的单系育成，是目前国内外猕猴桃品种中具有特殊性状的优良观赏新品种。2007年12月获湖北省林木品种审定委员会品种审定。

雌性花常单生，着生在2～6节；花梗长0.9～1.5cm，无毛，萼片2～3枚，卵圆形，长1.0～1.2cm，无毛；花瓣6～8枚，白色，芳香，瓢状倒卵形；花径2.3cm×2.3cm；花丝丝状，花丝数43枚；花药黄色，线柱形；子房短瓶状，长8mm。侧柱头数17枚。

果实未成熟时果面呈淡绿色，光洁无毛，果成熟时橙黄色，卵圆形或圆球形，顶端有乳头状的喙。平均果重20～25g，最大果重29g，果实纵横径3cm×3cm。果面光滑美观无斑点。果肉橘黄色，果心小，汁液少，风味麻辣，含可溶性固形物10%，总糖5.9%，总酸0.6%～1.1%，每100g果肉含维生素C 28.8mg，总氨基酸9.04%。种子多而大，长约0.5cm，千粒重6.7g。该品种不仅花朵繁茂，而且果形光滑漂亮，集观花和观果为一体，既适于庭院绿化观光，又适于盆景栽培。4月下旬至5月上旬开花，8月底果实成熟，可延迟于9月中旬不落果，观果期6～9月。

2. 超红 原代号为T18的雄株，由中国科学院武汉植物园在1988年以大果毛花猕猴桃为母本、以预先收集的当年中华猕猴桃花粉加入限量的毛花猕猴桃花粉为父本进行杂交选育而成。2007年12月通过湖北省林木品种审定委员会品种审定。

花色均为红色，有粉红、玫瑰红、红白相间、深红等色彩。雌株占36%，雄株占64%。已结果的杂种果实中维生素C含量都很高（每100g鲜果含维生素C490～822mg）。花冠特艳丽为玫瑰红色，比毛花猕猴桃的颜色更鲜艳（毛花猕猴桃为桃红色），且花冠增大，一年多次开花，且花量大，花粉多而芳香，是很好的蜜源植物。

3. 江山娇 由中国科学院武汉植物园以中华猕猴桃4倍体优良品种武植3号为母本、2倍体毛花猕猴桃为父本杂交选育而成。2007年12月通过湖北省林木品种审定委员会品种审定。

花芽为混合芽，着生在叶腋，为聚伞花序。花色艳丽为玫瑰色，花瓣数量多（6～8瓣），花瓣增大（花径4.5cm×4.5cm），退化雄蕊数94～100，柱头数52～56个，花片数3裂，花萼绿白色，花药黄色，花丝103枚，玫瑰红色。

果实扁圆形，纵径4.1cm，横径3.3cm，侧径2.4cm，最大果重39g，平均果重25g。

果顶突，果蒂平，果皮深褐色，果点褐色、突出、密集，果肉翠绿色，质细，种子褐色，千粒重0.78g。每100g鲜果维生素C含量814mg，可溶性固形物14%～16%，总糖10.8%，有机酸1.3%。

第二节　生物学特性

一、根系及其生长特性

（一）根系的组成和功能

猕猴桃植株的地下部分统称为根系，由骨干根和须根组成。骨干根由主根和各级侧根组成，侧根和发达的次生根形成簇生性侧根群。初生根为白色，以后渐变成为褐色。老根为灰褐或黑褐色，外皮厚，常龟裂，内皮红色。根的主要作用是输送水分、养分和贮藏营养物质，并将植株固定在土壤中。须根是指着生在骨干根上的当年生小细根，丛生性生长，是水分和养分的主要吸收器官。

猕猴桃的根为肉质根，根的皮层较厚，含水量较高，导管和髓射线发达，能贮藏大量的有机营养物质，还能合成多种氨基酸和激素类物质，对地上部新梢和果实的生长及花芽分化和开花坐果起重要的调节作用。

猕猴桃的根能产生不定芽，形成不定根，在野生状态下，可以看到猕猴桃呈簇状或片状分布。

（二）根系的分布

猕猴桃为浅根植物，其根系在土壤中分布情况与土壤类型、地下水位、气候、栽培管理方法有很大关系，但土层的厚度是根系分布的主要影响条件。一般情况下，根系垂直分布最集中的范围是在20～40cm的深度内，水平分布为60～100cm（图7-1）。

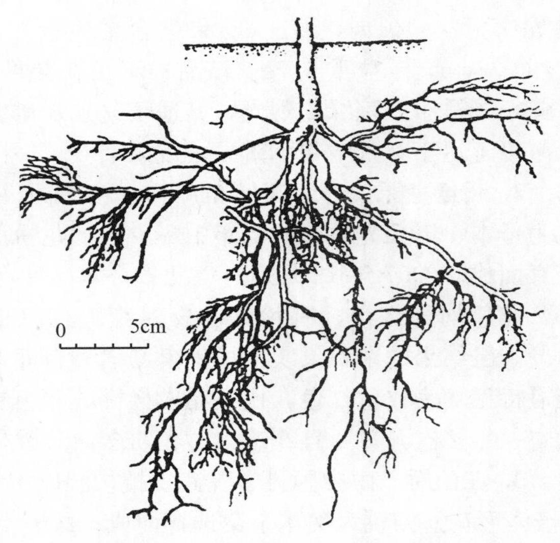

图7-1　猕猴桃二年生根系分布

（引自崔致学，1993）

棚架猕猴桃根系分布有不对称性，即根系分布架下多而远，架外少而近。

（三）根系的生长特性

在温带地区，猕猴桃根系的年生长周期比枝条生长期长，原产亚热带地区的种类可终年生长而无休眠期。据华中农业大学观察，根系的生长有2个高峰期。第一个出现在枝梢迅速生长后的6月份（土温为20℃左右时），随着土温的升高，根系生长活动缓慢，至9月份果实发育后期，根系开始第二次迅速生长，随后由于气温的降低，根系生长也随之减缓。根系和地上部的生长也与其他果树一样，有一定的节奏而交替运行。

猕猴桃的根部异型导管特别发达，春季萌芽期根压强，骨干根、侧根之间水分、养分运输流通力强，因而，地下部伤断根系，整个植株叶片的生长都会受到影响，地上部新剪口容易出现大量伤流。

二、芽和花芽分化

（一）芽的类型和生长发育特性

猕猴桃的芽着生在叶腋间海绵状芽座中，外面包有3～5层黄褐色毛状鳞片。中华猕猴桃芽体外露，而美味猕猴桃有芽眼明显、芽眼不明显和芽体外露之分。通常一个叶腋间有1～3个芽，中间较大的为主芽，两侧较小的为副芽。主芽萌发生成新梢，而副芽一般不易萌发，多变为潜伏芽。当主芽受伤或枝条重截后，副芽便能萌发。老蔓上的潜伏芽萌发后，多生成徒长枝，可以利用这种枝条进行树冠更新。

幼树枝条上的主芽和由潜伏芽萌动形成的徒长枝上的主芽瘦小，多为叶芽，只抽枝长叶而不能开花结果。成龄树上的良好发育枝及结果枝上的主芽易形成花芽。猕猴桃的花芽饱满肥大，为混合芽，萌发后先抽枝，再在新梢下部的几个叶腋间形成花序，开花结果。猕猴桃的芽具有早熟性，当年形成的芽即可萌发成枝，但已经开花结果部位的叶腋间的芽不能萌发而成为隐芽。

（二）花芽分化

猕猴桃花芽分化与其他果树一样，分为两个阶段：生理分化阶段与形态分化阶段。又可根据形态分化阶段进行的时间分为春季形态分化型与春秋形态分化型。前者以美味猕猴桃和中华猕猴桃为代表，后者以毛花猕猴桃为代表。

1. 生理分化阶段 芽体内部代谢方式发生着质的变化，由叶芽生理状态转化为花芽生理状态。此时，生长点原生质处于不稳定状态，对内外因素都有着高度敏感性，是易于改变代谢方向的时期，因此又叫花芽分化临界期。由于叶是控制成花物质的合成场所，因此可用摘叶法确定生理分化阶段发生的时间。据研究，美味猕猴桃中的海沃德与蒙蒂等品种的生理分化阶段约从7月份开始直到晚秋。毛花猕猴桃在福建闽西地区生理分化的时间从7月上旬开始直到8月下旬开始分化花序原基。

2. 形态分化阶段 生理分化阶段完成之后，春秋形态分化型猕猴桃立即进入形态分化阶段，例如毛花猕猴桃在生理分化完成之后立即开始分化花序原基。但春天形态分化型的猕猴桃生理分化完成之后直到来年春天才开始形态分化。此时结果母枝中的氨基酸总量、蛋白质、可溶性糖和N、P、K等矿质元素以及C/N比值不断增加，处于生殖状态的分生组织快速生长，形态分化阶段开始。一般而言，雄株花芽形态分化较早，如美味猕猴桃雄株分生组织扩增就比雌株早10d左右。花芽形态分化阶段大体可分为以下几个时期。

（1）花序原基形成期 美味猕猴桃雌花芽约在2月下旬（长沙地区）、中华猕猴桃约在3月中旬（山东泰安）、毛花猕猴桃在8月下旬开始（闽西地区）。此期腋芽原基明显增大、伸长，弧形顶端逐渐变平。

（2）花原基分化期 芽轴形成，而且芽轴顶端已分化顶生花原基。此后，两端隆起，并发育成苞片，苞片腋间再显出侧生花原基。

（3）花萼原基分化期　芽轴继续伸长，在半圆形分生组织外侧，分化成5～7枚萼片原基。

（4）花冠原基分化期　萼片原基内侧出现一轮花瓣原基。美味猕猴桃此时芽已开绽，毛花猕猴桃此期在9月下旬完成，而且10月份不再分化，植株进入冬季休眠。

（5）雄蕊原基分化期　花瓣原基内侧出现雄蕊原基（美味猕猴桃雄花3轮、雌花2轮，此时芽体处在进一步开绽状态）。中华猕猴桃在3月下旬出现雄蕊原基，毛花猕猴桃在3月中旬出现。

（6）雌蕊原基分化期　在雄蕊原基内侧分化出许多心皮原基，继而可见到花柱席卷状突起。美味猕猴桃此时芽体已开丛，毛花猕猴桃在4月上旬完成。

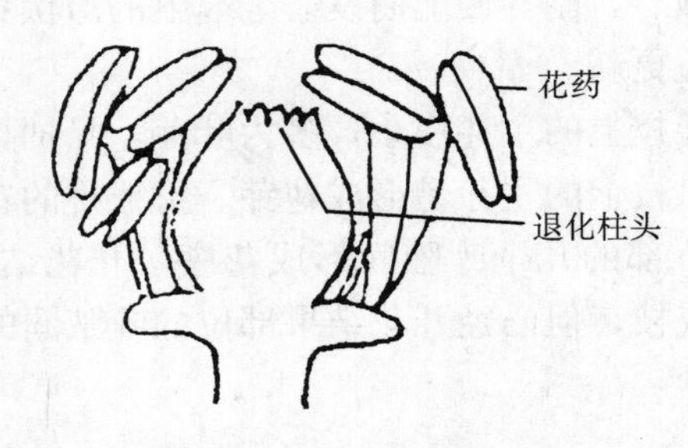

图7-2　雄花分化完成
（引自崔志学，1993）

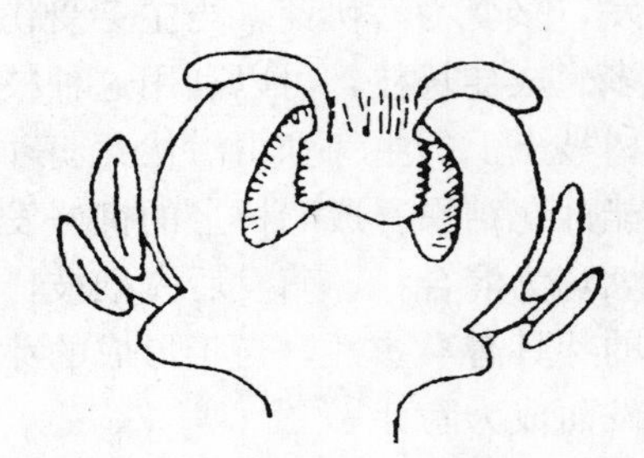

图7-3　雌花分化完成
（引自崔志学，1993）

美味猕猴桃雌花的雌蕊原基继续发育后形成上位子房，约有26～41个心皮合生而成，为典型中轴胎座。每子房室有2排10～20个胚珠。芽体开绽45d后，胚珠清晰可见，而且雄蕊分化，由花药与花丝组成。雄花的雌蕊原基只能形成退化子房，子房中虽有明显的子房室分化（23d左右），但无胚珠发育。

侧生花原基的发育与顶部花原基发育的步骤一样。但海沃德品种的侧花原基一般在花瓣原基分化前就停止了发育。有时侧花原基也能发育，最终形成2～3朵花的花序。布鲁诺与蒙蒂2个品种侧花原基发育状况都比海沃德为好。

有时顶部花原基发育受阻，能和侧生花原基融合形成畸形花，进而发育为扇形果，果实虽然较大，但没有商品价值。这种情况多发生在第四、第五节位处于生殖状态的分生组织之中。

（三）减数分裂进程与染色体观察

1. 花粉母细胞减数分裂与花粉粒发育

（1）花粉母细胞减数分裂　张忠慧（1982）以中华猕猴桃为例描述了减数分裂各时期的形态特点并首次报道了中华猕猴桃染色体数目2n=58的类型，并由此推断猕猴桃属植物的染色体基数应为x=29，从而为该属植物分类与倍性育种提供了细胞学依据。

中华猕猴桃花粉母细胞减数分裂的时间较早，在河南许昌、洛阳两地为3月下旬到4月中旬，而美味猕猴桃的减数分裂期较晚，在洛阳地区为4月中到4月底。然而，由于地理位置、海拔高度造成的气候条件的差异，具体每一个地区的减数分裂物候期是不一样的，因此为便于取样观察，寻找一种处于减数分裂期的植株外部形态指标是必要的。为此，张忠慧曾从花芽开绽开始，按花序以上展叶多少在各个不同时期取样观察，结果表明花序以上 4 片叶，其中 2 片完全展开时是中华猕猴桃减数分裂开始的枝条外部形态特征，这时取样观察，一般都可以找到具有分裂相的细胞。花药的颜色也是一较为可靠的外形指标。晶莹透亮的鲜嫩花药一般未进入减数分裂期，镜检观察只能见到成团挤在一起的花粉母细胞；进一步发育的花药呈绿白色，这时花粉母细胞多处在分裂期；黄绿色的花药多已进入四分体阶段，而黄色花药则已进入花粉粒发育阶段。中华猕猴桃雄株花粉母细胞体积很小，它的纵横径平均约为 18.7μm，而金帅苹果、巴梨、玫瑰香葡萄、杭州水蜜桃以及枣树花粉母细胞纵横径平均都在 30μm 左右，都远远大于猕猴桃，只有板栗的为 17.4μm，略小一些。

在整个减数分裂进程中，张忠慧观察到中华猕猴桃花粉母细胞染色体行为基本是规则的。在中期Ⅰ、中期Ⅱ染色体在赤道板上整齐排列，未见到落后染色体。在后期Ⅰ、后期Ⅱ染色体均匀拉向两极，未见到落后染色体形成的染色体桥分散在细胞质之中；末期Ⅱ形成均匀的四分孢子，没有见到由于染色体配对不正常形成的少于四分体的一分体、二分体和三分体或由落后染色体所形成的多于四分体的多分体。所有上述这些特点都是二倍体或双二倍体染色体均衡分离的特征；而上述所不能见到的那些细胞学形象，都是单倍体、三倍体以及同源四倍体减数分裂时常可观察到的特征。因此，从正反两个方面推断，2n=58 是二倍体类型。

对猕猴桃多倍体类型的研究表明，其染色体在减数分裂进程中基本上也是二价联会。McNeilage 与 Considine（1989）报道了美味猕猴桃（2n=6x=174）和软枣猕猴桃（2n=4x=116）染色体联会基本上是二价体构型，但伴随少量、数目可变的四价体环。但对四倍体软枣猕猴桃与美味猕猴桃种间杂种的研究表明，染色体在减数分裂中期Ⅰ呈不规则配对，出现一价体、二价体以及多价体，在末期Ⅱ产生四分体、六分体（其中 4 个小孢子较大，2 个小孢子较小）。所有这些特征，都为奇倍数多倍体特有，可以作为种间杂种鉴定的依据。

（2）花粉粒的发育　通过减数分裂，中华猕猴桃花粉母细胞形成四分体，每个细胞内有 4 个子细胞，子细胞之间由多糖组成的胼胝质隔开，使它们不至于融合在一起，以后随着子细胞的发育，四分体逐步解体。镜检可以观察到先是花粉母细胞壁消失，但 4 个子细胞仍结合在一起，压片时也不易压开，再经过进一步发育，各个子细胞才开始散开，成为分散的单核花粉粒。

据观察，直到单核期，雌雄株之间减数分裂进程是基本一致的，但这以后却出现了迥然不同的两种结果：雄花花粉粒按照一般植物花粉粒的发育模式进行，随着花蕾体积的增加而增加本身的大小；而雌株花粉粒却停留在单核期，随花蕾增大，本身体积的增加极其缓慢。观察结果表明，花蕾直径增大到 4～5mm，雄株花粉粒为单核期，随着花蕾直径进一步增大，即进入双核期。没有观察到三核花粉粒，可能与其他果树一样，中华猕猴桃的花粉在双核时即从花药内散出。

由于发育进程的差异，导致了雌雄株花粉粒外部形态及其生活力的不同。雄株花粉粒虽然体积小，但发育充实，醋酸洋红染色后着色较深，镜检观察核仁清晰易见，并很少发现畸形花粉粒。雌株花粉粒虽比雄株花粉粒大，但发育不完全，原生质和细胞核萎缩，内部空虚，因而醋酸洋红染色后着色很浅，而且畸形较多。碘化钾染色结果表明，随花蕾直径增加到5.1～6.0mm，即双核期开始，雄花花粉开始染成棕黄色，说明已经开始积累淀粉，这以前只能染成黄色，说明只有蛋白质存在，以后随着花粉粒的进一步发育，染色逐步加深，直至深蓝色。然而雌株花粉粒却始终只被染成黄色，说明没有淀粉的积累，没有能量来源，没有生活力。

但是上述观察结果不是绝对的，在雌花花粉粒中发现亦有被碘化钾染成深蓝色的花粉粒，而且这种花粉粒发育比较充实，饱满；在雄花花粉粒中，也有一些不被染成蓝色的失去生活力的花粉，它们的外形萎缩，多处在单核阶段，这样的花粉粒约占14%。这样，就为从大量中华猕猴桃野生群体中筛选两性花类型提供了细胞学方面的依据。

2. 大孢子母细胞减数分裂与早期胚胎发生 对猕猴桃大孢子母细胞减数分裂与早期胚胎发生的观察可为其杂交育种以及系统位置的研究提供资料。这方面的研究从1899年开始，Van Tieghem首次报道了猕猴桃胚珠倒生，单珠被，薄珠心，珠心只有一层细胞，在卵细胞形成前已全部解体。此后的研究表明胚珠以每心皮两排排列的方式着生在中轴胎坐上，单珠被很厚，到胚囊形成时其外层细胞形成大型细胞层，其内层细胞也在增大，直至其细胞核开始退化。随着胚珠的发育，珠柄维管束从珠脊一直延伸到胚囊合点端。

安和祥等（1983）就中华猕猴桃的胚珠、孢原发生、大孢子形成以及胚囊发育进行了详细观察，并首次报道了其受精过程。在开花前20～25d（4月8日至4月15日，北京），胎座内壁皮下几层细胞迅速增加，逐渐凸起膨大形成胚珠原基。4月15日至4月18日，观察到珠心顶端表皮层下一个细胞的细胞核显著增大，该细胞为孢原细胞，此后直接转为大孢子母细胞。少数有2～3个细胞同时膨大，成为多细胞孢原组织，但仍然只有一个细胞转变为大孢子母细胞。4月22日至4月25日，大孢子母细胞进行减数分裂，珠心基部出现珠被原基。此后，珠被最内层细胞横向伸长，成为明显的珠被绒毡层。此时，大孢子母细胞形成4个大孢子，其中珠孔端的3个退化，合点端的1个发育成蓼形胚囊。受精前2个助细胞保持完好，受精时，1个被花粉管破坏，另外1个逐渐解体。2个极核在受精前合并为次生核，但也有少数胚囊中2个极核只相互靠近而不合并。受精时大部分胚囊的反足细胞存在，受精后逐渐解体。中华猕猴桃的双受精大多发生在授粉后30～72h内，受精时，1个精子与卵细胞核融合，另外1个与次生核融合发育成细胞型胚乳。

陶汉之等（1994）观察了海沃德品种胚胎发育的情况，开花前10d，孢原细胞发育成大孢子母细胞；开花前1d，蓼形胚囊发育成熟。授粉后2～3h，大量花粉在柱头上萌发，授粉后2d花粉管进入胚囊，破坏1个助细胞，一个精核与次生核融合成初生胚乳核，另一精核与卵核结合成合子。授粉后3d，初生胚乳核开始分裂，授粉后5～7d，合子分裂形成2细胞原胚。

上述观察结果表明，中华猕猴桃与美味猕猴桃胚胎发生的情况基本相同。

三、茎（枝）及其生长

（一）茎（枝）形态结构

猕猴桃的茎由表皮、皮层、中柱构成。表皮细胞排列紧密，具角质层。皮层由多层薄壁细胞构成。近表皮的1～3层细胞常发育成厚角组织，中部的皮层细胞中散生有含簇生针状结晶的异细胞，内皮层排列紧密。中柱有多个外维管束呈环状排列，导管间有1～2列薄壁细胞。髓部组织中常含有单宁等内含物质。

(二) 枝条的类型

当年萌发的猕猴桃枝条可根据其性质不同分为营养枝（生长枝）和结果枝两大类。

1. 营养枝 营养枝指那些只进行枝叶器官的营养生长而不能开花结实的枝条。根据生长势的强弱，又可将其分为普通营养枝、徒长枝和弱枝3种。普通营养枝的生长势中等或较强，其上茸毛短而少，相对较光滑，长度一般为1.5m左右，枝条的每个叶腋间均有芽，此种枝条多从未结果的幼树和多年生枝条上发出。这种枝条往往是次年较为理想的结果母枝，因而可根据普通营养枝数量的多少预测来年树体结果的状况。徒长枝是指生长极为旺盛，直立向上，其节间较长、茸毛多而长、组织不够充实的枝条。这种枝条多是由根颈处或老枝基部的隐芽萌发而成，其长度3～4m，有时甚至可长达10m以上。枝条枯顶之后尚可再分生二、三次枝，其中生长量较小的少量徒长枝也可发育成结果母枝，但不是特别理想。弱枝是指短小细弱、长度在15cm左右的枝条，多从树冠内膛或下部的短枝上发生。由于基部枝条的光照不足、营养状况不良，其生长势会越来越弱。3～5年后，可能连同老枝一起逐渐枯死。弱枝即使能够抽生结果枝开花结果，果实也很小或很容易落果。

2. 结果枝 由结果母枝上抽生，按其生长的长度可分成长果枝、中果枝和短果枝（图7-4）。

图7-4 猕猴桃的结果母枝与结果枝
（引自《果树栽培学各论》，河北农业大学主编，1991）

(1) 长果枝 是指50～150cm及以上的枝条。其中，结果母枝上位芽萌发形成的枝条生长健壮而且较旺，停止生长较晚，有的还能抽生副梢，称之为徒长性结果枝。这种枝条的结果能力差，一般情况下仅可坐果1～2个，但如果肥水管理适当枝条生长充实，可成为来年的结果母枝而继续结果。斜生芽或平生芽萌发出来的长果枝组织充实、腋芽饱满，这种枝条的结果性能好，且能连年结果，是较为理想的长果枝。

(2) 中果枝 一般指枝条长度在40cm左右的结果枝，多由平生或斜生芽萌发而来，其生长势中等，组织充实，结果性能稳定，能够连年结果。

(3) 短果枝 指长度在30cm以下的结果枝，大多由平生或斜生芽萌发形成，或由生长势偏弱的结果母枝上抽生而来。此种枝条的节间短，停止生长较早，生长势偏弱，坐果多但连续结果能力较差，果实较小。短果枝中长度在10cm以下的枝条称为短缩果枝，结果以后逐渐衰老枯死。在树势弱、修剪量轻、肥水缺乏的情况下短缩果枝较多。

(三) 茎（枝）的生长

猕猴桃的枝属于蔓性生长类型，具逆时针缠绕性。由于枝条上无卷须，短的枝条不能攀缘，只有长枝条先端部分才有攀缘能力。大多数的新枝是从头一年生长的枝条叶腋萌发出来的，也有一些枝是从二年生以上老枝上发出，这种新枝当年不能着花。新枝刚抽生出来时被有鲜艳的茸毛，茸毛可分为软毛、硬毛和刺毛。老枝浅褐色或灰褐色，茸毛多脱落或仅留痕迹。皮孔呈点状、长形或椭圆形凸起。

猕猴桃实生苗木第一年生长缓慢，第二年生长加速，开始出现分枝，有二次生长现象。三年生苗木一般能发生二、三次分枝，从而使树体呈现丛生现象。

四、叶及其生长

（一）叶的着生方式及形态

猕猴桃的叶由叶柄和叶片构成，无托叶。叶片为单叶，互生，膜质、纸质、厚纸质、半革质或革质。叶片的形状一般为心脏形，幼叶黄绿色，老叶绿色。叶缘多锯齿，大小不一。叶面上有的种类具有表皮毛、有的种类光滑、有的种类有光泽。叶背上有的有柔毛、糙毛、粉毛、尘埃状毛等，且颜色各异。叶片的形状因种类的不同而存在较大差异。在同一枝条上，枝条中部和基部的叶片在大小、形状上均有差别。

（二）叶片的作用及生长

叶片的主要作用是进行光合作用，制造碳水化合物，满足自身和整个植株生长需要。叶片也是进行呼吸作用和蒸腾作用的器官。猕猴桃叶片进行光合作用必须有适宜的温度、光照和肥水条件，本身也必须健壮。特别是光照条件更重要。因此，猕猴桃生产上要求枝条和叶片在架面上分布要合理，密度要适当。

芽膨大后 20d 左右，叶即开始展开，前期生长速度比较快，叶面积开始扩大，发育到成熟叶的大小，再扩大时宽度大于长度，而使叶形发生变异。叶片随枝条的生长而生长，当枝条生长最快时，叶片也达生长高峰。叶片的大小取决于在其快速生长期生长速率的大小，生长速率大则叶片亦大，否则就小。为了使叶面积加大，在叶片快速生长期进行合理施肥、灌水是十分必要的。

五、开花与受精

（一）开花传粉

由于雌雄株花芽形态分化的明显差别，因而产生两种类型的花朵。雌株开雌花（图 7-5），雄蕊功能退化，花粉内含物少，无生活力；雄株开雄花（图 7-6），雄蕊发达，花

图 7-5　猕猴桃的雌花

图 7-6　猕猴桃的雄花

粉内含物充实，萌发孔明显，有生活力，而雌蕊退化。这样就形成了猕猴桃属植物雌雄异株的特性。

猕猴桃的花芽为混合芽，春季萌芽抽枝，花蕾在叶腋间形成。花序分简单聚伞花序与分歧聚伞花序两类，因猕猴桃的种类而异。美味猕猴桃和中华猕猴桃为简单聚伞花序，雄株每花序大约 3 朵花，雌株花朵单生，但在其花柄上有明显退化的侧花的痕迹。雄株花量多而花朵小，一般比雌株先开 1～3d，而且花期较长，多为 7～10d；雌株花量小而花朵大，而且开花比较集中，多为 5～7d。海沃德品种花期可持续 10～18d，其配套雄性品种的花期更长，要多 3～5d。但就单花寿命而言，雌花却比雄花略长，雌花多为 3～5d，雄花多为 3～4d。根据多处观察，猕猴桃开花时间大部集中在清晨，雌花多在 4～6 时，8 时后很少开放，而雄花甚至下午也有少量开放。随着花粉粒发育成熟，花药逐渐开裂，花粉散出，雄花一般在早晨 8 时左右开始散粉，雌花以柱头分泌黏液时授粉最好。但是雌花落瓣并未衰老，根据套袋人工授粉试验，海沃德品种在花开 8d 后柱头仍能接受花粉。

昆虫及风均可为猕猴桃传粉，露水和雨水更有利于猕猴桃传粉。授粉的柱头为黄色，未授粉的为白色。猕猴桃雌蕊的柱头呈辐射状，表面有许多乳头突起。雄花的成熟花粉落在柱头上 1～2h 后开始萌发，7～8h 后花粉管开始向花柱的乳突壁下生长，授粉后约 24h 可见有花粉管达到珠孔。大多数珠胚在授粉 30～72h 内花粉管进入胚囊，释放出精子。

（二）受精过程

授粉后，当花粉管在花柱内生长过程中，生殖核进一步分裂成 2 个精子。在花粉管进入胚囊时，精子被释放出来。花粉管通过珠孔进入胚囊时，破坏 1 个助细胞释放出内含物，另一个助细胞逐渐解体。2 个精子进一步向胚囊内部移动，1 个行进到卵细胞附近，另一个仍在卵细胞的上方。授粉后约 52h，精子紧贴卵核并与卵细胞发生融合。受精后 72h，精子染色质在卵核中松散，开始出现雄核仁。雄核仁明显小于卵核仁，卵核与精子核融合后形成受精卵。在授粉后 30～48h，2 个极核合并而成次生核，精子紧靠在次生极核上并开始融合，两者核膜界限消失；到授粉后 52～72h，多数配囊中发生了精子和次生核的融合。此后，雄核仁与次生核核仁进一步融合，形成初生胚乳核，周围充满了浓厚的细胞质。

猕猴桃受精过程发生以后，精子与次生核结合形成的初生乳核迅速发育，形成 2 个胚乳细胞。而后精子与卵细胞结合形成的合子进行横分裂，形成顶细胞和大的基细胞。之后顶细胞形成 6～7 个细胞的线性原胚；基细胞分裂形成球形胚，进而发育成珠心胚并迅速发育到子叶胚阶段。

六、种子形成和果实发育

（一）种子形成与结构

雌花包含 1 400～1 500 个胚珠，即每心皮含有 40 个胚珠。在大田条件下，290～390 个花粉粒才可在柱头上产生 58～77 个花粉管，形成 28～37 粒种子。在昼夜温度 24℃/

8℃的情况下，美味猕猴桃花粉发芽所产生的大部分花粉管在7h内伸入柱头，31h到达花柱基部，40h到达子房。中华猕猴桃授粉后1～2h开始在柱头上萌发，8h个别花粉管到达珠孔。较多的花粉管进入胚囊释放出精子进行受精作用是在授粉后30～72h内。

受精后，在胚囊中位于珠孔的合子分裂，形成2个细胞，而且处于双细胞阶段的时间很长，至少有60d。60d后，胚原细胞相继分裂，形成一团组织，最后胚完全发育并具有2枚明显的子叶。由于子叶并未耗尽胚乳，因此猕猴桃种子具有胚乳结构。此外，猕猴桃属植物珠被的外面有角质层，种皮由珠被发育而成。

（二）果实发育

猕猴桃果实由外果皮（心皮外壁）、中果皮、内果皮（心皮内壁）、中轴胎座和种子5部分组成。授粉受精之后，子房开始膨大并形成幼果。先是顶端分生组织细胞加速分裂，增加细胞数量，果实纵径迅速增加；后期的发育主要是横向生长，靠细胞体积的扩大来增大果个。美味猕猴桃果实的生长发育为三峰生长曲线：花后至9周，最初迅速生长；9～12周，缓慢生长期，种子坚化并开始着色；12～17周，迅速生长，种子变为深棕色；17～21周，生长量很小；21～23周，又一次生长量增加。

第三节　对环境条件的要求

猕猴桃自然分布很广，南从赤道附近，北到北纬50°左右，向西延伸可达尼泊尔及印度的东北部，向东则可达日本和中国台湾。但猕猴桃的集中分布区为中国的秦岭以南及横断山脉以东的地域，而且与山林植被密切相关（梁畴芬，1983）。至于垂直分布，猕猴桃种类和品种之间存在着很大的差别。崔致学等（1984）指出，中华猕猴桃垂直分布线较低而美味猕猴桃的较高。大别山最高海拔1 570m，分布的基本上都是中华猕猴桃；伏牛山东侧开始有美味猕猴桃分布，随着海拔升高到1 500m以上，直到2 500m，美味猕猴桃逐渐增多，与中华猕猴桃各占一半。说明不同猕猴桃种类对外界环境条件的要求不同。一般来说，猕猴桃为山林植物，要求土层深厚、肥沃，有一定湿度，植被的郁闭度以0.8为好，过大、过小都不利。另外，猕猴桃喜灌木植被，在油茶、山胡椒、野蔷薇等灌木林中生长较好，但在乔木林中冠幅小，生长势弱，易受风害。

中国许多地区可以满足猕猴桃对生态环境条件的要求，成为野生猕猴桃适生区。以河南省为例，猕猴桃适生区位于该省南部和西部，属北亚热带向暖温带的过渡带，大陆性季风气候。全境年平均气温10～15℃，年平均降水量600～1 200mm，日照2 000～2 600h，无霜期190～230d，年平均相对湿度65%～75%。全境稳定通过10℃的活动积温为4 200～4900℃。气温、降雨和相对湿度从东南部的大别山向西部的伏牛山呈递减趋势，猕猴桃种类也由中华猕猴桃向美味猕猴桃过渡。

为满足猕猴桃对环境条件的要求，栽培时要注意以下几个问题：①土壤。猕猴桃生长发育要求通透性强、排水良好的土壤，全年土壤湿度充足，但不可过湿，以沙壤土为好。猕猴桃在中性偏酸土壤中生长良好，但在pH5.0～7.9的土壤中均能结果，只是不同品种表现不同。②地下水位。猴桃根系较深，要求园地地下水位在1～1.5m以下。如果地下水位过高，则根系生长发育受阻。③大气湿度。猕猴桃的生长发育还要求相当高的大气湿度，最怕干热风。④低温。落叶果树一般都需要经历低温阶段打破休眠，恢复正常生长。猕猴桃大约需要4℃低温950～1 000h，如果满足不了低温要求，第二年萌芽率减少，而且花芽发育不良。如秦美品种引进到广东南部沿海地区，只能发芽长叶，不见开花。因此，冬天过于暖和的地区不能建园。当然过于寒冷也不行，秦美抗寒性强，可在－20.2℃气温下安全越冬，但如果超过－20.5℃，也会冻死芽眼。在这样的气候条件下，也不宜发展猕猴桃生产。

第四节 育苗与建园

一、育苗特点

猕猴桃茎枝上容易产生不定根，根上容易产生不定芽，适于猕猴桃人工繁殖的方式有4种，扦插繁殖、压条繁殖、嫁接繁殖和种子繁殖。

（一）扦插繁殖

扦插繁殖包括硬枝扦插、绿枝扦插、根扦插。生产上主要应用的是硬枝扦插和绿枝扦插。

1. 硬枝扦插 选择生长健壮、腋芽饱满的一年生枝条，长度约10～14cm，具有2个芽，直径约0.4～0.8cm。插条下部切口紧靠节下平剪，上部剪口距芽的上方约0.5cm，剪口要平滑，用蜡密封。可采用高浓度IAA或NAA快速浸根，避免枝条胶液的流失，促进生根。

2. 绿枝扦插 选用当年生半木质化的枝条做插穗，插穗长度随节间长度而定，一般2～3节。距上端节约1～2cm处剪平，下端紧靠芽的下部剪成平面或斜面，剪口平滑，上端留下1～2片叶片，以便进行光合作用，促进生根。可用NAA快速浸根。

（二）压条繁殖

压条繁殖包括水平压条和直立压条。

1. 水平压条 在4月中旬至5月上旬，先将树丛中的基生枝压倒，与地表平行，顶部摘心促使下部芽萌发。当新梢长至20cm时，用细土培埋新梢，厚度10cm。6月中旬可再培土1次，厚度10cm，到秋季每个新梢基部均可生根成苗。

2. 直立压条 头一年秋季将基生枝留4～5个芽剪断，翌年新梢长至15cm时，在基部培少量细湿土，厚度约7～8cm，随新梢加长生长后再培土1次，厚度10cm，到秋季每个新梢基部均可生根成苗。

（三）嫁接繁殖

嫁接繁殖包括硬枝嫁接、绿枝嫁接、带木质部芽接。主要用于果园中更换品种和加速繁殖某一稀有品种，以及抗性砧木的应用。硬枝嫁接由于早春易造成伤流，成活率较低，生产上很少利用。

1. 绿枝嫁接 在每年7月下旬至8月上旬，选用当年生半木质化的枝条做接穗，削成楔形，接口截面长5cm；将砧木平剪后劈开，把接穗插入，用塑料布绑好即可。

2. 带木质部芽接 时间同上。将当年生半木质化接穗的芽连同基部木质部一起削下，在砧木上削个同样大小的芽窝，将接穗的芽镶嵌在其中，用塑料布绑好即可。

（四）种子繁殖

将猕猴桃种子经沙藏45d左右，约有20%萌发小芽即可播种，一般选择在日平均气温达11.7℃时为宜。播种时，先挖开宽约10cm、深3～5cm的平底小浅沟，行距约10cm。浇透底水，待水渗下后，将沙藏的种子带沙均匀地播在沟中，用细孔筛筛一层细肥土覆盖种子，厚度约2～3cm，上面盖一层稻草，以保持温度，利于种子萌发。

播种后每天早晚各喷水一次，轻喷、喷匀，防止土壤板结和把种子冲出来。7～10d后幼苗陆续出土，当约有20%幼苗出土时，揭去一部分稻草；出苗约达50%时，揭除全部盖草。当幼苗长出3～5片真叶，可以间苗，间下的苗可以移栽定植。

二、建园与规划

（一）园地选择

猕猴桃根系肉质化，特别脆弱，既怕渍水，又怕高温干旱。在新梢抽生时，怕强风吹折结合部位，同时又怕倒春寒或低温冻害。在园地的选择上要注意所处地域的生态环境条件。猕猴桃适宜在海拔800～1 400m种植，如在低山、丘陵或平原栽培时，则必须具备适当的排灌设施，保证雨季不受渍，旱季能及时灌溉，这是猕猴桃栽培能否取得较好经济效益的关键。园地的选择应从以下几个方面来考虑。

1. 气候条件 宜选择气候温和，光照充足，雨量充沛，而且在生长季节降水较均匀，空气湿度较大，无旱、晚霜害或冻害的区域。

2. 土壤条件 土壤以深厚肥沃、透气性好、地下水位在1m以下、有机质含量高、pH7.0左右或微酸性的砂质壤土为宜。其他土壤（如红、黄壤土和pH超过7.5的碱性土壤）则需进行改良后再栽培。

3. 交通运输与市场 如果考虑以鲜销为主的要靠近市场、交通便利。同时对消费群体的爱好及其他果品来源渠道作深入调查，以便确定主栽品种和栽培面积。

4. 坡向和等高线 猕猴桃是喜光性果树，在山区选择园址时宜选择向阳的南坡、东南坡和西南坡，坡度一般不超过30°，以15°以下为好。等高线是修筑梯田必须考虑的因素。开辟园地时，宜先在斜坡上按等高差或行距依0.2%～0.3%的比降测出等高线。按等高差定线开的梯面宽窄不一，按行距定线则梯田宽窄相同，但每台梯田的高差不同。因此，一般以后者为宜，在坡度变化不大时则可按一定高差定线。

5. 其他条件 为减少建园的资金投入，可选择排灌条件良好、周围有适当的防风林或自然屏障的小生态适宜区开辟园地。

（二）小区设施的规划

为便于果园的耕作管理，应根据地形和面积划分小区。合理考虑排灌渠道和防风林带的设置以及主干道和田间支路的安排。猕猴桃园的主干道宽度要求一般为6～8m，支路4m，小路2m。在坡地建果园最好开辟纵横各两条主干道，与梯田平行的路向内侧倾斜约0.1%的比降。此外还应考虑田间附属设施（如工作间、农具室、堆肥积肥场地等）的设置。为了便于管理，小区不宜过大，一般为0.67～$1hm^2$。

（三）排灌系统的设置

在低山、丘陵或平原地区，排灌系统工程是否完善常直接关系到猕猴桃生产效率的高低。园地规划中要合理解决“排”与“灌”的问题。

1. 灌溉渠道 地势平坦的地方建园时要在园外围设置深达1.2～1.5m的排灌渠道。一般以能排出园内土层中达1m深处的渍水为原则。园内的排水干渠的坡壁应用石块垒砌或用红砖水泥砌成，以保其坚固耐用。小区内都要有1～2条排水支渠（深、宽各70cm）与围沟相通。沿行带一侧或两侧还应开挖深、宽各40cm的排水浅沟。在丘陵或山地建园，灌渠一般设置在果园的上方，其主干渠与拦洪渠结合修建。小区内的支灌渠也可与排水渠结合。梯田果园应在梯坡内侧开排、贮水渠（沟）。

2. 喷灌和滴灌 考虑到灌溉效率和节约用水等问题，在有条件的地方，若采用全园微喷灌或滴灌技术能达到较好的灌溉效果。虽然一次性投资比较大，但灌溉效果好，尤其是滴灌渗透效果好，在节约用水的同时又不破坏土壤结构。丘陵山区采用喷灌和滴灌的方法，须在果园的上方建有相配套的水塔等贮水设施。

（四）防风林的设置

为了减轻猕猴桃园的风害，设置防风林应列为果园规划建设的主要内容。

1. 树种选择 要因地制宜选用防风林树种。原则上是生长快、树冠紧凑、根系深、寿命长、病虫害少、抗逆性强（如耐渍、耐旱、耐寒等）、具有一定经济价值的树种为好。比较适宜的树种有水杉、落羽松、柳杉、杉树、栎树、桉树、桦木、榛树、柳树、香樟、女贞等。围篱防护林可用枸橘（枳壳）、皂角等树种。

2. 栽植和管理 防风林应在猕猴桃定植之前种植。长江以南各省夏季多盛行东南风，园地地处风口的东南部和南部外围要栽植防风林带。防风林一般栽种2排，2排树要交错栽植。防风林栽树的株行距依树种而定，一般株距1～2m，行距2～3m，以既能减轻风害又不影响树体生长为度。根据平原地区种植防风林的经验，防风林的有效防风范围在迎风的一面为树高的5倍，在背风的一侧约为树高的25～30倍，以防风林树高的10～15倍的范围内的效果最好。即每40m之间还要栽一道纵向的防风林带（或称“折风林”）。主林带与藤蔓之间的距离为8m，折风林与猕猴桃藤蔓的距离为6m，紧靠林带的地方挖一条深沟，防止林木的根系进入果园与猕猴桃争夺肥水，同时也可当作排水沟排水。种植防护林之前要翻耕土壤、挖坑、施基肥。种植后也要经常管理，防治病虫，防旱排涝。

三、种苗的定植

（一）主栽品种的选择

发展猕猴桃尤其是大规模建立猕猴桃生产基地，最终目的是要得到优质、高产的果品，在有限的土地上获取最大的经济效益和生态效益。如考虑以市场鲜销为主，主栽品种应选择果大、优质、丰产、耐贮的晚熟品种如金艳、金魁、米良1号等。如果既要向市场销售鲜果又要用于加工的，主栽品种则应早、中、晚熟品种合理搭配，有计划按比例地发展。早熟品种如武植2号、金农1号、庐山香，中熟品种如金桃、武植3号、武植5号、金丰、三峡1号等。无论是市场鲜销和果品加工利用，都应栽植品质优良的猕猴桃品种，只有国际一流、国内领先的特优品种才能有效地占领市场，才能生产出多样化的加工精品，以拓宽资源的综合利用路子，延伸产业链。

（二）授粉树的选择与配置

猕猴桃是雌雄异株的果树，没有雄株授粉雌株是不能结果的。建园时必须重视授粉雄株的选择和合理配置，以保证正常的授粉结实。雄株的选择首先要注意与主栽品种（雌性品种）花期相同或略早，并与主栽品种的授粉亲和力高，开花量大，花粉量多，花期长。国内外的专家以往认为雌雄的搭配比例以8∶1较为适宜。但近年来研究结果表明，适当提高雄株比例有利于果实长大，提高果实的品质和风味，雌雄比例可调整到6∶1或5∶1。雄株按梅花形图案（即每株雄株授粉树四周都有雌株）栽植。雄株开完花后立即重短截，腾出空间便于扩大雌株的结果面积。每一小区内配置2个或2个以上品种的授粉雄株，授粉效果更佳。不同的比例雌雄配置方法（图7-7）。

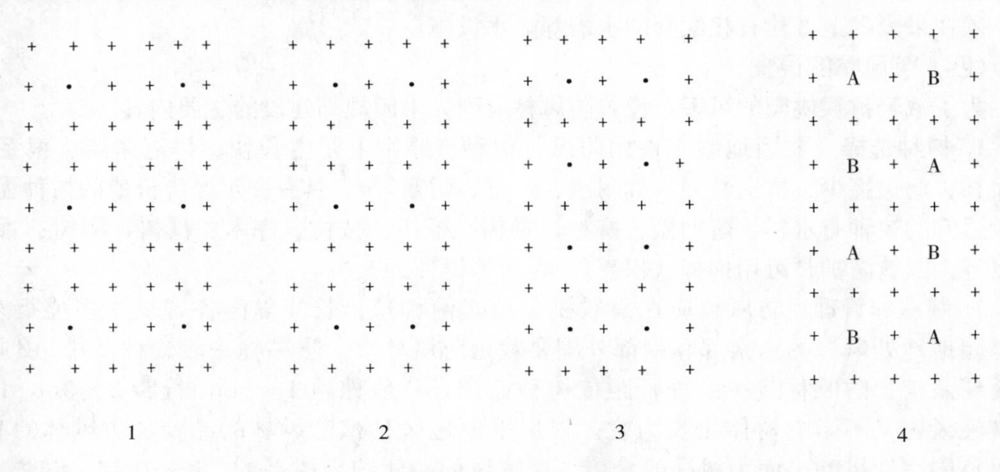

图7-7　猕猴桃品种与雄株搭配比例示意图

1. 雌雄比8∶1　2. 雌雄比6∶1　3. 雌雄比5∶1　4. 两种授粉品种，雌雄比5∶1

·、A、B为雄株；＋为主栽雌性品种

（三）定植

1. 定植时期　在我国南方大部分产区（包括海拔400m以下的地方）定植最佳时期是在猕猴桃落叶以后，即12月上旬至翌年早春猕猴桃萌芽前（2月上中旬）。在此期内定植越早越好，使地上部在萌动前长出新根。定植过迟树液开始流动，根系和地上部枝梢都进入伤流期，对成活率影响很大。

在我国北方及高海拔山区定植过早易引起霜冻，应适当推迟定植时间，可在气温回升、树液开始流动之前定植。

2. 定植密度　一般依品种、栽培架式、立地条件及栽培管理水平而定。土壤瘠薄、肥力差的地块可栽密一些，篱架栽培、T形架栽培可比平顶架栽密一些，生长势旺和结果能力强的品种可适当稀一些。生产中一般采用篱架栽培。凸形架栽培可按2m×4m的株行距定植，即每667m^{2}约栽植83株；T形架栽培宜采用3m×4m的株行距定植，即每667m^{2}约栽植56株；平顶大棚架栽培宜采用3m×5m或4m×5m、3m×6m的株行距定植，即每667m² 分别约栽植44株、33株和37株。也可采用计划密植办法的，定植株距缩小到2m，随着树龄增加，隔株间伐，至4m株距作为永久性密度。

3. 定植方法 定植之前进行抽槽改土工作。即挖槽时将表土与底土分开堆放，回填时先填入少许表土（20cm左右），然后每1m长槽内混合施入农家肥50～100kg，加过磷酸钙3～4kg。底土放置于上层，堆成高出地面45cm、宽1m的定植带。保持土壤有机质含量不低于1%～3%，速效氮不低于120～240mg/kg，速效磷70～120mg/kg，速效钾100～240mg/kg。定植时先在定植带上按预定株行距牵线打点（用皮尺牵线，石灰打点），在定植带点上挖定植穴，把品种纯正、须根发达、有3个以上饱满芽、无检疫性病虫害的苗木放置于定植穴中央，使须根能施展开，顺行向和株行距间对整齐（纵横都在一条线上），然后用熟土、细土（即表层土）和充分腐熟后的农家肥每穴1.5kg左右（没有腐熟的肥料不能作定植肥，以免烧根）培在苗木根系周围，轻轻向上提苗，抖动根系，使根系与土壤密接。千万不能用大土块培植根系周围，以免漏气栽成“吊气苗”。猕猴桃根系属含水量较多的肉质根，不能用脚践踏。培土至嫁接部（嫁接口留在地面上5～10cm），围绕根部培成圆碟状，浇透水，再覆盖一层细土即可。为保证较高的成活率，亦可在定植苗木后在定植带上覆盖一层松针或一层薄膜，有利于提高地温和保持土壤田间持水量，促发壮梢、旺盛生长，快速成形。

（四）定植后的管理

1. 加强前期管理 苗木定植成活后，须结合灌水多次适量施追肥，每次每株施尿素50～100g，加水10～20L。也可追施其他速效性肥料，如经过腐熟后的猪粪肥，加水配成稀薄水肥，浇施在苗木树盘周围，浇施后上面撒一层细土，以防肥水快速蒸发。夏季高温来临之前还要做好树盘覆盖工作。通过以上措施，加速苗木生长，使之尽快分生枝蔓形成树冠，提早结果。

猕猴桃小苗抽生的直立新梢是树体将来的主蔓，要精心管理。一般在苗木旁插上1～3根竹竿，牵引新梢爬上竹竿（当年秋季最好安装水泥支架并牵引铁丝，使苗木早上架），用带活动节的绑缚材料将新梢固定在竹竿上，并定期进行检查和重新绑缚，顺直新梢。不要把新梢卷成螺旋状攀缘竹竿向上生长，以尽量让新梢早日生长至支架上。

2. 搭支架

（1）T形架 在直立支柱的顶部设置一水平横架（梁），构成形似“T”的小支架（图7-8）。支柱全长2.8m（下端直径12～13cm，顶部直径10cm），支柱上的横梁全长1.5m，直径10cm，横梁上牵3道规格为2.5～3.15mm粗的高强度防锈铁丝，构成一形似“T”形的小棚架。支柱埋设要入土80cm，地上部净高2m，同行中每隔6m设立一支柱，定植带两端的支柱用牵引锚石固定。

（2）平顶棚架 架高2m，每隔6m设立一支柱，全小区中的支柱可呈正方形排列。支柱全长2.8m，入土0.8m（支柱粗度与T形架相同）。为了稳定整个棚架，保持架面水平，提高其负载能力，边支柱的长为3～3.5m，向外倾斜埋入土中，然后用牵引锚石（或制作的水泥地桩）固定。在支柱上牵拉8号铁丝或高强度的防锈铁丝。棚架四周的支柱最好用6cm×6cm的三角铁或6号钢筋连接起来，然后在横梁或粗铁丝上每隔70cm拉一道12号防锈铁丝，正方形网格状，构成一个平顶棚架（图7-9）。

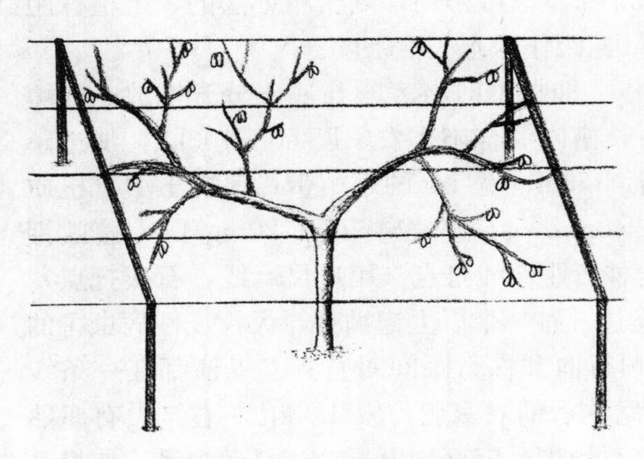

图 7-8　T 形架或小棚架

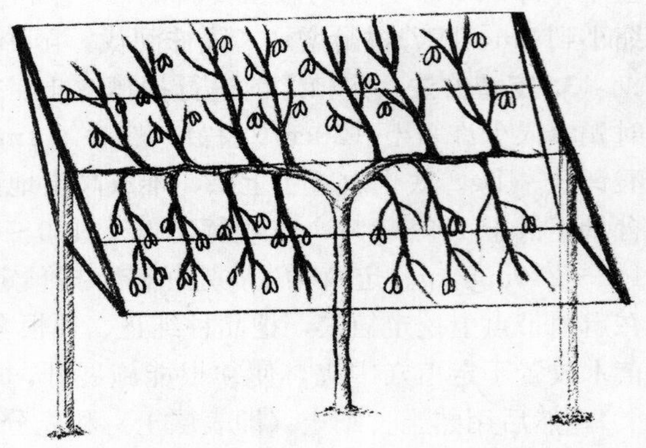

图 7-9　平顶棚架或大棚架

（3）篱架　支柱全长 2.6m，粗度 12cm，入土 80cm，地面上净高 1.8m，架面上牵引 4 道 10～12 号防锈铁丝。第一道铁丝距地面 60cm，以后每隔 40～50cm 米牵引一道铁丝，每隔 8m 立一支柱，枝蔓引缚于架面铁丝上（图 7-10）。

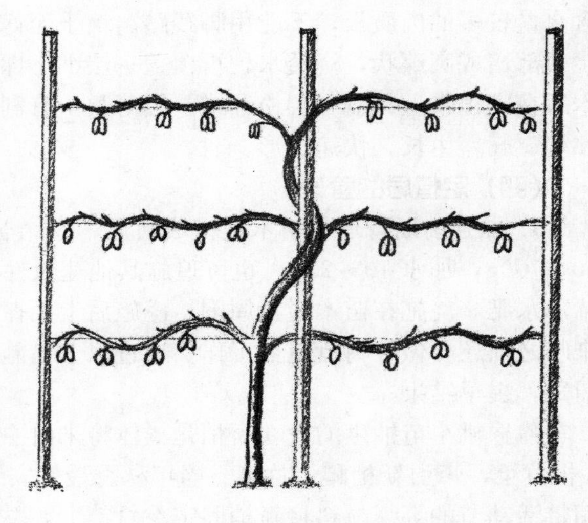

图 7-10　篱　架

（4）“凸”形架　此架式是篱架与棚架相结合的架势。在行带上每隔 6m 立一水泥支柱，直径为 12cm，全长 2.8m，入土 80cm。在距地面 90～100cm 处设置一水平横梁（一般用 6cm×6cm 规格的三角铁固定在支柱上），横梁全长 1.6m，每隔 40cm 牵引一道 10～12 号铁丝，共牵引铁丝 4 道，从支柱距地面 100cm 以上的部分每隔 60cm 牵引一道铁丝，共牵引 3 道铁丝，枝蔓分别引缚于横梁的架面和篱架的架面上。

3. 支架的制作和埋设　支架一般用以下几种方法制作。

（1）水泥支柱　是应用最广泛的一种。制作时先按支柱的标准（长度和粗度）制作木模具，模具中放置 4 根 2.8m 长的 6 号钢筋，呈正方形排列，每隔 20cm 一道 8 号铅丝箍子，用细铁丝扎牢固。用小石子和沙子、水泥搅拌均匀倒入模具，用振动机振实，待水泥凝固后，去掉模具，每天浇水 3 次，15d 后即成。一般 50kg 水泥可制成 5 根水泥桩。横梁可与支柱连体制作，长 1.5m，直径 10cm，呈正方形，其内也是放置 4 根 6 号钢筋，每隔 20cm 扎一道 8 号铁丝箍子。

（2）天然条石支柱　安徽省岳西县地处大别山腹地，当地建园多利用天然的花岗岩石，用机器加工成长 2.8m、粗 12cm 的条石作支柱，其坚固程度不亚于用水泥制作的支柱。

(3) 木材支柱 鄂西山区许多地方利用栎树等木材作支柱，为延长其使用寿命，须进行防腐处理。立柱直径11～15cm，长2.7m，入土70cm。

(4) 活树作桩 浙江省江山市、庆元等县利用山坡自然生长的活树作支桩。在活桩旁定植苗木，亦可按计划种植活树桩支柱。凡直立生长、树冠紧凑、直性根系的树种如水杉、落羽松等都可作活树桩支柱。活树桩每隔8～10m种植1棵，生长3～4年后用电钻在树干上钻孔，牵引2～3道铁丝。猕猴桃雄株定植到活支柱旁边，使其向上生长，爬向活树树冠，占领上层空间，居高临下授粉效果更好，还能增加雌株的结果面积。活树桩支柱每隔2年左右要控根和修剪树冠，以减小活树桩与猕猴桃争水分、养分、争光照的矛盾。

(5) 简易竹竿支架 选用长2.5～3m、直径4～5cm的竹竿，插入土中作中柱。猕猴桃主干直立绑缚在竹竿上。再用3根长2～2.5m、直径2.5～3cm的竹竿作支柱，下端离中柱80cm左右斜插入土中，形成一个正三角形，上端用铁丝与中柱绑紧。再用粗2cm、长1.2m左右的竹竿3根，在3根支柱离地面80cm处横扎一周，将3根竹竿连结起来，形成一个长立体三角形，以托起猕猴桃的藤蔓和树冠。为避免架材入土部分腐烂，可在3根支柱入土处各打入50cm长的小水泥短桩，地面上露出适当长度，将竹竿捆扎在水泥桩上，以延长架材的使用寿命。此简易竹竿支架为江苏省邗江县的杨声谋首创，具有投资少、取材容易、便于管理等优点。此种支架最适合短枝型和抽生结果母枝节位低的品种如魁蜜等使用。

第五节 栽培管理技术

一、土壤管理

(一) 平整土地

平整土地是建高标准园不可缺少的内容之一。土地平整得是否符合标准，不仅关系到园地的规范化栽培与管理，也影响到能否保证安全生产及植株结果年限的长短。因此，应在建园之初搞好平整土地工作，使果园地面基本保持水平状态，园田的两端或者一端有一定的倾斜度（约1/1 000的比降），以利于灌溉和排水。

未认真平整土地的猕猴桃园，土面植被较少，地表裸露，遇上大雨冲刷土壤流失十分严重，加之坡地土层较浅，不利于灌溉、施肥和耕作，生产成本较高。

在丘陵山地建园平整土地时，并不需要整成大面积的平地，一般将梯田整成带状平地。长江以南红黄壤黏土分布较多，这类土壤在雨季气温较高时有机质分解快、养分易流失，旱季地表易板结，必须在平整土地时挖通槽，以改善深层土壤的通气供氧状况，为根系深扎创造适宜的条件。

坡地平整土地时最好整成向内倾斜的梯田，即梯田地面的外侧稍高于内侧，紧靠坡壁开挖深、宽各40cm的排水沟。为了便于果园机耕、机运和日常管理，梯田宽度一般不小于4m，最好15m左右，梯壁高度不超过2.5m，梯田长度一般以150～200m为宜。平原地区建园也要使一定范围内（1～2hm^2）的土地保持水平，有别于丘陵山地的是土壤渍水问题比较突出，更应建好排水支沟（渠）、主沟（渠），使支、主沟（渠）相通，以利排除园地土层内的渍水。在平原涝洼湿地建猕猴桃园应设地下通气排灌暗沟，深挖沟筑高畦（筑成高于地面 45cm、宽 1m 的定植带），这是必不可少的整地措施之一。

（二）土壤改良及抽槽

1. 土壤改良 猕猴桃的根属肉质根系，穿透力弱，只有在深、松、肥、潮的壤土中才有利于根系的深扎和吸收养分和水分。因此，猕猴桃建园时对改良土壤的要求较高。在我国南方土壤类型多数属于红、黄壤黏土，不仅土壤有机质和矿质养分含量低，而且土壤透气性差，土壤改良是建园的基础工作之一。其他土壤类型如料姜土、马肝土以及白善土等仍需改良。由花岗岩发育而成的粗砾砂土虽然透气性较好，但土壤保肥、保水性差，土壤有机质和有效磷、有效硼都很贫乏，土壤改良的重点应放在抽槽深施农家肥及磷肥，合理补充硼肥和其他微肥。

2. 抽槽方法 各猕猴桃产区的生产实践证明，土壤改良采用抽槽换土的措施效果较好。有条件的地方亦可应用黏重土壤掺砂土、沙质土壤掺黏土的换土方法。抽槽改土以槽深 80～100cm、宽 1m、南北行向为宜，槽两端与围渠相接。在抽槽之后，底层填入粗树枝、秸秆和杂草，以改善底层土壤通气状况，延长有机物的腐解过程，提高土壤的疏松程度。回填土时，最好把表层熟土与农家肥搅拌均匀后再填入槽内，亦可分层增施农家肥，使土壤有机质含量达到 2%以上，改善土壤理化性状，增进土壤肥力。随着定植带上植株的增粗和根系的水平分布加大，每年秋末初冬还应结合施基肥，沿抽槽的外缘再抽槽 1 次（槽深、宽各 60～70cm），注意抽通“隔墙”，使根系能顺利地伸入新翻的土层内。如此经数年之后，全园土壤都能得到深翻改良，使猕猴桃的根系扎得更深，分布范围更广。1992 年张忠慧在湖北省农业科学院果树茶叶研究所猕猴桃园进行调查发现：同为 5 年生美味猕猴桃金魁，土壤质地都是黄黏土，以挖穴（1 米见方）定植的植株生长势最差，根系仅分布在 10～30cm 土层内，集中分布于 10～20cm 的土层中；抽槽（深 80cm，宽 1m）定植的植株生长势居中等，根系分布于 10～45cm 土层内，集中分布于 10～40cm 的土层；采用地下通气排灌暗沟改土后栽植的植株生长势最强，根系分布于 20～80cm 的土层中，集中分布于 40～60cm 的土层中，树体的抗逆性（抗旱、耐渍、抗高温能力）亦最强。

经我们多年潜心研究出来的地下通气排灌暗沟可使土壤深层氧气含量保持在 16%左右，能保障根系正常生长的需要，并避免雨季园土渍水，减轻旱季受旱。

（三）除草

猕猴桃生长季节适时进行中耕除草，能减少病虫害的发生，减轻杂草与猕猴桃根系争夺养分、水分的矛盾，增强树势，加深土壤活土层，保持土壤含水量，改善通气条件，促使根系生长旺盛，分布层加深，提高树体抗旱能力。4～9 月份是杂草生长的旺盛时期，应不断地除草，不让宿根性杂草（如空心莲子草、白茅、杠板归等）有积累养分再生的机会；亦可选用草甘膦等化学除草剂除草，以节省劳力。应注意的是，喷洒除草剂药液要格外细心，不要使猕猴桃叶片和树干上沾上药液，以免引起药害。用割草机定期割除地面杂草，对保持土壤结构、减少地表水分蒸发更为有利。

二、水分管理

猕猴桃属于喜暖、喜光、怕渍、怕旱的果树。因此，必须根据其需水特点和当地气候条件，合理及时供给水分，以满足它正常生长发育的需要。

(一) 设置地下通气排灌暗沟

对于土壤黏重和渍水的猕猴桃园，我们采用以改善底层土壤通气状态为主，兼顾排水与灌溉的田间设施——地下通气排灌暗沟。此暗沟以红砖或塑料管、瓦管等为材料进行建造。地下通气排灌暗沟在建园时建造。离地面约 80cm，沟底有千分之一的比降，沟壁及沟顶用红砖砌成，使形成高 12cm、宽 13～18cm 的地下管道。每 1m 长的暗沟约需红砖 17 块，按 4m 的行距构筑，每 667m^2 约需红砖 2 700 块。暗沟两侧的红砖要侧放，砖与砖之间留 2cm 宽的缝隙，而后在两侧红砖上平放一层红砖（砖与砖之间不留缝隙），暗沟管道两侧外面和暗沟上面铺一层稻草或松针后，再填入冬季修剪下来的猕猴桃枝条和其他农作物秸秆，然后回填表层土壤至 40cm 处，每 1m 长槽内施入混合农家肥 50kg，加过磷酸钙 2～3kg，填土筑成宽 1m、高于地面 40cm 左右的定植带。每 1 条暗沟的两端除与围渠相通外，出水口装有水闸。离围渠 3～5m 处设置 1 个内孔直径 15cm 左右的气室，气室口高于地表，通气效果更佳，既可保证正常通气，又可避免气口被泥土堵塞。已建成的猕猴桃园，可在行间离植株根部约 80cm 处设置规格同上的长槽并加砌暗沟管道，亦有良好的效果。

1989 年 8 月，张忠慧在土壤质地相同、栽培管理条件相同（施肥、灌水等）、品种及树龄相同（四年生武植 3 号）的猕猴桃园中调查，在离根茎部约 1m 处开挖 60cm 宽、80cm 深、1m 长的土壤剖面，见到暗沟区土壤剖面内总根量达 155 条，对照区仅有 83 条（表 7-2）。

表 7-2 地下通气排灌暗沟设施对猕猴桃根系分布深度的影响

土层深度 (cm)	暗沟区			对照区		
	粗根	细根	占总根量 (%)	粗根	细根	占总根量 (%)
0～20.0	0	52	33.55	9	32	49.40
20.1～40.0	6	26	20.65	10	24	40.96
40.1～60.0	8	34	27.10	0	8	9.64
60.1～80.0	6	23	18.70	0	0	0
合计	20	135		19	64	

注：粗根直径 0.5cm 以上，细根直径 0.1～0.49cm。对照区为抽通槽建园。

1989 年 7 月武汉地区小暑节气后出现 36～40℃的高温，并持续干旱 21d，暗沟区的猕猴桃落叶率仅 12.2%，根际土壤 40cm、60cm、80cm 处的 O_2 平均含量（当年 8 月用测氧仪测量 3 个暗沟点）分别为 16.4%、16.6%、18.3%。到收获期四年生武植 3 号平均每 667m^2 产量达 1 074kg，全年灌水 3 次；对照区落叶率 64.7%，根际土壤 40cm、60cm、80cm 处 O_2 平均含量分别为 14.9%，12%，10.2%，平均每 667m^2 产量为 214kg，全年灌水6次。2000年7月，在湖北江汉平原监利县黄歇口镇高黄村猕猴桃园（二年生金魁）调查，随机取样3组，设3次重复。暗沟区平均每株叶片总数210片，抽生结果母枝11条，枝条直径0.7cm，每667m^{2}产量为66kg。而对照组（抽通槽）平均每株叶片总数78片，抽生结果母枝5条，其枝条直径0.5cm，每667m^{2}产量为产22.2kg。由此可见，设置地下通气排灌暗沟对提高猕猴桃的植株长势和产量有显著作用。

（二）适时排灌

猕猴桃园的管理应将排灌工作应放在首要的位置上。若猕猴桃植株根系处在渍水状态下，经24h就会引起烂根死树。因此，初春要搞好沟渠的清理和维护工作。降雨集中的季节，应特别注意排除地面和地下渍水。在猕猴桃集中产区，其气候特点是春雨绵绵，盛夏多伏旱，秋涝秋旱相间。因此，对猕猴桃的水分管理，春季和初夏以排水为主，以防渍水烂根；夏秋时节应根据天气和土壤干旱情况及时灌溉，尤其应注意小暑南洋风季节的适时灌溉。

在人称“火炉”的武汉猕猴桃尚能安全度过酷热干旱的盛夏，栽培获得成功，在全国其他地方栽培更容易获得成功并取得良好的效益，其关键的管理措施是做好盛夏和秋初的灌溉工作。当气温超过35℃持续3d以上，猕猴桃出现轻微灼叶、灼果现象，或连续3～5d未降雨、猕猴桃叶片出现轻度萎蔫时，就应及时灌水。

常用的灌溉方法有滴灌、微喷、喷灌、沟灌和漫灌。有条件的地方最好应用滴灌和微喷灌溉。喷灌由于水滴较大，易引起表土板结，一般用作灌水的辅助性措施，与其他灌水方法相结合应用。现猕猴桃产区一般还是使用沟灌和漫灌。无论采用哪种灌水方法，每次灌水都应灌透60cm深的土层，并做到随灌随排，且排水要彻底，保证根系不受干旱，又不受水渍，使植株健壮生长。

三、施肥管理

猕猴桃是需肥较多的多年生藤本果树，但应在早果、丰产、稳产、优质、长寿的前提下采用科学的施肥方法。

（一）基肥

基肥以农家肥为主，如腐熟人粪尿、堆肥、厩肥、饼肥、绿肥及山青杂草、枯枝落叶等。每年秋末冬初（10月下旬至11月下旬）进行抽槽（深、宽各60～70cm），在每1m长槽内施入混合农家肥50kg，加过磷酸钙2～3kg或饼肥3～4kg。管理较好的园地，猕猴桃的根系集中分布在40～60cm的土层中。因此，施肥应施在须根集中分布层，做到送肥到口，诱根深入。这样不仅能够恢复树势，提高树体营养贮藏水平，而且也可保证花芽分化的顺利进行。这是猕猴桃树获得优质高产的关键。经张忠慧多年的试验研究及生产实践证明，土壤中磷素含量充足是促进猕猴桃丰产、稳产、优质的重要条件之一。花芽分化及开花受精后幼果的初期发育均以细胞的旺盛分裂为其主要特征，此时应施入充足的磷肥，因磷素是组成核酸的主要原料之一。过去在成花生理上的研究长期受碳氮比学说的束缚，而忽略了构成核酸的另一个重要营养物质磷素的作用，磷多才有利于细胞的正常分裂。正如中国科学院院士赵玉芬教授所提出的“磷是生命化学的调控中心”。所以幼果膨大期要特别注意磷素的供应，使磷、氮之间形成合理的比例。

植株体内的磷是非常活跃的，而磷在土壤中大多数是以难溶性的矿质磷形态存在。最易被猕猴桃根系所吸收的磷酸氢根（$H_2PO_4^-$）离子却很少。为了便于根系的吸收，提高土壤中速效磷的含量，磷肥必须与厩肥、堆肥、绿肥等有机质肥料混合后作基肥深施，避免磷肥被土壤固定，将混合后的肥料施入根系的主要分布层。还应做到深施磷肥与排渍措施紧密结合，最好抢在新根大量萌发和生长前施用磷肥。猕猴桃对土壤有效磷的适宜范围为40～120mg/kg，最适范围70～120mg/kg。有效氮的适宜范围120～240mg/kg，速效钾100～240mg/kg。

施用基肥也可在树冠边缘外围开环状沟或放射状条沟，将肥料施入沟中，或在树冠外缘两侧开沟施入，两侧隔年轮施。幼年猕猴桃园可以结合扩穴、扩槽施入基肥。成年猕猴桃园可以全园开沟深施或穴施，施肥后覆土，将沟填平。

（二）追肥

猕猴桃在生长期内要适时施追肥，追肥一般以速效氮肥为主。定植当年的幼树在生长季节每月追施1次，以速效氮肥为主，配以速效磷肥、速效钾肥等肥料，促进快速成形、早上架。进入结果盛期的成年树每年要抓好以下几次追肥。

1. 催芽肥　于2月底至3月初，先在树盘周围松土，然后将肥料撒于松土中，再深翻入土中。也可以沿树冠外缘挖宽30～40cm、深20cm的环状沟或条状沟，将肥料施入沟中，然后盖土。每株施尿素0.1～0.2kg，树冠大的可适当多施，树冠小的可适当少施。

2. 花期追肥　开花前15～20d每株施复合肥0.3kg。花期可行叶面喷肥（初花期和盛花期各喷1次），用0.2%磷酸二氢钾加0.2%硼砂和0.2%尿素溶液喷施于叶子上。

3. 壮梢促果肥　在5月下旬至6月上旬，于幼果细胞分裂期至迅速膨大期追施钾肥和磷肥。每株成年树施磷酸二氢钾0.1kg，要在坐果后10d之内施完。

4. 新根发生肥　9月中旬前后，于猕猴桃第二次新根发生高峰期施入。此时每株应追施尿素0.2kg。此次追肥对于定植第二年的幼树主要是为了催芽和壮梢。可根据树势强弱确定施肥量。新根发生期追肥可与基肥结合进行，其他微肥须针对土壤和树体营养丰缺情况适当补充。

四、整形修剪

（一）枝芽的类别

猕猴桃的枝条（茎）又可称为蔓。由于着生部位和性质不同，可分为主干、主蔓、侧蔓、结果母枝、结果枝、主梢、副梢、新梢等。其芽可分为冬芽、夏芽和潜伏芽。

主干：有主干整形的植株，从地面到分枝处为主干。

主蔓：从主干上分生出来的大枝蔓。

侧蔓：从主蔓上分生出来的蔓。

结果母枝：当年抽生的新梢，秋后发育成熟，已木质化，枝表皮呈褐色，已有混合芽，到翌年春可抽生结果枝的称结果母枝。

结果枝：春季从结果母枝上萌发的新枝中，有花序者称结果枝。

营养蔓：抽生的枝蔓，无花序者称营养枝。

主梢：由冬芽萌发的新梢，既可成结果枝，又可成为营养枝。

副梢：由主梢的叶腋中抽发的新梢，可分为 1、2、3、4 次副梢。

新梢：当年抽生的新枝叫新梢，是由节部和节间组成。节间较节部细，长短因品种和生长势而异。

纤细枝：生长极其瘦弱纤细的枝条叫做纤细枝。

徒长枝：生长直立粗壮、节间长、芽瘪、组织不充实的枝条。

冬芽：当年形成后须越冬至翌年才能萌发的芽叫冬芽。

夏芽：当年形成的芽当年即可萌发抽枝叫夏芽。

潜伏芽：猕猴桃有些冬芽越冬后不萌发，若干年才萌发，即植株受到损害或修剪刺激时才萌发为新梢的称潜伏芽。一般用作衰老树（枝条）的更新。

（二）植株的整形

猕猴桃植株整形是为了使枝蔓合理地分布于架面上，充分利用空间，使其保持旺盛生长和高度结实的能力，并使果实达到应有的大小和品质、风味。不同树龄的猕猴桃有其不同的生长发育特点，必须依据其生长发育规律进行合理的整形修剪，才能充分发挥其结果习性，达到高产、高效的目标。

1. 平顶棚架的整形 这种架式是使用最广泛的一种。其优点是果实吊在架面的下方，有较多叶片保护，避免了阳光直射，灼果现象少。同时由于这种架式结构牢固，抗风能力强，枝蔓和叶片均匀布满架面，架下光照弱，杂草难于生长，可减少除草剂等农药的施用，节省劳力。植株主干高达 1.7m 左右、新梢生长至架面时在架面下 10～15cm 处将主干摘心或短截，使其分生 2～4 个大枝，作永久性主蔓。分别将这些大枝引向架面两端或东、南、西、北 4 个不同方位。在主蔓上每隔 40～50cm 留一结果母枝，左右错开分布，翌年在结果母枝上每隔 30cm 左右均匀选留结果枝。结果枝即可开花结果。

2. T 形架的整形 这种架式在陕西省周至县猕猴桃产区和湖北省的部分猕猴桃产区应用较多。其优点是便于田间管理，通风透光条件好，并有利于蜜蜂等昆虫的传粉活动，增进果实品质，促进果实膨大。主干高 1.7m 左右、新梢超过架面 10cm 时对主干进行摘心，促进新梢健壮生长、芽体饱满。摘心后常常在主干的顶端抽发 3～4 条新梢，可从中选择 2 条沿中心铁丝左右生长的健壮新梢作主蔓，其余的疏除。当主蔓长到 40cm 时，将其绑缚于中心铁丝上，使 2 条主蔓在架面上呈 Y 形分布。随着主蔓的生长，每隔 40～50cm 选留一结果母枝，在结果母蔓上每隔 30cm 配置一结果枝。当结果母枝的生长超过横梁最外一道铁丝时，也任其自然下垂生长。

3. “凸”形架的整形 此架式又称为“反 T 形架式”，目前已在湖北省农业科学院果树茶叶研究所猕猴桃园应用。其主要优点是立体结果，空间大，通风透光好，单位面积产量高，病虫害发生少。不足之处是盛夏时节光照直射时间长，灼叶、灼果的现象较其他架式严重。猕猴桃苗木定植当年主干高度达 40～50cm 时，在 40cm 以上每隔 5～10cm 分别选留 3 条枝蔓，培养成主蔓，其中一主蔓向上延伸占领篱架空间，另 2 条主蔓分别引向横梁左右的铁丝（注意，由于在此架面上生长的 2 条主蔓极性生长较弱，每隔 2 年左右要更新复壮 1 次）。在主蔓上依次培养出结果母枝、结果枝和营养枝，即主蔓上每隔 40cm 左右培养一个结果母枝（第一、二结果母枝向左右错落分布），而结果母枝上每隔 30cm 培养一结果枝。

4. 篱架的整形 此架式在湖北、湖南、安徽等地的部分猕猴桃产区应用较普遍。其主要优点是主侧蔓较多，容易成形，可以灵活修剪，便于枝蔓更新。由于其主蔓的极性强，常常造成通风透光不良，影响果实产量和品质。苗木定植后，留 3～5 个饱满芽短截，春季萌发后一般可长出 2～3 个壮梢。冬季修剪时，留下生长健壮的枝条作主蔓，在 50～60cm 处短截。生长较弱的枝条留 2～3 个芽短截，促其于翌年萌发 1～2 个壮枝，以培养成主蔓。在以后的 1～2 年内，每个主蔓上以左右交错的方式各选留 2～3 个壮枝，培养为侧蔓。侧蔓上再选留结果母枝，使形成多主蔓扇形树型。如架面空间小，也可以在主蔓上直接选留结果母枝。多主蔓扇形整枝要求自地面长出 3～5 个主蔓，各主蔓排列成扇形，从属分明。

（三）修剪的依据

修剪是在整形的基础上建立和保持营养枝和结果枝的结构合理，并保持一定的叶果比例，协调植株生长和结果之间的平衡，以达到优质、高效生产和延长结果年限的目的。整形一般在幼树阶段进行，而修剪则是经常性的工作。如何进行修剪要依据植株的生长结果习性、树龄和长势以及立地条件和栽培管理水平来定。

1. 品种（品系）的生长结果习性 猕猴桃品种（品系）间的生长与结果习性有明显的差异。如武植 2 号、武植 5 号的果枝在结果母枝上的着生部位非常低，在第 2～5 个芽着生果枝的占 85%以上，修剪时对生长粗壮的结果母枝可留下 5～6 个芽短截、生长中等的留 3～4 个芽短截、生长较弱的仅留 1～2 个芽重短截。海沃德的果枝在结果母枝上的着生部位非常高，多从结果母枝的第 8～13 个芽抽生结果枝，因此，宜采用中长梢轻度修剪的方法，生长健壮的结果母枝留 10～14 芽轻短截，生长中庸的留 7～8 芽中度短截，生长较弱的一般受光条件差，养分积累少，应从结果母枝基部疏除。

2. 树龄大小和长势强弱 幼树阶段，根系发生新根较多，吸收功能强，营养生长占主导地位，树冠体积扩大快，因而总体上修剪量宜轻；随着树龄的增大，结果母枝和结果枝以及营养枝大幅度增加，植株生长势由强旺趋向中等，营养生长和生殖生长相对平衡，在修剪上宜采用轻重结合的修剪方法，以调节叶果比例和枝果比例，使结果母枝和结果枝交替更新、轮流结果；树龄较大的植株树体消耗较大，枝条生长弱，而根系又不断死亡，吸收功能不断减弱，表现为生殖生长占主导地位，所生产的果实个小味淡，品质下降，在修剪上以重剪短截为主，配合适当的疏枝，让枝干不断地回缩更新，使老树重新焕发青春。

3. 立地条件和栽培管理水平 同一猕猴桃品种在不同的地域栽培，由于生态环境如气候（光照、雨量、热量）、土壤（土壤质地、肥力状况、pH 等）、地势、海拔高度及管理水平等条件不同，其生长和结果乃至果实品质都有很大的差异。因此猕猴桃的树形和修剪程度要因地制宜，并与栽培管理水平相适应。气候冷凉、雨水较少、土质瘠薄，猕猴桃生长量小，宜整小冠，并适当重剪；气候温和、雨水充沛均匀、热量丰富、土层深厚、土质肥沃疏松，猕猴桃生长量大，修剪量宜轻，树冠可适当加大。

（四）冬季修剪

在猕猴桃落叶后 2 周至早春枝蔓伤流发生前 2 周是进行修剪的最佳时期。过迟修剪容易引起伤流，危害树体。修剪时应着重考虑以下3个方面的问题。

1. 树体负载量 如幼树以整形扩大树冠为主，修剪宜采用轻度短截，在培养好主、侧蔓和结果母枝的前提下，要适当地留结果枝，以利结果，使树体负载量轻一些。进入结果期的成年树，树势强健的修剪量宜轻，树体负载量宜大，树势较弱的修剪量宜重，树体负载量宜轻一些，做到合理负担，立体结果。

2. 留枝量要适宜 以金魁为例，结果母枝直径大于0.44cm即能抽生结果枝，从结果母枝上的第5～11芽抽生结果枝。据调查平均每个结果母枝能抽生结果枝2.81个（最多达6个），平均每一结果枝上的坐果数为1.98个，果实平均重量为100g。每667m^{2}栽83株（8∶1配置授粉雄株），约有70余雌株。若计划每667m^{2}产果实2 000kg，则必须保证每株留结果母枝50个，结果枝150个，达到株产30kg。折合平均每667m^{2}留结果母枝3 500个，结果枝1.1万个。当然这只是一个大概的数据，只能供参考，因为同一品种的果枝率、平均果重等在不同的年份和不同的管理条件下都有变化。

3. 枝蔓更新 可分为结果母枝和多年生枝条的更新。对多年生枝条的更新只适合于树龄老化和树势特别衰弱的植株。其更新方法具体又可分为局部更新和全株更新。局部更新又称小更新，就是当部分枝蔓衰老和结实能力下降时，利用大枝潜伏芽的自然再生能力，从紧靠基部的潜伏芽处重剪短截，促使潜伏芽萌发，从中培养新的强枝代替衰老的枝条。这种方法在植株未全部衰老前进行，更新量小，只影响部分产量，是主要的更新方法。全株更新又称大更新，当全株枝蔓衰老失去生产能力时，将老蔓一次性从基部剪掉，利用从根际萌发出的萌蘖枝重新嫁接，重新整形。这种方法生产上极少应用。对结果母枝的更新，基部有生长充实的结果枝和营养枝，可将结果母枝回缩到健壮部位，这样既可避免结果部位的上升和外移，又可减轻因结果母枝的更新而引起的产量下降。若结果母枝生长过弱或其上分枝过长，冬季修剪时，应将其从基部潜伏芽处剪掉，促使潜伏芽萌发，选择一个健壮的新梢作为翌年的结果母枝。通过对结果母枝的逐年更新，使植株保持强健的生长势和固定的结果部位。

冬季修剪的具体方法是：定植当年的植株在基部留2～3个饱满芽短截，选留最粗壮的1个新生梢作主干，让其向上生长，其余的枝芽尽早抹除。在主干生长到1.7m时摘心，使之分生出2～4个主蔓。第二年冬季修剪时把主蔓上分生出的结果母枝在架面上摆布均匀，一般每隔40cm留1个结果母枝，第一和第二结果母枝要左右错开分布。对抽生的结果枝一般剪去全长的1/3～1/2，使其转化为良好的结果母枝，其他部位着生的细弱枝、枯枝、病虫枝、交叉枝、重叠枝、下垂枝、生长不充实的营养枝以及根际的萌蘖枝均应从基部疏剪。管理较好的猕猴桃园，定植第二年抽发的各类枝条就可以铺满整个架面，并能获得一定的产量。进入结果期的成年树冬季修剪时应根据品种的特点进行修剪。如金魁在第11～13芽尚能抽生结果枝，故对粗壮长枝可采用长梢修剪，中等健壮的新梢留7～8节短截。另如金农，其结果能力强，强健结果母枝可留8～11个芽短截，生长中庸结果母枝留5～7个芽短截，较弱的结果母枝仅留3～5个芽。再如魁蜜属短枝型品种，一般在结果母枝的第1～3芽抽生结果枝，应采用重度修剪，仅留1～3个芽短截。对其他枝蔓的处理方法是以上下不重叠、左右不拥挤、前后不交叉，能通风透光、分布均匀合理为好。

（五）夏季修剪

猕猴桃的夏季修剪一般在4～8月间分多次进行。通过除萌（除去根颈部和主干上的萌蘖）、抹芽、疏梢、疏花疏果、摘心、绑缚新梢，使枝条生长健壮，分布均匀，节约养分，保持适当的空间和透光度，并减少冬季的修剪量。

1. 抹芽 抹除位置不当或过密的芽，一般自芽萌动至花序吐露期进行。具体方法是留早发的芽，抹除晚发的芽，将主干、主蔓以及结果母枝上萌发的潜伏芽全部抹除。留壮芽作营养枝，其余瘦弱芽全部抹除，使单株叶果比保持在6∶1或7∶1。保留枝条上部或向阳部位的芽，抹除下部芽和荫蔽处的芽。

2. 疏花疏果 从节约养分的角度来讲，疏果不如疏花。疏花疏果都应宜早不宜迟，以减少营养消耗。要按树体负载量进行合理疏花疏果。在生产中为避免因疏花过量或疏花后花期遇雨授粉不良而影响当年产量，一般疏花与疏果结合进行。先行适量疏花的植株（开花量过多的植株，疏花时着重疏除畸形花和发育较差的侧花，保留发育较好的中心花）坐果以后若结果过多再行疏果。疏果的方法亦根据不同部位及果实生长发育状况而定。以1个果枝而言，结果枝中部的果实最大，品质最好，先端的次之，基部的最差；1个花序中，中心花坐果后果实发育最好，两侧的较差。因此，疏果时先疏除畸形果、伤残果、病虫果、小果和两侧的果，然后再根据留果指标疏除结果枝基部或先端的果实，确保果实质量和使树体均匀挂果。

3. 疏梢（枝） 在新梢生长到15～20cm时，已能够辨认花序了，此时即可进行疏枝。根据架面大小、树势强弱、结果母枝粗细以及结果枝与营养枝的比例，确定合理的留枝量。一般疏除病虫枝、过多的营养枝、交叉枝和细弱的结果枝。根据多年的生产经验，在结果母枝上以15cm左右的距离留1个新梢，每平方米架面可留10～15个分布均匀的壮枝。

4. 摘心 猕猴桃生长前期摘心，能暂时抑制新梢的延长生长，使养分转移到旁侧的生长点上，故在花前1周左右对结果枝摘心，可使养分转向花序，改善花序的营养条件，提高受精能力，增加坐果率和促进果实肥大。后期摘心则可改善架面光照条件，促进花芽分化，充实枝蔓组织，并为翌年增产奠定基础。武汉地区可从5月中旬开始对结果蔓留8～10片叶摘心，生长中等的营养枝留12～15片叶摘心（使其转化为翌年的结果母枝）。生长瘦弱的营养枝和向下萌发的枝、芽应及时抹除。摘心以后在新梢的顶端只保留1个副梢，7月上中旬对二次梢可留8～10片叶摘心，同时疏除荫蔽枝、纤细枝、过密枝并结合修剪进行绑蔓。8月上中旬对三次梢留5叶摘心，同时将结果母枝调整到光照充足的斜生和水平方向，以改善其营养水平，为果实的后期膨大提供较多的营养，增加单果重。

5. 绑蔓 是猕猴桃全年生产管理中一项既平常而又十分重要的工作。无论冬季修剪还是夏季修剪，都要按整形方式、枝蔓类型及生长势强弱适时进行绑蔓。一般待枝条生长到40cm左右、已半木质化时进行，过早容易折断新梢。为防止枝梢与铁丝接触时被磨伤，绑缚时常用的绑扣呈“∞”形。

劳力资源较紧缺的地方可在修剪进行适量轻剪，将长势过旺的新梢剪去一部分，以改善冠内光照，促进果实的生长与发育。除上述常用的夏剪方法外，还可以用环剥、环割技术。

（六）雄株的修剪

在抓好雌株修剪的同时，也不能忽视雄株的修剪工作。其修剪方法有别于雌株的是：雌株修剪枝量的重点放在冬季修剪，而雄株修剪的重点放在夏季修剪上，在4～5月份授粉完毕后立即进行。具体方法是：把开过花的雄花序枝从基部疏除，再从紧靠主干的主蔓和侧蔓上选留生长健壮、方位好的新梢加以培养（经过夏季摘心、抹芽、绑缚等措施），使之成为翌年的母枝（即雄花序枝），并使当年生长季节能够腾出更多的空间给雌株，扩大雌株生长和结果面积。冬季修剪时再进行最后的定枝和绑蔓。

五、其他管理

（一）猕猴桃的授粉

猕猴桃是雌雄异株的落叶果树，必须重视雄株的合理配置和人工辅助授粉，以保证正常结实。猕猴桃在自然条件下，几乎不能靠风媒传粉，主要是靠昆虫传粉。猕猴桃雌、雄花的蜜腺虽不发达，但雄花的花粉量较多，对传粉昆虫具有较大的吸引力。在劳力资源较充足和管理精细的果园，人工辅助授粉也是重要的农业措施之一。大量的人工授粉试验表明，授粉愈好，果实的种子愈多，果个愈大，品质亦佳。

1. 花粉的采集 在授粉前2～3d，选择比雌性品种花期略早、花粉量多、与雌性品种亲和力强、花粉萌芽率高、花期长的雄株，采集含苞待放或初开放而花药未开裂的花。把采集的花朵用小镊子剥下花药，放置玻璃器皿中，再放在恒温箱（25～28℃）中烘干。然后筛去囊壳等杂物，贮于瓶内备用。使用前若能作花粉发芽试验则更为可靠。为节约花粉用量，可加滑石粉、淀粉、松花粉等作填充剂。必须现配置现用，以保证花粉发芽率。可采集2个以上的雄性品种（或株系）的花粉，混合起来给雌花授粉。这样不仅受精率高，而且所结果实大、品质好。张忠慧多年的授粉试验证明，猕猴桃存在着较显著的花粉直感性状。人工授粉后在果实的果形及可溶性固形物与维生素C含量、贮藏性能等方面均有明显的遗传优势。

2. 人工授粉方法 人工授粉在全树25%左右的花开放时为宜，常在上午8～10时进行。将花粉授于开花2d之内、柱头鲜艳的雌花上，每1朵花至少有3个柱头授上花粉，才能显著提高果实质量。一般每一结果枝授粉3～4朵花。授粉时可用小毛笔或橡皮头铅笔蘸取花粉，轻轻涂在雌花的柱头上。也可用喷雾授粉法，即将收集的花药用2～3层纱布包好过滤，放水中搓洗，将花粉滤出于水中，再将混有花粉的水倒入喷雾器里，对雌花进行喷洒。此法适于大面积人工授粉。喷洒时动作要轻微，花粉水一次不能喷得太多，雾化水滴要细。若像雨滴样浇洒，花粉水会很快流失，授粉效果差。

（二）花期放蜂

为减少猕猴桃人工授粉的劳动强度，可在约有15%以上的雌花开放时，每667m^2放1～2箱强旺蜂群。蜂箱放在向阳、背风并稍有遮阴的地方。要注意，准备放蜂的猕猴桃园在放蜂前1个月至开花结束后禁止使用化学农药，以免农药毒害蜜蜂。中国科学院武汉植物园从1980年建立猕猴桃园开始禁止使用任何类型的化学农药，这样更符合生态农业生产的要求。经大量调查证明，虫媒花传粉的效果是相当好的，如上海市泾阳园艺场经试验表明，供试品种魁蜜通过气流自然传粉的结实率低、品质差，平均果重仅35.7g，而同时进行蜜蜂传粉和人工授粉的，所结的果实平均果重则为128.7g，相差悬殊。

（三）树盘覆草保墒

夏季高温干旱季节猕猴桃根际土壤水分蒸发速度加快，常造成上层土壤水分亏缺。这时土壤毛管上升水和毛管悬着水向上运动的速度往往跟不上水分蒸发的速度，而使毛管断裂或毛管水的上限截面不断下降，使土壤表层干燥。土壤膜状水由于运行速度极慢，其作用微乎其微，故根际土壤水分的补充主要依靠土壤深层的气态水。在武汉地区，夏季气温常常高达35～40℃，据在田间测定，未采用覆盖的猕猴桃园地表温度竟高达63.5℃，在0～15cm深的土层中温度亦高达34.8℃，如此高温可使分布在0～25cm土层的猕猴桃根系受到灼伤甚至死亡（此土层范围内3年生树的根系占总根量的1/3～1/2）。覆草保墒是防暑降温、使猕猴桃安全度过酷暑的一项重要的农业措施。覆盖后能保持60%以上来自深层土壤的气态水在地面冷凝成可给态水，供根系吸收利用，并能降低土温（覆盖后在0～15cm土层中的温度为26.9℃），延缓根系的老化，增强根系的吸水、吸肥功能，减少灌水次数，利于植株安全越夏和正常生长结实。湖北省农业科学院果茶研究所于1982年在武汉金水作了地面秸秆覆盖的保墒效应与猕猴桃越夏关系的试验，结果表明：覆盖具有明显的保墒效果，在25cm厚的秸秆覆盖下，土壤绝对含水量为15.7%，不覆盖的为11.4%。

覆盖时间在武汉地区以6月初为好，如遇梅雨天气可适当延迟至梅雨后覆盖。覆盖厚度以30cm为宜。覆盖材料有麦秸、稻草、油菜秆、松针、锯末、糠壳、绿肥及杂草等，最好是因地制宜就地取材。这些覆盖物腐烂之后又是很好的肥料，可供给猕猴桃根系吸收利用。覆盖方式有树盘覆盖、行带覆盖或全园覆盖。考虑到有行间套种和间作等情况，多采用行带覆盖。覆盖时注意覆盖物应与猕猴桃树干有一定的距离，防止蛀食主干的害虫对猕猴桃的为害。

（四）树盘培土

猕猴桃园树盘培土是土壤管理中必不可少的措施之一。每年深秋（10月下旬至11月下旬）时节，将树盘周围的土壤浅翻15～25cm（浅翻时要避免伤害粗度像筷子及以上的大根系），然后培土加高树盘，以保护根系，避免在施肥、中耕除草、灌水等土壤管理中或雨水冲刷等原因造成树盘处低洼渍水或根系外露。培土高度以根颈部露出地表为宜。树盘培土可与果园深翻结合进行。

（五）间作套种

未封行的猕猴桃园可采用立体生态农业的栽培模式，在行间育苗或套种蔬菜、瓜果、绿肥、球茎花卉植物以及耐阴湿的中草药植物等。华中地区的山地猕猴桃园土壤有机质少，保肥、保水功能差，应提倡以间作绿肥或间作其他矮秆农作物改良土壤。间种绿肥，如在冬季可栽种箭筈豌豆、蓝花苕子等，夏季可栽种苜蓿、印度豇豆、绿豆等豆科植物。封行后亦可利用架面下的空间生产食用菌类，以达到经济效益和生态效益的同步增长。但不论间作何种作物，均要体现以果为主的原则，把种树和养地结合起来。均要加强管理，否则易造成不良后果。合理间作还能减少杂草生长和地表水分蒸发，防止土壤被雨水冲刷，起到覆盖作用。

(六) 预防霜冻

在北方的一些猕猴桃产区，晚秋的低温和霜冻会使枝条受冻。在南方的部分猕猴桃产区，因春季有倒春寒，猕猴桃园也会不同程度地发生冻花、冻芽现象。预防霜冻首先要选择抗冻能力较强的品种。如金魁品种抗冻能力最强，秦美品种抗冻能力较弱。在生产中要注重栽培技术的合理应用，如秋季少施氮肥，多施有机质肥，以增强树势；冬季树干涂白，根颈培土；应用云大120植物生长调节剂推迟春季萌芽期，以减轻晚霜冻害；营造防护林等。

第六节 病虫害防治

一、主要病害

(一) 生理病害

1. 藤肿病

(1) 症状　在猕猴桃的主、侧蔓的中段藤蔓突然增粗，呈上粗下细的畸形现象，有粗皮、裂皮，叶色泛黄，花果稀少，严重时裂皮下的形成层开始褐变坏死，具发酵臭味。病树生长较弱甚至引起死枝。

(2) 病因　树体和土壤缺硼。发生于猕猴桃枝梢全硼含量低于10mg/kg、土壤速效硼含量低于0.2mg/kg的果园。该病于1984年在湖北省蒲圻十里坪猕猴桃园首先发现，1987—2000年相继在湖北省农业科学院果树茶叶研究所猕猴桃园和中博安居集团猕猴桃基地发现。1985年经检测十里坪病树枝梢全硼含量为9.75mg/kg，而健康树枝梢含硼平均为22.93mg/kg，最高达30.47mg/kg；测定病树根际土壤速效硼含量仅0.17～0.19mg/kg。1986年该园在猕猴桃花期叶面喷洒0.2%硼砂液，并每株施入硼砂10g，此后连年花期喷硼，直至藤肿未再发生为止。1991年5月重测该园藤肿病树恢复后的叶片，其全硼含量平均为23.79mg/kg，最高含量达27.4mg/kg。1987年湖北省农业科学院果茶研究所猕猴桃园测定病树下的土壤，其速效硼含量为0.1～0.2mg/kg，自发病当年开花期叶面喷0.2%硼砂液，至1991年开始地面撒施硼砂，约每667m^2 0.5kg，迄今再未发生此病。1992年采藤肿恢复树下土壤分析，测定速效硼含量已达0.35mg/kg，已恢复到正常水平。

(3) 防治方法

①叶面喷硼　每年花期喷0.2%的硼砂液1～2次。

②土壤施硼　根际土壤施用硼肥。每隔2年左右在萌芽至新梢抽生期（4～5月）地面施硼砂，每667m^2 0.5～1kg，将土壤速效硼含量提高到0.3～0.5mg/kg，枝梢全硼量达到25～30mg/kg。

③合理增施磷肥和农家肥　利用磷硼互补的规律，保持土壤高磷（速效磷含量40～120mg/kg)、中硼（速效硼含量达0.3～0.5mg/kg）的比例。

2. 叶褐斑病

(1) 症状　多出现于6月以后高温干旱的季节。病叶上呈现圆形病斑，褐色，后期病斑穿孔破裂，严重时叶片早期脱落，引起枝梢光秃，枝蔓细弱，影响花芽和来年产量。

（2）病因　系缺钙引起，并已为新西兰的研究人员证实。此病发生于高温干旱的6～8月份，因高温干旱期树体的代谢增强、消耗增多，而根系的吸收能力却减弱，导致钙素亏缺而引起发病。1987年测定武汉猕猴桃园病树下的土壤，速效钙含量平均为1.0g/kg（0.7～1.3g/kg）。经1991年施钙后，1992年测定土壤速效钙含量平均为1.4g/kg（1.2～1.8g/kg），树冠叶褐斑病明显减轻。1992—1993年连续施石灰后，1993年秋季恢复树下的土壤速效钙含量为1.953g/kg，其叶褐斑病已基本消失。

（3）防治方法　猕猴桃园谢花后，每667m^2地面撒施生石灰50～100kg，然后松土将其翻入土中，使土壤中速效钙含量达2.0g/kg以上，最好能达到3.0～5.0g/kg。

3. 叶黄斑病

（1）症状　首先在嫩叶叶脉间出现淡黄色的圆斑，病叶比健康叶片显著变小，叶片变薄，叶色发黄，对着光看黄斑处呈半透明状。该病发生于高温干旱的7～9月份。一旦发病，其病叶上的黄斑不会随着气温的降低而消失。黄斑病多出现在新梢中上部的嫩叶上。

（2）病因　叶黄斑病由缺钼所致。1991年湖北省猕猴桃产区曾普遍发生黄斑病，测定根际土壤速效钼的含量仅0.15mg/kg。同年秋季，测定江苏省邗江县红桥猕猴桃开发中心杨声谋管理的正常生产园（每667m^2产2 500kg）的根际土壤，其速效钼的含量为0.27mg/kg，树体生长健壮，叶色浓绿，且富光泽。由于钼是构成硝酸还原酶的主要元素之一，而硝酸还原酶实为碳、氢、氧、氮、磷、硫、钼7种元素构成的蛋白质（化学结构式为硫氢基钼黄素腺嘌呤二核苷酸），它的主要功能是在叶中将由根吸收来的硝态氮转化为亚硝酸态氮，再通过亚硝酸还原酶转化为氨态氮之后参与叶绿素合成，没有它的转化作用，土壤中吸收来的氮不能被直接用于合成叶绿素。所以在这7种构成硝酸还原酶的元素中缺乏任何一种，此酶都不能形成，这时土壤中的氮素再多，也不能发挥作用。猕猴桃园适宜的土壤速效钼的含量为0.2～0.4mg/kg。

（3）防治方法　新叶展开后，及时喷布0.2%钼酸铵水溶液。增施有机肥，因有机肥中大量元素和微量元素较全。秋末冬初多施有机质肥，可补充土壤中有效钼的含量。

4. 叶黄化病

（1）症状　首先是猕猴桃嫩梢上的叶片变薄，叶色由淡绿至黄白色，因早期叶脉保持绿色，故在黄叶的叶片上呈现明显的绿色网纹。病株枝条纤弱，幼枝上的叶片容易脱落。病变逐渐蔓延至老叶，严重时全部叶片均变成橙黄色以至黄白色。病株结果很少，果实小且硬，果皮粗糙。苗圃地植株发病则表现为幼苗黄化，停止生长。

（2）病因　叶黄化病为缺铁引起的生理性病害。该病曾于1981年在武汉植物园猕猴桃苗圃上出现，以后连续在幼树和大树上出现。分析测定病树根际土壤有效铁的含量仅7.8～26mg/kg，属于严重缺乏范围。1999—2000年张忠慧先后在湖北石首市久合垸乡和河南省新野县沙堰镇等地检测因缺铁而引起的猕猴桃严重叶黄化病的情况（两处土壤pH均为7.5～7.8），发现其引起缺铁的原因很多。

①土壤渍水　猕猴桃是浅根系（肉质根）植物，呼吸和蒸腾作用都比较旺盛，对水分反应特别敏感。土壤渍水引起根系吸收困难，铁素吸收减少。

②果园土壤管理粗放　果园土壤黏重、板结、通气性差，特别是料姜土，缺铁问题尤为突出。

③土壤干旱　长期高温土壤干旱，土壤中可溶性铁缺少。

④盐碱固定　pH偏碱的土壤（pH7.5以上），铁以难溶性的三价铁［$Fe(OH)_3$］形态存在，不能被猕猴桃根系吸收利用。

（3）防治方法

①硫酸亚铁与农家肥混施　缺铁成年树每株施0.5～1kg硫酸亚铁。为减少硫酸亚铁与土壤直接接触面，可在猕猴桃根系分较多的范围内施一层农家肥，撒一层硫酸亚铁，再施一层农家肥，此法是防治缺铁的根本措施。有机肥在分解过程中释放出有机酸，同时有机肥含有许多矿质营养，可供根系吸收利用，促进生长发育（施螯合铁和农家肥效果更好）。

②开沟排水　铁在渍水状态下根系很难吸收，因此果园积水时要开沟排水。

③树体补铁　在树干上钉生锈的铁钉或吊瓶注射铁元素，可用0.2%硫酸亚铁或者柠檬酸铁。

④综合管理　可在行间套种绿肥，并在干旱季节将树盘用绿肥和其他作物秸秆覆盖保墒。提高果园综合管理水平，使土壤有效铁含量保持在适宜范围内（40～130mg/kg）。

5. 果干疤病

（1）症状　张忠慧于1987—2000年在湖北省农业科学院果树茶叶研究所和中博安居公司的猕猴桃树上发现，采收期的中华猕猴桃的果面上常于近果顶部分出现褐色疤痕，稍凹陷，皮下果肉变褐，呈木栓化，干缩坏死，深度约3～5mm。病果不耐贮藏，采果后数天开始腐烂。此病于1989年秋季在江西省农业科学院园艺研究所猕猴桃园刚采收的魁蜜、金丰等品种上发生过。

（2）病因　为果实缺钙而引起的生理性病害。此病与板栗栗仁褐变腐烂、梨果肉褐变、梨木栓斑点、梨水葫芦、麦香桃果顶软腐等病害如出一辙，同时也与国内近年研究解决的鸭梨果实黑心病、苹果苦痘病、红玉斑点病以及柑橘囊瓣软化、制罐浑汤等变化相似。而这些病害的主要原因均为缺钙。缺钙则细胞壁不坚实，故在高温、高呼吸的影响下，果实组织易衰老崩解，继而褐变腐烂。因此，供给充足的钙是提高果实耐贮性、增进品质的关键。张忠慧结合其他果树调研的结果，认为猕猴桃园土壤速效钙的适量范围在为3～5g/kg。

（3）防治方法　与叶褐斑病相同，亦可在采果前30～40d树冠喷布1%～1.5%的硝酸钙水溶液。

（二）传染病害

1. 根结线虫病　病原以南方根结线虫（*Meloidogyne incognita*）为主，以卵、幼虫或成虫在病组织或土壤中越冬。在西峡地区一年可发生4代，世代重叠。成幼虫以为害新根为主，根部产生若干成串的膨大根结，致使根系不能正常生长发育，受害植株树势衰弱，发梢少而瘦弱。一般砂质土中发病重。

2. 炭疽病　由刺盘孢菌（*Colletotrichum* sp.）引起，以菌丝体或分生孢子在残留的病叶、病梢上越冬。主要为害叶片，也可为害果实。发病初期呈水渍状，后变褐，病斑近圆形或不规则形，发生在叶缘的为半圆形，病健界限明显；后期病斑中部变成灰白色，边缘深褐色；干燥时叶片易破裂，病斑正面轮生许多小黑点。在雨水多、湿度大的条件下发生严重。

3. 早期落叶病 主要由交链孢菌（*Alternaria* sp.）、大茎点菌（*Macrophoma* sp.）、叶点霉菌（*Phyllosticta* sp.）等真菌分别引起的褐斑病、叶枯病、斑点病。褐斑病叶叶缘黄褐色，向上卷曲，叶中部斑点迅速增多扩大，似日灼病，但叶背斑点上有少量灰色菌丝体，叶片逐渐干枯脱落，结果枝基部出现不规则椭圆形病斑。叶枯病病株叶片上病斑近圆形或不规则形，灰白色至褐色，边缘深褐色，病健部明显，有轮纹，正面散生许多黑色小颗粒。斑点病叶片上病斑初始为淡黄色小点，后渐扩大，病健部界限不明显，病斑周围深褐色，中部灰白色，有若干黑色小点，病叶上病斑可多至几十个，叶片皱缩不平，焦枯易落。

4. 褐腐病 由核盘菌（*Sclerotinia seclerotiorum*）引起。病菌在树上或地面的僵果和枝条溃疡部过冬，病菌孢子借助风、雨传播，从气孔、皮孔、虫伤或机械伤口侵入。病菌为害果实、花、叶和枝梢，以为害果实为主。结果期均可受害，近成熟期受害严重。发病初期果面出现褐色近圆形斑。病部果肉腐烂并迅速扩大，在病斑中间产生黄白色或灰色稍隆起的球状菌核，起初呈同心环纹状排列，渐次布满全果。病果腐烂落地或失水变成僵果悬于树上。果实成熟时多雨多雾发病较重。

此外立枯病、根腐病、溃疡病、白粉病、细菌性花腐病也有不同程度的发生。

二、主要害虫

（一）金龟子类

以华北大黑鳃金龟（*Holotrichia oblita* Faldermann）、小青花金龟（*Oxycetonia jucunde* Fald.）、茶色丽金龟（*Adoretus sinicus* Bur.）等为主。幼虫为害根部，成虫将叶片食成缺刻、孔洞，使整个叶片呈网眼状，或只留下叶柄。对幼树生长影响严重，为害严重时将花及花蕾咬成残缺不全。

（二）介壳虫类

以角蜡蚧（*Ceroplastes ceriferus* Anderson）、桑白盾蚧（*Diaspis pentagona* Tar.）、梨长白蚧（*Leucaspis japonica* Cockerell）为主，为害枝干、叶、果等。成若虫将刺吸口器插入嫩芽和嫩枝吸食，使树体很快衰弱。

（三）卷叶蛾类

以茶小卷叶蛾（*Adoxophyes orana* Fisher von Roslertamm）、黄斑卷叶蛾（*Acleris fimbriana* Thunberg）为主。初孵幼虫爬至嫩芽、嫩叶、花蕾等处吐丝缀叶，潜入其中为害，稍大后将几个叶片缀合在一起卷成虫苞。

其他害虫还有天牛、叶螨、叶蝉、蓟马等。

三、病虫害防治

防治猕猴桃病虫害应坚持农业防治措施为主、化学防治为辅的原则，即选用无病虫种子或苗木，科学施肥灌水，搞好修剪、中耕，挑治发生较重的病虫害等，以提高猕猴桃树体的抗耐病虫能力。

1. 选用无病虫的优良种子、苗木，做好种子、苗木和土壤的消毒处理 对嫁接所用的砧木要用48℃热水浸根15min，以防根结线虫病的发生。播种育苗及扦插用的床土每667m^2用福美双可湿性粉剂2kg施于播种沟内或扦插穴内，配以90%晶体敌百虫150g（配成30倍液）加麸皮、谷糠5kg制成毒饵，撒入地面，预防苗期立枯病，杀灭床土内的地下害虫等。

2. 加强果园管理 采取各项栽培措施增强树体抗逆能力，注意清洁果园，及时清除枯枝、落叶及僵果。

3. 选用合适药剂，挑治重点病虫 猕猴桃对化学药剂比较敏感，用药的时间、种类、用量应严格掌握。果树萌芽前交替喷布1∶1∶100波尔多液和0.3～0.5波美度石硫合剂，7～10天喷1次，连续2～3次，预防溃疡病及早期落叶病；萌芽后喷施50%托布津或25%多菌灵，15天1次，喷2～3次，防治炭疽病、白粉病等；果实近成熟期喷布25%的多菌灵300倍液或65%的代森锌500倍液预防褐腐病。

参考文献

陈世云，谢晓，薛青同，等.1993. 猕猴桃病虫害的发生与防治［J］. 植保技术与推广（1）：15-16.

桂明珠，胡宝忠.2002. 小浆果栽培生物学［M］. 北京：中国农业出版社.

胡忠荣，陈伟，李坤明，等.2006. 猕猴桃种质资源描述规范和数据标准［M］. 北京：中国农业出版社.

黄宏文，王圣梅，张忠慧，等.2001. 猕猴桃高效栽培［M］. 北京：金盾出版社.

贾敬贤，贾定贤，任庆棉.2006. 中国作物及其野生近缘植物·果树卷［M］. 北京：中国农业出版社.

梁畴芬，陈永昌，王育生，等.1984. 中国植物志［M］. 北京：科学出版社.

张忠慧，黄宏文，姜正旺，等.2007. 中华猕猴桃雄性新品种磨山4号的选育［J］. 中国果树（6）：3-5.

张忠慧，黄宏文，姜正旺，等.2008. 观赏猕猴桃新品种金铃［J］. 园艺学报，33（9）：1401.

张忠慧，黄宏文，王圣梅，等.2006. 猕猴桃黄肉新品种金桃的选育及栽培技术［J］. 中国果树（6）：5-7.

张忠慧，黄宏文，王圣梅，等.2007. 中华猕猴桃早熟新品种金早的选育［J］. 中国果树（2）：5-7.

张忠慧，黄宏文，王圣梅.1999. 湖北果业的综合开发与可持续发展［J］. 长江流域资源与环境，11（8）：77-80.

张忠慧，黄仁煌，王圣梅，等.2006. 中华猕猴桃优良新品种金霞的选育研究［J］. 中国果树（5）：11-12.

张忠慧，姜正旺，王圣梅，等.2003. 新西兰猕猴桃商业化栽培管理及分子遗传育种考察报告［J］. 中国南方果树，3（1）：42-43.

张忠慧，王圣梅，黄宏文，等.2001. 四湖地区猕猴桃高效栽培模式与关键技术［J］. 长江流域资源与环境，10（4）：347-351.

张忠慧，王圣梅，姜正旺.2002. 我国猕猴桃产业现状、存在问题和发展对策［M］. 北京：中国农业科学技术出版社.

第八章

五 味 子

概　　述

一、五味子的特点及经济价值

五味子［*Schisandra chinensis*（Turcz）Baill］别名山花椒、乌梅子，为木兰科五味子属落叶木质藤本植物，主要分布于我国的东北及朝鲜半岛、俄罗斯的远东地区，此外，我国的华北、华东各省和日本亦有分布。主产于我国东北和河北部分地区的五味子果实干品，商品习称“北五味子”，是我国的道地名贵中药材，对人体具有益气、滋肾、敛肺、固精、益脾、生津、安神等多种功效，主治肺虚咳嗽、津伤口渴、自汗盗汗、神经衰弱、久泻久痢、心悸失眠、多梦、遗精遗尿等症。五味子除药用外，还可用于生产果酒、果酱、果汁饮料和保健品等，深受国内外消费者的青睐。

（一）五味子的营养、化学成分及药理、保健作用

1. 五味子的营养成分　五味子含有多种营养成分，具有丰富的营养价值和特有的医疗保健作用。据测定，在每百克鲜果中，含有蛋白质1.6g，脂肪1.9g，可溶性固形物8～14g，有机酸6～10g，维生素C21.6mg，胡萝卜素32μg。五味子果实中含有17种氨基酸（每升果汁含971mg），其中人体必需的7种氨基酸占17.7%；无机元素按含量由多至少依次为钾、钙、镁、铁、锰、锌、铜。每百克五味子鲜果汁中含有1.1g的抗衰老物质，25～60g鲜果肉就可以解除一个成年劳动者一天的疲劳。据分析，五味子种子中抗衰老物质含量更高，0.5～1.1g种子的粉末就相当于25～50g鲜果肉抗衰老物质的含量。

2. 五味子的营养价值和医疗保健作用　五味子为中药中的上品，又为第三代新兴果品。它含有丰富的营养成分和药理活性成分。传统医学对五味子的功效有详细记载。《神农本草经》中记载：“五味子益气，主治呃逆上气、劳伤羸瘦，补不足，强阴，益男子精”。《药性本草》中记载“五味子能治中下气，止呕逆，补虚痨，令人体悦泽”。后在《名医别录》、《本草纲目》中也有相同记载。从20世纪50年代开始，中国、苏联等国学者运用现代科学方法做了大量研究，研究表明五味子可以降低肝炎患者血清中谷丙转氨酶；治疗肝脏的化学毒物损伤；能调节胃液的分泌，促进胆汁分泌；提升人的视力和听力；与人参具有相似的“适应原”样作用，能增强机体对非特异性刺激的防御能力，提高机体的工作效能；使低血压患者血压升高，但不会使正常人血压升高；影响大脑皮质的兴奋和抑制，改善人的智能增加记忆力；增强肾上腺皮质功能，促进心脏的活动等。更重要的是五味子中的木脂素成分有抗癌、抗艾滋病等多种生物活性功能。日本学者从五味子果实中分离出戈米辛A和脱氧五味子素，在小鼠和家兔上进行实验，结果对动物的免疫性肾炎呈现抑制作用，具有增强动物机体对非特异性刺激的防御能力。

（二）五味子在食品工业中的应用现状

五味子属于药食两用食品类原料，目前我国市场上主要开发出五味子果酒、五味子果酱、五味子果酪、五味子果冻、五味子糖煮果、五味子果汁、五味子口服液、五味子果糕、五味子食用色素等一系列产品。在日本、韩国，五味子果酒、五味子果酱、五味子果汁、五味子茶、五味子口服液等产品也深受消费者的欢迎。

二、五味子的生产现状

从20世纪70年代开始，一些科研单位和个人相继开展了五味子野生变家植的研究和尝试，经过近40年的探索和研究，已经较系统地掌握了五味子的栽培特性，使五味子的大面积人工栽培成为可能。人们从种子的采收及层积处理等播种繁殖技术的探索与研究开始，逐渐深入到适宜栽培模式的确立、病虫害发生规律及防治方法、无性繁殖技术、新品种选育及配套栽培技术研究等更深层面的研究与实践，并取得一系列的成功经验和研究成果，使五味子的栽培技术日臻完善，栽培规模不断扩大，栽培效益不断提高。据估算，目前我国的五味子栽培面积15 000hm^2左右，年产五味子鲜果4万t。

三、我国五味子生产存在的问题及发展方向

目前，五味子的人工栽培主要采用实生苗栽培，并已形成多种实生苗建园的栽培模式。按照国家中药材规范化种植GAP标准，不同地区根据实际生产状况，制定和发布了多个“五味子生产技术标准操作规程（SOP）”，这些规程的制定，从栽培技术和产品质量等多个层面规范了五味子的栽培行为，为五味子栽培的高产和优质提供了有力保证。据报道，一些五味子栽培园667m^2产量已达到200～250kg（干品），最高可达450kg。但是，由于各操作规程都存在一定的不完善性和栽培者所具备的管理技术水平的不平衡性，栽培的丰产性和稳产性等也存在较大差异。从五味子栽培的总体状况来看，其稳产性仍然是困扰其栽培产业发展的一大技术难题，如果实负载量过大，五味子的花芽分化质量和树势则表现不佳，雌花分化比例低、树体衰弱，隔年结果甚至死树现象都很严重。

另外，由于五味子的种子多来源于野生或人工栽培的混杂群体，实生后代的变异非常广泛，不同植株间在品质、抗性、丰产稳产性及生物学特性等方面均存在较大差异，不利于规范化栽培和品质的提高，增产潜力亦有限。人们早已意识到品种化在五味子栽培产业中的重要意义，先后选育出红珍珠等多个五味子品种（品系），并在组织培养、扦插繁殖、嫁接繁殖等无性繁殖方法的研究方面进行了不懈的努力，也取得一定成果。由于五味子种内的变异，在人工栽培和野生的五味子群体内蕴藏着丰富的优良种质资源。经资源调查，已发现丰产稳产、抗病、大粒、大穗、黄果、紫黑果等多种优良的五味子种质资源。利用已取得的五味子无性繁殖技术成果，结合田间调查和野生选种，高效繁殖五味子的优良类

型，使之尽快应用于生产，是促进五味子栽培产业跨越式发展的必由之路。

病虫害防治是五味子人工栽培的又一重要技术环节，在为害五味子的各种病虫害中，主要的是柳扁蛾等蛀干类害虫和女贞细卷蛾等蛀果类害虫，茎基腐病、黑斑病等真菌类病害。蛀果类害虫发生严重的年份，部分果园虫果率达到30%以上，可造成严重减产，药材质量下降。茎基腐病是一种致命性病害，初步研究认为是由镰刀菌造成的土传病害，在发生严重的栽培园，可导致10%以上的植株死亡。黑斑病是五味子的主要叶片病害，使树体的光合作用受到抑制，常造成早期落叶，影响树体的营养积累，致使花芽分化不良、树势衰弱，影响树体正常越冬。此外，晚霜危害和农药飘移危害等常造成五味子栽培园大面积受害甚至绝产，在栽培过程中必须加以重视。

第一节　种质资源和品种

一、种质资源概述

五味子为多年生木质藤本野生果树，在庞大的人工栽培和野生群体中存在着性状各异的类型，如果粒有圆形、豌豆形和肾形；果色的变异更为明显，除存在粉红色、红色、紫红色、紫黑色等类型外，还有黄色（包括橙黄色、黄色、黄白色）类型，较《中国植物志》(1979，科学出版社）对该种果实颜色的描述更为复杂；果粒平均重小的0.26g，大的可达1.3g；植株有抗病类型也有感病类型等。五味子雌雄同株单性花，雌、雄花比例的变化取决于植株的营养、发育状况。单株间果穗、果粒大小以及各节位新梢着花数量等育种性状具有相对稳定性，单株果穗长5～15cm，果实含糖量2%～12%，总酸4%～10%。这些特点为今后五味子育种目标的确定提供了可靠的理论依据，进行五味子实生选种是有效的育种途径之一。

二、主要优良品种（品系）

品种是农业生产上的重要生产资料，实现农业生产的优质、高产、高效，选用优良品种及配套栽培技术是前提。因此，若想搞好五味子规范化栽培，首先应把好品种关。五味子的主要品种（品系）如下。

（一）红珍珠

由中国农业科学院特产研究所选育而成，是我国的第一个五味子新品种，1999年通过吉林省农作物品种审定委员会审定。

红珍珠雌雄同株，树势强健，抗寒性强，萌芽率为88.7%。每个果枝上着生5～6朵花，以中、长枝结果为主，平均穗重12.5g，平均穗长8.2cm。果粒近圆形，平均粒重0.6g。成熟果深红色，有柠檬香气。果实含总糖量2.74%、总酸5.87%，每100g果实含维生素C18.4mg，出汁率54.5%，适于药用或作酿酒、制果汁的原料。在一般管理条件下，苗木定植第三年开花结果，第五年进入盛果期，三年生树平均株产浆果0.5kg，四年生树1.3kg，五年生树2.2kg。适于在无霜期120d、≥10℃年活动积温2 300℃以上、年降水量600～700mm的地区大面积栽培。

(二) 早红 (优系)

枝蔓较坚硬，枝条开张，表皮暗褐色。叶轮生，卵圆形（9.5cm×5.5cm），叶基楔形，叶尖急尖，叶色浓绿，叶柄平均长2.8cm，红色。花朵内轮花被片粉红色。果穗平均重23.2g，平均长8.5cm，果柄平均长3.6cm。果粒球形，平均重0.97g，鲜红色。含可溶性固形物12.0%、总酸4.85%。开花期为5月下旬至6月上旬，成熟期在8月中旬。二年生树开始结果，在栽植密度50～75cm×200cm的情况下，五年生树株产可达2.3～3kg。

该品系的优点是枝条硬度大、开张、叶色浓绿，有利于通风透光，光合效率高，抗病性强，果实早熟，树体营养积累充分，丰产稳产性好。

(三) 巨红 (优系)

枝蔓较柔软，枝条下垂，表皮黄褐色。叶轮生，卵圆形（10.2cm×6.5cm），叶基楔形，叶尖急尖，叶片绿色，叶柄平均长3.2cm，红色。平均穗重30.4g。浆果肾形，红色，直径达1.2cm，果粒平均重1.2g。可溶性固形物10.5%、总酸5.7%，开花期5月中下旬，果实成熟期9月上旬。二年生树开始结果，在栽植密度50～75cm×200cm的情况下，五年生树株产可达2.0～3.1kg。

该品系的优点是果穗及果粒大，树势强，丰产稳产性好。

(四) 黄果五味子 (优系)

枝蔓较坚硬，枝条开张，表皮暗褐色。叶卵圆形（9.2cm×5.4cm），叶基楔形，叶尖急尖，叶片绿色，叶柄平均长2.2cm，红色。内轮花被片白色。平均穗重21.1g。果实黄色，略带红晕，浆果球形，直径0.94cm，果粒平均重0.78 。可溶性固形物9.9%、总酸5.6%，开花期5月下旬至6月上旬，果实成熟期9月上旬。二年生树开始结果，在栽植密度50～75cm×200cm的情况下，五年生树株产可达2.5～3.8kg。

该品系是五味子中极为珍稀的黄果类型，其树势强健，抗病性强，丰产稳产。

第二节 生物学特性

一、植物学特征

(一) 根系

1. 根系的种类

(1) 实生根系　实生根系由种子的胚根发育而成。种子萌发时，胚根迅速生长并深入土层中而成为主轴根。数天后在根颈附近形成一级侧根，最后形成密集的侧根群和强大的根系。五味子实生苗的根系与其他植物一样由主根和侧根组成，由于侧根非常发达，所以主根不很明显。

(2) 茎源根系　茎源根系是指五味子通过扦插、压条繁殖所获得的苗木的根系，以及地下横走茎上发出的根系。因为这类根系是由茎上产生的不定根形成的，所以也称不定根系或营养苗根系。茎源根系由根干和各级侧根、幼根组成，没有主根。

2. 根系形态　根系具有固定植株、吸收水分与矿物营养、贮藏营养物质和合成多种氨基酸、激素的功能。五味子的根系为棕褐色，富于肉质，其皮层的薄壁细胞及韧皮部较发达。成龄五味子实生植株无明显主根，每株有4～7条骨干根，粗度3mm以上的根不着生须根（次生根或生长根），可着生2mm以下的疏导根，粗度2mm以下的疏导根上着生须根（图8-1）。

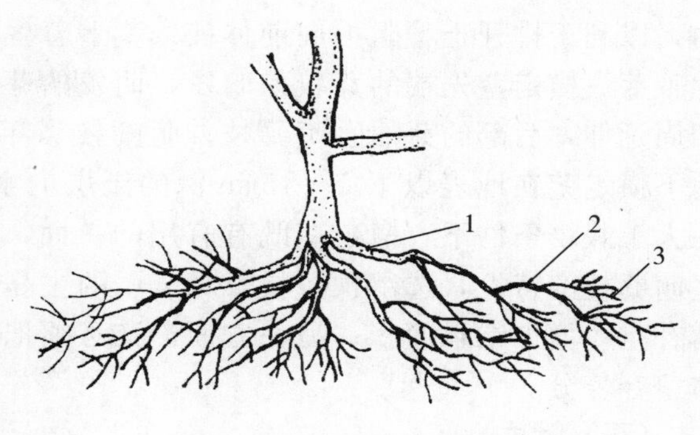

图8-1　五味子根系结构
1. 骨干根　2. 输导根　3. 须根

3. 根系分布　五味子的根系在土壤中的分布状况因气候、土壤、地下水位、栽培管理方法和树龄等的不同而发生变化。根系垂直分布于地表以下5～70cm深的土层内，集中在5～40cm深的范围内；水平分布在距根颈100cm的范围内，集中在距根颈50cm的范围内。在人工栽培条件下，根系垂直分布和水平分布与园地耕作层土壤的深浅和质地及施肥措施等有密切关系。五味子的根系具有较强的趋肥性，在施肥集中的部位常集中分布着大量根系，形成团块结构。级次较低的根系可分布到较深、较远的位置，增加施肥深度和广度可有效诱导根系向周围扩展，促进营养吸收，增强植株抗旱力。

五味子地下横走茎的不定根分布较浅，主要集中在地表以下5～15cm的范围内，当施肥较浅时，易造成营养竞争。

（二）茎

五味子为木质藤本植物，其茎细长、柔软，需依附其他物体缠绕向上生长。地上部分的茎从形态上可分为主干、主蔓、侧蔓、结果母枝和新梢，新梢又可分为结果枝和营养枝（图8-2）。

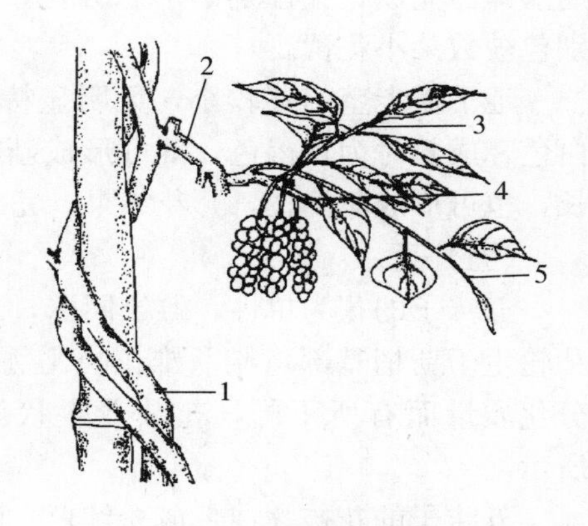

图8-2　五味子茎形态
1. 主蔓　2. 侧蔓　3. 结果枝
4. 结果母枝　5. 营养枝

从地面发出的树干称为主干，主蔓是主干的分枝，侧蔓是主蔓的分枝。结果母枝着生于主蔓或侧蔓上，为上一年成熟的一年生枝。从结果母枝上的芽眼所抽生的新梢，带有果穗的称为结果枝，不带果穗的称为营养枝。从植株基部或地下横走茎萌发的枝条称为萌蘖枝。

五味子的茎较细弱，当新梢较短时常直立生长不缠绕，但当长至40～50cm时，要依附其他树木或支架按顺时针方向缠绕向上生长，否则先端生长势变弱，生长点脱落，停止生长。新梢生长到秋季落叶后至次年萌芽之前称为一年生枝，根据一年生枝的长度可将其分为叶丛枝（5cm以下）、短枝（5.1～10cm）、中枝（10.1～25cm）、长枝（25.1cm以上）。

五味子的地下横走茎成熟时为棕褐色，前端幼嫩部位白色，生长点部位呈钩状弯曲，以利于排开土壤阻力向前伸展。茎上着生不定根，并可见已退化的叶，叶腋处着生腋芽。横走茎先端的芽较易萌发，萌发的芽中，前部多形成水平生长的横走茎，向四周延伸，后部的芽抽生萌蘖枝。萌蘖枝当年生长高度可达 2～4m。在自然条件下，地下横走茎在地表以下 5～15cm 深的土层内水平生长，是进行无性繁殖的主要器官。在人工栽培条件下，横走茎既有有用的一面，也有不利的一面。一方面可以利用其抽生萌蘖枝的特性，选留预备枝，对衰弱的主蔓进行更新，或对架面的秃裸部位进行引缚补空，增加结果面积；另一方面，又必须把不需要的萌蘖枝及时铲除掉，以免与母体争夺养分。

（三）叶片

五味子叶片是进行光合作用制造营养的主要器官。叶片膜质，椭圆形、卵形、宽卵圆形或近圆形，长 3～14cm，宽 2～9cm，先端急尖，基部楔形，上部边缘具有疏浅锯齿，近基部全缘；侧脉每边 3～7 条，网脉纤细不明显。

（四）芽

五味子的芽为窄圆锥形，外部由数枚鳞片包被。五味子新梢的叶腋内多着生 3 个芽，中间为发育较好的主芽，两侧是较瘦弱的副芽。休眠期的主芽大小为 0.4～0.9cm×0.3～0.35cm，副芽为 0.2～0.4cm×0.1～0.2cm（图 8 - 3）。

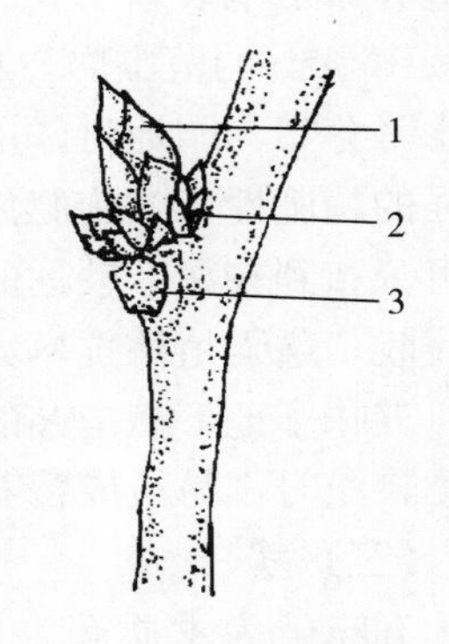

图 8 - 3　五味子芽的形态
1. 主芽　2. 副芽　3. 叶痕

春季主芽萌发，营养条件好的枝条副芽亦可同时萌发。五味子的芽可分为叶芽和混合花芽。通常情况下叶芽发育较花芽瘦小，不饱满，而花芽较为圆钝饱满。五味子的混合花芽休眠期前即已完成花芽性别的形态分化，在由叶片特化的鳞片下分别包被数朵小花蕾。

地下横走茎的芽较小，无明显特化的鳞片包被，幼嫩时为白色，成熟时为黄褐色，既可形成新的地下横走茎继续向前生长，也可形成萌蘖枝，开花结果，完成有性生殖过程。

（五）花

五味子的花为单性，雌雄同株，通常 4～7 朵轮生于新梢基部，雌、雄花的比例因花芽的分化质量而有所不同，花朵着生状如图 8 - 4 所示。

五味子的花被片白色或粉红色，6～9 枚轮生，长圆形，边缘平滑或具波状褶皱，长 6～11mm，宽 2～5.5mm。雄蕊长约 2mm，花药仅 5 或 6 枚，互相靠贴，直立排列于长约 0.5mm 的柱状花托顶端，形成近倒卵圆形的雄蕊群。雌蕊群近卵圆形，长 2～4mm，心皮 14～50 个，子房卵圆形或卵状椭圆形，柱头鸡冠状，下端下延成 1～3mm 的附属体。

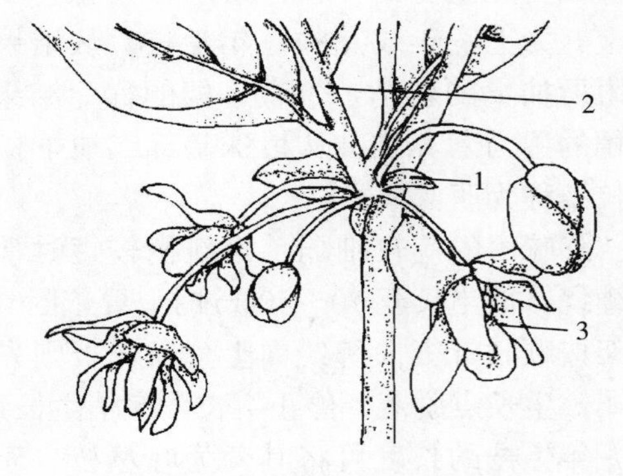

图 8 - 4　五味子花朵着生状
1. 鳞片　2. 新梢　3. 花

（六）果实

五味子的穗梗由花托伸长生长而形成，小浆果螺旋状着生在穗梗上。不同植株间穗长、穗重差异较大，穗长5～15cm，穗重5～30g。浆果近球形或倒卵圆形，成熟时粉红色至深红色（也有发现黄白色、紫黑色浆果的报道），横径6～1.2mm，重0.26～1.35g，果皮具有不明显的腺点。

五味子的果穗及果粒重在种内都存在较大变异，以穗重、粒重为主要育种目标进行实生选种具有丰富的资源基础。

（七）种子

五味子的种子肾形，长4～5mm，宽2.5～3mm，淡褐色或黄褐色，种皮光滑，种脐明显凹呈V形。种子千粒重为17～25g。其种仁呈钩形，淡黄色，富含油脂；胚较小，位于种子腹面尖的一端（图8-5）。

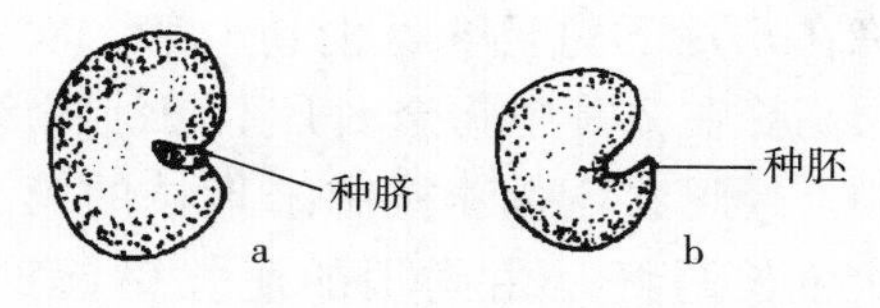

图8-5　五味子种子及种仁形态
a. 种子　b. 种仁

五味子的种子为深休眠型，并易丧失发芽能力，其休眠的主要原因是胚未分化完全，形态发育不成熟。在5～15℃条件下贮藏，种子可顺利完成胚的分化。胚分化完成后在5～25℃条件下可促进种子萌发。未经催芽的种子只含有2个叶原基呈椭圆形分化不全的胚体。催芽后，胚细胞团逐渐发生形态和生理上的变化，最初胚体呈淡黄色，继续分化，下胚轴伸长，胚根明显，然后子叶原基加厚、加宽，这时种子外部形态为露白阶段，至胚根伸出种皮时，子叶已分化成形，叶脉清晰，胚乳体积缩小，只占种子体积的2/3。

二、五味子的生长结果习性

（一）物候期

五味子与其他多年生果树一样，每年都有与外界环境条件相适应的形态和生理变化，并呈现一定的生长发育规律性，这就是年发育周期，这种与季节性气候变化相适应的器官动态时期称为生物气候学时期，简称物候期。

在年周期内可分为2个重要时期，即生长期和休眠期。生长期是从春季树液流动时开始，到秋季自然落叶时为止。休眠期是从落叶开始至翌年树液流动前为止。

1. 树液流动期　树液流动期从春季树液流动开始到萌芽时止。植株特征是从伤口或剪口分泌伤流液，所以也称伤流期。此时根系已经开始从土壤中吸收水分。

伤流期出现的迟早与当地的气候有关，当地表以下10cm深土层的温度达到5℃以上时，便开始出现伤流。在吉林地区，五味子的伤流期出现于4月上中旬，一般可持续10～20d。

2. 萌芽期　芽开始膨大，鳞片松开，颜色变淡，芽先端幼叶露出。当5%芽萌动时为萌芽开始期，当达到50%萌芽时为大量萌芽期。

3. 展叶期　幼叶露出后，开始展开，先展开的形成小叶。当5%萌动芽开始展叶时为展叶始期，当有50%展叶时为大量展叶期。

4. 新梢生长期 从新梢开始生长到新梢停止生长为止。据调查，五味子的新梢在生长过程中有两次生长高峰，在吉林地区第一次在5月中旬至6月中旬，第二次在7月中旬至8月上旬。萌蘖枝在整个生长季生长都较快，在支持物足够长的条件下，可生长至9月上中旬才停止生长。营养枝的第一次生长高峰在5月中旬至6月中旬，第二次生长高峰在7月中旬至8月上旬；结果枝的第一次生长高峰在5月下旬至6月上旬，第二次生长高峰在7月中旬至8月上旬（图8-6）。经观察，营养枝和结果枝的第二次生长高峰是由副梢的萌发引起的，所以第二次高峰明显与否与副梢萌发的多少有直接关系。

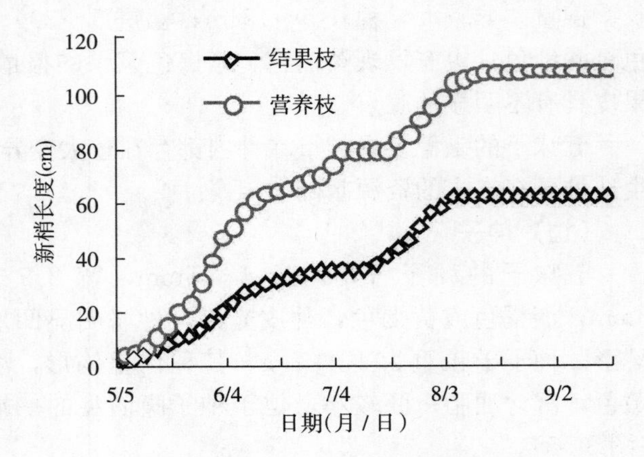

图8-6 五味子新梢生长动态

五味子不同类型的新梢年生长量差别较大，中国农业科学院特产研究所对不同类型新梢调查的结果表明，以萌蘖枝生长量最大，其平均值是营养枝的2.9倍、结果枝的5.2倍（表8-1）。由于萌蘖枝生长量较大，大量的萌蘖枝势必造成严重的营养竞争，所以，在生产中应采取相应措施，减少萌蘖数量，控制其生长。

表8-1 五味子新梢生长量（cm）

枝类	最长	最短	平均
萌蘖枝	385	251	305
营养枝	186	1.5	105
结果枝	93	1.0	58.5

5. 开花期 从始花到开花终了为开花期。在吉林地区，五味子于5月下旬至6月初开花，开花期10～14d，单花花期6～7d。

6. 浆果生长期 由开花末期至浆果成熟之前为浆果生长期。据调查，五味子的果实有两次生长高峰，在吉林地区其第一次生长高峰出现在6月上旬至7月初，7月初为五味子的硬核期。第二次生长高峰在8月上中旬。其第一次生长高峰的生长量较大，为果粒总重量的45%，第二次生长高峰生长量相对较小。果穗亦表现为两次生长高峰，第一次在6月上旬至7月初，第二次生长高峰亦较小，为8月上中旬，如图8-7。

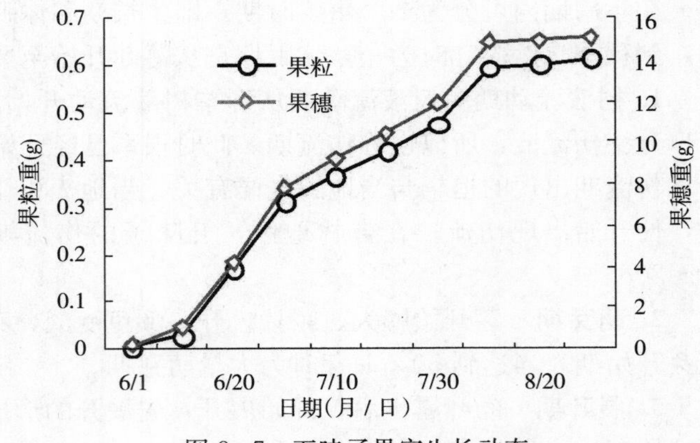

图8-7 五味子果实生长动态

6月下旬至7月上旬为五味子花芽及花性分化的临界期，然而此期也是果实的第一个生长高峰期。果实的生长必然造成较大的营养竞争，使碳水化合物的积累严重不足，阻碍花芽分化及雌花的形成，如负载量过大，易形成较多的叶芽和雄花，影响五味子的产量。五味子花芽分化及果实、新梢生长的对应时期见表8-2。

表8-2 新梢及果实生长与花芽分化的对应关系

类别	6月下旬	7月初	7月中旬	7月下旬至8月中旬
花芽分化	未分化期（花性分化临界期）	花原基始分化（花性分化临界期）	托叶及花被片原基分化	花性分化
结果枝	缓慢生长	缓慢生长	缓慢生长到迅速生长	迅速生长到缓慢生长
萌蘖	缓慢生长	缓慢生长	迅速生长	迅速生长
营养枝	缓慢生长	缓慢生长	缓慢生长到迅速生长	迅速生长到缓慢生长
果穗	迅速生长	缓慢生长	缓慢生长	缓慢生长
果粒	迅速生长	迅速生长	缓慢生长	迅速生长到缓慢生长

7. 浆果成熟期 从浆果成熟始期到完全成熟时为止称为浆果成熟期。五味子在栽培条件下浆果成熟期比野生条件下提前5～7d，在吉林地区7月下旬浆果着色，一般8月末至9月初可完全成熟。不同植株由于遗传基础不同，浆果的成熟期相差较大，早熟类型8月中旬即可完熟，而晚熟类型需9月下旬才能完全成熟。

8. 新梢成熟和落叶期 从浆果开始成熟前后到落叶时为止，新梢在此期间延长生长较前期生长速度显著减慢，以至于停止生长。而中上部的加粗生长仍在进行。新梢在延长生长和加粗生长的同时，花芽及新梢原基也进行分化，在营养状况良好和气候条件适宜的情况下有利于花芽分化和新梢成熟。9月末至10月初，随着气温的降低，叶片逐渐老化变成黄色，基部形成离层，最后自然脱落，由此进入休眠期。直到翌年春季伤流开始，又进入新的生长发育周期。

（二）五味子根系及地下横走茎发育特点

五味子不同树龄植株的根系、地下横走茎差别较大。据调查，五年生植株根系为三年生植株的6.2倍，地下横走茎重为三年生植株的11.3倍。五味子地下横走茎的数量较大，正常修剪情况下，以五年生植株计，其数量为主蔓数的6.8倍，质量为主蔓的2.6倍，芽数为植株芽数的4.5倍，其不定根不发达，不定根重相当于植株根系的3.4%（表8-3）。

表8-3 五味子植株、根系及地下横走茎状况对比

树龄	根系		植株			地下横走茎			
	骨干根数	总重（g）	芽数	主蔓	总重（g）	数量	芽数	总重（g）	不定根（g）
五年生	6	989	250	5	445	34	1 792	2 032	42
五年生	6	850	210	5	470	29	531	641	21
五年生	7	693	240	4	470	32	797	819	33
三年生	4	148	108	3	75	15	105	108	4
三年生	4	123	101	4	78	11	120	98	3
总计		2 803	909	21	1 538	121	3 345	3 698	103

地下横走茎是植株进行无性繁殖的主要器官，除自身地下横走延伸外，还会发出大量的萌蘖枝。萌蘖枝生长势强，加之地下横走茎根系较不发达，吸收能力弱，大量营养仍需母株供给，对五味子花芽分化及正常结果都会造成较大的营养竞争。因此，在进行五味子栽培时应适当去除地下横走茎。

（五）五味子的结实特性

1. 五味子的着花特性 五味子不同枝类及芽位着花状况明显不同。五味子以中、长枝结果为主，随枝蔓长度增加，雌花比率也相应增加（表 8-4）。植株从基部发出的萌蘖当年生长量可达 2m 以上，并且雌花比例较高。同一枝条，雌花比例由基芽向上呈增长趋势（表 8-5）。

表 8-4 不同枝蔓着花状况比较

枝蔓种类	调查枝数	总花数	其中		雌花比率（%）
			雌花数	雄花数	
叶丛枝	50	175	0	175	0
短枝	50	451	106	345	23.5
中枝	50	750	311	439	41.5
长枝	50	757	327	430	43.2

表 8-5 五味子长枝各节位着花特性比较

节位	调查枝数	总花数	总雌花数	节位平均着花数	雌花比率（%）
1	50	153	40	3.06	26.1
2	50	187	80	3.74	42.8
3	50	207	99	4.04	47.8
4	50	210	120	4.20	57.1
5	50	204	129	4.16	63.2
6	50	216	140	4.41	64.9
7	50	210	142	4.47	67.6
8	50	196	136	4.17	69.3
9	50	179	125	4.16	70.0
10	50	151	101	3.87	66.9

在五味子冬剪时，应适当调节叶丛枝及中、长枝的比例，并注意回缩衰弱枝，以培养中、长枝，使树体适量结果，保持连续丰产稳产。对于树势较弱的主蔓应利用基部的萌蘖枝进行及时更新。

2. 花芽分化

（1）花原基未分化期 五味子花芽为混合花芽，春季由越冬芽抽生新梢，新梢的叶腋间着生腋芽，6 月中下旬腋芽的雏梢基部较平坦，无突起物，此期为花原基未分化期（图

8-8a，图中箭头所指为花原基未分化的部位）。

（2）花原基分化始期　在7月初可见腋芽的雏梢基部有微小的突起物，继而增大、变宽、隆起，即为已分化的花原基（图8-8b，图中箭头所指部位为已分化的花原基）。

（3）托叶及花被片原基分化期　到7月中旬，花原基继续发育，周围出现突起，第一个突起为托叶原基，继续分化出花被片原基（8-8c，图中箭头所指部位为花被片）。

（4）花性分化期　到7月下旬以后，如果花原基上陆续出现很多突起物，呈螺旋状排列在花托上，即为初分化的心皮原基，花性为雌花；如突起物少数，近层状排列于花托上，则为雄蕊原基，花性为雄花（图8-8d，图中箭头所指部位为雌花心皮）。此期集中在8月中旬。

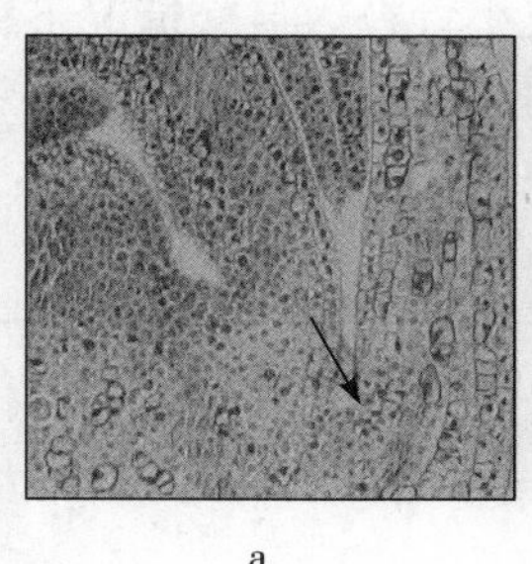
a
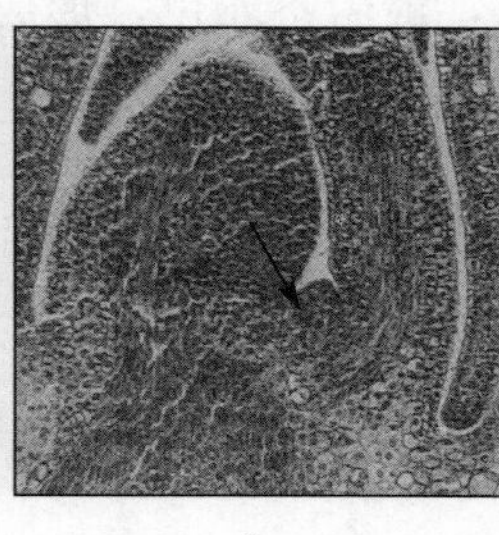
b
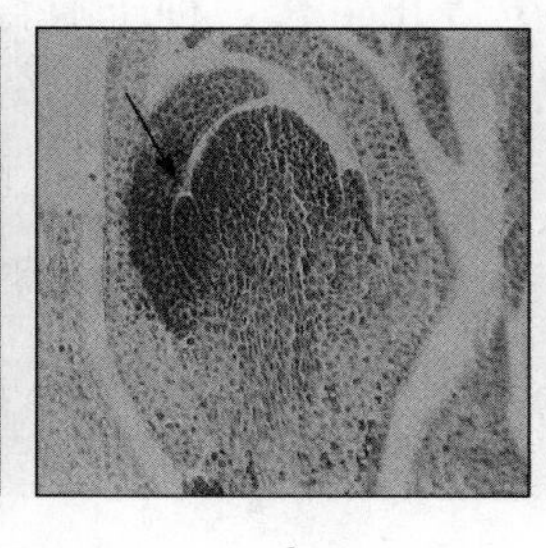
c

d

图8-8　五味子花芽分化过程（雌花）

a. 花芽未分化期　b. 花原基分化始期　c. 托叶及花被片原基分化期　d. 花性分化期

3. 影响花性分化的因素　影响五味子花性分化的因素是多方面的，与树体的营养、负载量、光照、温度、土壤含水量、内源激素水平等有密切联系。五味子栽培的经验表明，五味子单株结果量过大或管理不善，易造成大小年现象。大年树第二年的雌花比例明显降低，甚至整株都是雄花。对不同时期大年树的叶丛枝（超短枝）顶芽和小年树的长枝腋芽进行内源激素测试的结果表明，大年树的叶丛枝顶芽内赤霉素（GA_3）含量为小年树的2倍以上（图8-9）。这说明影响雌花分化的主要因素是大年树的果实合成了大量的赤霉素（GA_3），影响了营养物质向芽内部的转运，从而阻碍了花芽分化向雌花分化的方向转变，使雌花分化受阻。另外，病害较重、树势衰弱、光照及水分条件不良的植株，雌花分化比例也明显偏低。

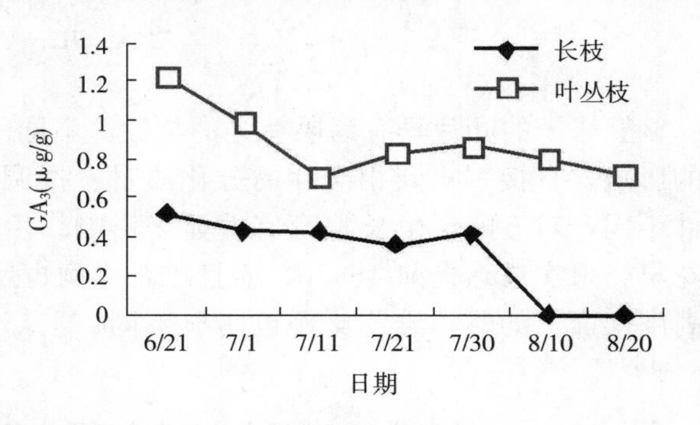

图8-9　五味子不同枝芽内GA_3含量变化

因此，在五味子栽培中，应注意调节树体的负载量，注意病虫害防治及加强施肥灌水等措施，尤其是在花性分化的临界期可实施叶面喷肥或生长调节剂等来调控花性分化。

4. 五味子的授粉特性　五味子为虫媒花，中型花粉，花粉横径29.4～37.0μm，畸形花粉粒少，饱满花粉率可达95%以上。其花药花粉量15.3万～30.0万粒，属花粉量较大的植物种类。

五味子的传粉昆虫为鞘翅目、缨翅目和双翅目昆虫等，以鞘翅目昆虫为主，具有非专一性传粉的特点，传粉昆虫多具避光习性，体型小，不易发现。在栽培的过程中，由于没有发现蜜蜂访花，所以，很多栽培者认为五味子是风媒花。另外，由于许多鞘翅目昆虫是通过在花朵间啃食五味子花器官的方式来完成授粉过程的，一些生产者把它们列入害虫的范围加以防治，这样会降低五味子的坐果率。因此，为保证五味子充分坐果，在五味子花期不要以杀灭该类昆虫为目的进行药剂防治。

研究结果表明（表 8-6），五味子异交的结实率显著高于自交，其中异交的花朵结实率是自交的 1.7～2.8 倍，心皮结实率是自交的 3.5～6.5 倍。五味子授粉受精后，心皮膨大到一定程度会有一部分停止生长，种子败育，最后不着色，形成小青粒。自交情况下种子败育的比例远远高于异交，约为异交组合的 1.6 倍。此结果说明五味子的自花授粉亲和性远远低于异花授粉亲和性。

表 8-6　自异交方式对五味子结实率的影响

品系	杂交方式	花朵结实率（%）	心皮结实率（%）	种子败育心皮率（%）
早红	早红×早红	38.5	11.9	39.2
	早红×优红	65.0	41.6	23.5
优红	优红×优红	20.6	4.9	51.3
	优红×早红	58.2	32.0	31.2

第三节　对环境条件的要求

一、光　照

五味子的叶片具有耐阴喜光的特性，不同的光照条件对叶片的光合作用有着较明显的影响，直接影响到相应芽的分化质量。据调查，林间、林缘及空旷地带由于光照条件不同，对五味子生长发育有着显著影响。生长在空旷、林缘地带的植株比林间的开花早，果实成熟提前 4～7d，而且雌花比例也明显高（表 8-7）。在栽培条件下，不同高度架面上的雌、雄花比例也明显不同，上部架面的雌花比例明显高于下部架面（表 8-8）。

表 8-7　野生五味子在不同环境条件下雌、雄花比例变化

环境条件	调查花数	其中		雌花比率（%）
		雌花数	雄花数	
林间	264	9	255	3.4
林缘	493	198	295	40.2
空旷	273	141	132	51.2

表 8-8　五味子栽培条件下不同高度架面雌、雄花比例变化

架面高（cm）	三年生树			四年生树			五年生树		
	雄花数	雌花数	雌花比例（%）	雄花数	雌花数	雌花比例（%）	雄花数	雌花数	雌花比例（%）
50	316	132	29.0	527	22	4.0	375	61	14.0
51～100	151	287	65.5	804	494	38.1	385	143	27.1
101～150	57	346	85.9	30	620	95.4	390	201	34.0
＞151				5	466	98.9	112	345	75.5

据调查，在野生条件下，由于光照条件不良，叶丛枝在植株上的枯死率达 46.7%，能够萌发的着花率为 14.5%，全部为雄花。而在栽培条件下，内膛枝由于光照不良，叶片薄、颜色浅，常形成寄生叶，枝条及芽眼生长不充实，其萌发率虽可提高到 93.4%，着花率为 87.6%，但仍全部为雄花。叶片的光照条件对植株的生长发育、花芽分化质量有着较大影响。因此，在其他农业技术措施的配合下，通过整形修剪等措施，改善架面的通风透光条件，以增强叶片的光合作用能力，对于五味子的丰产稳产具有重要意义。

五味子光合速率的日变化呈双峰曲线。6 时至 11 时随着气温和光照的增强，叶片光合速率不断提高，11 时 30 分左右达到最大值；11 时至 14 时逐渐下降，14 时至 15 时开始回升，到 15 时 30 分左右出现次高峰，以后随气温和光照的减弱基本呈下降趋势，表明其光合作用存在“午休”现象（图 8-10）。五味子不同植株间光合效率差异明显，光合效率强的植株叶片浓绿，光合速率高，高产稳产；光合效率弱的植株叶片发黄，光合速率低，大小年现象严重。

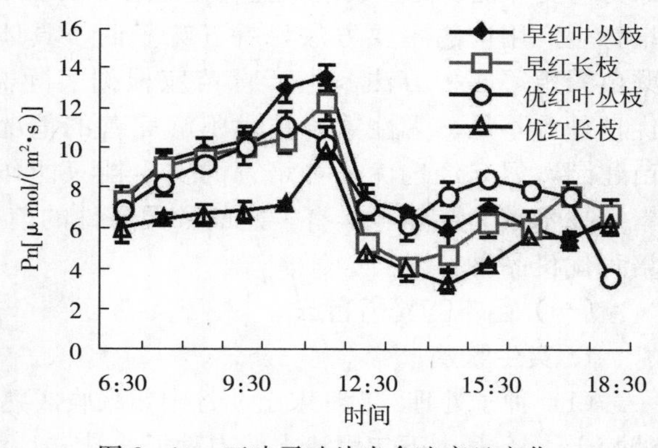

图 8-10　五味子叶片光合速率日变化

二、温　　度

在冬季，五味子枝蔓可抗－40℃的低温，因此可露地栽培。在春季，当平均气温在 5℃以上时，五味子芽眼开始萌动。适宜的生长温度为 25～28℃，生育期 120d 以上，≥10℃活动积温 2 300℃以上。早春萌芽后，当温度降到 0℃以下时，常常会使已萌发的幼嫩枝、叶、花朵冻伤、冻死。因此，要加强晚霜防治。

三、水　　分

五味子属于浅根系植物，对水分的依赖较大，特别是苗木定植的春季应保持适宜的土壤湿度，以提高成活率。在我国东北地区，6 月下旬以前多出现干旱少雨天气，应注意果园灌水，保证植株生长发育的需要。7～8月份是北方的雨季，雨量充沛，能够满足五味子对水分的需求，但要注意排水防涝。

四、土　壤

五味子适宜在各种微酸性土壤中生长，而以土层深厚、腐殖质含量高的土壤最为适宜。

第四节　育苗与建园

一、育　苗

可靠的繁殖方法是多种植物得以栽培推广的先决条件。植物的繁殖方法可分为两大类，即有性繁殖和无性繁殖。有性繁殖的后代分别携带双亲的不同遗传特性，有较强的生命力与变异性；无性繁殖因能稳定地保持原品种的特征和特性，一致性强，是木本植物培育生产用苗的主要方法，就五味子而言具体有扦插繁殖、压条繁殖、嫁接繁殖、根蘖苗繁殖等多种方法。生产育苗应根据实际需要选择适宜的方法，在种苗十分缺乏、优良种源不足、无性繁殖技术不够完善的情况下，经过选优采种，生产上可采用实生苗建园，但未经选优采种培育的实生苗只能作砧木，作为培育嫁接苗的材料；在无性繁殖技术较为成熟、具有一定的种源条件的前提下，就要积极采用各种无性繁殖技术，培育优良品种苗木。

（一）苗木的繁殖方法

1. 实生繁殖

（1）种子处理　8月末至9月中旬采收成熟果实，搓去果皮果肉，漂除瘪粒，放阴凉处晾干。12月中下旬用清水浸泡种子3～4d，每天换水1次，然后按1∶3的比例将湿种子与洁净细河沙混合在一起，沙子湿度通常掌握在用手握紧成团而不滴水的程度，放入木箱或花盆中存放，温度保持在0～5℃。在我国东北地区，亦可在土壤封冻前，选背风向阳的地方，挖深60cm左右的贮藏坑，坑的长宽视种子的多少而定，将拌有湿沙的种子装入袋中放在坑里，上覆10～20cm的细土，并加盖作物秸秆等进行低温处理，第二年春季解冻后取出种子催芽。五味子种子层积处理或低温处理所需要的时间一般在80～90d，播种前半个月左右把种子从层积沙中筛出，置于20～25℃条件下催芽，10d后，大部分种子的种皮裂开或露出胚根，即可播种。由于五味子种子常常带有各种病原菌，致使五味子种子催芽过程中和播种后发生烂种或幼苗病害。因此，在催芽或播种前，五味子种子进行消毒处理是十分必要的。用质量分数0.2%～0.3%多菌灵拌种，拌后立即催芽或播种，也可用50%咪唑霉400～1 000倍液或70%代森锰锌1 000倍液浸种2min，效果很好。

（2）露地直播　为了培育优良的五味子苗木，苗圃地最好选择地势平坦、水源方便，排水好，疏松、肥沃的沙壤土地块。苗圃地应在秋季土壤结冻前进行翻耕、耙细，翻耕深度为25～30cm。结合秋翻施入基肥，每667m^{2}施腐熟农家肥4～5m^3。

露地直播可实行春播（吉林地区4月中旬左右）和秋播（土壤结冻前）。播种前可根据不同土壤条件做床。低洼易涝、雨水多的地块可做成高床，床高15cm左右；高燥干旱，雨水较少的地块可做成平床。不论哪种方式都要有15cm以上的疏松土层，床宽1.2m，床长视地势而定。耙细床土清除杂质，搂平床面即可播种。播种采用条播法，即在床面上按20～25cm的行距，开深度为2～3cm的浅沟，每667m^{2}用种量5～8kg，播种量10～15g/m^2。覆1.5～2.0cm厚的细土，压实土壤，浇透水。在床面上覆盖一层稻草、松针或加盖草帘，覆盖厚度以1.0cm左右为宜，既可保持土壤湿度又不影响土温升高。为防止立枯病和其他土壤传染性病害，在播种覆土后，结合浇水喷施50%多菌灵可湿性粉剂500倍液。

当出苗率达到50%～70%时，撤掉覆盖物并随即搭设简易遮阳棚，幼苗长至2～3片真叶时撤掉遮阴物。苗期要适时锄草松土。当幼苗长出3～4片真叶时进行间苗，株距保持在5cm左右为宜。苗期追肥2次，第一次在拆除遮阳棚时进行，在幼苗行间开沟，每平方米施硝酸铵20～25g、硫酸钾5～6g；第二次追肥在苗高10cm左右时进行，每平方米施磷酸氢二铵30～4g克、硫酸钾6～8g。施肥后适当增加浇水次数以利幼苗生长。进入8月中旬，当苗木生长高度达到30cm时要及时摘心，促进苗木加粗生长，培养壮苗。栽培过程中要注意白粉病的发生，当发现有白粉病时，可用粉锈宁25%可湿性粉剂800～1 000倍液、甲基托布津可湿性粉剂800～1 000倍液及粉锈安生70%可湿性粉剂1 500～2 000倍液进行防治。

在其他管理措施一致的前提下，撤掉覆盖物后也可以不设遮阴设施，在幼苗出土后至长出2～3片真叶前10时至12时、13时至15时用喷灌设备向苗床间歇式喷雾，既节省遮阴设备的成本，又使成苗率和苗木质量显著提高。

2. 无性繁殖育苗方法

（1）半木质化绿枝扦插　6月上中旬采五味子品种或优系半木质化新梢为繁殖材料，进行扦插繁殖。一般于10时前采集插穗较为适宜。插穗长15～20cm、粗度应>0.3cm，保留中上部的叶片，剪除基部（剪口）往上3～5cm处的叶片，下剪口落在半木质化节上，剪口倾斜。插穗用0.1%多菌灵药液浸泡1～2min，抖落水滴后再用1 000mg/kg萘乙酸（NAA）或100mg/kg ABT1号生根粉浸泡基部20～30s备插。

插床要建在保湿、散热性能好的温室或大棚内。先挖宽1.5～2m、长6m、深0.5m的地池，四周用砖砌好，形成半地下式插床，然后在池上方搭拱棚和遮阳棚。以1∶1的干净河沙和过筛的炉渣灰为基质。床面用0.1%多菌灵和0.2%辛硫磷杀菌、灭虫。基质用2%高锰酸钾溶液喷淋消毒，堆放2h后再用水淋洗1次，再按15～20cm的厚度均匀地铺在插床上。用直径2.5cm的木棒，按8cm×3～4cm的株行距打3～4cm深的孔，然后插入插穗并压实，叶片不要互相重叠，随后喷水（图8-11）。

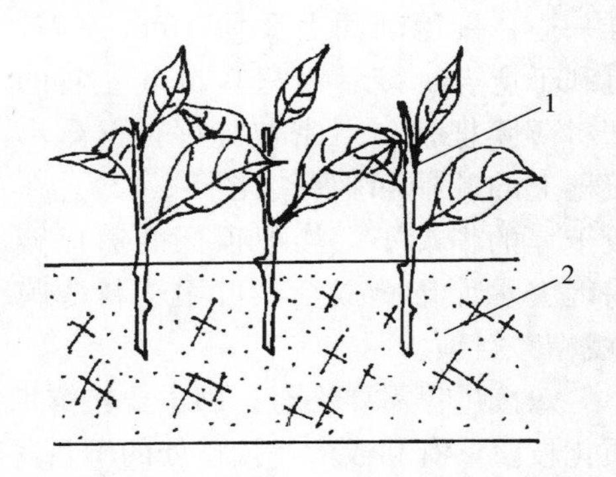

图8-11　五味子半木质化绿枝扦插

1. 插条　2. 基质

棚内的湿度要保持在90%以上，透光率在60%左右，温度控制在19～30℃。每天根据湿度情况喷雾3～4次，要求喷雾后不形成径流。插后15d喷消毒液，以后每隔8～10d喷1次。如扦插后管理得当，30～40d可生根5～10条。逐渐撤去湿度保护，控水炼苗，只要叶片不表现萎蔫状就不浇水，雨天要加遮盖，防止雨水灌入床内。经炼苗处理的生根壮苗即可小心挖出，以12cm×25cm的株行距栽于露地苗畦内，继续培养成苗。移至露地的生根苗亦同样要求精细管理，本着前促后控的原则，育出地下根系发达、地上木质化程度高的粗壮苗木。

（2）绿枝劈接繁殖　砧木的培养参照露地直播育苗，在冬季来临之前如砧木不挖出，则必须在上冻之前进行修剪，每个砧木留3～4个芽（5cm左右）剪断，然后浇足封冻水，以防止受冻抽干。如拟在第二年定植砧苗，则可将苗挖出窖藏或沟藏，这样更利于砧苗管理，第二年定植时也需要剪留3～4个芽定干。原地越冬的砧木苗来年化冻后要及时灌水并追施速效氮肥，促使新梢生长，每株选留新梢1～2个，其余全部疏除，尤其注意去除基部萌发的地下横走茎。用砧木苗定植嫁接的，可按一般苗木定植方法进行，为嫁接方便可采用垄栽。

在辽宁中北部和吉林各地可在5月下旬到7月上旬进行，但嫁接晚时当年发枝短，特别是生长期短的地区发芽抽枝后当年不能充分成熟，建议适时早接为宜。嫁接时最好选择阴天，接后遇雨则较为理想，阳光较为强烈的晴天在午后嫁接较为适宜。

嫁接时选取砧木上发出的生长健壮的新梢，新梢留下长度以具有2枚叶片为宜。剪口距最上叶基部1cm左右，砧木上的叶片留下。为了使愈合得更好，要尽量减少砧木剪口处细胞的损坏，剪子要锋利，也可采用单面刀片切断。

接穗要选用优良品种或品系的生长茁壮的新梢和副梢。剪下后，去掉叶片，只留叶柄。接穗最好随采随用，如需远距离运输，应做好降温、保湿、保鲜工作，以提高成活率。嫁接时，芽上留0.5～1cm，芽下留1.5～2cm，接穗下端削成1cm左右的双斜面楔形，斜面要平滑，角度小而均匀。

在砧木中间劈开一个切口，把接穗仔细插入，对齐接穗和砧木二者的形成层，接穗和砧木粗度不一致时对准一边，接穗削面上要留1mm左右，有利于愈合。接后用宽0.5cm左右的塑料薄膜把接口严密包扎好，仅露出接穗上的叶柄和腋芽（图8-12）。在较干旱的情况下，接穗顶部的剪口容易因失水而影响成活，可用塑料薄膜"戴帽"封顶。

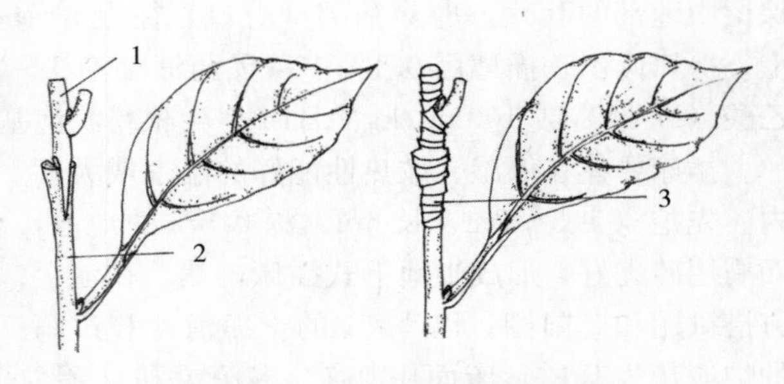

图8-12　五味子绿枝劈接
1. 接穗　2. 砧木　3. 嫁接状

嫁接过程需要注意：砧木要较鲜嫩，过分木质化的砧木成活率不佳；接穗要选择半木质化枝段，有利成活；接口处的塑料薄膜一定要绑好，不可漏缝，但也不可勒得过紧；接前特别是接后应马上充分灌水并保持土壤湿润；接后仍需及时除去砧木上发出的侧芽和横走茎；接活后适时去除塑料薄膜。

（3）硬枝劈接繁殖　落叶后至萌芽前采集一年生枝作接穗，结冻前起出1～2年生实生苗作砧木，在低温下贮藏以备次年萌芽期进行劈接（或不经起苗就地劈接）。嫁接前把接穗和砧木用清水浸泡12h。接穗应选择粗度＞0.4cm、充分成熟的枝条，剪截长度4～5cm，留1个芽眼，芽上剪留1.5cm，芽下保持长度为3cm左右。用切接刀在接穗芽眼的两侧下刀，削面为长1～1.5cm的楔形，削好的接穗以干净的湿毛巾包好防止失水；在砧木下胚轴处剪除有芽部分，根据接穗削面的长度，在砧木的中心处下刀劈开2cm左右的劈口，选粗细程度大致相等的接穗插入劈口内，要求有一面形成层对齐，接穗削面一般保留1～2mm“露白”，然后用塑料薄膜将整个接口扎严（图8-13）。把嫁接好的苗木按5cm×20cm的株行距移栽到苗圃内，为防止接穗失水干枯，接穗上部剪口处可以铅油密封。移栽后10～15d产生愈伤组织，30d后可以萌发。当嫁接苗30%左右萌发时应进行遮阴，因为此时接穗与砧木的愈伤组织尚未充分结合，根系吸收的水分不能很好供应接穗的需要，遮阴可以防止高温日晒造成接穗大量失水死亡。当萌发的新梢开始伸长生长时需进行摘心处理，一般留2～3片叶较为适宜。温度超过30℃时可叶面喷水降低叶温，减少蒸腾。当新梢萌发副梢开始第二次生长时，说明已经嫁接成活，可撤去遮阴物。

（4）压条繁殖　压条繁殖是我国劳动人民创造的最古老的繁殖方法之一，它的特点是利用一部分不脱离母株的枝条压入地下，使枝条生根繁殖出新的个体，其优点是苗木生长期养分充足，容易成活，生长壮，结果期早。

压条繁殖多在春季萌芽后新稍长至10cm左右时进行。首先，在准备压条的母株旁挖15～20cm深的沟，将1年生成熟枝条用木杈固定压于沟中，先填入5cm左右的土，当新梢至20cm以上且基部半木质化时，再培土与地面平（图8-14）。秋季将压下的枝条挖出并分割成各自带根的苗木。

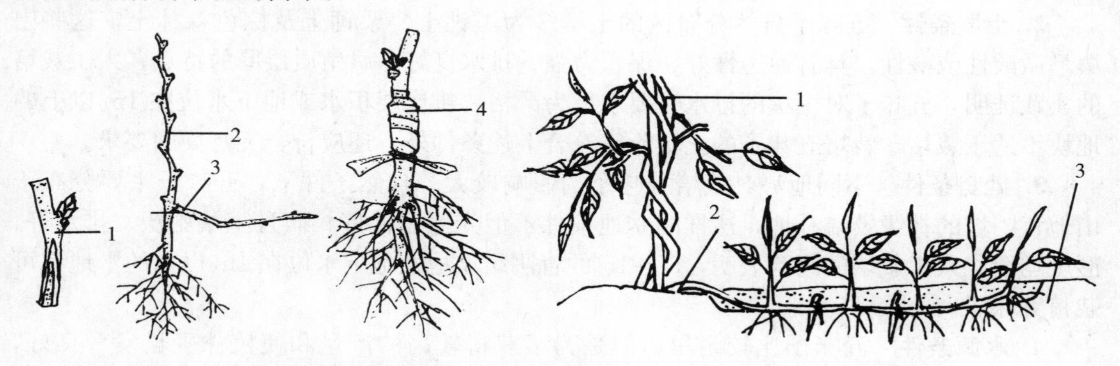

图8-13　五味子的硬枝劈接繁殖

1. 接穗　2. 砧木　3. 剪切处　4. 嫁接状

图8-14　五味子压条繁殖

1. 主蔓　2. 压条　3. 土壤

（二）苗木的分级标准

五味子苗木的分级是根据苗木根系、枝蔓生长发育和成熟情况进行的。分级标准：一级苗，根颈直径0.5cm以上，茎长20cm以上，根系发达，根长20～25cm，芽眼饱满，无病虫害和机械损伤；二级苗，根颈直径0.35cm以上，茎长15～20cm，根长15～20cm，芽眼饱满，无病虫害和机械损伤；三级苗，根颈直径0.34cm以下，茎长15cm以下，根长10cm以下。一、二级苗可作为生产合格用苗，三级苗不能用于生产，应回圃复壮。

二、建　　园

五味子是多年生木质藤本植物，建园投资大，经营年限长，因此选地、建园工作非常重要。对五味子园地的选择必须严格遵守自然法则，讲求五味子生育规律和经济效果，同时又要符合我国中药材生产质量管理规范（GAP）的指导性原则，以生产优质的商品果实、更好地满足国内外中药材市场需求为目的。若园地选择得当，对植株的生长发育、丰产、稳产、提高果实品质、减少污染以及便利运输等都有益处。如果园地选择不当，将会造成不可挽回的损失。因此，建立高标准的五味子园，首先要选择好园地。

（一）园地选择

选择适宜栽培五味子的园地，要从地理位置及环境条件来考虑，大体包括以下几个方面。

1. 气候条件　我国东北地区是五味子的主产区，野生资源主要分布于北纬40°～50°、东经125°～135°的广阔山林地带。该地区的气候特点是冬寒、夏凉、少雨、日照长，年平均气温2.6～8.6℃，冬季最低气温可达－50～－30℃，1月份平均气温－23.5～－9.3℃，土壤结冻期长达5～6个月。无霜期较短，110～150d。晚霜出现在5月份，早霜出现在9月份。年降水量300～700mm，集中在6～8月份和冬季，春季多干旱。在这种恶劣的气候条件下，五味子也可安全越冬。但为了获得较好的经济收益，必须选择能使五味子植株正常生长的小区气候，从而达到优质、高产的目的。无霜期120d以上，≥10℃年活动积温2 300℃以上，生长期内没有严重的晚霜、冰雹等自然灾害的小区环境，适宜选作五味子园地。

2. 土壤条件　五味子自然分布区的土壤多为黑钙土、栗钙土及棕色森林土，这些土壤呈微酸性或酸性，具有通透性好、保水力强、排水良好、腐殖质层厚的特点。人工栽培的实践证明，五味子对土壤的排水性要求极为严格，耕作层积水或地下水位在1m以上的地块不适于栽培。栽培五味子的土壤除需符合上述条件外，还应符合无污染的要求。

3. 地势条件　不同地势对栽培五味子的影响较大。自然条件下，五味子主要分布于山地背阴坡的林缘及疏林地，这样的立地条件不但光照条件好，而且土壤肥沃、排水好、湿度均衡。人工栽培的经验表明，5°～15°的背阴缓坡地及地下水位在1m以下的平地都可栽植五味子。

4. 水源条件　五味子比较耐旱，但是为了获得较高的产量和使植株生长发育良好，生育期内必须供给足够的水分。在五味子的年生育周期内，一般都需要进行多次灌水。同时，为防治五味子病虫害等，喷洒药液也需要一定量的水。所以在选择园地时，要注意在园中或其附近有容易取得足够水量的地下水、河溪、水库等，以满足栽培五味子对水分的需要。但必须注意，园地附近的水源不能有污染，水质必须符合我国“农田灌溉水质量标准”。

5. 周边环境　园址要远离具有污染性的工厂，距交通干线的距离应在1 000m以上，周围设防风林，大气质量应符合我国“大气环境质量标准”，距加工场所的距离不宜超过

50km，交通条件良好。另外，近年来的实践表明，五味子园的选地应尽量避免与玉米地等农作物相邻接，由于该类农作物在进行农田除草时常大量喷洒2,4，D-丁酯等飘移性较强的除草剂，使五味子遭受严重药害，个别地块甚至绝产。2,4，D-丁酯在无风条件下其飘移距离一般在200m左右，有风时飘移距离可达1 000m，所以建园时要将与大田作物的间距控制在1 000m以上。

（二）定植前的准备

1. 土地平整　定植前首先要平整土地，把所规划园地内的杂草、乱石等杂物清除，填平坑洼及沟谷，使五味子园地平整，以便于以后作业。

2. 深翻熟化　五味子根系分布的深度会随着疏松熟化土层的深浅而变化。土层疏松深厚的，根系分布也较深，这样才能对五味子的生长发育有利，同时可提高五味子对旱、涝的适应能力。最好能在栽植的前一年秋季进行全园深翻熟化，深度要求达到50cm。如不能进行全园深翻熟化，就要在全园耕翻的基础上，在植株主要根系分布的范围进行局部土壤改良，按行挖栽植沟，深0.5～0.7m，宽0.5～0.8m，也能够创造有利于五味子生长发育的土壤条件。

3. 施肥　五味子是多年生植物，一经栽植就要经营几十年，其生长发育所需要的水分和营养绝大部分靠根系从土壤中吸收，因此栽植时的施肥对五味子以后的生长发育无疑是非常有益的。栽植前主要是施有机肥，如人、畜粪和堆肥等。各类有机肥必须经过充分腐熟，以杀灭虫卵、病原菌、杂草种子，达到无害化卫生标准，切忌使用城市生活垃圾、工业垃圾、医院垃圾等易造成污染的垃圾类物质。有条件亦可配合施入无机肥料，如过磷酸钙、硝酸铵、硫酸钾等。无机肥的施用量每667m^2施硝酸铵30～40kg、过磷酸钙50kg、硫酸钾25kg。

施肥的方法要依土壤深翻熟化的条件来定。全园耕翻时，有机肥全园撒施，化学肥料撒施在栽植行1m宽的栽植带上。如果进行栽植带或栽植穴深翻，可在回土时将有机肥拌均匀施入，化肥均匀施在1～30cm深的土层内。

4. 定植点的标定　定植点的标定工作要在土壤准备完毕后进行。根据全园规划要求及小区设置方式等，决定行向和等高栽植或直线栽植。

标定定植点的方法：先测出分区的田间作业道，然后用经纬仪按行距测出各行的栽植位置。打好标桩，连接行两端的标桩，即为行的位置。再在行上按深耕熟化的要求挖栽植沟或栽植穴，注意保留标桩，这是以后定植时的依据。

5. 定植沟的挖掘与回填　五味子的定植一般在春季进行。但春季从土壤解冻到栽苗一般不足1个月时间，在春季新挖掘的定植沟，土壤没有沉实，栽苗后容易造成高低不齐，甚至影响成活率。因此，挖定植沟的工作最好是在栽苗的前一年秋季土壤结冻前完成，使回填的松土经秋季和冬季有一个沉实的过程，以保证次年春季定植苗木的成活率。

定植沟的规格可根据园地的土壤状况有所变化，如果园地土层深厚肥沃，定植沟可以挖得浅一些和窄一些，一般深0.4～0.5m，宽0.4～0.6m即可；如果园地土层薄，底土黏重，通气性差，定植沟就必须深些和宽些，一般要求深达0.6～0.8m，宽0.5～0.8m。挖出的土按层分开放置，表土层放在沟的上坡，底土层放在沟的下坡。挖定植沟必须保证质量，要求上下宽度一致，上宽下窄的沟是不符合要求的。沟挖完后，最好是能经过一段时间的自然风化，然后回填。在回填土的同时分层均匀施入有机肥和无机肥。先回填沟上坡的表土，同时施入有机肥料。表土不足时，可将行间的表层土填到沟中，填至沟的2/3后，回填土的同时施入高质量的腐熟有机肥和化肥，以保证苗期植株生长对营养的需要。回填过程中，要分2～3次踩实，以免回填的松土塌陷，影响栽苗质量，或增加再次填土的用工量。待每个小区的定植沟都回填完毕后，再把挖出的底土撒开，使全园平整，如图8-15所示。

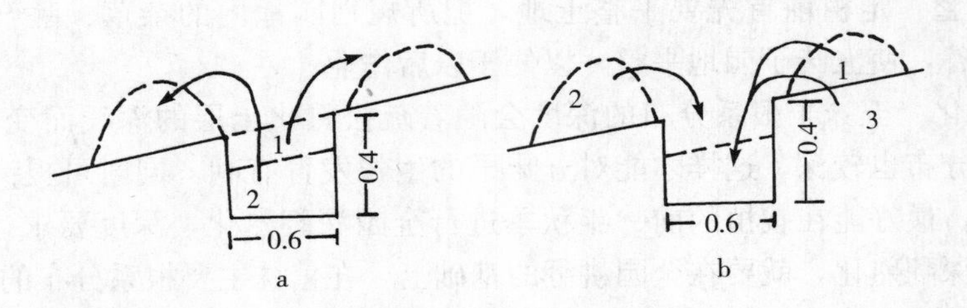

图8-15　定植沟的挖掘和回填（单位：m）
a. 挖掘　b. 回填　1. 表土　2. 底土　3. 行间土

6. 架柱、架线的设立

（1）架柱的埋设　在五味子园建园的过程中，架柱的埋设需在栽苗前完成。这一方面可提高栽苗的质量，使行、株距准确，另一方面因为有架柱及拉设铁线的保护，栽好的植株可少受人畜活动的损坏。

架柱可用木架柱，亦可用水泥架柱。在我国东北的林区发展五味子生产，木架柱来源充足，而且比较便宜。木架柱要使用柞木、水曲柳、榆木、槐木、黄菠萝等硬质原木。中柱用小头直径8～12cm、长260cm的木杆，边柱用小头直径12～14cm、长280cm的小径木。把架柱的入土部分用火烤焦并涂以沥青，可以提高其防腐性，延长使用年限。水泥架柱一般由500号水泥10份、河沙2份、卵石3份配混凝土制成，柱中设有直径0.6～0.8cm的钢筋4条，每隔20cm用8号线与钢筋拧成的方框连成整体作骨架，制成的架柱混凝土强度200号以上。中柱为8cm或10cm见方、两端粗细相同的方柱，长260cm。边柱为10cm见方、粗细相同的方柱，长280cm。五味子采用篱架栽培方式，因栽培模式不同，株行距不同，一般株距40～75cm，行距120～200cm。埋设架柱时，水泥架柱之间的距离一般为6m，木架柱为4m。

埋设架柱的步骤是，依据标定栽植点的标桩先埋边柱，后埋中柱，要求埋完的架柱，经纬透视都能成直线。埋柱的深度，边柱为0.8m，中柱0.6m。边培土边夯实，达到垂直和坚实为准。埋设边柱的方法有两种，一种为锚石拉线法，一种为支撑法。采用锚石拉线法，又可分为直立埋设和倾斜两种。直立埋设的边柱垂直，入土深0.8m，在边柱外2m处挖一个1m深的锚石坑，用双股8号铁线连接锚石和边柱的上端即可，拉线的斜度为45°。这种埋设方法施工比较方便，但是日后的田间管理受斜拉线的影响，作业较不方便。倾斜埋设法施工比较费事，但是日后的田间运输、机械作业等比较方便。此法埋设边柱是拉线垂直，边柱的内侧呈60°的倾斜，入土深度约0.8m，锚石坑挖在测定的边柱点上，深1～1.2m，引出双股8号铁线与边柱的顶端相连接，即在边柱顶点的投影点埋锚石，在锚石点往区内行上1.2m处挖坑斜埋边柱即可（图8-16）。

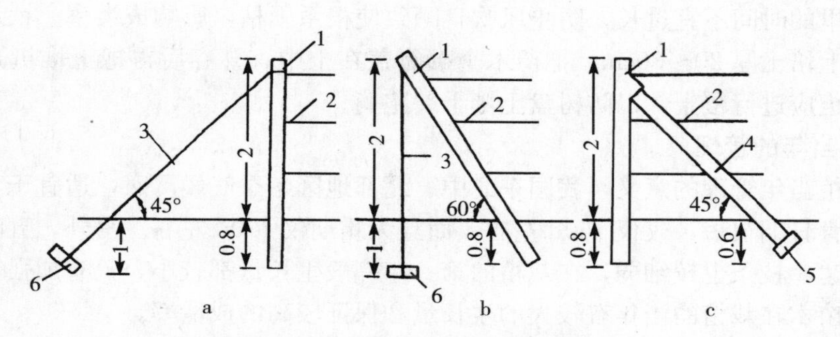

图 8-16　边柱埋设模式图（单位：m）
a. 锚石拉线法直立埋设　b. 锚石拉线法倾斜埋设　c. 支撑法
1. 边柱　2. 铁线　3. 拉线　4. 支撑柱　5. 垫石　6. 锚石

采用支撑法埋边柱施工容易，但除要求边柱上距顶端 0.6m 处有一个突起的支撑点外，还需要多用一根支撑柱。首先埋好边柱，然后在行上距边柱 1.2～1.4m 处挖坑埋支撑柱，以 45°的倾斜角与边柱的支撑点相连。土层松软的地段，支撑柱的底端要加埋垫石。

(2) 架线的设置　五味子园架柱埋设完成后，需设置架线。架线的间距为 0.6m 左右。第一道架线距地面 0.75m，第二道架线和第三道架线分别距地面 1.35m 和 1.95m。因五味子栽培常需设置架杆等，架线承重较葡萄等为轻，为节省成本，架线可采用较细的 10 号或 12 号钢线。设架线时先把架线按相应高度固定于篱架行的一端，然后将架线设置在行的另一端，用紧线器拉紧，并固定于边柱上。架线与中柱的交叉点用 12 号铁线固定。

（三）苗木定植及当年管理

1. 定植时期　五味子的成品苗定植可采取秋栽或春季栽植，秋栽在土壤封冻前进行，春栽可在地表以下 50cm 深土层化透后进行。

2. 栽植技术

(1) 苗木浸水　苗木经过冬季贮藏或从外地运输，常出现含水量不足的情况。为了有利于苗木的萌芽和发根，用清水把全株浸泡 12～24h。

(2) 定植　定植前需对苗木进行定干，在主干上剪留 4～5 个饱满芽，并剪除地下横走茎。剪除病腐根系及回缩过长根系。

在前一年秋季已经深翻熟化的地段上，把每行栽植带平整好，按标定的株距挖好定植穴。定植穴圆形，直径 40cm，深 30cm。如株距较近，也可以挖栽植沟。采用篱架栽培时，栽苗点应在架的投影线上，为了保证植株栽植准确，应使用钢卷尺测距，或使用设有明显标记（株距长度）的拉线，以后的挖穴及定植都要利用钢卷尺或这种测距线测定。

由定植穴挖出的土，每穴施入优质腐熟有机肥 2.5kg 拌匀，然后将其中一半回填到穴内，中央凸起呈馒头状，踩实，使离地平面约 10cm。把选好的苗木放入穴中央，根系向四周舒展开，把剩余的土打碎埋到根上，轻轻抖动，使根系与土壤密接。把土填平踩实后，围绕苗木用土做一个直径 50cm 的圆形水盘，或做成宽 50cm 的灌水沟，灌透水。水渗下后，将作水盘的土埂耙平。从取苗开始至埋土完毕的整个栽苗过程，注意细心操作，苗木放在地里的时间不宜过长，防止风吹日晒致使根系干枯，影响成活率。秋栽的苗木入冬前在小苗上培土厚20～30cm，把苗木全部覆盖在土中，开春后再把土堆扒开。春栽时待水渗完后也应进行覆土，以防树盘土壤干裂跑墒。

3. 定植当年的管理

（1）定植当年管理的意义　我国东北中、北部地区冬季气候严寒，适宜于五味子年发育周期的生育日期很短，仅仅150d左右，而且无霜期仅120d左右。另外，五味子苗木的根系很不发达，枝条也较细弱，在栽植的第一年一般生长量都较小，只有加强管理，才能促进五味子苗木在栽植的当年有较大的生长量和保证较高的成活率。

（2）土壤管理　五味子定植当年的土壤管理虽然比较简单，但却非常重要。为了保证苗木的旺盛生长，基本采取全园清耕的方法。全年进行中耕除草5次以上，保持五味子栽植带内土壤疏松无杂草。

一般情况下当年定植的五味子萌芽后存在一个相对缓慢的生长期，此期个别植株会出现封顶现象，主要原因是由于根系尚未生长出足够多的吸收根，植株主要靠消耗自身积累的养分，因此新梢生长缓慢。当叶片生长到一定程度后即可制造足够的营养并向植株和根系运输，从而促进根系生长，此期可适当喷施尿素或叶面肥，促进叶片的光合作用。至5月下旬，根系已发出大量吸收根，植株内也有一定的营养积累，因此上部新梢开始迅速生长，封顶新梢重新萌发出副梢。此时为管理的关键时期，需加强肥水管理，每株可追施尿素或磷酸二铵5～10g。为了促进五味子枝条的充分成熟，8月上中旬可追施磷肥与钾肥，每株施过磷酸钙100g，硫酸钾10～15g，或叶面喷施0.3%磷酸二氢钾。

遇旱灌水，特别要注意雨季排涝，一定要及时排除积水，否则容易引起幼苗死亡。

（3）植株管理　五味子定植当年的生长量与苗木质量和管理措施关系很大，在保证苗木质量的前提下必须加强植株管理。一般在苗木芽萌发后的缓慢生长期可不对新梢进行处理。到5月下旬至6月上旬新梢开始迅速生长后，当新梢长度达50cm左右时，根据不同栽培模式，每株可选留健壮主蔓1～2条，及时引缚上架，支持物可采用竹竿或聚乙烯树脂绳。对于其他新梢可采取摘心的方法，抑制其生长，促使其制造营养，保证植株迅速生长。当植株生长超过2m时需及时摘心，促进枝条成熟。如产生副梢，需疏除过密副梢，一般副梢间距保持在15～20cm左右，并于副梢长度30cm左右处摘心，促进副梢生长充实、芽体饱满。

五味子的幼苗在一般情况下很少发生虫害和感染病害，但必须加强检查，由于一年生的幼苗较弱小，一旦发生病虫为害，会对植株的生长产生极大的影响。尤其应加强对五味子黑斑病及白粉病的观察，做到尽早防治。防治方法详见病虫害防治部分。

第五节　栽培管理技术

一、架式及栽植密度

（一）架式

五味子是一种多年生蔓性植物，枝蔓细长而柔软。在野生条件下，其枝蔓需依附其他树木以顺时针方向缠绕向上生长，因而在人工栽培时必须设立支架。设立支架可使植株保持一定的树形，枝、叶能够在空间合理地分布，以获得充足的光照和良好的通风条件，并便于在园内进行一系列的田间管理作业。可根据当地的自然条件、栽培条件、品种特点和农业生产条件等来选择良好的架式。目前五味子的架式主要以单壁篱架为主。

1. 单壁篱架　单壁篱架又称单篱架，架的高度一般 1.5～2.2m，可根据气候、土壤、品种特性、整枝形式等加以伸缩。架高超过 1.8m 的单篱架称为高单篱架，目前五味子生产中多采用此种架式。架柱上每隔 40～80cm 拉一道铁线，铁线上绑缚架杆，供五味子主蔓攀附缠绕。单篱架的主要优点是适于密植，利于早期丰产。如辽宁省部分地区的生产者利用 2.0m 高的单篱架，采用行距 1.2m、株距 0.3m 的栽植密度，三年生的五味子植株 667m^2 产五味子干品达到 450kg。行距较为合理的篱架光照和通风条件好，各项操作如病虫害防治、夏季修剪等特别是机械化作业方便。但如果栽植密度过大、架面过高，园内枝叶过于郁闭，多年生植株的下部常不能形成较好的枝条，易导致 1m 以下光秃，不能正常结果。因此应注意合理密植，或适当降低架面高度，来保障合理地利用光照和空气条件。

2. 混合式篱架　由于五味子的枝条过于柔软，结果母枝和一年生新梢常下垂，以至于造成架面过于郁闭，架面内部形成过多的寄生叶，不能进行光合作用，使大量叶片早期脱落、新梢枯死，严重影响花芽分化质量和树势。根据五味子的这一特点，采用双壁篱架与单壁篱架相结合的"混合式篱架"（图 8-17），可将枝条均匀引附于铁线上，较好地解决了枝条下垂的问题（图 8-18）。其内侧的架线向两侧各纵向引缚一个结果母枝，两侧架线各横向引缚 1 个结果母枝，则每株可进行引缚结果母枝至少 12 个，使植株的通风、透光条件得到较好改善。

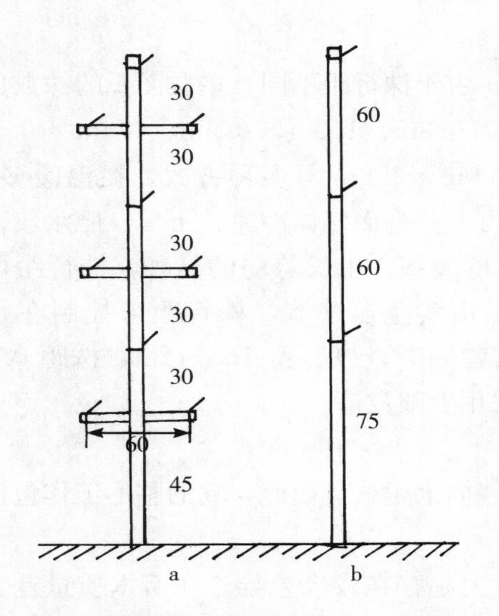

图 8-17　单壁篱架及混合式篱架（单位：cm）
a. 混合式篱架　b. 单壁篱架

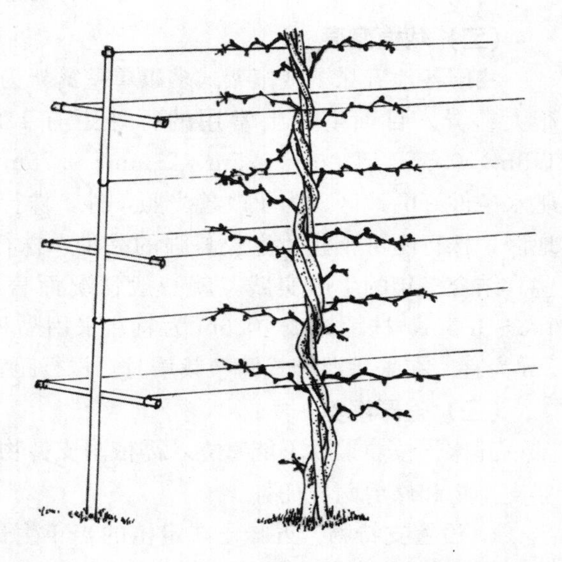

图 8-18　五味子混合式篱架枝蔓引附状况

3. 小棚架　小棚架是近年来新兴起的一种架式，其特点是光能利用率高，树体的负载量大（图 8-19）。一般采用 1.5～2.0m 的行距，0.5～1.0m 的株距，株距为 1.0m 时可选留两组主蔓。冬季修剪时根据情况每组主蔓选留结果母枝 15～20 个。

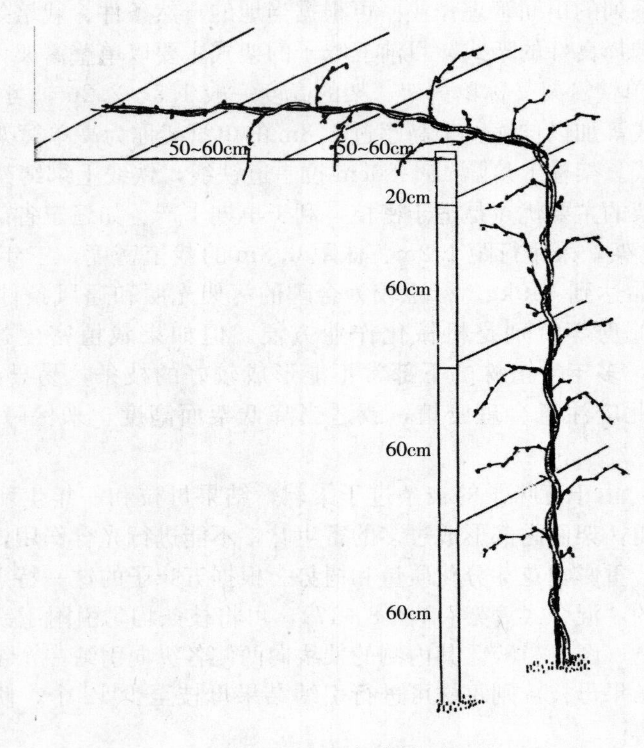

图 8-19　五味子小棚架

（二）栽植密度

我国各地五味子栽植架式多以单壁篱架为主，由于株行距不同，单位面积的株数也有很大差异。目前生产上常用的行株距有 1.2m×0.3m、1.2m×0.5m、1.4m×0.5m、1.5m×0.5m、2.0m×0.5m、2.0m×0.75m、2.0m×1.0m 等多种方式。在温暖多雨、肥水条件好的地区，为了改善光照条件，株行距可大些；而气候冷凉、干旱、肥水较差的地区，株行距可小些。生长势强的品种，株行距可大些；生长势弱的品种，株行距可小些。结合多年的生产实践，就一般情况而言，采用实生苗建园，株行距可控制在行距 1.3～1.5m，株距 0.4～0.6m 为宜；采用品种苗建园时，以行距 1.5～2m，株距 0.5～1m 为宜。在采用混合式篱架栽培时，株行距宜采用上限数值。

（三）整形修剪

五味子枝蔓柔软不能直立，需依附支持物缠绕向上生长。因此，它的整形工作包括设立支持物和修剪两项任务。

1. 设置支持物　五味子在定植的当年生长量大小存在较大差异。在苗木质量差、管理不良的条件下，株高一般只能达到 50～60cm，但经平茬修剪，第二年平均生长高度可达 150cm 以上，第三年可布满架面。所以一般可在第二年春季（5 月上中旬）设立支持物。支持物可采用架杆和防晒聚乙烯绳。架杆常选用竹竿，竹竿长 2.0～2.2m，上头直径

1.5～2.0cm。防晒聚乙烯绳采用3×15根线的粗度较为适宜，上端固定于上部第一道铁线。根据株距每株1～2根，株距<50cm时每株可设1根，置于植株旁5cm左右；>50cm时每株2根，均匀插在或固定在植株的两侧。竹竿的入土部分最好涂上沥青以延长使用年限，架杆用细铁丝固定在3道架线上。在苗木质量和管理都较好的五味子园，植株当年的生长高度就可达到2m左右，因此，在定植当年的5月下旬就应设置支持物，以利于植株迅速生长。

2. 整形　五味子整形的目的是通过人为干涉和诱导，使其按照种植者的要求生长发育，以充分利用架面空间，有效地利用光能，合理地留用枝蔓，调节营养生长和生殖生长的关系，培育出健壮而长寿的植株；使之与气候条件相适应，便于耕作、病虫防治、修剪和采收等作业，从而达到高产、稳产和优质的目的。

五味子常采用1组或2组主蔓的整枝方式，即每株选留1组或2组主蔓，分别缠绕于均匀设置的支持物上；在每个支持物上保留1～2个固定主蔓，主蔓上着生侧蔓、结果母枝；每个结果母枝间距15～20cm，均匀分布，结果母枝上着生结果枝及营养枝（图8-20）。这种整形方式的优点是树形结构比较简单，整形修剪技术容易掌握；株、行间均可进行耕作，便于防除杂草；植株体积及负载量小，对土、肥、水条件要求较不严格。但由于植株较为直立，易形成上强下弱、结果部位上移的情况，需加强控制。

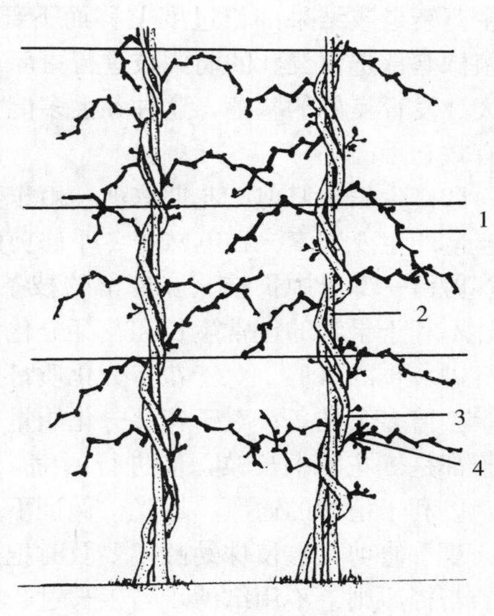

图8-20　五味子整形方式
1. 侧枝　2. 支持物　3. 主蔓　4. 结果枝组

每株树一般需要3年的时间形成树形。在整形过程中，需要特别注意主蔓的选留，要选择生长势强、生长充实、芽眼饱满的枝条作主蔓。要严格控制每组主蔓的数量，主蔓数量过多会造成树体衰弱、枝组保留混乱等不良后果。

3. 修剪

（1）休眠期修剪　冬季修剪也称休眠期修剪。秋季天气逐渐变冷、植株落叶以后，枝条中糖和淀粉向根系转运的现象不明显，所以在落叶后进行修剪，对植株体内养分的积累、树势和产量等没有明显的不良影响。第二年春季根系开始活动，出现伤流现象，伤流液中含有一定量营养，一般对植株不会造成致命影响，但会造成树势衰弱，故应在伤流前进行修剪。五味子可供修剪的时期较长，从植株进入修眠后2～3周至第二年伤流开始之前1个月均可进行修剪。在我国东北地区，五味子冬季修剪以在3月中下旬完成为宜。

一般从新梢基部的明显芽眼算起剪留1～4个芽为短梢修剪，其中剪留1～2个芽或只留基芽的称超短梢修剪；留5～7个芽为中梢修剪；留8个芽以上为长梢修剪；留15个芽以上的称超长梢修剪。五味子以中、长梢修剪为主，在同一株树上还应根据实际情况进行长、中、短梢配合修剪。修剪时，剪口离芽眼1.5～2.0cm，离地面30cm架面内不留枝。在枝蔓未布满架面时，对主蔓延长枝只剪去未成熟部分。对侧蔓的修剪以中、长梢为主，间距为15～20cm。叶丛枝可进行适度疏剪或不剪。为了促进基芽的萌发，以利于培养预备枝，也可进行短梢或超短梢修剪（留1～3个芽）。对上一年剪留的中、长枝（结果母枝）要及时回缩，只在基部保留一个叶丛枝或中、长枝；为适当增加留芽量，可剪留结果枝组，即在侧枝上剪留2个或2个以上的结果单位（图8-21）。

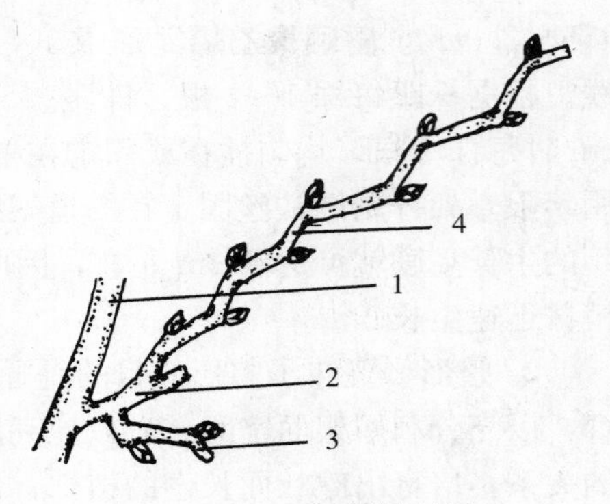

图8-21　五味子结果枝组
1. 主蔓　2. 侧蔓　3. 短梢　4. 长梢

上一年的延长枝是结果的主要部分，因结果较多，其上多数节位已形成叶丛枝，因此修剪时要在下部找到可以替代的健壮枝条进行更新。当发现某一主蔓衰老或结果部位过度上移而下部秃裸时，应从植株基部选留健壮的萌蘖枝进行更新。进入成龄后，在主、侧枝的交叉处，往往有芽体较大、发育良好的基芽，这种芽大多能抽生健壮的枝条，这为更新侧枝创造了良好条件，应有效利用。

（2）生长季修剪　花期修剪：由于五味子为雌雄同株单性花植物，其雌花的数量是决定产量的主要因素。在五味子冬季修剪时，由于无法判别雌花分化的状况，为保证产量，常多剪留一部分中长枝。多剪留的枝条如不加处理，往往造成负载量过大或架面过于郁闭，不利于果实的正常生长和花芽分化。因此，在五味子的花期需根据着花情况，对植株进行进一步的修剪。对于花芽分化质量好、雌花分化比率高的植株，可根据中长枝剪留原则，去掉多余枝条；对于花芽分化质量差、雌花分化比率低的植株需做到逢雌花必保，但对于都是雄花的中长枝，应进行回缩，使新发出的新梢尽量靠近主蔓，防止结果部位外移，以利于植株的通风、透光，保证下一年能够分化出足够数量的优良雌花芽。

夏季修剪：在植株幼龄期要及时把选留的主蔓引缚到竹竿上促其向上生长，侧蔓上抽生的新梢原则上不用绑缚，若生长过长的可在新梢开始螺旋缠绕处摘心，以后萌发的副梢亦可采用此法反复摘心。对于采用单壁篱架进行栽培的植株，其侧蔓（结果母枝）过长或负载量较大时，需进行引缚，以免影响下部枝叶的光照条件或折枝。生长季节会萌发较多的萌蘖枝，萌蘖枝主要攀附于架的表面，造成架面郁闭，影响通风透光，因此必须及时清理萌蘖枝，保证架面的正常光照和减少营养竞争。

二、土壤管理

在自然界中，土壤是植物生长结果的基础，是水分和养分供给库。土层深厚、土质疏松、通气良好，则土壤中微生物活跃，能提高土壤肥力，从而有利于根系生长，增强代谢作用，对增强树势、提高单位面积产量和果实品质都起着重要作用。因此，进行五味子无公害规范化栽培，土壤管理是一项重要内容。

1. 施肥

（1）秋施肥　每667m^2施农家肥3～5m^3。从一年生园开始，在架面两侧距植株0.5m处隔年进行，以后依次轮流在前次施肥的外缘向外开沟施肥。沟宽0.4m，深0.3～

0.4m，施肥后填土覆平，直至全园遍施农家肥为止。

（2）追肥　每年追肥2次。第一次在萌芽期（5月初）追速效性氮肥及钾肥，第二次在植株生长中期（8月上旬）追施速效性磷、钾肥。随着树体的扩大，肥料用量逐年增加，硝酸铵每株25～100g，过磷酸钙每株200～400g，硫酸钾每株10～25g。

（3）叶面施肥　五味子的根系较不发达，果实膨大、新梢生长及花芽分化都消耗较多的营养，易造成营养竞争。所以在植株生长的关键时期如浆果膨大期、花芽分化临界期适时进行叶面喷肥，对于保证植株的正常生长和丰产、稳产具有积极意义。

2. 除草

（1）杂草种类　调查结果表明，对五味子为害较重的杂草有稗草、马唐、苋菜、藜、问荆、狗尾草、看麦娘等，其中以马唐、鸭跖草、藜为害特别严重。

（2）人工除草　五味子园杂草的常规防除可结合园地的中耕同时进行，每年要进行4～5次。中耕深度10cm左右，使土壤疏松透气性好，并且起到抗旱保水作用。除草是避免养分流失、保证植株有足够的营养健康生长的重要手段。在除草过程中不要伤根，尤其不能伤及地上主蔓，一旦损伤极易引起根腐病的发生，造成植株死亡。

（3）化学除草　传统的手工除草费工费力，使用除草剂能有效提高生产效率。在充分掌握药性和药剂使用技术的前提下，可采用化学除草。常用的除草剂有精禾草克和百草枯。

精禾草克为一种高度选择性新型旱田茎叶处理除草剂，能有效防除稗草、野燕麦、马唐、牛筋草、看麦娘、狗尾草、千金子、棒头草等一年生禾本科杂草。4月下旬至5月上旬五味子从育苗床移植到本田，移栽缓苗后可用精禾草克在禾本科杂草旺长期随时施药，但最好在杂草3～5叶期施药。每667m^2可用1.5%的精禾草克70ml对水30～40kg，充分搅拌均匀后向杂草茎叶喷雾。防除多年生杂草时，可1次剂量分2次使用，能提高除草效果，2次用药的间隔时间为20～30d。用药时注意：①杂草叶龄小、生长茂盛、水分条件好时用低药量，干旱条件下用高药量。土壤湿度较高时，有利于杂草对精禾草克的吸收和传导，长期干旱无雨及空气相对湿度低于65%时不宜施药。②一般在早晚施药，施药后应2h内无雨。长期干旱，若近期有雨，待雨后田间土壤湿度改善后再施药。③精禾草克为芳氧基苯氧丙酸酯类除草剂，不宜与激素类、磺酰脲类、二苯醚类如2,4-D、麦草畏、灭草松等除草剂混用。

百草枯英文通用名paraquat，又名克芜踪、对草快，剂型为20%水剂。百草枯是一种快速灭生性除草剂，具有触杀作用和一定内吸作用，能迅速被植物绿色组织吸收，使其枯死，对非绿色组织没有作用。在土壤中迅速与土壤结合而钝化，对植物根部及多年生地下茎、宿根无效。适用于防除果园、桑园、胶园及林带的杂草，也可用于防除非耕地、田埂、路边的杂草。对于五味子园以及苗圃等，可采取定向喷雾防除杂草。在杂草出齐、处于生长旺盛期，每667m^2用20%水剂100～200ml对水25kg，均匀喷雾杂草茎叶。当杂草长到30cm以上时，用药量要加倍。用药时注意：①百草枯为灭生性除草剂，在五味子生长期使用切忌污染作物，以免产生药害。②配药、喷药时要有防护措施，戴橡胶手套、口罩、穿工作服。如药液溅入眼睛或皮肤上，要马上进行冲洗。

三、水分管理

1. 灌溉 五味子的根系分布较浅，干旱对五味子的生长和开花结果具有较大影响。我国东北地区春季雨量较少，容易出现旱情，对五味子前期生长极为不利。一年中如能根据气候变化和植株需水规律及时进行灌溉，对五味子产量和品质的提高有极为显著的作用。

五味子在萌芽期、新梢迅速生长期和浆果迅速膨大期对水分的反应最为敏感。生长前期缺水，会造成萌芽不整齐、新梢和叶片短小、坐果率降低，对当年产量有严重影响。在浆果迅速膨大初期缺水，往往会对浆果的继续膨大产生不良影响，会造成严重的落果现象。在果实成熟期轻微缺水可促进浆果成熟和提高果实品质，但严重缺水则会延迟成熟，并使浆果品质降低。

灌水时期、次数和每次的灌水量常因栽培方式、土层厚度、土壤性质、气候条件等有所不同，应根据当地的具体情况灵活掌握：

（1）化冻后至萌芽前灌1次水，这次灌水可促进植株萌芽整齐，有利于新梢早期的迅速生长。

（2）开花前灌水1～2次，可促进新梢、叶片迅速生长及提高坐果率。

（3）开花后至浆果着色以前，可根据降雨量的多少和土壤状况灌水2～4次，这一时期内进行灌水有利于浆果膨大和提高花芽分化质量。由于五味子为中药材，所以灌溉用水应符合农田灌溉水质标准（井水和雨水等可视为卫生、适宜灌溉用水）。

2. 排水 东北各省7～8月份正值雨季，雨多而集中，在山地的五味子园应做好水土保持工作并注意排水。平地五味子园更要安排好排水工作，以免因涝而使植株受害或因湿度过大造成病害大肆蔓延。

在地下水位高、地势低洼的地方，可在园内每隔25～50m挖深0.5～1.0m的排水沟进行排水，在山地的排水沟最好能通向蓄水池（或水库），作为干旱时灌溉之用。

苗圃幼苗和幼树易徒长贪青，更应注意排水。

四、疏除萌蘖及地下横走茎

五味子是一个特殊的树种，其地下横走茎是进行无性繁殖的重要器官。地下横走茎每年的生长量特别大，而且会发生大量的萌蘖，不仅会造成较大的营养竞争和浪费，而且由于其生长势较强，攀附于篱架的表面，还会造成架面光照条件的恶化，所以每年都要进行清除地下横走茎和除萌蘖的作业。

1. 除地下横走茎 五味子的地下横走茎分布较浅，主要集中于地表以下5～15cm深的土层内，较易去除。去除时期为五味子落叶后至封冻前或伤流停止后的萌芽期。去除横走茎时，由于五味子根系分布较浅，应注意保护根系。另外由于五味子地下横走茎上具有不定根，从母体上切断后仍可继续生长形成新植株，所以必须彻底从地下取出，以免给以后的作业造成麻烦。

2. 除萌蘖　在每年的生长季节，五味子的地下横走茎都会产生大量的萌蘖，去除萌蘖的时期应视具体情况而定，做到随时发现随时去除，以利于五味子的正常生长和便于架面的管理。在去除萌蘖时，对于较衰弱的植株要注意选留旺盛的萌蘖枝作预备主蔓，不可尽数去除，否则不利于主蔓的更新。

第六节　果实采收

(一) 采收时期

五味子果实如采收过早，加工成的干品色泽差、质地硬、有效成分含量低，将会大大降低其商品性；采收过晚，因果实易落粒，不耐挤压，也将造成经济损失。一般 8 月末至 9 月上中旬五味子果实变软而富有弹性，外观呈红色或紫红色，已达到生理成熟，应适时采收。

(二) 采收方法

选择晴天采收，在上午露水消失后进行。采收时尽量少伤叶片和枝条。暂时不能运出的，要放阴凉处贮藏。采收过程中应尽量排除非药用部分及异物，特别是要防止杂草及有毒物质的混入，剔除破损、腐烂变质的部分。

第七节　病虫害防治

近年来随着栽培面积日益增加，五味子病虫危害逐年加重，已经成为五味子生产健康发展的关键限制因素。五味子病害较多，其中侵染性病害主要有五味子白粉病、五味子茎基腐病、五味子叶枯病；非侵染性病害主要包括日灼病、霜冻、药害等。虫害主要包括柳蝙蛾、女贞细卷蛾、美国白蛾、康氏粉蚧、黑绒金龟等。

一、主要侵染性病害

(一) 五味子白粉病

白粉病是严重为害五味子的病害之一。近年来在辽宁、吉林、黑龙江等省的五味子主产区大面积发生和流行，受害苗圃发病率达 100%，病果率可达 10%～25%，严重影响了五味子的产量。

1. 症状　白粉病为害五味子的叶片、果实和新梢，以幼叶、幼果发病最为严重，往往造成叶片干枯，新梢枯死，果实脱落。

叶片受害初期，叶背面出现针刺状斑点，逐渐上覆白粉（菌丝体、分生孢子和分生孢子梗），严重时扩展到整个叶片，病叶由绿变黄，向上卷缩，枯萎而脱落。幼果发病先是靠近穗轴开始，严重时逐渐向外扩展到整个果穗，病果出现萎蔫、脱落，在果梗和新梢上出现黑褐色斑。发病后期在叶背的主脉、支脉、叶柄及新梢上产生大量小黑点，为病菌的闭囊壳。

2. 病原　经鉴定该病有性态为五味子叉丝壳菌（*Microsphaera schizandrae* Sawada)，子囊菌亚门、叉丝壳属真菌。该菌为外寄生菌，病部的白色粉状物即为病菌的菌丝体、分生孢子及分生孢子梗。菌丝体叶两面生，也生于叶柄上。分生孢子单生，无色，椭圆形、卵形或近柱形，24.2～38.5μm×11.6～18.8μm。闭囊壳散生至聚生，扁球形，暗褐色，直径92～133μm，附属丝7～18根，多为10～14根，长93～186μm，为闭囊壳直径的0.8～1.5倍，基部粗8.0～14.4μm，直或稍弯曲，个别曲膝状。外壁基部粗糙，向上渐平滑，无隔或少数中部以下具1隔，无色，或基部、隔下浅褐色，顶端4～7次双分叉，多为5～6次，子囊4～8个，椭圆形、卵形、广卵形，54.4～75.6μm×32.0～48.0μm，子囊孢子5～7个，无色，椭圆形、卵形，20.8～27.2μm×12.8～14.4μm。

3. 发病规律 高温干旱有利于白粉病发病。在我国东北地区，发病始期在5月下旬至6月初，6月下旬达到发病盛期（如不遇干旱高温天气发病多在7月上中旬）。从植株发病情况看，枝蔓过密、徒长、氮肥施用过多和通风不良的都有利于此病的发生。

五味子叉丝壳菌以菌丝体、子囊孢子和分生孢子在田间病残体内越冬。次年5月中旬至6月上旬，平均温度回升到15～20℃左右，田间病残体上越冬的分生孢子开始萌动，借助降雨和结露开始萌发，侵染植株，田间病害始发。7月中旬为分生孢子扩散的高峰期，病叶率、病茎率急剧上升，果实大量发病。10月中旬气温明显下降，五味子叶片衰老脱落，病残体散落在田间，病残体上所携带的病菌进入越冬休眠期。

在自然条件下，越冬病菌产生分生孢子借气流传播不断引起再侵染，病害得以发展；人为条件下，感染白粉病的种苗、果实在车、船等运输工具的转运下，使五味子白粉病实现地区间的远距离扩散，是该病最主要的传播途径。

4. 防治技术

（1）加强栽培管理 注意枝蔓的合理分布，通过修剪改善架面通风透光条件。适当增加磷、钾肥的比例，以提高植株的抗病力，增强树势。清除菌源，结合修剪清理病枝病叶，发病初期及时剪除病穗，拣净落地病果，集中烧毁或深埋，减少病菌的侵染来源。

（2）药剂防治 在5月下旬喷洒1∶1∶100倍等量式波尔多液进行预防，如没有病情发生，可7～10d喷1次。发病后可选用0.3～0.5波美度石硫合剂、25%粉锈宁可湿性粉剂800～1 000倍液、甲基托布津可湿性粉剂800～1 000倍液，每7～10d喷1次，连续喷2～3次，防治效果很好。还可选用40%硫黄胶悬剂400～500倍液、15%三唑酮乳油1 500～2 000倍液喷雾、25%嘧菌酯水悬浮剂1 500倍液、50%醚菌酯干悬浮剂3 000～4 000倍液喷雾，隔7～10d喷1次，连喷2次。也可选用仙生、腈菌唑、翠贝等杀菌剂进行防治。

（二）五味子茎基腐病

五味子茎基腐病可导致植株茎基部腐烂、根皮脱落，最终整株枯死。随着五味子人工栽培面积的日益扩大，五味子茎基腐病也呈上升趋势，一般发病率为2%～40%，重者甚至高达70%以上，是一种毁灭性的病害，严重影响五味子产业的健康发展。

1. 症状 五味子茎基腐病在各年生植株上均有发生，但以一至三年生植株发病严重。从茎基部或根、茎交接处开始发病。发病初期叶片萎蔫下垂，似缺水状，但不能恢复，叶片逐渐干枯，最后，地上部全部枯死。在发病初期剥开茎基部皮层，可发现皮层有少许黄褐色，后期病部皮层腐烂、变深褐色，且极易脱落。病部纵切剖视，维管束变为黑褐色。

条件适合时，病斑向上、向下扩展，可导致地下根皮腐烂、脱落。湿度大时病部可见粉红色或白色霉层，挑取少许显微观察可发现有大量镰刀菌孢子。

2. 病原　经初步分离培养鉴定，该病由4种镰刀菌属真菌引起，分别为木贼镰刀菌（*Fusarium equiseti*）、茄腐镰刀菌（*Fusarium solani*）、尖孢镰刀菌（*Fusarium oxysporum*）和半裸镰刀菌（*Fusarium semitectum*）。这几种菌一般在病株中都可以分离到，在不同地区比例有所差异。

3. 发病规律　该病以土壤传播为主。一般在5月上旬至8月下旬均有发生。5月初病害始发，6月初为发病盛期。高温、高湿、多雨的年份发病重，并且雨后天气转晴时病情呈上升趋势。地下害虫、土壤线虫和移栽时造成的伤口以及根系发育不良均有利于病害发生。冬天持续低温造成冻害易导致次年病害严重发生。生长在积水严重的低洼地中的五味子容易发病。

苗木假植期间土壤中的病原菌容易侵入植株，导致植株携带病原菌。五味子在移栽过程中易造成伤口并且有较长一段时间的缓苗期，在此期间植株长势很弱，病菌很容易侵染植株。随着生长，韧皮部加厚，枝干变粗，树势增强，病菌难以侵入。但是，在五味子种植区多年生的五味子也有不同程度的发病。因而，在相同栽培条件下，二年生五味子发病最严重，三年生次之，四年生及四年以上的五味子发病最轻。

4. 防治技术

（1）田间管理　注意田间卫生，及时拔除病株，集中烧毁。用50%多菌灵600倍液灌淋病穴。适当施氮肥，增施磷、钾肥，提高植株抗病力。雨后及时排水，避免田间积水。避免在前茬镰刀菌病害严重的地块上种植五味子。

（2）种苗消毒　选择健康无病的种苗。栽植前种苗用50%多菌灵600倍液或代森锰锌600倍药液浸泡4h。

（3）药剂防治　此病应以预防为主。在发病前或发病初期用50%多菌灵可湿性粉剂600倍液喷施，使药液能够顺着枝干流入土壤中，每7～10d喷雾1次，连续喷3～4次，或用绿亨1号（恶霉灵）4 000倍液灌根。

（三）五味子叶枯病

该病是五味子的一种常见病害，广泛分布于辽宁、吉林、黑龙江等省的五味子产区，可造成早期落叶、落果、新梢枯死、树势衰弱、果实品质下降、产量降低等严重后果。

1. 症状　从植株基部叶片开始发病，逐渐向上蔓延。病斑多数从叶尖或叶缘发生，然后扩向两侧叶缘，再向中央扩展逐渐形成褐色的大斑块。随着病情的进一步加重，病部颜色由褐色变成黄褐色，病叶干枯破裂而脱落，果实萎蔫皱缩。

2. 病原　分生孢子梗多单生或少数数根簇生，直立或略弯曲，淡褐色或暗褐色，基部略膨大，有隔膜，25.0～70.0μm×3.5～6.0μm。分生孢子褐色，多数为倒棒形，少数为卵形或近椭圆形，具3～7个横隔膜，1～6个纵（斜）隔膜，隔膜处缢缩，大小为22.5～47.5μm×10.0～17.5μm。喙或假喙呈柱状，浅褐色，有隔膜，大小为4.0～35.0μm×3.0～5.0μm。根据菌株的形态特征，结合致病性测定，确认引起五味子叶枯病的病原菌为细极链格孢［*Alternaria tenuissima*（Fr.）Wiltshire］。

3. 发病规律　该病多从5月下旬开始发生，6月下旬至7月下旬为发病高峰期。高温高湿是病害发生的主导因素，结果过多的植株和夏秋多雨的地区或年份发病较重；同一园区内地势低洼积水以及喷灌处发病重；果园偏施氮肥，架面郁闭时发病亦较重。不同品种间感病程度也有差异，有的品种极易感病且发病严重，有的品种抗病性强，发病较轻。

4. 防治技术

（1）加强栽培管理　注意枝蔓的合理分布，避免架面郁闭，增强通风透光。适当增加磷、钾肥的比例，以提高植株的抗病力。

（2）药剂防治　在5月下旬喷洒1∶1∶100倍等量式波尔多液进行预防。发病时可用50%代森锰锌可湿性粉剂500～600倍液喷雾防治，每7～10d喷1次，连续喷2～3次。也可选用2%农抗120水剂200倍液、10%多抗霉素可湿性粉剂1 000～1 500倍液、25%嘧菌酯水悬浮剂1 000～1 500倍液喷雾，隔10～15d喷1次，连喷2次。

二、非侵染性病害

（一）日灼

五味子果实日灼是一种常见的生理病害，每年都会给生产造成一定的损失。随着全球气候变暖，这种病害有逐年加重的趋势。

1. 症状　五味子日灼主要为害果实。一般日灼部位常显现疱疹状、枯斑下陷、革质化、病斑硬化或果肉组织出现枯斑。受害果粒表面初期变白，随后变为黑黄色至褐色。当日灼发生严重时，果肉组织出现凹陷的坏死斑，局部果肉出现坏死组织，受害处易遭受其他果腐病菌的侵染而引起果实腐烂。

2. 发生原因　五味子日灼病发生的直接原因主要归结为热伤害和紫外线辐射伤害。其中热伤害是指果实表面高温引起的日灼，与光照无关；而紫外线辐射伤害是由紫外线引起的日灼，一般会导致细胞溃解。日灼病的发生与温度、光照、相对湿度、风速、品种、果实发育期及树势等许多因素有关，温度和光照是主要影响因子。

（1）温度　气温是影响五味子果实日灼的重要因素。在阳光充足的高温夏日，五味子果实表面温度可达到40～50℃，远远高出当日最高气温。引起日灼的临界气温为30～32℃，而且随着环境温度的升高，发生日灼的时间缩短，日灼的危害程度随之增加。

（2）光照　光照强度和紫外线都是影响五味子果实日灼的重要因素。在自然条件下，接受到光照的果实将一部分光能转化为热能，从而提高了果实的表面温度，加上高温对果实的增温作用，共同致使果面达到日灼临界温度，从而诱导果实日灼的发生。

3. 发生规律　6～9月都有发生，7～8月为日灼的发生高峰期。果实日灼发生的高峰期总是与一年中气温最高的时段相吻合。在气温较高的前提下，如果遇上晴天就极易导致日灼的发生，而气温较低的晴天，日灼的发生率低。

另外，在相对湿度越低的情况下，果实日灼的发生率越高；风速可以通过调节蒸腾改变果实温度，微风可以降低果实表面温度从而降低日灼的发生率；不同的品种对日灼的敏感性有所不同；果实在不同发育期对日灼的抗性有所不同，随着果实的成熟，对日灼的敏感性也随之下降；在同一果园内树势强者日灼的发生率低，树势弱者发病重。

4. 防治技术　加强栽培管理，增强树势，合理调节叶果比。施肥时应注意防止过量施用氮肥。多施用有机肥，提高土壤保水保肥能力，促进植株根系向纵深发展，提高植株抗旱性。在修剪时应注意适当多留枝叶，以尽量避免果实直接暴露在直射阳光下。同时，根据合理的枝果比、叶果比及时疏花疏果。在高温天气来临前，通过冷凉喷灌能使果实表面温度下降，可以有效避免日灼发生。可采用果实套袋的方式降低日照强度以及果实表面温度，从而降低果实日灼率。

（二）霜冻

大面积人工栽培的五味子因园地选择、栽培技术或气候条件等因素导致的霜冻伤害，对产量影响很大。

1. 症状　东北五味子产区每年都发生不同程度的霜冻危害。轻者枝梢受冻，重者可造成全株死亡。受害叶片初期出现不规则的小斑点，随后斑点相连，发展成斑驳不均的大斑块，叶片褪色，叶缘干枯。发病后期幼嫩的新梢严重失水萎蔫，组织干枯坏死，叶片干枯脱落，树势衰弱。

2. 发病原因　首先是气温的影响。春季五味子萌芽后，若夜间气温急剧下降，水汽凝结成霜使植株幼嫩部分受冻。霜冻与地形也有一定的关系，由于冷空气比重较大，故低洼地常比平地降温幅度大，持续时间也更长，有的五味子园因选在霜道上，或是选在冷空气容易凝聚的沟底谷地，则很容易受到晚霜的危害。

3. 发病规律　3～5月为该病的发病高峰期。在辽东山区每年5月都有一场晚霜，此间低洼地栽培的五味子易受冻害。不同的五味子品种，其耐寒能力有所不同，萌芽越早的品种受晚霜危害越重，减产幅度也越大。树势强弱与冻害也有一定关系，弱树受冻比健壮树严重；枝条越成熟，木质化程度越高，含水量越少，细胞液浓度越高，积累淀粉也越多，耐寒能力越强。另外，管理措施不同，五味子的受害程度也不同，土壤湿度较大，实施喷灌的五味子园受害较轻，而未浇水的园区一般受害严重。

4. 防治技术

（1）科学建园　选择向阳缓坡地或平地建园，要避开霜道和沟谷，以避免和减轻晚霜危害。

（2）地面覆盖　利用玉米秸秆等覆盖五味子根部，阻止土壤升温，推迟五味子展叶和开花时期，避免晚霜危害。

（3）烟熏保温　在五味子萌芽后，要注意收听当地的气象预报，在有可能出现晚霜的夜晚当气温下降到1℃时，点燃堆积的潮湿的树枝、树叶、木屑、蒿草，上面覆盖一层土以延长燃烧时间。放烟堆要在果园四周和作业道上，要根据风向在上风口多设放烟堆，以便烟气迅速布满果园。

（4）喷灌保温　根据天气预报可采用地面大量灌水、植株冠层喷灌保温。

（5）喷施药肥　生长季节合理施氮肥，促进枝条生长，保证树体生长健壮，后期适量施用磷钾肥，促使枝条及早结束生长，有利于组织充实，延长营养物质积累时间，从而能更好地进行抗寒锻炼。喷施防冻剂和磷钾肥，可预防2～5℃低温5～7d。

（三）药害

1. 发生原因　五味子药害主要由于除草剂飘移引起，目前引起五味子发生药害的主要为2,4-D丁酯等农田除草剂。植株症状明显，如枯萎、卷叶、落花、落果、失绿、生长缓慢等，生育期推迟，重症植株死亡。2,4-D丁酯是目前玉米等禾本科农作物广为使用的除草剂。2,4-D丁酯（英文通用名为2,4-D butylate）为选择性很强的除草剂，具有较强的挥发性，药剂雾滴可在空中飘移很远，使敏感植物受害。根据实地调查发现，在静风条件下，2,4-D丁酯产生的飘移可使200m以内的敏感作物产生不同程度的药害；在有风的条件下，它还能够越过像大堤之类的建筑，其药液飘移距离可达1 000m以上。

2. 预防对策及补救措施

（1）搞好区域种植规划　在种植作物时要统一规划，合理布局。五味子要集中连片种植，最好远离玉米等作物。在临近五味子园2 000m以内严禁用具有飘移药害除草剂进行化学除草，在安全距离之内也要在无风低温时使用。

（2）施药方法要正确　玉米田使用除草剂要选择无风或微风天气，用背负式手动喷雾器高容量均匀喷洒，施药时应尽量压低喷头，或喷头上加保护罩做定向喷洒，一般每667m^2用水40～50kg。

（3）及时排毒　注意邻近田间除草剂使用动向，飘移性除草剂使用量过大时要尽早采取排毒措施，方法是在第一时间用水淋洗植株，减少粘在植株上的药物。

（4）使用叶面肥及植物生长调节剂　一旦发现五味子发生轻度药害，应及时有针对性地喷洒叶面肥及植物生长调节剂。植物生长调节剂对农作物的生长发育有很好的刺激作用，同时，还可利用锌、铁、钼等微肥及叶面肥促进作物生长，有效减轻药害。一般情况下，药害出现后，可喷施1%～2%尿素、0.3%磷酸二氢钾等速效肥料，促进五味子生长，提高抗药能力。常用植物生长调节剂主要有赤霉素、天丰素等，药害严重时可喷施10～40mg/kg的赤霉素或1mg/kg的天丰素，连喷2～3次，并及时追肥浇水，可有效加速受害作物恢复生长。

三、主要虫害

（一）柳蝙蛾

1. 为害症状　此害虫以其幼虫为害幼树枝干，直接蛀入树干或树枝，啃食木质部及蛀孔周围的韧皮部，绝大多数向下蛀食坑道，边蛀食边用口器将咬下的木屑送出粘于坑道口的丝网上。从外观可见有丝网粘满木屑缀成的木屑包。幼虫隐蔽在坑道中生活，其蛀孔常在树干下部、枝杈或腐烂的皮孔处，不易被发现，又因其钻蛀性强、造成坑道面积较大，致使果实产量质量降低。尤其对幼树危害最重，轻则阻滞养分、水分的输送造成树势衰弱，重则失去主枝，且常因虫孔原因，使雨水进入而引起病腐。

2. 形态特征　柳蝙蛾（*Phassus excrescens* Butler）属鳞翅目，蝙蝠蛾科。成虫茶褐色，翅长66～70mm。触角较短，后翅狭小，腹部长大。体色变化较大，初羽化的成虫由绿褐色到粉褐色，稍久变成茶色。前翅前缘有7枚近环状的斑纹，中央有一个深色稍带绿色的三角形斑纹，斑纹的外缘由并列的模糊不清的括弧形斑纹组成一条宽带，直达翅缘。前、中足发达，爪较长，借以攀缘物体。雄蛾后足腿节背后长有橙黄色刷状长毛，雌蛾则无。卵球形，0.6～0.7mm，初产下时乳白色，渐变深，无黏着性，散落于地表。幼虫头部蜕皮时红褐色，以后变成黑褐色，腹部乳白色，圆筒形，各节背面生有黄褐色硬化的毛斑，成熟幼虫体长平均50mm。蛹圆筒形，黄褐色，头顶深褐色，中央隆起，形成一条纵脊，两侧生有数根刚毛，触角上方中央有4个角状突起；腹部背面有倒刺。

3. 发生规律 调查结果表明，柳蝙蛾以卵在地面越冬或以幼虫在树干或枝条的髓心部越冬。卵于第二年5月中旬开始孵化。初龄幼虫以腐殖质为食，6月上旬向当年新发嫩枝转移为害10～15d，即陆续迁移到粗的侧枝上为害，7月末开始化蛹，8月下旬开始出现成虫，9月中旬为羽化盛期。成虫羽化后就开始产卵，以卵越冬。

调查中发现，幼虫主要钻蛀主干基部，多数在枝径2cm左右的侧枝上为害，也有的在主干中部为害。一般一株树1头，各自的虫道平行发展，有的在髓部，也有的在木质部。幼虫啃食虫道口边材，虫道口常呈现环形凹陷，有咬下的木屑和幼虫排泄物。其为害与树龄、树势和经营管理有很大关系。管理粗放、种植密度大的园区受害重；山脚、山谷受害重，背风处受害重，阴坡比阳坡受害重；幼龄树比成年树受害重。

4. 防治技术 进入7月是杀灭柳蝙蛾幼虫的关键期，用80%敌敌畏乳油500倍液注入钻蛀孔中后封洞，杀虫效果显著。利用黑光灯诱杀成虫。

（二）女贞细卷蛾

1. 为害症状 以幼虫为害五味子果实、果穗梗、种子。幼虫蛀入果实在果面上形成1～2mm疤痕，取食果肉，虫粪排在果外，受害果实变褐腐烂，呈黑色干枯，僵果留在果穗上。啃食果穗梗形成长短不规则凹痕。幼虫取食果肉到达种子后，咬破种皮，取食种仁，整个果实仅剩果皮和种壳，致使产量下降、药用品质变劣。

2. 形态特征 女贞细卷蛾（*Eupoecilia ambiguella* Hübner）属鳞翅目、卷蛾科。成虫头部有淡黄色丛毛，触角褐色，唇须前伸，第二节膨大，有长鳞毛，第三节短小，外侧褐色、内侧黄色。雄蛾体长6～7mm，翅展10～12mm；雌蛾体长8～9mm，翅展12～14mm。前翅前缘平展，外缘下斜，前翅银黄色，中央有黑褐色宽中带1条，后翅灰褐色。前、中足胫及跗节褐色，有白斑；后足黄色，跗节上有淡褐斑。卵近椭圆形，0.6～0.8mm，扁平，中间凸起，初产时淡黄色，半透明，近孵化期显现出黑色头壳。初龄幼虫淡黄色。老熟幼虫浅黄色至桃红色，少见灰黄色，体长9～12mm，头较小，黄褐色至褐色，前胸背板黑色，臀板浅黄褐色，臀栉发达，为5～7个。蛹体长6～8mm，浅黄至黄褐色，第一腹节背面无刺，第2～7节前缘有一列较大的刺、后缘有一列较小的刺，第八腹节背面只有一列较大的刺，末端有钩状刺毛8～10个。

3. 发生规律 调查结果表明，女贞细卷蛾主要以蛹卷叶落于地表越冬。越冬代成虫于5月中下旬出现，5月下旬至6月上旬为羽化盛期，6月下旬为末期。成虫5月中下旬开始产卵，产卵盛期为5月下旬至6月上旬，6月初卵孵化盛期。第一代幼虫5月下旬开始蛀果，6月上中旬为害盛期，7月中旬为害末期。6月中旬幼虫逐渐老熟化蛹，6月下旬开始羽化，并始见第二代卵，7月上中旬羽化盛期，一直持续到8月下旬停止羽化。产卵盛期7月上中旬，8月上中旬产卵末期。第二代幼虫7月上旬开始蛀果，7月下旬至8月上旬为害盛期，8月下旬五味子采收期果内尚有未老熟的幼虫。

4. 防治技术 防治女贞细卷蛾可用灯光诱杀成虫，及时摘除虫果深埋。当田间观测卵果率达 0.5%～1.0%时，用 20%速灭杀丁或 5%来福灵乳油 2 000～3 000 倍液喷施，15～20d 1 次，整个生育期喷施 2～4 次，防治效果可达 90%以上。利用黑光灯诱杀成虫。

（三）美国白蛾

1. 为害症状 美国白蛾幼虫食性杂，繁殖量大，适应性强，传播途径广，为害多种林木和果树，树叶吃光后就为害附近的农作物、蔬菜及野生植物。在幼虫期有结织白色网幕群居的习性，1～3 龄群集取食寄主叶背的叶肉组织，留下叶脉和上表皮，使被害叶片呈白膜状，4 龄开始分散，同时不断吐丝将被害叶片缀合成网幕，网幕随龄期增大而扩展。5 龄以后开始抛弃网幕分散取食，食量大增，仅留叶片的主脉和叶柄。调查发现该虫严重为害五味子叶片，当虫口密度较大时，能在几天内将受害植株叶片全部吃光，严重影响植株正常生长发育，如不及时防治会造成整株枯死，损失严重，应引起高度重视。

2. 形态特征 美国白蛾（*Hyphantria cunea* Drury）属鳞翅目、灯蛾科，是世界性的检疫害虫。成虫白色，体长 9～17mm，翅展 25～45mm。雄蛾触角呈双栉齿状，雌蛾触角呈锯齿状。越冬代雄蛾前翅多有暗色斑点，第一代雄蛾前翅只少数个体具暗色斑点。前足基节及腿节端部为橘黄色，胫节和跗节大部分为黑色。前足跗节的前爪长而弯，后爪短且直。卵呈球形，直径 0.4～0.5mm。初孵卵淡绿色或黄绿色，有光泽，表面具多数规则的小凹刻，孵化前变黑褐色。未受精卵变黄色。老熟幼虫体长 22～37mm，体色多变化，多为黄绿至灰黑色，体侧线至背面有灰褐色纵带，体侧及腹面灰黄色，背中线、气门上线、气门下线均为浅黄色；背部毛瘤黑色，体侧毛瘤橙黄色，毛瘤上生有白色长毛丛，杂有黑毛，有的为棕褐色毛丛。蛹长纺锤形，初化蛹浅褐色，后变暗红褐色。

3. 发生规律 调查结果表明，美国白蛾以蛹越冬。翌年 5 月上中旬蛹开始羽化出第一代成虫，5 月下旬至 6 月初是羽化高峰期，羽化期一般延续到 6 月中旬结束。6 月上旬是幼虫网幕始见期，6 月下旬至 7 月初是网幕盛发期，7 月中旬老熟幼虫开始化蛹，蛹期延续到 8 月初结束。第二代成虫于 7 月下旬开始出现，7 月末至 8 月初是成虫羽化高峰期，羽化期到 8 月中旬结束；幼虫始见期在 8 月初，8 月下旬至 9 月初是网幕盛发期，此期是美国白蛾全年为害最严重的时期，若不及时防治，可造成整株树树叶被吃光的现象。9 月中旬老熟幼虫开始化蛹，10 月中旬化蛹结束。调查中还发现美国白蛾出现世代重叠现象，7 月下旬至 8 月下旬世代重叠现象较为严重，可以同时见到卵、初龄幼虫、老龄幼虫、蛹及成虫。

4. 防治技术 6 月上旬至 7 月下旬，防治美国白蛾可在其幼虫网幕期每隔 2～3d 仔细查找一遍美国白蛾网幕。发现后及时剪下，不要造成破网，剪下的网要及时烧毁或深埋；每晚 8 时至次日 4 时设黑光灯诱杀成虫；在盛卵期至幼虫破网前喷洒灭幼脲 3 号 3 000 倍液，防治效果较好。7 月下旬至 9 月上旬应在捕杀成虫、人工剪除网幕的同时继续使用灭幼脲 3 号进行防治。当幼虫破网分散为害后，需喷洒速效药剂，避免树叶被吃光，选用 1.2%烟参碱乳油 1 000 倍液（植物源杀虫剂）防效最好。

（四）康氏粉蚧

1. 为害症状 主要以成虫、若虫的刺吸式口器吸食树体汁液，常造成嫩枝和根部肿胀以及果实腐烂，并被有白色蜡粉。调查中发现康氏粉蚧严重为害五味子的枝、梢、叶、果，受害植株枝干以及叶片布满介壳，树体代谢受阻、枝梢萎蔫、大量落果，对产量影响极大。

2. 形态特征　康氏粉蚧（*Pseudococcus comstocki* Kuwana）属同翅目、粉蚧科。雌成虫椭圆形，较扁平，体长3～5mm，粉红色，体被白色蜡粉，体缘具17对白色蜡刺，腹部末端1对几乎与体长相等。触角多为8节。腹裂1个，较大，椭圆形。肛环具6根肛环刺。臀瓣发达，其顶端生有1根臀瓣刺和几根长毛。多孔腺分布在虫体背、腹两面。刺孔群17对，体毛数量很多，分布在虫体背腹两面，沿背中线及其附近的体毛稍长。雄成虫体紫褐色，体长约1mm，翅展约2mm，翅1对，透明。卵椭圆形，浅橙黄色，卵囊白色絮状。若虫椭圆形，扁平，淡黄色。蛹淡紫色，长1.2mm。

3. 发生规律　康氏粉蚧以卵在枝干缝隙或植株基部附近的土块缝中越冬。翌年5月，气温回升，树叶长出，越冬卵开始孵化，然后向上爬到嫩枝、叶片处取食。5月下旬，若虫已进入二龄，身体上白色蜡粉加厚。二龄雄虫开始在叶柄凹入处聚集，分泌蜡丝作茧化蛹。与此同时，雌若虫经过三龄进入成虫期。雌、雄成虫完成交尾，雄成虫即死去。随后受精雌成虫开始聚集于叶柄、叶背等处分泌蜡丝作卵囊产卵。6月初进入产卵盛期，6月下旬进入孵化盛期。第二代成虫于7月下旬进入羽化盛期。第三代成虫于9月中旬进入羽化盛期，进入10月以后受精雌成虫沿树干向下爬，寻找适宜产卵或越冬场所。

康氏粉蚧在多年生五味子园内为害严重，在二、三年生五味子园很少发生；种植密度大的园区虫口密度大于稀植园区；同一果园内，树势弱、地势低洼、靠沟渠边的五味子植株易受其害且发生严重。

4. 防治技术　防治康氏粉蚧可选用40%乐斯本乳油1 500倍液、52.25%农地乐乳油1 500倍液、3%莫比朗乳油1 500倍液、40%速扑杀乳油1 000～1 500倍液、25%蚧死净乳油1 000～1 200倍液。并兼治桑白蚧、吹绵蚧、苹果球蚧。

（五）黑绒金龟

1. 为害症状　此虫食性杂，可取食150种植物的芽叶。主要以成虫为害植物的嫩叶和幼芽，对幼树、幼苗为害严重。幼虫以腐殖质及嫩根为食，对农作物及苗木根系造成伤害。

2. 形态特征　黑绒金龟（*Maladera orientalis* Motschulsky）属鞘翅目、金龟科。成虫体长6～9mm，宽3.5～5.5mm，椭圆形，褐色或棕褐色至黑褐色，密被灰黑色绒毛，略具光泽。卵椭圆形，初乳白色后变灰白色。幼虫体长14～16mm，头部黄褐色，体黄白色。蛹长8～9mm，初黄色，后变黑褐色。

3. 发生规律　黑绒金龟以成虫在土中越冬，翌年4月出土活动。成虫趋光性强，利用黑光灯在发生期可诱到大量成虫。一天中，成虫上午和夜间潜伏在浅层土壤中，多在黄昏时大量出土活动，出土时间较集中。成虫的出土活动受气象条件影响较大，气温过低、降雨都不出土。成虫出土高峰前都伴有降雨日，具有雨后出土习性。成虫具有假死性，植物稍受振动即可落地假死。

4. 防治技术　5月初至6月上旬，当黑绒金龟成虫量较大时，用40%乐果或氧化乐果乳油800倍液或90%敌百虫1 000倍液喷雾。也可采用灯光诱杀，每2.6～3.3hm^2设置20 W黑光灯1盏，诱杀成虫。也可利用成虫假死性振树除虫。

（六）苹果大卷叶蛾

1. 为害症状 此虫在国内分布广，遍及东北、华北、华中、华东和西北等地区。以幼虫为害嫩叶、新芽，稍大卷叶；食叶肉使叶呈纱网状和孔洞，并啃食贴叶果的果皮，形成不规则形凹疤，多雨时常腐烂脱落。

2. 形态特征 苹果大卷叶蛾（*Choristoneura longicellana* Walsingham）又名黄色卷蛾，属鳞翅目、卷蛾科。

成虫形态特征：体长10～13mm，翅展24～30mm，体浅黄褐至黄褐色略具光泽，触角丝状，复眼球形褐色。前翅呈长方形，前缘拱起，外缘近顶角处下凹，顶角突出。后翅灰褐或浅褐，顶角附近黄色。雄体略小，头部有淡黄褐鳞毛。前翅近四方形，前缘褶很长外缘呈弧形拱起，顶角钝圆，前翅浅黄褐色，有深色基斑和中带，前翅后缘1/3处有一黑斑，后翅顶角附近黄色。

卵形态特征：扁椭圆形，深黄色，近孵化时稍显红色。卵拉排列成鱼鳞状卵块。卵粒较棉褐带卷蛾大而厚。

幼虫形态特征：体长23～25mm。幼龄幼虫淡黄绿色，老熟幼虫深绿色而稍带灰白色。毛瘤大，刚毛细长。头、前胸背板和胸足黄褐色，前胸背板后缘黑褐色。臀栉5根。雄体背色略深。蛹形态特征：体长10～13mm，深褐色，腹部2～7节背面两横排刺突大小一致，均明显。尾端有8根钩状刺。

3. 发生规律 苹果大卷叶蛾以幼龄幼虫在粗翘皮下和贴枝枯叶下结白色丝茧越冬，也有少数以蛹越冬。老熟幼虫在卷叶内化蛹。蛹经6～9d羽化出成虫。成虫有趋光性并喜食糖醋液，白天潜伏，夜间活动。在辽宁南部地区越冬代成虫发生期为6月，盛期6月中旬；第一代成虫在8月发生，8月中旬为盛期。成虫产卵于叶片上。卵经5～8d孵化。第二代幼龄幼虫于10月份到越冬场所越冬。

4. 防治技术 可用40%乐斯本乳油1 500倍液、20%速灭杀丁乳油3 000～3 500倍液、10%天王星乳油4 000倍液或52.25%农地乐乳油1 500倍液杀灭苹果大卷叶蛾并兼治蓑蛾、介壳虫。利用黑光灯诱杀成虫。

（七）外斑埃尺蛾

1. 为害症状 该虫食性杂，可同时为害多种林木、作物和果树。初孵幼虫取食叶肉，残留叶脉，食量随虫龄增大而增加，老熟幼虫蚕食叶片。该虫具有暴食性，大发生时，能在短时间内将整树叶片吃光，如不及时控制，一年内可将叶片吃光2～3次，造成树木上部乃至整株枯死，对植株生长造成严重危害。

2. 形态特征 外斑埃尺蛾（*Ectropis excellens* Butler）属鳞翅目、尺蛾科。成虫体长14～16mm，翅展38～47mm。雄蛾触角微栉齿状，雌蛾丝状。体灰白色，腹部第一、二节背板上各有1对褐斑。前翅内横线褐色、波状，中横线不明显，外横线明显波状，中部位于中室端外侧有一深褐色近圆形大斑，外缘近顶角处有明显褐斑。各横脉于翅前缘处扩大成斑，翅外缘有小黑点列。卵椭圆形，横径0.8mm，青绿色。老熟幼虫体长约35mm，体色变化大，有茶褐、灰褐、青褐等色。体上有各种形状的灰黑色条纹和斑块。中胸至腹部第八节两则各有1条断续的褐色侧线。蛹红褐色，纺锤形，体长14～16mm，宽约5mm。

3. 发生规律　外斑埃尺蛾以蛹在寄主四周土中 1～2cm 深处越冬，次年 3～4 月成虫羽化，出土产卵。卵期 15d 左右．幼虫期 25d 左右，蜕皮 4 次，共有 5 龄。5 月上旬老熟幼虫落地，入土化蛹，蛹 10d 左右羽化为第一代成虫，成虫寿命 5d 左右。第二代成虫 7 月上、中旬出现，第三代成虫 8 月中、下旬发生，第四代幼虫为害至 9 月中下旬相继老熟，入土化蛹越冬。成虫傍晚前后羽化，趋光性极强，羽化当晚即行交尾、产卵。卵多产于树干基部 2m 以下老皮缝内，堆积成块状。幼虫孵化后沿树干、枝条向叶片转移。幼虫白天栖息时，以尾足固着枝条，头部昂起，斜立空中，如枝条状，夜间喜在树冠上部和外围枝条上取食。

4. 防治技术　7 月下旬至 9 月上旬为外斑埃尺蛾的大发生期，需喷洒 25%灭幼脲 3 号胶悬剂 1 200～1 500 倍液杀灭幼虫。利用黑光灯诱杀成虫。

（八）大青叶蝉

1. 为害症状　此虫在全国各地均有发生，以华北、东北为害较为严重。该虫属多食性害虫，可为害多种作物和果树。成虫和若虫以刺吸式口器为害植物的枝、梢、叶。在五味子幼树上发生尤为严重，可造成枝条、树干大量失水，生长衰弱，甚至枯萎。

2. 形态特征　大青叶蝉（*Cicadella viridis* Linnaeus）属同翅目、叶蝉科。成虫体长 7～10mm，体青绿色，头橙黄色。前胸背板深绿色，前缘黄绿色，前翅蓝绿色，后翅及腹背黑褐色。足 3 对，善跳跃，腹部两侧、腹面及足均为橙黄色。卵为长卵形，一端略尖，中部稍凹，长 1.6mm，初产时乳白色，以后变为淡黄色，常以 10 粒左右排在一起。若虫初期为黄白色，头大腹小，胸、腹背面看不见条纹，3 龄后为黄绿色，并出现翅芽。老龄若虫体长6～7mm。胸腹呈黑褐色，形似成虫，但无发育完整的翅。

3. 发生规律　大青叶蝉以卵在枝条或树木表皮下越冬。第二年树木萌动时卵孵化，第一代成虫羽化期为 5 月上中旬，第二代为 6 月末至 7 月中旬，第三代 8 月中旬至 9 月中旬，10 月中下旬产卵越冬。成虫趋光性强，夏季气温较高的夜晚表现更显著，每晚可诱到数千头。非越冬代成虫产卵于寄主叶背主脉组织中，卵痕如月牙状。若虫孵化多在早晨进行，初孵若虫喜群居在寄主枝叶上，十多个或数十个群居于一片叶上为害，后再分散为害。早晚气温低时，成若虫常潜伏不动，午间气温高时较为活跃。

4. 防治技术　7 月下旬至 9 月上旬是防治大青叶蝉的关键时期，可选用 2.5%敌杀死乳油 800～1 000 倍液或 1.2%苦·烟乳油稀释 800～1 000 倍液喷雾防治。

参　考　文　献

艾军，李爱民，王玉兰．1999. 北五味子地上部分生长动态观测 [J]．特产研究（2）：26 - 28.

艾军，李爱民，王玉兰，等．2000. 家植北五味子根系及横走茎状况调查 [J]．特产研究（1）：38 - 58.

艾军，李爱民，王玉兰，等．2000. 北五味子黑斑病病原鉴定 [J]．特产研究（3）：42 - 43.

艾军．2002. 家植北五味子的病虫害发生及防治 [J]．农村科学实验（10）：22.

艾军．2002. 亦果亦药五味子 [J]．果树实用技术与信息（5）：15 - 16.

艾军．2003. 家植五味子的架面管理技术 [J]．中国农村科技（4）：11 - 12.

艾军，王英平，李昌禹，等．2006. 五味子花芽分化过程中三种内源激素的消长 [J]．中国中药杂志（1）：24 - 26.

艾军，王英平，王志清，等.2007.五味子种质资源雌花心皮数及相关性状研究［J］.中草药，38（3）：436-439.
艾军，王英平，李昌禹，等.2007.五味子的花粉形态及授粉特性研究［J］.吉林农业大学学报，29（3）：293-297.
艾军.2007.五味子花芽分化及生理机制研究［D］.沈阳：沈阳农业大学.
陈启.2006.中药材禁用的农药［J］.农村百事通（4）：34.
董永廉，王红波，姜跃忠.1995.北五味子走茎繁殖技术［J］.中国林副特产（4）：24-25.
傅俊范.2007.五味子病害防治②五味子茎基腐病［J］.新农业（6）：46.
傅俊范.2007.五味子病害防治③五味子日灼病［J］.新农业（7）：46.
傅俊范.2007.药用植物病理学［M］.北京：中国农业出版社.
傅俊范，赵奇.2008.北方药用植物病虫害防治［M］.沈阳：沈阳出版社.
郭靖，黄朝晖.2006.无公害桔梗、百合标准化生产［M］.北京：中国农业出版社.
韩联生，纪萍.1997.北五味子资源研究与开发［J］.中国林副特产（3）：37-39.
何洪中，王昌明，史海波，等.1998.五味子繁殖试验［J］.中药材（7）：330-332.
李爱民，艾军.2001.北五味子规范化栽培与加工技术［M］.北京：中国劳动社会保障出版社.
李强.1999.北五味子的低温伤害和防御［J］.中国林副特产（2）：33-34.
林天行，傅俊范，周如军.2007.五味子叉丝壳菌危害风险性分析［J］.安徽农业科学（8）：2313-2314.
刘博，傅俊范，周如军，等.2008.五味子叶枯病病原鉴定［J］.植物病理学报（4）：425-428.
刘博，傅俊范，周如军，等.2008.辽宁五味子种子带菌检测及药剂消毒处理研究［J］.植物保护（6）：95-98.
刘博，周如军，傅俊范，等.2008.五味子苗枯原因分析及防治措施［J］.中国植保导刊（5）：37-39.
刘博，傅俊范，周如军，等.2009.17种杀菌剂对五味子叶枯病菌的毒力测定［J］.湖北农业科学（5）：1155-1156.
刘志勤，杨春艳.2006.五味子人工栽植研究［J］.中国农技推广（6）：35-36.
罗小玲.1996.除草剂2,4-滴丁酯的特性及使用方法［J］.石河子科技（6）：41-43.
王玉兰，李爱民，艾军，等.2000.女贞细卷蛾发生与防治的初步研究［J］.特产研究（1）：32-46.
吴加志.2005.五味子及其栽培技术［J］.农产品加工.学刊（6）：95-99.
许彪，李英.2007.五味子的一种危险性害虫——康氏粉蚧［J］.辽宁农业科学（6）：53.
薛彩云，严雪瑞，林天行，等.2007五味子茎基腐病发生初报［J］.植物保护（4）：96-99.
薛彩云，傅俊范，严雪瑞，等.2007.五味子种苗带菌初步检测［J］.安徽农业科学（16）：4721-4722.
张绿洲.2006.五味子田化学除草技术［J］.新农业（7）：41.
周鑫.2001.五味子的组织培养［J］.中国林副特产（4）：1-7.
朱俊义，刘雪莲，刘立娟，等.2006.诱导北五味子腋芽丛生分化培养基的筛选［J］.植物生理学通讯（3）：580.

第九章

蓝果忍冬

概　述

蓝果忍冬是忍冬科忍冬属蓝果亚组多年生落叶小灌木。英文名称为 Blue honeysuckle。我国广泛分布着其变种蓝靛果忍冬，简称蓝靛果。目前只有俄罗斯、日本、中国、美国和加拿大等少数国家开展了蓝果忍冬育种及驯化栽培工作，开发利用时间较短，是继草莓、树莓、黑穗醋栗、醋栗、越橘、沙棘等之后又一新兴的小浆果树种。

一、特点与经济价值

(一) 蓝果忍冬的特点

1. 成熟期早　蓝果忍冬萌芽早、开花早、结果早，一般在 6 月上中旬至 7 月中下旬成熟，不同种类和不同地区果实的成熟期有些差别。在俄罗斯的一些地区相应地要比草莓成熟早 7～10d。在我国黑龙江省的哈尔滨，有些品种在 6 月上旬即可成熟，从萌芽到果实成熟仅需 70d 左右。因此，蓝果忍冬是浆果作物中熟期最早的树种，可以填补水果淡季的空白。

2. 抗寒性强　蓝果忍冬营养生长期对温度要求不严，具有高度的抗寒性和抗晚霜能力。如在大兴安岭 1 月份绝对最低温度达－50℃以下（漠河绝对最低地面温度达－58℃以下）时，蓝靛果忍冬仍不至于冻死，且能忍受剧烈变化的气温。俄罗斯学者的研究结果也证实蓝靛果忍冬具有极强的抗寒性，其枝条和芽在休眠状态下能耐－50℃低温，在受冻后仍能开花结果，花蕾、花和子房能忍受－8℃的晚霜危害。蓝果忍冬是列宁格勒在 1986—1987 年经历严冬之后唯一能获得丰产的作物。

3. 栽培管理容易　蓝果忍冬与越橘、树莓、穗醋栗和醋栗等小浆果相比，具有栽培适应性广、容易管理等优点。蓝果忍冬对土壤的要求不严格，在大多数类型的土壤中均能正常生长。对土壤的酸碱度适应范围较广，在 pH 4.5～7.5 的土壤中都能生长和结果。有效积温达到 700～800℃即可满足其生长发育的需要。生产中不需要搭架，也不需要埋土防寒。植株无刺，高度适中，果实采收容易，1～2 次即可采收完毕。基本没有病虫害。

4. 花青素等生理活性物质含量高　蓝果忍冬与越橘一样都为蓝色果实，营养成分相似，含有丰富的生理活性物质，尤其花青素含量最为丰富。在我国东北地区，野生蓝靛果忍冬的花青素含量比笃斯越橘的还高。

(二）经济价值

蓝果忍冬目前之所以受到重视，除了具有上述优点之外，更主要的是其果实中富含生理活性物质，在食品和医疗保健品的开发上具有重要的经济价值。

1. 营养成分

(1）黄酮类物质　蓝果忍冬果实的黄酮类物质含量比其他小浆果都高，这已被许多研究结果所证实，并已得到公认。俄罗斯的研究结果表明，蓝果忍冬每100g果实中维生素P的含量最高达到2.8g。维生素P是增强毛细血管的抵抗力以防渗透性亢进的因子，系橙皮苷（Hesperidin）与芸香苷（Rutin）的混合物，因其他黄酮类也有同样的作用，故现在已不作独立的维生素看待。黄酮和黄酮醇每100g果实中含量达到70mg。主要成分有花青素苷、无色花青素苷、儿茶酸、芸香苷、槲皮苷、毛地黄黄酮等。

蓝果忍冬丰富的色素含量受到了所有研究者的关注，毫无疑问，它是一种良好的天然色素原料。美国俄勒冈州立大学的A. Chaovanalikit对蓝果忍冬的色素含量和成分进行了详细分析，结果表明每100g果实中花色苷含量为411mg。中外学者的研究都表明，色素的主要成分是花靛-3-葡萄糖苷、花靛-3，5-双葡萄糖、花靛-3-芸香糖等。

(2）维生素　蓝果忍冬果实中的维生素种类和含量均很丰富，主要含有维生素C、维生素PP、维生素B_1、维生素B_2、维生素B_6、维生素B_9和维生素A。维生素C的含量在小浆果中处于中等水平，而且因不同种类和生态环境而有较大的差异，一般为每100g果实中7～75mg，但也有达到200mg以上的报道。国内研究者对黑龙江省勃利县境内的蓝靛果忍冬果实的维生素含量进行了分析，发现每100g鲜果中含维生素C 67.6mg，维生素B_1 0.26mg，维生素B_2 0.72mg，维生素B_6 1.91mg，维生素PP 130mg。与其他水果、蔬菜相比，维生素B_1和维生素B_2高数倍，维生素PP高出近百倍。

(3）大量及微量元素　俄罗斯学者的研究表明，蓝果忍冬每100g鲜果中含镁21.7mg、钠35.2mg，在野生浆果中均居首位；含钾70.3mg，只略少于野生草莓，但要高出其他水果2倍以上；含磷3.5mg、钙19.3mg、铁0.861mg，也超过了树莓、黑穗醋栗等浆果。此外，蓝果忍冬果实还含有锰、铜、硅、铝、锶、钡、碘等。国内也对勃利县境内的野生蓝果忍冬果实中的微量元素含量进行了测定（表9-1），发现锌、硒、铁、钙的含量较高，而这些又是人体不可缺少的成分，它们参与人体代谢，对机体自身稳定起着重要作用。

表9-1　蓝果忍冬中微量元素的含量*　(mg/g)

样品	Zn	Fe	Cu	Mn	Co	Mg	Ca	P	K	Se
原汁	0.010 4	0.018 3	0.001 3	0.006 6	0.003 8	0.342 7	0.431 0	0.396 8		0.003 3
鲜果	0.018 5	0.085 0	0.008 3	0.032 0	0.008 3	0.355 0	0.458 0	0.3862	0.098 4	

*引自李淑芹等，1994. 东北农业大学学报，25（4）：401-404.

(4）氨基酸　对黑龙江省勃利县境内的野生蓝靛果忍冬果实进行了分析，结果表明含有18种氨基酸，总氨基酸含量为1.0%～1.5%，其中人体必需氨基酸占总氨基酸的40%左右。

2. 在食品上的应用价值　蓝果忍冬的果实除适合鲜食外，最主要的是适合加工成果汁、果酒、饮料、果酱、果冻、罐头等食品，也是加工天然食用色素的极好原料。

3. 医疗保健价值 蓝果忍冬在国内外很早就被用在民间医疗上。俄罗斯远东和西伯利亚地区的人们很早就发现了其药用价值，认为可以预防和治疗泻肚、恶心，还可以治疗肝、胃及肠道疾病。我国大兴安岭的鄂伦春民族很早就用其枝叶煎水服用治疗感冒，东北很多产地的居民也都认为其有抗菌消炎之功效。一些著作中也记载了它的药用价值，主要功效是清热解毒，果实和花蕾都可主治腹胀、血痢。

但蓝果忍冬的医疗保健价值远不止如此，其真正的重要意义在于其果实中含有的极其丰富的各种生理活性物质，这些化学成分对于预防和治疗目前人类的许多常见疾病都极有价值，因此已经引起了国内外许多学者的关注，并开展了广泛的研究。

俄罗斯学者的研究证实，蓝果忍冬含有丰富的维生素 P，其成分具有促进血液循环、防止毛细血管破裂、降血压、增加红血球数量、降低胆固醇含量、提高肝脏解毒功能、抗炎症、抗病毒、甚至抗肿瘤的功效。

我国很多学者的研究表明，蓝果忍冬具有缓慢降血压、增加化疗后白细胞的数量、治疗小儿厌食症等作用。此外，还发现其有抗疲劳、抗氧化、治疗肝损伤等作用。

二、国内外研究、开发和利用现状

蓝果忍冬作为一种浆果作物并不为人们所熟悉，主要原因是在忍冬属的大约 250 个种中，仅有少数的几个种属于蓝果亚组，而风味好、可以食用的种类更少，并且这些种类只分布在前苏联、日本、中国和朝鲜。应该说，对于蓝果忍冬食用价值的认识可以追溯到 200 年以前，但真正作为一种小浆果树种得到重视并进行育种、栽培等开发利用的时间也不过 50 多年的历史，所以蓝果忍冬只能算一种新兴的果树树种。下面对各国对蓝果忍冬开发利用的历史和现状作简要介绍。

（一）俄罗斯

俄罗斯是对蓝果忍冬开发利用最早、历史最长的国家，研究也最为深入。

19 世纪末期，Т. Д. Мауритц 首先优选野生种类，然后进行人工栽培。他在 1892 年编写的《果树栽培》一书中首次阐述了自己总结的栽培经验，俄罗斯也因此把 1892 年看做是新的果树作物——蓝果忍冬的诞生日。此后，俄罗斯的许多学者对开发利用蓝果忍冬的重视程度越来越高，但直到 1956 年，全苏新型有益作物引种协会才正式建议将蓝果忍冬作为一种小浆果果树在俄罗斯境内的果园内进行广泛栽培。

目前，在俄罗斯欧洲部分、西伯利亚和远东地区，有许多研究机构在从事蓝果忍冬的研究。到 2009 年初，已在国家登记注册的品种共有 85 个，其栽培范围已遍及全国，与树莓、黑穗醋栗等小浆果一样深受人们喜爱，但目前仅限于个人农场和居民庭院小面积栽培，果实主要用来加工果酱、果酒和鲜食。

（二）日本

日本的蓝果忍冬主要分布在北海道、山形、秋田、长野等地。但开发利用最早和最好的地区是北海道。当地的居民很早就将采集回来的野生果实用盐、糖或白酒腌渍，然后保存起来在冬季食用，一度还把它当作“长寿不老的灵丹妙药”，视为极其珍贵之物。每年果实成熟季节，会看到很多当地居民全家在野外采集的场景。

从1933年开始，人们开始利用苫小牧市沼泽地边缘的野生果实加工成产品进行买卖。但后来由于苫东地区的开发而使野生资源数量急剧减少。为保护资源，苫小牧市农协号召当地居民移栽野生植株，由此1953年在日本开始进行人工栽培。邻近的千岁市以前一直在寻找效益高的水田轮作作物，后来千岁市农协发现蓝果忍冬数量稀少、价格高，能忍受低温等恶劣的气候条件，于是1977年选定蓝果忍冬在农田进行人工栽培，种植面积也迅速增加。1978年成立了蓝果忍冬协会，开始进行栽培技术、品种选育和加工技术的研究。1981年产量形成了一定规模。翌年，千岁市农协与当地企业联合将其加工成冰激凌、浓缩果汁、果酱、果冻、果酒等产品，全面实行了产业化，开始生产极具地域特色的蓝果忍冬产品。

1989年，由当地农协又成立了北海道蓝果忍冬协会，发展了很多会员，并利用组织培养方法繁殖了大量苗木，分发给种植户。1991年，北海道的栽培面积已达169hm^2，产量194.5t。作为重要的乡土树种之一，蓝果忍冬已被列入2000年实施的北海道果树振兴计划当中。1996年日本选育出本国第一个蓝果忍冬品种，但目前研究进展缓慢。

（三）北美

在1996年和1998年，美国和加拿大各有一所大学分别开展了蓝果忍冬的研究，从俄罗斯、日本和中国收集了很多种质资源，开始进行育种工作，目前都已选育出一些优良品系。在加拿大也有蓝果亚组的种类分布，该国的学者很早就认识到蓝果忍冬有较高的利用价值，认为它与越橘的营养成分相似，而且可以替代越橘在弱酸或弱碱性的土壤上种植。

（四）中国

蓝果忍冬在中国东北的许多林区都有分布。由于其成熟早、风味好，当地居民很早以前就喜欢采集野果鲜食，并有用糖腌渍的习惯，认为食用后有治疗慢性支气管炎等疾病的功效，所以蓝果忍冬深受东北林区居民的喜爱。但蓝果忍冬在中国真正开发利用的时间只有30多年的历史。最早是在20世纪70年代，黑龙江省的勃利县、密山县和吉林省长白县等地都曾用野生蓝果忍冬酿造果酒，其色泽鲜艳、风味独特、营养丰富，很受欢迎。

蓝果忍冬在中国的人工栽培始于20世纪80年代初。1982年，黑龙江省勃利县林业局在国内率先开展了野生蓝靛果忍冬驯化栽培试验，初步获得成功，并用野生种子培育了大量实生苗，在多个林场进行人工栽培。但由于没有开展育种工作，栽培技术也存在一些问题，使得人工栽培面积不大。

近几年，随着小浆果产业的兴起，蓝果忍冬也日益受到关注和重视，在黑龙江和吉林省均有一些厂家收购野生蓝靛果，年收购量在1 000t左右，用来提取天然色素，加工果酒、饮料、果酱等，也有少部分用来速冻出口。野生果实价格也逐年提高，大概在8～12元/kg。在黑龙江省勃利县等野生蓝靛果产区，鲜果价最高达到80元/kg，显现出良好的经济效益。

我国目前尚无栽培品种。东北农业大学于2000年受农业部“948”项目资助，开始从俄罗斯、日本和国内收集蓝果忍冬资源，率先正式开展了品种选育、苗木繁殖、栽培技术及资源评价、利用工作。目前通过引种和有性杂交，已选育出若干个优良品系，并建立了完整的绿枝扦插繁殖技术体系。

三、我国蓝果忍冬生产存在的问题及发展方向

对蓝果忍冬的研究起步较晚，因此这一珍贵的果树资源虽有许多突出优点，但目前还不被人们所熟知，在世界范围内仅有少数几个国家有少量栽培，尚未形成一个较大的产业。我国目前暂时还没有选育出合适的栽培品种，对栽培技术也缺乏系统研究，野生资源虽分布较广，但开发利用尚局限于黑龙江省和吉林省，新疆地区也有较丰富的资源，尚未得到有效利用。

随着小浆果在国内外越来越受到重视，蓝果忍冬的优点会被越来越多的人所了解和认识。尤其在“蓝莓热”的带动下，蓝果忍冬必将会有一个良好的发展前景。因其资源分布广泛，在我国东北、华北和西北都能找到适合蓝果忍冬生长的生态环境。因此可以展望，蓝果忍冬在我国一定会成为主栽的小浆果果树之一。

第一节　种类和品种

一、主要种类

（一）种质资源概述

蓝果忍冬在植物分类学上属于忍冬科（Caprifoliaceae）、忍冬属（*Lonicera* Linn.）、忍冬亚属（Subgen. *Lonicera*）、囊管组（Sect. *Isika* DC.）、蓝果亚组（Subsect. *Caerulea* Rehd.）。据考证，蓝果亚组的原始种类出现在第三纪末期，大约在公元前 200 万年。而现在的遗传资源是在第四纪形成的，是原始种类摆脱冰河迁移的结果，由于土壤、气候和其他条件的影响而形成了隔离的种群，以至现在不同种群的植株表现出各异的形态特征。

蓝果忍冬主要起源于亚洲东北部和中亚山区。较原始的种类为 2 倍体（2n=18），主要集中分布于中亚（哈萨克斯坦、中国新疆的伊犁河谷）、泛贝加尔（阿穆尔河上游至结雅河—布列亚河平原）、乌苏里南部（俄罗斯南部滨海地区）以及中国的东北、华北和西北地区。这些没受冰河作用影响的地区是忍冬属的原始起源中心。2 倍体的形态特征变化幅度比 4 倍体的小，而 4 倍体的种群数量和分布范围则远超过 2 倍体，广泛分布于欧亚大陆。

关于蓝果忍冬的分类目前还比较混乱，主要是由于正种蓝果忍冬（*L. caerulea*）是一个在属内具有最广泛分布区的种，形态变异幅度很大，由于存在着中间过渡类型而使许多种下等级颇难加以一一区分。目前认定蓝果亚组只包含了 16～17 个种类。俄罗斯境内资源最为丰富，包含了大部分种类。前苏联植物志将这些种类都当作种来处理。而现在大多数国家则普遍认为蓝果亚组只有蓝果忍冬（*L. caerulea*）一个种，他们没有采用前苏联植物志的分类方法，而是将其余种类作为 *L. caerulea* 这个复合多态型种的内部分类群来处理，都当作变种或变型。最新的分类系统是俄罗斯著名蓝果忍冬专家 М. Н. Плеханова 提出的，她在通过广泛实地考察的基础上，综合了自己大量的形态学、细胞学、解剖学、生物化学及同工酶试验结果，系统论述了蓝果忍冬的最新分类方法。她将蓝果亚组分为 4 个

种，即3个2倍体种——蓝靛果忍冬（*L. edulis*）、伊犁忍冬（*L. illensis*）、博奇卡尔尼科娃忍冬（*L. boczkarnikowii*），1个四倍体种——蓝果忍冬（*L. caerulea*），而其他7个四倍体种类都按 *L. caerulea* 这个复合种的亚种来处理。

《中国植物志》记载，在我国境内存在蓝靛果和阿尔泰忍冬2个变种。而根据东北农业大学近些年的研究结果证实，在我国至少还分布着其他2个种类，即新疆地区至少还分布有伊犁忍冬，东北地区还分布有博奇卡尔尼科娃忍冬。考虑到目前要尊重权威著作，本书仍采用《中国植物志》和其他多数国家的分类系统，即蓝果亚组只有蓝果忍冬1个种，其他类型都按其变种处理。

（二）主要种类及其特点

蓝果忍冬只有十几个种类，目前在育种上已经应用的主要有以下几个种类。

1. 堪察加忍冬（*L. caerulea* Linn. var. *kamtschatica* Sevast.） 野外自然生长的植株平均高1m，最高的可达2.5m。树冠圆形或椭圆形，枝条浓密，特别是在栽培条件下更加稠密。老枝灰褐色，嫩枝有较厚的茸毛，黄褐色，直立。托叶圆盘形，生长过程中退化或长势弱，只有当年生枝和营养枝上有很小的托叶。叶较宽，长4～10cm，圆形、椭圆形或长圆形。叶表面几乎无毛，叶背有稀疏或较密的茸毛。果实形状变异很大，表面相对光滑。平均果重0.8g，最大的超过2g。味甜或酸甜，很少有苦味。

该种主要分布在俄罗斯和日本，分布非常广泛，几乎在所有类型的树林中都能见到，特别是在白桦林和云杉林中经常可以见到。多生长在河谷河滩地，喜湿、耐阴。它是最早在蓝果忍冬育种上被利用的种类，俄罗斯育种者经常和愿意采用的就是堪察加忍冬，多数品种来源于此种。这主要是由于其风味甜酸，没有苦味，而且具有粒大、香气浓、维生素C含量高、成熟不落果、较耐运输。但堪察加忍冬植株生长速度慢，产量也偏低。

2. 阿尔泰忍冬（*L. caerulea* Linn. var. *altaica* Pall.） 野外自然生长的植株平均高1～1.5m，最高的可达2.5m。树冠球形、稍扁，中等繁茂。当年小枝常有横出的污白色的长、短2种细直毛（短毛肉眼难见到），有时夹杂带褐色长糙毛。二年生小枝变光滑。嫩枝下垂且弯曲，色彩鲜亮。新梢和营养枝上的托叶发达。叶片光滑，只在中脉和边缘有稀少的刚毛。花冠筒比裂片长2～3倍。雄蕊较短，仅花药微露出花冠。复果近圆形或椭圆形，长0.8～3cm。果实带有不同程度的苦味。

该种主要分布俄罗斯和我国新疆。生长在松林中，喜欢生长在阳光充足的地带，大多沿着林边和河岸生长。阿尔泰忍冬具有很好的丰产性、抗寒性和抗旱性，早熟、多酚类物质含量高，因此在西伯利亚地区得到了很好的利用。它也是蓝果忍冬育种工作中被主要利用的种类。

3. 库页岛忍冬（*L. caerulea* Linn. var. *emphyllocalyx* Nakai） 树姿比较开张，生长势较强。多年生枝深褐色，枝上几乎无毛。与其他种类比，新梢颜色浅，无毛或稍有毛，幼叶颜色浅。

该种主要分布在日本北海道地区，多分布在沼泽地。突出特点是抗寒、果大、晚熟、风味好、维生素C含量高。日本开展蓝果忍冬育种工作全部利用的是此种。另外，由于晚熟、休眠期长，其更适合北美的一些地区栽植。因此，美国和加拿大也在利用该种进行育种工作。

4. 蓝靛果忍冬（*L. caerulea* Linn. var. *edulis* Regel） 简称蓝靛果，我国一些地区俗称山茄子、羊奶子、黑瞎子果。树冠基本为球形。幼枝有长、短2种硬直糙毛或刚毛，老枝皮部褐色纵行剥落。一年生枝下垂，壮枝节部常有大形盘状的托叶，茎犹如贯穿其中。冬芽叉开，长卵形，顶锐尖，有时具副芽。叶片狭窄，黄绿色，长圆形、披针形，顶端尖或稍钝，基部圆形，叶背面浅绿色，密被茸毛，脉上尤密，主脉和侧脉均很突出。叶上面生疏毛，叶柄短，被长毛。徒长枝上叶片较大，老枝上叶片较小。花生于叶腋的短枝上，被短毛。花苞片条形，长为萼筒的2～3倍；花冠黄白色、筒状漏斗形，筒比裂片长1.5～2倍；雄蕊的花丝上部伸出花冠外；花柱无毛，伸出。复果蓝黑色，果面被白粉。味酸、稍甜，有的略有苦味。

蓝靛果忍冬主要分布在俄罗斯远东地区、朝鲜和中国东北、华北及西北地区。多生长在林间泥炭沼泽地、疏林下、山间河岸灌木丛中以及山坡等地。该种抗寒、早熟、适于鲜食。目前只有俄罗斯远东地区的科研单位利用此种开展育种工作，今后我国也应充分利用蓝靛果忍冬资源丰富的优势，积极开展优良品种工作。

二、主要优良品种

目前国内尚未审定蓝果忍冬品种。东北农业大学目前已从引进的品种及杂交后代中选育出几个优良品系，近期将在黑龙江省审定我国第一个蓝果忍冬品种。下面介绍几个从俄罗斯引进的蓝果忍冬品种。

（一）托米奇卡

1987年在苏联登记注册，是世界上最早的蓝果忍冬品种。植株高大（约1.7m），枝叶稠密。果实较大（0.8～1.3g），长圆形，深紫色，有浓厚的蜡质果霜，果味酸甜可口。6月中下旬成熟，较耐运输，含糖7.6%，可滴定酸1.9%，每100g鲜果含维生素C 24mg、维生素P 773mg。

抗寒、抗旱性强，抗病虫害，栽后第二年开始结果，六年生植株产量平均2.6kg，最高3.5kg。缺点是果实成熟不一致。

（二）蓝鸟

1989年在苏联登记注册，是从堪察加忍冬野生类型中选育出来的。植株高大（1.8m），树势强，开张。果实中等大小（0.7～0.8g），卵形，深蓝色覆白霜，果柄细长。味酸甜，果实软，有淡淡的草莓香气。早熟，6月上旬成熟，需采收2次。含糖5.7%，可滴定酸2.4%，果胶1.1%，每100g鲜果含维生素C 28mg、维生素P 631mg。

抗寒性强，喜湿，抗病虫害。栽后第二年开始结果，六年生株产1.7～2.0kg。缺点是不耐运输，产量较低，果实成熟时易落果。

（三）蓝纺锤

1989年在苏联登记注册，由堪察加忍冬野生类型中选育。植株高1.0m左右，树势中等，开张，圆头形。果实较大（0.9～1.3g），纺锤形，深蓝色覆白霜，味酸甜带有轻微的苦味。6月上中旬成熟，需采收2次。含糖7.6%，可滴定酸1.9%，果胶1.14%，每

100g 鲜果含维生素 C 106mg、维生素 P 992mg。

抗寒性强，抗干旱。栽后第二年开始结果，十一年生植株平均株产 2.1kg。缺点是果实有苦味，成熟时易落果。

(四) 贝瑞尔

由蓝鸟和蓝纺锤的混合花粉与阿尔泰忍冬杂交而成。植株高大（约 1.7m），枝叶稠密。果实大（1.3～1.6g），卵圆形，两端钝圆。果实几乎是黑色，有薄的蜡质果霜。果味酸甜，略带苦味，有香气。果肉密度大，柔软多汁。6 月上中旬成熟，可一次性采收，耐运输。含糖 7.2%，可滴定酸 2.8%，每 100g 鲜果含维生素 C 23mg、维生素 P 1 263mg。

抗寒性强，抗旱性中等，无病虫害，栽后第二年开始结果，进入丰产期快。四年生植株产量平均 2.5kg。缺点是果实有轻微苦味。

第二节　生物学特性

一、植物学特征

蓝果忍冬是多年生落叶灌木（图 9-1）。总体植物学特征是冬芽叉开，有 1 对船形外鳞片，有时具副芽，顶芽存在；壮枝有大形叶柄间托叶；花小苞片合生呈坛状壳斗，完全包被 2 枚分离的萼筒，果熟时变肉质；花冠稍不整齐；复果蓝黑色。

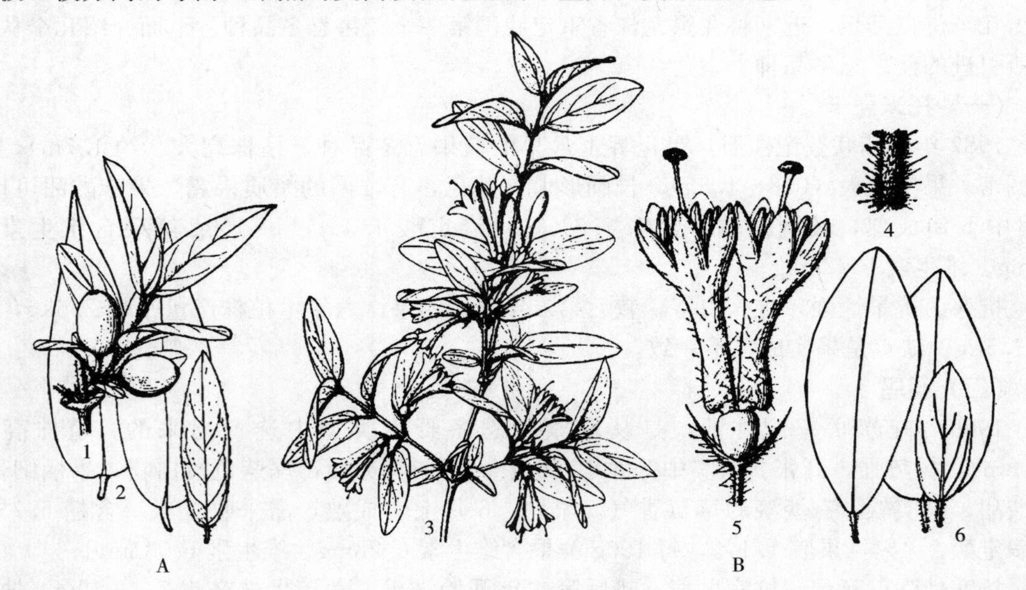

图 9-1　蓝果忍冬植物学特征

A. 蓝靛果忍冬　B. 阿尔泰忍冬　1. 果枝

2. 几种叶形　3. 花枝　4. 幼枝放大　5. 花放大　6. 几种叶形

（引自《中国植物志》，张荣生绘）

蓝果忍冬是一个在属内具有最广泛分布区的种，形态变异幅度很大。正常生长条件下，树体茂密，生长势强或中等，七至九年生植株高 1.0～1.8m，冠幅 1.5～2.5m。树冠常见的形状有扁圆形、半球形、圆形和椭圆形。

骨干枝不光滑，有分枝。一个株丛的骨干枝数目大约为1～15个。地上分枝主要是由根颈上部和枝条基部的休眠芽萌动抽生出来的。根系上的不定芽有时也能在灌木丛四周形成根蘖，但对多数品种来说，这并非典型性状。骨干枝皮部为黄褐色、红褐色或灰褐色。植株长到2～3年时，树皮纵行剥落，这是蓝果忍冬的主要植物学特征。

当年生枝条颜色和茸毛通常是不同种类蓝果忍冬的识别特征。枝条有浅绿色、浅褐色、深红色及褐色，这主要取决于皮层中花色素的含量。枝条茸毛有的很多，有的则完全没有。

蓝果忍冬的芽通常比较大，外被两片船形外鳞片。顶芽单生，侧芽对生。在每片的叶腋处都有2～3个芽叠生在一起。其中下部和中间的芽与顶芽一样，会形成花原基第二年开放，而上部的芽仅有营养生长锥，处于休眠状态，过2～5年可能会形成萌蘖枝。

叶片简单完整，形状各异，有圆形、椭圆形、柳叶状等。颜色从浅绿到暗绿色，暗绿色比较常见。叶片有的光滑，有的带茸毛，通常叶背上的茸毛要重些。许多种类和品种具有托叶，一般秋季不脱落。

蓝果忍冬的花长1～2cm，一般为浅黄色。两花并生。花冠形状有管状和漏斗状等多种。雌蕊柱头长于花冠，而雄蕊一般低于或稍伸出花冠。子房下位，基部有一对合生的小苞片。

果实为浆果状复果，形状各种各样，有圆形、椭圆形、圆柱形、纺锤形、镰刀形等，表面光滑或凸凹不平。果实从浅蓝色到蓝黑色，有较厚的蜡质。果实风味差别很大。有些好品种味道酸甜或甜酸，多数是酸的，也有很多微苦和苦涩的类型。果实大小也变幅也较大，长1～4cm，宽0.6～1.5cm，单果重0.5～2.5g。

果实种子4～20粒，多少取决于授粉条件。种子小、平，为褐色或红棕色，圆形。千粒重0.9～1.2g。

根系属于直根系，有较多分枝。分布深度取决于土壤类型和理化性质。在重壤土中根系主要部分集中在50cm土层内，有些根系可深达80cm，多数情况下主要集中在地下20～30cm处。成龄树根系水平分布半径超过1.5m，超过了树冠的投影范围。

二、生长结果习性

（一）枝条生长习性

在哈尔滨地区，蓝靛果忍冬的芽在4月7日左右开始萌动，从4月下旬展叶后即开始快速生长，于5月中下旬新梢生长最快，该时期的新梢生长量占全年的70%左右。进入开花期新梢生长速度逐渐减慢，至6月中旬所有种群新梢都基本停止生长。

东北农业大学在引种过程中发现，大部分品种的枝条都有二次生长现象。而引自我国东北地区的野生蓝靛果忍冬大部分没有二次生长，野外调查也几乎未发现这种现象。但我们在引种栽培时发现，确有一些生长健壮植株上的部分枝条在结果后出现了二次生长，而且值得注意的是这部分枝条长势很旺，在入冬前可完全达到木质化，更为可贵的是当年可形成许多花芽。我们分析蓝靛果忍冬只要在良好的栽培条件下是可以进行二次生长的。这对加快幼树生长和提高产量很有意义。但在我国其他地区引种时，应该注意越冬性和蓝果忍冬的地理起源之间的关系。将在短日照条件下形成的种类和类型引种到长日照地区，枝条可能会有2～3次生长高峰，导致枝条不能完全成熟，冬季很容易被冻死。

(二) 芽及花芽分化

蓝果忍冬的芽为混合芽，主要集中在枝条中、上部，其特点是上一年夏秋进行花芽分化，冬季休眠，于翌年春季逐渐伸长并抽生出枝条。蓝果忍冬具有单生芽和叠生芽。单生芽一般比较饱满，呈尖端稍尖的圆球形，表面光滑。一年生枝条上多见叠生芽，常常是3对芽叠生在一起，基部的1对为花芽，中间1对多数为叶芽，偶有花芽出现，最上面1对为叶芽。而枝条的顶芽则全部为花芽。萌发时，叠生芽最下方的一个芽萌发较早，开花较多，枝条生长的同时花朵开放；叠生芽上方的芽多抽生为营养枝，枝条生长量较大。

关于蓝果忍冬的花芽分化，东北农业大学先后以野生蓝靛果忍冬及从俄罗斯引进的品种为试材，进行了详细的观察，其过程大体历经以下几个时期。

1. 形态分化阶段 从花芽分化开始至雌蕊原基分化完成。其分化顺序如下。

(1) 未分化期 此期从外部形态看，芽的体积较小。解剖镜下剥离可见外围有几轮叶状结构，将发育成保护芽安全越冬的鳞片及过渡叶和幼叶。切片观察发现茎尖生长点的周围仍有叶原基分化；髓部细胞呈锥形排列，松散、不整齐，同时可以看到在外围几层有少量结晶出现。此时在下部幼叶的叶腋处的腋芽原基尚没有明显的形态分化，表明还未进入分化期。

(2) 分化初期 此期芽内基部叶腋处的腋芽原基逐渐伸长成为花序原始体，同时茎尖生长锥仍在生长分化出幼叶。

(3) 花序原基分化期 基部叶腋处伸长的腋芽原基两侧形成的突起即为苞叶原基，将发育成延伸至花萼齿檐下、包被2朵小花子房的苞叶。此时髓部的相对体积减小。在形成苞叶原基之前还会分化出1对突起，将来发育为2朵小花下部、着生在子房与果柄之间狭长形类似叶的结构，或应成为过渡叶。

(4) 小花形成期 蓝果忍冬的小花组成不同于一般果树，它是由2朵小花并生，其下为2个完全分离的子房，外由共同的小苞片包被而成为一个整体。2朵小花均各自分化形成萼片、花瓣、雄蕊及雌蕊，其花器官的分化属于向心型，分化过程具有同步性。

①萼片原基分化期 在苞片原基内侧分化出更明显的突起，即萼片原基，位于苞片原基之上。

②花瓣原基分化期 萼片原基形成后不久，在其内侧又形成5个突起，而在纵切面上往往只可见到1对突起，即为花瓣原基。

③雄蕊原基分化期 在花瓣原基内侧基部各产生1个突起。该突起组织内细胞经快速分裂、分化而形成雄蕊原基，着生在花瓣原基基部，不久将分化成具有花丝和花药的雄蕊。从形态上看，此期较前几个阶段芽明显增大，相对地髓部细胞区减小。

④雌蕊原基分化期 随雄蕊原基的进一步发育，在花原基中央逐渐分化形成杯状结

构，为雌蕊原基。随着发育杯状结构越趋明显，逐渐产生具有下位子房的雌蕊。与此同时花柱明显伸长，柱头显现。在休眠前花的形态结构基本建成。

在哈尔滨地区，6 月下旬大多数花药内形成次生造孢组织，7 月中旬多数子房中侧膜胎座和胚珠形成。

2. 性器官分化阶段 花芽形态分化完成后，一般入冬休眠前其内部将发育至造孢细胞和胚珠孢原细胞阶段，于翌年春季随芽的萌动、茎叶生长的同时继续进行性器官的分化与发育。

（1）小孢子体发生和雄配子体发育

①花药发育 雄蕊原基经进一步发育形成花药和花丝两部分。最初形成的幼小花药仅是由一层表皮及以内分裂活跃的细胞组成，因各部分细胞分裂快慢不同，而使花药变为 4 个裂瓣的形状，即 4 个小孢子囊的雏形。在每一瓣的表皮下分化出孢原细胞，经平周分裂形成初生壁细胞和初生造孢细胞。初生壁细胞再进行平周分裂和垂周分裂，产生 3～4 层同心圆排列的细胞层。初生造孢细胞经有丝分裂形成多角形的次生造孢细胞。一般入冬前发育到此阶段为止。

蓝果忍冬的花药壁属于基本型，发育完全的花药壁从外向内依次为表皮、药室内壁、中层及绒毡层。在药壁层细胞中，药室内壁由 1 层细胞组成，并且具有条纹状加厚，即为纤维层。中层具有 2 层细胞，由内层和外层各分裂 1 层组成。内层分裂形成的中层细胞在小孢子发育过程中逐渐趋于解体和被吸收而外层细胞仍存在，并像药室内壁细胞那样发生纤维状加厚，因此蓝果忍冬的花药壁具有 2 层纤维层。绒毡层是变化最大的一层花药壁，蓝果忍冬的绒毡层属于变形绒毡层。

②花粉母细胞发育及减数分裂 第二年春季，多角形的次生造孢细胞逐渐变为圆形的小孢子母细胞，经第一次减数分裂后不形成细胞壁而形成 1 个双核细胞，第二次分裂完成则同时被分隔成 4 个细胞，因此蓝果忍冬小孢子母细胞的孢质分裂属于同时型。减数分裂形成的四分体为四面体排列，荧光观察表明产生四分体时伴随形成的胼胝质发达，发出黄绿色荧光。四分体时期，小孢子之间被胼胝质壁所分割，后来由于胼胝质壁的溶解而使 4 个小孢子彼此分开，释放到充满绒毡层周缘质团的药室中。

③花粉粒的形成和发育 离散后的小孢子经过进一步的生长发育，变为雄配子体。先后经历核靠边—核分裂—营养细胞与生殖细胞产生和形成的过程。成熟的花粉粒近圆形或椭圆形，表面有大量刺状突起，并有多个萌发孔，属 3-细胞型。花药为纵裂。

（2）雌配子体发育

①雌蕊发育和胚珠形成 随着雌蕊的发育，在子房壁侧膜胎座表皮下层的细胞经平周分裂，产生胚珠原基。原基的前端成为珠心，后端成为珠柄。胚珠生长时，由于株柄和其他各部分细胞分裂速度不同，而使胚珠原基两侧细胞向近轴面折叠，其中一侧边缘细胞分裂更快，从而形成倒生胚珠。

②胚珠的发育和胚囊的结构 在靠近珠孔一端的珠心表皮下，逐渐形成一个孢原细胞。此孢原细胞不经分裂，长大后直接执行大孢子母细胞的功能，这样蓝果忍冬大孢子母细胞只被一层珠心表皮包围，为薄珠心。大孢子母细胞经减数分裂形成四分体，其中近珠孔端的 3 个细胞均退化、消失，只有近合点端的细胞发育为功能大孢子。功能大孢子进一

步生长发育，并经连续3次核分裂分别形成二核、四核最后形成八核胚囊，因此蓝果忍冬的胚囊发育为蓼型。

（三）授粉受精特性

蓝果忍冬自花结实率很低，属于异花结实的树种。虫媒花，需要蜜蜂等昆虫传粉。东北农业大学的试验表明，人工授粉1h后，蓝果忍冬花粉粒即可在雌蕊柱头萌发；授粉2h后，花粉管深入花柱；授粉6h后，花粉管生长较快且整齐，多数长至花柱中上部；授粉30h后，多数花粉管陆续抵达花柱基部，有些进入子房；授粉48h后花粉管完全进入子房。授粉53h之后，只有极少花粉管还在生长。

授粉1h后，近基部有些胚珠发育至一核或二核胚囊阶段；授粉2h后，大多数子房中部胚珠发育至一核或二核胚囊阶段，下部胚珠发育至四核胚囊阶段；授粉4h后，子房下部有些胚珠发育形成了八核胚囊；授粉30h后，子房内大多数胚珠已发育出八核胚囊，中下部胚珠原胚囊中形成由基细胞和顶细胞组成的原胚，中部胚珠发育至成熟胚囊阶段。授粉48h后，子房中部胚珠横、纵径迅速增加，胚乳开始发育。受精过程主要发生在授粉后30～48h内，30h前后为子房内大多数胚珠发生受精的关键时期。人工去雄授粉条件下，子房中下部胚珠珠心由大孢子母细胞发育成原胚的时间仅为30h。

（四）开花结果习性

根据多年观察，发现蓝果忍冬的花原基都在顶芽和枝条中下部的腋芽中形成，而上部的腋芽则很少形成。

蓝果忍冬花的特点是2朵花并生在一个子房上，每朵花的开放时间可以持续一昼夜，而同一子房上着生的2朵花开放时间并不一致，间隔24～36h。这种开花特性可能更有利于其授粉受精，因为只要有一朵花能够授粉就可以形成果实，所以2朵花开放时间存在间隔会增加其授粉的几率。同样，也可能在花期遇到不良天气的情况下，仍能保证获得一定的产量。

一年生枝条的中上部是结实的主要部位。就植株整体而言，以树冠外侧，上、中部结实量最大。

蓝果忍冬的果实从落花后到成熟大约需要1个月左右。果实的生长动态基本属于快、慢、快的双S曲线。

（五）物候期

由于地理位置不同，各地物候期也不一样。在哈尔滨连续2年的定点观察结果表明，东北地区各种群的蓝靛果忍冬与从俄罗斯引进的一些品种，其主要物候期基本是一致的，而不同年份间由于气候条件的关系稍有变化。总体来说，蓝果忍冬是属于进入营养生长期早、开花早和果实成熟早的果树。在哈尔滨地区4月7日左右叶芽开始萌动，4月下旬开始展叶。开花期在5月中旬，即营养生长始期后的1个月左右，花期可以持续半个多月，此期新梢也快速增长。5月末开始坐果，6月10日左右始见果实成熟，6月25日前后大部分成熟。9月中旬开始落叶，至10月上旬叶片全部脱落。整个营养生长期为156～163d。

而在野外调查发现，大、小兴安岭和长白山区的蓝靛果忍冬的物候期比哈尔滨相应延迟7～15d，进入休眠期也要提前10d左右，这主要是由于这些地区气温相对要低很多，所以要提前进入休眠，同时解除休眠也晚一些。

第三节 对环境条件的要求

野生蓝果忍冬主要生长在林间泥炭沼泽地、疏林下、山间河岸灌木丛中及山坡等地。要求空气湿度大，光照充足及偏酸性土壤等生态条件。

一、温　度

蓝果忍冬高度抗寒。休眠状态下能耐－50℃的低温，花抗晚霜，能忍受－8℃的低温。适应在干寒气候下生长，对积温的要求也不严格。春季当平均气温达到0℃后，几天内就可以萌芽。进入营养生长期需要43～82℃的积温。平均温度10℃左右时开花，所需0℃以上积温为241～284℃，果实成熟有效积温为400～515℃。从萌芽到落叶生长天数为163～186d，只要0℃以上积温达到1 300～1 500℃，或有效积温达到700～800℃，即可满足其生长发育的需要。果实成熟期与积温有直接关系。

蓝果忍冬的休眠期很短，也正因如此，在温暖地区一般不能栽植，否则常会在冬季提前解除休眠而遭受冻害。但在寒冷地区一般都可栽植，只不过物候期相对较温暖的地区要推迟一段时间。

二、光　照

在自然条件下，野生蓝果忍冬主要生长在火烧迹地、林中旷地或沼泽边缘，这说明蓝果忍冬是喜光的植物，但同时又能忍受轻度遮阴。野外调查发现，在比较茂密的松林或落叶林中，蓝果忍冬的生长受到强烈抑制，株丛矮小枯萎，叶片稀疏，极少结实或不结实。而在砍伐后的森林或火烧迹地中，由于光线良好，蓝果忍冬枝条生长迅速，结实良好。栽培条件下，光照不良会使结果部位上移，果实分布在株丛外围，内膛枝不能分化花芽，株丛内无果实。因此，改善株丛光照条件，对提高产量有很大作用。东北农业大学对蓝果忍冬光合特性的研究结果表明，其净光合速率的日变化为双峰曲线，且有明显的“午休”现象，季节变化为单峰曲线。不同种类蓝果忍冬的光补偿点为10～20μmol/（m^2·s），光饱和点为890～1 100μmol/（m^2·s）。另外，东北农业大学近几年在引种栽培研究中发现，盛夏的强光直射会使叶片焦枯，轻度遮阴可以减轻强光对叶片的灼伤。

三、水　分

野生蓝果忍冬原产地多为河床、小溪和沼泽的边缘，是典型的中生植物，喜湿。生育期空气相对湿度一般在85%以上，对土壤水分含量要求在40%以上，但土壤水分太多也会生长不良，空气湿度是蓝果忍冬能否正常生长的主要因子。在有些蓝果忍冬分布的地区，年降水量大约只有340mm，但空气湿度却都在60%以上，说明空气湿度相对土壤水分更为重要。栽培条件下，合适的空气湿度和土壤水分有助于植株形成大粒果实。

四、土　　壤

蓝果忍冬对土壤的要求不严格，在沙壤土、壤土、重壤土上均能正常生长。重壤土具有保水性及在土壤上层积蓄矿质营养的能力，所以更适合一些。虽然其在野生条件下生长在微酸性土壤中，但对土壤的酸碱度适应范围较广，在 pH 4.5～7.5 的土壤中都能生长和结果，但在富含腐殖质的土壤中生长更快。试验证明，在有机肥充足、水分适宜、排水良好的地块生长的植株比在森林中的长势强、结实好。

第四节　育苗与建园

一、育　　苗

蓝果忍冬同其他果树一样，如果栽培优良品种，必须利用扦插、压条、组织培养等无性繁殖技术进行育苗。在我国东北的一些林区，以前一直在利用种子进行实生育苗。

（一）实生繁殖

1. 种子的采集与处理　采集充分成熟的果实，捣碎或搓碎后，放入桶或盆等容器中，用清水反复洗去果肉和果皮，最后将种子倒到纱布上，去掉残渣，置于阴凉处干燥。干燥后将种子密封于干燥、不透气的器皿中，在室温下保存 2 年仍然具有 70%以上的发芽率，在冰箱中冷藏则保存时间会更长。

与大多数果树不同，蓝果忍冬的种子休眠期很短，因此播种前不需要低温层积处理，在适宜条件下（温度 22～25℃，湿度 96%～100%），新鲜的种子经过 18～25d 即可萌发。保存 2 年以上的种子需要沙藏层积处理 30d。

2. 苗圃地的选择及播前准备　苗圃地应选择地势平坦、水源方便、排水良好、土壤疏松肥沃的地块。应在上一年秋季土壤结冻前对土地进行翻耕，翻耕深度为 25cm。结合秋翻施入基肥。播种前做长 10m、宽 1.0～1.2m、高 20cm 的苗床，将床面碎土、整平、镇压。做床时要对土壤消毒，并拌入杀虫剂，以防地下害虫为害。如果种子量少，也可在播种箱或花盆中进行播种，出苗后再移栽到田间。

3. 播种时间和播种方法　蓝果忍冬的播种时间可分为春季和夏季。

春季播种：一般在 4 月下旬或 5 月下旬进行。播种技术与番茄的育苗类似。将种子取出后用冷水浸泡 1d，然后与消过毒的河沙以 1∶3 的比例拌匀，置于 22～25℃的环境中催芽，每天翻动 2～3 次，浇水做到量少多次，保持种子和沙子湿润即可。一般 2 周后开始发芽即可播种。由于蓝果忍冬的种子很小，所以要求细致管理。播前一定要将床面镇压平整，然后浇透底水。播种可采用条播或撒播。条播即在苗床上按 20～25cm 的行距开小浅沟，将用细河沙拌的种子直接播入沟中。撒播是将混沙的种子均匀地撒在床面上，播后覆 4～6mm 的过筛腐殖土，然后用镇压板再轻镇压。浇透水后在苗床上面用草帘或松针覆盖保墒。

夏季播种：可在采种后立即播种。试验表明，夏季播种能使苗木提前1年进入结果期。播种方法同春季播种。

此外，如果种子量少，也可以在秋季、冬季在温室中进行育苗。

4. 苗期管理 待幼苗出土后及时撤去草帘或松针，支起拱形遮阳网，既保持苗床湿度，又防止日灼发生。蓝果忍冬种胚小，萌芽力弱，出土后根部幼嫩，地茎纤细，要防止干旱、大风等危害。浇水要本着少量多次的原则，既保证供给苗木充足的水分，同时又降低苗床湿度。在幼苗出齐后，可正常浇水管理。为了防止立枯病和其他土壤传染性病，播种后每隔7～9d喷施1次立枯净药液，直到长出真叶为止。苗期追肥2次，第一次在出齐苗后，在幼苗行间开沟，每个苗床施硝酸铵200～250g、硫酸钾50～60g。第二次在8月下旬至9月初，每个苗床施磷酸二铵300～400g、硫酸钾60～80g，施肥后浇透水。

夏季播种苗苗期管理的关键环节是防日灼，锄草最好在阴天进行，锄草后及时将遮阳网覆盖好。为了促进根系发育，控制地上部生长，到9月中旬以后应尽量少浇水。在黑龙江省由于苗木到深秋还没有木质化，需要越冬防寒。在10月中旬将苗床浇足水，在拱棚上覆盖塑料薄膜，四周压实即可。在第二年春季气温回升后，要注意及时通风浇水，待晚霜过后撤去塑料薄膜，进行正常的田间管理。

（二）压条繁殖

压条繁殖多在春季萌芽后新梢长到7～8cm时进行。首先，在压条的株丛旁开10～15cm深的浅沟，把要压的枝条用土埋入沟中，用木钩固定然后覆细土5～10cm并踏实。秋季将压下的枝条挖出并分割成单株。

（三）分株繁殖

分株繁殖适于株龄较长的植株，一般在秋季进行。分株后的单个植株应保留1～2个粗壮枝条、2～3条长度不小于20cm的骨干根。为提高成活率，可将枝条剪留30～40cm的长度。此法繁殖系数低，一般成龄株可以得到4～6个分株苗。

（四）硬枝扦插

冬季或早春，在蓝果忍冬株丛中选取生长粗壮的当年生枝条，剪成15cm长的插条，留1～2对芽，然后每50或100支1捆，放入窖内，用湿河沙培上基部。4月中下旬进行扦插。在大棚或温室内首先做成1.3m宽的苗床，基质用筛过的河沙和珍珠岩，扦插前用0.5%的高锰酸钾消毒。插条用100mg/L的ABT生根粉浸泡4h。扦插株行距（5×10）cm，45°角斜插入土，深度为10～12cm，浇透水。大棚内的温度控制在28℃以内，超过此温度要通风降温，湿度控制在80%，土壤温度在20℃左右。后期需注意防病防虫。扦插25d后开始生根，60d后可移栽。

（五）绿枝扦插

绿枝扦插是蓝果忍冬最主要的育苗方式。东北农业大学经过多年试验，已总结出一套成熟的绿枝扦插技术。

1. 准备插床 首先在塑料中棚或小拱棚内准备插床。插床长20cm左右，床面宽1.2m，两床间隔0.7m，床面与原地表平、周边有小土埂。要求床土细碎、疏松平整。床面表层的基质为草炭、细沙和表土混合而成，其体积比为1∶1∶1，拌匀铺于插床表层，厚度5～7cm。草炭的腐熟度宜轻，以提高基质的保水性和透气性。

2. 剪取插穗 半木质化枝条的顶部、中部和基部都可用来扦插。剪取生长粗壮的刚刚封顶的基生枝做插条最好，从这种插条剪下的插穗，其所带叶片均已成龄，绿枝的营养较为丰富，新芽萌发和新根发生都比过嫩的插穗早。

插条要随用随剪，将基部浸入水中，避免失水。插穗长4～6cm，保留上面1对叶片。剪下来的插穗放入盛水的容器中，随插随取，但不能浸水时间过长。

3. 扦插时期 最合适的扦插时期需要根据当地的物候期和天气状况来确定。试验证明，在枝条进入缓慢生长期的时候采集插条成活率很高，可达到96%～100%。在哈尔滨蓝果忍冬的扦插适宜时期是5月下旬至6月上旬，在此期间内宜早不宜迟。早插则棚内的温度、湿度都容易控制，插穗处于安全的环境中，有利于提高成活率。

4. 扦插方法 在扦插的当天或前一天给插床充分浇水，浇后仍保持床面平整。株行距为7～8cm×10～12cm，叶与行向垂直，各行插穗上的叶片彼此平行，插入基质的深度为2～3cm。叶片与地表有1～2cm的距离。如果基质粗糙、硬度过大，应先用细木棍插孔后，再插入插穗。应边扦插边喷水。

5. 管理措施 扦插后7d内每天早午晚各喷1次水，8～30d每天喷2次水。扦插后30d，绝大部分插穗都已生根，可以撤棚膜进行锻炼，数日后全部撤掉棚膜。在撤膜后蒸发量加大，此时浇水次数虽少，但浇水量应加大。在插条生根前，应注意保湿和遮阴。适宜的空气湿度为95%～100%，气温25～27℃，土温22～24℃。当80%插条生根时应开始通风，通风时间逐日增长。扦插后20d左右有大量杂草发生，应尽量选择阴雨天除草。此期还要严格预防各种病害及地下害虫。秋季即可起苗假植。如果扦插时间过晚，扦插苗很小，也可不起苗，直接在床上越冬，越冬前于10月中下旬浇封冻水。越冬后就地生长一年，于当年秋季起苗出圃。

二、果园建立

蓝果忍冬是一种新兴的小浆果树种，人们对其并不十分熟悉，因此果园建立的合适与否直接关系到能否栽培成功。分区、道路、灌溉系统等的规划施工与其他浆果园无大差异。下面仅着重叙述蓝果忍冬建园的一些特点。

(一) 园地选择

选择栽培地点时要遵循蓝果忍冬的生物学特性，必须保证2个基本条件：充分的光照和土壤水分。地势应尽量平坦，并且是免受风害的地块。总体说，蓝果忍冬最适宜生长在光照充足、排水良好、有机质丰富、水分充足的地块。蓝果忍冬的土壤适应性较广，因此，土壤类型并不需要过多考虑，但前茬作物最好是马铃薯或蔬菜。

(二) 土壤改良和园地规划

与其他果树一样，栽植前土壤必须预先熟化，如果是未开垦的生地，会导致产量和品质的降低。栽植前要深翻土壤，消灭杂草，可用除草剂结合深翻进行。同时施入有机肥，以改善土壤理化性质，增加土壤养分。

土壤改良后，应平整土地，然后用绳和尺划定栽植小区及株行距。

（三）品种选择和布局

蓝果忍冬虽然抗性较强，但在不同地区栽植仍要注意选择合适的品种和种类，要先进行引种试验或用通过国家审定的品种，否则会带来严重的后果。例如，原产于远东的蓝果忍冬类型在俄罗斯西北部就不能栽培，主要是由于该类型的休眠期短，而俄罗斯西北部地区秋季气温较高，所以其会在当年秋季第二次开花而遭受冻害。

此外，还应注意建园时最好同时选择 3～4 个品种进行栽植，道理和大多数果树一样，需要配置授粉树。蓝果忍冬多数品种自花结实率很低，如果品种单一会严重影响产量，经常会发生大量开花却不坐果的现象。

（四）苗木定植

蓝果忍冬一般定植的都是二年生苗木，高 30～50cm，所以定植坑不用挖得太大，直径和深度 40～50cm 即可，具体根据苗木根系发育程度而定。定植时施入适量的有机肥。定植株行距现在还没有统一的模式，因为要根据地块肥力和品种特性来定。株距一般采用 1～1.5m，行距 2～3m。长势缓慢、直立的品种可采用较小的株行距，而生长势强、树姿开张的品种则株行距要大些。

苗木可在秋季和春季定植。但对于蓝果忍冬来说，最好是在秋季定植。因为它抗寒力很强，所以不会在冬季冻死，成活率在 90%以上。春季栽植成活率低一些，而且长势不如秋季栽植的强健，这主要是由于蓝果忍冬进入营养生长期早，往往在 4 月初就开始萌芽，但这时土壤还没解冻，无法栽植，而到 4 月末的时候，其枝条已经生长，甚至开花，所以此时定植势必影响成活率和长势。

第五节 栽培管理技术

一、土壤管理

在栽植的头几年，由于植株尚小，所以可以利用行间空地间作蔬菜，但要注意间作物不能离植株太近。

土壤的主要管理方法是每年进行 2～3 次耕翻。春季一般在 5 月初进行，松土深度大约 10cm，目的是消灭刚出土的杂草，使土壤中的水分和氧气含量适宜，利于植株生长。树下要人工除草和松土。果实采收后，如果是水分充足的地段，也要结合除草进行一次耕翻，对在采果时被踩实的土壤进行松土。秋季落叶后耕翻一次，深度为 12～15cm，这不仅可以改善土壤结构，还能防除杂草、对施入肥料覆土以及消灭在土壤中越冬的病菌和虫卵。

此外，在行间用锯末或泥炭等覆盖也有很重要的作用，因为蓝果忍冬的根系很浅，覆盖后既可保湿，又可以使土壤温度不至变化过于剧烈，十分有利于根系生长。覆盖厚度为 4～8cm。

二、水分管理

蓝果忍冬在野外原本生在河流、小溪和沼泽旁，因此对水分的要求较高。一方面土壤必须要达到一定的含水量，不能低于40%，另一方面要求较大的空气湿度，而且后者更为重要。水分的充足与否直接关系到产量，因此与其他果树大致相同，在整个生育期都要保证水分的供应，尤其在干旱或高温天气，最好利用喷灌设施进行灌溉。多年观察结果表明，很多品种的单果重在湿润多雨年份会比干旱年份增加15%～18%，所以在果实发育期进行灌溉能显著提高产量。

三、除　草

蓝果忍冬的根系较浅，杂草对其产生的水分竞争比较严重，因此一年中需多次除草。除草可结合土壤耕翻进行，面积大时也可使用除草剂。最好的办法是采用锯末等覆盖物来抑制杂草生长。

四、施肥管理

试验表明，对蓝果忍冬施肥会显著促进植株生长，但具体施肥量尚需要继续研究。

一般认为栽植后前2年不用施肥，植株可充分利用栽植时施入的有机肥。

对于生长旺盛的幼龄植株或进入结果期的植株，可在栽后第三年开始进行土壤施肥。有机肥可在秋季结合土壤深翻施入，每2～3年施1次，施肥量为8～10kg/m^2。无机肥料可在生长期追施3次，第一次在萌芽期追施N肥，施入量为20g/m^2尿素，或30g/m^2硝酸铵，或40g/m^2硫酸铵，供给枝条和叶的生长发育。第二次在果实采收后进行，可结合对植株松土追施液体厩肥或无机肥料，可用硝酸钾或磷酸钾，浓度为20g/L，其作用为促进当年二次枝的生长和花芽分化。第三次是在秋季，结合土壤深翻施入P肥和K肥，每平方米施15g重过磷酸钙和钾肥，可以提高植株抗寒性及促进秋季和翌年春季的根系生长。

对于六、七年生以上的结果植株一般每年在春、秋追2次肥，适当增加施肥量。

五、修剪技术

蓝果忍冬虽说属于小灌木，树形并不复杂，但目前关于修剪时期和方法仍缺乏系统研究，众说不一。对于定植后是否需要修剪的问题，甚至有互相对立的说法。有人认为第一次修剪应在定植后立即进行，像对其他果树定干一样，在枝条距根茎10～12cm处进行剪截，这样可以刺激基部萌发嫩枝，否则第一年生长不良。但也有人认为，定干不适于在蓝果忍冬上应用，因为它本来生长缓慢，修剪会抑制生长，更重要的是抑制结果。

俄罗斯瓦维洛夫植物研究所的专家经多年实践，认为在栽植的最初5～7年通常不用修剪，只是疏除一些因农事操作而损伤的枝条或倒伏的枝条。而且不提倡对枝条短截，因为枝梢顶端大部分是结果部位。在栽后8～10年必须经常进行更新修剪，时期最好是秋季，春季也可以。修剪时要逐一查看每个骨干枝。一般生长健壮的、由3～5年生骨干枝上的潜伏芽形成的分枝比较重要，修剪时剪掉骨干枝衰老的上部，剪留到幼嫩的分枝上。

疏剪树冠可以刺激潜伏芽的萌发和强烈生长，适度的修剪可以增加产量，并能使植株几年内保持高产。

对于树龄超过 20 年的植株来说已经进入衰老期，因此必须更新。可将整个灌丛留 30～40cm 剪截，几年后就可以恢复树势。

第六节　果实采收与采后处理

一、采　　收

蓝果忍冬成熟得很早。从标志果实开始成熟的浅蓝色颜色的出现，到达到食用成熟度的天数取决于气象条件，一般是 5～10d。在此期间果实重量增加，出现果实固有的风味和香气，果肉变软。当 75%以上的果实达到食用成熟度时即可采收。如果成熟期天气温暖晴朗，1 次就可以基本采收完毕。如遇到低温、多雨年份，则需要采收 2 次。

由于栽培面积和范围有限，目前的采收方式主要是人工采收。但试验表明，大多数类型的浆果采收机械也同样适用于蓝果忍冬。

多数类型和品种的蓝果忍冬成熟时容易落粒，这也是一直被认为妨碍其得到广泛推广种植的原因之一。但目前俄罗斯已经培育出了许多不落粒的品种。对于比较容易落粒的品种，可通过摇晃或拍打将果实抖落到塑料布或打开的雨伞中。

二、采后处理

与其他小浆果一样，蓝果忍冬也不耐贮藏，一般采后正常条件下能存放 1～3d，在冰箱中冷藏可贮存 5～7d。因此，如果果实量大，采后需要尽快速冻，或加工成果汁、果酱等产品。

第七节　病虫害防治

蓝果忍冬有一定的抗病能力，病害较少，目前只发现有叶锈病（*Puccinia longirostris*）侵染。症状为叶片上有橘黄色小疱，破裂后散出黄粉，病重时全叶都是黄粉。一般是湿度大、雨水多的年份易发生，轻者株丛结果极少，重者株丛衰弱乃至死亡。可采用 0.3 波美度的石硫合剂或 25%粉锈宁 1 000 倍液、50%多菌灵 500 倍液喷雾防治。

蓝果忍冬虫害发生比较普遍，主要是食叶的鳞翅目害虫如卷叶蛾、尺蠖等，还有蚜虫、金龟子和介壳虫。一般采用 2.5%敌杀死 1 000 倍液喷杀即可。

参　考　文　献

桂明珠，胡宝忠．2002. 小浆果栽培生物学［M］．北京：中国农业出版社．

郭爱．2009. 蓝靛果忍冬（*Lonicera caeruleae* L.）开花结实特性及授粉受精的研究［D］．哈尔滨：东北农业大学.
霍俊伟，杨国慧，睢薇，等.2005. 蓝靛果忍冬（*Lonicera caerulea*）种质资源研究进展［J］. 园艺学报，32（1）：159-164.
吴秀菊，李桂琴，王学东.2002. 蓝靛果芽特性与花芽分化的研究［J］. 东北农业大学学报，33（2）：165-169.
吴秀菊，李桂琴，王学东.2003. 蓝靛果忍冬大小孢子发生与雌雄配子体的发育［J］. 东北农业大学学报，34（3）：310-313.
辛惠卿.2008. 蓝果忍冬（*Lonicera* L. subsect. *caerulea*）光合特性的研究［D］. 哈尔滨：东北农业大学.
徐炳声，王汉津.1998. 中国植物志［M］. 北京：科学出版社.
祖容.1999. 浆果学［M］. 北京：中国农业出版社.

图书在版编目（CIP）数据

浆果栽培学/李亚东，郭修武，张冰冰主编．—北京：中国农业出版社，2012.2

ISBN 978-7-109-16291-4

Ⅰ.①浆… Ⅱ.①李…②郭…③张… Ⅲ.①浆果类－果树园艺 Ⅳ.①S663

中国版本图书馆 CIP 数据核字（2011）第 237614 号

中国农业出版社出版

（北京市朝阳区农展馆北路 2 号）

（邮政编码 100125）

责任编辑 张利 黄宇

中国农业出版社印刷厂印刷 新华书店北京发行所发行

2012 年 8 月第 1 版 2012 年 8 月北京第 1 次印刷

开本：787mm×1092mm 1/16 印张：28.25 插页：4

字数：640 千字

定价：100.00 元

（凡本版图书出现印刷、装订错误，请向出版社发行部调换）

红花草莓品种——俏佳人

草莓品种——红颜

草莓立体栽培

草莓日光温室栽培

蓝　莓

蓝莓品种——蓝丰

黄树莓

黑树莓

紫树莓

树莓品种——美国22号

树莓品种——金秋

树莓品种——秋福

沙棘雄株（左）和雌株（右）

沙棘果实

沙棘园

黑穗醋栗

白穗醋栗

蓝果忍冬

五味子黄果类型

五味子优系——早红

中华猕猴桃

美味猕猴桃

毛花猕猴桃

软枣猕猴桃

阔叶猕猴桃

海沃德

Hort-16A

金　魁

华美1号

秦　美

三峡1号

米粮1号

徐　香

金　桃

金　艳

金　早

金　霞

武植3号

通山5号

红　阳

中华雄株磨山4号

软枣猕猴桃品种——魁绿

超　红

江山娇